智能传感与检测技术

吉博文　王明浩　王炫棋　编著

電子工業出版社
Publishing House of Electronics Industry
北京 · BEIJING

内容简介

本书共6章，首先，介绍了传感技术与检测技术、检测数据的处理，以及传感器与检测技术的发展趋势；其次，从功能材料、加工工艺、器件类别等角度，介绍了传统传感器；再次，深入讨论了智能传感器及其信号处理、通信和抗干扰技术，以及智能检测系统的结构、特点、算法、技术、实例等；最后，落脚无人系统领域的智能传感与检测应用，以无人机、无人驾驶汽车、无人水下航行器、智能制造、元宇宙等为例，探讨了智能传感与检测技术的主要发展瓶颈、发展趋势，并预测产业市场。

本书可作为电子信息、人工智能、机械工程、无人系统、自动化、计算机、仪器仪表、微电子等专业高年级本科生、研究生的教材，还可供相关领域的科研人员、工程技术人员参考。

图书在版编目（CIP）数据

智能传感与检测技术 / 吉博文，王明浩，王炫棋编著. 一北京：电子工业出版社，2024.1
ISBN 978-7-121-47112-4

Ⅰ. ①智… Ⅱ. ①吉… ②王… ③王… Ⅲ. ①智能传感器一检测 Ⅳ. ①TP212.6

中国国家版本馆 CIP 数据核字（2024）第 010248 号

责任编辑：冯 琦
印　　刷：北京七彩京通数码快印有限公司
装　　订：北京七彩京通数码快印有限公司
出版发行：电子工业出版社
　　　　　北京市海淀区万寿路 173 信箱　邮编：100036
开　　本：787×1 092　1/16　印张：22.75　字数：588 千字
版　　次：2024 年 1 月第 1 版
印　　次：2024 年 6 月第 3 次印刷
定　　价：88.00 元

凡所购买电子工业出版社图书有缺损问题，请向购买书店调换。若书店售缺，请与本社发行部联系，联系及邮购电话：（010）88254888，88258888。

质量投诉请发邮件至 zlts@phei.com.cn，盗版侵权举报请发邮件至 dbqq@phei.com.cn。

本书咨询联系方式：（010）88254434，fengq@phei.com.cn。

编 委 会

推 荐 序

随着智能时代的到来，各种智能传感器的研究和应用越来越受到人们的重视。智能传感器集感知、信息处理、通信于一体，微型化、多功能化和智能化已成为传感器未来发展的必然趋势，它代表着一个国家的工业和技术科研能力。西北工业大学在特种微机电系统（MEMS）制造、MEMS 惯性器件、MEMS 谐振式压力传感器等方面有长期的研究基础和技术积累，尤其关注面向极端环境的智能传感微系统。其中，智能传感与检测技术提供了必要的支持。

由西北工业大学吉博文副教授主持编写的《智能传感与检测技术》一书，体系新颖，视角专业，该书从智能无人系统应用需求出发，结合西北工业大学的学科特色，系统讲解了智能传感器和智能检测系统，并面向无人机、无人驾驶、智能制造等场景的智能感测，解读了智能传感和检测技术的发展趋势。能够引导学生从实际应用中发现问题，在编写方法上大量运用图表、案例等灵活形式，并结合课程思政元素，激发学生对智能传感器的学习兴趣和热情，在内容深度、广度上符合高年级本科生和研究生层次的教学要求。同时，该书聚焦工业信息化发展方向，能够有力支撑人工智能、机器人工程、智能制造技术等新兴交叉学科的人才培养，是一部涉及面广、兼具基础和专业特色的优秀的新工科教材。

西北工业大学机电学院教授

前　言

自美国航空航天局（NASA）于 20 世纪 80 年代提出智能传感器的概念以来，经过几十年的发展，智能传感器已成为传感器技术的一个主要发展方向，代表着一个国家的工业及技术科研能力。我们正迎来一个全面智能的时代，以无人机、机器人、自动驾驶、人工智能等为代表的智能无人系统科学将迸发巨大活力，这离不开精准、快速、智能的传感与检测手段。

传感就像人的眼睛、耳朵、鼻子和皮肤，检测就像人的大脑，两者缺一不可。我国在智能硬件、消费电子、汽车电子、物联网、仪器仪表、工业自动化、生物医疗、航空航天等领域有广阔的智能传感器应用市场，国家高度重视以智能传感器为代表的电子元件产业发展。2021 年 1 月，工业和信息化部印发《基础电子元件产业发展行动计划（2021—2023 年）》，推动新型 MEMS 传感器重点向小型化、低功耗、集成化发展，支持产、学、研合作，完善 MEMS 传感器行业配套，优化发展环境；2021 年 11 月，工业和信息化部发布《“十四五”信息化和工业化深度融合发展规划》，明确提出加快工业芯片、智能传感器、工业控制系统、工业软件等融合支撑产业培育和发展壮大。智能传感器产业发展处于重要战略机遇期，对相关高等教育单位教学科研工作，以及研究型和应用型人才培养提出了更加迫切的需求。

本书首先概述了传感技术与检测技术、检测数据的处理，以及传感与检测技术的发展趋势；其次，从功能材料、加工工艺、器件类别等角度简要介绍了传统传感器，为智能传感器的引出做了铺垫；接下来，深入讨论了智能传感器的标准、可靠性、信号调理技术、核心电路；随即对智能传感器的信号处理、通信和抗干扰技术，以及智能检测系统的结构、特点、算法等进行介绍，并结合前沿技术与实例深入剖析；最后，落脚无人系统领域的智能传感与检测应用，通过无人机、无人驾驶汽车、无人水下航行器、智能制造、元宇宙五大应用案例，深入探讨了智能传感与检测系统的现状和未来趋势等。

本书响应国家《“十四五”智能制造发展规划》《“十四五”信息化和工业化深度融合发展规划》等战略发展规划，面向新工科高年级本科生和研究生教育，服务于我国智能传感器领域研究型和应用型人才培养，还可供相关领域的科研人员、工程技术人员参考。读者可以结合本书内容，联系研究方向，主动对接应用，更好地投入有开创性、有思想、有意义的学习、科研和工作中。

本书共 6 章，第 1 章由吉博文、王炫棋、孙凡淇、尤小丽编写，第 2 章由王明浩、王炫棋、梁泽凯、王家豪编写，第 3 章由王炫棋、陈志伟、郭珺、叶元茗、李天祎、汪飞宇、彭清俊编写，第 4 章由王炫棋、王明浩、商思妍、牟天娇、王俊伟编写，第 5 章由王明浩、高山、苑曦宸、薛凯、王震、陈依萱、张欣毅编写，第 6 章由吉博文、王昊超、张梓墨、白睿钰、王宁浩、江云龙编写。

尽管编著者组织多轮校改，力求逻辑合理、详略得当、案例新颖、内容准确，但由于水平有限，书中难免存在不妥之处，敬请广大读者批评指正。

作为西北工业大学奋战在教学与科研一线的教师，深感立德树人是教育的根本任务，是高校的立身之本。希望广大青年学子学习运用好本书，认识到个人发展与祖国命运紧密相连，更好地服务国家重大需求，肩负起时代使命与责任！最后赋诗一首与读者共勉：

赋能万物可感应，亦为灵境铺基石。

飞天巡洋有精智，笑与瀛寰共骋驰！

吉博文

2023 年 4 月

目　　录

第1章 概 述

21 世纪是高度信息化的时代，物联网、大数据和人工智能的发展，不断改变着我们生活的方方面面。信息、物质和能量是构成客观世界的三大要素，信息可以反映事物的现象和属性，通过对信息的获取和分析，我们逐渐认识世界和改造世界。人类通过五官来获取信息，传感器被称为“电五官”，相当于人类五官的延伸，是获取信息的源头。

传感技术、通信技术、计算机技术构成了信息产业的三大支柱。传感器处于研究对象和测控系统之间的接口位置，一切科学实验和生产实践都要通过传感器获取信息并转换为易于传输和处理的电信号，获得准确、可靠的信息是传感与检测技术的核心任务。工业生产、环境保护、医疗检测、环境探测等都离不开传感器。目前，国际上已将传感器的应用普及率作为衡量一个国家智能化、数字化、网络化的重要标志。

早在 20 世纪 80 年代，美国就称世界已进入传感器时代，并成立了美国国家技术小组（BGT），帮助政府组织和领导各公司与国家部门的传感器技术开发工作。在对美国国家长期安全和经济繁荣至关重要的 22 项技术中，有 6 项与传感器信息处理技术直接相关。20 世纪末期，日本首次把传感器技术列为十大技术之首，日本科学技术厅制定的 90 年代重点科研项目中有 70 个重点课题，其中有 18 项与传感器技术密切相关，日本工商界人士甚至称“支配了传感器技术就能够支配新时代”。

中国大致从 1980 年开始重视传感器技术的研究。改革开放以来，我国传感器技术及产业发展取得了长足进步，主要表现在建立了传感技术国家重点实验室、微米/纳米加工技术国家级重点实验室、传感器国家工程研究中心等研究开发基地；微机电系统（Micro-Electro-Mechanical System，MEMS）等研究项目成为国家高新技术发展重点项目。在“九五”国家科技攻关重点项目中，传感器技术研究取得了新增 51 个品种、86 种规格的产品的成绩，敏感元件与传感器产业初步建立。

然而，传感器研究投入大、产出慢、风险高，一款传感器的研发要 6～8 年才能成熟，且传感器研究失败的风险很高，一般的企业难以承受。目前我国从事传感器研究生产的企业有 1300 余家，在数量上与美国相近，但多数企业的研发实力不强、仿制品较多，没有知识产权，在感知信息和智能化、网络化方面均与国际水平有较大差距。而且没有形成足够的规模化应用，导致国内生产的传感器不仅技术水平不高，还具有较高的价格，在市场上难有竞争力。

全球传感器市场主要由美国、日本、德国的几家龙头企业主导，2022 年全球传统传感器与智能传感器的市场份额如图 1-1 所示。目前全球能够生产超过 2 万种传感器，中国约能生产其中的 1/3，整体技术含量不高，急需研发多种传感器。另外，中高端传感器进口占比达 80%，传感器芯片进口占比达 90%，国产传感器的缺口较大。

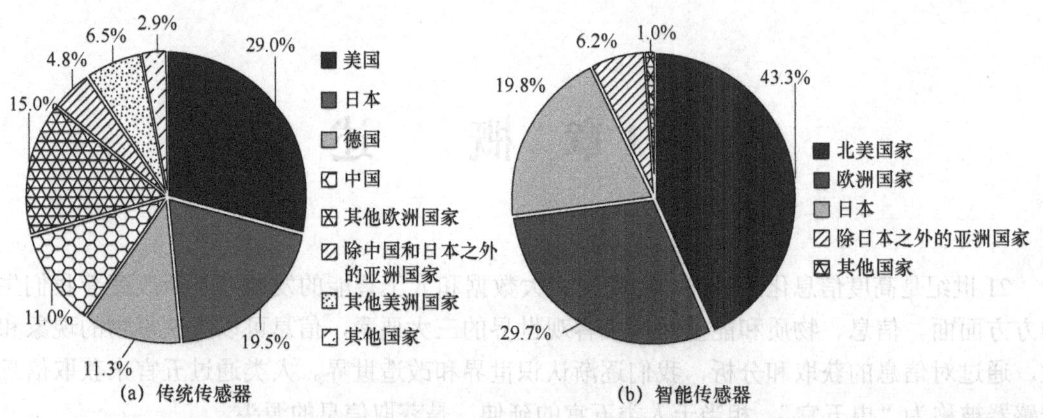

图 1-1　2022 年全球传统传感器与智能传感器的市场份额

目前，传感器向智能化、集成化、微型化和系统化方向发展。智能传感技术是随着自动化技术、计算机技术、检测技术和智能技术的深入发展而产生的新的研究领域，是未来检测技术的主要发展方向。Precedence Research 2023 年 1 月发布的数据显示，2022 年全球传感器市场规模为 2048 亿美元，其中智能传感器市场规模为 460 亿美元，约占总体规模的 22.5%。此外，Emergen Research 预计到 2023 年，全球智能传感器市场规模将达到 2505.8 亿美元，年均复合增长率约为 18.6%。2018—2023 年全球传感器市场规模及智能传感器市场规模如图 1-2 所示。

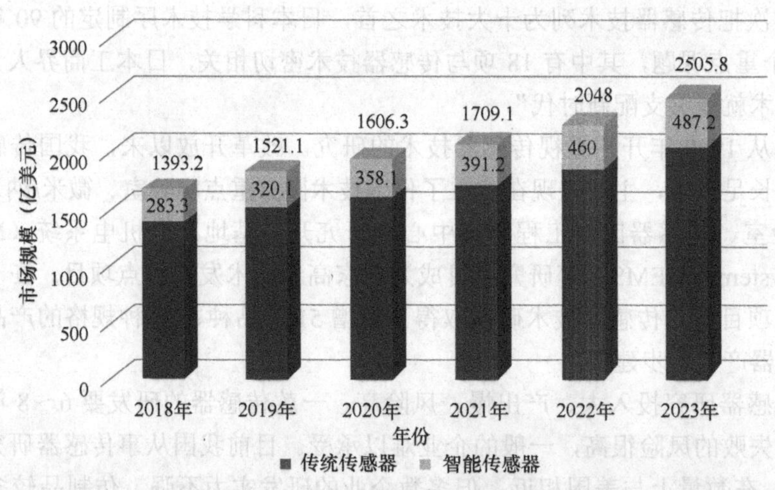

图 1-2　2018—2023 年全球传感器市场规模及智能传感器市场规模

2017 年以来，中国发布了多个战略性、指导性政策文件，包括《智能传感器产业三年行动指南（2017—2019 年）》《新一代人工智能发展规划》等，推动我国传感器产业向融合化、创新化、生态化、集群化方向快速发展。近年来，我国智能传感器市场规模不断扩大，2022 年达到 1191.8 亿元。2028 年，中国智能传感器市场规模有望达到 2400 亿元，年均复合增长率约为 14%。

本章首先介绍传感技术和检测技术；其次介绍检测数据的处理方法；最后分析传感与检测技术的发展趋势。

课程思政——【国家大事】

2022 年 11 月 18 日，国家自然科学基金委员会发布《国家自然科学基金“十四五”发展规划》，该文件共二十一章，完整阐明了“十四五”时期国家自然科学基金委员会的发展方向与相关理念，为我国“十四五”时期科学研究发展提供了重要指引。值得注意的是，该文件公布了完整的 115 项优先发展领域，这些领域是“十四五”时期发展的重点科学领域，其中包含 12 项传感器、仪器、半导体领域技术。

对于仪器、测试测量等传感器上下游产业，《国家自然科学基金“十四五”发展规划》第十章明确提出“促进成果应用贯通，发展科研仪器和软件”，加大对基础科学软件研究的投入，加强新型科研仪器研制的投入，研发跨越多个时间、空间尺度和能在极端条件下精确测量不同物理化学性质的新方法和新工具。促进数据资源、仪器设备的公开共享，促进基础研究和科研仪器研制的协同。该文件对国产仪器、国产传感器的发展有重要的引领作用。

1.1　传感技术

1.1.1　传感器的定义与分类

我国国家标准《传感器通用术语》（GB/T 7665—2005）将传感器定义为：能感受被测量并按照一定的规律转换成可用输出信号的器件或装置，通常由敏感元件和转换元件组成。敏感元件指传感器中能直接感受或响应被测量的部分；转换元件指传感器中能将敏感元件感受或响应的被测量转换成适于传输或测量的电信号部分。

传感器的典型组成结构如图 1-3 所示，一般包括敏感元件、转换元件和信号调理电路，有时还需要外加辅助电源，以提供转换能量。通常仅由敏感元件和转换元件组成的传感器输出的信号较弱，需要信号调理电路对输出信号进行放大、滤波、调制解调、衰减和数字化等处理。对于智能检测系统，信号调理电路还具有信息处理功能，可以借助微处理器或计算机完成信号的检测、判断、智能分析等任务。

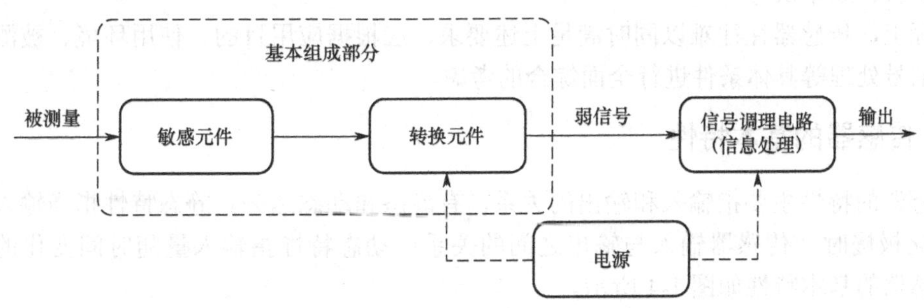

图 1-3　传感器的典型组成结构

传感器的种类繁多，往往一种被测量可以用不同类型的传感器测量，而具有相同原理的传感器又可测量多种物理量，因此传感器有多种分类方法，可根据基本效应、构成原理、工作原理、能量关系、敏感材料、输入量、输出量和所基于的高新技术等命名。传感器的分类方法如表 1-1 所示。

表 1-1　传感器的分类方法

分 类 方 法	传感器类型	说　　明
基本效应	物理型、化学型、生物型	分别根据基本效应命名为物理、化学、生物传感器
构成原理	结构型、物性型	分别根据转换元件结构参数变化、物理特性变化实现信号转换
工作原理	应变式、电容式、压电式、热电式等	以传感器转换信号的工作原理命名
能量关系	能量转换型（自源型） 能量控制型（外源型）	传感器输出量能量分别由被测量能量转换得到和由外源供给（受被测量控制）
敏感材料	半导体传感器、光纤传感器、陶瓷传感器、高分子材料传感器、复合材料传感器等	根据使用的敏感材料命名
输入量	位移、压力、温度、流量、气体、振动、温度、湿度、黏度等	根据被测量命名
输出量	模拟式、数字式	输出量分别为模拟信号和数字信号
所基于的高新技术	集成传感器、智能传感器、机器人传感器、仿生传感器等	根据所基于的高新技术命名

各种传感器的原理、结构不同，使用环境、条件、目的不同，技术指标也不尽相同。但是无论何种传感器，作为测试系统的首要环节，通常要求其必须具有快速、准确、可靠等性能且能经济地实现信号转换，具体如下。

（1）传感器的工作范围或量程应足够大，且应具有一定的过载能力。

（2）能与测试系统良好匹配，即要求输出信号与被测信号具有确定的关系（尽量为线性关系），且灵敏度较高。

（3）精度适当且稳定性强，即传感器的静态特性与动态特性的不确定度应满足要求，且能长期稳定地可靠工作。

（4）对于动态测量，要求响应速度快、动态范围宽。

（5）适用性好，对被测对象的影响小，且不易受外界干扰；使用安全，易于维修和校准；寿命长、成本低等。

实际上，传感器往往难以同时满足上述要求，应根据应用目的、使用环境、被测对象、精度和信号处理等具体条件进行全面综合的考虑。

1.1.2　传感器的基本特性

传感器的特性主要指输入和输出的关系，有静态和动态之分。静态特性指当输入量为常量或变化极慢时，传感器输入与输出之间的关系；动态特性指输入量随时间变化的响应特性。传感器的基本特性如图 1-4 所示。

1．静态特性

通常希望传感器的输入与输出具有线性关系，但由于存在误差和受外界影响等，输入与输出不会完全符合线性关系。传感器输入与输出的作用如图 1-5 所示，其中误差因素为衡量传感器静态特性的主要技术指标。

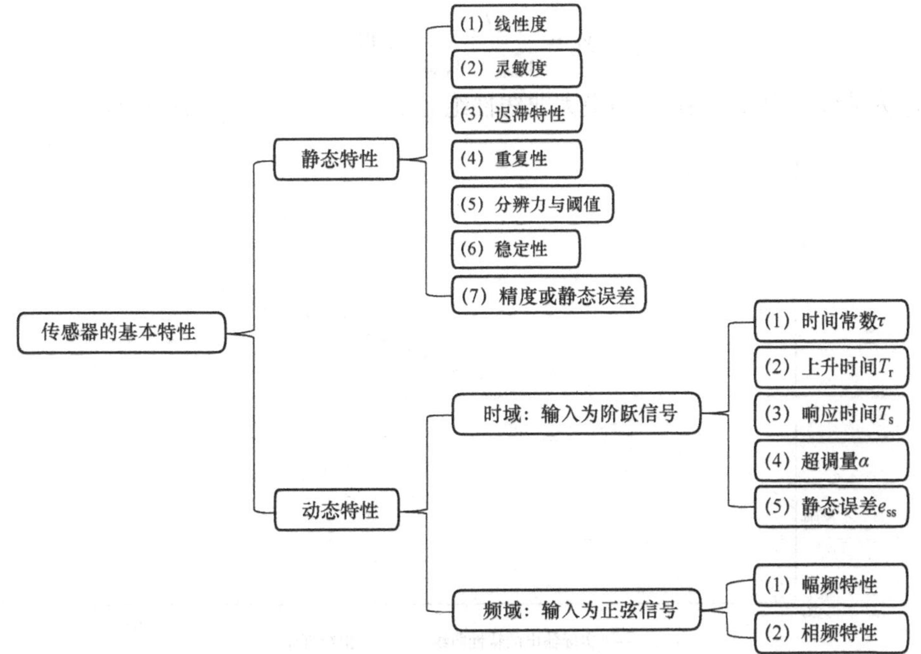

图 1-4　传感器的基本特性

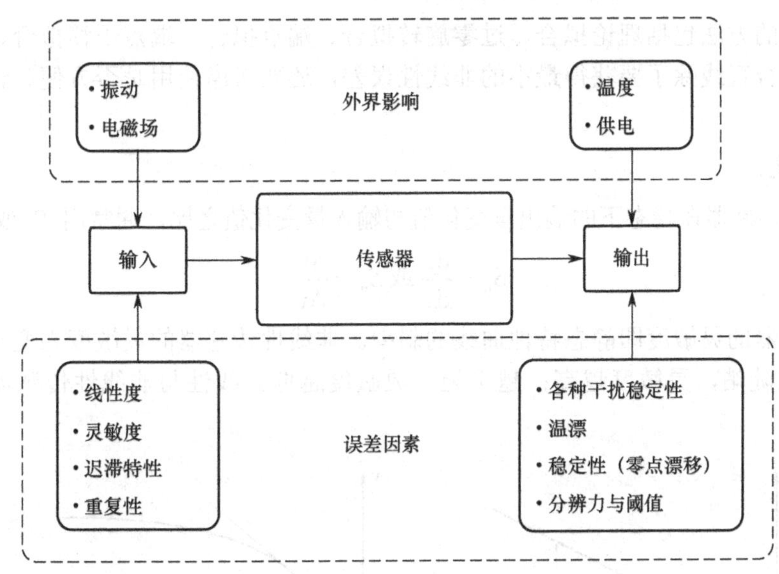

图 1-5　传感器输入与输出的作用

1）线性度

线性度指传感器的输入与输出的线性程度。理想的传感器输入—输出特性是线性的，有助于简化传感器的理论分析、数据处理、制作标定和测试。一般在非线性误差不大的情况下，通常采用直线拟合的方法实现线性化处理。

传感器输入—输出特性的线性化处理如图 1-6 所示。

线性度又称非线性误差，是传感器实际输出的特性曲线与拟合曲线之间的最大偏差与传感器满量程输出的百分比，即

$$\gamma_{\mathrm{L}} = \frac{\Delta L_{\max}}{y_{\max} - y_{\min}} \times 100\% \tag{1-1}$$

式中，γ_{L} 为非线性误差；$\Delta L_{\max}$ 为最大非线性绝对误差；$y_{\max} - y_{\min}$ 为满量程输出。

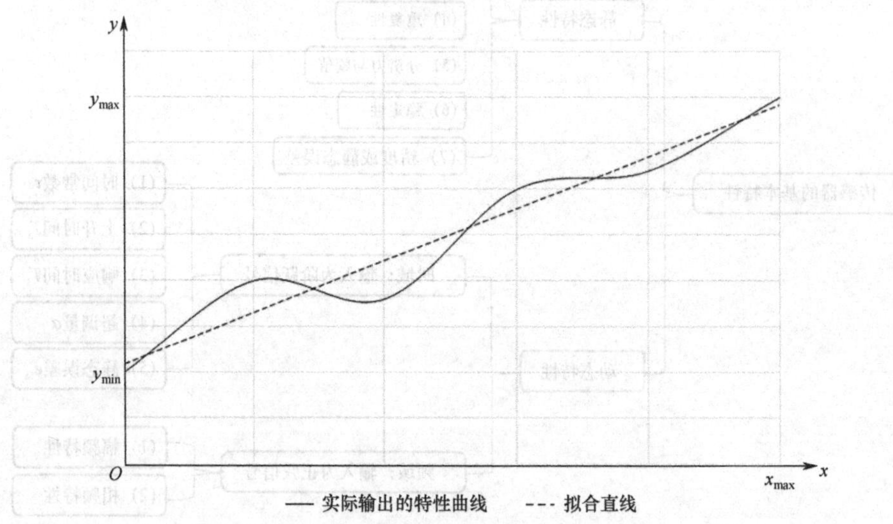

图 1-6 传感器输入—输出特性的线性化处理

拟合直线的方法包括理论拟合、过零旋转拟合、端点拟合、端点平移拟合、最小二乘拟合等。选择拟合直线除了要获得最小的非线性误差，还要考虑使用是否方便、计算是否简便等问题。

2）灵敏度

灵敏度是传感器在稳态下的输出量变化值与输入量变化值之比，通常用 S_{n} 或 K 表示，即

$$S_{\mathrm{n}} = \frac{\mathrm{d}y}{\mathrm{d}x} \text{ 或 } S_{\mathrm{n}} = \frac{\Delta y}{\Delta x} \tag{1-2}$$

线性传感器的灵敏度即静态特性曲线的斜率。非线性传感器的灵敏度为变量，输入—输出特性曲线越陡峭，灵敏度越高；越平坦，灵敏度越低。线性与非线性传感器的灵敏度如图 1-7 所示。

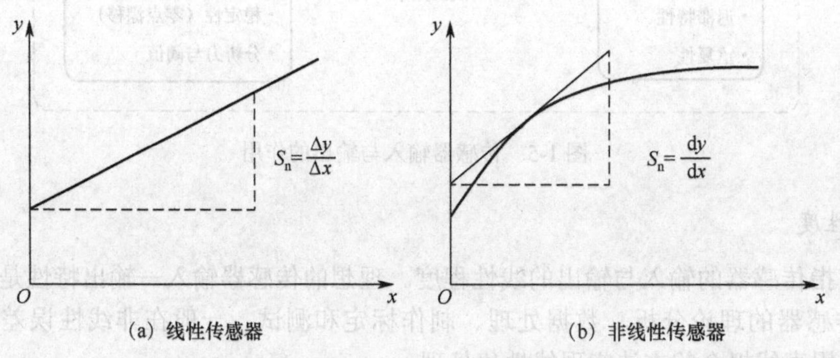

图 1-7 线性与非线性传感器的灵敏度

在传感器的线性范围内，通常希望传感器的灵敏度越高越好。因为当灵敏度较高时，与被测量变化对应的输出信号变化较大，有利于信号处理。但需要注意的是，传感器的灵敏度

高，则容易混入与被测量无关的噪声信号，该信号也会被放大系统放大，影响测量精度，导致系统的稳定性降低。

3）迟滞特性

在传感器正（输入量增大）、反（输入量减小）行程中，将输入特性曲线与输出特性曲线不重合的现象称为迟滞特性，传感器的迟滞特性如图 1-8 所示。迟滞特性的出现是由于传感器机械部分存在不可避免的摩擦、间隙、松动和积尘等，引起能量的吸收和消耗。

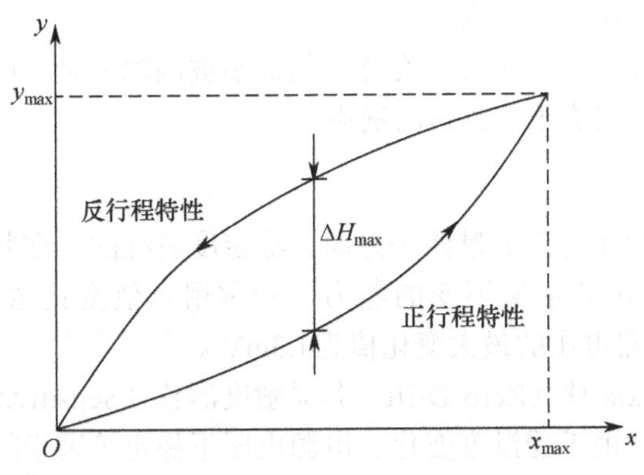

图 1-8　传感器的迟滞特性

传感器的迟滞特性一般通过实验获得，即

$$\gamma_H = \pm\frac{1}{2}\frac{\Delta H_{max}}{y_{max}}\times 100\% \tag{1-3}$$

式中，ΔH_{max} 为正、反行程中输出的最大差值；y_{max} 为满量程输出。

传感器的迟滞特性会导致其分辨力变小，或导致测量出现盲区，因此一般认为传感器的迟滞特性越小越好。

4）重复性

重复性表示传感器在输入量按同一方向做全量程多次测量时所得到的输入—输出特性曲线的一致程度，表征传感器测量结果的分散性和随机性。传感器的重复性如图 1-9 所示。

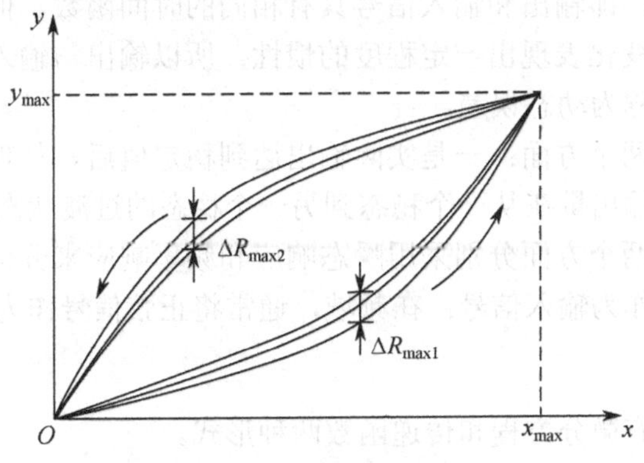

图 1-9　传感器的重复性

正行程的最大重复性偏差为 ΔR_{max1}，反行程的最大重复性偏差为 ΔR_{max2}，重复性误差

ΔR_{max} 取两者中的较大值，用 ΔR_{max} 与满量程输出 y_{max} 之比的百分数表征传感器的重复性，即

$$\gamma_R = \frac{\Delta R_{max}}{y_{max}} \times 100\% \tag{1-4}$$

5）分辨力与阈值

分辨力指传感器能检测到的被测量的最小增量。分辨力可用绝对值表示，也可用传感器能检测到的被测量最小增量与满量程输出之比的百分数表示。当被测量的变化小于分辨力时，传感器对输入量的变化无任何响应。

阈值指能使传感器输出端产生可测变化量的最小被测输入量，即零位附近的分辨力。在大多数情况下，阈值主要取决于传感器的噪声。

6）稳定性

稳定性包括稳定度和环境影响量两个方面。稳定度表征的是在其他条件不变的情况下，传感器在规定时间内维持其示值不变的能力，通常用示值变化量与时间的比值表示，如1.3mV/h 表示 1h 内传感器电压的最大变化值为1.3mV 。

环境影响量包括零点漂移（Zero Drift）和灵敏度漂移（Sensitivity Drift）。零点漂移指当传感器输入信号为零时，由于受温度变化、电源电压不稳定等因素的影响，其电路静态工作点发生变化，并逐步放大和传输，使电路输出端电压偏移的现象。灵敏度漂移指灵敏度随时间的变化而变化。漂移与传感器输入量无关，会影响其稳定性和可靠性。

产生漂移的原因主要有两个：①传感器自身敏感材料特性和结构参数老化；②在测试过程中周围环境（如温度、湿度、压力等）发生变化。

7）精度或静态误差

精度又称静态误差，指传感器在全量程内任意一点的实际输出值与理论值的偏离程度，是评价传感器性能的综合指标。目前，精度的计算方法不统一，需要考虑不同的评价标准。

2. 动态特性

传感器的动态特性指传感器对动态输入信号的响应特性，以及传感器输出对随时间变化的输入信号的响应特性。对于一个动态特性好的传感器，根据其输出关于时间的变化能够再现输入关于时间的变化，即输出和输入信号具有相同的时间函数。但实际上，由于传感器敏感材料会对不同的信号变化表现出一定程度的惯性，所以输出与输入信号不具有完全相同的时间函数，这种差异被称为动态误差。

动态误差主要包括两个方面：一是实际输出达到稳定值后，与理想输出值的差值；二是当输入量发生跃变时，输出量在从一个稳态到另一个稳态的过渡状态中的误差。

可以从时域和频域两个方面分别采用瞬态响应和频率响应来分析传感器的动态特性。在时域，通常将阶跃信号作为输入信号；在频域，通常将正弦信号作为输入信号。

1）动态模型

传感器的动态模型有微分方程和传递函数两种形式。

（1）微分方程。

微分方程为

$$a_n \frac{d^n y}{dt^n} + a_{n-1} \frac{d^{n-1} y}{dt^{n-1}} + \cdots + a_0 y = b_m \frac{d^m x}{dt^m} + b_{m-1} \frac{d^{m-1} x}{dt^{m-1}} + \cdots + b_0 x \tag{1-5}$$

式中，$a_0, a_1, \cdots, a_n$ 和 $b_0, b_1, \cdots, b_m$ 是与传感器参数有关的常数，一般 $b_0 \neq 0$，$b_1 = b_2 = \cdots = b_m = 0$。

该模型的优点是可以通过求解微分方程来分清暂态响应和稳态响应；缺点是求解困难，特别是对于高阶系统。

（2）传递函数。

在线性常系数系统中，传递函数是当初始条件为零时系统输出量的拉普拉斯变换与输入量的拉普拉斯变换之比，即

$$H(s) = \frac{Y(s)}{X(s)} = \frac{b_m s^m + \cdots + b_1 s + b_0}{a_n s^n + \cdots + a_1 s + a_0} \tag{1-6}$$

传递函数有以下优点：克服了求解微分方程的困难；对于多环节串、并联传感器，容易看清各环节对系统的影响，便于改进。当传感器比较复杂或基本参数未知时，可以通过实验直接求得传递函数。

2）阶跃响应

对于一阶系统和二阶系统，输入一个单位阶跃信号，即

$$x(t) = \begin{cases} 0, & t < 0 \\ 1, & t > 0 \end{cases} \tag{1-7}$$

此时，一阶系统和二阶系统的响应特性曲线如图 1-10 所示。

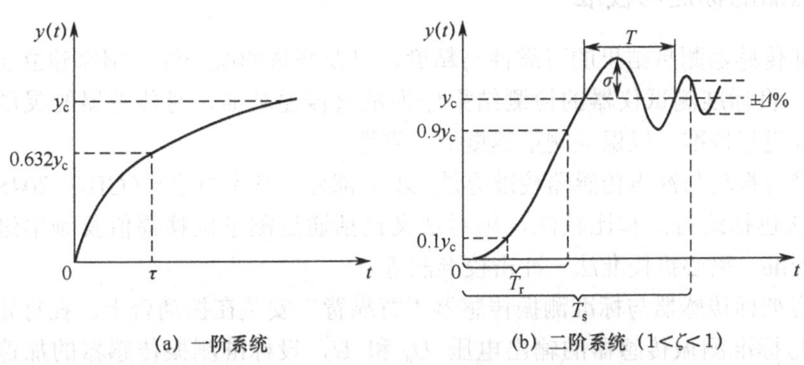

图 1-10　一阶系统和二阶系统的响应特性曲线

特性指标如下。

（1）时间常数 τ：指一阶系统的输出值从 0 上升到稳态值的 63.2%的时间，表示惯性的大小，因此一阶系统又称惯性系统。τ 越小，阶跃响应越快，频率响应的上截止频率越高，响应曲线越接近输入阶跃曲线，动态误差越小。输入信号为阶跃信号的一阶系统，当 $t > 5\tau$ 时采样，其动态误差可以忽略，认为输出已经接近稳态。

（2）上升时间 T_r：系统输出值达到稳态值 y_c 的 90%所需的时间。

（3）响应时间 T_s：系统输出值达到误差允许范围 ±Δ% 所经历的时间。

（4）超调量 σ：响应曲线第一次超过稳态值后达到的峰值与稳态值之差，$\sigma = y_{max} - y_c$。

（5）静态误差 e_{ss}：在经过无限长的时间后，传感器的稳态值与目标值的偏差 δ_{ss} 的相对

值，$e_{ss}=\dfrac{\delta_{ss}}{y_c}\times 100\%$。

3）频率响应

当将正弦信号 $x=X_m\sin\omega t$ 作为输入信号时，其输出仍为正弦信号 $y=Y_m\sin(\omega t+\varphi)$，输出信号与输入信号的频率相同，但幅值与相角都是关于频率的函数。

将 x 和 y 的各阶导数代入传感器微分方程中，可得

$$H(\mathrm{j}\omega)=\frac{y(\mathrm{j}\omega)}{x(\mathrm{j}\omega)}=\frac{b_m(\mathrm{j}\omega)^m+\cdots+b_1(\mathrm{j}\omega)+b_0}{a_n(\mathrm{j}\omega)^n+\cdots+a_1(\mathrm{j}\omega)+a_0} \tag{1-8}$$

输出量和输入量的幅值之比与频率的关系为幅频特性，即

$$A(\omega)=\left|\frac{y(\mathrm{j}\omega)}{x(\mathrm{j}\omega)}\right|=\frac{Y_m}{X_m} \tag{1-9}$$

输出量与输入量的相移与频率的关系为相频特性，即

$$\varphi(\omega)=\arctan\frac{H_I(\omega)}{H_R(\omega)} \tag{1-10}$$

式中，$H_I(\omega)$、$H_R(\omega)$ 分别为 $H(\mathrm{j}\omega)$ 的虚部和实部。

由于幅频特性和相频特性存在一定的内在联系，因此，在给出传感器的频率响应特性时一般只给出幅频特性。对于传感器来说，在选择频率响应范围时应将被测信号的频率限制在通带内。

1.1.3 传感器的标定与校准

为了保证传感器测量结果的可靠性与精度，以及测量的统一性，国家建立了各类传感器的检定标准，将标准测试仪器的检测结果作为量值传递基准，对传感器的灵敏度、频率响应、线性度等进行校准，以保证测量数据的可靠性。

国家标准《振动与冲击传感器校准方法 第 1 部分：基本概念》（GB/T 20485.1—2008）指出校准方法包括绝对法和比较法，绝对法又包括通过测量位移幅值及频率进行校准的方法、互易法校准、离心机校准法、冲击校准法等。

比较法将被标传感器与标准测振传感器“背靠背”安装在振动台上。在标定时，分别测被标传感器与标准测振传感器的输出电压 U_a 和 U，设标准测振传感器的加速度灵敏度为 S_{a0}，则可以计算出被标传感器的加速度灵敏度 S_a。

在振幅恒定的条件下，改变振动台的振动频率，测出传感器输出电压与振动频率的关系，即得到幅频响应。比较被标传感器与标准测振传感器输出信号的相位差，可以得到传感器的相频特性，从而可以对其进行校准。振动传感器的比较标定系统如图 1-11 所示。

传感器的标定指利用某种标准仪器对新研制或生产的传感器进行技术检定和标度，通过实验建立传感器输入量与输出量的关系，并确定在不同使用条件下的误差关系或测量精度。传感器的校准指对使用或放置一段时间后的传感器再次进行性能的测试和校准，校准的方法和要求与标定相同。一般生产加工类企业的量具都有固定的校准周期，到期后必须将这些量具送到权威的第三方计量质量检测部门进行校准（通常称为“年检”“强检”），只有通过检测后才可以继续使用。例如，压力传感器的校准流程如图 1-12 所示。随着传感器的智能化，未来传感器将具有更强的自适应能力和自主学习能力，能够根据环境变化和数据反馈实

时调整自身的参数和功能，从而在整个使用周期内实现无须人工干预的自动标定和校准。

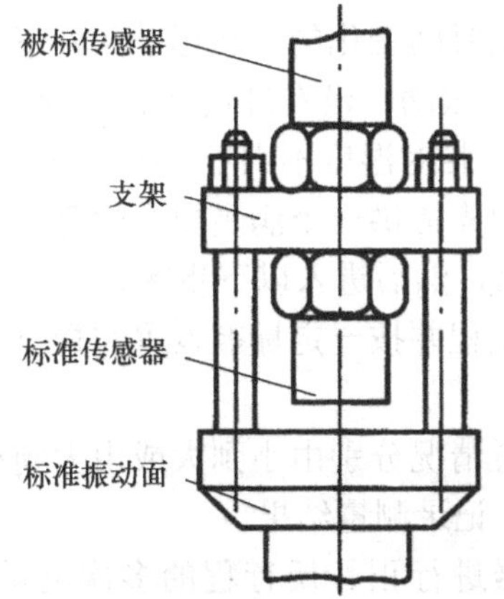

图 1-11 振动传感器的比较标定系统

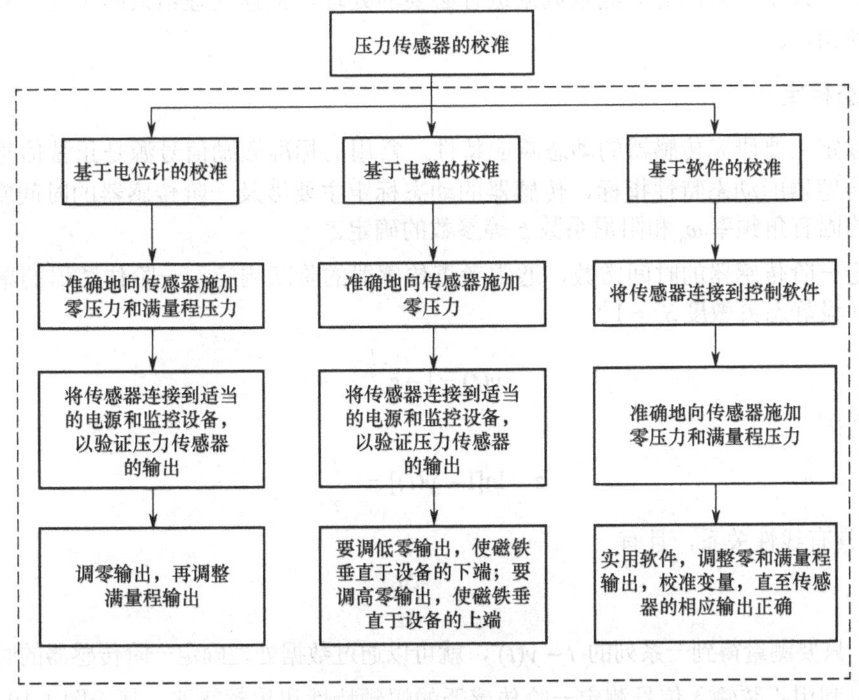

图 1-12 压力传感器的校准流程

传感器的标定包括静态标定和动态标定。静态标定的目的是确定传感器静态特性指标，如线性度、灵敏度、迟滞特性、重复性等；动态标定的目的是确定传感器的动态特性参数，如频率响应、时间常数、固有频率和阻尼比等。对传感器的标定以标准仪器与被标传感器的测试数据为依据，即利用标准仪器产生已知的非电量并将其输入被标传感器，然后将传感器的输出量与输入的标准量进行比较，从而得到一系列标准数据或曲线。在实际应用中，输入的标准量可用标准仪器检测，即将被标传感器与标准仪器进行比较，因此，只有当标准仪器的测量精度至少高于被标传感器的测量精度一个等级时，被标传感器的测量结果才是可信的。

1. **静态标定**

静态标定指在输入信号不随时间变化的静态标准条件下确定传感器的静态特性指标。静态标准条件为没有加速度、没有振动、没有冲击（其本身是被测量的情形除外），以及环境温度一般为室温，即20℃±5℃，相对湿度不大于85%，大气压力为101kPa±7kPa的情形。

对传感器进行静态标定，要先提供一个满足要求的静态标准条件，再选用一个与被标传感器精度要求相适应的标准仪器，然后进入以下步骤。

（1）确定被标传感器的全量程并按一定标准设置测量点，一般将全量程划分成若干个等间距点。

（2）根据传感器测量点设置情况分别由小到大或由大到小逐点完成对标准输入（由标准仪器确定）与对应输出的测量，记录测量结果。

（3）按第（2）步对传感器进行正、反行程的多次测量，得到被标传感器的多组测量数据。

（4）利用最小二乘法等对测量数据进行必要的处理，根据处理结果即可确定被标传感器的静态特性指标。

2. **动态标定**

动态标定主要研究传感器的动态响应特性。常用的标准激励信号源是正弦信号和阶跃信号。根据传感器的动态特性指标，传感器的动态标定主要涉及一阶传感器的时间常数τ、二阶传感器的固有角频率ω_n和阻尼系数ξ等参数的确定。

要确定一阶传感器的时间常数，通常考查传感器的阶跃响应。一阶传感器的单位阶跃响应函数为（设静态灵敏度$S_n=1$）

$$y(t)=1-e^{-\frac{t}{\tau}} \tag{1-11}$$

可以得到

$$z=\ln[1-y(t)]=-\frac{t}{\tau} \tag{1-12}$$

z与t具有线性关系，且有

$$\tau=-\frac{\Delta t}{\Delta z} \tag{1-13}$$

因此，只要测量得到一系列的$t-y(t)$，就可以通过数据处理确定一阶传感器的时间常数。

也可以利用正弦输入信号测定一阶传感器的幅频特性和相频特性，基于图1-10（a）确定一阶传感器的时间常数。

要确定二阶传感器的固有角频率和阻尼系数，通常考查传感器的正弦输入响应，即通过测定传感器输出和输入的幅值比和相位差来确定传感器的幅频特性和相频特性。在欠阻尼情况下，根据二阶传感器的单位阶跃响应函数或图1-10（b），在单位阶跃输入和灵敏度为1（$S_n=1$）的情况下，可以得到单位阶跃响应的峰值（超调量）为$\sigma=e^{-\frac{\xi\pi}{\sqrt{1-\zeta^2}}}$。二阶传感器的阶跃响应为

$$y(t)=S_n\left[1-\frac{e^{-\omega_n\zeta t}}{\sqrt{1-\zeta^2}}\sin\left(\sqrt{1-\zeta^2}\,\omega_n t+\arctan\frac{\sqrt{1-\zeta^2}}{\zeta}\right)\right] \tag{1-14}$$

由此可得，$\zeta = \dfrac{1}{\sqrt{\left(\dfrac{\pi}{\ln\sigma}\right)^2 + 1}}$，即只要测得超调量$\sigma$，就可以求出阻尼比$\zeta$。

根据图 1-10（b），可以得到振荡周期 T，于是得到有阻尼时的固有角频率为 $\omega_\mathrm{d} = \dfrac{2\pi}{T}$，无阻尼时的固有角频率为 $\omega_\mathrm{n} = \dfrac{\omega_\mathrm{d}}{\sqrt{1-\zeta^2}}$。

1.1.4 传感器的选用原则

传感器的应用领域非常多，被测对象和应用要求千差万别，在设计测试系统时，传感器的选用是一个较复杂的问题，传感器的选用需要考虑的注意事项如下。

（1）仔细研究被测对象，确定信号和传感器类型，如机械量的测量要考虑位移、速度、加速度或力的测量，并按被测量选择传感器类型。

（2）确定测试方式，有接触式与非接触式测试、在线与非在线测试等，在不同测试方式下，对传感器的要求不同。例如，运动部件往往采用非接触式测试；在线测试对传感器与测试系统有特殊要求。

（3）分析测试环境和可能存在的干扰因素，如磁场、电场、温度、湿度等，这些因素会影响传感器的稳定性和可靠性。

（4）根据测量范围确定具体的传感器（按工作原理选用），如位移测量要分析是大位移还是小位移，测量范围会影响传感器的选用。

（5）确定合理的传感器技术指标，如灵敏度和精度并非越高越好，灵敏度越高，越容易受干扰的影响，也会影响其适用的测量范围；精度越高，价格越高，因此应考虑经济性等因素。在进行动态测量时，要根据被测信号的特点（如稳态、瞬态或随机信号等）选择传感器的动态工作频带。

除了要考虑上述注意事项，还要考虑传感器的体积、价格、安装方式等，最终综合确定所选用的传感器。

1.2 检测技术

1.2.1 检测技术的发展背景

自古以来，检测技术渗透到人类的生产活动、科学实验、日常生活的各方面。当前，测量科学已成为现代化生产的重要支柱之一，是整个科学技术和国民经济的重要技术基础，对促进生产力发展与社会进步有举足轻重的作用。在基础学科研究领域，检测技术发挥着重要作用，如宏观上要观察茫茫宇宙，微观上要观察小到10^{-13}cm的粒子；既观察长达数十万年的天体演化，又观察短至10^{-24}s的瞬间反应。深化对物质的认识，开发新能源、新材料，需要在各种极端环境（如超高温、超低温、超高压、超高真空、超强磁场、超弱磁场等）下应用检测技术。

检测技术的地位与作用如图 1-13 所示，可以概括为 6 个方面：一是获取自然界和生产领域中信息的主要手段和途径；二是获取人类感官无法获取的大量信息；三是为新技术革命带来深刻变化和关键性突破；四是突破现代技术发展的瓶颈；五是作为国家综合实力、科技水平、创新能力的主要表征；六是具有广阔的市场和强烈的社会需求。

图 1-13 检测技术的地位与作用

要获取大量人类感官无法直接获取的信息，没有相应检测技术的支撑和对检测仪器仪表的利用是不可能的。许多基础科学研究存在障碍的原因之一是获取关于研究对象的信息存在困难，而一些具有新机理和高灵敏度的检测仪器仪表的出现往往会带来该领域研究的突破；检测技术的发展常常是一些边缘学科发展的先驱。我国的 8 个高技术领域（信息技术、生物技术、新材料技术、先进制造与自动化技术、资源环境技术、航空航天技术、能源技术、先进防御技术）都离不开检测技术和仪器仪表。检测技术与仪器仪表的应用领域和方向如表 1-2 所示。

表 1-2 检测技术与仪器仪表的应用领域和方向

应用领域	应用方向
信息技术	计算机软硬件状态检测、网络和通信状态检测、网络安全检测、信息的探测和识别等
生物技术	生物芯片技术、生物传感技术、免疫技术、核酸探针、人体内部生理和病理状态检测、基因组注释识别、辅助药物开发、寻找疾病靶点、生物活性物质预测和药物释放、药物剂量和给药效果识别等
新材料技术	超声检测复合材料构件的损耗程度，红外热波检测被测物表面及内部损伤以及进行陶瓷、金属、半导体等材料的生产检测等
先进制造与自动化技术	在线监测零件尺寸、产品缺陷、装配定位，输送和工件定位过程自动化，齿轮箱故障诊断，电子元件高精度焊接，轨道车辆数字化生产，高精密度加工技术，复合加工工艺等
资源环境技术	大气中的 NO_2、SO_2、CO_2、甲醛、甲烷、氨的含量，以及环境湿度、有机磷和氨基甲酸酯、水体 pH 值的测量
航空航天技术	飞行器的飞行高度、飞行速度、飞行状态与方向、加速度、过载及发动机状态参数的测量，航天运载器技术、航天器技术、航天测控技术等
能源技术	采油过程的磁性定位仪、含水仪、压力计等支撑测井技术的测量仪表，炼油过程的供电系统、供水系统、供蒸汽系统、供气系统、储运系统和三废处理系统与其连续生产过程中应用的检测仪表等；采煤过程的煤层气测井仪器、矿井空气成分检测仪器、矿井瓦斯检测仪器、井下安全保障监控系统，熄焦过程控制、煤气回收控制、精炼过程控制、生产机械传动控制等；炼铁过程的热风控制、装料控制与高炉控制、轧钢过程的压力控制、轧机速度控制、卷曲控制等
先进防御技术	精确制导武器、智能型弹药、军队自动化指挥系统（C4IRS 系统），以及军用侦察、通信、导航卫星等

近几十年，随着计算机、通信、自动控制等技术的飞速发展，信息的处理、传输与利用功能得到了充分的开发。然而，传感与检测技术作为信息技术的前端，却没有得到相应的协调发展，在某种意义上制约着信息技术及相关产业的发展。

因此，目前世界上许多国家（特别是西方发达国家）投入大量人力和财力，大力发展各类新型传感器，将传感与检测技术作为优先和重点发展的高技术领域，检测技术在国民经济中的地位日益提高。以信息的获取、转换、显示和处理为主要内容的传感与检测技术发展成为一门完整的技术学科，在促进生产力发展和科技、社会进步的广阔领域内发挥着重要作用。

1.2.2 检测技术的基本概念

检测是人们借助专门的设备、测量仪器和测试系统，采用适当的实验方法和测量手段，并结合必要的数据信号处理技术，研究被测对象量值的过程。因此，检测的主要目的是获得和确定被测对象的量值。检测的任务是根据测量装置和系统的输出量评价被测对象的性能和特点，主要用于科学研究、工程设计、产品研发、产品检测及生产等方面。

在工程中，检测被视为“测量”的同义词或近义词。“测量”指以确定被测对象属性量值为目的的全部操作。测量的过程实质上是一个比较的过程，即将被测量与一个具有相同性质的、作为测量单位的标准量进行比较，从而确定被测量是标准量的多少倍或几分之几的过程。用天平测量物体的质量就是一个典型的例子。而“测试”是具有试验性质的测量，是对未知事物的探索性认识过程，因此，“测试”具有探索、分析和研究的特征，是对测量和试验的综合。

被测量的分类方法有很多，一般按物理量、化学量和生物量进行分类，被测量的分类如表 1-3 所示。

表 1-3　被测量的分类

分　类		被测量名称
物理量	几何量	长度、角度、形位参数（直线度、平面度、圆度、垂直度、同轴度、平行度、对称度等）、复杂几何图形
	力学量	质量、力、力矩、压力、真空、流量、速度、加速度、振动、冲击、硬度
	热学量	温度、热流、热导率（在工业化生产过程中，温度、压力、流量是 3 个常用的参数）
	光学量	可见光、红外线、紫外线、X 射线、Y 射线、照度、亮度、色度、激光
	磁学量	磁场强度、磁通量
	电学量	电场强度、电流、电压、功率、电路参量（电阻、电感、电容）
	声学量	声压、噪声、超声波
化学量	物质化学特性	热量、黏度、密度、电导率、浊度
	气体	气体成分、气体分压、气体浓度
	离子	离子成分、离子活度、离子浓度、pH 值
	湿度	相对湿度、露点、水汽分压
生物量	生化量	酶、免疫（抗原、抗体）、微生物
	生理量	血压、颅内压力、膀胱内压力、脉搏、心音、血流、呼吸

1.2.3 检测系统的结构

大多数检测系统是基于传感技术逐步发展起来的，在工程中，检测系统是由多个环节按照特定的检测目的组合而成的复杂系统。随着计算机技术和信息处理技术的发展，检测系统的内容不断完善和充实。无论其结构怎样变化，一个完整的检测系统的基本结构都包括传感器检测、信号传输、信号处理、数据显示等环节。检测系统的原理如图 1-14 所示。

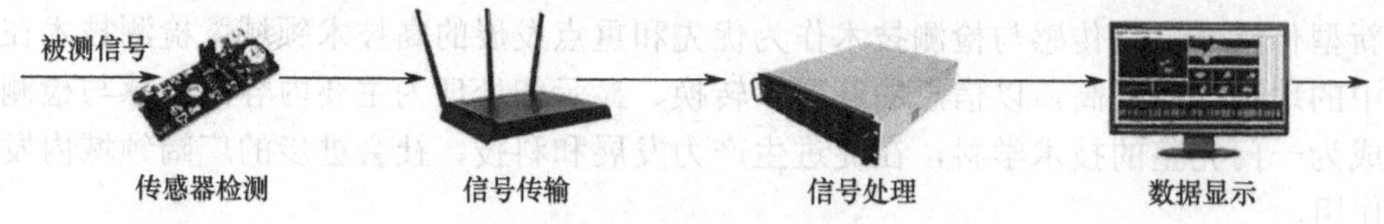

图 1-14　检测系统的原理

（1）传感器环节，用于检测被测信号，并将其转换为适合进行后续处理的电信号。其获取被测信号的准确度，决定了检测系统的准确度。因此，传感器在检测系统中具有重要地位。

（2）信号传输环节主要将传感器输出的电信号转换为满足特定测量要求的信号形式。

（3）信号处理环节主要对检测到的信号进行数字化、滤波等处理，使信号满足传输和显示要求。

（4）数据显示环节将测得的信号转换为一种易于使用者理解的信号，以供使用者观察和分析。

1.2.4 传感器的测量误差

任何测量都有误差，误差存在于一切科学实验和测量过程中。研究测量误差的目的是减小测量误差，使测量结果尽可能接近真实值。

1. 与测量误差相关的术语

1）真值

真值即真实值，指被测量在一定条件下客观存在的、实际具备的值。真值是不能确切获知的，通常所说的真值可分为理论真值、约定真值、相对真值。

（1）理论真值。理论真值又称绝对真值，指根据一定的理论严格确定的值，如三角形的内角和恒为180°。在实际测量中由于理论真值难以获得，常采用约定真值或相对真值。

（2）约定真值。约定真值又称规定真值，指用约定的办法得到国际上公认的基准量值。例如，保存在国家计量局的1kg铂铱合金就是1kg质量的约定真值。约定真值被认为充分接近真值，通常用于在测量中代替真值。

（3）相对真值。相对真值又称实际值，指满足规定精度要求的用于代替真值的量值。如果按精度将计量器具分为若干个等级，等级较高的计量器具的测量值即为相对真值，相对真值在误差测量中的应用最广。

2）示值

示值是由测量仪器给出或提供的量值，又称测量值。由于受测量误差的影响，示值与实际值总是存在一定的偏差。例如，用二等标准活塞压力计测量压力，得到$9000.2\text{N}/\text{cm}^2$（示值），用一等压力计测量得到$9000.5\text{N}/\text{cm}^2$（实际值），则该二等标准活塞压力计的测量误差为$-0.3\text{N}/\text{cm}^2$。

3）标称值

标称值指计量或测量器具上标注的值，如标准砝码标注的1kg、精密电阻标注的100Ω等。由于受制造、测量、环境等因素的影响，标称值不一定等于实际值，即计量或测量器具的标称值存在不确定度，通常需要根据精度等级或误差范围进行不确定度评定。

4）测量误差

测量误差指测量结果与真值之差，真值常用约定真值或相对真值代替。在实际测量中，通常将被测量的最佳估计值（如多次重复测量的算术平均值）作为约定真值。

5）精度

精度是反映测量结果与真值接近程度的量，它与误差的大小对应，因此常用误差的大小表示精度的高低，即误差越大精度越低，误差越小精度越高。

6）测量不确定度

测量不确定度指对测量结果的可信度、有效性评价。测量不确定度是评定测量结果质量的一个定量指标，其值越小，测量结果越可信。

2. 测量误差的分类

1）系统误差

在相同条件下，对同一被测量进行多次测量，保持不变或按一定规律变化的误差为系统误差，前者被称为已定系统误差（恒值系统误差），在误差处理中是可以被修正的；后者被称为未定系统误差（变值系统误差），根据其变化规律，可分为线性系统误差、周期性系统误差和复杂规律系统误差等。

系统误差包括测量设备的基本误差，由测量理论和方法不完善、读数方法不正确造成的误差，以及环境误差等。在实际测量中，需要及时发现系统误差，进而设法消除系统误差，也可以通过测量不确定度来确定误差范围。

2）随机误差

在相同条件下，对同一被测量进行多次测量，如果误差的绝对值和符号以不可预知的方式变化，则该误差为随机误差。

产生随机误差的原因很复杂，如测量环境中温度、湿度、气压、振动、电场等的微小变化，因此随机误差是由大量对测量值影响小且互不相关的因素引起的综合结果。随机误差就个体而言无规律可循，但其总体服从统计规律，可利用统计学方法分析它对测量结果的影响。

随机误差具有以下特点。

（1）有界性。在多次测量中，随机误差的绝对值虽然是变化的，但实际上不会超过一定的界限。

（2）对称性。在多次测量中，随机误差的绝对值相等且正负误差出现的机会相同。

（3）抵偿性。在多次测量中，随机误差的正负误差相互抵偿。

3）粗大误差

在多次测量中，明显偏离规定条件下预期值的误差被称为粗大误差，在进行数据处理时应剔除该误差。粗大误差产生的原因包括测量人员疏忽或失误、测量方法不当或错误、测量环境突然发生变化等。

1.3 检测数据的处理

1.3.1 检测数据的表示

1. 测量结果的数字表示方法

常见的测量结果表示方法是将观测值或多次观测结果的算术平均值与相应的极限误差相加。置信概率 P 不同则测量结果的极限误差不同。因此，应在相同的置信水平 a 下比较测量的精确度，测量结果的表达式通常具有确定的概率意义。下面介绍几种常用的表示方法，这些方法都以系统误差已被消除为前提。

1）单次测量结果的表示方法

设已知测量仪表的标准差 σ，单次测量结果为 x，则通常将被测量 x_0 表示为 $x_0 = x \pm \sigma$，该式表明被测量 x_0 的估计值为 x，当取置信概率 $P_c = 68.27\%$ 时，测量误差不超过 $\pm\sigma$。为更明确地表达测量结果的概率意义，应表示为

$$x_0 = \bar{x} \pm \sigma，\ P_c = 68.27\% \tag{1-15}$$

2）n 次测量结果的表示方法

当将 n 次等精度测量的算术平均值 $\bar{x}$ 作为测量结果时，其可以表示为 $x_0 = \bar{x} \pm C\sigma_{\bar{x}}$，$\sigma_{\bar{x}}$ 为算术平均值的标准差，其值为 $\sigma/\sqrt{n}$；置信系数 C 可根据所要求的置信概率 P_c 及测量系数 n 确定。在一般情况下，当极限误差为 $3\sigma_{\bar{x}}$（置信系数 $C=3$）时，为了使置信概率 $P_c > 99\%$，应有 $n>14$，测量次数 n 最好不少于 10 次。如果测量次数少于 14 次，仍将 $3\sigma_{\bar{x}}$ 作为极限误差，则对应的置信概率 P_c 将降为 80%～98%。

2. 有效数字的处理原则

当用数字表示测量结果时，应注意对有效数字的处理。

1）有效数字的基本概念

对于一个数，从左边第一个非零数字到右边精确到的位数，这些数字均为有效数字。测量结果一般为被测真值的近似值，有效数字的位数决定了这个近似值的准确度。

有时会出现数的前面或后面带零的情况。例如，25μm 可写为 0.025mm，其中的两个零显然是由于单位改变而出现的，不是有效数字；而对于 25.0μm，小数点后面的零是有效数字。为避免混淆，通常将后面带零的数中不作为有效数字的零表示为 10 的幂次方的形式；而作为有效数字的零，则不表示为该形式。例如，2.5×10mm 有两位有效数字，而 250mm 有三位有效数字。

2）数据舍入规则

对于测量结果中多余的有效数字，在进行数据处理时不能简单地采取四舍五入的方法，这时的数据舍入规则为“4 舍 6 入 5 看右”。如果保留 n 位有效数字，当第 $n+1$ 位数字大于 5 时则入；当小于 5 时则舍；当等于 5 时，如果 5 后还有数字则入，如果 5 后无数字或为零，第 n 位为奇数则入，为偶数则舍。

3）有效数字运算规则

（1）对于参与运算的常数（如 π、e、$\sqrt{2}$ 等），有效数字的位数不受限制，需要几位就取几位。

（2）加减运算：当有不超过 10 个测量数据相加减时，要对小数位数进行舍入处理，使其只比小数位数最少的数多一位；计算结果应保留的小数位数要与原数据中有效数字位数最少者相同。

（3）乘除运算：当两个数据相乘或相除时，要对有效数字多的数进行舍入处理，使其只比有效数字最少的数多一位；计算结果应保留的有效数字位数要与原数据中有效数字位数最少者相同。

（4）乘方及开方运算：运算结果应比原数据多保留一位有效数字。

（5）对数运算：取对数前后的有效数字位数应相等。

（6）当多个数据取算术平均值时，由于误差相互抵消，所得算术平均值的有效数字位数可增加一位。

3. 异常测量值的判别与舍弃

在一系列测量值中，可能混有残差绝对值很大的异常测量值。如果这种异常测量值是由测量过程中出现粗差导致的“坏值”，则应剔除不用，否则会明显歪曲测量结果。然而，有时异常测量值的出现，可能客观反映了测量过程中的某种随机波动特性。因此，不应为了追求数据的一致性而轻易舍去异常测量值。为了科学地判别粗差和正确地舍弃坏值，需要建立异常测量值的判别标准。

通常采用统计判别法，下面介绍常用的两种。

1）拉依达准则

凡超过此值的测量误差均进行粗差处理，相应的测量值即为含有粗差的坏值，应予以剔除。

设对某个被测量重复进行 n 次测量，得到的 n 个测量值为 $x_1, x_2, \cdots, x_n$，相应的残差为 $v_1, v_2, \cdots, v_n$。如果某个测量值 x_d 的残差 $v_d(1 \leqslant d \leqslant n)$ 为 $|v_d| > 3\sigma$（σ 为标准差），则认为 x_d 是含有粗差的坏值，应剔除。

显然，拉依达准则是以正态分布和置信概率 $P_c > 99\%$ 为前提的。当测量次数 n 有限时，可以用估计值 $\hat{\sigma}$ 代替 $|v_d| > 3\sigma$ 中的 σ。测量次数 n 较少会导致 $\hat{\sigma}$ 的可靠性较低，从而直接影响拉依达准则的可靠性。

2）t 检验准则

对某个被测量重复进行 n 次测量，得到 n 个测量值 $x_1, x_2, \cdots, x_i, \cdots, x_n$，观察各测量值中是否有偏离较大者，如果某个测量值 x_d 偏离较大，则假定它为可疑测量值，并计算测量值（不包含 x_d）的算术平均值及相应的标准差，即

$$\overline{x}' = \sum_{i \neq d} \frac{x_i}{n-1} \tag{1-16}$$

$$\hat{\sigma}' = \sqrt{\sum_{i \neq d} \frac{(x_i - \overline{x}')^2}{n-2}} \tag{1-17}$$

这时，如果 $\left|x_d - \overline{x}'\right| > K(\alpha,n)\hat{\sigma}'$ 成立，则可以判定 x_d 是坏值，应予以剔除。$K(\alpha,n)$ 为系数，$K(\alpha,n)$ 的值如表 1-4 所示。

表 1-4　$K(\alpha,n)$的值

n	$K(\alpha, n)$	
	α=0.01	α=0.05
4	11.46	4.97
5	6.53	3.56
6	5.04	3.04
7	4.36	2.78
8	3.96	2.62
9	3.71	2.51
10	3.54	2.43
11	3.41	2.37
12	3.31	2.33

$K(\alpha, n)$ 的值不仅与置信水平 α 有关，还与测量次数 n 有关。当置信水平 α 相同时，测量次数 n 越大，$K(\alpha, n)$ 的值越小，对坏值的剔除越严格。

4. 等精度测量结果的处理步骤

对某个被测量进行测量，其测量结果中可能含有系统误差、随机误差和粗大误差。为了得到正确的测量结果，需要对测量数据进行处理，基本步骤如下。

（1）对测量数据进行修正，以减小系统误差（主要是恒值系统误差）的影响。

（2）求算术平均值，即

$$\overline{x} = \frac{1}{n}\sum_{i=1}^{n} x_i \tag{1-18}$$

（3）求残差，即

$$v = x_i - \overline{x} \tag{1-19}$$

（4）利用贝塞尔公式求标准差的估计值，即

$$\hat{\sigma} = \sqrt{\frac{1}{n-1}\sum_{i=1}^{n} v_i^2} \tag{1-20}$$

（5）判断是否存在粗大误差，如果存在则剔除坏值。

- 当测量次数较多时，利用莱特准则。如果满足条件 $|v_i| > 3\hat{\sigma}$，则该残差对应的数据含有粗大误差，是坏值，应予以剔除。
- 当测量次数较少时，利用格拉布斯准则。如果满足条件 $|v_i| > G\hat{\sigma}$，则该残差对应的数据含有粗大误差，是坏值，应予以剔除。

（6）剔除坏值后，求剩余数据的算术平均值、残差及标准差的估计值，并再次进行判断，直至剔除所有坏值。

（7）判断有无变值系统误差。

- 用马利科夫准则判断是否存在线性系统误差。
- 用阿贝—赫梅特准则判断是否存在周期性系统误差。

（8）求算术平均值的标准差，即

$$\hat{\sigma}_{\bar{x}} = \frac{\hat{\sigma}}{\sqrt{n}} \tag{1-21}$$

（9）求算术平均值的不确定度，即

$$\lambda_{\bar{x}} = 3\hat{\sigma} \tag{1-22}$$

（10）得出测量结果，即

$$x = \bar{x} + \lambda_{\bar{x}} \tag{1-23}$$

1.3.2 数据误差的处理方法

1. 系统误差的处理

系统误差的特点是服从某个确定的规律，在测量过程中，导致产生系统误差的因素较多，系统误差所表现出来的特征（变化规律）往往不一致。处理系统误差对于提高测量精度与保障工程安全意义重大。例如，在航天领域，地球静止轨道（Geostationary Orbit，GEO）卫星搭载的快速成像仪具有高时空分辨率，对测定轨系统提出了很高的精度要求。但是，由于存在地面段、卫星段和传播段 3 个方面的影响，系统误差成为影响 GEO 卫星定轨精度的主要因素。

在风云四号卫星（如图 1-15 所示）在轨测试期间，其残差 RMS 值超出合理水平，个别测站残差 RMS 值甚至达到 50m，定轨精度只有 800m。研究人员利用定轨估计解算星上系统误差，对其进行标校，利用标校后的观测数据重新定轨，各测站残差由 15m 降至 2m，定轨精度提高到 20m，性能得到显著提升。因此，需要及时发现系统误差，进而设法消除系统误差。

图 1-15 风云四号卫星

“工程师之戒”是工程领域由误差引起严重事故的例子。1900 年，加拿大魁北克大桥启动修建，大桥横贯圣劳伦斯河。工程师在设计时将桥梁主跨的净距由 487.7m 增加到了 548.6m。1907 年 8 月 29 日，在施工的最后时刻，大桥发生垮塌，造成桥上的 86 名工人中 75 人丧生，11 人受伤。事故调查显示，这起悲剧是由工程师在设计中一个小小的计算失误造成的。1913 年，大桥重新开始设计建造；1916 年 9 月，由于某个支撑点的材料指标不到位，悲剧重演，中间最长的桥身突然塌陷，造成 13 名工人死亡。在经历了重大事故后，大桥终于在

1917 年建成，成为迄今为止最长的悬臂跨度大桥。惨痛的教训引起了人们的沉思，自彼时起，垮塌桥梁的钢筋被重铸为一枚枚戒指，授予北美几所顶尖大学的工程系毕业生，以警示和提醒他们，谨记工程师对公众和社会的责任与义务。工程师之戒和加拿大魁北克大桥如图 1-16 所示。

(a) 工程师之戒

(b) 加拿大魁北克大桥

图 1-16 工程师之戒和加拿大魁北克大桥

1）系统误差的发现与判别

（1）实验对比法。通过改变测量条件、测量仪器等进行测量结果对比，以发现系统误差。这种方法适用于发现恒值系统误差。例如，对于一台存在恒值系统误差的仪器，即使进行多次测量也不能发现系统误差，只有用精度更高的测量仪器进行同样的测试，才能发现这台仪器的恒值系统误差。

（2）残差观察法。根据测量值的残差大小和符号变化规律，利用数据列表或曲线判断有无系统误差，这种方法适用于发现具有一定变化规律的系统误差。

（3）准则判别法。常用的判别准则包括马利科夫准则和阿贝—赫梅特准则等。马利科夫准则适用于发现线性系统误差，阿贝—赫梅特准则适用于发现周期性系统误差。

马利科夫准则是按照测量顺序将同一条件下重复测量的残余误差分为前后两组，并分别计算两组的残差和统计量 $\varDelta$，$\varDelta$ 为

$$\varDelta=\begin{cases}\sum_{i=1}^{n/2}u_i-\sum_{i=\frac{n}{2}+1}^{n}u_i,\ n\text{为偶数}\\ \sum_{i=1}^{(n-1)/2}u_i-\sum_{i=\frac{n+3}{2}}^{n}u_i,\ n\text{为奇数}\end{cases}\tag{1-24}$$

如果 $\varDelta$ 的绝对值大于最大的 u_i（$|u_{i\max}|$），则可以认为测量值存在线性系统误差；如果 $\varDelta\approx 0$，则可以认为不存在线性系统误差。

阿贝—赫梅特准则将同一条件下重复测量的残余误差按照测量顺序排列为 $v_1, v_2, \cdots, v_n$，并计算统计量 $\varDelta$

$$\varDelta=\left|\sum_{i=1}^{n-1}v_i v_{i+1}\right|\tag{1-25}$$

如果 $\varDelta\geqslant\sqrt{n-1}\sigma^2$，则认为测量值存在周期性系统误差。

2）减小系统误差的方法

（1）从系统误差产生的根源上采取措施。

- 定期对测量仪器进行校准，以保证测量仪器的精度。
- 注意测量环境对测量结果的影响，尤其是温度、电子干扰等因素。
- 提高测量人员的技术水平，减少或消除由测量人员主观因素导致的系统误差。

（2）用修正的方法减小系统误差。

利用误差曲线、表格或程序对测量结果进行修正，以消除测量结果中包含的系统误差。

（3）通过采用专门的测量方法来消除系统误差。

- 零示法。

将被测量与已知标准量进行比较，当两者的效应相互抵消时，指示器指示零，此时标准量的值就是被测量的值，这种方法为零示法。

将标准量 E_S 与被测量 E_X 进行比较，调节标准量 E_S 的值，当输出端 $A=0$（指示器指示零）时，说明标准量 E_S 与被测量 E_X 相等，即 $U_X=U_S$，零示法原理如图 1-17 所示。

- 微差法。

微差法原理如图 1-18 所示，在测量过程中，选择一个与被测量 x 非常接近的量 s，此时指示器指示微小的差值 δ，即 $x=\delta+s$。

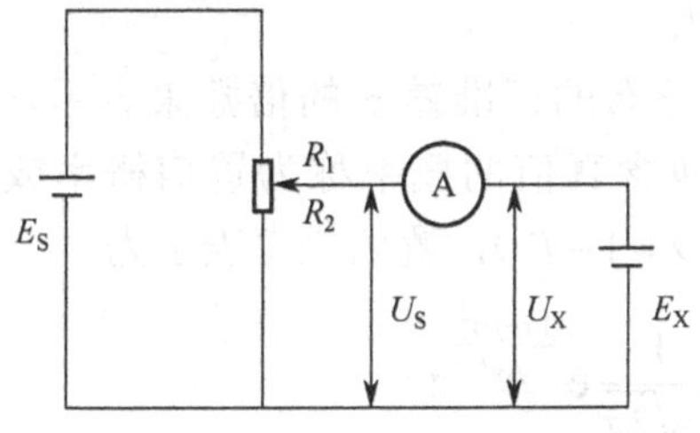

图 1-17　零示法原理

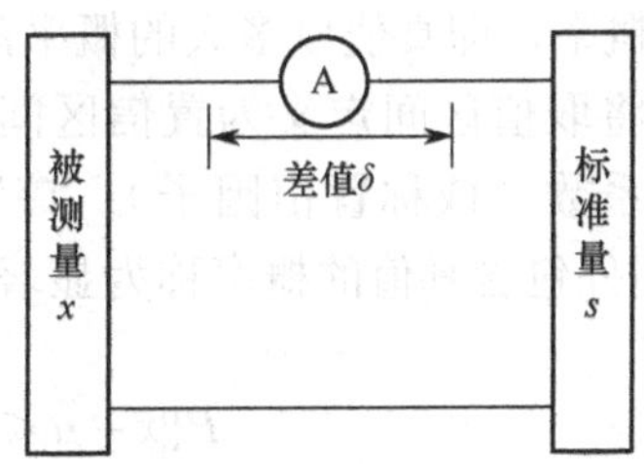

图 1-18　微差法原理

2. 随机误差的处理

随机误差具有随机变量的一切特点，它的概率分布多服从正态分布，因此可以采用数理统计的方法，研究其总体分布规律。

（1）算术平均值 $\bar{x}$。在实际测量中，由于存在随机误差，所以无法得到被测量的真值，当测量次数足够多时，可以用算术平均值代替真值，即

$$\bar{x}=\frac{x_1+x_2+\cdots+x_n}{n}=\frac{1}{n}\sum_{i=1}^{n}x_i \tag{1-26}$$

式中，n 为测量次数；x_i 为第 i 次测量值。

（2）标准差 σ。标准差又称标准偏差或实验标准差，单次测量值的标准差为

$$\sigma=\sqrt{\frac{1}{n}\sum_{i=1}^{n}(x_i-\mu)^2} \tag{1-27}$$

式中，n 为测量次数；x_i 为第 i 次测量值；μ 为被测量的真值。

在实际测量中，无法得到被测量的真值 μ，因此通常用算术平均值 $\bar{x}$ 代替真值来估计标准差 σ，用 $\hat{\sigma}$ 表示标准差的估计值，即

$$\hat{\sigma}=\sqrt{\frac{1}{n-1}\sum_{i=1}^{n}(x_i-\overline{x})^2} \tag{1-28}$$

由于测量次数总是有限的，被测量的算术平均值不可能等于真值，所以需要在多次重复测量中评价算术平均值的精度，可以用算术平均值的标准差表示，即

$$\hat{\sigma}_{\overline{x}}=\frac{\hat{\sigma}}{\sqrt{n}} \tag{1-29}$$

由式（1-29）可知，算术平均值的标准差为单次测量值标准差的$\frac{1}{\sqrt{n}}$，测量次数越多，算术平均值往往越接近被测量的真值，测量精度越高。

（3）测量结果的置信度。

随机误差服从正态分布时的概率密度函数为

$$p(x)=\frac{1}{\sigma\sqrt{2\pi}}\mathrm{e}^{-\frac{(x-\mu)^2}{2\sigma^2}}\mathrm{d}x \tag{1-30}$$

式中，σ为标准差；x为测量值（随机变量）；μ为随机变量的真值（数学期望）。

由前面的讨论可知，算术平均值反映了随机变量的分布中心，标准差反映了随机误差的分布范围。研究随机误差的统计规律，不仅要知道随机变量的取值范围，还要确定在该范围内取值的概率，即真值以多大的概率落在某个区间。

通常将取值区间定义为置信区间，常用正态分布的标准差σ的倍数来表示，即$\pm ka$，k为置信系数（或称置信因子）；该置信区间内包含真值的概率称为置信概率或置信水平（置信区间外包含真值的概率称为显著性水平，即$\alpha=1-P$），置信概率表示为

$$P\{|x-\mu|\leqslant k\sigma\}=\int_{\mu-k\sigma}^{\mu+k\sigma}\frac{1}{\sigma\sqrt{2\pi}}\mathrm{e}^{-\frac{(x-\mu)^2}{2\sigma^2}}\mathrm{d}x \tag{1-31}$$

为方便表示，令$\delta=x-\mu$，则有

$$P\{|\delta|\leqslant k\sigma\}=\int_{-k\sigma}^{+k\sigma}\frac{1}{\sigma\sqrt{2\pi}}\mathrm{e}^{-\frac{\delta^2}{2\sigma^2}}\mathrm{d}\delta=\int_{-k\sigma}^{+k\sigma}p(\delta)\mathrm{d}\delta \tag{1-32}$$

可以看出，置信系数越大，置信区间越宽，则置信概率越大，随机误差的分布范围越大，测量精度越低。正态分布下的置信概率P与置信系数k的关系如表1-5所示。

表1-5　正态分布下的置信概率与置信系数的关系

P	50	68.27	90	95	95.45	99	99.73
k	0.676	1	1.645	1.96	2	2.576	3

在实际测量中，通常取$k=3$，置信概率为99.73%。一般情况下，可以取$k=2$，置信概率为95.45%。

3. 粗大误差的处理

在无系统误差的情况下，在测量结果中出现较大误差的概率是很小的。因此，当在测量结果中出现较大误差时，应考虑是否存在粗大误差，如果存在，则应将相应数据剔除。

那么，在测量结果中出现多大误差时可以认为存在粗大误差呢？在不能确定产生原因的情况下，应利用统计学方法判断是否存在粗大误差。这种方法的基本思想是：给定置信概率，确定相应的置信区间，认为超出置信区间的误差是粗大误差，应予以剔除。

常用的方法有莱特检验法和格拉布斯检验法两种。

1）莱特检验法

假定在一系列等精度测量结果 x_i 中，测量值的残差为 v_i，标准差的估计值为$\hat{\sigma}$，如果$|v_i| > 3\hat{\sigma}$，则该误差为粗大误差。

莱特检验法简单、方便，适用于测量次数 n 足够多的情况，当测量次数少于 10 次时容易产误差，原则上不用。

2）格拉布斯检验法

在一系列等精度测量数据 x_i 中，测量值的残差 v_i 满足 $|v_i| > G\hat{\sigma}$，则认为在与该残差对应的测量结果中存在粗大误差，应剔除相应数据。G 为格拉布斯系数，其值可通过查表得到，格拉布斯系数 G 的值如表 1-6 所示。

表 1-6　格拉布斯系数 G 的值

n	G	
	P=95%	P=99%
3	1.15	1.16
4	1.46	1.49
5	1.67	1.75
6	1.82	1.94
7	1.94	2.10
8	2.03	2.22
9	2.11	2.32
10	2.18	2.41
11	2.23	2.48
12	2.29	2.55
13	2.33	2.61
14	2.37	2.66
15	2.41	2.70
16	2.44	2.75
17	2.47	2.78
18	2.50	2.82
19	2.53	2.85
20	2.55	2.88
30	2.74	3.10
40	2.87	3.24
50	2.96	3.34
100	3.17	3.59

值得注意的是，格拉布斯检验法是根据数理统计方法推导出来的，其概率意义比较明确，当测量次数较少时应该使用该法。

1.4 传感器与检测技术的发展趋势

1.4.1 传感器的发展趋势

传感器的发展趋势如图 1-19 所示。

图 1-19 传感器的发展趋势

（1）传感器的微型化。微传感器是以微机电系统（MEMS）技术为基础，将微电子、微机械加工与封装技术巧妙结合，从而制造的体积小但功能强大的新型系统。微传感器与传统传感器在尺寸、结构、材料、特性乃至所依据的物理作用原理等方面均有不同。微传感器具有体积小、重量轻、功耗低和可靠性高等特点，广泛应用于国防、汽车、航空、航天、信息通信、生物、医疗等领域。

（2）传感器的集成化。集成化指将敏感元件、信号调理电路及电源等集成在一个芯片上，从而使检测及信号处理一体化；或者将多个相同传感器配置在同一个平面上形成阵列；或者研制能检测两个以上物理量的传感器。

（3）传感器的量子化。量子传感器基于激光冷却原子技术，利用小型相干气体原子，可以测量重力场或磁场变化，不但非常精确，而且灵敏度高。此外，量子传感器利用量子纠缠现象，这是传统传感器所不具备的。利用量子纠缠现象，可以将不同的量子系统关联起来，并通过一个系统影响另一个系统，即使这些系统在物理上是分开的，也可以通过彼此干涉来提供相关环境信息。

（4）传感器的网络化。新一轮科技革命的突出特征是数字化、网络化、智能化，这也是新一代信息技术的核心。传感器的网络化主要指将传感器技术、通信技术和计算机技术结合，从而构成网络传感器，实现信息采集、传输和处理一体化。

（5）传感器的智能化。传感器的智能化指将传感器与微处理器结合，使之除了具有常规的检测与信息处理功能，还具有自校准、自诊断、自学习、自决策、自适应能力。目前，智能传感器多用于对力、振动、冲击、加速度、流量、温湿度的测量。另外，军用智能传感器还采用并行处理、模式识别等先进的信息处理方式，为提高传感器的性能开辟了新天地。

此外，通过研究生物感官开发的仿生传感器，也是引人注目的传感器发展方向之一。许多生物具有功能奇特、性能优越的感官功能。例如，狗的嗅觉，鸟的视觉，蝙蝠、飞蛾、海豚的听觉，蛇的温度敏感能力等。这些生物的功能是当前传感器技术望尘莫及的。

传感器的发展途径实例如图 1-20 所示。

（1）发现新现象与新效应。传感器的工作原理是基于各种物理现象、化学反应和生物效应的，所以发现新现象与新效应是发展传感技术的重要工作，是研制新型传感器的重要基础，其意义极为深远。例如，利用约瑟夫森效应的热噪声温度传感器可测 10^{-6} K 的超低温；利用激光冷却原子可以精确测量重力场或磁场变化的量子特性，据此可以设计制作灵敏度很高的量子传感器。

（2）开发新材料。材料是传感器技术的重要基础。随着材料科学的进步，人们可以根据需要控制材料的成分，而新功能材料的开发将导致新的传感器出现。例如，半导体材料研究的进展，促进了半导体传感器的迅速发展；随着光导纤维的问世，产生了各种光纤传感器。

（3）采用新工艺。随着生产工艺水平的不断提高，新的加工方法不仅使传感器的性能指标提高、应用范围扩大，还可以制造新型传感器。溅射薄膜、平面电子、蒸镀、等离子体刻蚀、化学气体沉积、外延、扩散、各向异性腐蚀、光刻等已广泛应用于传感器领域。

（4）使用新技术。通过使用新技术（如红外焦平面阵列技术、分布式光纤传感技术、多传感器数据融合技术、模糊信息处理技术等）可以开发新一代多功能智能传感器。

(a) 基于激光冷却原子技术的量子传感器

(b) 基于新材料的冰单晶微纳光纤

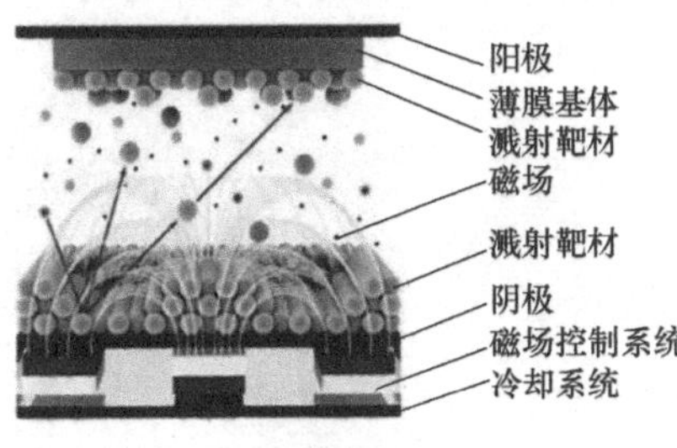

(c) 磁控溅射薄膜工艺

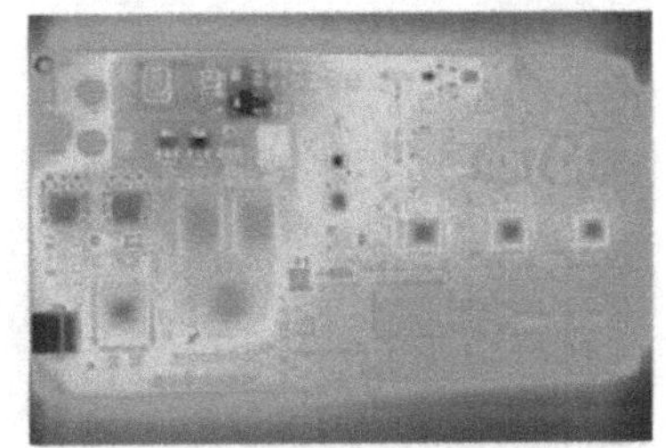

(d) 非制冷红外热成像焦平面阵列探测器

图 1-20 传感器的发展途径实例

1.4.2 检测技术的发展趋势

（1）测试精度更高、功能更强。提高精度是传感器与检测技术永恒的主题，随着科技的发展，各领域对测试精度的要求越来越高，如在尺寸测量范畴，从绝对量来讲已经提出了亚纳米的要求。在科学技术进步与社会发展的过程中，会不断出现新领域、新事物，需要人们去认识、探索和开拓。例如，开拓外层空间、探索微观世界、了解人类自身的奥秘等。因此，需要测试的领域越来越多，需要测量的参数也不断增多，环境越来越复杂，这都对传感器与检测技术提出了更高要求。

（2）动态响应更快。在科学研究领域，部分物理现象变化和化学反应较快，有时甚至要用飞秒激光进行测试。在现代测试中，对于一些被测对象，还要在高速运动中进行测试。例如，飞行器在飞行中要对其轨道和速度不断进行修正，这就要求在很短的时间内测出其运行参数；对爆炸、冲击中瞬时变化的参数进行测量也是如此，这对测试系统的动态响应提出了更高要求。

（3）环境适应能力更强。从茫茫太空，到浩瀚海洋，再到大地深处，传感器与检测技术将全方位地应用于未知世界。这些测量环境往往非常恶劣，要求检测系统能适应很大的温度、压力变化范围及强大的电磁干扰。

（4）开展极端测量。常规测量技术相对成熟，而一些极端情况下的测量技术有待发展，如大尺寸及微纳尺寸的测量、超高温与超低温的测量、强磁场与弱磁场的测量等，面对这些极端测量问题，传感器与检测技术需要解决更多的技术难题。

第 2 章　传统传感器

传感器作为现代工业、科技和生活中不可或缺的重要组成部分，已经被广泛应用于物理、化学、生物等领域。无论是在工业生产、医疗保健、环境监测领域，还是在智能家居领域，传统传感器都扮演着不可替代的角色，为我们的生产、生活和社会发展提供了有力支持。本章从传感器的功能材料和加工工艺、物理传感器、化学传感器、生物传感器等方面，全面介绍传统传感器在各领域的应用和重要作用。

2.1　传感器的功能材料

材料科学的成果是开发传感器的重要基础。考虑材料的不同性能，可以分为磁性材料、电阻材料、光学材料等；考虑材料的不同材质，可以分为特殊合金、精密合金、特种陶瓷（或精细陶瓷）、功能高分子材料等，基于不同材质研制的传感器如图 2-1 所示。这些具有特定的光学、电学、声学、磁学、力学、化学、生物学功能及其相互转化功能的材料，通常称为功能材料。

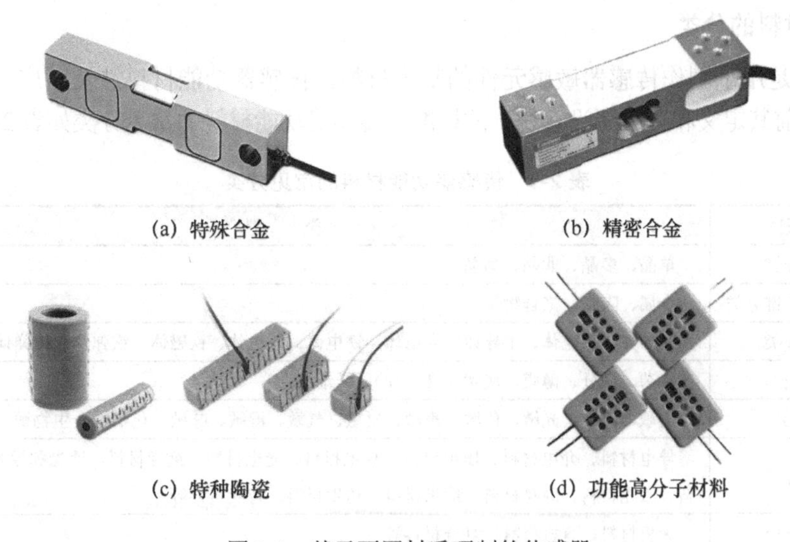

(a) 特殊合金　　(b) 精密合金

(c) 特种陶瓷　　(d) 功能高分子材料

图 2-1　基于不同材质研制的传感器

 **课程思政——【风云人物】**

航空航天材料专家、西北工业大学张立同院士为我国陶瓷材料的研究做出了巨大贡献，在高温合金和铝合金无余量熔模铸工艺理论与制造技术、航空航天高温陶瓷材料和高温陶瓷基复合材料等方面进行了开拓性研究。

1938 年，张立同院士出生于抗战大后方重庆市。童年颠沛流离的逃难生活和父亲忧国忧民的爱国情怀，使她体悟到“没有国哪有家”。她常说：“我是抗日战争出生、新中国培养的一代知识分子，责任感与使命感鞭策我前行。”20 世纪 80 年代中期，正值国际高温陶瓷热，主要发达国家在发展航空发动机用高温结构陶瓷，国内也在进行汽车发动机用高温结构陶瓷研究。张立同院士也开始关注并考虑涉入高温陶瓷材料在航空航天领域的应用。

要发展新方向，必须有新视野。西北工业大学决定派张立同院士去美国做高级访问学者。1989 年 3 月，张立同院士抵美从事大型空间站用陶瓷基复合材料研究。她认为“连续纤维增强陶瓷基复合材料”是未来航空发动机不可缺少的低密度、高韧性陶瓷材料，但必须具备耐高温、抗氧化、寿命长等特点。当时，NASA 已有专门研究，但对外保密。强烈的使命感驱使她回国研究这种制备难度极大的陶瓷基复合材料。

1991 年，张立同院士回国。一方面，开始论证连续纤维增强陶瓷基复合材料的制备技术路线；另一方面，研制多种高温陶瓷材料、玻璃陶瓷复合材料和硅碳氮纳米粉，为进入高温陶瓷基复合材料领域奠定基础。1995 年 10 月，张立同院士团队成功制造了第一批摔不碎的连续碳纤维增强碳化硅陶瓷基复合材料试验件和航空发动机燃烧室浮壁瓦片试验件，而后全面突破材料核心技术，形成了具有自主知识产权的可工程化制造的工艺与设备体系。

“耐高温长寿命抗氧化陶瓷基复合材料应用技术研究”获得 2004 年国家技术发明一等奖，打破该奖项连续六年的空缺，在国内外引起极大反响。我国成为继法国后，世界上第二个自主掌握 CVI 技术制备碳化硅陶瓷基复合材料的国家。

2.1.1 功能材料的分类与作用

1. 功能材料的分类

功能材料是用于制作传感器敏感元件的基本材料。传感器功能材料涉及面广、种类繁多、性能各异，目前其定义和分类还没有统一的标准。传感器功能材料的常见分类如表 2-1 所示。

表 2-1 传感器功能材料的常见分类

分类依据	类型
按结晶状态分类	单晶、多晶、非晶、微晶等
按电子结构和化学键分类	金属、陶瓷、聚合物等
按物理性质分类	超导体、导电体、半导体、介电体、铁电体、压电体、铁磁体、铁弹体、磁弹体等
按形态分类	掺杂、微分、薄膜、块状（带、片）、纤维等
按感测量分类	力敏、压敏、光敏、色敏、声敏、磁敏、气敏、湿敏、味敏、化学敏、生物敏、射线敏等
按材料功能分类	导电材料、介电材料、压电材料、热电材料、光电材料、绝缘材料、透光和导光材料、发光材料、激光材料、隐身材料、纳米材料、仿生材料、智能材料等
按材料成分分类	无机材料、有机材料、复合材料等

2. 功能材料的主要作用

（1）感知作用。材料能够感知外界的信息，如光、声、电、热、磁、力、成分等。

（2）响应作用。材料能够实时、准确地对外界信息做出反应。

（3）恢复作用。当外界信息消除后，材料能够迅速恢复到原始状态。

（4）智能作用。部分材料具有自诊断、自校准、自调节等智能功能。

3. 对功能材料的要求

（1）静态和动态特性好。包括灵敏度高、适用范围广、检测精度高、响度快等。

（2）可靠性高。包括耐热、耐磨损、耐腐蚀、耐振动、耐过载、耐电磁干扰等。

（3）加工性强。包括易成型、尺寸稳定、互换性好、易实现集成化及批量生产等。

（4）经济性好。包括成本低、成品率高、性价比高等。

能同时满足上述要求的材料在客观上是难以实现的，也是不必要的。因此应根据不同用途和具体使用条件来确定对材料的要求。

下面对半导体材料、功能陶瓷材料、功能高分子材料、纳米材料和智能材料进行介绍。

2.1.2　半导体材料

自然界的物质、材料按导电能力可以分为导体、半导体和绝缘体三类，按导电能力分类如图 2-2 所示。半导体材料的导电能力在导体与绝缘体之间，其电阻率为$10^{-5}\sim10^{6}\Omega\cdot m$ 。

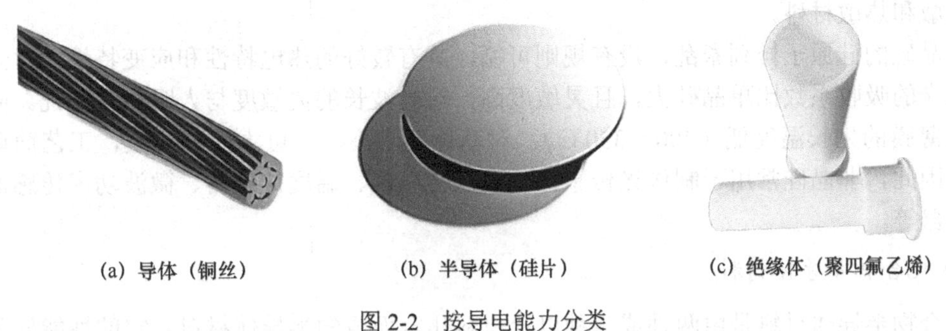

(a) 导体（铜丝）　(b) 半导体（硅片）　(c) 绝缘体（聚四氟乙烯）

图 2-2　按导电能力分类

半导体材料对很多信息量（如光、热、压力、磁场、辐射、湿度、气体、离子等）敏感，能将这些信息转化为电信号并输出。与金属依靠自由电子导电不同，半导体材料的导电能力是由半导体内的载流子数决定的，利用被测量改变半导体内的载流子数，可以构成以半导体材料为敏感元件的各种传感器。

在传感器制造技术中，半导体材料加工技术发展很快，易于实现微型化、多功能化、集成化和智能化。半导体材料是一种理想的传感器材料，在传感技术领域有越来越重要的地位。

按化学成分可以将半导体分为无机半导体和有机半导体，无机半导体又包括元素半导体和化合物半导体。按结构形态可以将半导体分为晶态半导体和非晶态半导体。

1. 无机半导体材料

1）元素半导体材料

虽然有许多元素具有半导体的性质，但考虑到性能的稳定性及加工难度等因素，迄今为止，只有硒、锗、硅真正被用于制作半导体器件，而硅在半导体材料中有压倒性优势。目前，90% 以上的半导体器件和电路都是用硅制作的。

硅传感器很好地结合了硅材料优良的力学性能和电学性能，极大地促进和推动了传感技术的发展。硅传感器实物和结构如图 2-3 所示。

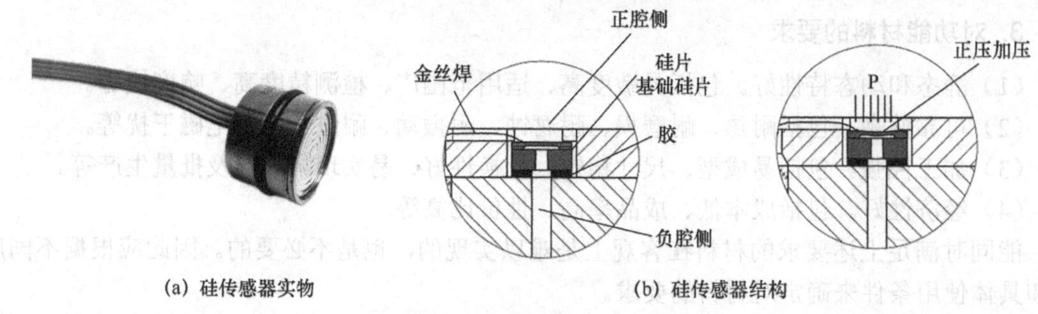

(a) 硅传感器实物　　(b) 硅传感器结构

图 2-3　硅传感器实物和结构

硅材料包括单晶硅、多晶硅、非晶硅等。单晶硅为立方晶体、是各向异性取材料，其许多物质特性取决于晶体在空间中的方向，如弹性特性、压阻效应等，并具有良好的导热性。多晶硅是单晶硅的聚合物，与单晶硅压阻膜相比，多晶硅压阻膜具有良好的温度稳定性，因此采用多晶硅压阻膜可有效抑制传感器的温漂，它是制造低温漂传感器的好材料，可作为光敏、压敏和热敏材料。

非晶硅的硅原子排列紊乱，没有规则可循，具有较好的热电特性和应变特性，对光尤其是可见光的吸收系数比单晶硅大，且灵敏度高，对光波长的灵敏度与人眼相差无几。同时，非晶硅薄膜的生长温度低（200～350℃），对基体要求不严，可大面积成膜，工艺简单，成本低。因此，非晶硅常用于制作光传感器、成像传感器、温度传感器、微波功率传感器和触觉传感器等。

2）化合物半导体材料

化合物半导体材料是由两种或两种以上材料化合而成的半导体材料，它的性能处于两种材料之间，具有耐高温、抗辐射、电子迁移率高等优点。先进的图像传感器常采用化合物半导体材料。

化合物半导体材料有很多种，如砷化镓（GaAs）、磷化铟（InP）、锑化铟（InSb）、碳化硅（SiC）及硫化镉（CdS）等。其中，砷化镓是制造微波器件和集成电路的重要材料；碳化硅的抗辐射能力强、耐高温、化学稳定性好，在航天领域有广泛应用，也适用于制造高温半导体压力传感器。砷化镓结构和砷化镓雪崩光电二极管如图 2-4 所示。

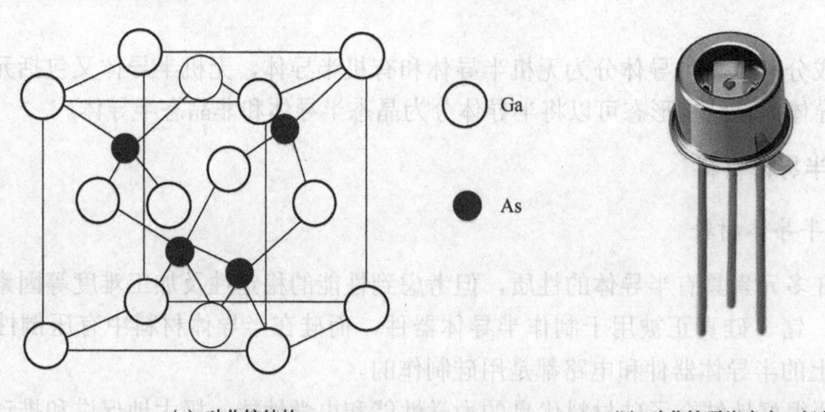

(a) 砷化镓结构　　(b) 砷化镓雪崩光电二极管

图 2-4　砷化镓结构和砷化镓雪崩光电二极管

化合物半导体材料的一个重要发展方向是超晶格材料，这种材料具有低噪声、高电子迁移率，灵敏度极高，可制成光敏、磁敏、超声波敏感元件，并有望制成具有高临界转变温度的超导体，从而制成可在高温下工作的超导量子干涉器件，以测量极弱磁场强度。

2. 有机半导体材料

有机半导体材料是以碳为基础的化合物，具有半导体性质，且具有可溶性、可加工性，在电子学、光电子学等领域有重要的应用价值，有机半导体材料的应用如图 2-5 所示。近年来，有机半导体材料的研究与应用发展迅速，已成为材料科学的热点之一。

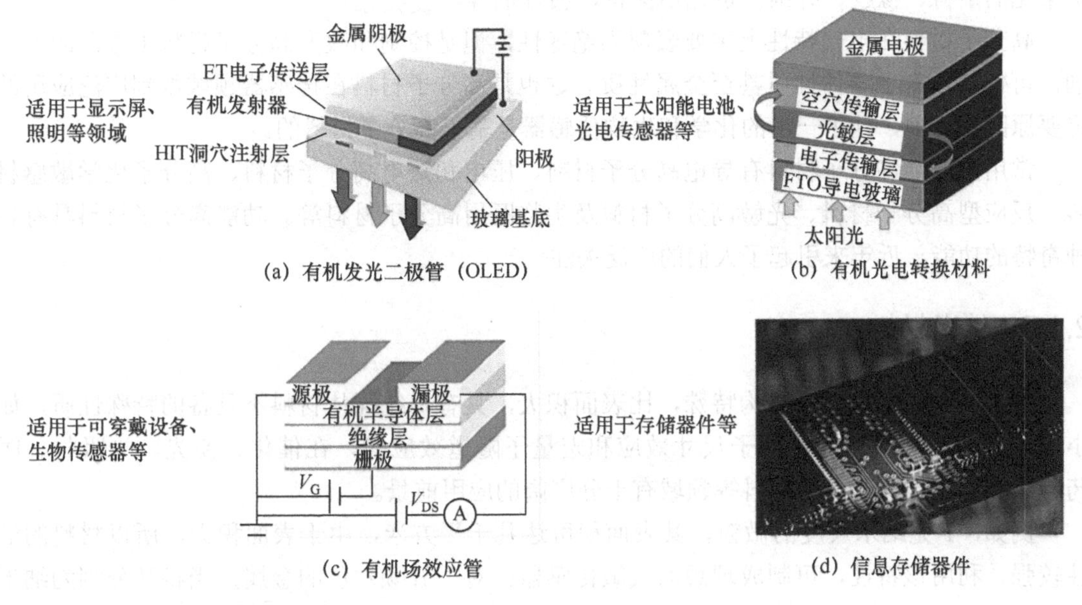

图 2-5　有机半导体材料的应用

已知的有机半导体材料有几十种，包括萘、蒽、聚丙烯腈、酞菁和一些芳香族化合物等。其中，聚合物半导体材料具有成本低、可大面积制备等优点，成为研究和应用的热点。有机半导体材料和器件的应用研究与产业化正蓬勃发展，在有机电致发光方面，有机发光二极管（OLED）已经在手机、电视等显示领域得到了广泛应用；在有机光电转换方面，有机太阳能电池在可再生能源领域具有广阔的应用前景；有机场效应管具有可弯曲、透明等特点，有望成为柔性电子器件的重要组成部分；有机半导体材料在信息存储器件中的应用也有很大潜力。

2.1.3　功能陶瓷材料

从传统意义上来看，陶瓷是对黏土等物料进行高温烧结处理形成的坚硬多晶材料。功能陶瓷与传统陶瓷在原材料、工艺等方面有很大差异。一般使用人工合成的或提纯的材料，采用先进的成型和烧结工艺、先进的检测和分析手段，实现过程控制，使材料的性能得以开发。

在传感技术领域，通过材料组分、结构和形态的变化来调节和控制功能陶瓷材料的敏感性，可制成力敏、压敏、热敏、光敏、声敏、气敏、湿敏和离子敏传感器。例如，可以通过混合原料，在精密调制化学成分的基础上，经高精度成型和烧结，形成能对某种或某几种气体进行识别的功能陶瓷材料，进而制成新型气体传感器。

功能陶瓷材料的发展趋势是继续探索新材料，发展新品种，向高稳定性、高精度、长寿命和小型化、薄膜化、集成化、多功能化方向发展。

2.1.4 功能高分子材料

高分子材料是以高分子化合物为主要原料，通过加入各种填料或助剂制成的材料，既包括常见的塑料、橡胶、纤维，也包括涂料、黏合剂等。

高分子材料在电气特性上主要表现为绝缘性，但是控制和改变高分子材料中掺入的添加剂，可使其具有半导体性质甚至金属性质。这也是高分子材料在传感器领域得到广泛应用的重要原因，目前，几乎一半的化学和生物传感器是基于高分子材料的。

常用的功能高分子材料有导电高分子材料、压电和热电高分子材料、高分子化学敏感材料、反应型高分子材料、光敏高分子材料及生物医用高分子材料等。功能高分子材料具有各种奇特的功能，近年来引起了人们的广泛关注。

2.1.5 纳米材料

纳米材料晶粒极小，结构特殊，比表面积大，具有传统固体材料不具备的特殊性质，如小尺寸效应、表面效应、量子尺寸效应和宏量子隧道效应等，在催化、激光、光吸收、医药、磁介质、传感器及新材料等领域有十分广阔的应用前景。

例如，1 克纳米尺度的微粒，其表面积可达几千平方米，由于表面积大，所以材料的活性较强，利用该特性，可制成理想的气敏传感器；对于五颜六色的金属，当将其分割为纳米超细微粒时，其对光的吸收能力大大增强，会变成黑色，具有这种特性的材料有可能成为非常灵敏的光敏材料。

2020 年，马萨诸塞大学阿默斯特分校（University of Massachusetts Amherst）的一个研究小组在《纳米研究》期刊上撰文，指出他们已经开发了生物电子氨气传感器，使用来自细菌地杆菌的导电蛋白质纳米线为电子器件提供生物材料，其对氨气非常敏感，基于蛋白质纳米线的高灵敏度化学传感器如图 2-6（a）所示。

这项研究的主要负责人史密斯说："这种传感器可以进行高精度的传感，它比现有的电子传感器好多了。现有的电子传感器通常灵敏度较低，而且容易受到其他气体的干扰。除了功能优越、成本低，其还具有可生物降解等优点，因此不会产生电子垃圾，而且它是由使用可再生原料的细菌可持续生产的，无须使用有毒化学物质。"

2021 年，美国麻省理工学院的研究人员使用专门的碳纳米管设计了一种新型传感器，可以在没有抗体的情况下检测新冠病毒，并能在几分钟内给出结果，碳纳米管传感器如图 2-6（b）所示。研究人员研发了用于检测新冠病毒核衣壳和刺突蛋白的生物传感器，并将该传感器集成到带有光纤尖端的原型设备中，该设备可实时检测生物流体样本的荧光信号，因此不需要将样本送到实验室。

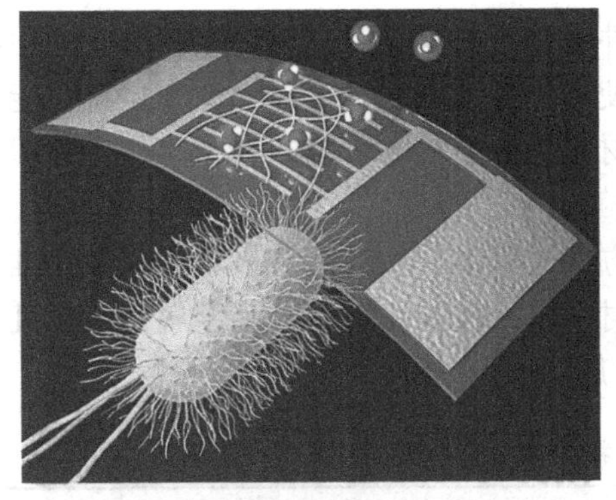
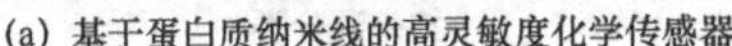

(a) 基于蛋白质纳米线的高灵敏度化学传感器

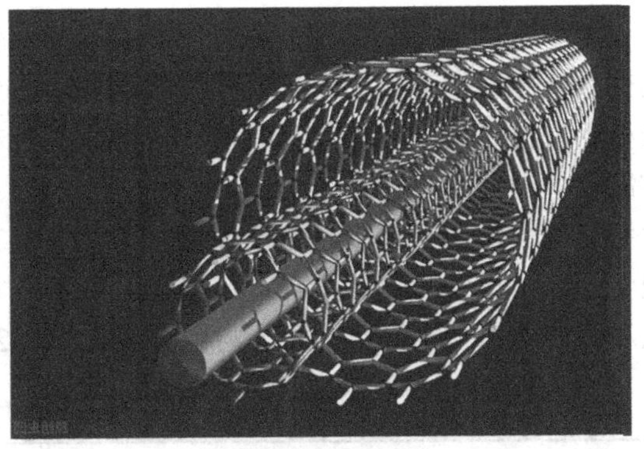

(b) 碳纳米管传感器

图 2-6　基于纳米材料制成的传感器

研究人员表示，即使在没有任何抗体的情况下进行检测，该传感器也表现出检测限值高、响应时间长和唾液兼容性强等优势。其独特之处在于，可进行快速设计和测试，不受传统抗体或酶受体开发时间和供应要求的限制。

纳米技术的发展不仅为传感器提供了优良的敏感材料，如纳米粒子、纳米管、纳米线、纳米薄膜等，还为传感器的制作提供了许多新技术，如纳米技术中的扫描隧道显微镜技术（STM）、向纳米尺度过渡的 MEMS 技术等。与传统传感器相比，纳米传感器尺寸小、精度高、性能优，更重要的是，利用纳米技术制作传感器站在原子尺度上，这极大地丰富了传感器理论，推动了传感器制作水平的提高，拓展了传感器的应用领域。

课程思政——【科技前沿】

2022 年，山东大学前沿交叉科学青岛研究院邓伟侨教授团队在新冠病毒检测领域取得新进展，开发了一款新型一氧化氮传感器，科研成果发表在国际顶尖学术期刊 ACS Sensors 上，并被选为封面论文。

在实验过程中，邓伟侨教授团队发现人体呼气 NO 浓度在新冠病毒感染者与健康人群中存在明显的统计学差异，但该差异不足以直接区分新冠病毒感染者和健康人群。因此，团队建立了新冠病毒感染者和健康人群的机器学习分类模型，该模型证明了呼气测试初筛新冠病毒感染者的可行性。

研究团队经过理论分析和实验研究，成功批量制备了可用于快速初筛新冠病毒感染者的工具的核心材料——镍单原子气敏材料，并利用丝网印刷技术，顺利将该材料成功印刷到电极上，电极成本极低，检测精度完全可以覆盖人体呼气 NO 浓度范围。而且，借助便携式电化学 U 盘，可实现便携式检测。

据悉，该微型便携传感器虽然检出率相对较低，但是检测时间短，仅需要 3 分钟，人们吹气即可完成测试，具有制作成本低、工艺简单等优点，可以实现检测工具的普及，为新冠病毒感染者的初筛提供了一种新方法。

2.1.6　智能材料

智能材料指具有感知环境（包括内环境和外环境）刺激的能力，并可对其进行分析、处理、判断，进而采取一定的措施进行适度响应的材料。

科学家一直致力于将高技术传感器或敏感元件与传统材料结合，以赋予材料新的性能，使其兼具传感、调节驱动、处理执行等功能，并使它们能随环境的变化而改变自身性能，使自身处于最佳状态，仿佛具有智能。因此，智能材料是传感技术、材料科学、信息处理技术和控制技术融合的产物。

智能材料的种类很多且在不断增加，其分类方法也很多。按功能可以分为光导纤维、形状记忆合金、压电和电流变体、电（磁）致伸缩材料等；按来源可以分为金属系、无机非金属系和高分子系智能材料，智能材料分类如表 2-2 所示。

表 2-2　智能材料分类

按功能分类	按来源分类
光导纤维	金属系
形状记忆合金	无机非金属系
压电和电流变体	高分子系智能材料
电（磁）致伸缩材料	

智能材料得到了广泛应用，对智能材料的研究和开发非常活跃。例如，在飞机制造方面，目前机翼中使用的一种智能材料可以在飞机飞行遇到涡流或猛烈的逆风时，相应地发生变形，并带动机翼改变形状，从而消除涡流或逆风的影响，使飞机能平稳飞行；在军事方面，在航空航天器蒙皮中植入多种传感器（以探测激光、核辐射等），形成智能蒙皮，可用于监视和预警。美国正研究在复合材料蒙皮中植入核爆光纤传感器、X 射线光纤探测器等智能传感器，这种蒙皮将被安装在天基防御系统平台表面，以对敌方威胁进行实时监视和预警，提高武器平台抵御破坏的能力。Amptek 设计了可用于战场环境的 X 射线探测器，如图 2-7（a）所示；加拿大 FISO 研发了用于感应电子爆炸的光纤温度传感器 FOT-HERO，如图 2-7（b）所示。

(a) X射线探测器

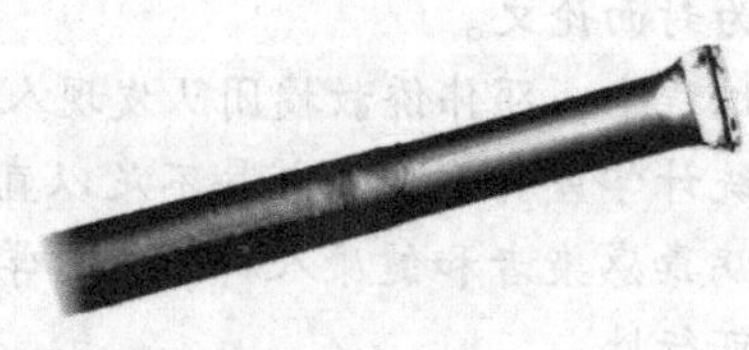
(b) 光纤温度传感器 FOT-HERO

图 2-7　使用智能材料的传感器

此外，智能材料还能降低军用系统噪声。美国发明了一种可涂在潜艇上的智能材料，可使潜艇噪声降低 60 dB，并使潜艇探测目标的时间缩短 100 倍。智能材料还可以制成形状记忆合金，这种合金在一定温度下能记住自己的形状，当温度降到一定的值时，它的形状会发生变化：当温度回升时，它又会自动恢复。目前，关于记忆合金的基础研究和应用研究已较为成熟，一些国家用记忆合金制成了卫星用自展天线，在稍高的温度下焊接成一定形状后，在室温下将其折叠，装在卫星上。卫星在进入轨道后，由于受到较强的日光照射，温度升高，天线会自动展开。

智能材料是一种“活”的材料，发展前景非常广阔，具备感知、驱动和控制功能，对智能传感器的发展具有重要作用。智能材料是继天然材料、合成高分子材料、人工设计材料的第四代材料，是新材料发展的重要方向之一，将支撑未来的高技术发展。

课程思政——【科技前沿】

西北工业大学空天结构技术创新攻坚团队由中国科学院院士、西北工业大学副校长张卫红教授组建，致力于解决我国航空航天装备研制重大核心问题。团队中的张亚辉副教授正开展分布式仿生智能单胞点阵结构研究，旨在利用记忆合金的可变性，实现飞机机翼往复式变形。

在机翼翼梢变形研究方面，团队发挥形状记忆合金在热驱动下的自主变形优势，开发了基于形状记忆合金丝的往复折叠机翼，该机翼利用形状记忆合金丝与扭簧拮抗，实现展开折叠往复动作。在无人机柔性可变机翼研究方面，团队通过智能材料与结构的柔性变形机制微宏观实验表征、智能可变形材料与结构的仿生设计、变体无人机方形承载—柔性变形协同优化、典型样机的产品化设计制造和功能测试等，实现了对柔性变体无人机的一体化分析设计和功能验证。

2.2　传感器的加工工艺

传感器的发展除了与新材料有关，还与其加工技术有关。新材料能够提供更高的灵敏度、更大的工作范围和更好的稳定性，而新工艺则有助于充分发挥这些性能。因此，新工艺的发展对于提高传感器的性能至关重要。在采用不同的加工技术时，传感器的性能（尤其是温度稳定性、可靠性等）有很大差异。传感器的结构尺寸变化范围很大，几乎所有的现代加工技术都在传感器领域得到了不同程度的应用。

露点仪是一种能够监测温湿度的精密传感器，如图 2-8 所示，其制造过程包括在铜块上进行机械加工，需要在瞬间实现升降温，之前的思路都是采购更精密的数控交互设备。为了突破露点仪的工艺瓶颈，广州奥松电子有限公司的研发工程师创造性地采用了半导体加工方式，可以在极小的体积上，瞬间达到所需要的高温，实现了节能、抗污和高效等目标。采用了新工艺的露点仪成为该公司在仪器仪表方向的增长爆发点。

(a) 西安馨莱欧 XLO-K08露点仪

(b) 德国希尔思S201低温露点仪

图 2-8　露点仪

微机械加工技术及集成电路生产工艺在传感器领域的应用，有助于生产质地均匀、性能稳定、可靠性高、体积小、重量轻、成本低和易集成的传感器。

2.2.1 结构型传感器的加工工艺

传统测量机械量（如位移、力、振动等）的传感器的敏感元件尺寸一般较大，常由多个零部件组合而成，传感器功能的实现往往依赖其结构参数的变化，因此将其称为结构型传感器。例如，电阻应变式质量传感器是典型的结构型传感器，其加工工艺可以概括如下。

（1）原材料的物理、化学分析与力学性能测试工艺。

（2）弹性体的锻造、机械加工及热处理工艺。

（3）弹性体的稳定化处理工艺。

（4）弹性体的整体清洗、贴片面准备工艺。

（5）应变计的筛选、配组工艺。

（6）应变计的粘贴、加压及固化工艺。

（7）组桥、布线及性能粗测工艺。

（8）线路补偿与调整工艺。

（9）传感器整机老化处理工艺。

（10）防潮密封工艺。

（11）性能检测与标定工艺。

结构型传感器的加工一般包括人工调整环节，大量的生产厂家仍然采用将机械加工与手工调整结合的方式。结构型传感器的加工工艺涉及面很广，形式非常丰富，涉及各种传统和新型加工技术，此外，不同的生产厂家往往有自己独特的加工工艺。

2.2.2 厚膜工艺

厚膜工艺是集电子材料、多层布线技术、表面微组装及平面集成技术于一体的微电子技术。通常采用丝网印刷工艺，将浆料印制在绝缘基板上，经烧结后形成厚度为几微米至几十微米的厚膜。在满足大部分电子封装要求方面，厚膜工艺历史悠久。特别是在可靠的小批量军用、航空航天传感器、特种元件，以及大批量便携式无线电子设备、太阳能电池等产品的生产中，厚膜工艺都有重要作用。

厚膜浆料指通过在有机聚合物溶液中掺入微细金属、玻璃或陶瓷等粉体形成的混合物，应具备以下性能。

（1）可印刷性：浆料需要具备一定的黏度，且黏度随刮板所加的切变力的增大而降低，且具有触变性。

（2）功能特性：如作为电阻、导体、介质等需要具有的特性。

（3）工艺兼容性：浆料应有良好的附着性能，当配合使用各类浆料时，在整个工艺过程中，不同浆料之间及浆料与基板之间都不会发生反应。

在混合集成电路等典型应用中，厚膜工艺可采用丝网印刷法、描画法、刻蚀法、感光性浆料法、激光照射法、电子照相法等方法形成电路，其中丝网印刷法具有工艺简单、成本低、生产效率高等优点，得到了广泛应用。

丝网印刷指以一定的速度和压力使用刮版，使浆料从丝网模板的上方通过，从而将图形转写到基板上。丝网印刷过程如图 2-9 所示，在丝网模板的未开口部位以一定的速度和压力刮送浆料；刮送的浆料会在丝网模板的开口部位被压入填充；在刮板经过后，与基板贴近的丝网模板靠自身紧绷的张力与基板脱离；浆料靠自身的黏性附着在基板上，从而完成图形转写过程。

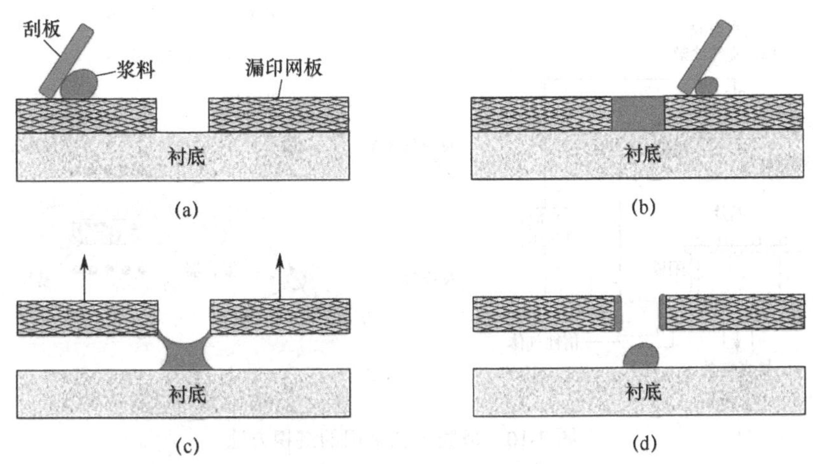

图 2-9　丝网印刷过程

厚膜工艺在传感器中至少有 3 个方面的应用。首先，厚膜工艺可用于传感器信号调理电路集成，有利于实现传感器信号调理电路的批量生产，降低成本；其次，利用厚膜工艺制成的厚膜电路可以与某些传感器集成封装，不仅有利于使传感器小型化，还有利于提高可靠性（使连接稳固），允许进行功能微调并降低成本；最后，厚膜工艺还可用于制作沉积敏感材料所需的支承结构。

某些厚膜浆料可用于制作直接对物理量或化学量敏感的传感器，常用浆料为具有大电阻温度系数的适于温度检测的浆料、磁阻浆料、光导浆料、压电浆料等。采用有机聚合物和金属氧化物（如 SnO_2）浆料，通过附和吸收作用，可以检测湿度和气体。采用厚膜工艺可以直接为各类传感器设计所需的插指电极结构。采用耐高温陶瓷基片的厚膜传感器能由高电压和大电流驱动，可以安装加热器且耐腐蚀。

2.2.3　薄膜工艺

在传感器中，往往需要将各种功能材料制成薄膜，如多晶硅膜、氮化硅膜、二氧化硅膜、金属（合金）膜等，有的作为敏感膜，有的作为介质膜起绝缘作用，还有的作为导电膜等。薄膜工艺指在一定的基底上，用各种沉积工艺，将金属、合金、半导体、化合物半导体等材料制成薄膜，且其厚度一般为纳米级或微米级。利用该工艺，可以制成力敏、光敏、磁敏、气敏、湿敏、热敏、化学敏、生物敏元件。

薄膜工艺采用的沉积方法与集成电路采用的方法基本相同，包括旋转涂敷、真空蒸镀、溅射、化学气相沉积等，薄膜工艺采用的沉积方法如图 2-10 所示。

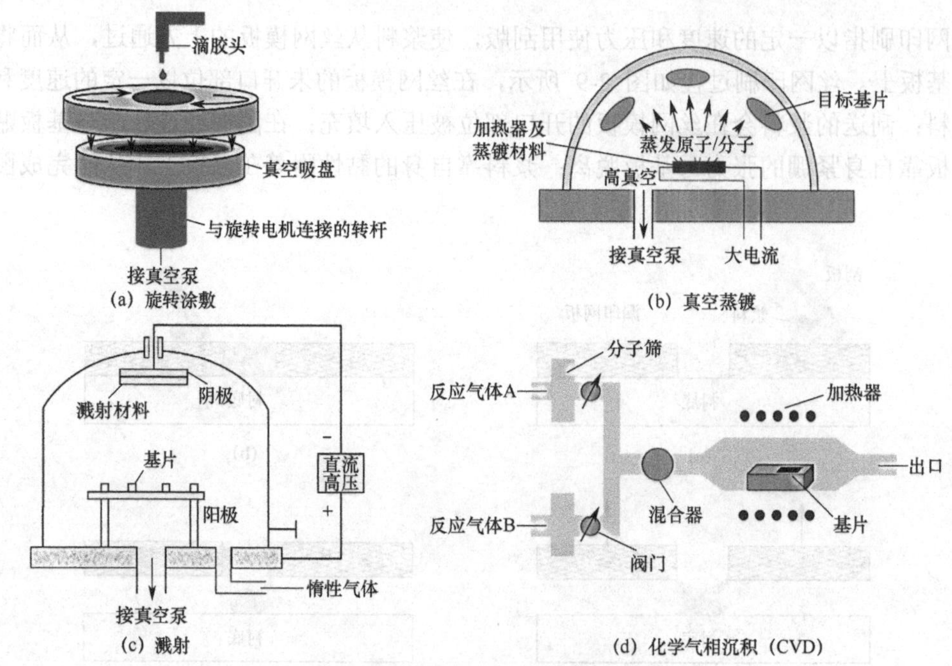

图 2-10　薄膜工艺采用的沉积方法

2.2.4　微机械工艺

微型化是传感器技术的主要发展方向之一，也是微机电系统（Micro-Electro-Mechanical System，MEMS）技术发展的必然结果。基于 MEMS 技术的传感器的显著特征是其敏感元件的尺寸非常小，典型尺寸为微米级或纳米级。对于这样的加工来说，传统机械加工技术已无能为力，而以硅集成电路工艺为基础发展而来的微机械加工工艺，可以将加工尺寸缩小到光波长级别，能够批量生产低成本的微传感器。

微机械加工工艺主要包括表面微加工工艺和体微加工工艺。

（1）表面微加工工艺指通过采用蒸镀、溅射和沉积等方法，在基底材料表面形成各种薄膜，通过对这些薄膜进行加工，使其与基底构成一个复合的整体。这些薄膜所起的作用各不相同，有的作为敏感膜起识别作用，有的作为介质膜起绝缘作用，有的作为衬垫层起尺寸控制作用，有的起耐腐蚀、耐磨损作用。表面微加工工艺涉及的基本技术有薄膜制备、光刻和刻蚀等。

（2）体微加工工艺是最早在生产中得到应用的，体硅微加工以硅材料为加工对象，通过有选择地去除部分材料来获得所需的微结构。体硅微加工可以通过结合平面工艺与牺牲层、键合等工艺实现，也可直接利用 LIGA 工艺实现[①]。

2.3　物理传感器

传感器都基于物理、化学和生物效应，一般可分为物理传感器、化学传感器和生物传感器。物理传感器利用被测量的某些物理性质变化实现信号转换，如热电效应、压电效应、光

① LIGA 是德语的光刻 Lithographie、电铸 Galvanoformung 和注塑 Abformung 的缩写，LIGA 工艺是一种基于 X 射线光刻技术的三维微结构加工工艺。

电效应、磁电效应等；化学传感器利用化学吸附、电化学反应等将化学物质的成分、浓度等化学量转化为电信号，包括气体传感器、湿度传感器、离子传感器等；生物传感器利用生物活性物质的分子识别功能，通过生物学反应转化为电信号，包括酶传感器、免疫传感器、细菌传感器等。下面介绍典型的物理传感器。

2.3.1　电阻式传感器

电阻式传感器有悠久历史。1856 年，金属材料的应变效应被发现；1931 年，第一片应变片制成；1940 年，电阻应变式传感器被发明。

电阻应变式传感器具有结构简单、使用方便、灵敏度高、性能稳定、适合进行静态测量与动态测量等优点，被广泛应用于测量力、力矩、压力和加速度等参数。电阻应变式传感器由弹性敏感元件、电阻应变片及信号调理电路构成。弹性敏感元件在感受到被测量时会变形，其表面产生应变，并传递给与弹性敏感元件结合在一起的电阻应变片，从而使电阻应变片的阻值发生相应的变化。一般将电阻应变片接入由电桥等组成的信号调理电路，通过测量电桥输出电压的变化来确定被测量的大小。

在外力作用下，电阻应变片产生应变，导致其阻值发生变化，具有以下关系

$$\varepsilon=\frac{\Delta L}{L}=\frac{\sigma}{E} \tag{2-1}$$

式中，ε 为电阻应变片长度的相对变化率；ΔL 为应变片长度变化量；L 为应变片原长度；σ 为被测试件的应力；E 为被测试件的材料弹性模量（单位为 Pa）。

常见的电阻应变片有金属电阻应变片和半导体电阻应变片两种，金属电阻应变片以应变效应为主，半导体电阻应变片以压阻效应为主。电阻应变片如图 2-11 所示。

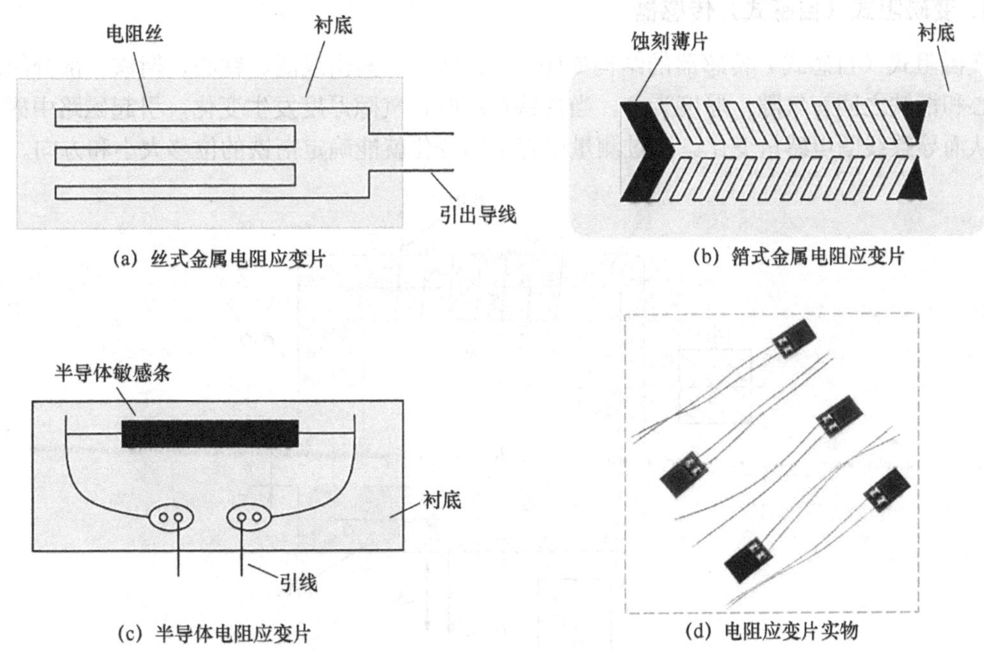

图 2-11　电阻应变片

常用的电阻应变式传感器有应变式测力传感器、应变式压力传感器、应变式扭矩传感

器、应变式位移传感器和应变式加速度传感器等。电阻应变式传感器的优点是精度高，测量范围大，寿命长，结构简单，频响特性好，能在恶劣条件下工作，以及易于实现小型化、整体化和品种多样化等。

电阻应变式传感器一般用于检测受力变化。

(1) 柱（筒）式力传感器：在电子秤和测力机的测力元件中应用，还在发动机推力测试、水坝荷载监测等场景中应用。

(2) 应变式压力传感器：用于监测流动介质的动态和静态压力，如气流或水流在管道内的压力等。

(3) 应变式容器内液体重量传感器：用于监测液体重量。

(4) 应变式加速度传感器：用于检测加速度大小（原理是当物体以一定的加速度运动时，其质量块受到相反的惯性力作用，用传感器检测惯性力即可）。

(5) 应变式重力传感器：在电子皮带秤上的力敏应变片中应用。

2.3.2 电感式传感器

电感式传感器建立在电磁感应的基础上，电感式传感器可以把输入的物理量（如位移、振动、压力、流量、比重等）的变化转化为线圈的自感系数 L 或互感系数 M 的变化，并通过测量电路将 L 或 M 的变化转换为电压或电流的变化，从而实现对非电量的测量。电感式传感器具有工作可靠、寿命长、灵敏度高、分辨力大、精度高、线性特征好、性能稳定、重复性好等优点。

根据工作原理，可以将电感式传感器分为变磁阻式（自感式）传感器、差动变压器式（互感式）传感器和电涡流式（互感式）传感器等。

1. 变磁阻式（自感式）传感器

变磁阻式（自感式）传感器的结构如图 2-12 所示，其由线圈、铁心、衔铁三部分组成。在铁心和衔铁之间有气隙，厚度为 δ。当衔铁移动时，气隙厚度发生变化，引起磁路中磁阻变化，从而导致线圈电感量变化。通过测量电感量的变化就能确定衔铁的位移大小和方向。

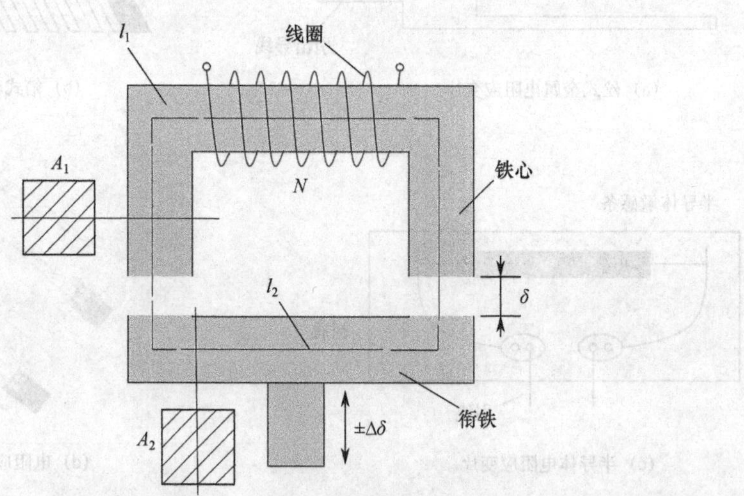

图 2-12　变磁阻式（自感式）传感器的结构

线圈电感量为

$$L=\frac{\psi}{I}=\frac{N\phi}{I} \tag{2-2}$$

式中，ψ 表示线圈总磁链；I 表示通过线圈的电流；N 表示线圈总匝数；ϕ 表示穿过线圈的磁通，由欧姆定律得到

$$\phi=\frac{IN}{R_{\mathrm{m}}} \tag{2-3}$$

式中，R_{m} 表示磁路总磁阻。

由于气隙很小，所以可以认为气隙中的磁场是均匀的，在忽略磁路磁损的情况下，磁路总磁阻为

$$R_{\mathrm{m}}=\frac{l_1}{\mu_1 A_1}+\frac{l_2}{\mu_2 A_2}+\frac{2\delta}{\mu_0 A_0} \tag{2-4}$$

式中，μ_0、μ_1、μ_2 分别表示空气、铁心、衔铁的磁导率（$\mu_0=4\pi\times10^{-7}\mathrm{H/m}$）；$l_1$、$l_2$ 分别表示磁通通过铁心和衔铁中心线的长度；A_0、A_1、A_2 分别表示空气、铁心、衔铁的截面积（近似认为 $A_0=A_1$）；δ 表示单气隙的厚度。

通常气隙磁阻远大于铁心和衔铁的磁阻（$\mu_0 \ll \mu_1$，$\mu_0 \ll \mu_2$），即 $\frac{2\delta}{\mu_0 A_0} \gg \frac{l_1}{\mu_1 A_1}$，$\frac{2\delta}{\mu_0 A_0} \gg \frac{l_2}{\mu_2 A_2}$。因此，$R_{\mathrm{m}} \approx \frac{2\delta}{\mu_0 A_0}$。

从而得到

$$L=\frac{N^2}{R_{\mathrm{m}}}=\frac{N^2 \mu_0 A_0}{2\delta} \tag{2-5}$$

式（2-5）表明，当线圈总匝数 N 固定时，L 只是 R_{m} 的函数。只要改变 δ 或 A_0 就可以改变 R_{m}，并导致 L 变化。因此，变磁阻式（自感式）传感器可以分为变气隙厚度和变气隙截面积两种，前者的应用更广。

2. 差动变压器式（互感式）传感器

把被测的非电量变化转换为线圈互感量变化的传感器为互感式传感器。差动变压器式（互感式）传感器是根据变压器的基本原理制成的，且二次绕组都用差动形式连接。

差动变压器有变隙式、变面积式和螺线管式等，它们的工作原理基本一致，都基于线圈互感量的变化进行测量。实际应用最多的是螺线管式差动变压器，它可以测量 1～100mm 的机械位移，并具有测量精度高、灵敏度高、结构简单、可靠性高等优点。

变隙式差动变压器的结构和等效电路如图 2-13 所示，在 A、B 两个铁心上绕有两个一次绕组 $N_{1\mathrm{a}}=N_{1\mathrm{b}}=N_1$ 和两个二次绕组 $N_{2\mathrm{a}}=N_{2\mathrm{b}}=N_2$，两个一次绕组顺向串联，两个二次绕组反向串联。

在初始状态下，衔铁 C 处于中间平衡位置，它与两个铁心间的气隙为 $\delta_{\mathrm{a}0}=\delta_{\mathrm{b}0}=\delta_0$，则绕组 $N_{1\mathrm{a}}$ 与 $N_{2\mathrm{a}}$ 的互感系数 M_{a} 等于绕组 $N_{1\mathrm{b}}$ 与 $N_{2\mathrm{b}}$ 的互感系数 M_{b}，使得两个二次绕组的互感电动势相等，即 $\dot{e}_{2\mathrm{a}}=\dot{e}_{2b}$。由于二次绕组反向串联，所以差动变压器的输出电压 $\dot{U}_{\mathrm{o}}=\dot{e}_{2\mathrm{a}}-\dot{e}_{2\mathrm{b}}=0\mathrm{V}$。

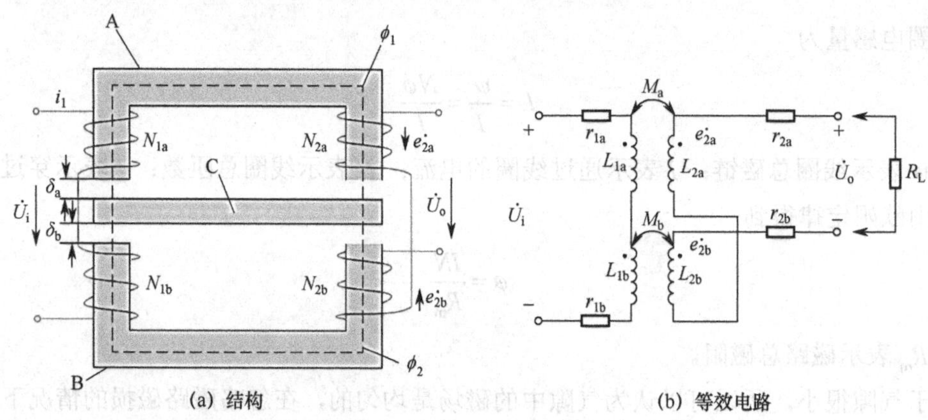

(a) 结构　(b) 等效电路

图 2-13　变隙式差动变压器的结构和等效电路

当衔铁上移时，$\delta_a < \delta_b$，对应的互感系数 $M_a > M_b$，两个二次绕组的互感电动势 $e_{\dot{2}a} > e_{\dot{2}b}$，输出电压 $\dot{U}_o = e_{\dot{2}a} - e_{\dot{2}b} > 0\text{V}$；反之，当衔铁下移时，$\delta_a > \delta_b$，对应的互感系数 $M_a < M_b$，两个二次绕组的互感电动势 $e_{\dot{2}a} < e_{\dot{2}b}$，输出电压 $\dot{U}_o = e_{\dot{2}a} - e_{\dot{2}b} < 0\text{V}$。因此，输出电压的大小和极性可以反映被测物体的位移大小和方向。

螺线管式差动变压器的结构和等效电路如图 2-14 所示，它由位于中间的一次绕组（线圈匝数为 N_1）、两个位于边缘的二次绕组（反向串联，线圈匝数分别为 N_{2a} 和 N_{2b}）和插入绕组中央的圆柱形衔铁组成。

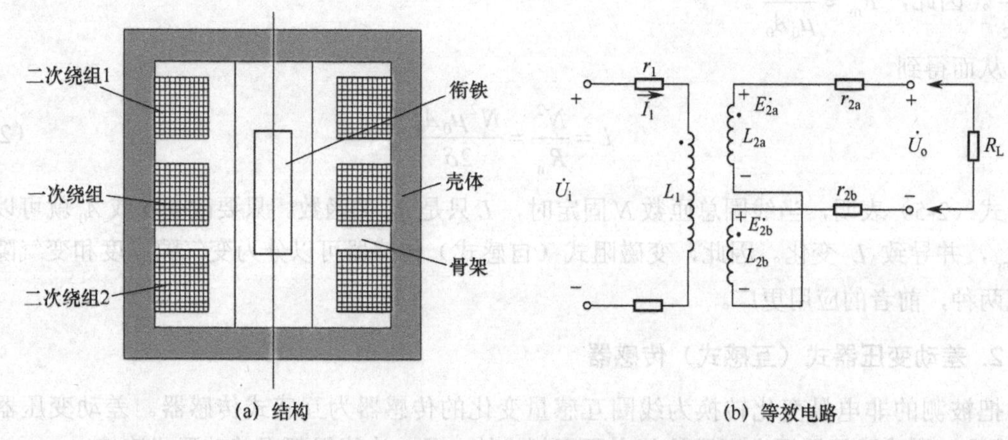

(a) 结构　(b) 等效电路

图 2-14　螺旋管式差动变压器的结构和等效电路

当在一次绕组上加激励电压时，在两个二次绕组中会产生感应电动势，在变压器结构对称的初始状态下，当活动衔铁处于初始平衡位置时，互感系数相等（$M_1 = M_2$）。根据电磁感应原理，产生的感应电动势也相等（$E_{\dot{2}a} = E_{\dot{2}b}$）。由于变压器的两个二次绕组反向串联，差动变压器输出电压 $\dot{U}_o = E_{\dot{2}a} - E_{\dot{2}b} = 0\,\text{V}$。

当活动衔铁上移时，上部线圈的磁阻 R_m 减小，磁通 $\phi = \dfrac{IN}{R_m}$ 增大，上部二次绕组的磁通大于下部二次绕组的磁通，导致 $M_1 > M_2$，$E_{\dot{2}a}$ 增大，$E_{\dot{2}b}$ 减小；反之则 $E_{\dot{2}a}$ 减小，$E_{\dot{2}b}$ 增大。因此，输出电压的大小和极性可以反映被测物体的位移大小和方向。

3. 电涡流式（互感式）传感器

电涡流式（互感式）传感器是根据电涡流效应制成的传感器。根据法拉第电磁感应定律，当块状金属导体位于变化的磁场中或在磁场中作切割磁力线运动时，通过导体的磁通将发生变化，产生感应电动势，该电动势在导体表面形成电流并自行闭合，状似水中的涡流，称为电涡流。电涡流只集中在金属导体的表面，称为趋肤效应。

电涡流式（互感式）传感器最大的特点是能对位移、厚度、表面温度、速度、应力、材料损伤等进行非接触式连续测量，还具有体积小、灵敏度高、频带响应宽等特点，应用十分广泛。

电涡流式（互感式）传感器的结构和等效电路如图 2-15 所示。它由传感器激励线圈和被测金属导体组成。根据法拉第电磁感应定律，当传感器激励线圈中通有正弦交变电流时，线圈周围将产生正弦交变磁场，使位于该磁场中的金属导体产生感应电流，该感应电流又产生新的交变磁场。新的交变磁场的作用是反抗原磁场，这就导致线圈的等效阻抗发生变化。

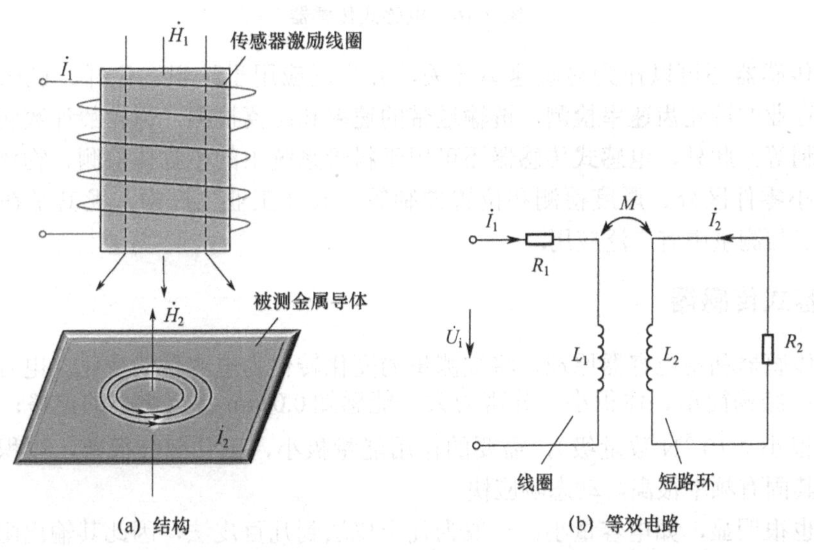

图 2-15　电涡流式（互感式）传感器的结构和等效电路

线圈受电涡流影响时的等效阻抗 Z 为

$$Z = F(\rho, \mu, r, f, x) \tag{2-6}$$

式中，ρ 为被测金属导体的电阻率；μ 为被测金属导体的磁导率；r 为线圈与被测金属导体的尺寸因子；f 为线圈中励磁电流的频率；x 为线圈与被测金属导体的距离。

由此可见，线圈阻抗的变化完全取决于被测金属导体的电涡流效应。如果只改变 ρ、μ、r、f、x 中的一个参数，保持其他参数不变，则线圈的等效阻抗只与该参数有关，只要测出线圈等效阻抗的变化情况，就可以确定该参数。在实际应用中，通常改变 x，保持其他参数不变。

电感式传感器如图 2-16 所示，它的应用非常广。例如，用电感式位移传感器提高轴承制造的精度、用电感测微仪测量微小精密尺寸的变化；基于电感式传感器原理制成孔径锥度误差测量仪、用电感式传感器检测润滑油中的磨粒、用电感式传感器监测吊具导向轮等。

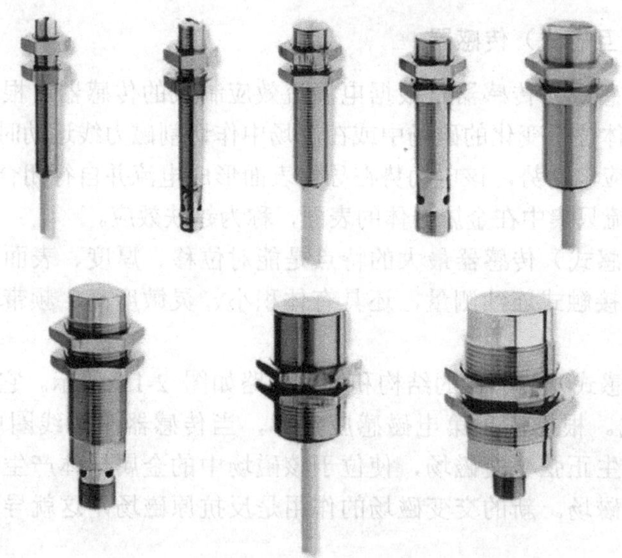

图 2-16　电感式传感器

电感式传感器还可以作为磁敏速率开关，并广泛应用于纺织、化纤、机床、机械、冶金、汽车等行业的链轮齿速率检测，链输送带的速率和距离检测，齿轮龄计数转速表及汽车防护系统控制等。此外，电感式传感器还可用于料管系统中的小物体检测、物体喷出控制、断线监测、小零件区分、厚度检测和位置控制等。其在工业生产中，尤其是在自动控制系统、机械加工与测量中有广泛应用。

2.3.3　电容式传感器

电容式传感器利用电容器原理，将被测量的变化转化为电容量的变化。电容式传感器的突出优点是：结构简单、体积小、分辨力大、能感知 0.01μm 甚至更小的位移；由于极板间的静电引力很小（10^{-5}N 数量级），需要的作用能量极小，可动部分很薄、体积很小、重量很轻，因此其固有频率很高，动态响应快。

其缺点也很明显，如电容量小，一般为几十皮法到几百皮法，因此其输出阻抗很大，尤其是当采用音频范围内的交流激励电源时，输出阻抗高达10^6～$10^8\Omega$；存在寄生电容，导致传感器特性不稳定等。随着对电容式传感器检测原理和结构的深入研究及新材料、新工艺的开发，一些缺点逐渐得到克服。电容式传感器的精度和稳定性日益提高。

电容式传感器相当于具有可变参数的电容器，其基本工作原理可通过平板电容器（如图 2-17 所示）说明。当忽略边缘效应时，平板电容器的电容量为

$$C=\frac{\varepsilon A}{d}=\frac{\varepsilon_r\varepsilon_0 A}{d} \tag{2-7}$$

式中，A 为极板面积；d 为极板间距离；ε_r 为相对介电常数；ε_0 为真空介电常数，$\varepsilon_0=8.85\times10^{-12}\mathrm{F/m}$；$\varepsilon$ 为电容极板间介质的介电常数。

当被测参数（如位移、压力等）使d、A或 ε_r 变化时，会引起电容器电容量的变化。在实际应用中，通常保持其中两个参数不变，仅改变一个参数。因此，电容式传感器可分为 3 种类型：变间隙型、变面积型和变介电常数型。

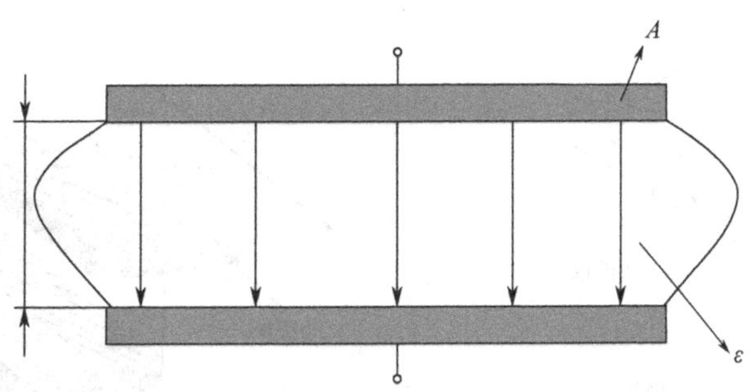

图 2-17　平板电容器

1. 变间隙型电容式传感器

变间隙型电容式传感器一般用于测量微小的线位移（最小为0.01μm，最大为0.1mm），变间隙型电容式传感器又称变极距型电容式传感器，如图 2-18 所示，对于普通结构来说，当参数变化引起动极板移动时，两个极板间的距离 d 变化，从而改变电容量。

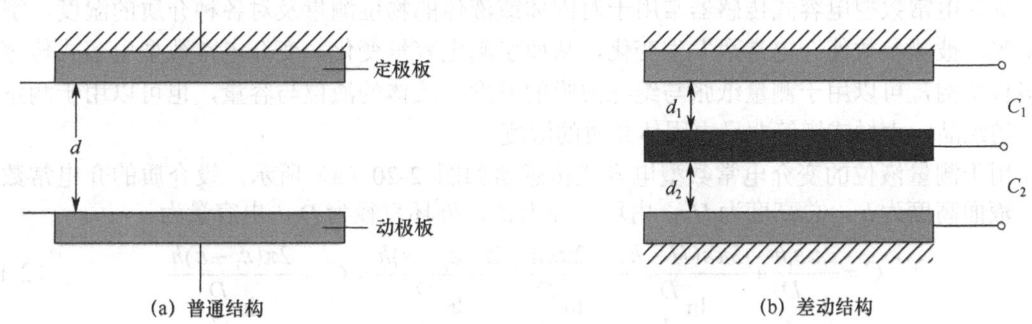

图 2-18　变间隙型电容式传感器

在实际应用中，极板间初始距离越短，电容器的非线性程度越高。为了提高灵敏度，降低非线性程度，大多采用差动结构，如图 2-18（b）所示，当电容量 C_1 增大时，C_2 会减小。

2. 变面积型电容式传感器

变面积型电容式传感器一般用于测量角位移（一角秒至几十度）或较大的线位移，两种常见的变面积型电容式传感器如图 2-19 所示，图 2-19（a）为角位移式，其动极板和定极板是半圆片，当动极板有角位移 θ 时，与定极板的有效覆盖面积会发生变化，从而使两极板间的电容量发生变化。当无角位移时，初始电容量为

$$C_0 = \frac{\varepsilon A}{d} \tag{2-8}$$

当有角位移时，电容量为

$$C = \frac{\varepsilon A\left(1 - \dfrac{\theta}{\pi}\right)}{d} = C_0 - C_0\frac{\theta}{\pi} \tag{2-9}$$

直线位移式如图 2-19（b）所示，当动极板移动 Δx 时，面积 A 发生变化，电容量也随之变化，其值为

$$C = \frac{\varepsilon b(a - \Delta x)}{d} = C_0 - \frac{\varepsilon b}{d}\Delta x \tag{2-10}$$

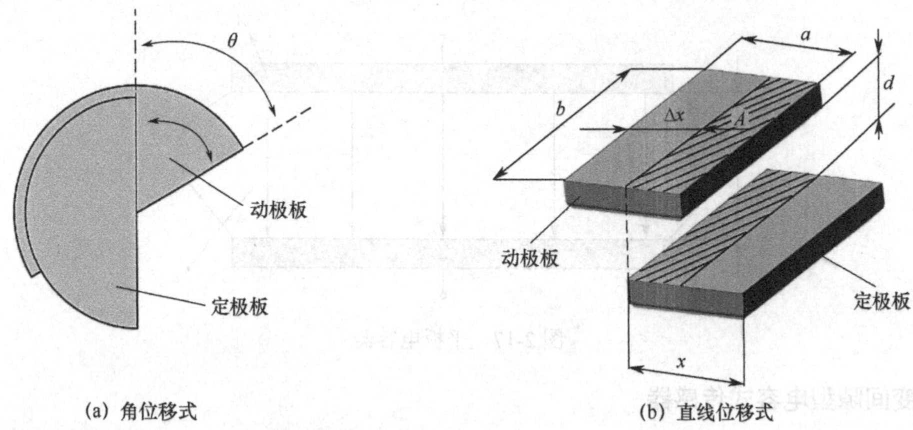

(a) 角位移式　　(b) 直线位移式

图 2-19　两种常见的变面积型电容式传感器

3. 变介电常数型电容式传感器

变介电常数型电容式传感器常用于对固体或液体的物位测量及对各种介质的湿度、密度测量等。被测参数使介电常数发生变化，从而引起电容量变化。变介电常数型电容式传感器有多种结构，可以用于测量纸张与绝缘薄膜的厚度、液体的液位与容量，也可以用于测量粮食、纺织品、木材或煤等非导电固体介质的湿度。

用于测量液位的变介电常数型电容式传感器如图 2-20（a）所示。设介质的介电常数为 ε_1，液面高度为 h，总高度为 H，内环直径为 d，外环直径为 D，电容量为

$$C=\frac{2\pi\varepsilon_1 h}{\ln\dfrac{D}{d}}+\frac{2\pi\varepsilon(H-h)}{\ln\dfrac{D}{d}}=\frac{2\pi\varepsilon h}{\ln\dfrac{D}{d}}+\frac{2\pi(\varepsilon_1-\varepsilon)h}{\ln\dfrac{D}{d}}=C_0+\frac{2\pi(\varepsilon_1-\varepsilon)h}{\ln\dfrac{D}{d}} \tag{2-11}$$

式中，ε 为空气介电常数；C_0 为由传感器基本尺寸决定的初始电容量，即

$$C_0=\frac{2\pi\varepsilon h}{\ln\dfrac{D}{d}} \tag{2-12}$$

可知，该传感器的电容增量与被测液面高度 h 成正比。

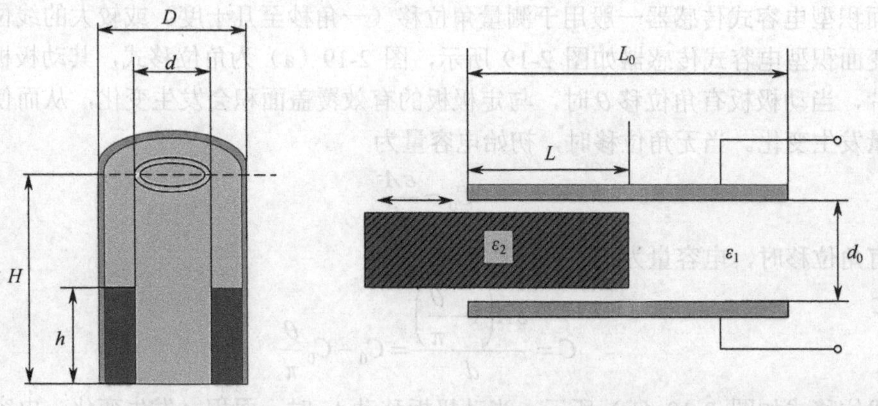

(a) 用于测量液位的变介电常数型电容式传感器　　(b) 变介电常数型电容式传感器的常用结构

图 2-20　变介电常数型电容式传感器

变介电常数型电容式传感器的常用结构如图 2-20（b）所示，两个平行极板固定不动，极距为 d_0，相对介电常数为 ε_2 的介质以不同深度插入电容器，从而改变极板覆盖面积。电容量为

$$C = C_1 + C_2 = \varepsilon_0 b_0 \frac{\varepsilon_1(L_0 - l) + \varepsilon_2 L}{d_0} \tag{2-13}$$

式中，L_0 和 b_0 为极板的长度和宽度；L 为插入的介质与极板重叠的长度；ε_0 为真空介电常数。当 $\varepsilon_1 = 1\text{F/m}$、$L = 0\text{H}$ 时，初始电容量为

$$C_0 = \frac{\varepsilon_1 \varepsilon_0 L_0 b_0}{d_0} \tag{2-14}$$

当被测介质插入后，引起电容量的变化，相对变化量为

$$\frac{\Delta C}{C_0} = \frac{C - C_0}{C_0} = \frac{(\varepsilon_2 - 1)L}{L_0} \tag{2-15}$$

电容式传感器不仅广泛用于对位移、振动、角度、加速度等机械量的精密测量，还用于对压力、压差、液面、料面、成分含量的测量，电容式传感器如图 2-21 所示。

图 2-21　电容式传感器

电容式传感器在我们的日常生活中无处不在，它被安装在汽车座位中，用于控制气囊和安全带预紧装置；在洗碗机和干燥机中，用于调整旋转桶；在冰箱中，用于控制自动去冰过程。电子产品中的触摸开关也是基于电容式传感器设计制造的。

2.3.4　压电式传感器

压电式传感器以某些介质的压电效应为基础。当沿一定的方向对某些电解质施以外力并使其变形时，其内部将产生极化，从而在表面出现电荷集聚现象，称为正压电效应。在正压电效应的影响下，材料受力发生变形，在它的两个表面会产生符号相反的电荷，并在外力消失后恢复不带电状态，实现机械能与电能的转换。

当在片状压电材料的两个极面上加交流电压时，压电片会产生机械振动，即压电片在电极方向上产生伸缩变形，这种现象为电致伸缩效应，又称逆压电效应。逆压电效应将电能转换为机械能。利用逆压电效应可以制成电激励的制动器（执行器）；利用正压电效应可制成机械能敏感器（检测器），即压电式传感器。当有力作用于压电材料时，传感器会输出电压。

压电材料是实现机械能与电能转换的功能材料。自然界中的很多晶体都有压电效应，但

十分微弱。1880 年，居里（Curie）兄弟就发现了石英晶体的压电效应；1948 年，第一个石英传感器面世。此后出现的一系列单晶、多晶陶瓷材料和近年发展起来的有机高分子聚合材料，都具有很强的压电效应。

课程思政——【科学故事】

压电效应是由雅克·居里（Jacques Curie）和皮埃尔·居里（Pierre Curie）兄弟偶然发现的。起初，皮埃尔·居里致力于研究焦电现象与晶体对称性关系。1880 年，居里兄弟偶然发现对电气石施加压力会有电性产生，他们系统研究了施压方向与电场强度的关系，并通过实验发现闪锌矿、钠氯酸盐、电气石、石英、酒石酸、蔗糖、方硼石、异极矿、黄晶及若歇尔盐等具有压电效应。这些晶体都具有各向异性结构，各向同性材料是不会产生压电性的。1881 年，居里兄弟验证了逆压电效应，并得出了正逆压电常数。1984 年，德国物理学家 Woldemar Voigt 得到只有无对称中心的 20 个点群的晶体才可能具有压电效应，即压电效应产生的原因与晶体结构有关，不是所有的晶体都能产生压电效应，只有非中心对称的晶体才能产生压电效应。

谐振器、滤波器等频率控制装置是决定通信设备性能的关键器件，压电陶瓷在这方面具有明显的优越性，它的频率稳定性好、精度高、适用频率范围宽，而且体积小、不吸潮、寿命长，在多路通信设备中具备有效的抗干扰性能。电子产品的“心脏”——晶体振荡器，基于石英晶体的压电效应产生高度稳定的信号，从而为 CPU 提供稳定的时钟频率。

1. 石英晶体（单晶体）

石英晶体的化学成分是 SiO_2，具有单晶结构，理想形状为六角锥体。石英晶体如图 2-22 所示。石英晶体是各向异性材料，不同晶体的物理特性不同，我们用 x、y、z 轴来描述。

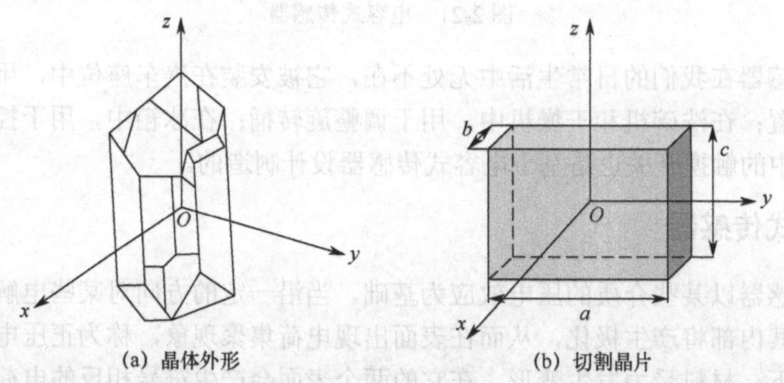

图 2-22 石英晶体

z 轴：通过锥顶端的轴线，是纵向轴，称为光轴，沿该方向受力不会产生压电效应。

x 轴：经过六棱柱的棱线并垂直于 z 轴，称为电轴（压电效应只在该轴的两个表面产生电荷集聚现象），沿该方向受力产生的压电效应为“纵向压电效应”。

y 轴：与 x、z 轴垂直，称为机械轴（该方向只产生机械变形，不会产生电荷集聚现象）。沿该方向受力产生的压电效应为“横向压电效应”。

2. 压电陶瓷（多晶体）

压电陶瓷是人工制造的多晶体压电材料，其内部的晶粒有一定的极化方向，在无外电场作用的情况下，晶粒分布杂乱，它们的极化效应相互抵消，此时压电陶瓷呈中性，即原始的压电陶瓷不具有压电性质，未极化的压电陶瓷如图 2-23（a）所示。当在压电陶瓷上施加强直流外电场时，晶粒的极化方向发生变化，趋于按外电场方向排列，从而使材料极化。外电场越强，极化程度越高。增强外电场，使材料的极化达到饱和程度，即所有晶粒的极化方向都与外电场的方向一致，此时去掉外电场，材料整体的极化方向基本不变，即出现剩余极化，这时材料就具有了压电性质，已极化的压电陶瓷如图 2-23（b）所示。

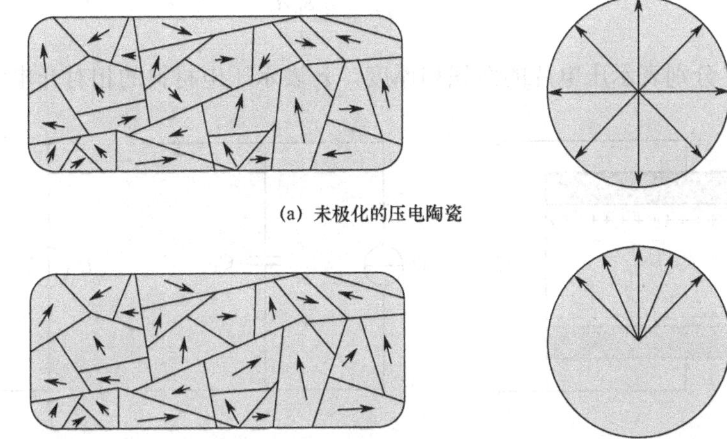

图 2-23　压电陶瓷

当材料受外力作用时，晶粒发生移动，会导致在垂直于极化方向（外电场方向）的平面上出现极化电荷，电荷量与外力成正比。

3. 压电高分子材料

高分子材料属于有机分子半结晶或结晶聚合物，其压电效应较复杂，不仅要考虑晶格内应变对压电效应的影响，还要考虑高分子材料中非均匀内应变产生的各种高次效应，以及与整体平均变形无关的电荷位移产生的压电特性。

目前发现的压电系数最高且已进行应用的压电高分子材料是聚偏二氟乙烯（Polyvinylidene Fluoride，PVDF），其压电效应可用铁电体的机理来解释。这种聚合物中的碳原子数为奇数，经过机械滚压和拉伸制成薄膜（称为压电薄膜，厚度为 1～100 μm），带负电的氟离子和带正电的氢离子分别对应排列在薄膜上部，形成微晶偶极矩结构，经过一段时间的外电场和温度联合作用后，晶体内部的偶极矩进一步旋转定向，形成垂直于薄膜平面的碳—氟偶极矩固定结构。这种定向的极化在受到一定方向的外力作用时，材料的极化面会产生一定的电荷，即压电效应。

与石英晶体和压电陶瓷相比，压电高分子材料主要有以下优点。

（1）质量小：它的密度只有常用的锆钛酸铅压电陶瓷（PZT）的 1/4，当贴在被测物体上时几乎不对原结构产生影响，具有良好的弹性和柔顺性，可以被加工成特定形状，以与任意被测表面完全贴合，机械强度高，抗冲击。

（2）高电压输出：在相同的受力条件下，输出电压比压电陶瓷高 10 倍。

（3）高介电强度：耐受强电场的作用（75V/μm），此时大部分压电陶瓷已经退极化了。

（4）声阻抗低：仅为 PZT 的 1/10，与水、人体组织接近。

（5）频响宽：在10^{-3}～10^{9}Hz 均能转换机电效应，且振动模式单一。

4. 压电式传感器的等效电路

根据压电元件的工作原理，可以将压电式传感器等效为电容器，正负电荷集聚的两个表面相当于电容器的两个极板，极板间的物质相当于一种介质。压电式传感器的等效电路如图 2-24 所示，其电容量为

$$C_a = \frac{\varepsilon_r \varepsilon_0 A}{d} \tag{2-16}$$

式中，A 和 d 分别表示压电片的面积和厚度，ε_r 表示压电材料的相对介电常数。

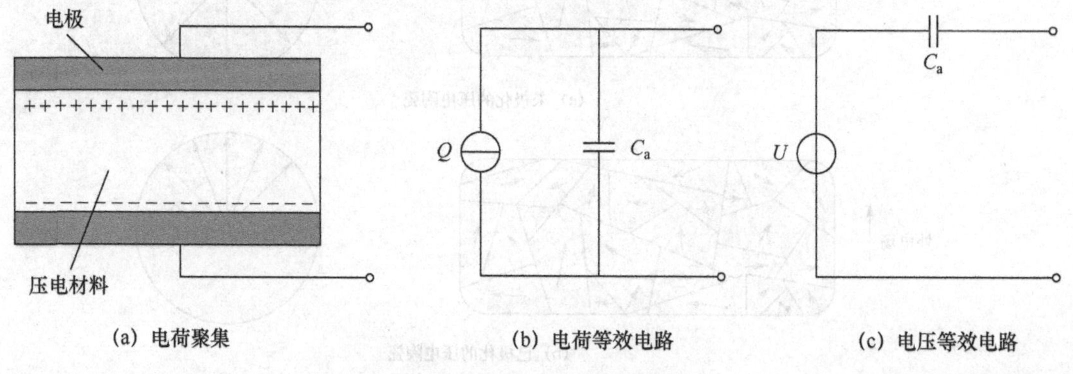

(a) 电荷聚集　(b) 电荷等效电路　(c) 电压等效电路

图 2-24　压电式传感器的等效电路

当压电元件受外力作用时，在它的两个表面会产生等量的正负电荷，电量为 Q。此时压电元件的开路电压为

$$U = \frac{Q}{C_a} \tag{2-17}$$

因此，压电式传感器可以等效为一个电荷源和一个电容器 C_a 的并联，如图 2-24（b）所示。同理，压电式传感器也可以等效为一个与电容器串联的电压源，如图 2-24（c）所示。

压电式传感器主要有两大应用场景。

（1）压电式测力传感器。

压电式测力传感器是一种利用压电元件直接实现力电转换的传感器。在拉伸和压缩应用中，通常使用两个或多个石英晶体并将其作为压电元件。由于压电式测力传感器刚性强、测量范围大、线性和稳定性强、动态特性好，所以当使用时间常数大的电荷放大器时，可以用压电式测力传感器测量准静态力。

（2）压电式加速度传感器。

压电元件一般由两个压电片组成，在压电片的两个表面镀有银层，将输出引线焊接在银层上，或者在两个压电片之间夹一块金属，将一根引线焊接在金属上，将另一根引线焊接在银层上，输出端直接与传感器底座相连。然后在压电片上放置一个比重较大的质量块，用硬弹簧、螺栓或螺母对质量块进行预加载。将整个组件安装在一个厚金属壳中。为了避免底座

或材料本身的应变影响压电元件，导致输出错误信号，一般需要加厚底座或选择刚度更大的材料。

当前，大型精密系统非常注重质量和尺寸，传统的大型压电传感器将逐渐失去市场。随着新材料和新加工技术的发展，利用激光等微加工技术制成的硅加速度传感器（具有体积小、互换性和可靠性高等优点），正逐渐取代传统的硅加速度传感器。压电式传感器的功能有了变化，它不仅可以输出模拟信号，还可以输出数字信号。一些压电式传感器还具有控制功能，这是一个主要的发展趋势。

压电式传感器可以应用于以下领域。

（1）玻璃打碎报警装置。将高分子压电测振薄膜贴在玻璃上，可以感受到玻璃破碎时发出的振动，并将信号传给集中报警系统。

（2）压电式周界报警系统。将长的压电电缆埋在泥土的浅表层，起分布式地下麦克风或听音器的作用，可在几十米范围内探测人的步行信号，也可以通过信号处理系统分辨轮式或履带式车辆。

（3）交通监测。将高分子压电电缆埋在公路上，可以获取轴数、轴距、轮距、单双轮胎和车速等信息。

（4）压电式动态测力传感器。用于测量车床中的动态切削力。

（5）压电式振动加速度传感器。用于判断汽车的碰撞，使安全气囊迅速充气，从而保障人的安全；可安装在气缸的侧壁上，尽量使点火时刻接近爆震区且不发生爆震，同时使发动机输出尽可能大的扭矩。

2.3.5　磁电式传感器

对磁场参量（如磁感应强度和磁通等）敏感、通过磁电作用将被测量（如振动、位移、转速等）转换为电信号的器件或装置称为磁敏式传感器。磁电作用主要包括电磁感应和霍尔效应两种。因此，相应的磁电式传感器主要有利用电磁感应的磁电感应式传感器和利用霍尔效应的霍尔式传感器两种。

1. 磁电感应式传感器

磁电感应式传感器是利用导体与磁场发生相对运动而在导体两端输出感应电动势的原理工作的。因此，磁电感应式传感器又称感应式传感器或电动式传感器。它实现了机电能量转换，属于有源传感器，直接从被测物体处获取机械能并将其转换为电能，不需要供电电源。磁电感应式传感器电路简单、性能稳定、输出阻抗小，具有较宽的频率响应范围（一般为10～1000Hz），适用于对转速、振动、位移、扭矩等的测量。

磁电感应式传感器以电磁感应原理为基础。1831 年，迈克尔·法拉第（Michael Faraday）研究发现：当导体在稳定均匀的磁场中垂直于磁场方向做切割磁力线运动时，导体内会产生感应电动势。对于一个 N 匝的线圈，设穿过线圈的磁通为 ϕ，则线圈内的感应电动势与 ϕ 的变化速率成正比，即

$$E = N\frac{\mathrm{d}\phi}{\mathrm{d}t} \tag{2-18}$$

如果线圈相对磁场运动的线速度为 v 或角速度为 ω，则式（2-18）可以写为

$$E = NBLv \text{或} E = NBS\omega \tag{2-19}$$

式中，B 表示线圈所在磁场的磁感应强度；L 表示每匝线圈的平均长度；S 表示每匝线圈的平均截面积。

如果线圈的运动方向与磁场方向的夹角为 θ，则有

$$E = NBLv\sin\theta \tag{2-20}$$

在磁电感应式传感器中，在结构参数确定（B、L、S、N 均为确定值）的情况下，感应电动势 E 与线圈相对磁场运动的 v 或 ω 成正比。根据这一原理，人们设计了恒磁通和变磁通磁电感应式传感器。

1）恒磁通磁电感应式传感器（测线速度）

恒磁通磁电感应式传感器指在测量过程中使导体（线圈）位置相对恒定磁通变化而实现测量的磁电感应式传感器。恒磁通磁电感应式传感器的典型结构如图 2-25 所示，其主要由永磁体、线圈、弹簧、壳体等组成。磁路系统产生恒定的直流磁场，磁路中的工作气隙不变，因此气隙中的磁通也是不变的。在恒磁通磁电感应式传感器中，运动部件可以是线圈，也可以是永磁体，因此分为动圈式和动铁式两种。动圈式的运动部件是线圈，永磁体固定在壳体上，线圈与金属骨架由柔软弹簧片支撑；动铁式的运动部件是永磁体，线圈、金属骨架和壳体固定，永磁体由弹簧支撑。

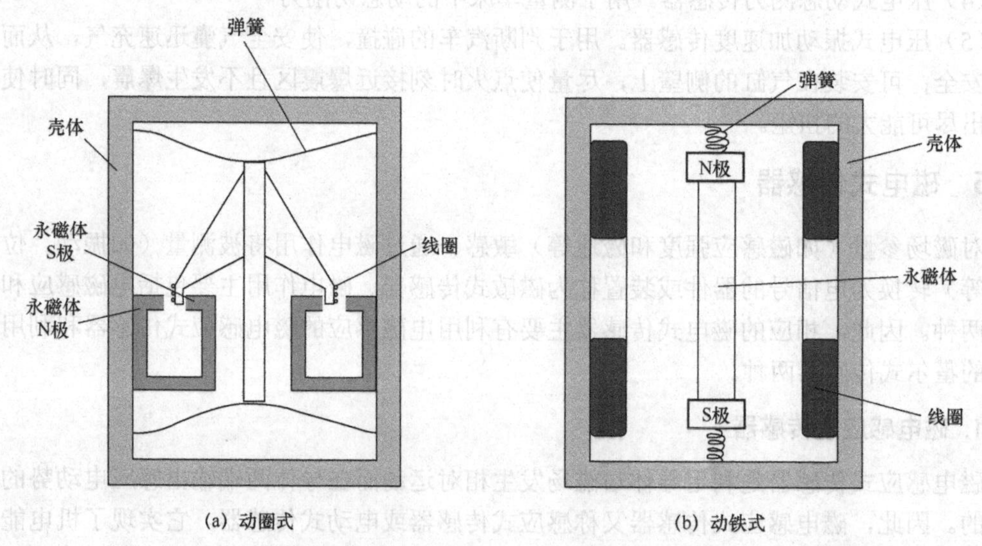

图 2-25　恒磁通磁电感应式传感器的典型结构

动圈式和动铁式的工作原理完全相同。将恒磁通磁电感应式传感器与被测振动体绑定，壳体会随被测振动体振动，由于弹簧较软，而运动部件的质量相对较大，当被测振动体的振动频率足够高时（远高于传感器固有频率），运动部件会因惯性很大而来不及随被测振动体振动，近乎静止，振动能量几乎全部被弹簧吸收，于是永磁体与线圈之间的相对运动速度接近被测振动体的振动速度，线圈与磁铁的相对运动会切割磁力线，从而产生与运动速度成正比的感应电动势。

2）变磁通磁电感应式传感器（测角速度）

变磁通磁电感应式传感器主要通过改变磁路的磁通 ϕ 进行测量（通过改变磁路中的气隙来改变磁路的磁阻，从而改变磁路的磁通），即

$$\phi = \frac{IN}{R_m} \tag{2-21}$$

因此，变磁通磁电感应式传感器又称变磁阻式传感器或变气隙式传感器，其典型应用是转速计，用于测量旋转物体的角速度。变磁通磁电感应式传感器的典型结构如图 2-26 所示。

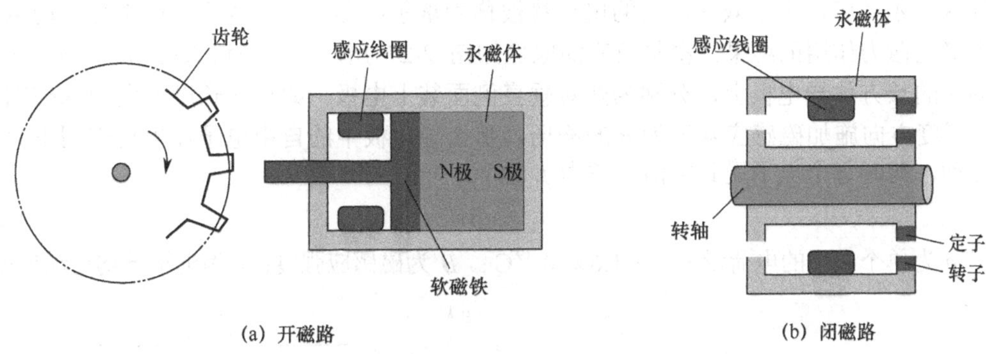

图 2-26　变磁通磁电感应式传感器的典型结构

变磁通磁电感应式传感器可分为开磁路和闭磁路两种。开磁路由永磁体、软磁铁、感应线圈和齿轮等组成。齿轮（由导磁材料构成）被安装在被测物体上，随被测物体转动，导致气隙发生变化，从而使磁路磁阻变化，齿轮转过一个齿则磁路磁阻变化一次，磁通也变化一次，在线圈中会产生感应电动势，其变化频率等于被测物体的转速与齿轮齿数的积，即

$$f = rn = \frac{N}{t} \tag{2-22}$$

式中，f 表示频率，单位为 Hz；r 表示转速，单位为 r/s；n 表示齿轮齿数；N 表示时间 t 内的采样脉冲数。由此可推出转速为

$$r = \frac{N/n}{t} = \frac{N}{tn} \tag{2-23}$$

可见，转速就是单位时间内的转数，总转数 N/n 等于采样脉冲数除以每转脉冲数（齿轮齿数）。

这种传感器结构简单、输出信号较弱，由于存在平衡和安全问题，不宜测量高转速。

闭磁路由装在转轴上的定子和转子、感应线圈和永磁体等组成。传感器的转子和定子都由纯铁制成，在它们的圆形端面上均匀分布有凹槽。在工作时，将传感器的转子与被测物体的轴相连，被测物体旋转会带动转子旋转，当转子和定子的齿凸相对时，气隙最小、磁通最大；当转子与定子的齿凹相对时，气隙最大、磁通最小。定子不动，转子旋转，磁通会发生周期性变化，从而在线圈中感应出近似正弦的电动势。

2. 霍尔式传感器

霍尔式传感器是基于霍尔效应进行工作的传感器。1879 年，美国物理学家霍尔在研究金属导电机制时发现了这一效应，但由于金属材料的霍尔效应太弱而没有得到应用。随着半导体技术的发展，使用半导体制造的霍尔元件具有较强的霍尔效应，且随着具有高强度的恒定磁体和输出低电压的信号调理电路的出现，霍尔式传感器被广泛应用于测量电磁、压力、加速度和振动等。在各国科学家的努力下，量子霍尔效应（整数量子霍尔效应和分数量子霍尔

效应)、量子自旋霍尔效应、量子反常霍尔效应等被陆续发现，并获得了 1985 年和 1998 年的诺贝尔物理学奖，其中也有中国科学家的贡献。未来几年，霍尔传感器在中国市场的年销售额将保持 20%～30%的高速增长；随着相关技术的不断完善，可编程霍尔传感器、智能化霍尔传感器及微型霍尔传感器等将有更好的市场前景。

当载流导体或半导体处于与电流方向垂直的磁场中时，在其两端将产生电位差，这一现象被称为霍尔效应，霍尔效应产生的电动势被称为霍尔电压。霍尔效应的产生是运动电荷受磁场中洛伦兹力作用的结果。霍尔效应的原理如图 2-27 所示，在一块长度为l、宽度为b、厚度为d的长方体导电板上，分别为两对垂直侧面装上电极。如果在长度方向通入控制电流I，在厚度方向施加磁感应强度为B的磁场，那么导电板中的自由电子在电场作用下会发生定向运动，此时每个电子受到的洛伦兹力f_L为

$$f_L = eBv \tag{2-24}$$

式中，e为单个电子的电荷量，$e = 1.6 \times 10^{-19}\text{C}$；$B$为磁感应强度；$v$为电子平均运动速度。

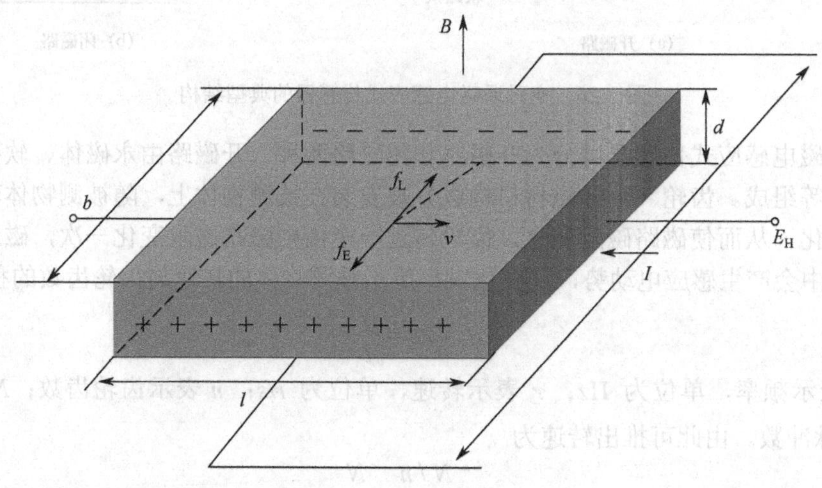

图 2-27　霍尔效应的原理

洛伦兹力f_L的方向在图中是向内的（左手法则），此时电子除了沿电流反方向作定向运动，还向内漂移，结果在导电板里侧积累了负电荷（电子），而在外侧积累了正电荷（空穴），将形成附加内电场E_H，称为霍尔电场。在霍尔电场的作用下，电子将受到与洛仑兹力方向相反的电场力的作用，此力阻止电荷的继续积聚，当达到动态平衡时（电荷不再积聚），电子所受的洛仑兹力和电场力大小相等，即

$$f_L = f_H \tag{2-25}$$

可得

$$eE_H = eBv \tag{2-26}$$

因此有

$$E_H = Bv \tag{2-27}$$

相应的电动势为霍尔电压U_H

$$U_H = E_H b = Bvb \tag{2-28}$$

霍尔元件的结构比较简单，它由霍尔片、引脚和壳体三部分组成（霍尔元件的磁极感应方式有单极性、双极性和全极性，实际的霍尔元件引脚可能是三端、四端或五端的)。霍尔

元件是一块矩形半导体单晶薄片（一般为 4mm×2mm×0.1mm），在长度方向焊有两根控制电流端引线，它们在薄片上的焊点被称为激励电极；在薄片另两侧端面的中间位置，以点的形式对称地焊有两根输出引线，它们在薄片上的焊点被称为霍尔电极。霍尔元件的壳体用非导磁金属、陶瓷或环氧树脂封装。霍尔元件的外形、结构和符号如图 2-28 所示。

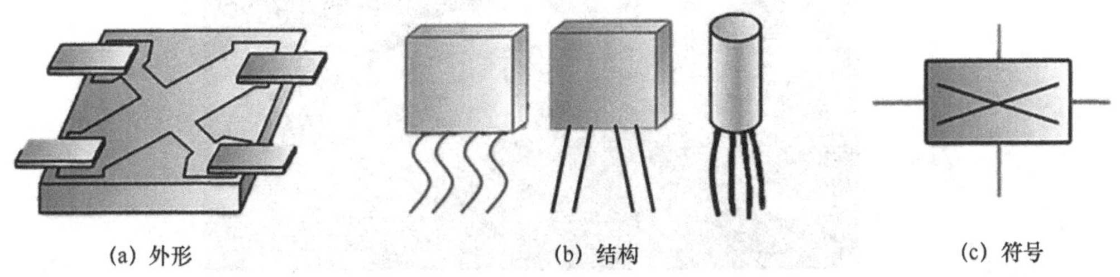

(a) 外形　　(b) 结构　　(c) 符号

图 2-28　霍尔元件的外形、结构和符号

磁电式传感器主要用于测量振动。其中惯性式传感器不需要将静止的基座作为参考基准，它可以直接安装在振动体上进行测量，因而在地面振动测量及机载振动监视系统中得到了广泛应用。对航空发动机、各种大型电机、空气压缩机、机床、车辆、轨枕振动台、化工设备、桥梁、高层建筑，以及各种水、气管道等的振动监测与研究都可以使用磁电式传感器。

2.3.6　光电式传感器

20 世纪八九十年代，我国大力投资传感器技术研发，1987 年成立传感技术联合国家重点实验室，1995 年成立传感器国家工程研究中心，促进了光电传感技术的不断突破，光电式传感器在中国得到快速发展，产业链开始建立。随着信息技术的发展，光电式传感器在信息行业的发展中起到至关重要的作用。“十五”时期，光电式传感器作为区别于传统结构式传感器的新型传感器，成为研发重点。

2016 年，工业和信息化部发布《信息通信行业发展规划物联网分册（2016—2020 年）》，明确提出物联网正进入跨界融合、集成创新和规模化发展的新阶段，迎来重大的发展机遇。光电式传感器是信息通信、航空航天、自动化等领域的核心部件，该文件为光电式传感器的小型化、集成化、智能化及系统化发展提供了有力支持。智能交通、智能家居、智能工业生产等物联网应用发展壮大，中国光电式传感器已进入智能化发展阶段。

当前，无论是在智能制造、智慧城市、智慧医疗中，还是在智能设备、大数据分析及庞大的智能系统中，光学传感器作为数据采集的源头，已成为“大国重器”的核心部件之一。

课程思政——【新闻热点】

在湖北省武汉市，武汉高德微机电与传感工业技术研究院（一期）已破土，武汉高德微机电与传感工业技术研究院（一期）项目效果如图 2-29 所示。未来，这里将以微机电系统带动物联网、智慧城市发展，打造微机电系统产业集群。在这片“追光逐芯”的热土上，一批怀着科技报国信念的科学家型企业家，持续开展高精度传感器、新型传感器和高集成传感器的研发和产业化，形成了华工科技、高德红外、理工光科、久之洋、四方光电、敏芯半导体、高芯科技、极目智能等细分领域的“隐形冠军”。

图 2-29　武汉高德微机电与传感工业技术研究院（一期）项目效果

2021 年，由高德红外自主研制的我国首款百万像素级双色双波段红外探测器问世，打破了少数发达国家的技术垄断，使我国跻身国际红外探测器芯片技术前沿，我们的技术水平毫不逊色于西方最先进的一代。数据显示，高德红外在全球红外热成像设备制造领域占 17%的市场份额，排在全球第二，其制造的设备广泛应用于人体测温、工业测温、安防监控、消防救援、户外运动、无人机、自动驾驶等领域。武汉高德红外股份有限公司董事长兼总经理黄立说："我们将抓紧智能装备的技术迭代，抓好脑机接口等前沿技术的开发应用，努力将企业做强、产业做大。"

四方光电研发生产的光学气体传感器正如公司其名，销往"四方"，出口到美国、日本、韩国等 80 多个国家和地区。目前，四方光电已逐步建立了基于光散射、红外线、紫外线、热传导、激光拉曼光谱、超声波、电光学、固体电解质、MEMS 金属氧化物半导体等的气体传感器技术平台，产品在家电、汽车、医疗、环保、工业、能源计量等领域得到广泛应用。作为中国气体传感器的龙头企业，四方光电已成为许多世界 500 强及国内外细分领域头部企业的配套供应商。

光电式传感器（又称光敏传感器）是利用光电器件把光信号转换为电信号或电参数（电压、电流、电荷、电阻等）的装置。光电式传感器具有结构简单、响应速度快、精度高、分辨率高、可靠性强、抗干扰能力强（不受电磁辐射影响，本身也不辐射电磁波）、可实现非接触式测量等特点，可以直接检测光信号，还可以间接测量温度、压力、位移、速度、加速度等。

按照工作原理，可以将光电式传感器分为光电效应传感器、固体图像传感器、光纤传感器 3 类。

1. 光电效应传感器

光照射到物体上使物体发射电子，会使电导率发生变化或产生光生电动势等，这些由光引起物体电学特性变化的现象被称为光电效应。光电效应传感器是利用光敏材料的光电效应制成的光敏器件。

光电效应包括外光电效应、内光电效应和光生伏特效应 3 类。外光电效应指在光的作用下物体内的电子逸出物体表面向外发射的物理现象。光子是以量子化"粒子"的形式对可见光波段内电磁波的描述。光子具有能量 $h\omega$，h 为普朗克常数，ω 为光频。

爱因斯坦假设：一个光子的能量只给一个电子。因此，一个电子要从物体中逸出，必须

使光子能量 E 大于表面逸出功 A_0，这时，逸出表面的电子所具有的动能可用光电效应方程表示为

$$E_k = \frac{1}{2}mv^2 = h\omega - A_0 \tag{2-29}$$

式中， m 表示电子的质量； v 表示电子逸出的初始速度。

根据光电效应方程，当光照射在某些物体上时，光能量作用于被测物体，使其释放电子，物体吸收具有一定能量的光子后产生电效应，这就是光电效应。在光电效应中，释放的电子为光电子，能产生光电效应的敏感材料为光电材料。根据光电效应可以制成相应的光电器件，它是构成光电式传感器的主要部件。

1）外光电效应型光电器件

当光照在由金属或金属氧化物构成的光电材料上时，光子的能量会传给光电材料表面的电子，如果照射到表面的光能使电子获得足够的能量，电子会克服正离子对它的吸引力，脱离材料表面并进入外界，这种现象被称为外光电效应。根据外光电效应制作的光电器件有光电管和光电倍增管。

光电管有真空光电管和充气光电管两类。真空光电管的结构如图 2-30（a）所示，它由一个阴极（K 极）和一个阳极（A 极）构成，并密封在真空玻璃管内。阴极装在玻璃管内壁上，其上涂有光电材料，或者在玻璃管内装柱面形金属板，在此金属板内壁上涂有阴极光电材料。阳极通常采用弯曲成矩形或圆形的金属丝或金属丝柱，将其置于玻璃管中央。在阴板和阳极之间施加一定的电压，且阳极为正极、阴极为负极。当光通过光窗照在阴极上时，光电子会从阴极发射出去，在阴极和阳极之间的电场的作用下，光电子在极间做加速运动，被高电位的阳极收集，形成光电流，光电流的大小主要取决于阴极灵敏度和入射光辐射强度。光电管的等效电路如图 2-30（b）所示。光电管实物如图 2-30（c）所示。

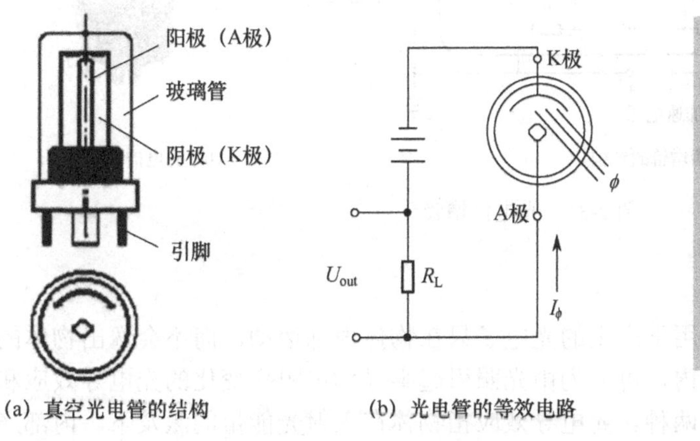

(a) 真空光电管的结构　　(b) 光电管的等效电路

(c) 光电管实物

图 2-30　光电管

充气光电管的结构与真空光电管相似，只是管内充有少量的惰性气体（如氩或氖），当充气光电管的阴极被光照射后，光电子在飞向阳极的途中与气体发生碰撞，使气体电离，电离过程中产生的新电子与光电子一起被阳极接收，正离子向反方向运动，被阴极接收，因此增大了光电流，从而使光电管的灵敏度提高。但充气光电管的光电流与入射光强度不成比例，因此其具有稳定性较差、惰性强、受温度影响大、易衰老等一系列缺点。

目前，随着放大技术的发展，对光电管灵敏度的要求不再那样严格，且真空光电管的灵敏度不断提高。由于自动检测仪表要求受温度影响小且灵敏度高，所以一般采用真空光电管。值得指出的是，随着半导体光电器件的发展，真空光电管逐步被半导体光电器件代替。

光电倍增管（Photo Multiplier Tube，PMT）主要由光阴极、次阴极（倍增电极）及阳极组成。阳极是用于收集电子的，它输出的是电压脉冲。光电倍增管是灵敏度极高、响应速度极快的光探测器，其输出信号在很大范围内与入射光子数有线性关系。光电倍增管除了有光阴极，还有若干个倍增电极。

光电倍增管的结构如图 2-31（a）所示，使用时在各倍增电极上施加电压。阴极电位最低，从阴极开始，各倍增电极的电位依次升高，阳极电位最高。这些倍增电极由次级发射材料制成，这种材料在具有一定能量的电子的轰击下，能够产生很多“次级电子”。由于相邻的倍增电极之间有电位差，所以存在加速电场，可以对电子加速。从阴极发出的光电子在电场的加速作用下，打到第一个倍增电极上，引起二次电子发射。每个电子都能从这个倍增电极上打出 3～6 个次级电子，被打出来的次级电子经过电场的加速后，打在第二个倍增电极上，电子数又增加，如此不断倍增，阳极最后收集到的电子数将达到阴极发射电子数的 10^5～10^8 倍，即光电倍增管的放大倍数可达几十万倍甚至上亿倍。因此，光电倍增管的灵敏度比普通光电管高几十万倍到上亿倍，相应的电流可由10^{-7} A 放大到 10A，即使在弱光照下，也能产生很大的光电流。

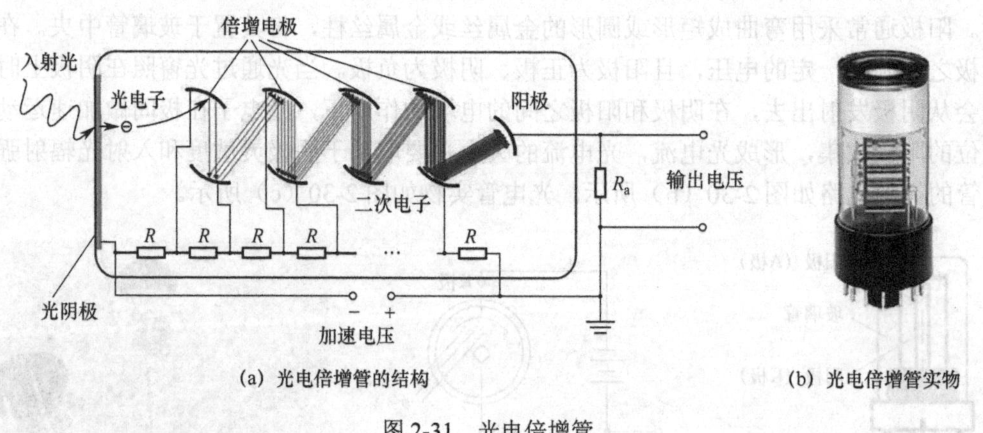

(a) 光电倍增管的结构

(b) 光电倍增管实物

图 2-31　光电倍增管

2）内光电效应型光电器件

内光电效应指物体在光的作用下产生的光电子只在物体内部运动，而不会逸出物体的现象。内光电效应多发生于半导体内，可分为由光照引起半导体电阻率变化的光电导效应和由光照产生电动势的光生伏特效应两种。光电导效应指物体在入射光能量的激发下，内部产生光生载流子（电子—空穴对），使物体中载流子数量显著增加且电阻减小的现象。这种效应在大多数半导体和绝缘体中都存在，但对于金属而言，由于电子能态不同，所以不会产生光电导效应。光生伏特效应指光照在半导体中激发的光电子和空穴在空间中分开而产生电位差的现象，是将光能变为电能的一种效应。当光照在半导体 PN 结或金属—半导体接触面上时，在 PN 结或金属—半导体接触面的两侧会产生光生电动势，因为 PN 结或金属—半导体接触面的材料不同质或不均匀，所以存在内建电场，半导体受入射光能量激发产生的电子或空穴会在内建电场的作用下向相反方向移动和积聚，从而产生电位差。

基于光电导效应的光电器件有光敏电阻等，基于光生伏特效应的光电器件有光电池、光敏二极管、光敏晶体管等。

光敏电阻又称光导管，是一种均质半导体器件。它具有灵敏度高、工作电流大（可达数毫安）、光谱响应范围宽，体积小、重量轻、机械强度高，耐冲击、耐振动、抗过载能力强、寿命长、使用方便等优点，但存在响应时间长、频率特性差、在强光照射下的光电转换线性差、受温度影响大等缺点，主要用于红外的弱光探测和开关控制领域。

当光照在半导体上时，如果辐射能量足够大，且材料为本征半导体材料，则电子受光子的激发，会从价带越过禁带，最终跃迁到导带，在价带中就留有空穴。在外加电压下，导带中的电子和价带中的空穴同时参与导电，即载流子数增多，电阻率下降。由于光的照射使半导体的电阻发生变化，所以将其称为光敏电阻，如图 2-32 所示。

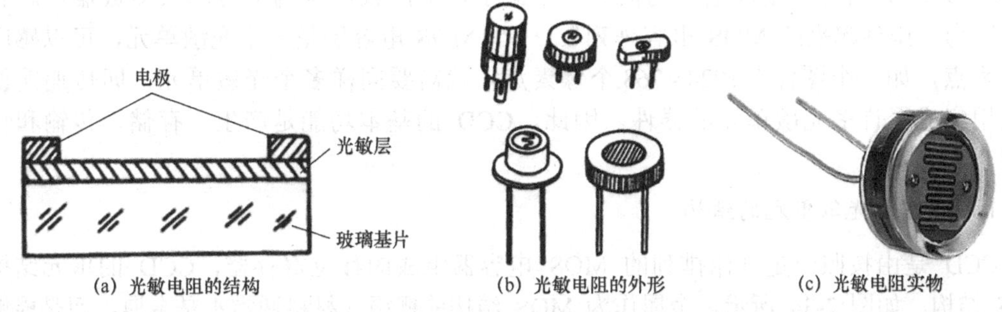

图 2-32　光敏电阻

光电池实质上是一个电压源，是利用光生伏特效应将光能直接转换为电能的光电器件。由于其被广泛用于将太阳能直接转换为电能，因此又称太阳能电池。一般能用于制造光敏电阻的半导体材料均可用于制造光电池，如硒光电池、硅光电池、砷化镓光电池等。光电池的结构如图 2-33 所示。

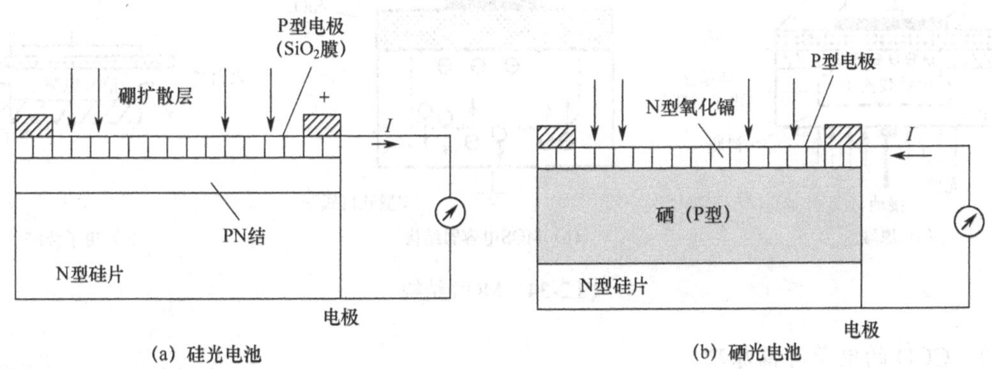

图 2-33　光电池的结构

硅光电池用扩散的方法在一块 N 型硅片上掺入 P 型杂质，形成 PN 结。当光照在 PN 结上时，如果光子能量大于半导体材料的禁带宽度 E，则在 PN 结附近激发电子—空穴对。在 PN 结内电场（PN 结内电场的方向是由 N 区指向 P 区）的作用下，N 区的光生空穴被拉向 P 区，P 区的光生电子被拉向 N 区，结果使 P 区带正电，N 区带负电，这样 PN 结就产生了电位差。如果将 PN 结两端用导线连接起来，电路中会有电流流过，电流从 P 区经外电路流到 N 区。如果将外电路断开，就可以测出光生电动势。

硒光电池是在铝片上涂硒（P 型），再用溅射工艺在硒层上形成一层半透明的氧化镉（N 型）。在光的照射下，氧化镉材料带负电，硒材料带正电，产生电动势或光电流。

2. 固体图像传感器

电荷耦合器件（Charge Coupled Devices，CCD）以电荷转移为核心，是一种应用非常广的固体图像传感器，它是以电荷包的形式存储和传输信息的半导体表面器件，是在金属氧化物半导体场效应管（Metal-Oxide Semiconductor FET，MOSFET，以下简称 MOS）的基础上发展起来的，是半导体技术的一次重大突破。由于它具有光电转换、信息存储和延时等功能，且集成度高、功耗小，所以在固体图像传感、信息存储和处理等方面得到了广泛应用，典型产品有数码照相机、数码摄像机等。

CCD 的突出特点是以电荷为信号，不同于以电流或电压为信号的大多数器件。有人将其称为“排列起来的 MOS 电容阵列”。一个 MOS 电容器是一个光敏单元，可以感应一个像素点，如一个图像有1024×768 个像素点，就需要同样多个光敏单元，即传递图像需要采用集成了许多光敏单元的器件。因此，CCD 的基本功能是产生、存储、传输和输出电荷。

1）CCD 的光敏单元的结构

CCD 是由按照一定规律排列的 MOS 电容器组成的移位寄存器，CCD 的单元结构是 MOS 结构，如图 2-34 所示。金属作为 MOS 结构的栅极（材料通常不是金属，而是能够使具有一定波长的光通过的多晶硅薄膜）；半导体作为衬底电极。栅极和衬底电极之间有一层氧化物（SiO_2）绝缘体，构成电容。

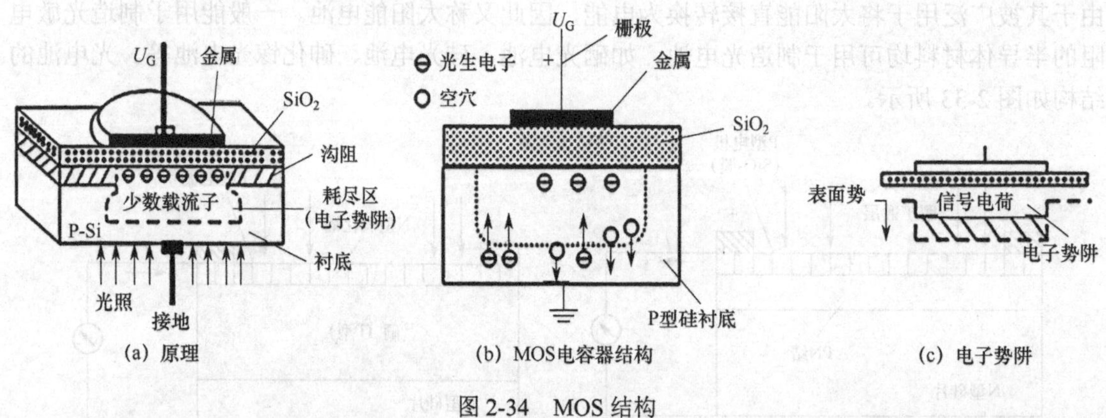

图 2-34　MOS 结构

2）CCD 的电荷存储原理

组成 CCD 的基本单元是 MOS 电容器，MOS 电容器能够存储电荷。MOS 电容器结构如图 2-34（b）所示，MOS 电容器中的半导体是 P 型硅，将其作为衬底，如果使衬底接地，在金属电极上施加一个正电压U_G，则在金属电极上会充入正电荷，电势高，从而在 P 型硅与 SiO_2 的界面附近形成一个区域，这个区域把 P 型硅中的多数载流子（空穴）排斥到表面并入地，而对 P 型硅中的少数载流子（电子）具有吸引作用，能够容纳电子，因此把这个区域称为电子势阱。在一定的条件下，所加的正电压U_G越大，电势越高，电子势阱就越深，所能容纳的电荷量就越大。

如果此时有光照在硅片上，在光子的作用下，半导体硅吸收光子，产生电子—空穴对，其中的光生电子被电子势阱吸收，而空穴被排斥出电子势阱。电子势阱吸收的光生电子数与该电子势阱附近的光照强度成正比，如图 2-34（c）所示。因此，电子势阱中的电子数可以反映光照强度，即该像素的明暗程度，即这种 MOS 电容器可以实现光信号向电信号的转换。

如果为光敏单元阵列中的各单元同时施加正电压U_G，那么整个图像的光信号会同时转化为电荷包阵列，从而得到整个图像的电信号。而且电子势阱中的电子处于被存储状态，即使停止光照，其在一段时间内也不会损失，这就实现了对光照的记忆。

但是，这种记忆是有时间限制的，随着时间的推移，各单元中电子势阱中的电子会慢慢泄漏，在经过足够长的时间后，电子势阱中的电子会全部泄漏，此时所拍摄的图像就不复存在了。

3）CCD 的电荷转移原理

为了永久保存所拍摄的图像，必须把各单元中电子势阱中的电子数信息传输出来，并用电子化手段保存下来。因此，CCD 需要进行电荷转移。

由于所有光敏单元共用一个电荷输出端，所以需要进行电荷转移。为便于进行电荷转移，CCD 的基本结构是一系列彼此靠近的光敏单元，这些光敏单元的间距为 15～20μm，它们使用同一个半导体衬底，氧化层均匀、连续，相邻金属电极间隔极小。

设加在两个相邻金属电极上的电压分别为U_{G1}、U_{G2}，$U_{G1}<U_{G2}$，那么任何可移动的负电荷都会向电势高的位置移动，即电子势阱 1 中的电子有向电子势阱 2 转移的趋势，电荷转移原理如图 2-35（a）所示。如果串联一系列光敏单元，且使$U_{G1}<U_{G2}<\cdots<U_{Gn}$，则可形成一个输送电子的路径，实现电荷的有序转移。

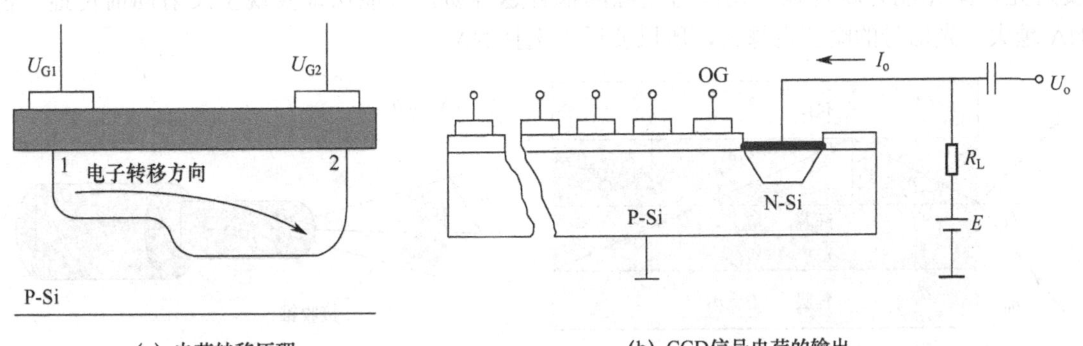

(a) 电荷转移原理　　(b) CCD信号电荷的输出

图 2-35　电荷转移原理与 CCD 信号电荷的输出

在电荷转移过程中，持续的光照又会产生电荷，使信号电荷发生重叠，出现图像模糊的问题。为了解决这个问题，在 CCD 中将摄像区与传输区分开，并保证信号电荷从摄像区转移到传输区的时间远短于摄像时间。

4）CCD 信号电荷的输出

CCD 信号电荷的输出如图 2-35（b）所示。输出栅 OG 是 CCD 阵列末端衬底上的一个输出二极管。当为输出二极管加反向偏压时，转移到终端的电荷在时钟脉冲的作用下被输出二极管的 PN 结收集，在负载 R_L 上形成脉冲电流 I_o。I_o 与信号电荷数成正比，并通过负载电阻 R_L 转换为输出电压 U_o。

3. 光纤传感器

光纤传感器利用光纤将发光二极管（LED）或激光管（LD）发射的光传输至被检测对象，入射光被检测信号调制后，沿着光纤被多次反射并送至光接收器，经接收解调后变为电信号。光纤是由纤芯、包层等组成的圆柱形介质光波导。光纤的结构和传输原理如图 2-36 所示。纤芯的折射率总是略高于包层的折射率，当光波从折射率较高的介质射入折射率较低的介质时，会在两种介质的界面发生折射和反射。

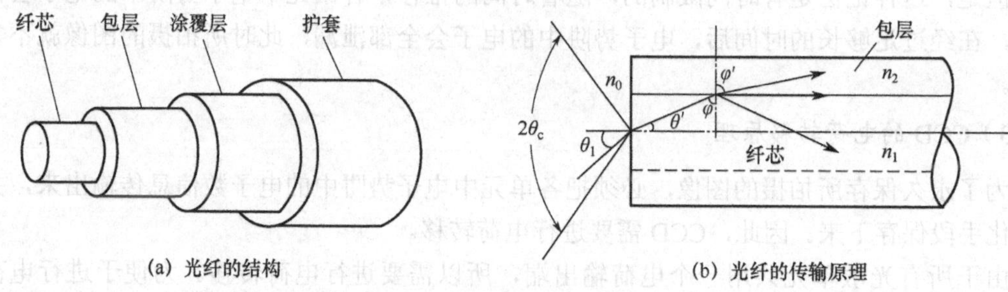

图 2-36　光纤的结构和传输原理

当入射角大于临界角时，光线不会透过界面，而会全部反射到光密介质内部，即发生全反射，光纤的全反射路径如图 2-37（a）所示。

光纤的数值孔径（Numerical Aperture，NA）是光纤的一个重要参数，它能反映光纤的集光能力，如图 2-37（b）所示。光纤的 NA 越大，表明它可以在越大入射角范围内输入全反射光，集光能力就越强，光纤与光源的耦合越容易，且能保证实现全反射向前传播。但 NA 越大，光信号的畸变也越大，所以要适当选择 NA。

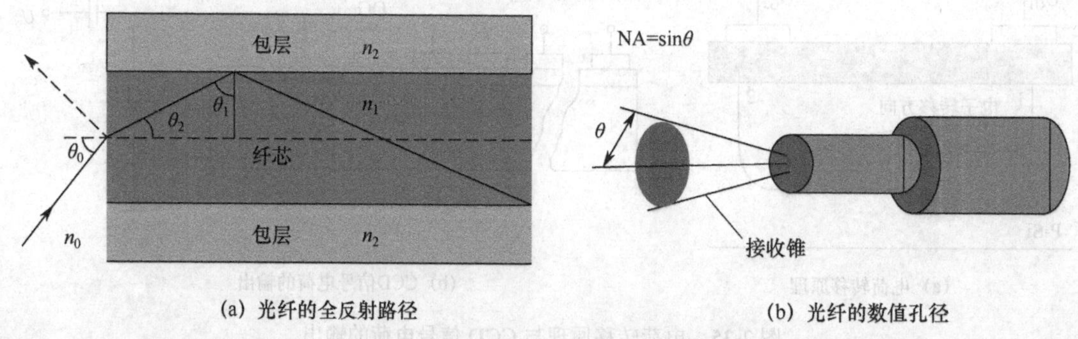

图 2-37　光纤的全反射路径和数值孔径

在光纤的受光角 θ_0 内，光以一定的角度射入光纤端面，能在光纤的纤芯—包层界面发生全反射，此时有一个传输模式。当纤芯直径较小时，光纤只允许与光纤轴方向一致的光通过，即只允许通过一个基模，称为单模光纤；当纤芯直径较大时，在光纤的受光角内，允许光以多个特定的角度射入光纤端面，并在光纤中传播，此时称光纤中有多个模式。将这种能传输多个模式的光纤称为多模光纤。单模和多模光纤如图 2-38 所示，光以不同角度射入光纤端面，会在光纤中形成不同的传播模式。

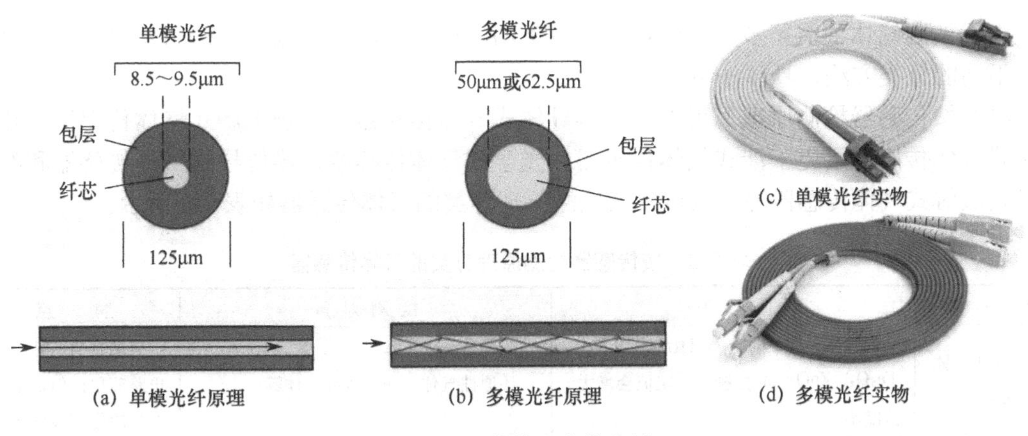

图 2-38　单模和多模光纤

虽然光电式传感器发展较晚，但其发展速度快、应用范围广，具有很大的应用潜力。《全球光纤传感器市场预测（2016—2026 年）》报告显示，2016 年全球光纤传感器消费值达到 33.8 亿美元，到 2026 年这一数值将达到 59.8 亿美元；光纤传感器在航空航天领域的应用将快速增长，布拉格光栅等分布式光纤传感器的增长速度远超其他光纤传感器。在军事应用中（如无人机、导弹制导、导航、跟踪、机器人及航空飞行等），光纤陀螺仪将快速增长。

2.4　化学传感器

2.4.1　气体传感器

气体传感器主要用于感知气体的类别、浓度和成分，广泛应用于对工业中的天然气、煤气，以及石油化工领域的易燃、易爆、有毒、有害气体的监测、预报和自动控制；在防治公害方面可以用于监测环境污染气体，在家用方面可以进行煤气监测、火灾报警等。气体传感器在农业、医疗、工业等方面有广泛应用，如图 2-39 所示。

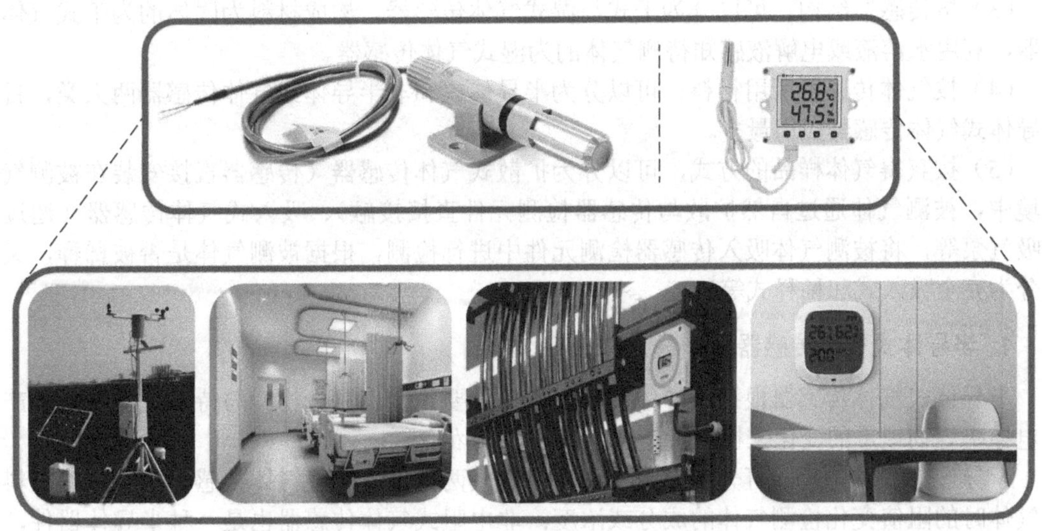

图 2-39　气体传感器在农业、医疗、工业等方面有广泛应用

由于被测气体种类繁多、性质各异，有不同的检测方法，所以气体传感器也有很多种，具有不同的分类方法，具体如下。

（1）按传感器检测原理，可以分为半导体式气体传感器、接触燃烧式气体传感器、化学反应式气体传感器、光干涉式气体传感器、光学式气体传感器、热传导式气体传感器和红外线吸收散射式气体传感器等，按传感器检测原理分类的气体传感器如表 2-3 所示。

表 2-3　按传感器检测原理分类的气体传感器

传感器	原理	检测对象	特点
半导体式气体传感器	当气体与加热的金属氧化物（SnO_2、Fe_2O_3、ZnO 等）接触时，阻值会增大或减小	还原性气体、城市排放气体等	灵敏度高，结构和电路简单，但输出与气体浓度不成比例
接触燃烧式气体传感器	可燃气体接触氧气会燃烧，使作为气敏材料的铂丝温度升高，阻值相应增大	可燃气体	输出与气体浓度成比例，但灵敏度较低
化学反应式气体传感器	利用化学溶剂与气体发生反应时产生的电流、颜色、电导率变化等工作	CO、H_2、CH_4、C_2H_5OH、SO_2 等	气体选择性好，但不能重复使用
光干涉式气体传感器	利用待测气体与空气的折射率不同而产生的干涉现象工作	与空气折射率不同的气体，如 CO_2 等	寿命长，但气体选择性差
光学式气体传感器	利用光学原理进行气体测量，通过测量红外线吸收量得出气体浓度	CO_2、SO_2 等气体和粉尘	精度高、抗干扰性强、稳定性强
热传导式气体传感器	热导率差的发热元件放热时温度会降低，可对其进行检测	与空气热导率不同的气体，如 H_2 等	构造简单，但灵敏度低、气体选择性差
红外线吸收散射式气体传感器	红外线照射气体分子，发生谐振而产生吸收或散射，利用该现象可进行检测	CO、CO_2 等	能定性测量，但装置大、价格昂贵

（2）按检测气体种类，可以分为可燃气体传感器（常采用催化燃烧式、红外线式、热传导式、半导体式）、有毒气体传感器（常采用电化学式、金属半导体式、光离子化式、火焰离子化式）、有害气体传感器（常采用红外线式、紫外线式）等。

（3）按传感器结构，可以分为干式与湿式气体传感器。构成材料为固体的为干式气体传感器，利用水溶液或电解液感知待测气体的为湿式气体传感器。

（4）按气体传感器所用材料，可以分为半导体式和非半导体式气体传感器两大类，目前半导体式气体传感器应用最多。

（5）按获得气体样品的方式，可以分为扩散式气体传感器（传感器直接安装在被测气体环境中，被测气体通过自然扩散与传感器检测元件直接接触）、吸入式气体传感器（通过使用吸气泵等，将被测气体吸入传感器检测元件中进行检测，根据被测气体是否被稀释，又可细分为完全吸入式和稀释式等）。

1. 半导体式气体传感器

半导体式气体传感器根据半导体气敏元件（主要是金属氧化物）与待测气体接触时产生的电导率等物理量的变化来检测特定气体的成分或浓度。

半导体式气体传感器可分为电阻式和非电阻式两类。电阻式气体传感器根据敏感材料接触气体时的阻值变化检测气体的成分或浓度；非电阻式气体传感器也是一种半导体器件，其与被测气体接触后，二极管的伏安特性或场效应管的阈值电压等会发生变化，其根据这些特性的变化来检测气体的成分或浓度。半导体式气体传感器分类如图 2-40 所示。

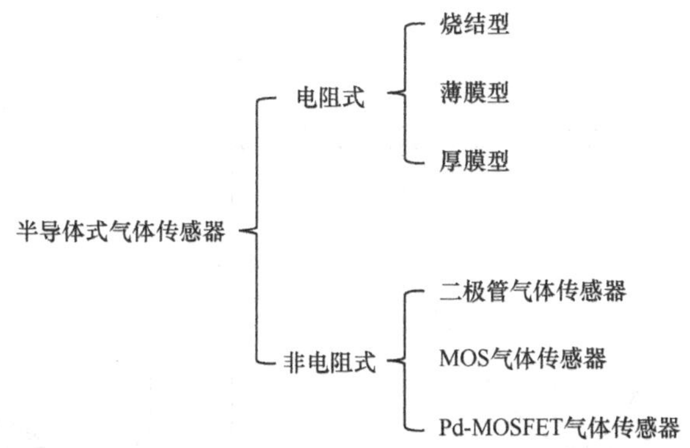

图 2-40　半导体式气体传感器分类

目前应用较为广泛的是电阻式气体传感器。电阻式气体传感器的核心是气敏电阻，其材料主要包括二氧化锡等金属氧化物半导体，材料和掺杂决定了气敏电阻的类型。常用的气敏电阻有 N（Negative）型、P（Positive）型和混合型 3 种。为了提高气敏电阻对某些气体成分的选择性和灵敏度，在合成材料时可以添加一些金属元素催化剂，如钯、铂、银等。

电阻式气体传感器一般由三部分组成：气敏元件、加热器、外壳或封装体。按制造工艺可以将电阻式气体传感器分为三类：烧结型、薄膜型和厚膜型，电阻式气体传感器的典型结构如图 2-41 所示。

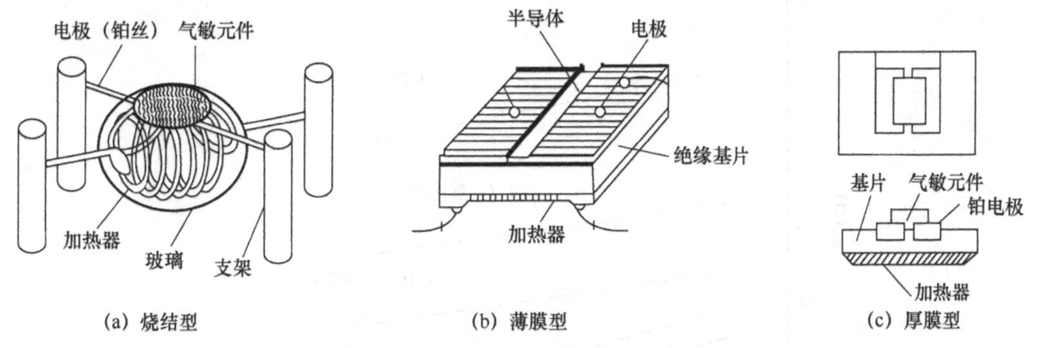

图 2-41　电阻式气体传感器的典型结构

将气敏元件加热至稳定状态，当被测气体接触其表面并被吸附时，吸附分子先在表面自由扩散，部分分子蒸发，残留分子产生热分解并固定在吸附位置。如果气敏元件的功函数小于吸附分子的电子亲和力，则吸附分子会从气敏元件表面夺取电子而变成负离子，吸附在元件表面。具有这种倾向的气体有 O_2 和 NO_2 等，被称为氧化型或电子接收型气体。如果气敏元件的功函数大于吸附分子的离解能，吸附分子将向气敏元件释放电子而成为正离子。具有这种倾向的气体有 H_2、CO、碳氢化合物、醇类等，被称为还原型或电子供给型气体。

由半导体表面态理论可知，当氧化型气体吸附在 N 型半导体（如 SnO_2、ZnO）上，或还原型气体吸附在 P 型半导体（如 MoO_2、CrO_3）上时，会使多数载流子（价带空穴）减少，电阻增大；反之，当还原型气体吸附到 N 型半导体上，或氧化型气体吸附到 P 型半导体上时，会使多数载流子（导带电子）增多，电阻下降。气体接触 N 型半导体时产生的气敏元件阻值变化如图 2-42 所示。

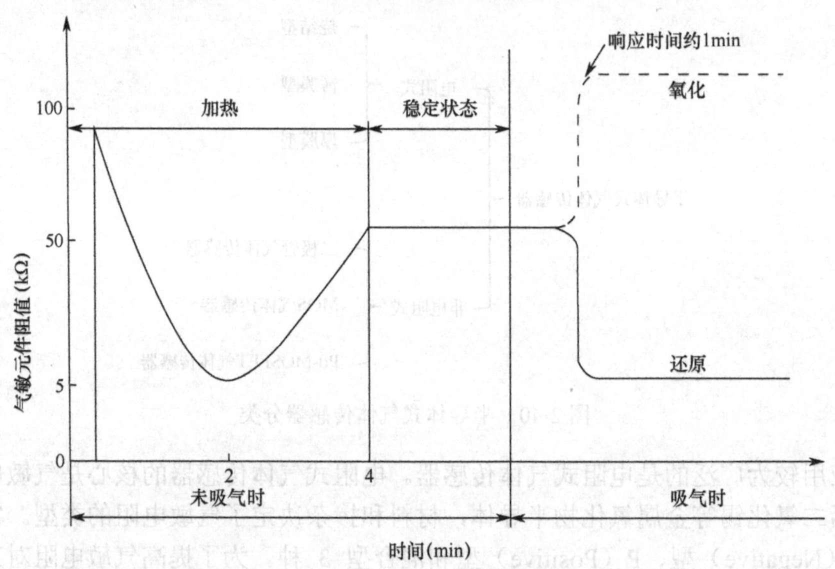

图 2-42 气体接触 N 型半导体时产生的气敏元件阻值变化

SnO_2 气敏元件的灵敏度特性如图 2-43 所示，图 2-43 展现了不同气体浓度下气敏元件的阻值。根据浓度与阻值的变化关系即可得知气体的浓度。

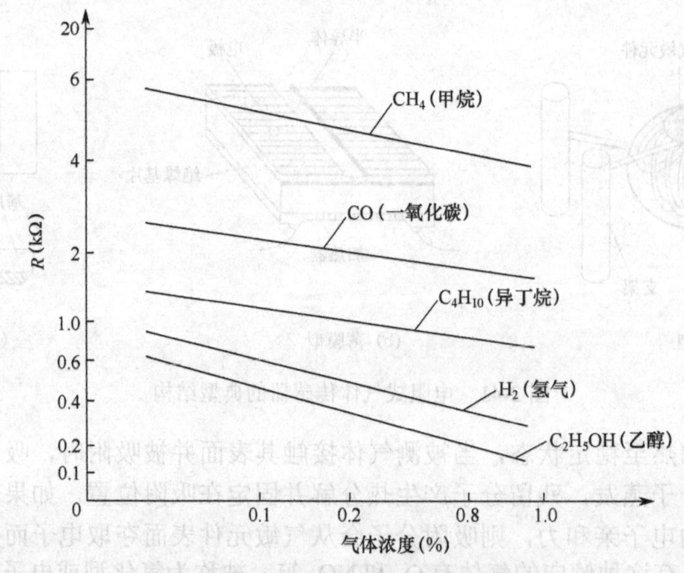

图 2-43 SnO_2 气敏元件的灵敏度特性

电阻式气体传感器的优点是工艺简单、价格便宜、使用方便，对气体浓度变化的响应较快，即使在低浓度下，灵敏度也较高。缺点是稳定性差、老化较快、气体识别能力不强、各气敏元件之间的特性差异大等。

2. 其他气体传感器

1）接触燃烧式气体传感器

接触燃烧式气体传感器是利用与被测气体进行化学反应时产生的热量与气体含量之间的

关系进行检测的。可燃气体与空气中的氧气接触，发生氧化反应，产生热量，使得作为气敏材料的铂丝温度升高，阻值相应增大。在一般情况下，空气中可燃气体的浓度都不太高（低于 10%），可燃气体可以完全燃烧，其发热量与可燃气体的浓度有关。空气中可燃气体的浓度越高，氧化反应（燃烧）产生的热量（燃烧热）越多，铂丝的温度变化（升高）越大，阻值增大越多。因此，只要测量铂丝的阻值变化，就可以检测空气中可燃气体的浓度。

2）光学式气体传感器

光学式气体传感器包括直接吸收式气体传感器、光反应式气体传感器、气体光学特性传感器等。光学式气体传感器利用光学原理进行气体测量，通过测量红外线吸收量得出气体浓度。当含有尘埃粒子的空气进入传感器时，尘埃粒子会在光敏区接受光照，产生光脉冲信号，经过转换和放大后得到粒子数和浓度。红外线式气体传感器是典型的吸收式气体传感器，根据气体的固有光谱检测气体成分；光反应式气体传感器利用气体发生反应时产生的色变会引起发光强度吸收等光学特性改变的原理，其敏感元件是理想的，但是气体光感变化受到限制，传感器的自由度小；气体光学特性传感器包括光纤温度传感器，在光纤顶端涂敷触媒，其与气体反应、发热，可以根据温度变化得到气体浓度。

3）电化学式气体传感器

电化学式气体传感器利用气体在电极上的电化学反应（包括氧化和还原反应），检测电极上的电压或电流，以感知气体的种类和浓度。

2.4.2　湿度传感器

对湿度的测量与控制在人类的日常生活、工业生产、气象预报、物资仓储等方面有极其重要的作用。例如，当大规模集成电路生产车间的相对湿度低于30%时，容易产生静电，从而影响生产；对于一些粉尘大的车间，当因湿度低而产生静电时，会产生爆炸；为了减少棉纱断头，纺织厂要保持相当高的湿度（相对湿度为 60%～75%）；一些仓库（如存放烟草、茶叶、中药材等的仓库）在湿度过高时易出现库存物变质或霉变现象；在农业中，湿度会影响先进的工厂式育苗和种植、食用菌的培养与生产、蔬菜及水果的保鲜等；高质量的室内生活环境，需要保持一定的湿度，不能过高也不能过低。这些都需要对湿度进行检测和控制。湿度传感器通常与温度传感器集成，制成温湿度传感模块，如图 2-44 所示。

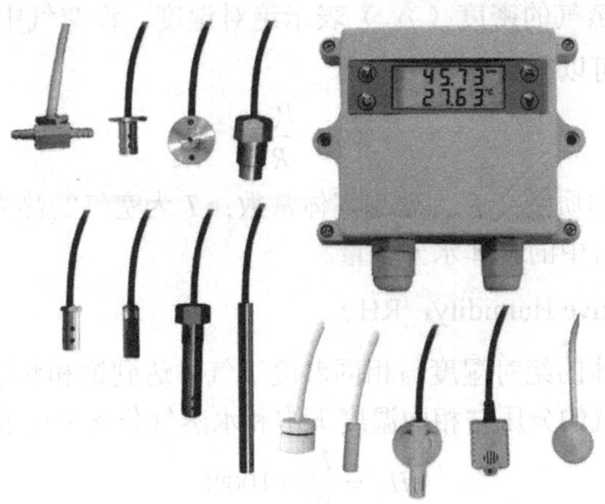

图 2-44　温湿度传感模块

虽然人类在 200 多年前就发明了毛发湿度计、干湿球湿度计，但其响应速度、灵敏度、准确性等都不能满足要求，且难以与现代的检测设备连接，因此只适用于家庭粗测。1938 年，F. W. Dummore 成功研制了浸涂式 LiCl 湿敏元件，此后陆续出现了几十种电阻型湿敏元件，使湿度的测量精度大大提高，并能将湿度转换为便于应用和处理的电信号。本节仅介绍一些发展比较成熟的湿度传感器。

湿敏元件主要分为两类：水分子亲和力型湿敏元件和非水分子亲和力型湿敏元件。

（1）水分子有较大的偶极矩，易于附着并渗入固体表面，利用该特性制成的湿敏元件为水分子亲和力型湿敏元件。例如，水分子附着或浸入某些物质后，其电气性能（阻值、介电常数等）会发生变化，利用该特性可以制成电阻式湿敏元件、电容式湿敏元件；利用水分子附着后引起材料长度变化的特性可以制成尺寸变化式湿敏元件，如毛发湿度计。金属氧化物是离子化合物，有较强的吸水能力，以及物理吸附和化学吸附能力，可制成金属氧化物湿敏元件。在应用时，水分子亲和力型湿敏元件附着或浸入被测水蒸气分子，与材料发生化学反应，生成氢氧化物，事实上，其一经浸入就有部分氢氧化物留在元件上，导致元件在重复使用时的特性不稳定，测量时有较大的滞后误差和较慢的反应速度。目前应用较多的湿敏元件均属于水分子亲和力型湿敏元件。

（2）非水分子亲和力型湿敏元件利用其与水分子接触产生的物理效应来测量湿度。例如，利用热力学方法测量的热敏电阻式湿度传感器，利用水蒸气能吸收特定波长的红外线的特性制成的红外线吸收式湿度传感器等。

1. 湿度的定义及表示方法

湿度是指大气中所含水蒸气的量，主要有绝对湿度、相对湿度、露点、质量百分比和体积百分比等表示方法，下面介绍部分方法。

1）绝对湿度（Absolute Humidity，AH）

绝对湿度指在一定的温度和压力下，单位体积空气所含水蒸气的质量，可以表示为

$$H_a = \frac{m_V}{V} \tag{2-30}$$

式中，m_V 为待测空气中水蒸气的质量；V 为待测空气的体积；H_a 为绝对湿度（单位一般为 g/m^3 或 kg/m^3）。

也可以用空气中水蒸气的密度（ρ_V）表示绝对湿度。设空气中水蒸气的分压为 P_V，根据理想气体状态方程，可以得到

$$\rho_V = \frac{P_V m}{RT} \tag{2-31}$$

式中，m 为水蒸气的摩尔质量；R 为理想气体常数；T 为空气的热力学温度。

绝对湿度给出了空气中的具体水分含量。

2）相对湿度（Relative Humidity，RH）

相对湿度指被测气体的绝对湿度与相同温度下气体达到饱和状态的绝对湿度之比的百分数，或待测空气中水蒸气的分压与相同温度下饱和水蒸气分压之比的百分数，可以表示为

$$H_T = \frac{P_V}{P_W} \times 100\% \tag{2-32}$$

式中，P_V 为待测空气中水蒸气的分压；P_W 为相同温度下饱和水蒸气的分压；H_T 为相对湿度（无量纲）。

相对湿度给出了大气的潮湿程度，在实际中多使用相对湿度。

3）露点

在一定的气压下，将含有水蒸气的空气冷却，当温度下降到某个特定值时，空气中的水蒸气达到饱和状态，开始从气态变成液态而凝结成露珠，这种现象被称为结露，该特定温度被称为露点温度，简称露点。在一定的气压下，湿度越高，露点越高；湿度越低，露点越低。

2. 湿度传感器的主要特性参数

湿度传感器是能够感受外界湿度变化，并通过敏感元件的物理或化学性质变化，将湿度转换为可用信号的器件或装置。

湿度传感器的主要特性参数如下。

（1）感湿特性曲线。湿度传感器的输出变量被称为感湿特征量，如电阻、电容等。感湿特征量和被测相对湿度的关系曲线为感湿特征量—相对湿度特性曲线，简称感湿特性曲线。

（2）湿度量程，指湿度传感器技术规范所规定的感湿范围。

（3）灵敏度，指湿度传感器的感湿特征量随环境湿度变化的程度，即湿度传感器感湿特性曲线的斜率。由于大多数湿度传感器的感湿特性曲线是非线性的，因此常用不同湿度下的感湿特征量之比表示灵敏度。

（4）响应时间，指在一定的环境温度下，当被测相对湿度发生跃变时，湿度传感器的感湿特征量达到稳态变化量的规定比例所需要的时间，一般为从起始湿度变化到稳态终止湿度的 90%的时间。

（5）湿滞回线和湿滞特性。一个湿度传感器吸湿过程和脱湿过程的感湿特性曲线不重合，一般可形成回线，将其称为湿滞回线，将该现象称为湿滞特性。

（6）湿度温度系数，指当被测环境湿度恒定时，温度每变化 1℃所引起湿度传感器感湿特征量的变化量。

湿度传感器有很多种，按输出的电学量可分为电阻式、电容式和频率式等；按探测功能可分为绝对湿度型、相对湿度型等；按材料可分为陶瓷式、半导体式、电解质式和有机高分子式等；按水分子是否渗入固体可分为水分子亲和力型和非水分子亲和力型。

3. 湿度传感器的主要类型

1）电解质式湿度传感器

电解质式湿度传感器的典型代表是氯化锂湿敏电阻，它利用吸湿性盐类“潮解”使得离子导电率发生变化的特性制成，氯化锂湿敏电阻的结构如图 2-45（a）所示，其由引线、基片、感湿层和电极组成。感湿层是涂敷在基片上的按一定比例配制的氯化锂—聚乙烯醇混合溶液。在高浓度的氯化锂（LiCl）溶液中，Li^+ 和 Cl^- 以离子的形式存在，溶液的离子导电能力与溶液浓度成正比。当将溶液置于温度不变的环境中时，如果环境的相对湿度较高，由于 Li^+ 对水分子的吸引力强，离子水合程度高，溶液将吸收水分，使浓度降低，因此溶液导电能力下降，电阻率升高；反之，如果环境的相对湿度较低，溶液浓度会升高，导电能力增强，电阻率降低。

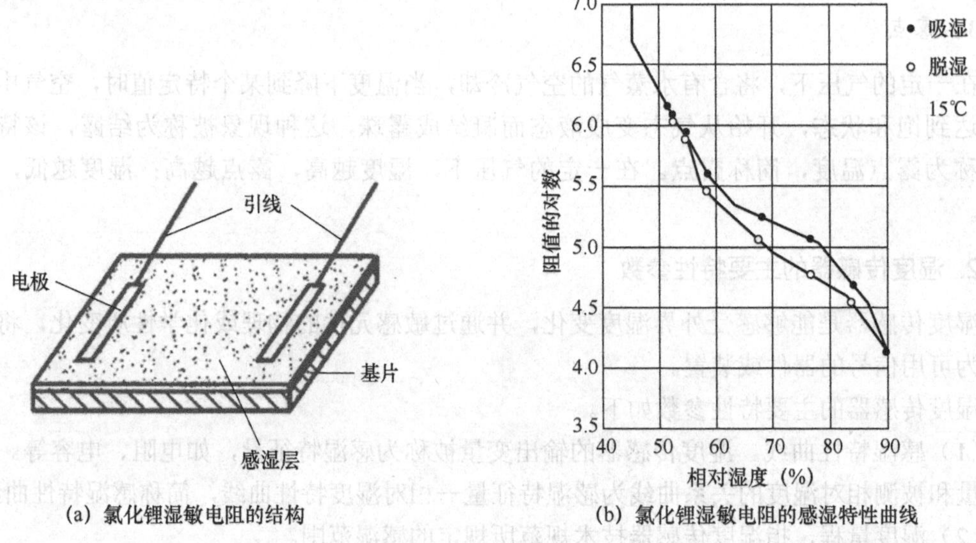

图 2-45　氯化锂湿敏电阻

由此可知，氯化锂湿敏电阻的阻值会随环境相对湿度的变化而变化，从而实现对湿度的测量。氯化锂湿敏电阻的感湿特性曲线如图 2-45（b）所示。可以看出，在相对湿度为50%～80%时，曲线近似为线性。为了扩大湿度测量的线性范围，可以将多个氯化锂含量不同的湿敏电阻组合使用。

2）陶瓷式湿度传感器

陶瓷式湿度传感器（Ceramic Humidity Sensor）采用的材料通常是由两种以上金属氧化物混合烧结而成的多孔陶瓷，该传感器是根据感湿材料吸附水分后电阻式电容会发生变化的原理进行湿度检测的。陶瓷的化学稳定性好、耐高温，多孔陶瓷的表面积大，易于吸湿和脱湿，所以响应时间可以达到几秒。这种湿度传感器的敏感元件外常罩有一层加热丝，以便对其进行加热清洗，避免周围恶劣环境污染敏感元件。

制作陶瓷式湿度传感器的材料有 $ZnO-LiO_2-V_2O_5$ 系、$Si-Na_2O-V_2O_5$ 系、$MgCr_2O_4-TiO_2$ 系和 Fe_3O_4 系等。前 3 种材料的电阻率随湿度的升高而下降，称为负特性湿敏半导体陶瓷；第 4 种材料的电阻率随湿度的升高而升高，称为正特性湿敏半导体陶瓷。

$MgCr_2O_4-TiO_2$ 陶瓷式湿度传感器是一种常用的湿度传感器，其结构如图 2-46（a）所示。在 $MgCr_2O_4-TiO_2$ 感湿陶瓷的两面涂覆多孔的金电极，并用掺金玻璃粉将杜美丝引出线与金电极烧结在一起。在半导体陶瓷片外设置一个由镍铬丝烧制而成的加热清洗线圈，以便频繁加热清洗传感器，避免有害气体污染传感器，并减小测量误差。整个传感器安装在一个高度致密、疏水的陶瓷基片上。为了消除底座上的测量电极 2 和 3 之间由吸湿和污染引起的漏电，在电极 2 和 3 周围设置了金短路环。图 2-46（a）中的 1 和 4 为加热线圈引出线。$MgCr_2O_4-TiO_2$ 陶瓷式湿度传感器的感湿特性曲线如图 2-46（b）所示。

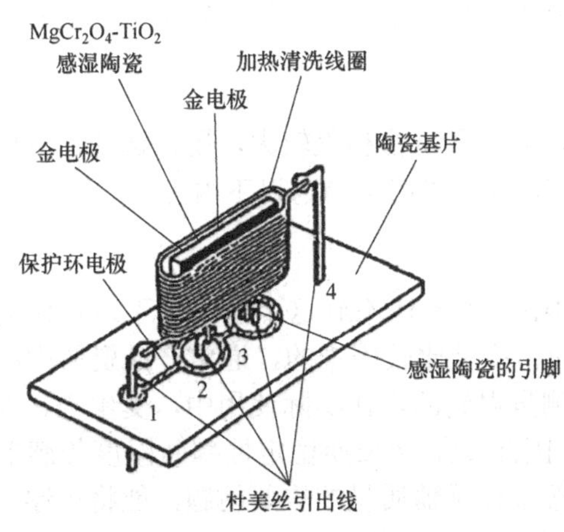

(a) $MgCr_2O_4$-TiO_2陶瓷式湿度传感器的结构

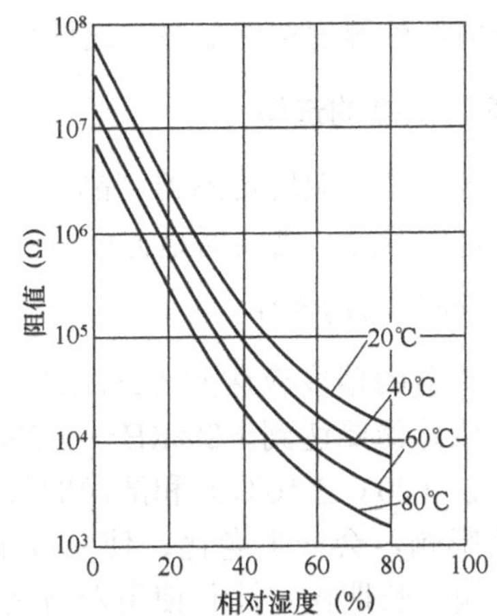

(b) $MgCr_2O_4$-TiO_2陶瓷式湿度传感器的感湿特性曲线

图 2-46　$MgCr_2O_4$ - TiO_2 陶瓷式湿度传感器

陶瓷式湿度传感器有以下优点。

（1）传感器表面与水蒸气的接触面积大，易于水蒸气的吸收与脱却。

（2）陶瓷烧结体耐高温，物理、化学性质稳定，适合采用加热去污等方法恢复材料的感湿特性。

（3）可以通过调整烧结体表面晶粒、晶粒界和细微气孔的构造，来改善传感器感湿特性。

3）有机高分子式湿度传感器

随着有机高分子材料和有机合成技术的发展，用有机高分子材料制作的湿度传感器日益增多，并成为湿敏元件的一个重要分支。用有机高分子材料制作的湿度传感器主要利用其吸湿性与胀缩性。一些高分子电解质在吸湿后，介电常数会有明显变化，如聚苯乙烯及醋酸纤维素等，基于该特性可以制成电容式湿度传感器；一些高分子电解质在吸湿后，电阻会有明显变化，基于该特性可以制成电阻式湿度传感器；利用高分子材料吸湿膨胀、脱湿收缩的特性，可制成胀缩型湿度传感器，如乙基纤维素碳湿敏元件等。

4）半导体结型和 MOS 型湿度传感器

用陶瓷、LiCl 电解质和聚合物材料制成的多种湿度传感器均为体型结构，传感器和处理电路不能集成在同一个硅衬底上，因此，这类传感器不宜作为智能传感器。用半导体工艺制成的硅结型和硅 MOS 型湿敏元件有利于实现传感器的集成化和微型化，具有广阔的应用前景和极高的研究价值。此类湿度传感器包括湿敏二极管、湿敏 MOS 等。

5）非水分子亲和力型湿度传感器

以上介绍的各种湿度传感器都属于水分子亲和力型湿度传感器，其基本原理是感湿材料吸湿或脱湿会改变其自身性能，从而构成不同的湿度传感器（如湿敏电阻、湿敏电容等），这类湿度传感器的响应速度较慢，可靠性较差，滞后回差较大，不能较好地满足使用需要。

随着技术的发展，人们正在开发非水分子亲和力型湿度传感器，如热敏电阻式湿度传感器，其利用潮湿空气与干燥空气的热传导差测定湿度；微波在含水蒸气的空气中传播，水蒸气吸收微波会使其产生一定的能量损耗，利用该现象可制成微波湿度传感器，其损耗的能量与传输环境中的空气湿度有关，可据此测量湿度；利用水蒸气能吸收特定波长的红外线的现象，可以制成红外湿度传感器等。这些传感器都能克服水分子亲和力型湿度传感器的缺点。

4. 湿度传感器的选型

国内外各厂家的湿度传感器产品水平不一，质量和价格相差较大，用户选择性价比较高的产品有一定的难度，需要对这方面有深入了解，在选型时应考虑以下内容。

1）精度和长期稳定性

湿度传感器的精度应达到±2%RH～±5%RH，如果达不到这个水平则不适合作为计量器具。湿度传感器要达到±2%RH～±3%RH 的精度是比较困难的，通常产品资料中给出的特性是在常温（20℃±10℃）和洁净的气体中测量得到的。在实际使用中，受尘土、油污及有害气体的影响，会产生老化，使精度下降，因此要结合长期稳定性判断湿度传感器的精度，一般来说，长期稳定性和使用寿命是影响湿度传感器质量的重要问题，能将年漂移量控制在 1%RH 水平的产品很少，一般都在±2%左右，甚至更高。

2）湿度传感器的温度系数

湿敏元件除了对湿度敏感，还对温度敏感，其温度系数一般为 0.2%RH/℃～0.8%RH/℃，且一些湿敏元件在不同相对湿度下的温度系数有差别。温度漂移是非线性的，需要在电路上加温度补偿模块。采用单片机软件补偿或无温度补偿的湿度传感器是保证不了全温度范围的精度的，湿度传感器温漂曲线的线性直接影响补偿效果，非线性的温漂往往补偿不出较好的效果，只有采用硬件温度跟随性补偿才能获得真实的补偿效果。湿度传感器工作的温度范围也是重要参数。多数湿敏元件难以在 40℃以上的环境中正常工作。

3）湿度传感器的供电

当为金属氧化物陶瓷、高分子聚合物和氯化锂等湿敏材料施加直流电压时，会导致其性能发生变化，甚至失效，因此这类湿度传感器不能采用直流电压或有直流成分的交流电压供电。

4）湿度传感器的湿度校准

湿度校准比温度校准难得多。温度标定可以以标准温度计为标准，而湿度标定的标准难以选择，干湿球温度计和一些常见的指针式湿度计是不能用于标定的，因为其精度无法保证，其对环境的要求非常严，在一般情况下（最好在湿度环境适合的条件下），在缺少完善的检定设备时，通常采用简单的饱和盐溶液检定法，并测量温度。

2.5 生物传感器

生物传感器（Biosensor）又称生物量传感器，由生物（或生物衍生的）活性敏感元件与相应的物理或化学传感器结合而成，利用生物活性物质对特定物质所具有的选择性和亲和力（分子识别功能）进行检测。生物传感器的灵敏度高、稳定性好、体积小、操作简单、响应速度快、能进行实时连续检测，样品用量少，可反复多次使用，成本低，并具有特异性，在医疗、环境和食品安全等多个领域得到了广泛应用。

生物传感器通常由敏感元件（包括酶、抗体、抗原、微生物、细胞、组织、核酸等生物敏感材料）、信号转换部分及信号传输和处理部分等组成。生物传感器的基本原理如图 2-47 所示，敏感元件的作用是识别被测物质，又称分子识别元件，通常固定在生物敏感膜等固相载体上，当被测物质扩散进入生物敏感膜时，经分子识别发生生物学反应（物理或化学变化），导致相应的信号（如分子浓度、电、光、热、声、质量等）发生变化；信号转换部分利用物理、化学换能器（如电化学电极、场效应管、热敏电阻、压电晶体、光纤等）将该信号转换为电信号，再传输至信号处理系统，从而实现对被测物质的定量检测。

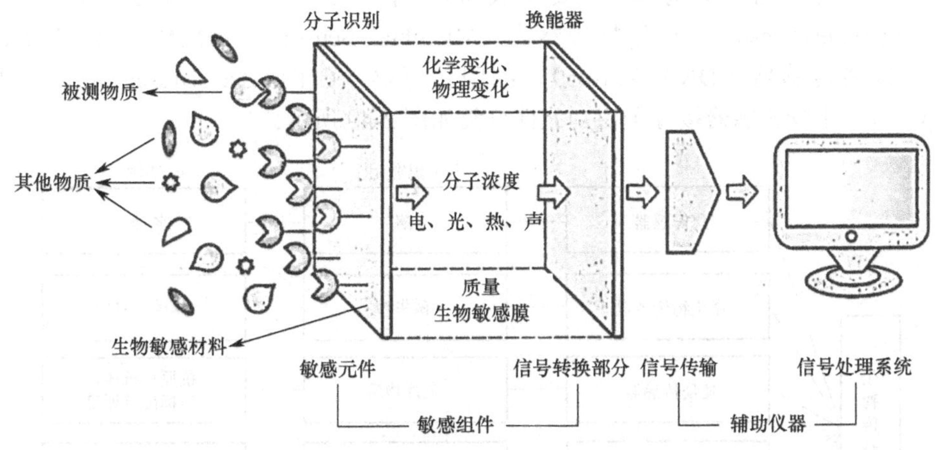

图 2-47　生物传感器的基本原理

生物敏感材料本身具有高选择性和亲和性，决定了生物传感器对检测物质响应的特异性与灵敏性。生物敏感材料的固定化技术是实现生物传感器高选择性、灵敏性和稳定性的关键，生物敏感材料的固定化技术主要有吸附法、共价偶联法、交联法和包埋法等，如图 2-48 所示。

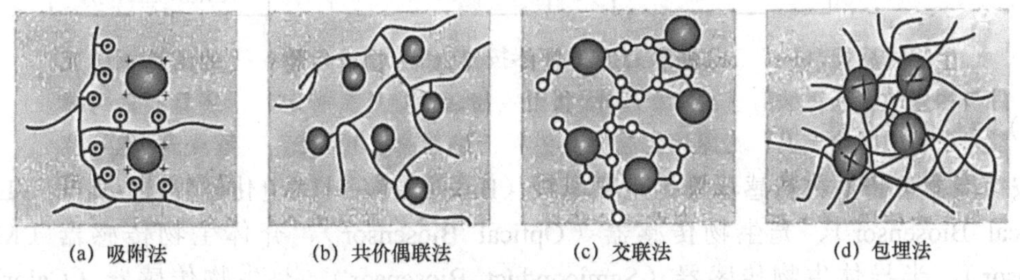

图 2-48　生物敏感材料的固定化技术

吸附法利用范德华力、离子作用力等将生物敏感材料吸附在生物敏感膜上，其特点是不需要化学试剂，对生物敏感材料的影响小，但该方法的吸附过程具有可逆性，由于生物敏感材料易从生物敏感膜上脱落，因此寿命较短。

共价偶联法指生物敏感材料通过共价键与生物敏感膜结合，从而实现固定，虽然存在吸附困难的问题，但其稳定性较好。

交联法利用交联剂使生物敏感材料与生物敏感膜发生共价结合，该方法操作简单，结合牢固，但需要严格控制实验条件。

包埋法采用凝胶或聚合物将生物敏感材料包埋并固定在高分子聚合物的空间网状结构中，该方法较为简单，对生物敏感材料的影响小，可对多种生物敏感材料进行包埋。包埋法是目前应用最普遍的固定化技术。

随着科学技术的发展，新的固定化技术（如电化学聚合法、分子自组装法等）的应用将推动生物传感器进一步发展。

生物传感器有多种分类方法，可以按分子识别元件、换能器和传感器输出信号产生方式等分类。

1）按分子识别元件分类

分子识别元件是生物传感器的关键组成部分。按分子识别元件可将生物传感器分为酶传感器（Enzyme Sensor），微生物传感器（Microbial Sensor）、免疫传感器（Immunology Sensor）、核酸传感器（DNA Sensor）、细胞传感器（Cell-Based Biosensor）、生物芯片（Biochip）等。生物传感器按分子识别元件分类如图 2-49 所示。

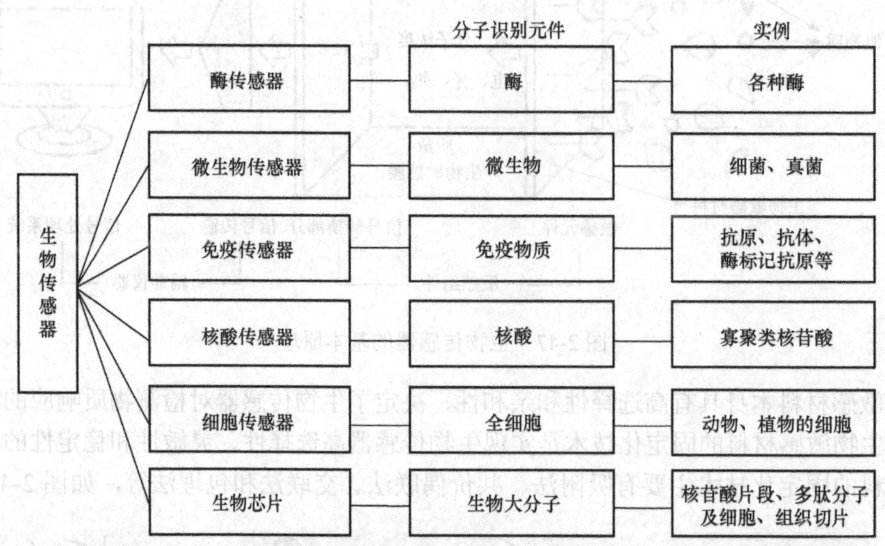

图 2-49　生物传感器按分子识别元件分类

2）按换能器分类

按换能器可将生物传感器分为生物电极（Bioelectrode）或电化学生物传感器（Electro-Chemical Biosensor）、光生物传感器（Optical Biosensor）、介体生物传感器（Medium Biosensor）、半导体生物传感器（Semiconduct Biosensor）、热生物传感器（Calorimetric Biosensor 或 Thermal Biosensor）和压电晶体生物传感器（Piezoe-Lectric Biosensor）等。生物传感器按换能器分类如图 2-50 所示。

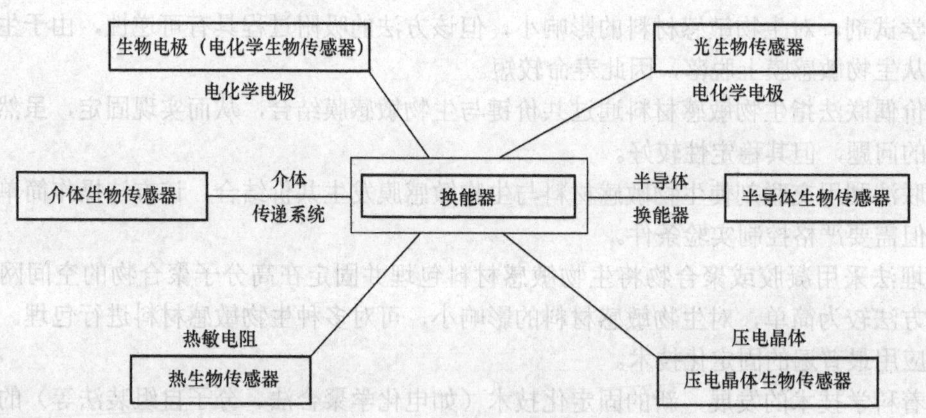

图 2-50　生物传感器按换能器分类

3）按传感器输出信号产生方式分类

按传感器输出信号产生方式可将生物传感器分为代谢型（或催化型）生物传感器和亲和型生物传感器。在代谢型（或催化型）生物传感器中，被测物质与分子识别元件上的生物敏感材料作用并产生新的物质，换能器将原物质的消耗或新物质的增加转变为输出信号；在亲和型生物传感器中，被测物质与分子识别元件上的生物敏感材料具有生物亲和作用（两者能特异性结合），从而引起生物敏感材料的分子结构发生变化。

随着生物传感器技术的不断发展，近年来出现了新的分类方法。例如，微型生物传感器（Micro Biosensor）是直径在微米级甚至更小的生物传感器；复合生物传感器（Recombination Biosensor）是由两种以上分子敏感膜材料组成的生物传感器（如多酶复合传感器等）；多功能传感器（Multifunctional Biosensor）是能够同时测两种以上参数的生物传感器（如味觉传感器、嗅觉传感器、鲜度传感器等）。

2.5.1　酶传感器

酶传感器是最早出现的生物传感器，由具有分子识别功能的固定化酶和转换电极组成。酶是在生物体内产生的、具有催化活性的蛋白质，在生命活动中参与新陈代谢过程的所有生化反应。目前已鉴定的酶有 2000 余种。

按输出信号可将常见的酶传感器分为电流型和电位型两种。电流型根据催化反应得到的电流确定反应物的浓度，一般采用氧电极、H_2O_2 电极等；电位型通过电化学传感器测量敏感膜电位，以确定与催化反应有关的各种物质的浓度，一般采用 NH_3 电极、CO_2 电极、H_2 电极等。

下面以葡萄糖酶传感器为例，说明其工作原理与检测过程。葡萄糖酶传感器的结构如图 2-51 所示，它的敏感膜为葡萄糖氧化酶，包埋在聚四氟乙烯膜中。敏感元件由阳极、阴极和电解液（强碱溶液）组成。在阳极（Pt）表面覆盖了一层可以透过氧气的聚四氟乙烯膜，形成封闭式氧电极，避免电极与被测溶液直接接触，防止电极毒化。当电极浸入含蛋白质的溶液中，蛋白质会沉淀在电极表面，从而减小电极有效面积，使两电极之间的电流减小，传感器毒化。

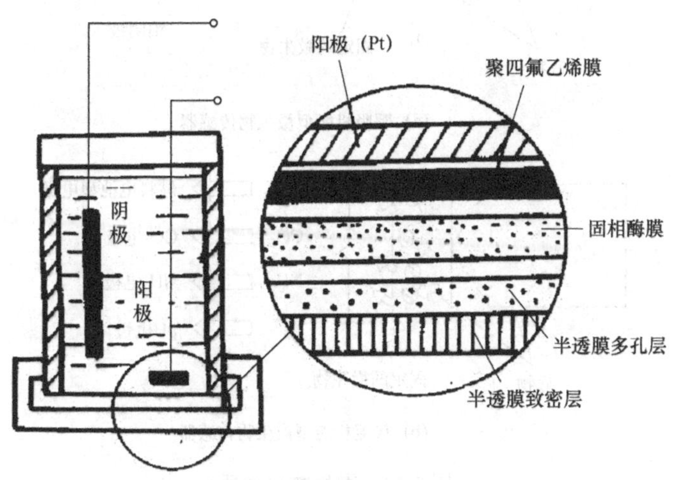

图 2-51　葡萄糖酶传感器的结构

在测量时，将葡萄糖酶传感器插入被测葡萄糖溶液，酶的催化作用会耗氧（形成过氧化氢 H_2O_2），其反应式为

$$葡萄糖+H_2O+O_2 \xrightarrow{GOD} 葡萄糖酸+H_2O_2 \tag{2-33}$$

式中，GOD 为葡萄糖氧化酶。可知，葡萄糖氧化时产生 H_2O_2，而 H_2O_2 通过选择性透气膜，使聚四氟乙烯膜附近的 O_2 减少，相应电极的还原电流减小，从而可以通过电流的变化来确定葡萄糖的浓度。

目前酶传感器已实用化，在市场上出售的产品达 200 多种。虽然酶作为生物传感器的敏感材料已有许多应用，但其价格昂贵，性能不够稳定，应用也受到一定的限制。

2.5.2 微生物传感器

微生物传感器是一种生物选择性电化学传感器，它将微生物固定在敏感膜上，通过微生物细胞内的酶促反应（类似酶传感器）或微生物的呼吸机能和代谢机能等实现检测。微生物敏感膜通常采用多孔醋酸纤维膜、胶原膜等制成，电化学传感器常采用电化学电极、场效应管等，常用的电化学电极有氧电极、燃料电池型电极、CO_2 电极、NH_3 电极、pH 电极等。

按原理可以将微生物传感器分为两大类：呼吸机能型和代谢机能型。呼吸机能型微生物传感器通常由需氧型微生物敏感膜和氧电极组成，测量时以微生物的呼吸机能为基础，如图 2-52（a）所示。当将传感器放入溶解氧（保持饱和状态）的被测溶液中时，溶液中的有机化合物会受微生物的同化作用（又称合成代谢）影响，微生物的呼吸作用增强，电极上扩散的氧减少，电流急剧减小。当有机物从被测溶液向微生物敏感膜的扩散趋于稳定时，微生物的耗氧量也达到稳定，于是被测溶液中氧的扩散速度与微生物的耗氧速度达到平衡，即向电极扩散的氧趋于稳定，从而得到一个恒定的电流。可见，该电流与被测溶液中的有机化合物浓度相关，可以间接测量有机物化合物浓度。

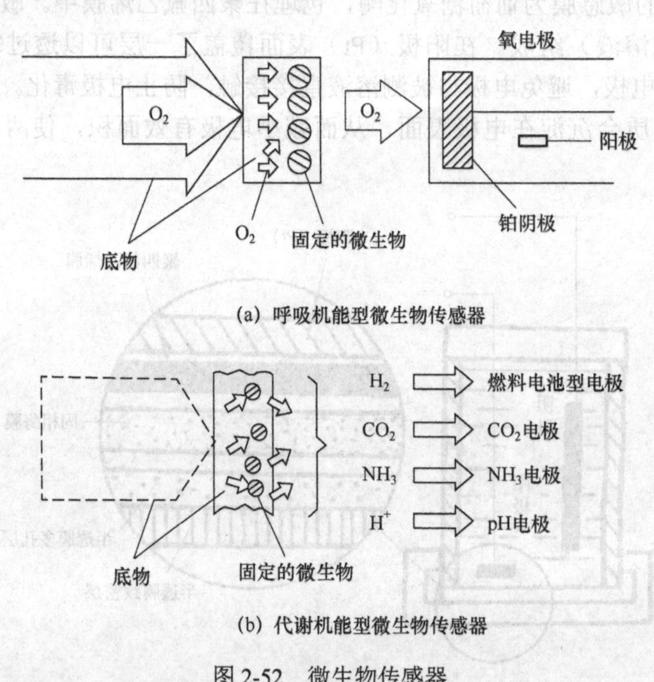

(a) 呼吸机能型微生物传感器

(b) 代谢机能型微生物传感器

图 2-52　微生物传感器

代谢机能型微生物传感器以微生物的代谢机能为基础，如图 2-52（b）所示。当将传感器放入含有有机化合物的被测溶液中时，溶液中的有机化合物会受微生物的异化作用（又称分解代谢）影响，生成含有电极活性物质的代谢物，电极活性物质与离子选择型电极（或燃料电池型电极）发生氧化反应，形成电流，可以通过测量该电流得到有机化合物浓度。

微生物反应与酶促反应的共同点如下。

（1）同属生化反应，都在温和条件下进行。

（2）酶能催化的反应，微生物也可以催化。

（3）催化速度接近，反应动力学模型近似。

微生物除了含有酶，还含有辅酶和完成酶促反应的其他必要成分，在使用中不需要纯化，也不需要添加其他成分，因此与酶传感器相比，微生物传感器具有价格便宜、性能稳定、使用寿命长等优点；但其响应时间较长（几分钟）且选择性较差。目前微生物传感器已成功应用于发酵工业、环境及医学等领域。

2.5.3　免疫传感器

免疫指机体对病原生物感染的抵抗能力，可分为自然免疫和获得性免疫。自然免疫是非特异性的，能抵抗多种病原生物的感染，皮肤、黏膜、吞噬细胞、溶菌酶等具有自然免疫功能；获得性免疫一般是特异性的，在微生物等抗原的刺激下形成，免疫球蛋白等具有获得性免疫功能，并能与抗原发生特异性反应。免疫传感器是利用抗体对相应抗原的识别和结合功能，将抗体或抗原与换能器组合的装置。

蛋白质分子（抗原或抗体）携带大量的电荷、发色基团等，当抗原与抗体结合时，会产生电学、化学、光学等变化，通过适当的传感器可以检测这些参数，从而构成不同的免疫传感器。荧光免疫传感器和时间分辨荧光免疫分析仪如图 2-53 所示。

(a) 荧光免疫传感器

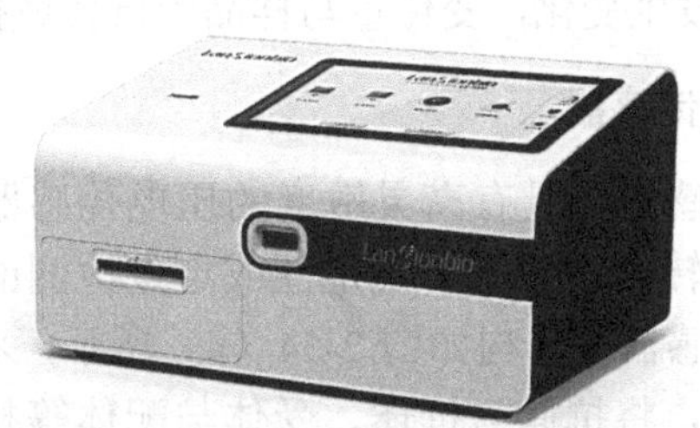

(b) 时间分辨荧光免疫分析仪

图 2-53　荧光免疫传感器和时间分辨荧光免疫分析仪

按是否标记抗体可将免疫传感器分为标记免疫传感器和非标记免疫传感器；按信息转换过程可分为直接型免疫传感器和间接型免疫传感器；按使用的换能器可分为电化学免疫传感器、光学免疫传感器和压电免疫传感器等。免疫传感器具有灵敏度高、特异性强、使用简便等优点，目前已广泛应用于微生物检测、临床诊断、环境监测及食品分析等领域。

1. 电化学免疫传感器

电化学免疫传感器一般可分为非标识型和标识型两种。非标识型免疫传感器将抗体或抗原固定在电极上，在其与溶液中的待测特异性抗原或抗体结合后，传感器表面会形成抗原与抗体的复合体，引起电极表面和溶液交界面电荷密度的变化，从而导致介电常数、电导率、膜电位、离子浓度等发生变化，变化程度与溶液中待测抗原或抗体的浓度成比例。非标识型免疫传感器的特点是不需要额外试剂，操作简单，响应快，但灵敏度低，不适合作为标准检测方法。标识型免疫传感器利用标记酶的化学放大作用提高传感器的检测灵敏度，因此又称酶免疫传感器，将该方法称为酶联免疫测定（Enzyme Linked Immunoassay，ELISA）法。

按检测信号可将电化学免疫传感器分为电位型免疫传感器、电流型免疫传感器、电容型免疫传感器和电导型免疫传感器等。

传统的电化学免疫传感器容易受介质条件的限制和非特异性干扰的影响，光学免疫传感器、压电免疫传感器的出现为实现对多种抗原或抗体进行快速定量检测提供了保障。

2. 光学免疫传感器

光学免疫传感器将光敏元件作为信息转换器，利用光学原理工作，即利用固定在传感器上的生物识别分子与光学器件的相互作用，使光信号产生变化，从而检测免疫反应。光敏元件有光纤、波导材料、光栅等。光学免疫传感器可以灵敏地检测免疫反应，并进行精细的免疫化学分析。其中发展最快的是光纤免疫传感器，它灵敏度高、尺寸小，制作方便，在检测中不受外界电磁场的干扰。

光纤免疫传感器通常由两种具有不同折射率（RI）的介质组成：低 RI 介质表面固定有抗原或抗体，也是加样品的地方；高 RI 介质通常为玻璃棱，位于低 RI 介质的下方，当入射光穿过高 RI 介质到达两个介质的界面时，会折射进入低 RI 介质。但如果入射角度超过一定的值（临界角度），光会全部反射回来，同时在低 RI 介质界面产生高频电磁场，称为消失波。该波沿垂直于界面的方向行进一段很短的距离，其场强以指数规律衰减。样品中的抗体或抗原若能与低 RI 介质表面的固体抗原或抗体结合，则会与消失波相互作用，使反射光强度或极化光相位发生变化，变化量与样品中抗体或抗原的浓度成正比。

3. 压电免疫传感器

压电免疫传感器将具有高灵敏度的压电传感器技术与特异的免疫反应结合，是通过换能器将生物信号转化为易于实现定性或定量检测的物理或化学信号的新型生物检测分析器件。压电免疫传感器的结构如图 2-54（a）所示，将石英晶体作为换能器件，将生物功能分子作为敏感元件，将抗原与抗体、受体与配体等相互作用的生物信号及所处体系的形状变化转化为易于检测的频率信号。压电免疫传感器的工作原理如图 2-54（b）所示，其依据石英晶体的压电效应及基于压电效应的质量—频率关系，即利用石英晶体对电极表面附着物质量的敏感性，以及生物功能分子（如抗原和抗体）之间的选择特异性，使压电晶体表面产生微小的压力变化，引起其振动频率变化，振动频率的变化与待测抗体或抗原的浓度成正比。

压电免疫传感器是将微电子技术、生物医学技术、新材料技术结合的产物，具有设备操作简单、成本低、不需要任何标记、灵敏度高、特异性好、微型化、响应速度快等特点，代表了现代分析技术的发展方向。目前已广泛应用于分子生物学领域，以及疾病的诊断和治疗、环境污染检测、食品卫生监督等。

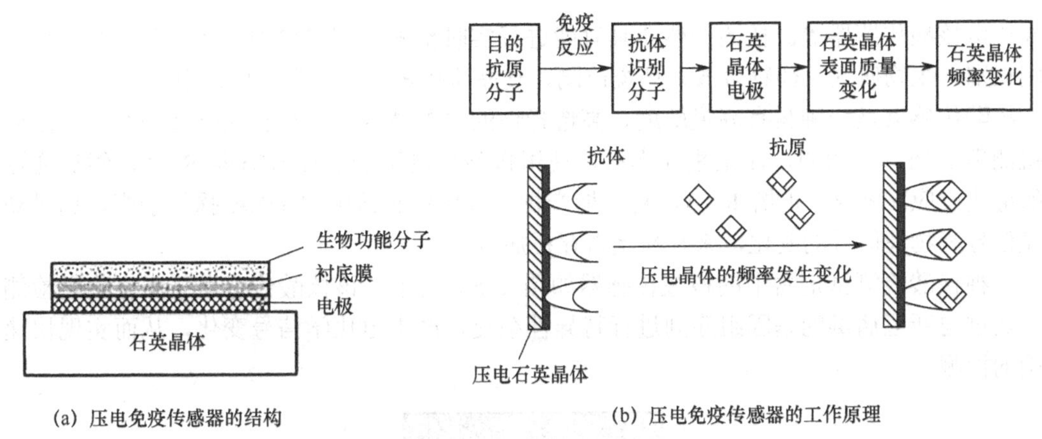

(a) 压电免疫传感器的结构　　(b) 压电免疫传感器的工作原理

图 2-54　压电免疫传感器的结构和工作原理

2.5.4　核酸传感器

核酸传感器又称基因（DNA）传感器，是基于分子杂交技术建立的。分子杂交指两条 DNA 链、两条 RNA 链或一条 DNA 链与一条 RNA 链按碱基互补的原则缔合成异质双链的过程。样品经核酸变性处理后，在低温条件下，加入标记的核酸探针，探针与样品互补序列形成杂交双链，通过显示标记物等方法来检测特定的核酸片段。探针是一段与待测 DNA（或 RNA）互补的寡聚核苷酸序列，该核苷酸序列通常是按照可与待测核苷酸的特定碱基位点发生杂交反应的要求而设计的。核酸的固定是构建核酸传感器的关键，通常可采用吸附法、交联法、分子自组装法等将核酸固定在某些高分子材料或无机材料的固体基质表面。

核酸传感器由分子识别元件（敏感元件）和信号转换器（换能器）构成。通常先在信号转换器的探头上固定一段单链 DNA（ss-DNA），将其作为探针，利用 DNA 分子杂交的方法使其与一条具有探针的单链 DNA（靶序列）结合，形成双链 DNA，DNA 探针与靶序列的杂交如图 2-55 所示。双链 DNA 的形成会减弱部分物理信号，加入杂交指示剂可以对物理信号进行转换和放大，通过信号转换器将杂交后的 DNA 含量信号转换为电信号，此类核酸传感器为单链 DNA 传感器。此外，还有一种双链 DNA（ds-DNA）传感器，其直接将双链 DNA 固定在信号转换器探头上，利用 DNA 与一些分子或离子相互作用产生的信号进行检测。

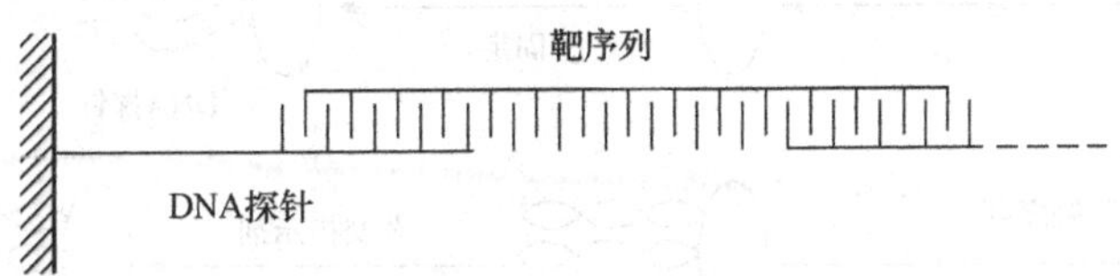

图 2-55　DNA 探针与靶序列的杂交

按分子识别元件可将核酸传感器分为单链 DNA 传感器和双链 DNA 传感器；按是否选用指示剂可分为标识型核酸传感器和非标识型核酸传感器，前者需要加入信号指示剂，以检测荧光信号或氧化还原信号，后者不需要加入信号指示剂，可以直接检测杂交前后的质量、折射率等物理信号，以及化学信号；按检测方法，可分为电化学核酸传感器、光学核酸传感器和压电核酸传感器等。核酸传感器具有能进行实时检测、在线检测、活体分析等优点，在基因识别、生物研究、药物合成、环境监测、食品监控等方面具有重要作用。

核酸传感器是一种具有高灵敏度、高选择性的检测技术，其在新冠疫情期间被广泛应用于检测新冠病毒。例如，在采集样本后，使用核酸检测试剂盒提取病毒 RNA，然后通过聚合酶链式反应（PCR）扩增 RNA，将扩增产物与核酸传感器中的 DNA 探针杂交，通过观察荧光信号等物理信号的变化，来判断是否存在病毒。

一种核酸检测试剂盒中的核酸传感器如图 2-56 所示。该核酸传感器采用电化学检测方法，通过与新冠病毒的基因组序列进行特异性杂交，产生电化学信号变化，从而实现快速、准确的检测。

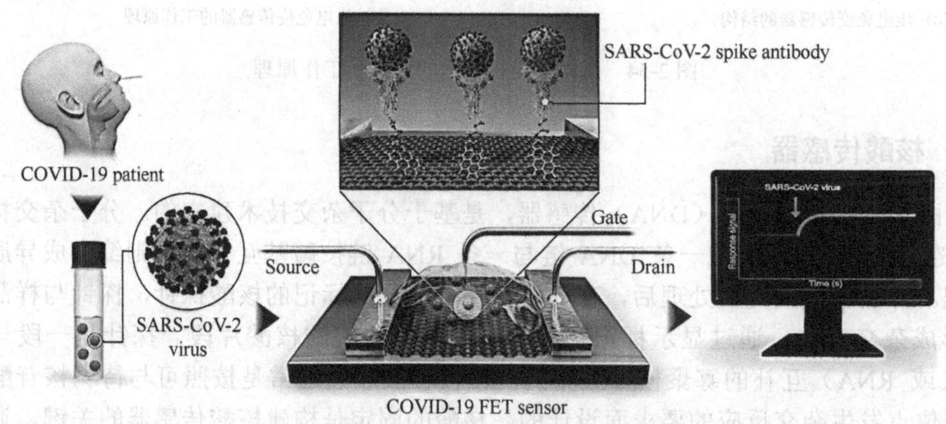

图 2-56　一种核酸检测试剂盒中的核酸传感器

1. 电化学核酸传感器

单链 DNA（ss-DNA）与其互补靶序列的杂交具有高度的序列选择性，如果将单链 DNA（探针）修饰到电极表面，该修饰电极会具有极强的分子识别能力。在适当的温度、pH 值、离子强度下，电极表面的 DNA 探针能有选择性地与靶序列杂交，形成双链 DNA，从而导致电极表面结构变化。根据杂交前后电极上单链 DNA 和双链 DNA 的性能差异，可以采用电化学方法将识别结果转换为可测量的电信号，从而实现对 DNA 的结构识别和浓度测量，电化学核酸传感器的工作原理如图 2-57 所示。

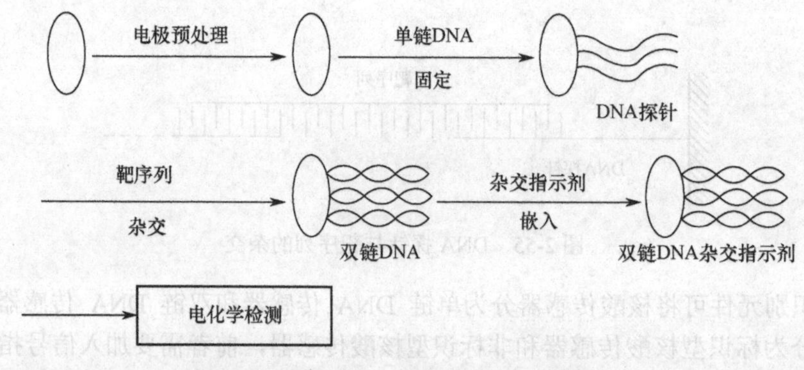

图 2-57　电化学核酸传感器的工作原理

电化学核酸传感器将电极作为信号转换器界面，在电极表面固定 DNA（或 RNA）探针，杂交后通过检测信号指示剂产生的电化学信号对 DNA（或 RNA）进行定性或定量检测。指示剂是一类能以不同方式与单链 DNA 和双链 DNA 作用的电活性化合物，其与单链 DNA 和双链 DNA 的选择性结合能力有差别，这种差别体现在 DNA 修饰电极的富集程度上，即电流响应不同。由于杂交过程没有共价键形成，所以是可逆的，固定在电极上的单链 DNA 可进行杂交、再生循环，这不仅有利于促进传感器的实际应用，还有利于分离纯化基因。电化学核酸传感器具有结构简单、灵敏度高、成本低、小型化及易与芯片技术整合等优点，得到了大量应用。

2. 光学核酸传感器

光学核酸传感器主要有光纤式、光波导式和表面等离子体共振式等类型。光学核酸传感器具有选择性好、生物特异性强、灵敏度高、操作方便、安全性好等优点，因此得到了广泛应用。

光纤倏逝波如图 2-58（a）所示，光纤倏逝波核酸传感器利用光在光纤中以全反射方式传输产生的倏逝波（或消失波），激发光纤纤芯表面标记在生物识别分子（探针）上的荧光染料，从而检测通过特异性反应附着在纤芯表面倏逝波范围内的生物物质的属性及含量。

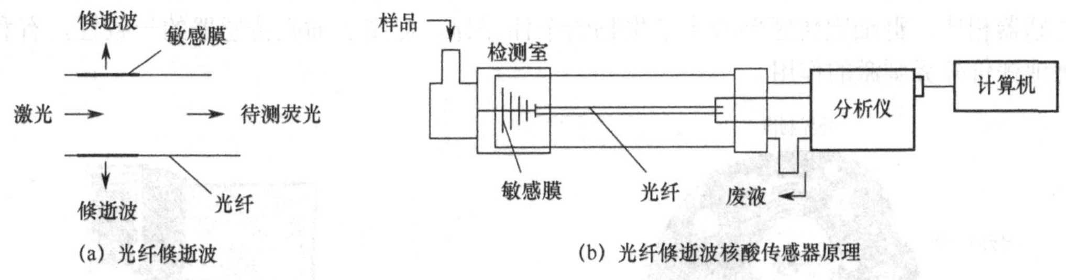

图 2-58　光纤倏逝波核酸传感器

光纤倏逝波核酸传感器原理如图 2-58（b）所示，部分光纤纤芯表面活化后，以非特异性吸附、化学或共价结合等方法固定生物识别分子（探针）上，形成敏感膜。将敏感膜置于事先标记了荧光染料的被测生物分子溶液中，由于同种生物的核酸分子具有互补性，可以发生特异性杂交反应，所以会使被测核酸分子与荧光染料结合到敏感膜上。将激光耦合在光纤内，在敏感膜表面倏逝波范围（纤芯与被测生物分子溶液的接触范围）内的荧光染料被激发出荧光，部分荧光会进入光纤，沿光纤传输并从端面射出。通过测量从光纤端面射出的光通量，可以得到被测核酸分子的浓度。

3. 压电核酸传感器

压电核酸传感器的原理如图 2-59 所示，该传感器基于压电效应，在压电晶体上固定单链 DNA 探针（或具有特异性序列的寡聚核苷酸片段），当压电晶体浸入含有被测目标单链 DNA 分子的溶液中时，固定的探针与溶液中的互补 DNA 会杂交形成双链 DNA，引起压电晶体的振荡频率或阻抗变化，从而实现对目标 DNA 的测量。压电核酸传感器是一种非常灵敏的质量传感器，可以检测亚纳克级物质。由于它具有灵敏度高、特异性强、能进行实时检测、无污染、无须标记等优点，因此在分子生物学、疾病诊断和治疗、新药开发、司法鉴定等领域有很大的应用潜力。

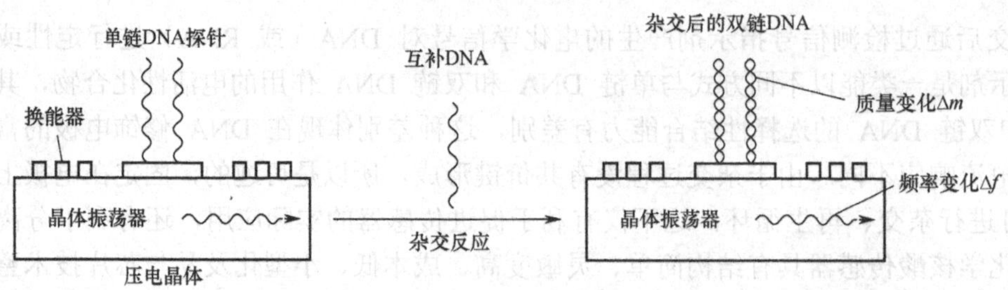

图 2-59　压电核酸传感器的原理

2.5.5 细胞传感器

细胞传感器（Cell-Based Biosensor）指将固定化的生物体成分或生物体本身作为敏感元件的传感器，是一种将生理信号转换为电信号的分析测试装置，细胞传感器系统如图 2-60 所示。细胞作为一级换能器，可以直接感受外界刺激，如药物、化学物质、环境毒素、电刺激等，从而引起各种生理信号（如细胞阻抗特性、胞外离子浓度、胞外电位等）的变化。二级换能器（如物理或化学传感器）可以将这些生理信号转换为电信号，再通过电路系统对其进行实时处理，并记录、显示、保存在计算机上。常用的细胞传感器为群细胞传感器，与单细胞传感器相比，群细胞传感器减小了生物的个体差异，提高了细胞传感器的一致性，有利于精确地评价外界刺激的作用。

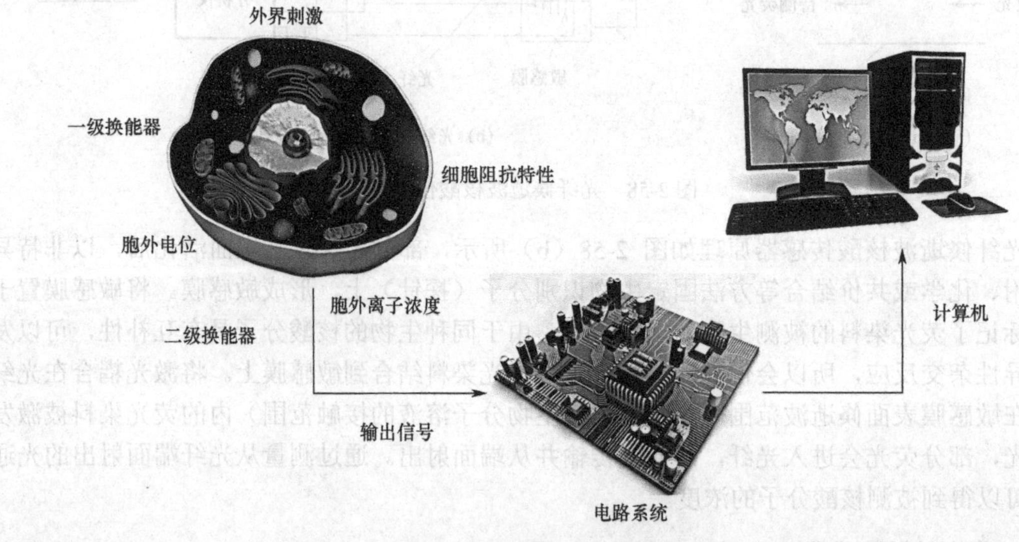

图 2-60　细胞传感器系统

细胞传感器的主要目的是将细胞培养在传感器上，当细胞受到外界刺激导致生理信号变化时，通过光学或电化学检测方法，在一定的时间内记录胞外的代谢等信号变化，并研究这些变化发生与传导的内在生物机理。从生物学角度来看，能够探索细胞的状态、功能和基本生命活动。从被分析物的角度来看，能够研究和评价被分析物的功能。与基于酶、抗原或抗体等的生物传感器相比，细胞传感器将整个细胞作为敏感元件。就敏感元件而言，前者是固定化的生物体成分，后者是生物体本身。基于分子的生物传感器具有高度选择性和敏感性，只对靶分子有响应，但这种高度选择性，可能导致检测不到某些具有相同功能的相关分子；

而将活细胞作为探测单元可以检测许多未知物质。细胞传感器具备实时、动态、快速、可微量测量等特性，在生物医学、环境监测、药物开发等领域具有十分广阔的应用前景。

2.5.6　生物芯片

1985 年，人类基因组计划被提出，生物芯片（Biochip）技术随之发展起来。生物芯片技术是融合了微电子学、微机电系统（MEMS）、分子生物学、物理学、化学和计算机技术的高度交叉的全新微型生化分析技术。生物芯片主要指通过微加工技术和微电子技术在固体芯片表面构建的微型生物化学分析系统，可以实现对生物组分的准确、快速、大信息量检测，生物芯片如图 2-61 所示。

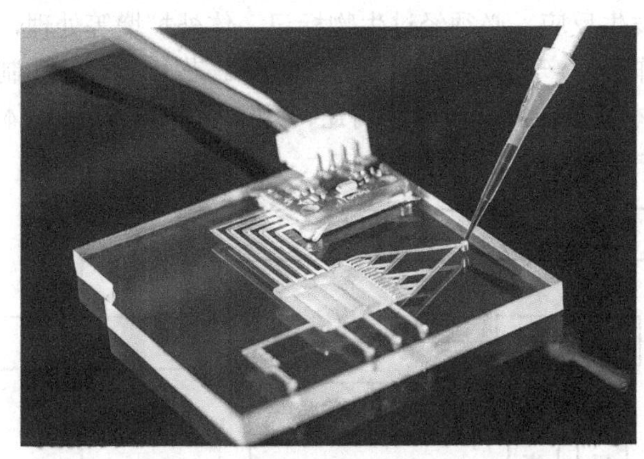

图 2-61　生物芯片

1. 生物芯片的基本概念

狭义的生物芯片指将大量的生物大分子（如核苷酸片段、多肽分子，以及细胞、组织切片等）制成探针，使其以预先设计的方式有序地、高密度地排列在固相载体（如硅片、玻璃、陶瓷、纤维膜等）上，构成密集的二维分子阵列，然后与已标记的待测生物样品靶分子杂交或发生作用，利用化学荧光法、酶标法、同位素法显示结果，再用扫描仪等光学仪器进行快速、并行、高效的检测，最后通过专门的计算机软件进行数据分析，从而实现对样品的检测。

广义的生物芯片还包括利用微电子光刻技术和微加工技术等在固体基片表面构建微流体分析单元和系统的微型固体薄型器件，以实现对生物分子准确、快速的并行处理和分析，主要有核酸扩增芯片、毛细管电泳芯片等。

在生物芯片中，可以将每个点阵或单元看作生物传感器的敏感元件，其分析过程实际上是传感器分析过程的组合，因此可以将生物芯片看作具有高通量的生物传感器阵列。其优势在于，在一个芯片上可以同时对多个分析物进行检测分析，检测效率高，检测结果的一致性好，而且所需的样品量和试剂量小。因此，生物芯片是生物传感器的延伸与发展，为生物传感器开辟了新的发展方向。

按照芯片结构及工作原理，可以将生物芯片分为微阵列芯片（Microarray Chip）和微流控芯片（Microfluidic Chip）两类。微阵列芯片以生物技术为基础，以亲和结合技术为核心，以在芯片表面固定一系列可寻址的高密度识别分子阵列为结构，具有使用方便、效率高、体积小、灵敏度高、成本低等特点，但一般是一次性的，且有很强的专用性。微流控芯片又称功能生物芯片，是以分析化学和生物化学为基础，以微机械加工技术为依托，以微管道网络为结构，由多种微流体管道、腔体按一定方式连接而成的满足一定功能要求的微装置。它把整个化学或生化实验室的功能（包括化学、生物学、医学分析过程的样品制备、反应、分离、检测等基本操作）集成在一个微芯片上，并自动完成全过程分析，因此又称微全分析系统（Micro Total Analysis System，μTAS）或芯片实验室（Lab-on-a-Chip，LOC）。它具有信号检测快、样品消耗少、稳定性高、无交叉污染、制作容易、成本低等优点，且可以多次使用，因此具有广泛的适用性，目前已成为生物传感器发展的重要方向，在环境监测、食品安全、生命科学等领域有巨大的发展潜力和广阔的应用前景。

微阵列芯片的工作流程如图 2-62 所示。生物样品往往是非常复杂的生物分子混合体，一般不能直接与芯片发生反应，必须经过生物标记、体外扩增等处理，才能与固化在芯片上的目标生物分子发生作用并产生具有足够强度的信号。芯片的设计和制造是关键，需要先依据一定的条件选择载体（如硅片、玻璃、陶瓷、纤维膜等），并对载体进行表面化学处理，再按照特定的顺序使生物分子样品排列在载体上。

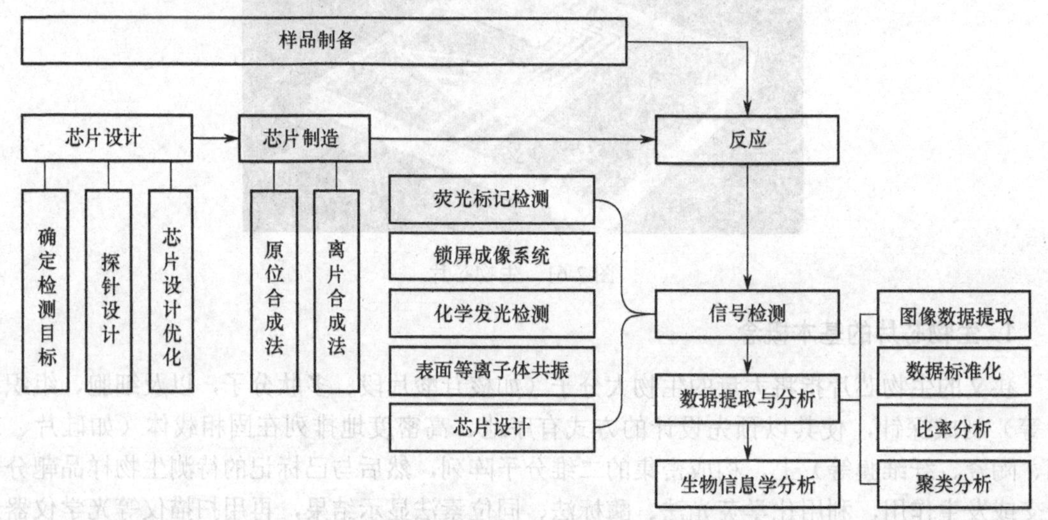

图 2-62　微阵列芯片的工作流程

微阵列芯片以高密度阵列为特征，其核心是在有限的固相载体表面印刻生物分子阵列。目前的芯片制造方法主要包括原位合成（In-situ Synthesis）法和离片合成（Off-chip Synthesis）法两类。原位合成法包括光导化学合成法、分子印章法、原位喷印合成法等，适用于商品化、规模化高密度芯片的制造；离片合成法利用手工或自动点样装置将预先制备或合成的生物分子直接点样在经过特殊处理的载体上，其优点在于操作简单、成本低，适用于中低密度芯片的制造。微流控芯片是当前生物芯片的研究热点，微流控芯片的工作原理如图 2-63 所示。微流控芯片在微阵列芯片的基础上发展而来，其不仅大大减小了结构尺寸，还改善了系统的分析性能，具有极高的效率。同时使试样与试剂（尤其是贵重生物试样）的消耗降低到微升甚至纳升水平，降低了分析费用，减少了对环境的污染。微流控芯片具有功能集成化和体积微型化等特点，易于制成功能齐全的便携式仪器，该仪器用于各类现场分析场景。微流控芯片的微小尺寸使芯片材料消耗量很小，批量生产成本大幅降低，有望实现普及。

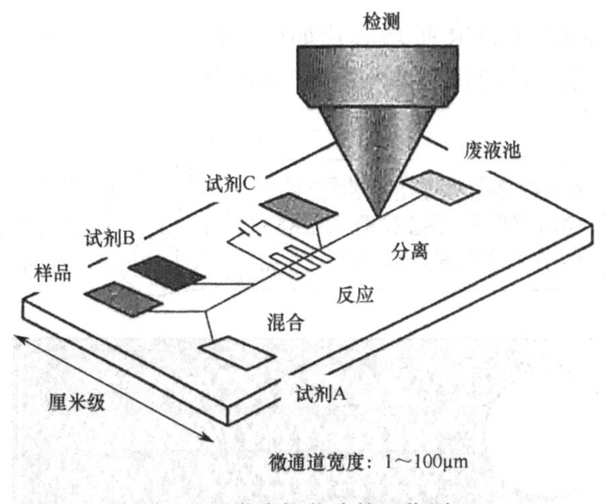

图 2-63　微流控芯片的工作原理

然而，目前微流控芯片还处于发展阶段，微流控芯片系统涉及芯片结构设计、芯片加工、微流体驱动和控制，以及进样和样品预处理、混合、反应、分离、检测等，相关技术限制了微流控芯片技术的快速发展，但是微流控芯片依然有广阔的发展空间和应用前景，是生物芯片技术发展的最终目标。微流控芯片系统如图 2-64 所示。

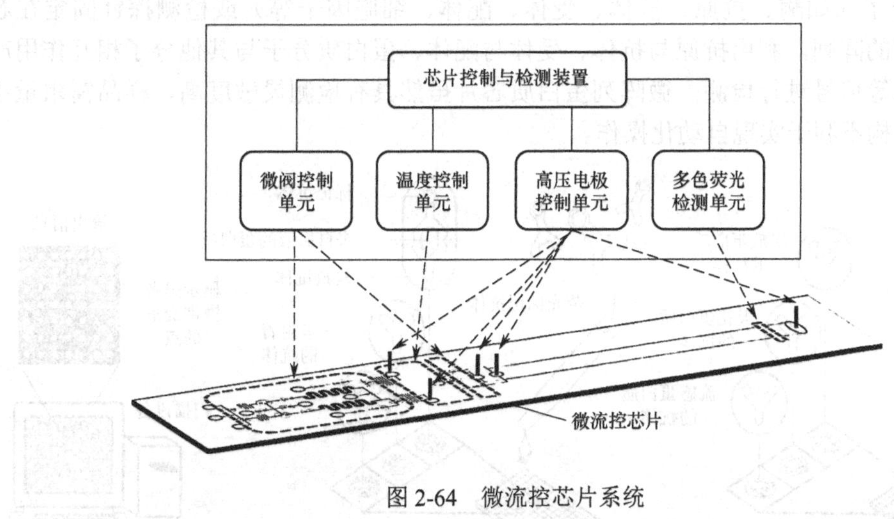

图 2-64　微流控芯片系统

2. 典型生物芯片

根据固化生物材料，可以将生物芯片分为基因芯片（Gene Chip）、蛋白质芯片（Protein Chip），细胞芯片（Cell Chip）和组织芯片（Tissue Chip）等。

1）基因芯片

基因芯片又称 DNA 芯片，微阵列基因芯片基于核酸探针互补杂交原理制成。将大量寡聚核苷酸片段按预先设计的排列方式固化在载体（如硅或玻片）表面，将其作为探针，在一定条件下使其与样品中的待测靶基因片段杂交，反应结果可用同位素法、化学荧光法显示，通过检测杂交信号的强度及分布来实现对靶基因信息的检测和分析。目前微阵列基因芯片的制造多采用原位合成技术和微点样技术。

常见的微阵列基因芯片包括平面微阵列基因芯片、三维结构微阵列基因芯片和电诱导控制基因芯片等。微流体 DNA-PCR 扩增芯片如图 2-65 所示。聚合酶链式反应（Polymerase Chain Reaction，PCR）是一种选择性体外扩增 DNA 分子的方法。

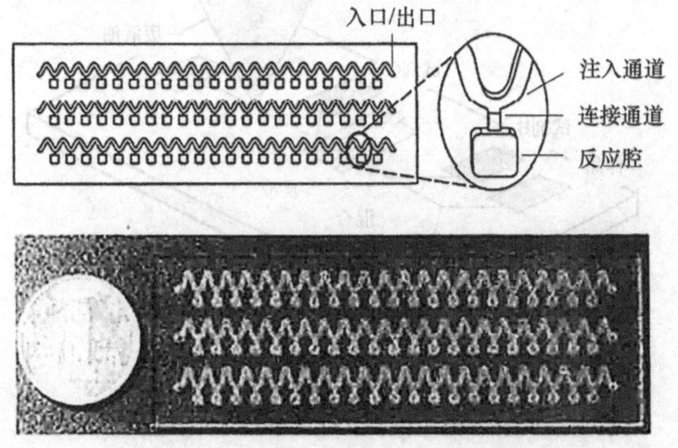

图 2-65　微流体 DNA-PCR 扩增芯片

2）蛋白质芯片

微阵列蛋白质芯片（如图 2-66 所示）与微阵列基因芯片的原理类似，其将大量预先设计的蛋白质分子（如酶、抗原、抗体、受体、配体、细胞因子等）或检测探针固定在芯片上，组成密集的阵列，利用抗原与抗体、受体与配体、蛋白质分子与其他分子相互作用产生的光、电、热等信号进行检测。微阵列蛋白质芯片虽然具有检测灵敏度高、样品需求量小等优点，但其结构不利于实现自动化操作。

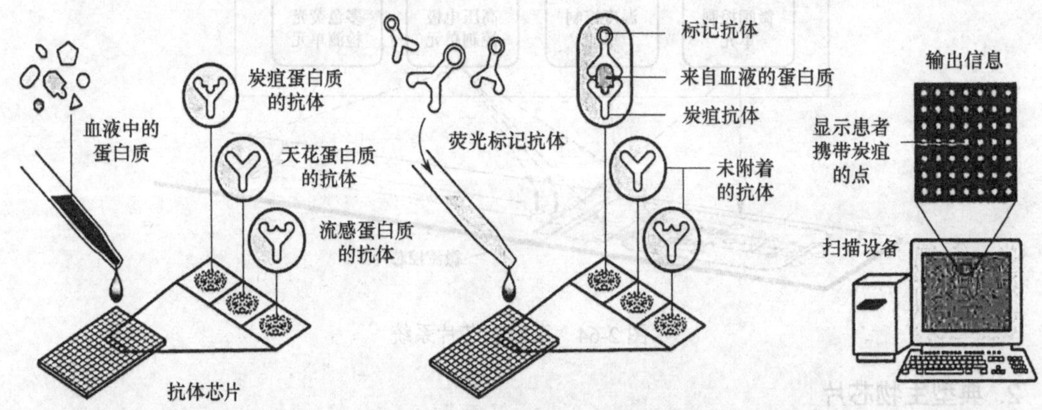

图 2-66　微阵列蛋白质芯片

图 2-67　微流控蛋白质芯片

微流控蛋白质芯片又称第二代蛋白质芯片，如图 2-67 所示，其在保留高密度蛋白质微阵列的前提下引入了微通道，使蛋白质的探针固定，并使待测样品的注入及多余样品的清洗能够实现集成化和自动化，它代表了蛋白质芯片的发展趋势。

微流控蛋白质芯片具有分离效率高、有效分离距离短、样品和试剂消耗量小、集成化程度高、检测通量大、生产成本低等优点，广泛应用于蛋白质的分离和富集（分离和检测浓缩的蛋白质）。

3）细胞芯片

微阵列细胞芯片基于微阵列基因芯片、微阵列蛋白质芯片的基本思想，主要研究不同基因在细胞内的表达情况、实现高通量的药物筛选等。微流控细胞芯片主要结合微加工技术和传感器检测技术，对细胞的电生理参数、代谢过程、胞内成分等进行测量。与传统的细胞检测实验相比，微阵列细胞芯片的主要优势体现在高通量、高性能分析上；而微流控细胞芯片则可以在微型芯片上对细胞的多种参数进行自动同步测量，检测效率大大提高。

用于 cDNA 表达的微阵列细胞芯片的制造与分析如图 2-68 所示。首先，用微阵列点样针将含有 cDNA 的凝胶按一定阵列点在载玻片表面，可对多个载玻片并行点样；其次，将载玻片放入培养皿，加入转染试剂和相应类型的细胞，对其进行培养，这样只有位于 cDNA 样点处的细胞被转染成功，在其他位置的非转染细胞作为背景信号；最后，使用不同的检测方法对转染细胞进行检测，得到兴趣表型的相关信息。cDNA 的表达会影响载体细胞的特征，可以通过活细胞实时成像检测细胞的信息，以鉴定所表达的 cDNA，也可以将细胞固定并用免疫荧光、原位杂交、化学荧光或放射自显影等方式进行检测。

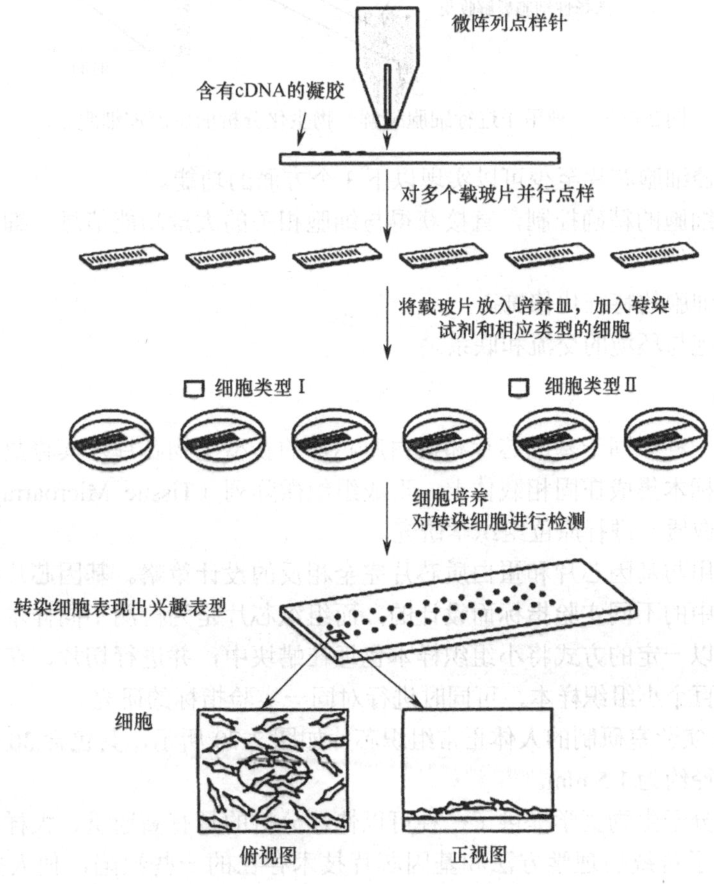

图 2-68　用于 cDNA 表达的微阵列细胞芯片的制造与分析

基于微流控技术的细胞芯片可用于研究细胞代谢机制、细胞的生物化学信号识别传导机制、胞内环境的稳定及胞外环境的控制等，其具有一定的优越性。微流控细胞芯片一般运用显微技术或纳米技术，基于一系列几何学、力学、电磁学原理，完成对细胞的捕获、固定、平衡、运输、刺激及培养等精确控制，并通过微型化的化学分析方法，实现对细胞样品的高通量、多参数、连续原位信号检测和细胞组分的理化分析等。一种用于进行细胞裂解产物生化分析的微流控细胞芯片如图 2-69 所示。

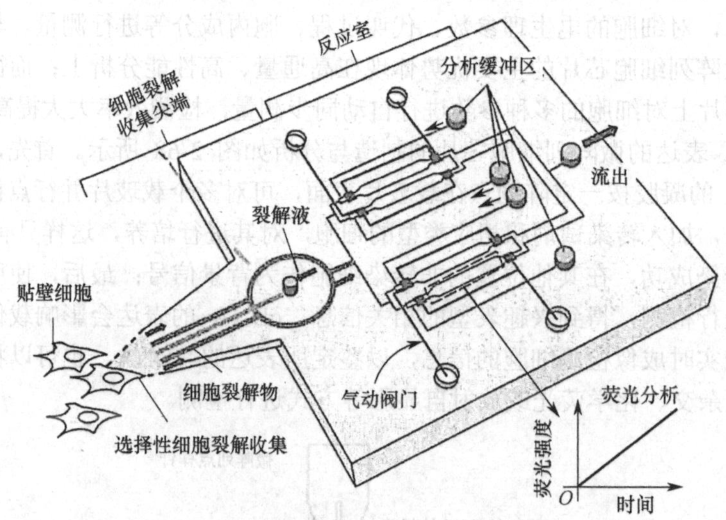

图 2-69　一种用于进行细胞裂解产物生化分析的微流控细胞芯片

目前，微流控细胞芯片至少可以实现以下 3 个方面的功能。

（1）实现对细胞的精确控制，直接获得与细胞相关的大量功能信息（细胞对各种刺激的应答信息）。

（2）完成对细胞的特征化修饰。

（3）实现细胞与环境的交流和联系。

4）组织芯片

组织芯片是一种不同于基因芯片和蛋白质芯片的新型生物芯片，其将数十个甚至数千个不同个体的组织标本集成在固相载体上，形成组织微阵列（Tissue Microarray），从而对同一指标（基因、蛋白质）进行原位组织学研究。

组织芯片采用与基因芯片和蛋白质芯片完全相反的设计策略。基因芯片和蛋白质芯片是为检测同一样本中的不同实验指标而设计的，而组织芯片是为检测不同样本中的同一实验指标而设计的，其以一定的方式将小组织样本包埋在蜡块中，并进行切片，在每个载玻片上可排列几十个到几百个小组织样本，可同时进行对同一实验指标的研究。

美国 Zymed 实验室研制的人体正常组织芯片如图 2-70 所示，其包含 30 个组织样本，每个组织样本的直径约为 1.5 mm。

组织芯片为分子生物医学提供了一种可以快速分析的具有高通量、大样本的分子水平分析工具。它克服了传统病理学方法和基因芯片技术存在的一些缺陷，使人类可有效利用成百上千个处于自然或疾病状态下的组织样本来研究特定基因及其所表达的蛋白质与疾病之间的关系，在疾病的分子诊断、治疗靶点的定位、抗体和药物的筛选等方面有十分重要的应用价值。组织芯片的广泛应用将极大地促进现代医学、基因组学和蛋白质组学研究的深入发展。

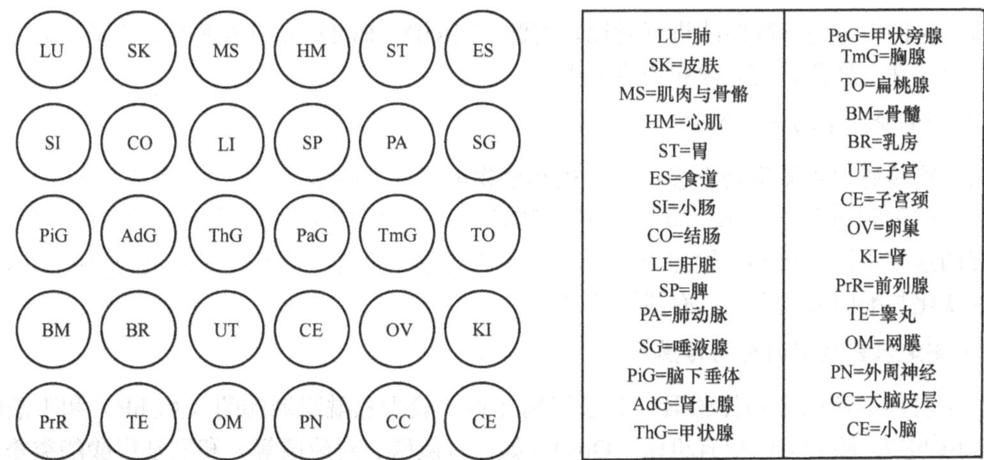

图 2-70　人体正常组织芯片

2.5.7　生物传感器的应用

生物传感器的典型应用如图 2-71 所示。

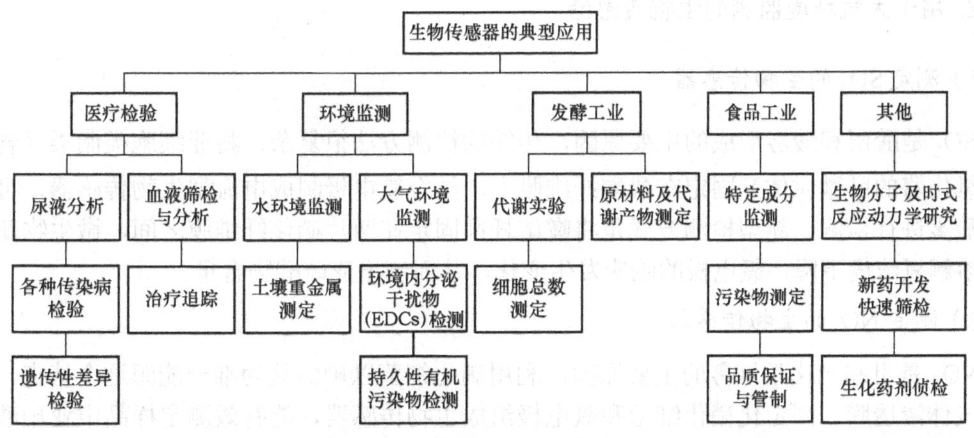

图 2-71　生物传感器的典型应用

下面以环境监测为例，介绍生物传感器的应用。目前已开发的环境监测生物传感器可用于水环境监测、大气环境监测、土壤重金属测定、环境内分泌干扰物（EDCs）检测及持久性有机污染物检测等。

1. 用于水环境监测的生物传感器

利用生物传感器可以实现对水质的在线检测，为生活污水和工业废水的生物处理提供依据。用于水环境监测的生物传感器包括生化需氧量（BOD）生物传感器、测定酚的生物传感器和测定农药残留的生物传感器等。

1）生化需氧量（BOD）生物传感器

BOD 生物传感器一般将微生物膜固定在溶解氧探头上，溶解氧随缓冲溶液进入微生物膜。当样品溶液通过 BOD 生物传感器时，可降解的有机物通过多孔渗透膜渗透到微生物层，这些有机物被微生物氧化、吸收，从而引起膜周围溶解氧的减少，导致氧电极的电流减小。将测定的电流与标准曲线进行对比，可测定 BOD。BOD 生物传感器主要采用酵母菌、假单胞菌、芽孢杆菌、发光菌和嗜热菌等。

2）测定酚的生物传感器

微生物传感器将微生物电极、酶电极和植物电极作为敏感元件，可以快速准确地测定酚的含量。酚类物质与 O_2 一起扩散进入微生物膜，微生物对酚的同化作用会耗氧，使 O_2 进入氧电极的速率下降，传感器输出电流减小，并在几分钟内达到稳态。在一定的浓度范围内，电流的变化与酚的浓度变化具有线性关系。

3）测定农药残留的生物传感器

测定农药残留的生物传感器的分子识别元件一般为乙酰胆碱酯酶（AChE）和丁酰胆碱酯酶（BChE）。酶的活性受有机磷（Ops）（如马拉硫磷、对硫磷等）和氨基甲酸酯类杀虫剂（如西维因、涕灭威等）的抑制。测定农药残留的生物传感器有两类：电流型传感器测量的是 O_2、H_2O_2 等物质的浓度，胆碱会被胆碱氧化酶（ChOD）氧化，消耗 O_2 并生成 H_2O_2，从而通过测定溶液中的 O_2 或 H_2O_2 来间接测定酶的抑制物；电位型传感器通过测量 H^+ 的浓度来反映抑制物的浓度。

2. 用于大气环境监测的生物传感器

1）测定 SO_2 的生物传感器

SO_2 是酸雨和酸雾形成的主要原因，传统的检测方法很复杂：将亚细胞类脂类（含亚硫酸盐氧化酶的肝微粒体）固定在醋酸纤维膜上，结合氧电极制成电流型生物传感器，可对酸雨和酸雾进行检测。新型检测方式是将噬硫杆菌固定在两片硝化纤维膜之间，微生物新陈代谢使溶解氧浓度下降，氧电极的响应发生变化，从而测出亚硫酸物含量。

2）测定 NO_x 的生物传感器

NO_x 是引起光化学烟雾的主要原因，利用硝化细菌以硝酸盐为唯一能源这个特点，利用多孔气体渗透膜、固定化硝化细菌和氧电极组成生物传感器，能有效测定样品中亚硝酸盐的含量。该传感器具有很强的选择性，不易受乙酸、乙醇等挥发性物质的干扰。

3. 用于土壤重金属测定的生物传感器

近年来，基于抑制作用的酶生物传感器在测定环境样品中的抑制剂方面的研究备受关注，其可用于检测土壤中的污染物。汤琳等提出了一种基于抑制作用的新型葡萄糖氧化酶生物传感器，可测定土壤样品中的二价汞离子。二价汞离子作为葡萄糖氧化酶的一种抑制剂，在 pH 值较小的酸性环境中，能与酶活性中心的某些位点结合，从而抑制酶的活性，引起响应电流的减小，产生可测信号。

4. 用于环境内分泌干扰物检测的生物传感器

环境内分泌干扰物（EDCs）通过食物、水、大气和土壤等与包括人在内的生物全方位接触，成为迫切需要治理的第三代环境污染物。Andreeacu 等开发了一种以酪氨酸酶为基础的电化学生物传感器（Tyr-CPE），并将其成功应用于检测酚类 EDCs。近年来，以表面等离子体共振（SPR）为原理的高灵敏度转换器被较多地应用于生物传感器，通过检测 SPR 信号的变化来反映识别元件生物分子与受试物分子的相互作用（结合或解离），从而定量测定待测物，该检测方法简单快捷。

5. 用于持久性有机污染物检测的生物传感器

常见的持久性有机污染物有三氯乙烯（TCE）、四氯乙烯（PCE）等。这类物质大多有致癌作用，一旦进入地下水或土壤中，会对人体健康产生极大危害。Han 等发明了一种附有假单细胞菌 JI104 的聚四氟乙烯薄膜，将其固定在氯离子电极上，再将带有 AgCl/Ag 薄膜的氯离子电极和 Ag/AgCl 参比电极连接至离子计，记录电压的变化，与标准曲线对比，从而测定三氯乙烯的浓度。

6. 一些新型生物传感器

1）血糖传感器

随着人们生活方式和饮食结构的变化，糖尿病患者不断增多，因此需要开发更加便捷和准确的血糖传感器。研究人员开发了一种可穿戴的、免校准的无线血糖传感器，可以精确监测血液中的葡萄糖含量，并将数据传输至智能手机。

雅培（Abbott）推出的基于血糖监测技术的运动型生物传感器如图 2-72 所示。

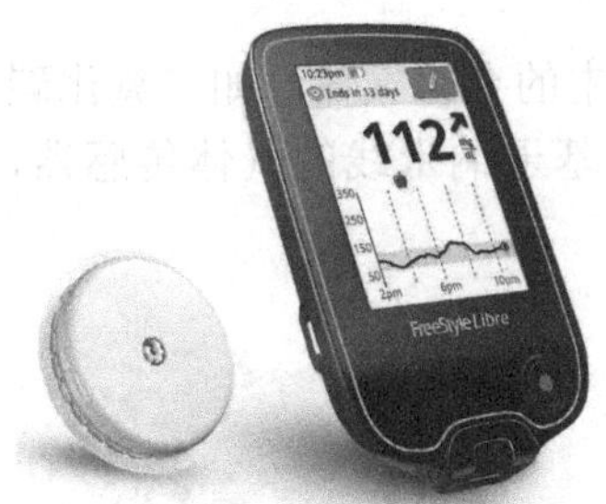

图 2-72　雅培（Abbott）推出的基于血糖监测技术的运动型生物传感器

2）病毒传感器

为了检测病毒，研究人员利用纳米技术和 CRISPR-Cas9 基因编辑技术开发了一种基于纳米线和 Cas9 的病毒传感器，可以快速、准确地检测病毒。病毒传感器使手机成为病毒探测器，如图 2-73 所示。

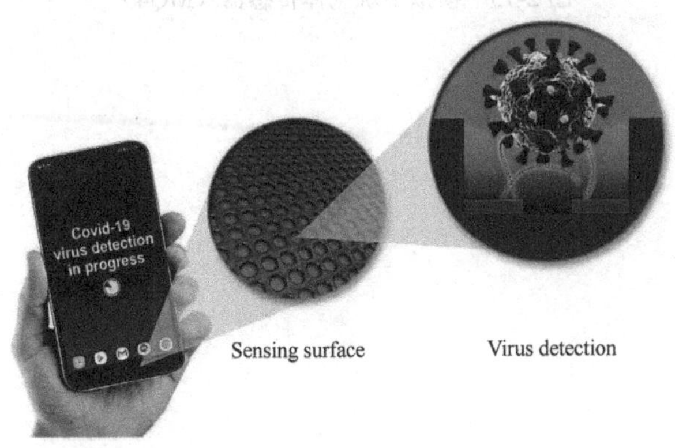

图 2-73 病毒传感器使手机成为病毒探测器

3）神经传感器

神经传感器可以监测人体神经系统的活动状态，在研究神经退行性疾病等方面有重要的应用价值。研究人员开发了一种柔性的、可植入的神经传感器，可以在人体内部监测神经信号，并通过蓝牙将数据传输至外部设备，如图 2-74 所示。

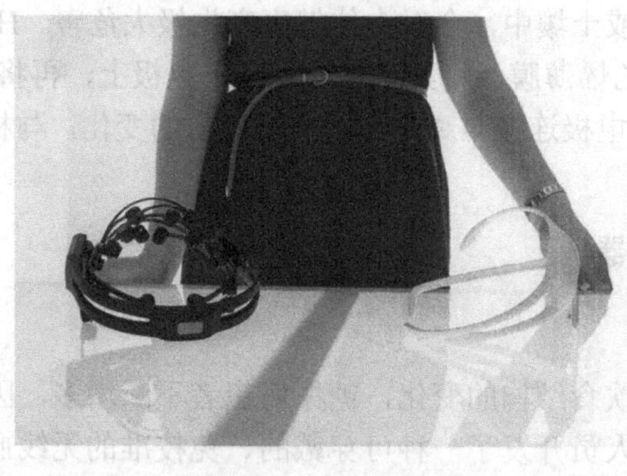

图 2-74　神经传感器

4）气体传感器

气体传感器可用于监测环境中的有害气体，如二氧化碳、一氧化碳等。模拟甲烷气体传感器如图 2-75 所示，这是一种基于纳米线的气体传感器，可以精确检测环境中的有害气体，并将数据传输至智能手机。

图 2-75　模拟甲烷气体传感器（MQ4）

第3章　智能传感器

3.1　智能传感器概述

近年来，传感器在发展与应用过程中越来越多地与微处理器结合，使传感器不仅有视觉、嗅觉、触觉、味觉、听觉功能，还有存储、思考和进行逻辑判断等智能化功能。智能传感器成为传感发展的必然趋势，传感器的发展历程如图 3-1 所示。

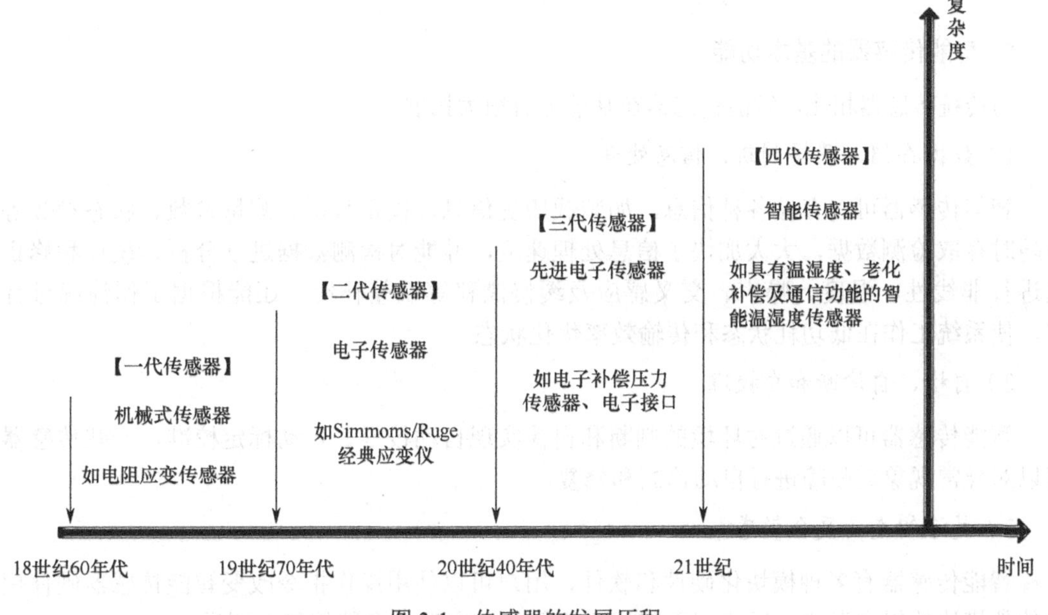

图 3-1　传感器的发展历程

智能传感器是迅速发展的高新技术产品，至今没有形成规范的定义。早期，人们简单地强调在工艺上将传感器与微处理器紧密结合，认为“将传感器的敏感元件及其信号调理电路与微处理器集成在一个芯片上的就是智能传感器”，这种提法并不完善。于是产生了新的定义，即“通过与信号调理电路和微处理器结合，兼具信息检测与信息处理功能的传感器为智能传感器”，该提法突破了传感器与微处理器的结合必须在工艺上集成的限制，使传感器的功能由单一的“信息检测”扩展到兼具“信息检测”与“信息处理”。因此，智能传感器是既有信息检测功能，又有信息处理功能的传感器。

课程思政——【新闻热点】

2022 年 4 月，西安市公安机关接到一起网络攻击报警案件，西北工业大学的信息系统有遭受网络攻击的痕迹。2022 年 6 月 22 日，西北工业大学在其官方微信上发布一则声明，表示学校电子邮件遭受境外网络攻击，对学校正常教学生活造成负面影响。次日，陕西省西安市公安局碑林分局发布《警情通报》，证实在西北工业大学的信息网络中发现了多款源于境外的木马程序样本。经公安机关判定，该事件为境外黑客组织和不法分子发起的网络攻击事件，并正式立案调查。

“歼 20”总设计师杨伟、“运 20”总设计师唐长红等国防军工领域的总设计师均来自西北工业大学。西北工业大学在国防、航空航天等领域有深厚实力，深度参与国内航空航天领域的顶尖成果研究工作。AG600 水陆两栖飞机、直-8 直升机的数字式自动驾驶仪等智能传感系统，以及运 20 飞控系统中的关键智能传感器余度管理技术等智能传感相关技术都由西北工业大学研发。

西北工业大学有深厚的国防、航空航天背景，并深度参与多项国家重大工程，取得了众多重要科研成果，成为许多“境外组织”觊觎的目标。

3.1.1 智能传感器的基本功能与特点

1. 智能传感器的基本功能

与传统传感器相比，智能传感器在功能上有很大拓展。

1）数据存储、逻辑判断、信息处理

智能传感器可以存储各种信息，如装载历史信息、校正数据、测量参数、状态参数等，可随时存取检测数据，大大加快了信息处理速度，并能对检测数据进行分析、统计和修正，能进行非线性、温度、噪声、交叉感应及缓慢漂移等误差补偿，还能根据工作情况进行调整，使系统工作在低功耗状态和传输效率优化状态。

2）自检、自诊断和自校准

智能传感器可以通过对环境的判断和自检实现自动校零、自动标定校准，一些传感器还可以对异常现象或故障进行自动诊断和修复。

3）灵活组态（复合敏感）

智能传感器有多种模块化硬件和软件，用户可以使用操作指令改变智能传感器硬件模块和软件模块的组合形式，以达到不同的应用目的，实现多参数的复合测量。

4）双向通信和标准化数字输出

智能传感器具有标准化数据通信接口，能与计算机或接口总线相连，从而进行信息交换。

目前，根据应用场合设计了具有上述全部功能或部分功能的智能传感器。智能传感器具有较高的准确性、灵活性和可靠性，同时采用成本较低的集成电路工艺和芯片，以及强大的软件，具有较高性价比。

2. 智能传感器的特点

智能传感器的特点如图 3-2 所示。

与传统传感器相比，智能传感器具有以下特点。

1）精度高、测量范围宽

智能传感器可以利用软件技术实现高精度信息采集，能够随时了解被测量变化对检测元件特性的影响，并通过数字滤波和补偿算法等完成各种运算，使输出信号更精确。同时，其量程比可达 100∶1，最高达 400∶1，具有较宽的测量范围和较强的过载能力，特别适用于对量程比要求较高的控制场合。

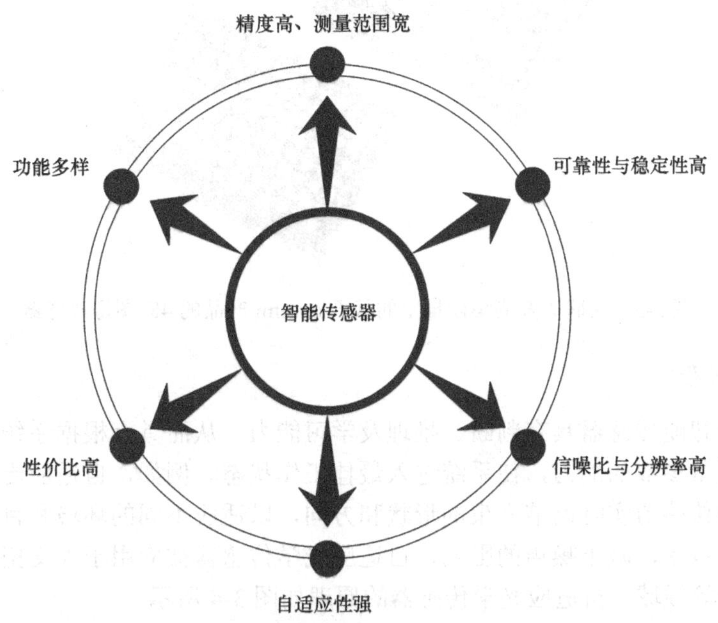

图 3-2　智能传感器的特点

2）可靠性与稳定性高

智能传感器能够自动补偿由工作条件或环境参数变化引起的系统特性漂移。例如，对于由环境温度变化引起的零点漂移，智能传感器能根据被测参数的变化自动选择量程，能自动实时进行自检，能根据出现的紧急情况自动进行应急处理（报警或给出故障提示），这些都可以有效提高系统的可靠性与稳定性。一种基于 MEMS 压力传感器抗干扰系统的智能传感器采用恒温控制和恒流源自校正方法，在传感器相关外部抗干扰电路实验中得到了比传统传感器小的温漂和时漂误差。热零点漂移的绝对值由恒温前的 0.0652% FS/℃降至恒温后的 0.00788% FS/℃，热灵敏度漂移的绝对值由 0.118% FS/℃降至 0.0153% FS/℃，时漂补偿后的预测误差范围由−3.436～0.875kPa 变为−2.086～1.765kPa。与传统传感器相比，基于 MEMS 系统的智能传感器有更高的可靠性和稳定性。

3）信噪比与分辨率高

智能传感器具有数据存储和数据处理能力，利用软件进行数字滤波，可以通过相关分析、小波分析及希尔伯特—黄变换（HHT）等提高信噪比，还可以通过采用数据融合、神经网络及人工智能等手段提高系统的分辨率。例如，大联大友尚集团推出了基于 onsemi 产品的 4K 图像传感器，如图 3-3 所示，其采用 onsemi 独有的 2.0μm 背照式（BSI）像素设计，能够提供 60 帧/秒的 4K 视频，支持 3 种 HDR 模式，包括 LI-HDR（2exp）、eHDR（3exp）和 xDR，具有宽动态范围，可以提供出色的低光影像效果，远超传统图像传感器的 500 万分辨率。

图 3-3　大联大友尚集团推出的基于 onsemi 产品的 4K 图像传感器

4）自适应性强

微处理器使智能传感器具有判断、推理及学习能力，从而具有根据系统所处环境及测量内容自动调整测量参数的能力，使系统进入最佳工作状态。例如，自适应光学传感器能够通过变形镜和波前传感器实时调节光束的形状和方向，以适应不同的环境和目标，提高光学图像的质量和成像效率，减小噪声的影响，自适应光学传感器被应用于天文望远镜，以及激光通信、水下成像等领域。自适应光学传感器的原理如图 3-4 所示。

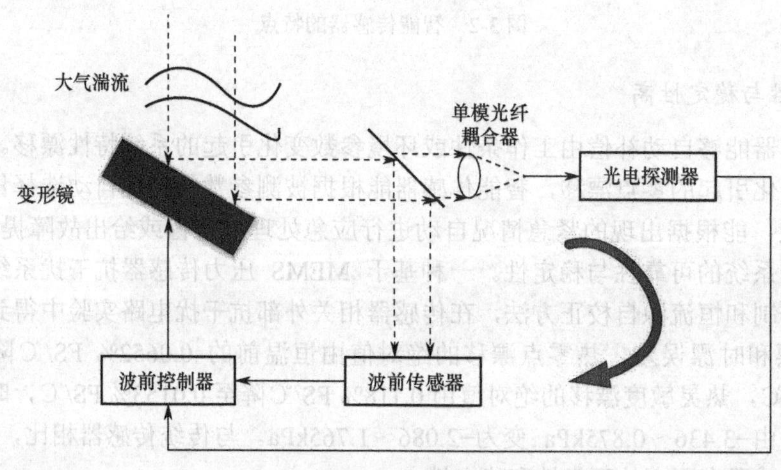

图 3-4　自适应光学传感器的原理

5）性价比高

智能传感器采用价格便宜的微处理器和外围部件，以及强大的软件，可以实现复杂的数据处理、自动测量与控制功能。例如，智能光纤传感器是一种将光纤作为传感元件，实现对温度、压力、振动、应变等物理量的测量的智能传感器。它可以通过光纤光栅、光纤干涉仪等，将被测信号转换为光信号，并进行信号处理和通信。基恩士的 CZ-V20 系列数字光纤传感器（如图 3-5 所示）的价格约为 88 元/件，与传统的光纤传感器价格相差不大，但有更高的性价比。

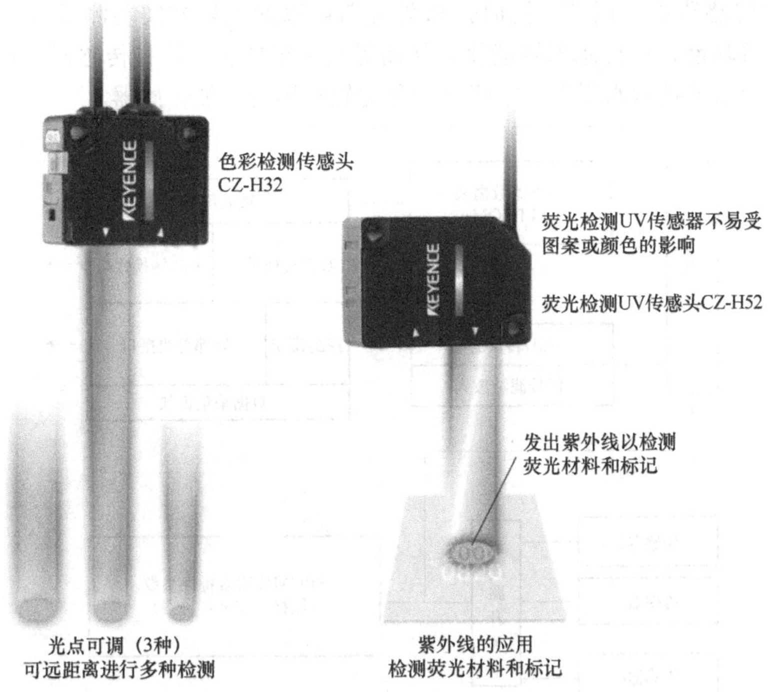

图 3-5　基恩士的 CZ-V20 系列数字光纤传感器

6）功能多样

与传统传感器相比，智能传感器不仅能自动监测多种参数，还能根据测量的数据自动进行数据处理并给出结果，以及利用组网技术构成智能检测网络。

3.1.2　智能传感器的架构

不同的智能传感器有不同的敏感元件及硬件组合方式，但其结构模块大致相似，一般由以下几个部分组成。

（1）一个或多个敏感元件。

（2）微处理器或微控制器。

（3）非易失性可擦写存储器。

（4）双向数据通信接口。

（5）模拟量输入输出接口（可选，如 A/D 转换接口、D/A 转换接口）。

（6）高效的电源模块。

典型的智能传感器结构如图 3-6 所示。按实现形式可以将智能传感器分为非集成化智能传感器、集成化智能传感器及混合式智能传感器 3 种。

1. 非集成化智能传感器

非集成化智能传感器通过总线接口将经典传感器、信号调理电路、微处理器与总线连接，如图 3-7 所示。

在非集成化智能传感器中，传感器与微处理器是独立的。传感器仅用于获取信息，微处理器是智能传感器的核心，不仅可以对传感器获取的信息进行计算、存储、处理，还可以通过反馈回路对传感器进行调节。同时，微处理器可以通过软件实现测量过程控制、逻辑推理、数据处理等功能，使传感器智能化，从而提高系统性能。这种传感器的集成度不高、体积较大，但在当前的技术水平下，它仍是一种比较实用的智能传感器。

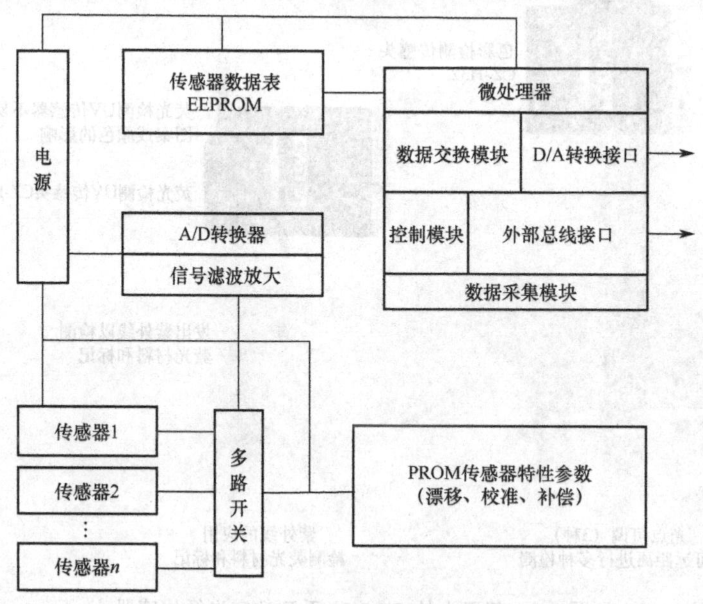

图 3-6 典型的智能传感器结构

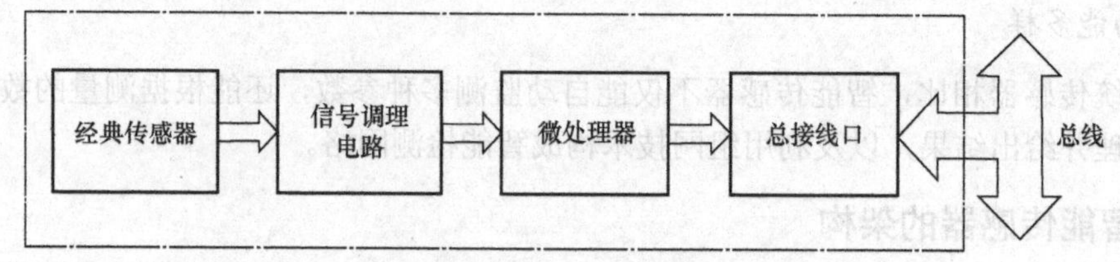

图 3-7 非集成化智能传感器

2. 集成化智能传感器

集成化智能传感器采用微机械加工技术和大规模集成电路技术将传感器敏感元件、信号调理电路、微处理器等集成在一个芯片上。

集成化智能传感器具有体积小、成本低、功耗小、可靠性高、精度高、功能多等优点，成为目前传感器领域的研究热点和传感器发展的主要方向，集成化智能传感器的原理如图 3-8 所示。

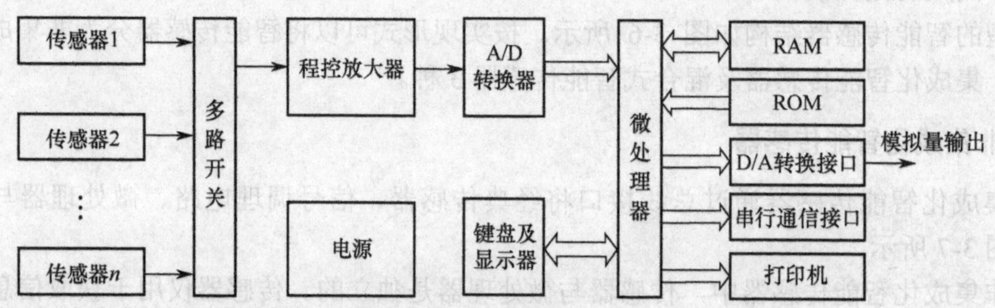

图 3-8 集成化智能传感器的原理

课程思政——【新闻热点】

2020 年 12 月，西北工业大学仿生芯片交叉研究中心成立，面向仿生芯片前沿交叉领域，探索将仿生感知、仿生计算与硅基/碳基芯片结合的新型人工智能芯片关键技术，进一步提升人工智能系统的性能，解决航空、航天、航海、国防和生命健康等领域的重大需求，仿生芯片的内涵及应用如图 3-9 所示。仿生芯片交叉研究中心结合国家关于聚焦新一代信息技术和发展壮大战略性新兴产业的目标，以及《新一代人工智能发展规划》《新时期促进集成电路产业和软件产业高质量发展的若干政策》等战略需求，面向世界科技前沿，服务创新型国家建设，对引领人工智能技术优势和培养未来拔尖创新人才具有重要意义。

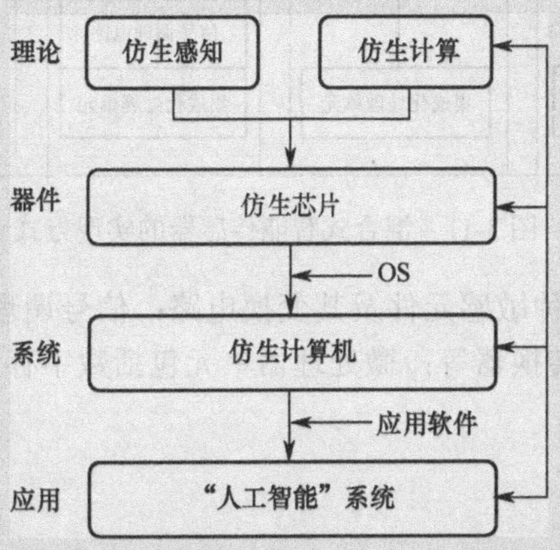

图 3-9　仿生芯片的内涵及应用

仿生芯片交叉研究中心的主要研究方向包括仿生感知芯片（构建无人系统“新五官”的人工智能感知微系统，下一代视觉、听觉、嗅觉、味觉、触觉感知芯片，以及智能光子和粒子探测器等）和仿生计算芯片（神经形态计算机体系结构、神经形态芯片、感算一体芯片和群智计算芯片等）。2021 年以来，仿生芯片交叉研究中心承担了国家自然科学基金项目、特色学科基础研究项目、陕西省重点研发计划“揭榜挂帅”项目等 5 项，开展了仿生视觉处理器、感存算一体化芯片、仿生嗅觉/味觉芯片、群智计算芯片等方向的科学研究，初步探索了将仿生感知和仿生计算融合的硬件架构，研制了多款原型芯片。

BMA456 智能加速度传感器如图 3-10 所示，它是一款具有 16 位分辨率的智能低功耗三轴加速度传感器。BMA456 采用博世第四代 MEMS 制造工艺，供电电压为 1.62～3.6V，测量范围可选，数据输出速率为 12.5～1600Hz，具有灵敏度高、稳定性高、抗干扰性强和噪声低等优点。

BMA456 可以实现高精度的运动检测和计步功能，还支持多种运动模式并具有手势识别功能，适用于智能手机、可穿戴设备和物联网应用等。

图 3-10　BMA456 智能加速度传感器

3. 混合式智能传感器

混合式智能传感器根据需要将敏感元件、信号调理电路、微处理器单元、总线接口等以不同方式组合并集成在几个芯片上，将这些芯片封装在一个外壳内。目前，混合式智能传感器得到了广泛应用，混合式智能传感器的实现方式如图 3-11 所示。

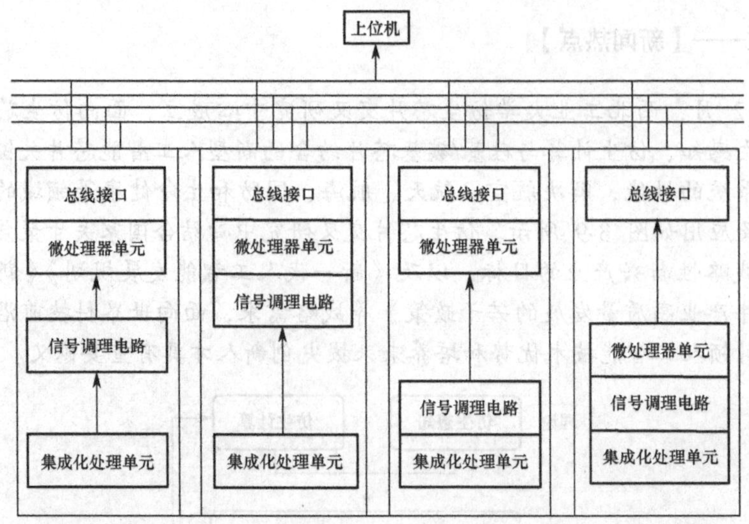

图 3-11　混合式智能传感器的实现方式

集成化处理单元包括各种敏感元件及其变换电路；信号调理电路包括多路开关、仪用放大器、基准、模数（A/D）转换器等；微处理器单元包括数字存储器、I/O 接口、微处理器、数模（D/A）转换器等。

3.1.3　智能化实现方法

智能传感器的智能化主要体现在强大的信息处理功能上，其核心是微处理器，可以在最少的硬件基础上利用强大的软件优势对测量数据进行处理，如实现非线性自校正、自诊断、自校准与自适应量程、自补偿等，以提高精度、重复性、可靠性等，并进一步提高传感器的分析和判断能力。

1. 非线性自校正

理想传感器的输入量与输出信号具有线性关系。线性度越高，则传感器的精度越高。传感器的非线性误差是影响其性能的重要因素，智能传感器通过软件自动校正非线性误差，可有效提高测量精度。

智能传感器非线性自校正的突出优点在于不受前端传感器、调理电路与 A/D 转换器输入输出的非线性程度的限制，仅要求输入输出特性的重复性好。

智能传感器非线性自校正原理如图 3-12 所示。系统框图如图 3-12（a）所示，传感器、调理电路与 A/D 转换器的输入输出特性如图 3-12（b）所示，微处理器根据图 3-12（c）进行非线性变换，最终可使输入与输出具有线性关系或近似具有线性关系，如图 3-12（d）所示。

传统的非线性自校正方法主要有查表法和曲线拟合法，适用于传感器输入输出特性已知的情形。在传感器输入输出特性未知的情况下，可通过采用神经网络法、遗传算法、支持向量机法等建立其输入输出特性关系并进行非线性自校正。

下面主要介绍查表法、曲线拟合法、神经网络法。

1）查表法

查表法根据精度要求对非线性曲线进行分段，用折线逼近非线性曲线，如图 3-13 所示。将折点坐标存入数据表，在测量时先找出与被测量 x_i 对应的输出量 u_i，再根据斜率进行线性插值，即得到输出 $y_i = x_i$。

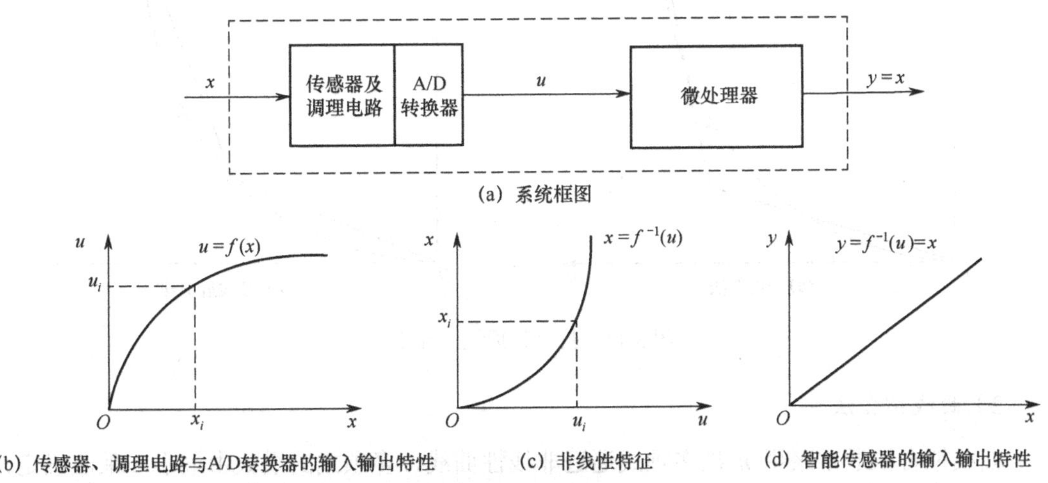

图 3-12 智能传感器非线性自校正原理

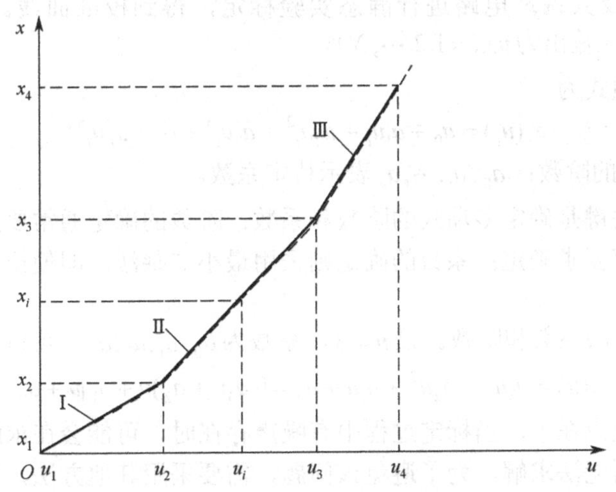

图 3-13 用折线逼近非线性曲线

线性插值的表达式为

$$y_i = x_i = x_k + \frac{x_{k+1} - x_k}{u_{k+1} - u_k} \tag{3-1}$$

式中，k 表示折点的序数（$k = 1,2,3,\cdots,n$），有 $n-1$ 条折线。

折线越多，y_i 越接近真实值，但程序的编写也越复杂。利用查表法进行非线性自校正的关键是确定折线和折点，目前通用的方法有两种：$\varDelta$ 近似法和截线近似法，如图 3-14 所示。

不管采用哪种方法，都必须保证各点误差 $\varDelta_i$ 不超过允许的最大误差 $\varDelta_{\mathrm{m}}$，即 $\varDelta_i < \varDelta_{\mathrm{m}}$。

需要说明的是，分段线性插值法仅利用两个折点信息，精度较低。要提高拟合精度，可采用二次插值或三次插值等方法，不仅能有效减小误差，还可以大大压缩表格数据的存储空间。

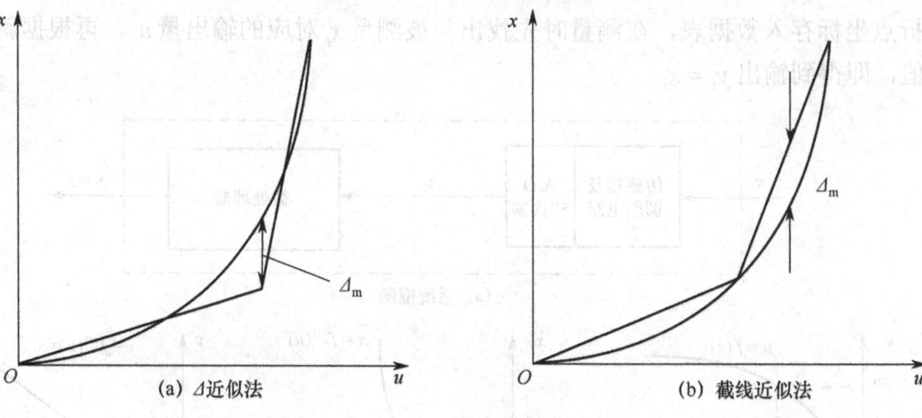

图 3-14　折点和折线的确定方法

2）曲线拟合法

曲线拟合法通常采用 n 次多项式逼近非线性曲线，多项式的系数由最小二乘法确定，具体步骤如下。

（1）对传感器及其调理电路进行静态实验标定，得到校准曲线。设标定点的输入为 $x_i(i=1,2,\cdots,N)$；相应输出为 $u_i(i=1,2,\cdots,N)$。

（2）设拟合多项式为

$$x_i(u_i)=a_0+a_1u_i+a_2u_i^{\ 2}+a_3u_i^{\ 3}+\cdots+a_nu_i^{\ n} \tag{3-2}$$

式中，n 表示多项式的阶数；$a_0,a_1,\cdots,a_n$ 表示待定系数。

多项式拟合的关键是确定多项式的阶数和系数：阶数的确定通常要满足设定误差的最小值原则，即根据精度要求确定；系数的确定则采用最小二乘法，即使拟合值与标定值的均方差最小。

（3）存储多项式的系数和阶数。设 $n=3$，系数为 a_0,a_1,a_2,a_3，可以得到

$$x(u)=a_3u^3+a_2u^2+a_1u+a_0=[(a_3u+a_2)u+a_1]u+a_0 \tag{3-3}$$

曲线拟合法的缺点在于，当标定过程中有噪声存在时，可能会在求解多项式系数时遇到矩阵病态问题，从而无法求解。为了避免该问题，需要采用其他方法，如神经网络法、支持向量机法等。

3）神经网络法

函数链神经网络如图 3-15 所示。函数链神经网络的输入为 $1,u_i,u_i^2,\cdots,u_i^n$，u_i 是在静态标定实验中获得的标定点输出值；$W_j(j=0,1,2,\cdots,n)$ 为神经网络的连接权值，对应式（3-2）中 u_i^j 项的系数 a_j，x_i 为传感器的标定值，x_i^{est} 为函数链神经网络的输出估计值。

在函数链神经网络中，每个神经元都采用线性函数，由此得到函数链神经网络的输出为

$$x_i^{\text{est}}(k)=\sum_{j=0}^{n}[u_i^jW_j(k)] \tag{3-4}$$

式中，$x_i^{\text{est}}(k)$ 表示第 k 步的估计值。

将估计值 $x_i^{\text{est}}(k)$ 与标定值 x_i 进行比较，得到第 k 步的估计误差为

$$e_i(k)=x_i-x_i^{\text{est}}(k) \tag{3-5}$$

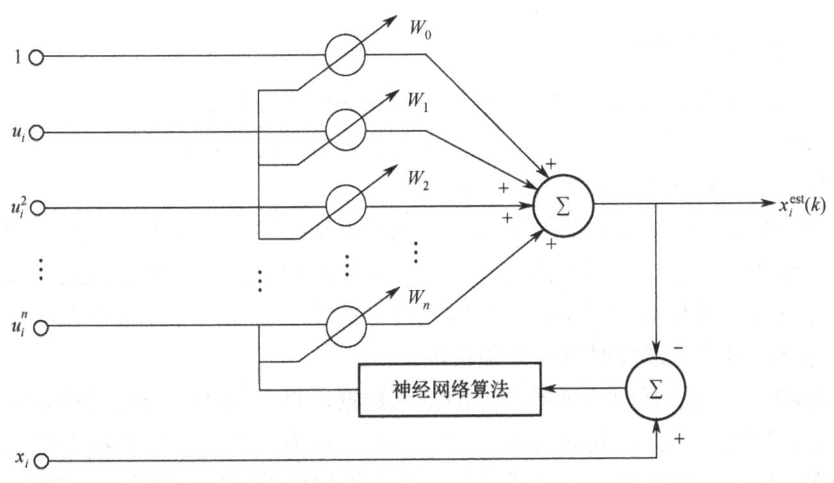

图 3-15　函数链神经网络

根据估计误差求得函数链神经网络第 $k+1$ 步的连接权值调节式为

$$W_j(k+1)=W_j(k)+\eta e_i(k)u_i^j \tag{3-6}$$

式中，$W_j(k)$ 为第 k 步的第 j 个连接权值，初始权值为随机数；η 为学习因子，学习因子的值直接影响迭代的稳定性和收敛速度。η 大则收敛速度快，但稳定性较差；η 小则稳定性好，但收敛速度慢。因此，在取值时应权衡。

利用标定值对神经网络进行训练，不断调整连接权值，直至估计误差 $e_i(k)$ 满足精度要求，此时连接权值趋于稳定，训练过程结束即可得到最终的连接权值 $W_0,W_1,W_2,\cdots,W_n$ 及多项式系数 $a_0,a_1,a_2,\cdots,a_n$。

2. 自诊断

自诊断又称“自检”，包括软件自检和硬件自检，目的是检测传感器能否正常工作，如果发生故障，希望能及时检测出来并对相应设备进行隔离。

故障诊断是智能传感器自诊断的核心内容之一。自诊断程序应能判断传感器是否有故障，并定位故障和判别故障类型，以便在后续操作中采取相应的对策。德国的 P. M. Frank 教授认为，可以将故障诊断方法分为基于解析模型的方法、基于信号处理的方法、基于知识的方法 3 种。当可以建立比较准确的被控过程数学模型时，基于解析模型的方法是首选；当可以得到被控过程的输入输出信号，但很难建立被控对象的解析数学模型时，可采用基于信号处理的方法；当很难建立被控对象的定量数学模型时，可采用基于知识的方法。

1）基于解析模型的方法

基于解析模型的方法是随解析冗余思想的提出而形成的，如等价空间法、观测器法、参数估计法等。这些方法用分析冗余代替物理（硬件）冗余，对利用被诊断系统数学模型得到的信息和实际测量得到的信息进行比较，通过分析残差进行故障诊断。

该方法的优点是模型机理清晰、结构简单、易实现、易分析、可实时诊断等；缺点是计算量大、系统复杂、存在建模误差、模型的可靠性差、容易出现误报和漏报现象，以及在外部扰动下的鲁棒性差，系统对噪声和干扰不敏感等。

2）基于信号处理的方法

基于信号处理的方法通常利用信号模型（如相关函数、频谱、自回归滑动平均、小波变换等）直接分析信号，提取方差、幅值、频率等特征值，进而诊断故障。目前应用较多的是基于小波变换的方法和基于信息融合的方法。

基于小波变换的方法的基本思路是对系统的输入输出信号进行小波变换，利用该变换求出输入输出信号的奇异点，然后去除由输入突变引起的极值点，则剩余极值点与系统故障相关。该方法无须建立解析数学模型，且对输入信号的要求较低，计算量不大，灵敏度高，克服噪声的能力强，可以在线实时进行故障检测。

基于信息融合的方法利用传感器自身的测量数据，以及某些中间结果和系统知识，提取系统故障特征，即通过多源信息融合进行故障诊断。该方法的一个显著特点是，由于具有相关性的传感器的噪声是相关的，所以通过进行融合处理可以明显抑制噪声，降低不确定性。

3）基于知识的方法

基于知识的方法是故障诊断领域最引人注目的发展方向之一，它大致经历了两个发展阶段：基于浅知识的第一代故障诊断专家系统和基于深知识的第二代故障诊断专家系统，后来出现的混合结构专家系统将两者结合。基于知识的方法在传感器故障诊断领域的应用主要集中在专家系统、神经网络和模糊逻辑系统等方面。

专家系统故障诊断通过获取系统知识，根据相应的算法和规则进行编程，实现对系统传感器的故障检测。其优点是规则易于增加和删除，在实际应用中存在的最大困难是知识的获取难度大，而且它不能诊断新故障。

神经网络故障诊断具有非线性大规模并行处理方面的特点，且具有容错性高和学习能力强等优势，不需要实时建模，因而被广泛应用于控制系统元部件诊断、执行器诊断和传感器故障诊断。同时，神经网络可以根据传感器的相关性来恢复故障传感器信号。

模糊逻辑系统在故障诊断方面的应用大多处于从属地位。由于其处理强非线性、模糊性问题的能力适应了故障非线性和模糊性特点，所以在故障诊断领域有很大的应用潜力。

3. 自校准与自适应量程

1）自校准

可以将自校准理解为传感器在每次测量前自动进行重新标定，以消除系统特性漂移，可以采用硬件自校准、软件自校准和软硬件结合等方法。

标准激励或校准传感器的自校准原理如图 3-16 所示。

智能传感器的自校准过程如下。

（1）校零。输入信号为零点标准值，进行零点校准。

（2）校准。输入信号为标准值 V_R，实时标定系统的增益或灵敏度。

（3）测量。对输入信号 V_X 进行测量，得到相应的输出。

在图 3-16 中，标准值 V_R、输入信号 V_X 和零点标准值的属性相同，自校准的精度取决于标准发生器产生的标准值的精度。上述自校准方法要求传感器的输入输出特性呈线性，这样只需要两个标准值就可以实现系统的自校准。

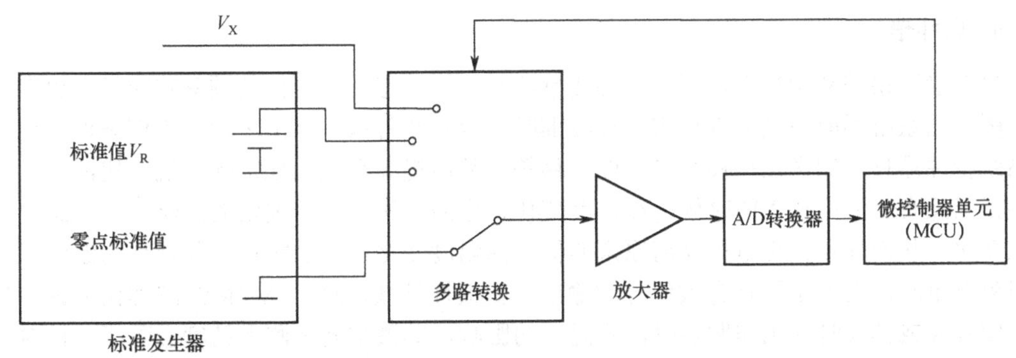

图 3-16　标准激励或校准传感器的自校准原理

对于输入输出特性呈非线性的传感器系统来说，可以采用多点校准方法，但为了保障标定的实时性，标定点不宜过多。通常采用施加三个标准值的标定方法（三点标定法）进行实时在线自校准，即通过三个标准值及对应的输出确定自校准曲线方程

$$x = C_0 + C_1 y + C_2 y^2 \tag{3-7}$$

式中，x表示输入信号；y表示输出信号；C_0、C_1、C_2通过最小二乘法确定。

在实际测量中，根据系统的输出反推对应的输入，即可得到真实输入信号。

只要传感器系统在标定与测量期间的输入输出特性保持不变，传感器系统的测量精度就取决于实时标定精度。

2）自适应量程

智能传感器的自适应量程即增益的自适应控制，应综合考虑被测量的数值范围、测量精度和分辨率等因素，自适应量程的情况千变万化，没有统一的原则，应根据实际情况进行分析和处理。为了减少硬件设备，可使用可编程增益放大器（Programmable Gain Amplifier，PGA），使多回路检测电路共用一个放大器，根据输入信号电平改变放大器的增益，使各输入通道均用最佳增益进行放大，从而实现量程的自动调整。

自适应量程电路示例如图 3-17 所示，这是一个改变电压量程的电路，在电压输入回路中插入四量程电阻衰减器，每个量程相差 10 倍，在每个量程中设置两个数据限，上限称为升量程限，下限称为降量程限。上限通常在满刻度值附近取值，下限一般为上限的 1/10。智能传感器在工作中通过判断测量值是否达到上下限来自动切换量程。

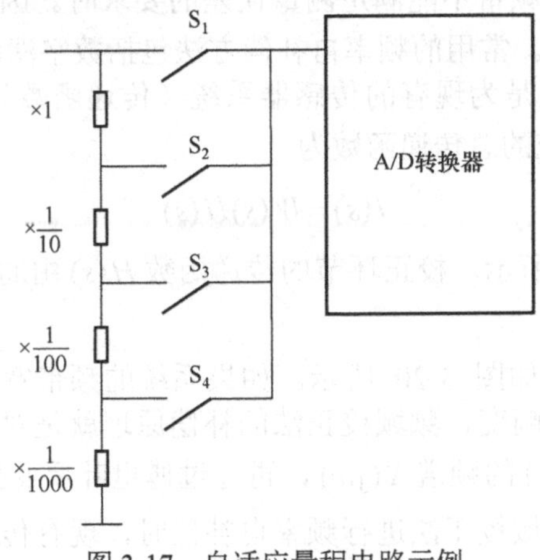

图 3-17　自适应量程电路示例

4. 自补偿

自补偿即误差补偿技术，可以改善传感器系统的动态特性，使其频率响应具有更宽的工作范围。当系统不能完美地进行实时自校准时，自补偿可以消除由环境、工作条件变化引起的系统特性漂移，如零点漂移、灵敏度漂移等，从而提高系统的稳定性和抗干扰能力。零点漂移指当没有交流电输入的时候，在温度变化、电源电压不稳等因素的影响下，静态工作点发生变化，从而导致输出电压偏离原来的值。由温度变化造成的零点漂移被称为温漂。当漂移现象严重时，会严重影响有效信号的输出。在惯性领域，对于 MEMS 陀螺仪来说，当外界温度升高或其长时间工作发热时，受温漂的影响，其微型姿态测量精度会下降。针对上述问题，西北工业大学的学者提出了基于模糊逻辑方法的温度补偿技术，并对陀螺仪在外界温度变化和自身发热两种情况下的补偿效果进行了实验验证，将零点漂移从 0.01003°/s 减小到 0.007°/s，满足了工程应用需要。自补偿示例如图 3-18 所示。

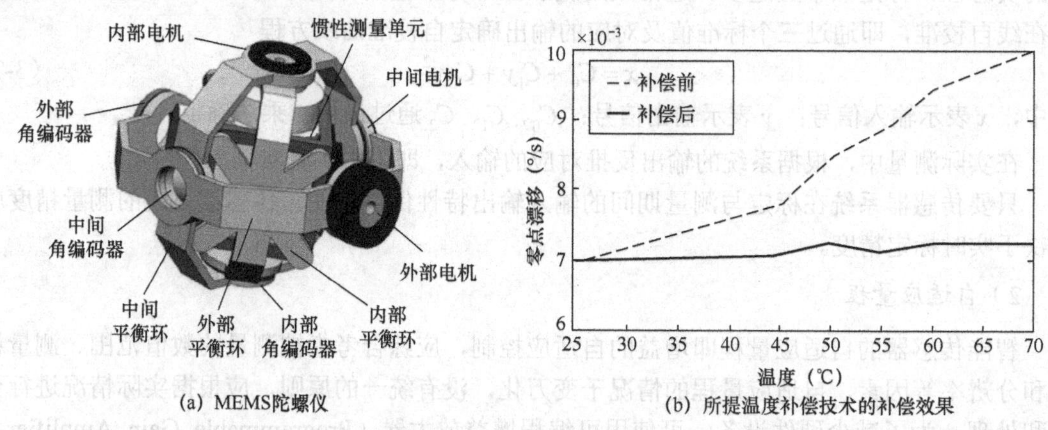

图 3-18 自补偿示例

下面介绍两种误差补偿方法：频率自补偿方法和温度自补偿方法。

1）频率自补偿方法

当利用传感器对信号进行动态测量时，机械惯性、热惯性、电磁储能元件及电路充放电等因素会使传感器的动态测量结果与被测信号之间存在较大的动态误差，特别是当被测信号的频率较高而传感器的工作频带不能满足测量误差的要求时。因此，我们希望扩展系统的频带，以改善系统的动态性能。常用的频率自补偿方法包括数字滤波法和频域校正法等。

数字滤波法的补偿原理是为现有的传感器系统（传递函数为 $W(s)$）附加一个传递函数为 $H(s)$ 的校正环节，使系统的总传递函数为

$$I(s)=W(s)H(s) \tag{3-8}$$

数字滤波法如图 3-19 所示。校正环节的传递函数 $H(s)$ 由通过软件编程设计的等效数字滤波器实现。

频域校正法的补偿原理如图 3-20 所示。如果系统的频带宽度不够或动态性能不理想，系统的输出信号 $y(t)$ 会产生畸变，频域校正法的补偿原理就是对畸变的信号 $y(t)$ 进行傅里叶变换，找到被测输入信号 $x(t)$ 的频谱 $X(\mathrm{j}\omega)$，再通过傅里叶反变换获得被测信号。

当采用数字滤波法和频域校正法进行频率自补偿时，现有传感器系统的动态特性必须已

知，或者需要事先通过实验测得动态特性参数，从而得到传递函数或频率特性，再通过软件实现频率自补偿。

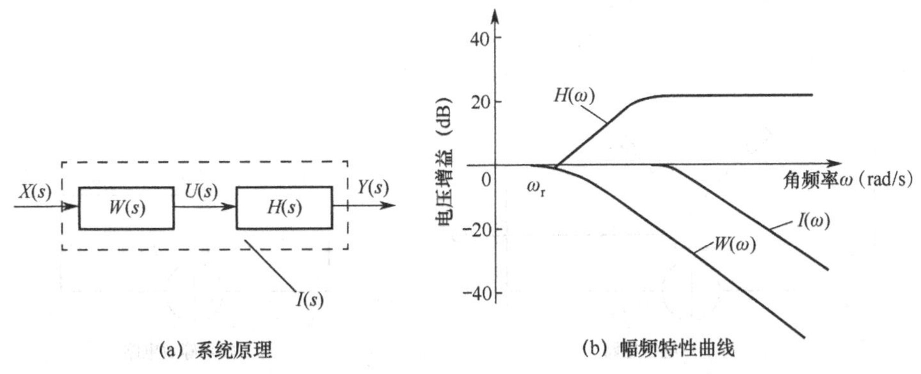

(a) 系统原理　　(b) 幅频特性曲线

图 3-19　数字滤波法

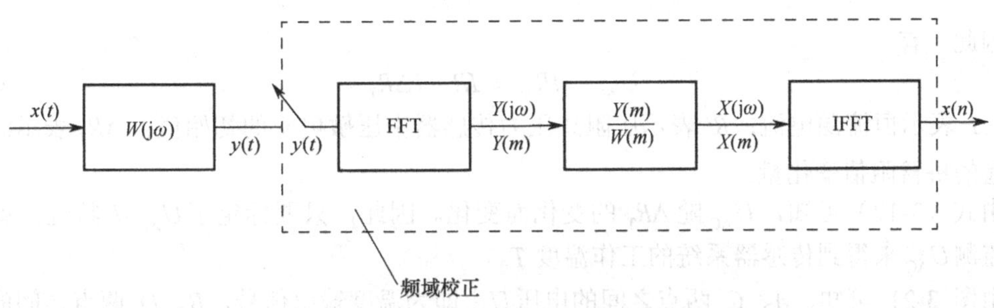

图 3-20　频域校正法的补偿原理

2）温度自补偿方法

温度是传感器系统的主要干扰量，在经典传感器中，主要采用结构对称（机械或电路结构对称）方式来消除其影响；在智能传感器中，则采用温度监测补偿法，即对温度干扰量进行监测，通过软件处理实现误差补偿。该方法的基本思想是先找出传感器系统静态输入输出特性随温度变化的规律，当测出传感器系统当前的工作温度时，立即确立该温度下的输入输出特性，并进行刻度转换，从而避免最初标定时采用的输入输出特性带来的误差。

下面以压阻式压力传感器为例介绍温度监测补偿法。

（1）温度信号的获取。

一般需要通过测温元件获取温度信号，但对于压阻式压力传感器而言，可利用“一桥二测”技术（用一个电桥实现对温度和传感器输出信号的测量）获取温度信号。采用恒流源激励的压阻式压力传感器测量电路如图 3-21 所示。

压阻式压力传感器由 4 个压敏电阻组成全桥差动电路，当被测压力和干扰温度同时作用时，各桥臂的阻值为

$$R_1 = R_3 = R + \Delta R + \Delta R_T \quad (3\text{-}9)$$

$$R_2 = R_4 = R - \Delta R + \Delta R_T \quad (3\text{-}10)$$

进一步得到等效电阻 R_{AC} 为

$$R_{AC} = R + \Delta R \quad (3\text{-}11)$$

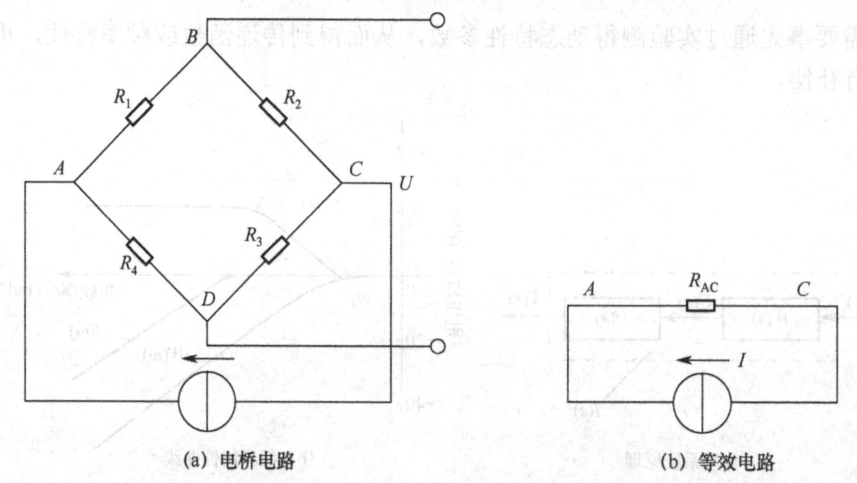

(a) 电桥电路　　　　(b) 等效电路

图 3-21　采用恒流源激励的压阻式压力传感器测量电路

因此，有

$$U_{\mathrm{AC}} = IR_{\mathrm{AC}} = IR + I\Delta R_{\mathrm{T}} \tag{3-12}$$

式中，I 表示恒流源电流；R 表示压阻式压力传感器中压敏电阻的初始值；ΔR_{T} 表示温度变化引起的桥臂阻值变化量。

由式（3-12）可知，U_{AC} 随 ΔR_{T} 的变化而变化。因此，只要标定了 U_{AC}-T 特性，就可以通过监测 U_{AC} 来得到传感器系统的工作温度 T。

由图 3-21 可知，A、C 两点之间的电压 U_{AC} 即为温度输出信号，B、D 两点之间的电压差 U_{BD} 即为压力输出信号，因此压力传感器通过“一桥二测”技术可同时获得压力和温度信号。但是，U_{BD} 中既包含由真实压力变化引起的输出信号变化，也包含由温度引起的输出信号变化，因此温度补偿的关键是将由温度引起的输出信号变化分离出来，其中包含零点温度漂移和灵敏度温度漂移。

（2）对零点漂移和灵敏度温度漂移的补偿。

传感器的零点即输入为零时的输出 U_0。大多数传感器的 U_0-T 特性呈非线性，如图 3-22 所示。只要传感器的 U_0-T 特性具有重复性，就可以进行零点温度漂移补偿，其补偿原理与一般仪器消除零点的原理完全相同。也就是说，设传感器的工作温度为 T（通过实时监测得到），则在传感器的输出 U 中减去该工作温度下的零点电压 $U_0(T)$ 即可。

可见，零点温度漂移补偿的关键是事先测出传感器的 U_0-T 特性。求不同工作温度下的零点电压 $U_0(T_i)$ 相当于非线性校正的线性化处理问题。对于压阻式压力传感器而言，在输入压力保持不变的情况下，其输出信号随温度的升高而减小，压阻式压力传感器的灵敏度温度漂移如图 3-23 所示，$T > T_i$。设 T_i 是传感器标定时的工作温度，T 为实际工作温度，其输出 $U(T) < U(T_i)$，因此如果不考虑温度变化对灵敏度的影响，则会有明显的测量误差。

一般来说，在工作温度 T 保持不变时，压阻式压力传感器的输入压力—输出电压特性呈非线性；在输入压力 P 保持不变的情况下，其输出电压—工作温度特性也呈非线性。因此，常用的灵敏度温度漂移补偿方法有两种：一是在压阻式压力传感器的温度变化范围内，划分多个温度区间并测量不同温度下的输入压力—输出电压特性，然后根据实际工作温度 T，采用线性插值方法获得所需要的补偿电压 ΔU，将工作温度为 T 时测得的传感器输出 $U(T)$ 与补偿电压 ΔU 相加，再根据不同标定温度下的 $U(T_i)$-P 特性进行标度变换，即可求得实际压力；二是曲线拟合法，利用非线性拟合得到工作温度范围内非标定条件下任意温度 T 时的输入压力—输出电压特性，通过最小二乘法得到拟合系数，即可由非线性特性得到准确的输入压力。

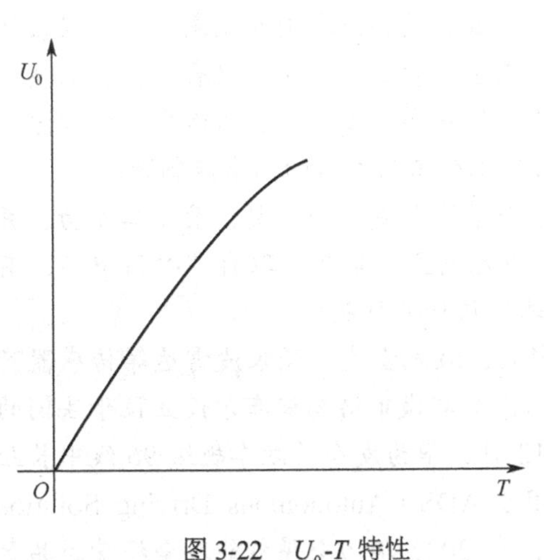

图 3-22　U_0-T 特性

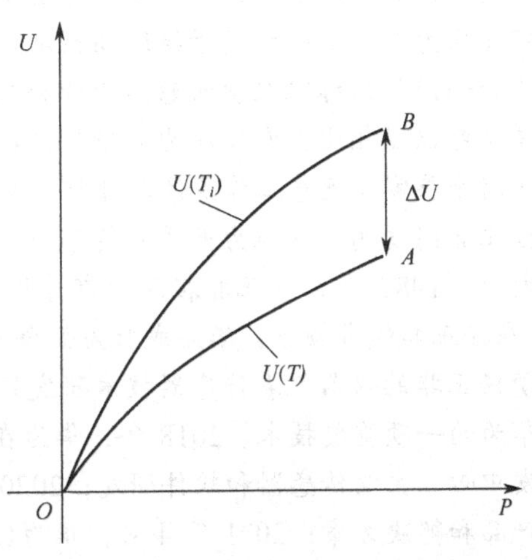

图 3-23　压阻式压力传感器的灵敏度温度漂移

3.1.4　典型的智能传感器

1. 智能压力传感器

1983 年，美国霍尼韦尔公司（Honeywell）开发了世界上第一个智能传感器——ST-3000 智能压力传感器，它具有多参数传感（压差、静压和温度）与智能化信号调理功能。该公司还相继开发了 PPT、PPTR 等系列的智能压力传感器，具有完善的误差修正功能、自诊断功能和双向数字通信功能等，适用于测量各种液体和气体的压力，可输出标准的 4～20mA 模拟信号和数字信号。近年来，霍尼韦尔公司推出了 19C、19U 和 19 真空计系列压力传感器，它们可在恶劣环境中对有害介质进行测量，并与不锈钢兼容。其与电阻应变式传感器的工作原理类似，当受到压力时，传感器的弹性变形会导致阻值变化，内置电路将传感器输出的信号转换为标准的电流或电压输出信号，其测量范围较大。19C 系列压力传感器为校准和温度补偿传感器，补偿温度范围为 0～82℃。19U 系列压力传感器为非补偿式传感器，采用专门的电路。霍尼韦尔公司的 19C 系列压力传感器如图 3-24 所示。

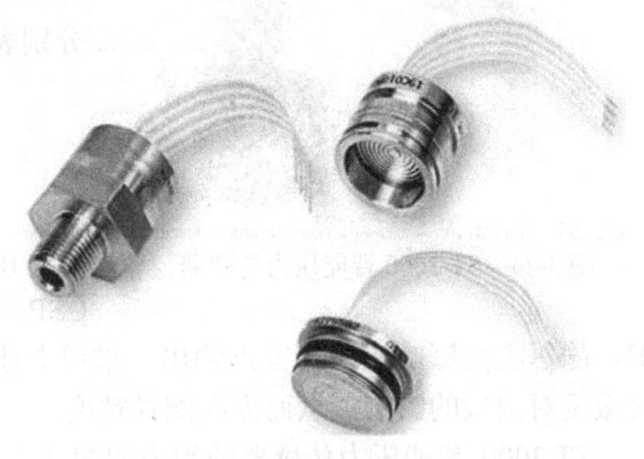

图 3-24　霍尼韦尔公司的 19C 系列压力传感器

课程思政——【风云人物】

1977 年 10 月 14 日，《文汇报》发布一则消息，介绍了我国第一台空气压力天平的情况：解放军基建工程兵某部青年技术员任正非在仪表班战士的配合下，成功研制我国第一台高精度计量标准仪器——空气压力天平，为我国仪表工业填补了一项空白。经国家有关计量部门鉴定，仪器设计方案正确，仪器的精度、灵敏度高。

空气压力天平是一种用于检验高精度仪表的仪器。过去，我国的仪表工厂、仪表使用单位和检验部门使用标准双管活塞压力计和充水、充汞单管压力计检验仪表压力、流量、液面等。与这些仪器相比，空气压力天平不仅精度高、体积小、重量轻、用途广、操作方便，还有利于消除汞害、改善工作条件。目前世界上只有几个工业发达的国家能制造。

任正非因发明空气压力天平获得了 1977 年全军技术成果一等奖，荣立二等功，并晋升为副所长。1987 年，任正非在深圳市筹集 2.1 万元创立了华为，取自“心系中华，有所作为”。在任正非的带领下，华为成长为如今的全球通信产业巨头。

受任正非的仪器仪表传感器技术研发经历影响，激光雷达、毫米波雷达等传感器产品一直是华为的一项重要技术。2018 年，华为在法国东南部城市格勒诺布尔设立位于法国的第五家研发中心，主攻传感器和软件研发；2020 年 12 月，华为发布首款车规级 96 线中长距激光雷达产品和解决方案；2021 年 4 月，华为发布用于 ADS（Autonomous Driving Solution）的核心传感器——成像毫米波雷达；2022 年 3 月，在 2022 华为全屋智能及全场景新品春季发布会上，华为发布首款毫米波 AI 超感传感器；2022 年 7 月，华为首款专业运动传感器 HUAWEI S-TAG 正式发布。目前，从出货量来看，华为在全球激光雷达厂商中位居第 4，是全球激光雷达领域的主要参与者！

1）ST-3000 智能压力传感器的结构及工作原理

ST-3000 智能压力传感器（如图 3-25 所示）采用离子扩散硅技术将压差（ΔP）、静压（SP）和温度（T）3 个传感器集成在一块 2mm × 2mm 的硅片上，制成复合扩散硅压阻式传感器。其中，压差传感器和静压传感器均接成惠斯通电桥的形式。在压差、静压和温度参数的共同作用下，每个传感器的输出都是 3 个参数的函数，用 $U_{\Delta P}$、U_{SP}、U_T 分别表示 3 个传感器的输出，即

图 3-25 ST-3000 智能压力传感器

$$\begin{cases} U_{\Delta P} = f_1(\Delta P, SP, T) \\ U_{SP} = f_2(\Delta P, SP, T) \\ U_T = f_3(\Delta P, SP, T) \end{cases} \tag{3-13}$$

由式（3-13）可解出待测压差（ΔP）和静压（SP）。要准确测量压差，必须考虑静压和温度的影响，静压主要影响压差的零点输出。采用上述方法可有效消除压差、静压及温度之间的交叉灵敏度对测量的影响，从而提高测量精度。

ST-3000 智能压力传感器的组成如图 3-26 所示，其包含两部分：一部分为传感器芯片及调理电路，另一部分为微处理器及存储器。

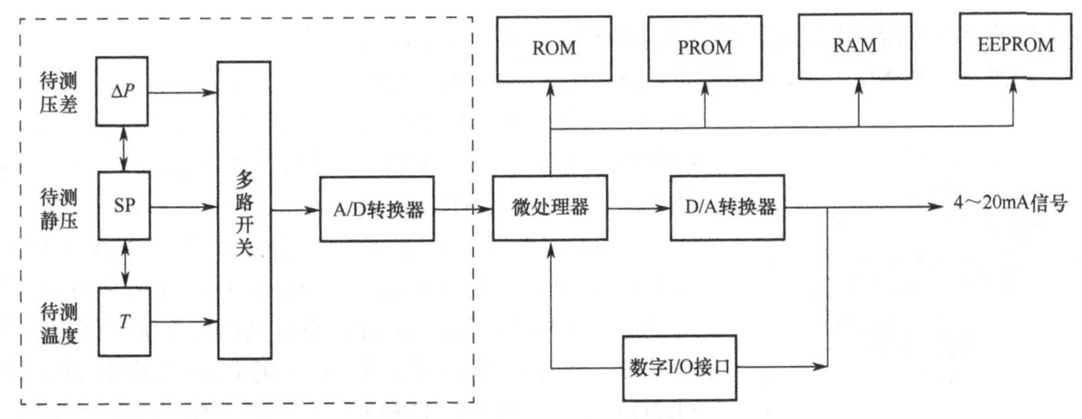

图 3-26　ST-3000 智能压力传感器的组成

在 ST-3000 智能压力传感器的校准过程中，需要将压差传感器的零点补偿及环境温度影响修正数据事先存储在 EEPROM 中。在工作中，3 个传感器的信号经多路开关、A/D 转换器进入微处理器，微处理器利用事先存储在 EEPROM 中的修正数据对其进行处理，最终输出具有高精度的信号。

2）ST-3000 智能压力传感器的主要性能特点

（1）宽量程比。

量程比通常可达 100∶1，最大可达 400∶1（一般传感器仅为 10∶1)，当被测压力发生明显变化时，通过调整量程可使一台 ST-3000 智能压力传感器覆盖多台传感器的量程。

（2）高精度和稳定性。

每个 ST-3000 智能压力传感器在出厂前都在与工作现场相似的环境中进行校准，在其 EEPROM 中有完整的温度、压力补偿参数，可以保证传感器在使用时不受环境因素的影响。ST-3000 智能压力传感器的模拟输出精度可达量程的±0.075%，数字输出精度可达量程的±0.0625%或读数的 0.125%。

（3）双向通信能力。

ST-3000 智能压力传感器具有双向通信能力，可用于现场总线测控系统，通过手持的现场通信器（SFC）与其进行远距离通信，实现参数设定、调整和作业功能。

（4）完善的自诊断功能。

将现场通信器与 ST-3000 智能压力传感器连接，可以持续检测 ST-3000 智能压力传感器的通信线路。对于系统故障，可进行远程诊断，并给出维修提示，帮助维修人员排除故障。

（5）使用温度及静压范围宽。

ST-3000 智能压力传感器的使用温度范围为−40～110℃，静压范围为 0～210kgf/cm^2，且具有温度和静压补偿功能。

2. SHT11/15 智能温湿度传感器

SHT11/15 智能温湿度传感器是由瑞士 SENSIRION 公司推出的能同时测量相对湿度、温度和露点等参数的数字式传感器，具有超小尺寸、极低功耗，能实现自校准，并具有精度高、响应速度快、抗干扰能力强等优点，适用于有快速、多点测量需求的无人值守仓库和农业大棚的温湿度测量与控制，可以在洁净厂房、实验室中应用。

2022 年，SENSIRION 公司发布了最新的 STS4X 系列高精度数字温度传感器，STS40-DIS 为主打型号。STS40-DIS 智能温度传感器建立在全新的 CMOSens®芯片上，拥有两个不同的 I^2C 地址，数据传输速率高达 1MHz。STS40-DIS 智能温度传感器如图 3-27 所示。STS4X 系列高精度数字温度传感器的双平面无引脚（DFN）封装面积为 1.5mm × 1.5mm，同时保持 0.5mm 的高度，便于集成应用。STS4X 系列高精度数字温度传感器有 ± 0.2 ℃的精度公差，这是当前最小的设备到设备（D2D）差异。另外，STS4X 系列高精度数字温度传感器的电压范围宽，为 1.08～3.6V，非常适用于驱动电池。因此，可以将其用于表面温度检测。

图 3-27　STS40-DIS 智能温度传感器

1）SHT11/15 智能温湿度传感器的结构及工作原理

SHT11/15 智能温湿度传感器的尺寸仅为 7.62mm（长）× 5.08mm（宽）× 2.5mm（高），质量只有 0.1g，可采用表面贴片、插针型封装或柔性 PCB 封装。它采用将半导体芯片（CMOS）与传感器技术融合的 CMOSens®专利技术，确保其具有极高的可靠性与长期稳定性。SHT11/15 智能温湿度传感器如图 3-28 所示。

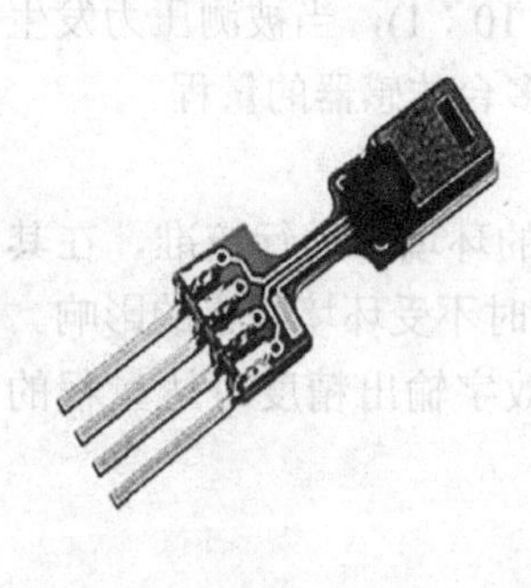

引脚名称	功能
GND	接地
DATA	串行数据输入/输出
SCK	串行时钟输入
VCC	接电源
NC	不连接

GND 1　　5 NC
DATA 2　SHT15　6 NC
SCK 3　　7 NC
VCC 4　　8 NC

图 3-28　SHT11/15 智能温湿度传感器

SHT11/15 智能温湿度传感器的内部电路如图 3-29 所示，该传感器包含一个电容性聚合体湿度传感器和一个用能隙材料制成的温度传感器，这两个传感器与放大器、A/D 转换器、串行接口电路集成在一个芯片上。每个芯片都在极为精确的恒温室中进行标定，利用镜面冷凝式露点仪，将标定得到的校准系数存储在芯片中。通过两线串行接口和内部电压的自动调节，可实现方便、快速的系统集成。

SHT11/15 智能温湿度传感器分别测量温度和湿度信号，将其放大后送至 A/D 转换器进行 A/D 转换、校准和纠错，由两线串行接口将信号送至微控制器，再利用微控制器完成对相对湿度的非线性补偿和温度补偿，并通过温度和湿度读数计算露点值。

2）主要性能特点

（1）将温度和湿度传感器、放大器、A/D 转换器、串行接口电路集成在一个芯片上（采用 CMOSens®专利技术）。

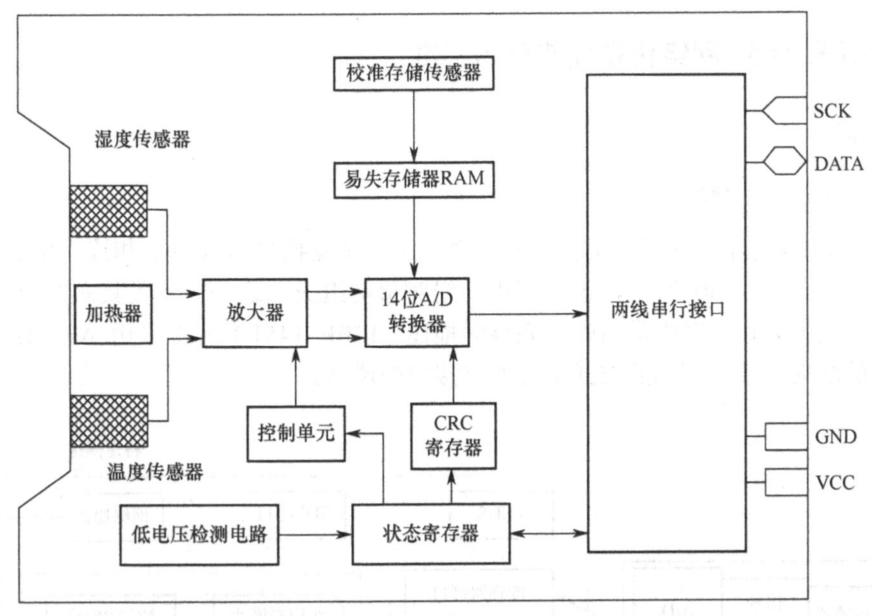

VCC—接电源端（工作电压为2.4～5.5V）；GND—接地端；DATA—串行数据输入/输出端；SCK—串行时钟输入端

图 3-29　SHT11/15 智能温湿度传感器的内部电路

（2）可给出校准的相对湿度、温度及露点值；湿度输出分辨率为 14 位，温度输出分辨率为12位，并可编程为12位和8位。

（3）片内装载的校准系数可保证100%的互换性。

（4）具有可靠的 CRC 数据传输校验功能。

3.2　智能传感器的标准

3.2.1　智能传感器的标准概述

作为物联网感知的载体，传感器在物联网产业链中具有重要地位。为了推进智能传感器技术和重点产品的研发与产业化，促进物联网应用的推广，为物联网的发展奠定基础，需要制定物联网基础通用标准及智能传感器、物联网变送器、智能仪表标准和物联网生产应用标准，重点解决物联网部件的互联、互通与即插即用问题，保证物联网部件在应用中的稳定性与可靠性。目前，国际通用的智能传感器标准为 IEEE 1451，国内智能传感器标准建立较晚，2017 年发布了智能传感器系列标准（GB/T 33905）。

标准是连接学术界和产业界的纽带，参与标准化工作，特别是国际标准的制定工作，对于提高我国产品的竞争力和技术水平、占领行业制高点有举足轻重的作用。制定标准的最终目的是提高产业水平、满足产品的国际化需求、保护自主知识产权、为兼容同类或配套产品等提供便利。如果我们能参与无线传感器网络的国际标准制定工作，则能在芯片设计、方案提供及产品制造等方面获得有力保障。芯片是无线传感器网络应用系统的关键部件，不仅是决定成本的主要因素，还是知识产权的主要体现形式。缺少产业标准显得苍白无力，缺少芯片显得有名无实，目前国内在芯片设计及产业化（特别是射频芯片）方面亟须取得突破。

3.2.2 IEEE 1451 网络化智能传感器标准

1. 概述

1）IEEE 1451.1 标准

IEEE 1451.1 标准定义了独立的信息模型，使传感器接口与 NCAP 相连。IEEE 1451.1 标准的实现模型如图 3-30 所示，该模型由一组对象类组成，这些对象类具有特定的属性、动作和行为，它们为传感器提供清晰、完整的描述。IEEE 1451.1 标准采用 API 实现从模型到网络协议的映射，并以可选的方式支持所有接口的通信。

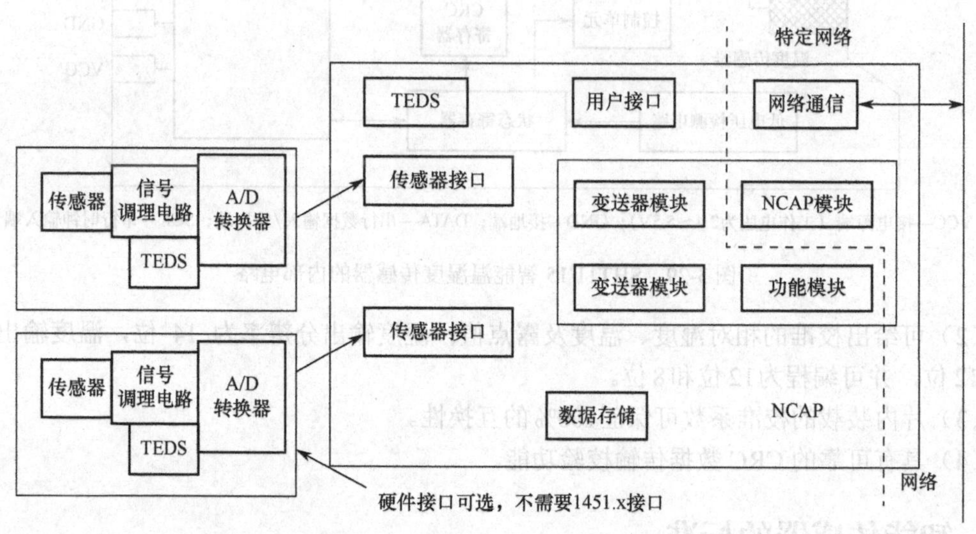

图 3-30　IEEE 1451.1 标准的实现模型

IEEE 1451.1 标准支持的现场设备和应用具有很多优点，如具有丰富的通信模型，支持发布/订阅模型，简化了分布式测控系统软件的开发过程并降低了复杂度，模块化结构易于定制具有任意大小的系统，总线和现场设备对应用来说是透明的等。

IEEE 1451.1 标准围绕面向对象的系统建立，这些系统的核心概念是类。类可以描述功能模块的共同特征，这些功能模块被称为实例或对象。类的概念被附加的规范扩展并应用于 IEEE 1451.1 标准，这些规范包括发布集合（类产生的事件）、订阅集合（类对应的时间）、状态机（大规模状态转换规则标准集）及对数据类型的定义等。

2）IEEE 1451.2 标准

IEEE 1451.2 标准规定了连接传感器和微处理器的数字接口，描述了变送器电子数据表（TEDS）及其数据格式，提供了连接 STIM 和 NCAP 的标准接口 TII，使制造商可以将传感器应用于多种网络，使传感器具有兼容性。该标准没有指定信号调理、信号转换和 TEDS 的应用方式，由各传感器制造商自主实现，以保持其在性能、质量、特性与价格等方面的竞争力。

3）IEEE P1451.3 标准

IEEE P1451.3 标准定义了标准的物理接口，以多点方式连接多个在物理上分散的传感器。其具有一定的必要性，因为在某些情况下，受恶劣环境的影响，不可能在物理上将 TEDS 嵌入传感器。IEEE P1451.3 标准提出以“小总线”方式实现变送器总线接口模型（TBIM），这种小总线足够小且价格便宜，易于将其嵌入传感器，允许通过简单的控制逻辑接口进行大量数据转换。

IEEE P1451.3 标准使变送器的制造商能够以较高的性价比生产变送器，且其具备系统内部的可操作性。该标准既允许以相对较低的采样速率和合适的时序要求设计和生产简单的设备，又兼容具有纳秒级时序要求的设备。也就是说，这两种具有不同频谱的设备能够处于同一条总线上。IEEE P1451.3 标准的物理连接如图 3-31 所示。

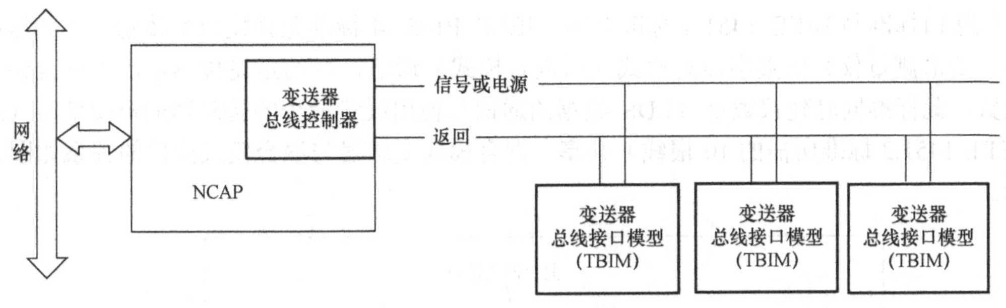

图 3-31　IEEE P1451.3 标准的物理连接

TBIM 包含 5 个通信函数，如表 3-1 所示。这些通信函数在一个物理传输媒介上至少要利用两个通信通道，通信通道与启动变送器的电源共享物理传输媒介。功耗较高的变送器可以由外电源驱动。

表 3-1　TBIM 包含 5 个通信函数

函　数	功 能 描 述
总线管理通信函数	具有系统所需的基本能力，以识别 TBIM 并决定其通信能力
TBIM 通信函数	提供 TBIM 通信能力，允许总线控制 TBIM 和快速读取控制内容
数据传输函数	可实现 TBIM 与总线控制器之间的数据传输
同步函数	可以同步多个 TBIM 的信息，也可以作为一些系统的简单时钟
触发函数	触发来自总线控制的特殊命令，使 TBIM 做出某些行动，触发函数提供了通信通道

最简单的系统只包含总线管理通信通道，总线管理通信通道的频率不变或变化不大，以保证每个总线控制器都能使用。对于最简单的系统来说，TBIM 通信函数、数据传输函数、同步函数、触发函数共用通信通道。IEEE P1451.3 标准定义了几种 TEDS。通信 TEDS、模型总体 TEDS 和变送器特定的 TEDS 是必要的，其他 TEDS 都是可选的。当存储容量特别小或特殊环境不允许将 TEDS 存储在 TBIM 中时，可以将 TEDS 置于远程服务器上，将其称为虚拟 TEDS。

通信 TEDS 定义了 TBIM 的通信能力，每个 TBIM 中有一个通信 TEDS；模型总体 TEDS 定义了 TBIM 的总体特征，每个 TBIM 中有一个模型总体 TEDS；变送器特定的 TEDS 描述了每个变送器的特点，每个变送器中有一个变送器特定的 TEDS。

在一般情况下，这些 TEDS 的容量很小，只有几百字节，但 TBIM 的大小与 TBIM 中变送器的数量有关。此外，IEEE P1451.3 工作组常常使用标定 TEDS，标定 TEDS 提供了必要的常数，可以将原始的传感器数据格式转换为工程单位格式或将工程单位格式转换为执行器需要的格式。另外，传输函数 TEDS 可用于描述不同输入频率下的变送器的特点；数字滤波 TEDS 可用于设置内部数据滤波，以得到理想的频率响应。

4）IEEE P1451.4 标准

IEEE 1451.1 标准、IEEE 1451.2 标准和 IEEE P1451.3 标准主要针对可以通过数字方式读取的具有网络处理能力的传感器和执行器，IEEE P1451.4 标准主要基于已存在的模拟量变送器连接方法提出混合模式变送器通信协议，并为智能化模拟量变送器接口指定了 TEDS 格式，该接口标准与 IEEE 1451.4 标准兼容。IEEE P1451.4 标准允许模拟量传感器（如压电传感器、变形测量仪）以数字信息模式（或混合模式）通信，目的是使传感器能进行自识别和自设置。此标准同时建议数字 TEDS 数据的通信与使用线量最少的传感器的模拟信号（远少于 IEEE 1451.2 标准所需的 10 根线）共享。混合模式变送器与混合模式接口的关系如图 3-32 所示。

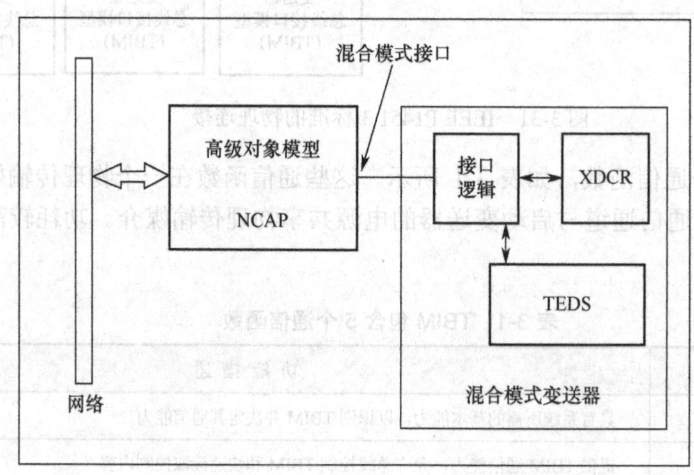

图 3-32　混合模式变送器与混合模式接口的关系

IEEE P1451.4 定义了混合模式变送器接口标准，其允许混合模式变送器与兼容的对象进行数字通信。

IEEE P1451.4 标准下的混合模式变送器至少由变送器、TEDS，以及控制和传输数据进入不同接口的接口逻辑组成，TEDS 很小，但其定义的信息充足，且可以通过高级对象模型进行补充。

为了进行自我识别、自我描述和设置，有必要制定允许模拟量变送器以数字方式通信的标准。由于缺乏统一的标准，不同的变送器厂家有不同的实现方案，但都存在限制，未能得到广泛认可。制定一个独立的、开放的标准将减少用户、变送器、系统生产厂家和系统集成商之间的冲突与矛盾，使产品兼容。

IEEE P1451.4 标准定义的 TEDS 是 IEEE 1451.2 标准定义的 TEDS 的子集，其目的是使 TEDS 更小。IEEE P1451.4 标准定义的 TEDS 的要素包括具有即插即用功能、支持所有变送器类型、具有开放性、与 IEEE 1451.2 标准兼容等，具体参数如下。

（1）识别参数，如生产厂家、模块代码、序列号、版本号和数据代码。

（2）设备参数，如传感器类型、灵敏度、传输带宽、单位和精度。

（3）标定参数，如标定日期、校正引擎系数。

（4）应用参数，如通道识别、通道分组、传感器位置和方向。

2. IEEE 1451 的特点

1）标准接口和软硬件定义

IEEE 1451 标准定义了传感器的软件和硬件接口规范。为传感器提供了标准接口和软硬件定义，利用这些标准接口可以增强网络的互操作性。

2）即插即用

IEEE 1451 标准根据传感器连接方式定义了不同的接口和不同的 TEDS，IEEE 1451 标准还定义了智能传感器系统构架及信息模型，使传感器不依赖具体的网络并具有即插即用功能。

3）自我表述和在线标定

IEEE 1451 标准为不同的传感器定义了不同的 TEDS，并提供了相应的解析模板。TEDS 中包含传感器描述信息，如量程、精度等，用户可以读取相关信息并获取 TEDS 的参数。此外，TEDS 中还包含校准信息，用户可以随时完成在线标定。

4）国内外应用情况

国外的一些大型企业积极参与 IEEE 1451 标准的制定工作，多次在国际传感器博览会上进行演示和实验，并推出了网络化智能传感器系统开发工具。基于 IEEE 1451 标准的产品不多。2000 年年初，惠普推出了支持 IEEE 1451 标准的 BFOOT11501、66501 和 66502 系列芯片，但 2000 年年底宣布不再生产，也就是说，市场还没有完全接受并使用这个标准。在中国，可以在期刊中见到一些关于 IEEE 1451 标准的综述文章，但少有基于 IEEE 1451 标准的网络化智能传感器应用成果。

网络化智能传感器代表了下一代传感器的发展方向，IEEE 1451 标准的提出有助于解决目前市场上多种网络并存的问题。随着 IEEE P1451.3 标准、IEEE P1451.4 标准的陆续制定、发布和实施，基于 IEEE 1451 标准的网络化智能传感器技术不再停留在论证阶段或实验阶段，越来越多成本低且具备网络化功能的智能传感器涌向市场，将在更大范围内影响人们的生活。网络化智能传感器将为工业测控、智能建筑、远程医疗、环境及水文监测、农业信息化、国防军事等领域带来革命性影响，其广阔的应用前景和巨大的社会效益、经济效益和环境效益将不断显现。

3.2.3 GB/T 33905

1. 概述

智能传感器系列标准（GB/T 33905）是根据我国的实际情况，结合国家传感器网络标准体系的总体架构，充分考虑各类传感器的应用现状，综合产、学、研、用等方面的意见制定的。智能传感器、物联网变送器和智能仪表是物联网的核心感知部件。智能传感器系列标准包括 5 个部分，下面对其进行介绍。

2. 总则

第 1 部分为总则，本部分规定了智能传感器的体系结构、对智能传感器进行功能和性能特性试验的通用方法和程序。本部分适用于智能传感器，也适用于其他类型的传感器（前提是预先对其差异进行考虑）。对于某些使用微机电系统部件构成的智能传感器（如化学分析仪、流量计等）及预期在特殊环境（如爆炸气体环境）中使用的智能传感器，还需参照其他相关国家标准。

本部分详细介绍了智能传感器的体系结构、接口规范、特性与分类、可靠性设计方法与评审，以及一般准则、试验和样品的一般条件、通用试验程序和注意事项等。智能传感器的模型如图 3-33 所示。

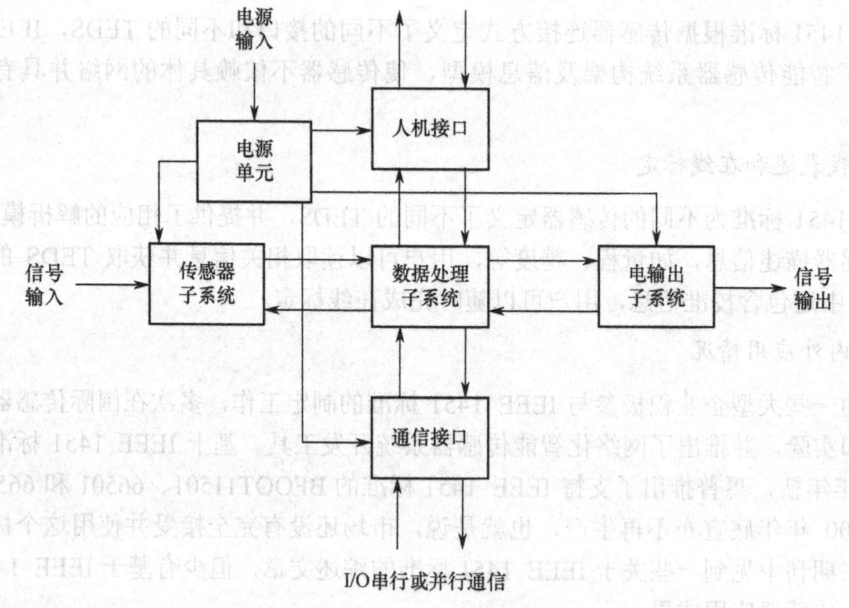

图 3-33　智能传感器的模型

3. 物联网应用行规

第 2 部分为物联网应用行规，本部分规定了物联网应用使用的智能传感器、执行器、二进制设备及其他装置用于操作、调试、维护和诊断的基本设备参数集，本部分还规定了抽象语法规范、应用程序传输语法和数据类型报告。

1）物联网应用规范

本部分主要面向由测量、激励及与控制器互连的传感器组成的物联网系统，也可直接用于中小规模的物联网系统。本部分规定了一套形式化描述方法，以便智能传感器在物联网中进行信息交换，描述方法涉及语法结构、公共数据结构、状态信息、组态方式等。本部分以典型智能传感器的功能描述为基础，可标准化同一系统中不同制造商设备的行为。本部分除定义了各种与智能传感器相关的信息外，还对传感接口功能进行了扩展和进一步解释，但同时保持了标准的兼容性。

2）抽象语法规范

开放系统架构中位于底部的各层，与分散的各功能单元之间用户数据的传输密切相关。

在这些层中，用户数据被简单地看作八位字节的序列。然而，应用层实体要求操作的是具有一定复杂度的数据类型的值。为了实现应用层和底部各层之间的相互独立，数据类型需要以抽象语法符号的形式加以规范。

运用一个或多个算法（被称为编码规则）对抽象语法进行补充，可以决定承载应用层数据值的底层八位字节的值。抽象语法与一组传输规则的结合将产生一个具体的传输语法。

3）应用程序传输语法：紧凑型编码

传输语法由抽象的语法定义和一组特定的编码规则组成。对于应用程序用户数据，应单独定义一组编码规则（紧凑型编码），这就是紧凑型传输语法。

紧凑型编码规则应遵从 ASN.18825 中定义的编码规则，它可以采用最优化规则，从最外部的服务数据单元（Service Data Unit，SDU）开始对每个连续打包服务数据单元进行处理。紧凑型编码规则应定义一个更高效的编码机制，以减少在设备间传输的信息量。

紧凑型编码值与 ASN.1 编码值产生的差异在于删除了描述信息类型和长度的域。ASN.1 编码值中的标签和长度元素不应在控制网络上被传送。而且，紧凑型编码规则指出其八位字节排序规则和 ASN.1 中所见是相反的。

4. 术语

第 3 部分为术语，本部分界定了智能传感器通用术语、分类术语、制造技术术语、功能术语、材料术语和性能特性及相关术语。

5. 性能评定方法

第 4 部分为性能评定方法，本部分规定了智能传感器的功能和智能程度的评价方法，包括智能传感器的基本信息、技术要求和评定方法及评定报告的要求。本部分适用于把一个或多个物理、化学或电量转换成通信网络用或再转换成模拟电信号用数字信号的智能传感器，也适用于智能传感器早期开发阶段的设计评审。

1）性能参数

确定智能传感器性能试验的指导原则是用户的应用，它是确定智能传感器测量功能、特性和工作环境等相关要求的基础。通过对这些要求和选出接受评定样机的研究，确定性能试验所需的试验程序和设备。根据被测样机的数量、运行原理和所述要求，智能传感器的全性能试验可能既困难又昂贵，因此还需要从技术和成本上判断试验的合理性。通过功能评定了解被评智能传感器能力的全貌，包括测量功能和支撑功能，如组态、本地控制、自测试和自诊断等方面。

当智能传感器的功能较多时，受成本和时间的限制，可能会不提交所列的全部功能做性能试验，可能会同意在影响条件下做部分试验时考查一项或一些功能。在某些情况下，当采用标准化的或能准确描述的传感器（如热电偶）时，有关各方可以同意用合适的仿真器来代替实际的被测物理量。评定所涉及测量功能是基于数据流通路概念确定的。有关各方需要确定被评定智能传感器的相关数据流通路和测量范围。

2）技术要求和评定方法

（1）功能评定。

功能评定指采取结构化方式将被评定智能传感器的功能和能力鲜明地展示出来。智能传感器的功能表现出多样性，通过功能评定来揭示功能结构的细节。本部分指导评定者通过划分硬件模块和到操作域、环境域的输入与输出来描述智能传感器物理结构和信息流路径。然后通过检查表描述功能结构，检查表给出相关主题的一个框架，需要由评定者通过适当定性和定量的试验来表述。

（2）性能试验。

性能评定应测量被评仪表的全部特性，即应执行多区间段的测量以充分证明仪表符合自身的规范。然而如果用户与制造商协商同意，也可评定包括参比条件下的全性能测量和各种简化的影响量性能测量组合。

对于线性特性的智能传感器，输入信号最好以不超过 20%步长无过冲地从 0%缓慢增大到 100%，然后回到 0%。每变化一步后，应使变送器达到稳态，然后记录每步输入输出信号的相应值，测量循环至少执行 3 次。上行和下行方向的测量应分别求平均，并应绘制成图。此外，应据测量值计算最大回差和最大重复性误差，还应说明重复性计算的依据。

当零点或100%点是不能超越的固定值时，零点和量程迁移可在如 2%和 98%处测量。

对于非线性函数，应选择输入间隔使其充分覆盖规定的特性曲线。除非另有约定，一致性误差应由规定特性曲线分别与上行、下行测量平均值之间的差确定，应将其绘制成图。此外，应据测量值计算最大回差和最大重复性误差，还应说明重复性计算的依据。简化测量组合应经有关各方同意。

3）评定报告

智能传感器可以按前面的要求进行试验，也可以按照产品的实际情况增减评定项目。有关增减项目应在试验开始前递交的智能传感器基本信息中给予描述。试验完成后，应按《过程测量和控制装置 通用性能评定方法和程序 第 4 部分：评定报告的内容》（GB/T 18271.4—2017）编写评定报告。评定者通过对照检查表，检查被检样机是否具备表列功能。应根据智能传感器的具体情况设计汇总表，简洁明了地反映性能试验结果。

评定报告还应包含下列辅助信息。

（1）日期、试验设备的状况（如编号、是否受控等）、试验人和报告撰写人的姓名及资质。

（2）对智能传感器的描述，包括型号、系列号，以及是进行单机试验还是将智能传感器作为通信网络的部件进行试验。在后一种情况下，通信网络的类型和配置（主机、智能传感器的类型和数量）也应写入报告。

（3）试验项目的动机，以及其他影响试验结果的条件（如偏离推荐环境条件）也应写入报告。

（4）试验配置的描述和所用试验装置的清单。

（5）输入数据：范围（%量程）和输入测量设备的状况。

（6）输出数据：范围（%量程）和输出转换器连接的位置。

（7）制造商对试验程序和试验结果的意见。

评定报告发出后，测试实验室应将所有与测试期间所做测量相关的原始文档保存至少两年。

6. 检查和例行试验方法

第 5 部分为检查和例行试验方法，本部分规定了智能传感器的检查和例行试验方法，包括智能传感器试验的抽样、通用检查、功能检查、性能试验、试验报告和文件资料。

功能检查的依据之一是制造商提供的样本、使用说明书、操作手册、组态说明书等文件所述的功能。由于智能传感器的软、硬件和各种文档的版本都可能变化，操作时应先检查相互之间版本的一致性。对所发现的版本不一致情况，应记录在案，并请制造商对情况给予澄清，记录和澄清内容宜在试验报告中明确反映。

由于智能传感器的功能在软、硬件版本不变的情况下，具有不随时间变化的特点；因此每件产品出厂的例行检查的重点是确认产品的软、硬件版本及具体产品的储存信息等易变化的内容，不变的功能可以由制造商与用户协商确定抽检项目。当智能传感器的软件版本或硬件版本发生变更时，需要进行全面检查。检查之前，应确认智能传感器正确运行，且无差错、无故障，这可以通过本地显示器或通过通信接口连接的远程设备（手持终端、PC 或主计算机）来指示。

3.3 智能传感器的可靠性

3.3.1 智能传感器的可靠性概述

可靠性指元件、装置在规定的时间内和规定的条件下，具有规定功能的概率。可靠性的经典定义着重强调 4 个方面。

（1）概率：在元件和装置中，特性变化是随机发生的，因此只能通过大量实验和实际应用来进行统计分析，以确定事件发生的概率。

（2）性能要求：性能要求又称技术判据，指一项技术需要达到的标准。性能变化是绝对的，关键是要确定其允许变化范围。

（3）使用条件：使用条件包括环境条件（如温度、湿度、振动、冲击等）和工作状态（如负载的轻重等）。

（4）时间：时间也是影响元件可靠性的一个重要因素。在其他条件相同的情况下，使用时间越长，可靠性越低。

产品的可靠性是与许多因素有关的综合性质量指标，具体包括以下 6 个方面。

（1）时间性。

产品的可靠性指产品在使用过程中保持其技术性能的能力，随着时间的推移，这种能力会逐渐显现出来。因此，可靠性是产品质量在时间上的表现。在产品制造完成后，需要对其进行检查和考核，以确保产品在初始状态下的质量符合要求。在产品使用一段时间后，其可靠性会成为更重要的质量指标。

（2）统计性。

产品的技术性能指标可以直接用仪器确定，而产品的可靠性指标则是通过进行采样实验（无论是在实验室还是现场）来估算的，即应用概率统计理论进行估算。该指标不是针对单一产品的，而是针对整批产品的。例如，某批产品在特定条件下的可靠度为90%，意味着这批产品在规定时间内工作时，有10%的产品损坏，其余 90% 的产品能够正常运转完成规定功能。

（3）两重性。

产品可靠性指标的综合特性影响可靠性工作的广度，这些指标在时间上和统计学上的特殊性决定了产品可靠性评价和分析的独特性。影响产品可靠性的因素是多方面的，既涉及技术问题，如零部件、材料、加工设备和产品设计等，又与科学管理水平相关。为保证产品的可靠性，需要充分把握科学技术和科学管理的双重作用，可靠性技术和可靠性管理是可靠性工作中的两个不可或缺的环节。

（4）可比性。

产品的可靠性受 3 个方面的限制。规定条件指由产品使用工况和环境条件的不同导致的可靠性水平差异；规定时间指由产品使用时间的不同导致的可靠性结果差异；规定功能指在不同的功能判据下会得到不同的可靠性评估结果。因此，在评估产品的可靠性时，应明确产品的规定条件、规定时间及需要实现的规定功能，否则该产品的可靠性指标将缺乏可比性。

（5）可用性。

产品的可靠性与其寿命有关。与传统的寿命概念不同，提高产品的可靠性不是单纯地追求长使用寿命，而是要确保在规定的使用时间内，产品能够充分发挥其规定功能，即确保产品的可用性。

（6）指标体系。

为了全面反映产品的耐久性、无故障性、可维修性、可用性和经济性，可以使用多种定量指标，具体使用哪些指标要根据产品的复杂度和使用特点确定。

对于可修复的复杂系统和设备，常使用可靠度、平均无故障工作时间（Mean Time Between Failure，MTBF）、平均可修复时间（Mean Time to Repair，MTTR）、有效寿命和可用度等指标。而对于不可修复或不再修复的产品，常使用可靠度、可靠寿命、故障率、平均寿命（Mean Time to Failure，MTTF）等指标。对于材料，常使用性能均值和均方差等指标。

3.3.2 智能传感器的可靠性设计方法

在可靠性技术工作中，有一个重要的规律，即产品的可靠性是由设计、生产、使用和管理环节共同决定的。在设计阶段就应该考虑产品可靠性的实现问题。

一般来说，在产品的设计、生产环节确定的可靠性为固有可靠性。产品的结构、选材和使用的元件等决定了其固有可靠性。然而，在制造、运输和使用过程中，各种因素可能导致产品的固有可靠性降低。因此，随着产品复杂度的提高，需要设计更高的可靠性指标，以满足产品在使用过程中的可靠性要求。自 20 世纪 50 年代可靠性工程技术成为新兴技术以来，可靠性设计一直是其不可或缺的组成部分。

1. 可靠性设计程序和原则

1）典型的可靠性设计步骤

应根据产品的功能和性能确定产品的可靠性指标，可靠性指标可以是单一的可靠性特征值，也可以是由多个可靠性特征值构成的指标体系。基于确定的可靠性指标，可靠性设计应包括以下步骤：建立系统可靠性模型、进行可靠性分配、进行可靠性分析、进行可靠性预测、实施可靠性设计和评审、进行试制品的可靠性试验，并最终进行设计。

2）可靠性设计原则

应尽可能地简化设计，使用较少的元件、采用简单的结构和工艺。需要选择符合标准的原材料和元件，同时采用成熟和相对保守的设计方案。对于看似先进但不够成熟的产品或技术，应持有谨慎的态度。应采用部分元件失效不会对整个系统造成严重影响的可靠性较高的方案。

2. 系统的可靠性框图及计算方法

系统指实现特定功能的实体总称，可能是具有一定功能的组件，也可能是由多个功能单元组成的复杂装置或设备。在描述系统的可靠性模型方面，可以采用可靠性框图、可靠性网络图、马尔可夫状态转移图、故障树和事件树等。

1）可靠性框图

可靠性框图以框图形式表示系统的可靠性逻辑关系。其建立原则是：一个方框代表系统中的一个功能部件，如果系统中的任意部件发生故障都会导致整个系统发生故障，则框图构成串联系统；如果只有在一些部件同时发生故障时系统才会发生故障，则框图构成并联系统。通常系统为串、并联混合结构。除此之外，还有一种被称为“表决系统”的结构，其定义为：在 n 个部件中，只要保持 k 个及以上部件有效，就能保证系统的可靠性符合要求。

2）可靠性计算方法

（1）串联系统框图如图 3-34 所示。

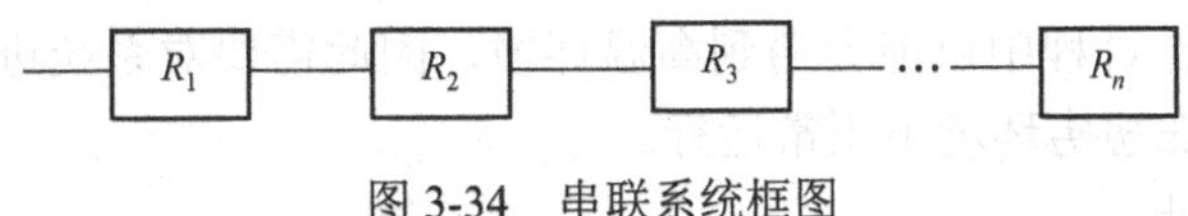

图 3-34 串联系统框图

串联系统可靠度 R_s 为所有部件可靠度的积

$$R_s = \prod_{i=1}^{n} R_i \tag{3-14}$$

（2）并联系统框图如图 3-35 所示。

并联系统可靠度 R_s 为

$$R_s = 1 - \prod_{i=1}^{n} (1 - R_i) \tag{3-15}$$

（3）表决系统框图如图 3-36 所示。

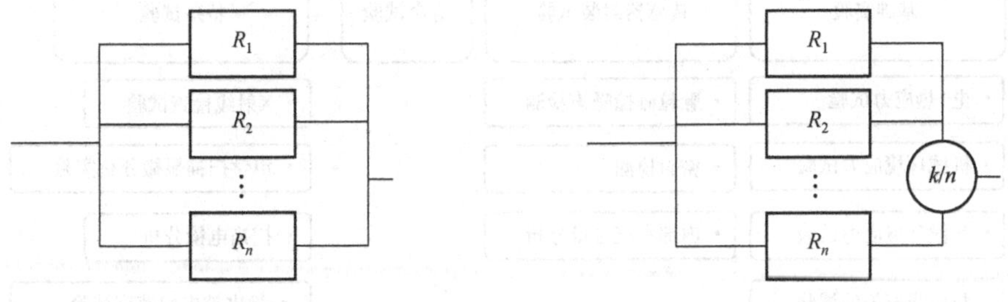

图 3-35 并联系统框图　　　图 3-36 表决系统框图

在包含 n 个部件的并联系统中，只要保持 k 个及以上部件可靠，系统就可靠，则称系统是 n 取 k 的表决系统。表决系统可靠度 R_s 为

$$R_s = \sum_{i=k}^{n} C_n^i R^i (1 - R)^{n-1} \tag{3-16}$$

式中，R 表示相同部件的可靠度。

3）可靠性设计原则

（1）预测器件的可靠性。

在智能传感器的设计过程中，为了控制成本，可能会采用较为简单、经济的元件，那么就需要对这些元件进行可靠性预测，以确定系统在特定条件下的可靠性水平。

（2）降额设计。

为了控制成本，在智能传感器的设计过程中可能会对某些设备或部件的技术规格或参数进行降额设计，但同时需要确保产品的质量和性能符合需求。

（3）冗余设计。

为了提高智能传感器系统的可靠性，可以根据应用场景和使用环境进行冗余设计。一种常见的冗余设计是：当某个元件失效时，备用元件可以接替工作，以防系统崩溃。

（4）漂移设计。

在智能传感器的工作过程中，元件会受时间和环境的影响，从而发生漂移。为确保系统能够长期稳定运行，需要通过优化元件的选型和电路设计来尽可能地减小漂移现象带来的负面影响。

（5）热设计。

智能传感器在工作过程中可能会遇到高温环境，因此需要对系统进行热分析和优化，以确保智能传感器能够在恶劣环境下正常运行。

（6）电磁兼容设计。

为保障智能传感器的抗干扰能力和可靠性，需要采取防护措施，以减小外部电磁干扰对其造成的影响。这些措施包括设计滤波器或屏蔽电路等。

3.3.3 智能传感器的可靠性试验方法

智能传感器的可靠性试验方法如图 3-37 所示。

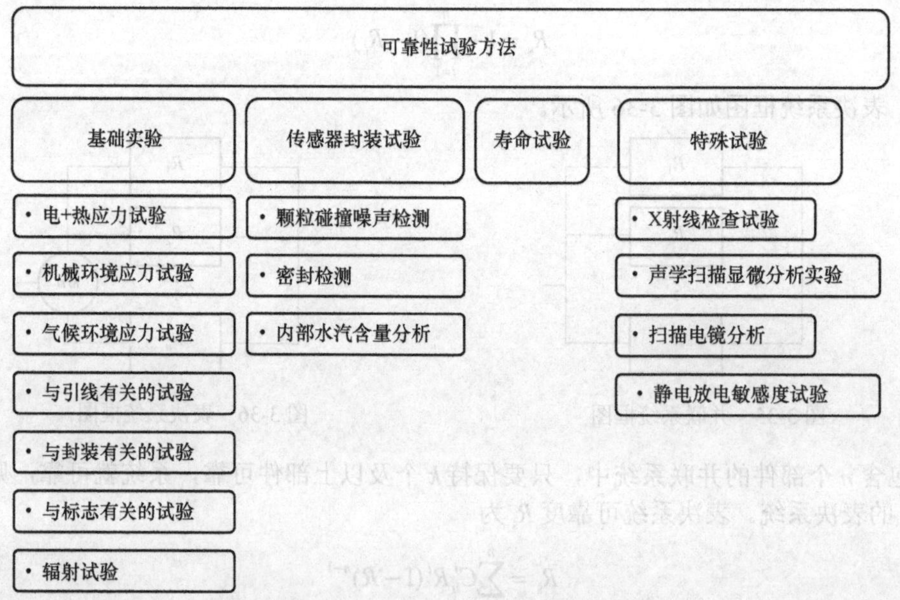

图 3-37 智能传感器的可靠性试验方法

智能传感器可靠性试验指对受试样品施加一定的应力，在这些应力（如电、机械、环境应力）的作用下，通过观察受试样品的性能变化来判断其是否失效。可靠性试验不仅可以判定智能传感器的性能参数是否符合技术指标（判定合格或不合格），还可以通过数理统计方法进行定量分析，最终目的是得出智能传感器的可靠性指标，可靠性试验涉及智能传感器产品研制开发、设计定型、批量生产和使用等阶段。

1. 基础试验

通用的可靠性基础试验包括电+热应力试验、机械环境应力试验、气候环境应力试验、与引线有关的试验、与封装有关的试验、与标志有关的试验、辐射试验等。

下面对 4 类基础试验进行介绍。

1）电+热应力试验

电+热应力试验分类如表 3-2 所示。

表 3-2 电+热应力试验分类

可靠性基础试验方法	试 验 目 的	可能暴露的缺陷	应 用
高温静态老炼试验	剔除有隐患的元件或剔除有制造缺陷的元件（剔除早期失效的元件）	扩散缺陷、键合缺陷、电迁移、金属化缺陷、参数漂移	筛选试验、可靠性评价、寿命试验
高温动态老炼试验			
高温交流工作试验			
高温反偏试验			
低温工作试验		热载流子效应	可靠性评价

进行电+热应力试验的目的是为传感器提供一种极端的试验环境，使元件暴露出在短时间正常运行时难以被发现的缺陷，从而剔除有隐患的传感器，该试验一般有以下作用。

（1）对于工艺制造过程中可能存在的一系列缺陷，如表面沾污、引线焊接不良、沟道漏电、硅片裂纹、氧化层缺陷、局部发热点、击穿等都有较好的筛选效果。

（2）对于无缺陷的元件，高温静态老炼试验也有助于使其电参数稳定。

2）机械环境应力试验

机械环境应力试验分类如表 3-3 所示。

表 3-3 机械环境应力试验分类

可靠性基础试验方法	试 验 目 的	可能暴露的缺陷	应 用
离心加速度试验	确定元件在离心加速度作用下的适应能力或评定其结构的牢固性。检验并筛选粘片欠佳、内引线与键合点强度较差的器件	封装结构缺陷、芯片粘片、引线键合、芯片裂纹、机械强度	鉴定检验、筛选试验、可靠性评价
扫频振动试验	寻找试验样品的各阶固有频率及在相应频段内的耐振情况	引线键合、芯片粘片、芯片裂纹	鉴定检验、可靠性评价
振动噪声试验	考核在规定的振动条件下是否有噪声产生	封装异物、封装结构缺陷	
振动疲劳试验	考核在规定的频率范围内的外载荷的长时间激励对集成电路封装的影响	引线键合、芯片粘片、芯片裂纹、封装结构缺陷	

续表

可靠性基础试验方法	试验目的	可能暴露的缺陷	应用
机械冲击试验	确定元件在受到机械冲击时的适应性或确定其结构的牢固性	封装结构缺陷、封装异物、芯片粘片、引线键合、芯片裂纹、外引线缺陷	鉴定检验、筛选试验、可靠性评价

机械环境应力试验在不同的应力下对设备和产品进行测试，以模拟设备或产品可能遇到的不同机械环境条件。

3）气候环境应力试验

气候环境应力试验分类如表 3-4 所示。

表 3-4　气候环境应力试验分类

可靠性基础试验方法	试验目的	可能暴露的缺陷	应用
高温存储试验	考核元件在高温条件下的适应能力	电稳定性、金属化缺陷、腐蚀、引线键合	鉴定检验、筛选试验、可靠性评价
温度循环试验	考核元件在短期内反复承受温度变化的能力及不同结构材料之间的热匹配性能	封装的密封性、引线键合、管芯焊接、硅（裂纹）、PN 结热缺陷	
热冲击试验	考核元件在面对温度剧烈变化时的抵抗能力及适应能力		鉴定检验、可靠性评价
交变湿热试验	确定元件在高温、高湿或温度与湿度变化条件下的适应能力	外引线腐蚀、外壳腐蚀、离子迁移、封装材料（绝缘、膨胀、机械性能）	鉴定检验、可靠性评价
盐雾试验	考核元件在盐雾环境下的抗腐蚀能力	外壳腐蚀、外引线腐蚀、金属化腐蚀、电参数漂移	
低气压试验	考核元件对低气压工作环境的适应能力	绝缘（电离、放电、介质损耗）、PN 结温度	可靠性评价

气候环境应力试验用于测试产品在各种气候和环境条件下的可靠性和稳定性，该试验可以模拟产品可能经历的各种极端工作环境，如高温、热冲击、交变湿热、盐雾和低气压等。通过该试验可以检测元件在高温条件下的适应能力和短期内反复承受温度变化的能力等，从而暴露传感器可能存在的缺陷。在高温高湿条件下，温度为 40～85℃，相对湿度为 75%～95%；在低温条件下，温度为−80～−40℃。

4）与引线有关的试验

与引线有关的试验分类如表 3-5 所示。

与引线有关的试验用于检验元件或连接电路的导线受不同因素影响时的可靠性。

2. 传感器封装试验

传感器封装试验用于测试传感器在特定工作条件下的可靠性等，以确保其符合标准和规范，并保证传感器能长期稳定运行。

表 3-5　与引线有关的试验分类

<table>
<tr><th>可靠性基础试验方法</th><th>试 验 目 的</th><th>可能暴露的缺陷</th><th>应　用</th></tr>
<tr><td>外引线可焊性试验</td><td>考核外引线的低熔点焊接能力</td><td>外引线可焊性</td><td rowspan="2">鉴定检验、筛选试验、可靠性评价</td></tr>
<tr><td>涂覆层附着力试验</td><td>考核外引线涂覆层的牢固性</td><td>外引线涂覆层的牢固性</td></tr>
<tr><td>外引线抗拉试验</td><td>考核外引线在与其平行的拉力作用下的牢固性和密封性</td><td rowspan="4">外引线的牢固性、密封性</td><td rowspan="2">鉴定检验、筛选试验、可靠性评价</td></tr>
<tr><td>外引线抗弯试验</td><td>考核外引线受弯曲应力作用（垂直方向的力）时的劣化程度</td></tr>
<tr><td>外引线抗疲劳试验</td><td>考核外引线抗金属疲劳的能力</td><td rowspan="2">鉴定检验、可靠性评价</td></tr>
<tr><td>外引线抗扭矩试验</td><td>考核外引线受扭转应力作用（垂直方向的力）时的劣化程度</td></tr>
</table>

1）颗粒碰撞噪声检测

颗粒碰撞噪声检测（PIND）可以检测腔体内是否存在可动多余物，原理是对有内腔的密封件（如微电路等）施加适当的机械冲击应力，使在微电路腔体等有内腔的密封件内的多余物成为可动多余物；再施加振动应力，使可动多余物产生振动，其与腔体壁碰撞会产生噪声；然后利用换能器检测噪声，判断腔内有无多余物。该实验可以帮助制造商评估传感器的质量，提高产品的可靠性。

2）密封检测

密封检测可以确定有内腔的和有封装的电子元件的气密性，先把试验样品置于密封容器内，把容器抽成真空，再把试验样品放在含有检验介质的容器中，设法使检验介质进入电子元件内腔。在从该容器中取出试验样品后，设法检查是否有检验介质进入电子元件内腔，从而判断该电子元件密封是否完好。密封检测可分为粗检漏试验（包括碳氟化合物粗检漏试验、染料漫透粗检漏试验、增重粗检漏试验）和细检漏试验（包括示踪气体氦细检漏试验、放射性同位素细检漏试验）。

3）内部水汽含量分析

内部水汽含量分析可测定在金属或陶瓷气密封装器件内的水汽含量，利用四极质谱仪检测气体分子量，暴露可能存在的缺陷，如密封性差、内部水汽含量超标等。该试验对产品质量控制、设备维护、研发创新等具有重要意义。

3. 寿命试验

寿命试验是对智能传感器进行长时间的稳定性和可靠性测试，以确定其使用寿命和性能的试验。通常在实验室中模拟器件的实际工作状态，投入一定的样品进行试验，记录样品数、试验条件、失效数、失效时间等，并在试验结束后进行统计分析，从而评估器件的寿命特征、失效规律，计算器件的失效率和平均寿命等。

寿命试验通常包括以下步骤。

1）试验样品的抽取方法和数量的确定

试验样品的数量会影响对可靠性特征量的评估精度，一般原则是：样品多则试验时间短，试验结果较准确，但测试工作量大，试验成本高。

2）试验应力类型的选择和应力水平的确定

（1）试验应力类型应根据试验目的确定。

（2）导致电子元件与材料失效的主要因素是温度和电应力，因此针对这些因素进行寿命试验。

（3）试验应力水平也应根据试验目的确定，应以不改变元件在正常使用条件下的失效机理为原则。

（4）如无特殊规定，应采用产品技术标准规定的额定值。

3）测试周期的确定

要了解元件的失效情况，在各测试周期内应均衡地测试失效样品，防止在某个测试周期内出现的失效情况过于集中或增加不必要的测试次数。

4）试验截止时间的确定

对于低应力寿命试验，常采用定时截尾方式，即在试验达到规定时间后停止试验；对于高应力寿命试验，常采用定数截尾方式，即在累积失效数或累积失效概率达到规定值后停止试验。

5）失效判据

在寿命试验中规定，只要有一项指标（或参数）超出标准，就认为被测元件失效。

6）确定测试参数和测试方法

选择的测试参数应能显示失效机理的发展进程。在选择测试方法时，应尽量避免对样品失效机理的发展产生促进、减缓或破坏作用，更不能引入新的失效机理。

7）寿命试验结束后的数据处理方法

数据处理方法包括图估法和数值解析统计方法。目前常用的数值解析统计方法是点估计法和区间估计法。

（1）点估计法用样本统计量估计总体参数，得到的是近似值，近似程度与子样的大小和所采用的计算方法有关。

（2）区间估计法利用统计分析为分布的未知参数给出估计范围。

智能传感器通常用于工业自动化、环境监测、安全应用等领域，且要面对复杂的物理和化学环境。通过寿命试验可以确定其在实际应用中的可靠性和稳定性，帮助用户更好地了解产品的质量和性能，进而做出更明智的选购和维修决策。其意义在于可以通过评估和确定智能传感器的使用寿命，来制定更科学、合理的设备维护计划，以及更好地控制维修成本。此外，寿命试验还可以有效提高制造水平和产品质量，对于智能传感器制造商来说，具有很高的参考价值。

4. 特殊试验

特殊试验是测试和评估智能传感器性能的试验。在特殊试验中，通过模拟真实环境，对智能传感器进行测试和验证，以检测其精度、可靠性、反应速度和响应质量等。常用的特殊试验包括以下4种。

1）X 射线检查试验

该试验用非破坏性方法检测封装内的缺陷，特别是由密封工艺引起的缺陷，以及由外来物质、错误的内引线连接、芯片附着材料中的空隙等因素导致的内部缺陷。

2）声学扫描显微分析试验

该试验利用超声反射成像原理非破坏性地查找元件封装存在的物理缺陷，主要利用超声波的以下特性。

（1）遇到空气（分层或离层）100%反射。

（2）在任何界面都会反射。

（3）波长非常短，和光一样沿直线传播。

3）扫描电镜分析

该试验可检查集成电路晶圆或芯片表面器件互连线金属化层的质量。其原理是入射电子束与样品固体表面作用，产生各种信号（二次发射电子、背散射电子、吸收电子、X 射线、俄歇电子、透射电子等）。

4）静电放电敏感度试验

该试验可检测半导体器件承受静电放电的能力，通过检测其在静电放电作用下的损伤和退化情况，可对半导体器件进行敏感度分级。

3.3.4 智能传感器的可靠性试验标准

1）中国国家标准

（1）《半导体器件 机械和气候试验方法》（GB/T 4937）。

该标准适用于评估半导体器件在不同机械或气候条件下的可靠性。该标准包括以下试验项目。

机械试验：对半导体器件进行冲击、振动、弯曲等机械试验，以评估其机械强度和耐久性。

气候试验：将半导体器件暴露在高温、低温、潮湿等气候条件下，以检测其受潮、变形、剥落等性能变化。

（2）《电工电子产品环境试验》（GB/T 2423）。

该标准规定了电工电子产品在环境试验中的测试方法和评价标准。该标准主要包括湿热试验、恒温恒湿试验、温度循环试验、热冲击试验、盐雾试验和尘埃试验等，这些试验可以帮助制造商评估产品在不同环境条件下的工作表现和寿命，从而改进产品设计，提高产品质量和可靠性。

2）中国国家军用标准

（1）《电子及电气元件试验方法》（GJB 360A—96）。

（2）《微电子器件试验方法和程序》（GJB 548B—2005）。

该标准主要对微电子器件的试验方法和程序进行了规范。该标准详细介绍了微电子器件在不同环境条件下的试验方法，如高温、低温、温度循环、湿热、阻止式放电等。该标准的实施可以帮助军工企业或相关单位对微电子器件进行科学合理的试验，评估其性能和可靠性，及时调整和改进产品设计，提高产品的质量和可靠性，从而保障国防安全。

3）日本工业标准

（1）JISC 7021：半导体分立器件的环境和疲劳试验方法。

（2）JISC 5020：电子设备用元件的耐候性及机械强度试验方法通则。

（3）JISC 5003：电子设备用元件的失效率试验方法通则。

4）日本电子机械工业协会标准

SD-121：半导体分立器件的环境及疲劳性试验方法。

5）国际电工委员会标准

IEC 60749：半导体器件机械和气候环境试验方法。

6）英国标准 BS

BS 9300：半导体器件试验方法。

7）美国军用标准 MIL

（1）MIL-STD-202E：电子、电气元件试验方法。

（2）MIL-STD-750D：半导体器件试验方法。

3.3.5 智能传感器的可靠性提高方法

智能传感器是具备智能化处理和通信能力的传感器设备，可以实现数据采集、处理、存储和传输等功能。智能传感器的智能体现为其具备自主判断、自适应和自我调节能力，可以根据不同的环境和应用需求灵活地调整采集参数和模式。在制造过程中，可以使用微加工技术、纳米技术和封装技术等提高智能传感器的可靠性，具体表现在以下方面。

（1）更高的自我修正和自我诊断能力：智能传感器能够通过内部芯片、算法等技术进行自我修正和自我诊断，能够及时发现问题，提高智能传感器的可靠性和稳定性。

（2）更高的数据处理能力：智能传感器不仅可以采集监测数据，还能对数据进行分析、处理、储存，将处理后的数据传给系统，具有广泛的适用性，能为工程决策提供有力支持。

（3）更高的智能化程度和更优的智能化算法：智能传感器采用先进的智能化技术和算法，基于传感器体系结构，采用多种检测技术，能够自动识别和补偿误差，提高系统性能。

（4）更佳的运行环境：智能传感器采用多种具有较高活性的元件，结构松散、电路简单、可靠性高、运行稳定，具有广阔的应用前景。

（5）先进的技术：智能传感器通常采用最新、最先进的技术，可以使数据更准确、分析结果更可靠。

（6）自动化操作：智能传感器注重自动化操作，这意味着不需要人过多介入，从而消除了在手动操作中由人为因素导致的错误，大幅提高了稳定性和可靠性。

（7）设备联网：智能传感器采用联网模式与其他设备进行通信，可以获得丰富的信息，并对信息进行处理，能够减小一定的 CPU 负荷。智能传感器可以实现信息共享、快速反馈和迭代优化，能够大幅提高协同性。

（8）可靠的设计和制造工艺：智能传感器不仅需要在普通环境下工作，还需要在极端环境下维持正常运转，因此需要采用可靠的设计和制造工艺来保证其可用性、稳定性和耐用性。

智能传感器具有强大的自我修正能力、自我诊断能力、数据处理能力，以及高度智能的算法、稳定的运行环境、先进的技术和自动化操作、可靠的设计和制造工艺，能实现设备联网，得到了广泛应用，可大幅提高生产效率和质量、降低维护成本、提高资源利用率、增强安全性，因此具有高可靠性的智能传感器可以带来更多的商业红利。

3.4　智能传感器的信号调理技术

信号调理电路指将敏感元件的弱输出信号转换为用于采集、控制等的数字信号的电路。

传感器可以测量很多物理量，如温度、压力、光强等。传感器敏感元件的输出通常是相当小的电压、电流或电阻变化，因此在将其转换为数字信号之前必须进行调理，即放大、缓冲或定标模拟信号等，使其适合作为 A/D 转换器的输入。A/D 转换器将模拟信号转换为数字信号，并把数字信号传输至 MCU 等，便于系统进行数据处理。

3.4.1　模拟式传感器的信号调理

1. 电压型

信号调理技术一般针对传感器的前端应用，传统传感器和智能传感器的敏感元件通常输出弱模拟信号，如电压、电流、频率等。后端采集器或上位机不能直接处理这些信号，需要进行信号调理。

1）放大电路

放大电路可以较好地匹配 A/D 转换范围，从而提高测量精度和灵敏度。信号调理接近信号源，可以减小环境噪声的影响，提高信噪比。

（1）差分放大电路。

差分放大电路具有极低的失调电压、较小的输入偏置电流、低噪声及低功耗等，得到了广泛应用。典型的三运放差分放大电路如图 3-38 所示，其主要由两级放大器构成。运放 A_1、A_2 为同相输入，同相输入可以增大电路的输入阻抗，减小弱输入信号的衰减；差分输入可以使电路只放大差模信号，而对共模信号起跟随作用，使送到后级的差模信号与共模信号的幅值之比（共模抑制比 CMRR）较高。在以运放 A_3 为核心的差分放大电路中，在 CMRR 不变的情况下，可以明显降低对电阻 R_1 和 R_3、R_2 和 R_4 的精度匹配要求，从而使电路具有更强的共模抑制能力。在 $R_1 = R_3$、$R_2 = R_4$、$R_5 = R_6$ 的条件下，图 3-38 中电路的增益为

$$V_{\text{out}} = (V_{\text{in2}} - V_{\text{in1}})\left(1 + \frac{2R_5}{R_G}\right)\frac{R_2}{R_1} \tag{3-17}$$

由式（3-17）可知，可以通过改变 R_G 来调节电路增益。

（2）集成仪表放大电路。

集成仪表放大电路结构简单。以 AD620 为例，典型的集成仪表放大电路如图 3-39 所示，只要外加工作电源就可以使电路工作，效率较高。

2）反向放大电路

运算放大器有同相输入端和反相输入端，输入端极性与输出端极性相同为同相输入端，输入端极性与输出端极性相反为反相输入端。典型的反相放大电路如图 3-40 所示。

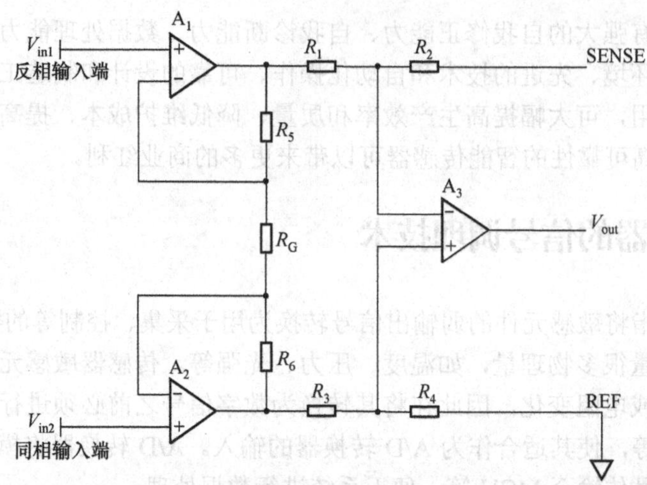

图 3-38　典型的三运放差分放大电路

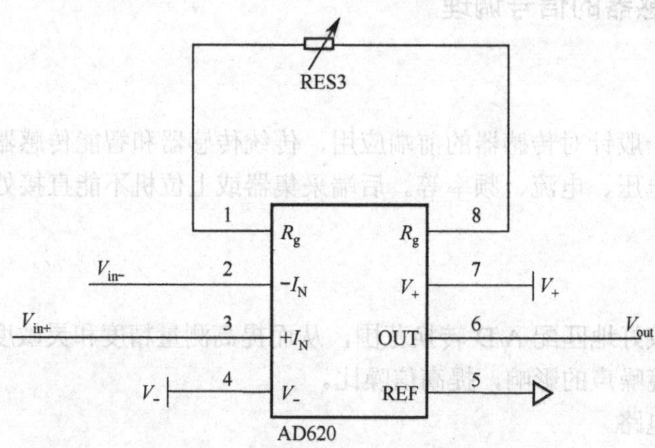

图 3-39　典型的集成仪表放大电路

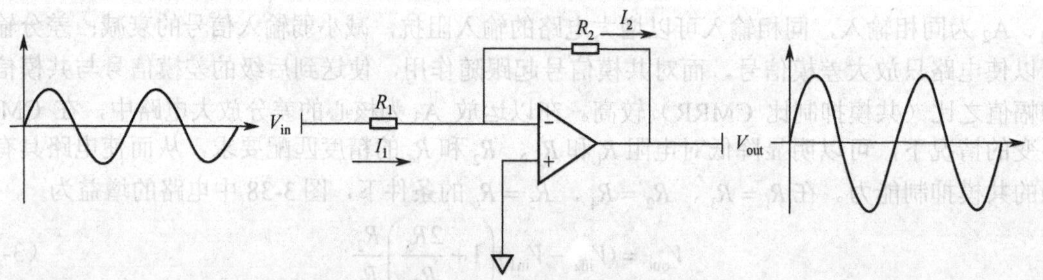

图 3-40　典型的反相放大电路

在图 3-40 中，V_{out} 经 R_2 返回反相输入端，电路的增益为 V_{out} 和 V_{in} 之比，即

$$\frac{V_{out}}{V_{in}}=\frac{I_1R_2}{I_1R_1}=\frac{R_2}{R_1} \tag{3-18}$$

3）隔离电路

隔离电路不需要进行物理连接即可将信号传输至测量设备，除了切断接地回路，还能阻隔高电压浪涌，避免出现较高的共模电压，既保护了操作人员，又保护了设备。

光电隔离电路是隔离电路的一种，其将发光器件与光接收器集成，典型的光电隔离电路如图 3-41 所示，通常发光器件为发光二极管（LED），光接收器为光敏晶体管。加在发光器件上的电信号为耦合器的输入信号，光接收器输出的信号为隔离器的输出信号。当有输入信号加在光电隔离电路的输入端时，发光器件发光，光敏晶体管在光照下产生光电流，使输出端产生相应的电信号。光电隔离电路的主要特点是以光为媒介实现电信号的传输，且器件的输入与输出在电气上完全是绝缘的。

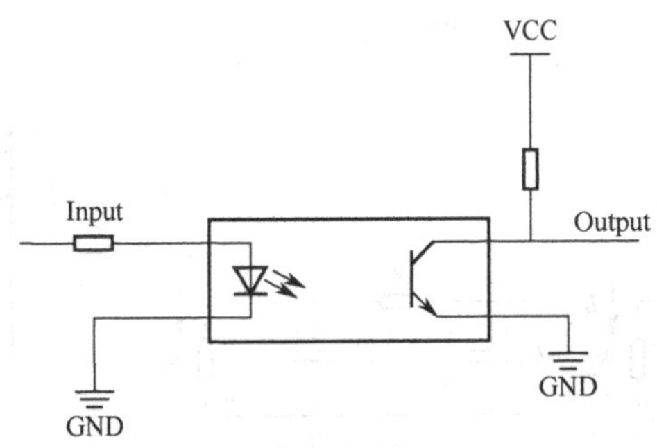

图 3-41　典型的光电隔离电路

常用的非接触式信号传输器件有发光二极管（LED）、电容、电感等。此类器件的基本原理是 3 种常见的隔离技术：光电、电容及电感耦合。

光电探测设备接收 LED 发出的光信号，并将其转换为原始电信号。光电隔离是最常用的隔离方法，其优点是能够抑制噪声干扰，缺点是传输速度受 LED 转换速率、高功率散射及 LED 磨损的限制。

4）滤波电路

滤波电路常用于滤除整流输出电压中的纹波，一般由电抗元件组成，可以通过在负载两端并联电容或串联电感，以及由电容和电感组成各种复式电路来实现。

根据高等数学理论，任何一个满足一定条件的信号，都可以被看作由无限个正弦波叠加而成的信号。换句话说，工程信号由不同频率的正弦波线性叠加而成，将组成信号的具有不同频率的正弦波称为信号的频率成分或谐波成分。

常用的滤波电路有无源滤波电路和有源滤波电路两类。如果滤波电路仅由无源元件（电阻、电容、电感）组成，则为无源滤波电路，无源滤波包括电容滤波、电感滤波和复式滤波（如倒 L 型滤波、LC 滤波、π 型 LC 滤波和 π 型 RC 滤波等）；如果滤波电路中不仅包含无源元件，还包含有源元件（双极型管、单极型管、集成运放），则为有源滤波电路，有源滤波的主要形式是有源 RC 滤波。

（1）无源滤波电路。

无源滤波电路结构简单、易于设计，但其放大倍数及截止频率随负载的变化而变化，因此不适用于对信号处理要求较高的场合。无源滤波电路通常在功率电路中应用，典型的无源滤波电路如图 3-42 所示。

（2）有源滤波电路。

有源滤波电路的负载不影响滤波特性，因此常用于对信号处理要求较高的场合。有源滤波电路一般由 RC 网络和集成运放组成，必须在合适的直流电源供电情况下使用，还可以进行放大，但电路的组成和设计较为复杂。有源滤波电路不适用于高电压大电流场合，只适用于进行信号处理。

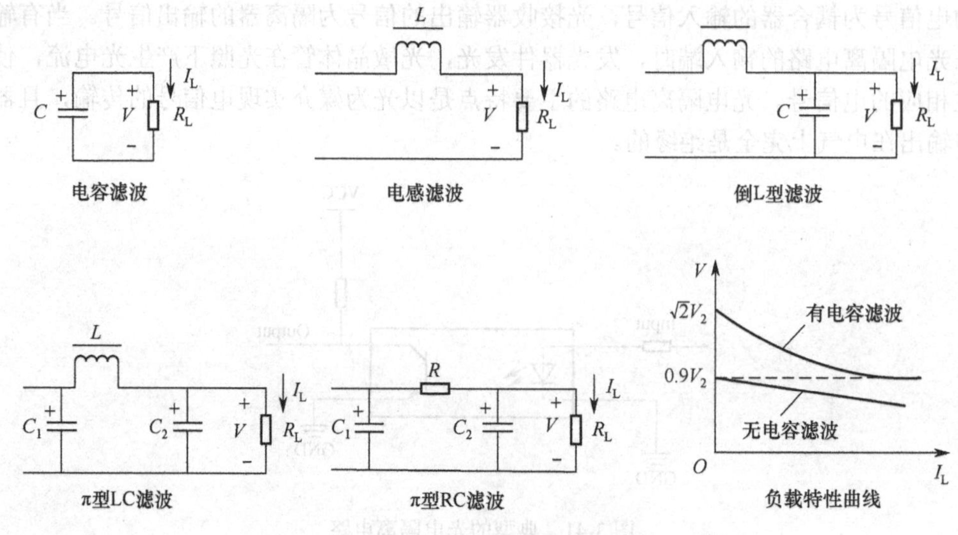

图 3-42　典型的无源滤波电路

由滤波器的特点可知，其电压放大倍数的幅频特性可以准确描述该电路属于低通、高通、带通或带阻滤波器中的哪种，因此如果能定性分析通带和阻带位于哪个频段，就可以确定滤波器的类型。

2. 电流型

为了提高传感器的抗干扰能力，很多传感器都输出电流信号，如压力传感器、温度传感器、角度传感器、位移传感器等。常用的输出范围有 0～20mA 及 4～20mA 两种，传感器输出的最小和最大电流分别代表其标定的最小和最大额定输出。

在电磁干扰较强和需要传输较远距离的情况下，传感器输出的 4～20mA 电流信号与传输电缆的电阻及接触电阻无关。另外，由于电流源的实际输出阻抗与接收电路的输入阻抗形成并联回路，电磁干扰不会对电流信号的传输产生较大影响。

工业上普遍需要测量各类非电物理量，如温度、压力、速度、角度等，通常将其转换为 4～20mA 电流信号，并传输到几百米外的控制室或显示设备上。

采用电流信号的原因是其不易受干扰，且电流源内阻无穷大，所以导线电阻串联在回路中不影响精度，在普通双绞线上可以传输数百米。上限取 20mA 是因为防爆要求 20mA 的电流通断引起的火花能量不足以引燃瓦斯；下限没有取 0mA 是为了检测断线（正常工作时不低于 4mA，当传输线因故障断路时，环路电流降为 0mA）；常取 2mA 为断线报警值。

将物理量转换为 4～20mA 电流信号，必须通过外电源。典型的变送器需要两根电源线和两根电流输出线，共 4 根线，被称为四线制变送器，如图 3-43 所示。如果电流输出可以与电源共用一根线，则会节省一根线，被称为三线制变送器。

在工业应用中，测量点一般在现场，而显示设备或控制设备一般在控制室。两者的距离可能达到数十至数百米。按 100m 计算，省去两根导线意味着成本降低近一百元，因此在应用中，两线制变送器是首选，两线制变送器如图 3-44 所示。

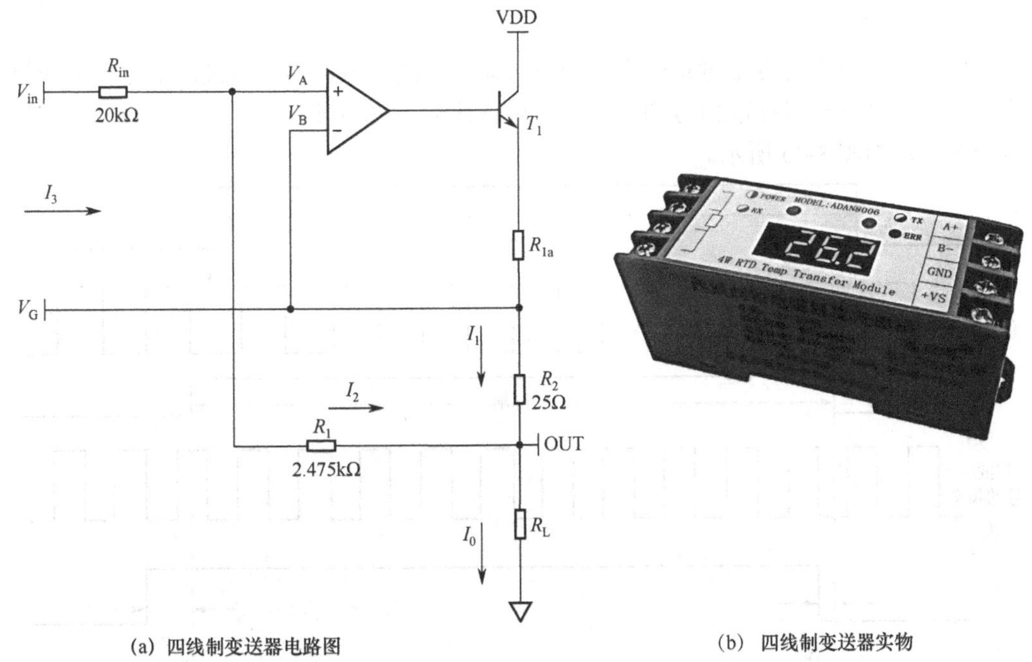

(a) 四线制变送器电路图　　(b) 四线制变送器实物

图 3-43　四线制变送器

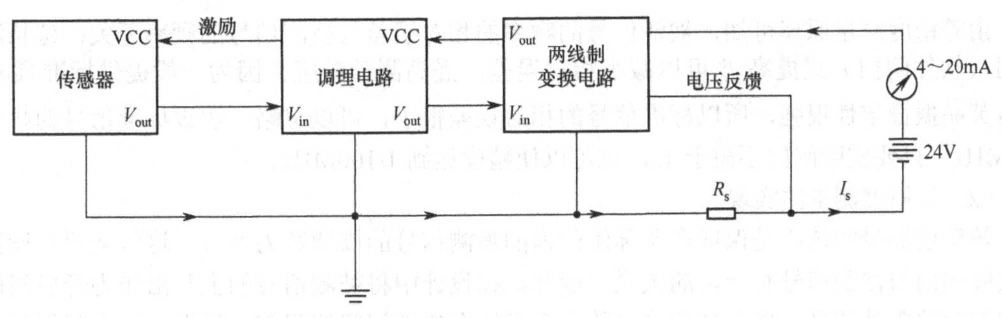

图 3-44　两线制变送器

3. 频率型

频率信号的响应速度极快，可以设定其测量范围，其过载能力和抗干扰能力强，适合进行远距离传输，在超低频率和超高频率下的响应速度快、精度高，有极高的线性度和集成度，同时有优良的温度特性，长期工作的稳定性强，使其免于定期校验，还可以通过编程控制器进行数据采集。

1）频率测量方法

常用的频率测量方法有频率测量法和周期测量法。频率测量法在时间 t 内对被测信号的脉冲进行计数，求出单位时间内的脉冲数 N，得到被测信号的频率；周期测量法先测被测信号的周期 T，根据式（3-19）得到被测信号的频率。

$$f = 1/T \tag{3-19}$$

这两种方法都会产生 ±1 周期误差，在实际应用中有一定的局限性。由测量原理可知，频率测量法适用于测量高频信号，周期测量法适用于测量低频信号。

（1）等精度测量。

等精度测量的最大特点是测量的实际门控时间不是固定值，而是与被测信号有关的值。在允许时间内，其同时对标准信号和被测信号进行计数，再通过推导得到被测信号的频率。等精度测量原理如图 3-45 所示。

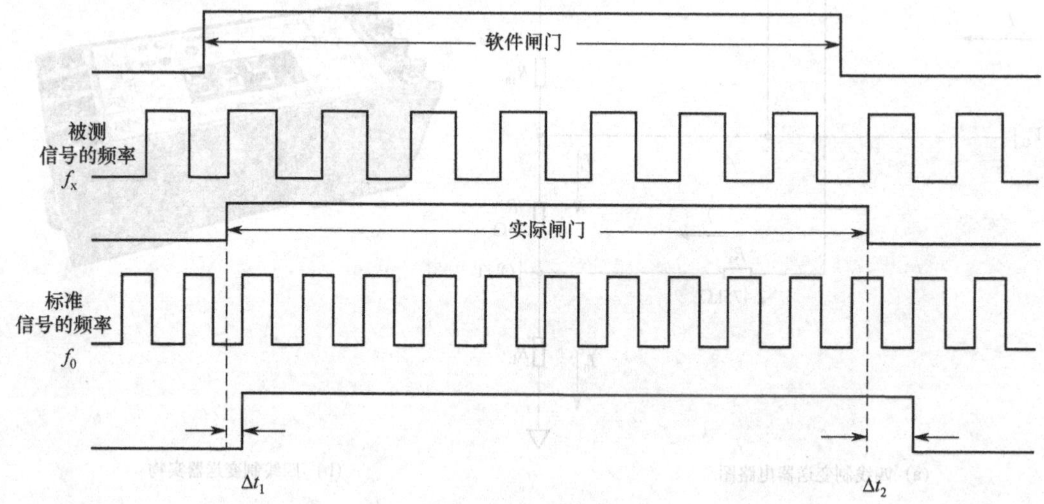

图 3-45　等精度测量原理

由等精度测量原理可知，被测信号的频率的相对误差与被测信号的频率无关；延长测量时间（软件闸门）或提高 f_0 可以减小相对误差，提高测量精度；因为一般提供标准频率 f_0 的石英晶振稳定性很强，所以标准信号的相对误差很小，可以忽略。假设标准信号的频率为 100MHz，只要实际闸门不短于 1s，就可以使精度达到 1/100MHz。

（2）等精度测量的实现。

等精度测量的核心是保证在实际闸门内的被测信号的周期数为整数，这就需要在设计中使实际闸门与被测信号有一定的关系。因此，在设计中将被测信号的上升沿作为开启闸门和关闭闸门的驱动信号，仅在被测信号的上升沿锁存软件闸门的状态，以保证在实际闸门内的被测信号的周期数为整数，避免出现 ±1 周期误差，但会出现标准信号的 ±1 周期误差。标准信号的频率 f_0 远高于被测信号的频率，因此其产生的 ±1 周期误差对测量精度的影响十分有限，特别是在中低频测量中。与传统的频率测量法和周期测量法相比，该方法可以大大提高测量精度。

等精度测量电路如图 3-46 所示。预置的软件闸门信号 GATE 由 FPGA 的定时模块产生，GATE 的时间宽度对测量精度的影响较小，可以在较大范围内选择。这里选择预置闸门信号的长度为 1s，Con1 和 Con2 是可控的 32 位高速计数器，Con1_ENA 和 Con2_ENA 分别是其计数使能端，f_0 从 Con1_CLK 端输入，f_x 从 Con2_CLK 端输入，并将 f_x 接到 D 触发器的 CLK 端。在测量时，FPGA 的定时模块产生预置的 GATE 信号，在 GATE 为高电平且 f_x 为上升沿时，启动两个计数器，分别对被测信号和标准信号进行计数，关闭计数闸门必须满足 GATE 为低电平且在 f_x 的上升沿。如果在一次实际闸门时间 T_x 中，计数器对被测信号的计数值为 N_x，对标准信号的计数值为 N_0，且标准信号的频率为 f_0，则被测信号的频率为

$$f_x = (N_0/N_x)f_0 \tag{3-20}$$

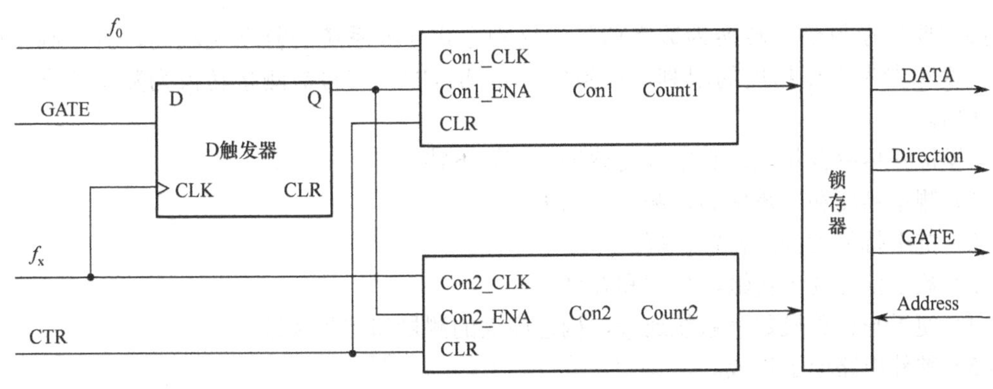

图 3-46　等精度测量电路

2）频率型传感器

不同传感器的原理和方法不同，对物体的“感知”方式也不同，常见的频率型传感器有以下几种。

（1）电感式传感器。

电感式传感器通常由振荡器、开关电路和放大电路组成。振荡器产生一个交变磁场，当金属目标接近磁场时，磁阻回路发生变化，导致振荡信号幅度发生变化，经后级放大电路处理，触发驱动控制器件，实现非接触式测量。这种测量接近距离的传感器所能检测的物体必须是导体。

（2）电容式传感器。

在电容式传感器中，电容器的一个极板固定，另一个极板通常接地或与设备的机壳相连。当有物体移向传感器时，不管其是否为导体，它的接近都会使电容器两极板间的介电常数发生变化，从而使电容器的容量发生变化，电路状态也发生变化，由此便可实现非接触式测量。这种传感器检测的对象不限于导体，也可以是绝缘的液体或粉状物等。

（3）霍尔式传感器。

当一块通有电流的金属或半导体薄片垂直置于磁场中时，薄片的两端会产生电位差，这种现象被称为霍尔效应。两端的电位差为霍尔电势 U，$U = KIB / d$，K 为霍尔系数，I 为薄片中通过的电流，B 为外加磁场的磁感应强度，d 为薄片的厚度。

（4）光电式传感器。

光电式传感器利用光电效应，将发光器件与光电器件按一定方向安装在同一个检测头内。当有反光面（被检测物体）接近时，光电器件接收反射光后输出信号，由此便可“感知”物体的接近。利用光电式传感器制作的光电式接近开关可以检测各种物质，但是对流体的检测误差较大。

3.4.2　数字式传感器的信号调理

1. 概述

按输出信号可以将传感器分为模拟式传感器和数字式传感器，模拟式传感器的输出信号为模拟信号，数字式传感器的输出信号为数字信号。随着微型计算机的迅速发展及其应用的普及，其进入检测、控制领域。前面介绍的传感器都是模拟式传感器，与计算机等数字系统配接需要将模拟信号转换为数字信号，这种方式导致系统的复杂度较高，且控制精度受转换精度和参考电压精度的限制；而数字式传感器能直接将被测量转换为数字信号，供计算机使用。

与模拟式传感器相比，数字式传感器具有以下特点。

（1）测量精度和分辨率高，测量范围大。

（2）抗干扰能力强，稳定性好。

（3）数字信号便于传输、处理和存储。

（4）便于与计算机数字系统连接，构建庞大的测量和控制系统。

（5）硬件电路便于集成。

（6）安装方便，维护简单，可靠性强。

在测量和控制中，广泛应用的数字式传感器主要有两类：一类是按照一定的通信协议直接以数字代码形式输出的传感器，如数字传感器、温度传感器、总线传感器等；另一类是以脉冲形式输出的传感器，如脉冲盘式编码器、感应同步器、光栅传感器和磁栅传感器等。本章介绍几种常用的数字式传感器。

2. 编码器和光栅传感器

编码器将机械转动的模拟信号转换为数字信号，而光栅传感器将位移或长度的模拟信号转换为数字信号。编码器主要分为脉冲盘式编码器（又称增量编码器）和码盘式编码器（又称绝对编码器）两类。码盘式编码器按结构可分为接触式编码器和非接触式编码器两种，其中非接触式编码器又包括光电式编码器、电磁式编码器等。编码器分类如图 3-47 所示。

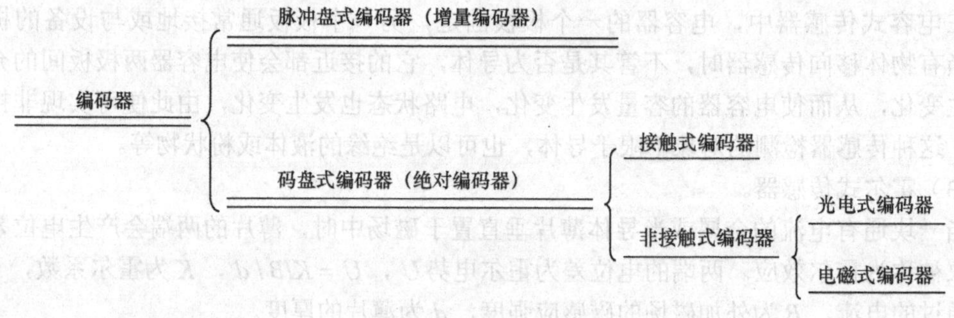

图 3-47　编码器分类

1）增量编码器

（1）光电式增量编码器的工作原理

光电式增量编码器的工作原理如图 3-48 所示。在不透光的圆盘边缘有一圈圆心角相等的缝隙，在圆盘两边分别安装光源及光敏元件。

将圆盘安装在被测转轴上，当转轴转动时，圆盘每转过一个缝隙，在光敏元件上就发生一次光线的明暗变化，光敏元件形成电脉冲信号，经过放大整形，可以得到具有一定幅度的矩形脉冲信号，且脉冲的数量等于圆盘转过的缝隙数。将矩形脉冲信号送到计数器中进行计数，即可反映圆盘转过的角度。

显然，圆盘上的缝隙数会影响光电式增量编码器的精度和分辨率。通常将圆盘上的一圈缝隙称为一个码道，将具有码道的圆盘称为码盘。

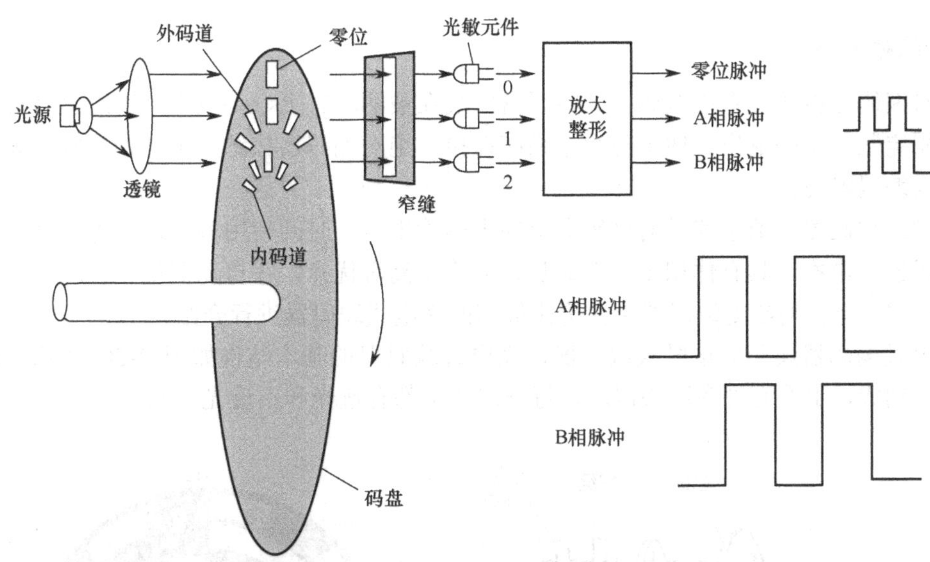

图 3-48　光电式增量编码器的工作原理

（2）旋转方向判别电路。

光电式增量编码器如图 3-49（a）所示。图 3-48 中的码盘可以把角位移转换为电信号，但不能给出转动的方向和零位。为了辨别角位移方向，必须对其进行改进，改进后的码盘具有等角距的内外两个码道，且内外码道的相邻两缝错开半条缝宽。在外码道外开一狭缝，表示码盘的零位，并在该码盘径向的某个位置两侧安装光源、窄缝和光敏元件。图 3-49（a）中的光电式增量编码器将转过的角位移转换为两路矩形脉冲信号，被测转轴的转向不同则 A、B 相脉冲的输出相位不同，利用其相位差可实现辨向计数。

光电式增量编码器的辨向计数电路和输出波形分别如图 3-49（b）和图 3-49（c）所示。内码道超前外码道半条缝宽，且透光缝隙和不透光缝隙宽度相等。正转时，光敏元件 2 比光敏元件 1 先感光，经放大整形后输出的 B 相脉冲比 A 相脉冲超前 90°。

触发器在 B 相脉冲的上升沿触发，触发器的 Q 端始终为 0，码盘转过一条缝隙则 Y 端输出一个脉冲。

反转时，光敏元件 1 比光敏元件 2 先感光，A 相脉冲比 B 相脉冲超前 90°，触发器的 Q 端始终是 1，码盘每转过一条缝隙则 Y 端输出一个脉冲。

将 Q 端与可逆计数器的 M 端相接，Y 端经延时后与可逆计数器的脉冲输入端 CP 相接，当 Q 端为 0 时可逆计数器加法（正转）计数，当 Q 端为 1 时可逆计数器减法（反转）计数。将零位脉冲接到可逆计数器的复位端，使码盘每转一圈就复位一次。这样无论是正转还是反转，计数器每次反映的都是相对于上次转角的增量，故称为增量编码器。

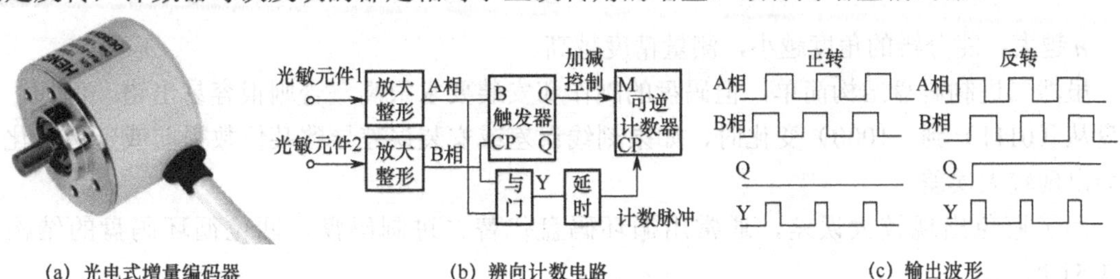

(a) 光电式增量编码器　　(b) 辨向计数电路　　(c) 输出波形

图 3-49　光电式增量编码器及其辨向计数电路和输出波形

2）绝对编码器

绝对编码器按角度直接编码。其将码盘安装在被测转轴上，特点是可以给出与转轴位置对应的固定数字编码输出，便于与数字系统连接。绝对编码器按结构可分为接触式编码器和非接触式编码器两种。

接触式编码器的数字信号通过码盘上的电刷输出，长时间使用容易造成电刷磨损；非接触式编码器无电刷，具有体积小、寿命长、分辨率高等优点，在自动测量和控制系统中得到了广泛应用。下面对绝对编码器中性价比最高的光电式编码器进行介绍。

光电式编码器属于非接触式编码器，光电式编码器的基本结构如图 3-50 所示。码盘由光学玻璃制成，上面有许多同心码道，每条码道上都有透光和不透光区域。

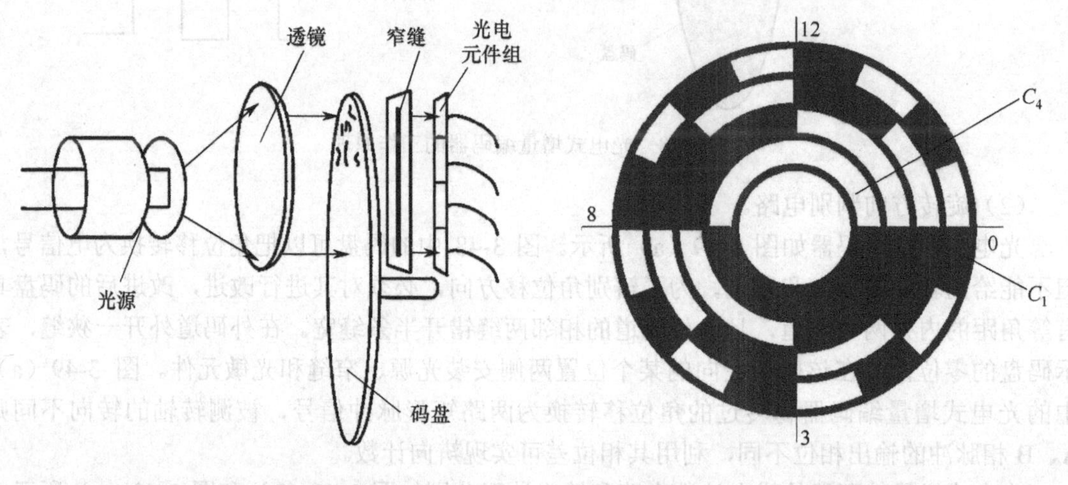

(a) 光电式编码器的结构　　(b) 四位二进制码盘的结构

图 3-50　光电式编码器的基本结构

码盘的码制包括二进制码、十进制码、循环码等。图 3-50（b）中是一个四位二进制码盘，最内圈是二进制数的最高位，只有 0 和 1，故码道一半黑、一半白；四位二进制数最小为 0，最大为 15，故最外圈是 16 个大小相等且黑白相间的区域。其最小分辨角度为

$$\alpha = \frac{360°}{24} = 22.5° \tag{3-21}$$

由此可知，一个 n 位二进制码盘的最小分辨角度为

$$\alpha = \frac{360°}{2n} \tag{3-22}$$

n 越大，能分辨的角度越小，测量精度越高。

虽然二进制码盘结构简单，但码盘的制作和安装要求很高，否则很容易出错。例如，当码盘从（0111）到（1000）变化时，如果刻线误差或安装误差导致某位数提前或延后变化，则会出现较大误差。

为了避免出现较大误差，通常用循环码盘代替二进制码盘。四位循环码盘的结构如图 3-51 所示。

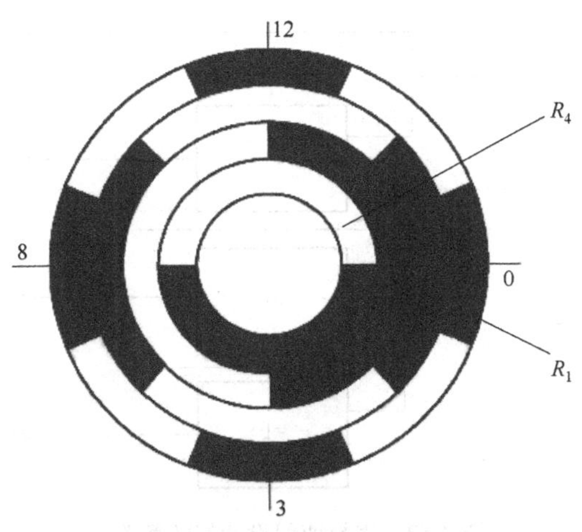

图 3-51 四位循环码盘的结构

四位二进制码和四位循环码的对照如表 3-6 所示。从表 3-6 中可以看出，循环码相邻的两个码只有一位变化，因此即使制作和安装不准，产生的误差最多等于最低位的 1bit，大大提高了准确率。

表 3-6 四位二进制码和四位循环码的对照

十进制数	二进制码	循环码	十进制数	二进制码	循环码
0	0000	0000	8	1000	1100
1	0001	0001	9	1001	1101
2	0010	0011	10	1010	1111
3	0011	0010	11	1011	1110
4	0100	0110	12	1100	1010
5	0101	0111	13	1101	1011
6	0110	0101	14	1110	1001
7	0111	0100	15	1111	1000

循环码的各位没有固定的权，通常需要先把它转换为二进制码，再译码输出。用 $C_4C_3C_2C_1$ 表示循环码，用 $B_4B_3B_2B_1$ 表示二进制码，由表 3-6 可知，将循环码转换为二进制码的法则为

$$\begin{cases} B_4 = C_4 \\ B_i = C_i \oplus B_{i+1}, \quad i = 3,2,1 \end{cases} \tag{3-23}$$

将式（3-23）推广到 n 位，将 n 位循环码转换为 n 位二进制码的法则为

$$\begin{cases} B_n = C_n \\ B_i = C_i \oplus B_{i+1}, \quad i = n-1,\cdots,2,1 \end{cases} \tag{3-24}$$

可以根据式（3-24）设计将四位循环码转换为二进制码的转换器，用循环码盘实现对转角的精确测量。这种转换器的设计方法有很多，用异或门设计的转换器如图 3-52 所示。这种并行转换器的转换速率高，缺点是使用的元件较多。n 位循环码需要用 $n-1$ 个异或门，采用存储芯片设计较为简单。

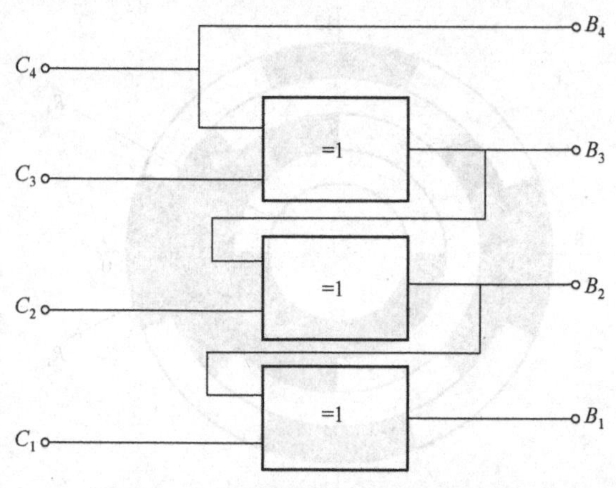

图 3-52 用异或门设计的转换器

3）光栅传感器

按工作原理和用途可以将光栅分为物理光栅和计量光栅。物理光栅利用光栅的衍射现象，主要用于光谱分析和光波长检测；计量光栅利用光栅的莫尔条纹现象，在坐标测量仪和数控机床的伺服系统中有广泛应用。

（1）光栅的结构。

在镀膜玻璃上均匀刻有许多明暗相间、等距分布的细小条纹，即光栅。光栅包括长光栅和圆光栅两类，每类又包括透射式和反射式两种。透射式长光栅的结构及实物如图 3-53 所示。它像一把尺子，因此又称光栅尺。a 为不透光的缝宽，b 为透光的缝宽，由此可得，栅距（又称光栅常数）为

$$w = a + b \tag{3-25}$$

通常 $a = b = w/2$，也存在 $a:b=1.1:0.9$ 的情况。

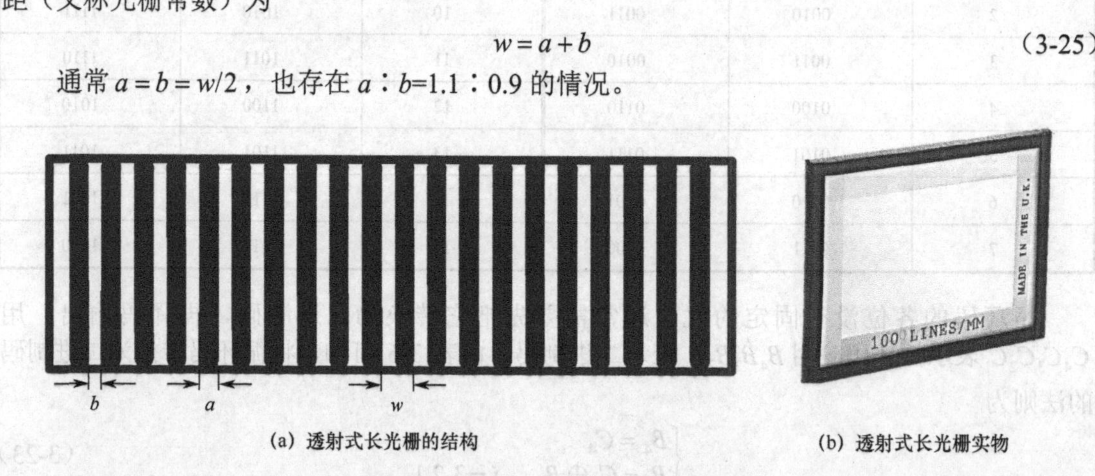

(a) 透射式长光栅的结构 (b) 透射式长光栅实物

图 3-53 透射式长光栅的结构及实物

（2）莫尔条纹。

将两块栅距相等的长光栅叠合，并使两者的栅线之间形成一个很小的夹角 θ，这样就可以看到在近乎垂直的栅线方向形成了明暗相间的条纹，这些条纹被称为莫尔条纹，莫尔条纹的形成如图 3-54 所示。两条相邻亮条纹（或暗条纹）之间的距离被称为莫尔条纹的间距，记为 B_H。

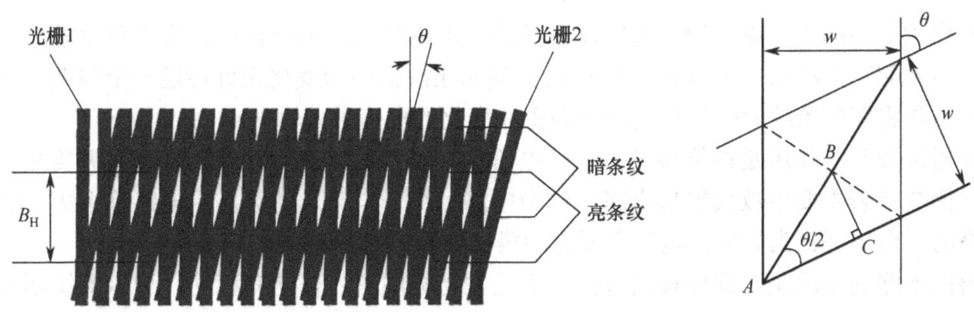

图 3-54　莫尔条纹的形成

（3）测量原理。

当一块光栅不动时，另一块光栅沿水平方向每移动一个微小的栅距 w，莫尔条纹会沿垂直方向移动一个较大的条纹间距 B_H；当光栅反向移动时，莫尔条纹也反向移动。

由上述分析可知，莫尔条纹具有以下特点。

- 莫尔条纹具有位移放大作用，将较小的位移间距放大成较大的莫尔条纹间距，可以提高测量精度。
- 莫尔条纹的移动方向与可动光栅的移动方向有关，当可动光栅沿水平方向移动时，莫尔条纹沿垂直方向移动。当可动光栅反向移动时，莫尔条纹也反向移动；
- 莫尔条纹具有光栅刻线误差的平均抵消作用，莫尔条纹由光栅的大量刻线共同产生，能在很大程度上消除短周期误差的影响。

（4）光栅传感器的结构。

光栅读数头主要由标尺光栅（主光栅）、指示光栅（副光栅）、透镜、光源和光电器件组成。长光栅读数头的结构如图 3-55 所示。

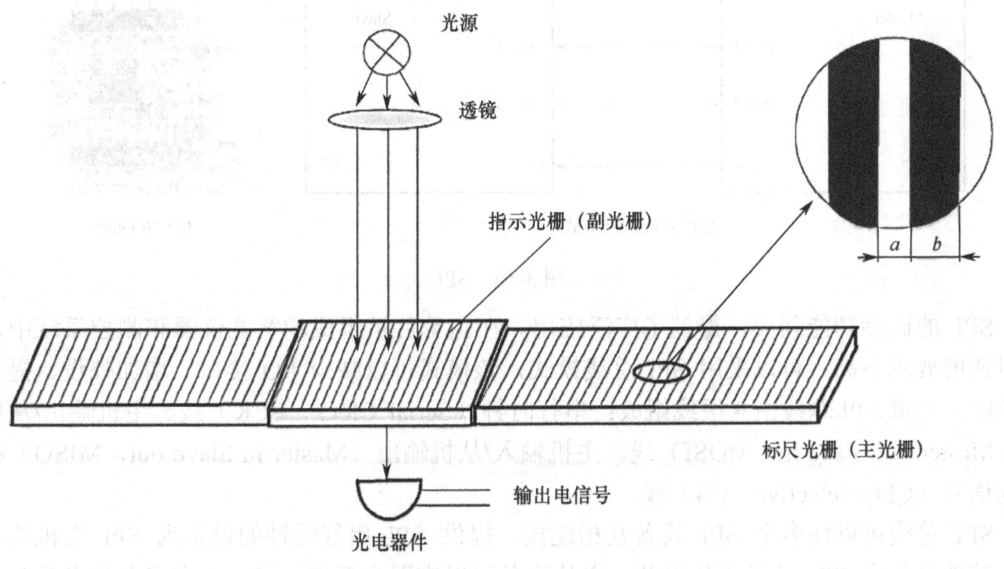

图 3-55　长光栅读数头的结构

主光栅较长，它的有效长度即为测量范围，副光栅较短，但两者具有相同的栅距。光源和光电器件与副光栅固定。在使用时，副光栅不动，主光栅安装在被测物体上，随被测物体移动。

光栅读数头的主、副光栅通过光路系统将被测物体的微小位移量转换为莫尔条纹的明暗变化。当被测物体移动一个微小栅距 w 时，莫尔条纹的明暗变化正好经过一个周期。光电器件的作用是将莫尔条纹的明暗变化转换为正弦变化的电信号并输出。

光栅读数头的作用是将位移量转换为电信号，要实现位移的测量和显示还需要光栅数显表。光栅数显表主要由放大整形电路、辨向电路、细分电路及计数显示电路等组成。放大整形电路的工作原理较为简单，这里主要介绍辨向电路和细分电路。

辨向电路的作用是辨别位移的方向。无论主光栅向左还是向右移动，莫尔条纹都会明暗变化，光电器件总是输出具有相同变化规律的正弦电信号，无法辨别移动方向。

细分电路在莫尔条纹明暗变化的一个周期内，发出若干个脉冲，以提高分辨率。细分方法包括机械细分和电子细分两类，这里介绍四倍频电子细分方法。

以上述辨向原理为基础，在莫尔条纹 1/4 的间距处安装两个光电器件，这两个光电器件输出的电信号会出现 $\pi/2$ 的相位差。如果令其反向，在一个栅距内可以获得 4 个依次相差 $\pi/2$ 相位的电信号，当光栅做相对运动时，可以根据运动方向，在一个栅距内得到 4 个正向计数脉冲或 4 个反向计数脉冲，实现四倍频电子细分。当然，也可以通过在相差 $\pi/4$ 的位置安装 4 个光电器件来实现上述功能。

3. 数字接口

1）SPI

串行外设接口（Serial Peripheral Interface，SPI）具有高速、全双工同步等特点，SPI 如图 3-56 所示。

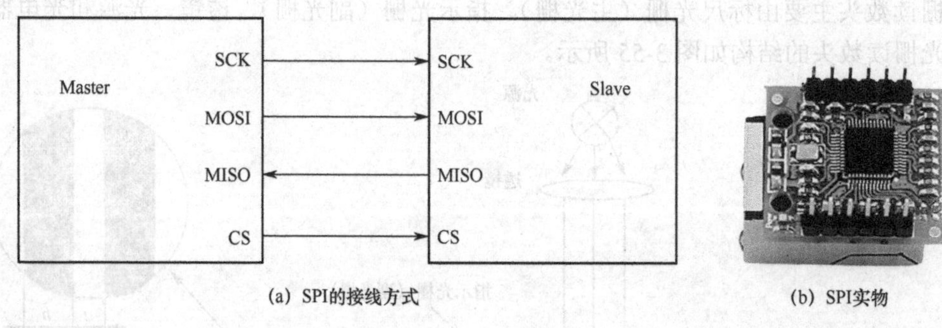

(a) SPI的接线方式　　(b) SPI实物

图 3-56　SPI

SPI 的硬件功能强大，得到了广泛应用。在由单片机组成的智能仪器和测控系统中，如果对速度要求不高，可以采用 SPI 总线模式，该模式可以减少 I/O 接口、增加外设、提高系统性能。标准 SPI 总线由 4 根线组成：串行时钟（Serial Clock，SCK）线、主机输出/从机输入（Master out Slave in，MOSI）线、主机输入/从机输出（Master in Slave out，MISO）线和片选信号（Chip Selective，CS）线。

SPI 总线可以使多个 SPI 设备互相连接。提供 SPI 串行时钟的设备为 SPI 主机或主设备，其他设备为 SPI 从机或从设备。主从设备可以实现全双工通信，当有多个从设备时，还可以增加一条从设备选择线。

SPI 具有以下特点。

（1）采用主从模式。

主从设备之间的通信必须由主设备控制从设备。主设备可以通过提供时钟及对从设备进行片选来控制多个从设备。SPI 协议规定主设备通过 SCK 引脚向从设备提供时钟信号，从设备本身不能产生或控制时钟信号，没有时钟信号则从设备不能正常工作。

（2）同步传输数据。

从设备会根据要交换的数据产生相应的时钟脉冲，时钟脉冲组成了时钟信号，时钟信号通过时钟极性（Clock Polarity，CPOL）和时钟相位（Clock Phase，CPHA）控制数据交换的时间及对接收的数据进行采样的时间，以保证数据在两个设备之间同步传输。

（3）完成数据交换。

之所以将 SPI 设备之间的数据传输称为数据交换，是因为 SPI 协议规定一个 SPI 设备不能在数据通信过程中仅充当发送者（Transmitter）或接收者（Receiver）。在每个时钟周期内，SPI 设备会发送并接收大小为 1bit 的数据，相当于交换了 1bit 数据。从设备要想接收主设备发出的控制信号，必须在信号发出前允许被主设备访问，因此主设备必须通过 CS 对从设备进行片选，将需要访问的从设备选上。在数据传输过程中，每次接收的数据必须在下次进行数据传输前被采样。如果之前接收的数据没有被读取，则这些接收完成的数据可能被丢弃，导致 SPI 的物理模块失效。因此，通常在数据传输完成后，读取 SPI 设备中的数据，即使这些数据在程序中是无用的。

2） I^2C

I^2C（Inter-Integrated Circuit）是两线式串行总线，用于连接微控制器及其外围设备。

I^2C 通过 SDA 和 SCL 在总线和装置之间传输信号，在微控制器和外部设备之间进行串行通信或在主设备和从设备之间进行双向数据传输。I^2C 是 OD 输出的，大部分 I^2C 都是两线的（时钟和数据），一般用于传输控制信号。I^2C 是多主控总线，任何设备都能像主控器一样工作，并能控制总线，总线上的每个设备都有唯一地址，根据自身的功能，设备可以作为发送器或接收器。

3）UART

UART（Universal Asynchronous Receiver/Transmitter）为通用异步收发器，其按标准波特率完成双向通信。

UART 的结构较为复杂，一般由波特率产生器（产生的波特率等于传输波特率的 16 倍）、UART 接收器、UART 发送器组成，硬件上有两根线，一根用于发送，一根用于接收。

UART 用于控制计算机与串行设备，它提供了 RS-232C 数据终端设备接口，计算机可以与调制解调器或其他使用 RS-232C 接口的串行设备通信。

UART 还提供以下功能：将从计算机内部接收的并行数据转换为输出的串行数据流，将从计算机外部接收的串行数据转换为字节，供计算机内部应用并行数据的器件使用；在输出的串行数据流中加入奇偶校验位，并对从外部接收的数据流进行奇偶校验；在输出数据流中加入启停标记，并在接收数据流中删除启停标记；处理由键盘或鼠标发出的中断信号（键盘和鼠标也是串行设备），处理计算机与外部串行设备的同步管理问题；一些比较高级的 UART 还提供输入输出数据的缓存区。

4）CAN 总线

CAN（Controller Area Network）总线通信协议是 ISO 国际标准化串行通信协议。在当前的汽车产业中，出于对安全性、舒适性、方便性要求及低公害、低成本要求，各种电子控制系统被开发出来。这些系统通信所用的数据类型及对可靠性的要求不尽相同，由多条总线构成的情况很多。

为适应“减少线束”和“进行大量数据的高速通信”的需要，德国博世公司于 1986 年开发了面向汽车的 CAN 总线通信协议。此后，其通过 ISO 11898 及 ISO 11519 进行了标准化，在欧洲成为汽车网络的标准协议。目前，CAN 总线的高性能和可靠性已得到广泛认同，并应用于工业自动化、船舶、医疗设备、工业设备等领域。

CAN 控制器根据两根线上的电位差来判断总线电平，总线电平分为显性电平和隐性电平，发送方通过改变总线电平将消息发给接收方。CAN 总线的连接如图 3-57 所示。

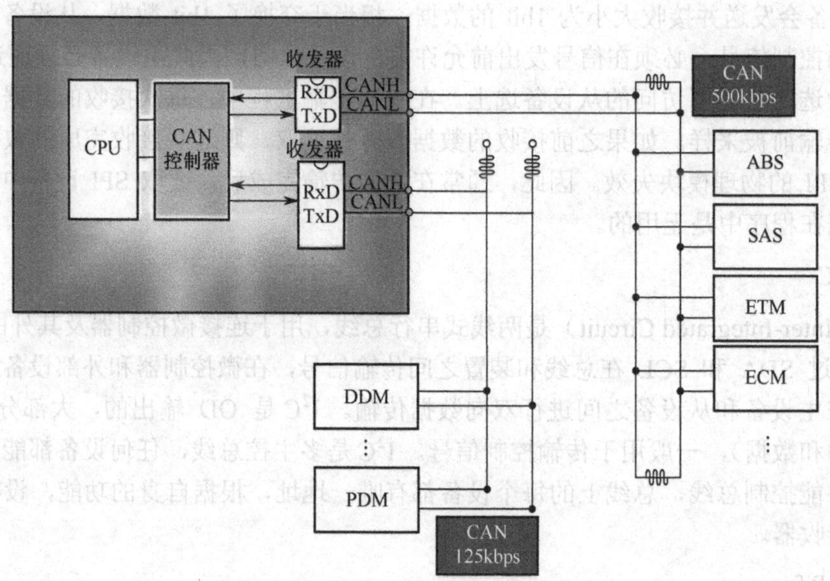

图 3-57　CAN 总线的连接

（1）CAN 总线的特点。

● 多主控制。

在总线空闲时，所有单元都可以开始发送消息（多主控制），最先访问总线的单元可以获得发送权。当多个单元同时开始发送消息时，发送高优先级消息的单元可以获得发送权。

● 消息的发送。

在 CAN 总线中，所有消息都以固定格式发送。当总线空闲时，所有与总线相连的单元都可以开始发送消息。如果有两个及以上单元同时开始发送消息，则根据标识符（Identifier，ID）确定优先级。ID 不表示发送的目的地址，其表示访问总线的消息的优先级，优先级高的单元可继续发送消息，其他单元立刻停止发送消息并转变为接收消息。

● 系统的柔软性。

与总线相连的单元没有类似“地址”的信息，因此当在总线上增加单元时，连接在总线上的其他单元的软硬件及应用层不需要发生变化。

● 通信速度。

可以根据网络规模设置适合的通信速度。在同一网络中，必须为所有单元设置统一的通信速度，即使有一个单元的通信速度与其他单元不同，此单元也会输出错误信号，妨碍整个网络的通信，不同网络可以有不同的通信速度。

- 远程数据请求。

可以通过发送“遥控帧”来请求其他单元发送数据。

- 错误检测、通知、恢复功能。

所有单元都可以进行错误检测（错误检测功能），检测到错误的单元会立即通知其他单元（错误通知功能）。正在发送消息的单元一旦检测到错误，会强制结束当前的发送，强制结束发送的单元会重新发送此消息，直到发送成功（错误恢复功能）。

- 故障封闭。

可以判断错误是总线上的暂时数据错误（如外部噪声等）还是持续数据错误（如单元内部故障、驱动器故障、断线等），当总线上出现持续数据错误时，可将引起该错误的单元从总线上隔离。

- 连接。

总线可以同时连接多个单元，可连接的单元数理论上没有限制，但实际上可连接的单元数受总线上的延时及电气负载的限制。降低通信速度则可连接的单元增多，提高通信速度则可连接的单元减少。

（2）CAN 总线通信协议。

CAN 总线通信协议覆盖了 OSI 模型中的传输层、数据链路层及物理层。在 OSI 模型中，应用层（第 7 层）由实际应用程序提供可利用的服务；表示层（第 6 层）进行数据表现形式的转换，如对文字设定、数据压缩、加密的控制；会话层（第 5 层）建立会话式通信，保障正确接收和发送数据；传输层（第 4 层）控制数据传输的顺序，保障通信质量，如进行错误修正、再传输控制等；网络层（第 3 层）进行数据传输的路由选择或中继，如单元间的数据交换、地址管理等；数据链路层（第 2 层）将物理层接收的信号（位序列）组成有意义的数据，进行传输错误控制，可控制访问方式、数据形式、通信方式、连接控制方式、同步方式、检错方式、应答方式、位的调制方式（包括位时序条件）等；物理层（第 1 层）规定通信时使用的电缆、连接器的媒体、电气信号规格等，以实现设备间的信号传输。

3.5　智能传感器核心电路

3.5.1　常用 CPU

中央处理器（Central Processing Unit，CPU）是超大规模集成电路，其功能是解释计算机指令、处理计算机软件中的数据及执行指令，是计算机的运算核心和控制核心。CPU 主要包括运算器、高速缓冲存储器及实现它们之间的联系的数据总线、控制总线和状态总线。CPU、内部存储器和 I/O 接口是计算机的三大核心部件。

CPU 发展了 3 个分支：数字信号处理器（Digital Signal Processor，DSP）、微控制器单元（Micro Controller Unit，MCU）和微处理器单元（Micro Processor Unit，MPU）。本章主要介绍 MCU。

MCU 又称单片机，其将中央处理器（CPU）、随机存取存储器（RAM）、只读存储器（ROM）、I/O 接口、定时器、时钟电路、中断系统、内部总线等集成在一个芯片上。单片机是一个完整的微型计算机系统，可以在不同应用场合下实现不同的组合控制，与计算机中的

CPU 相比，单片机中的 CPU 的运算能力通常较弱。各种单片机如图 3-58 所示。

图 3-58　各种单片机

早期的单片机为 4 位或 8 位，随着工业控制等领域的需求的不断增长，逐渐出现了 16 位单片机，乃至 32 位单片机。由于 8 位单片机简单可靠、功能强大，所以其在中、小规模应用场合仍处于主流地位。其中，最著名的是由 Intel 公司研制的 8031，基于此发展出了 MCS51 系列单片机，其至今仍被广泛应用。

从 MCU 的发展历程来看，起步于 21 世纪初期的国产单片机的历史较短。但其逐渐走入人们的视野，成为单片机市场上的一股不可忽视的重要力量，如纳思达旗下极海半导体的 APM32 系列单片机、兆易创新的 GD32 系列单片机等。部分国产单片机如图 3-59 所示。

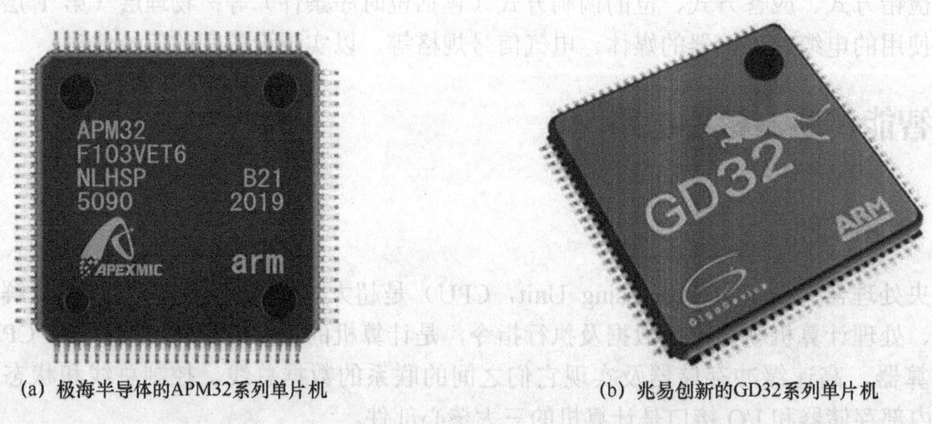

图 3-59　部分国产单片机

1. MCS51 系列单片机

Intel 的 8031 是早期的单片机，在该单片机中没有内部程序存储器。随着单片机的不断完善，出现了能够存储程序的单片机。

将所有兼容 8031 指令系统的单片机统称为 MCS51 系列单片机，如 8031、8051、

8032、8052、8752 等。其中 8051 是最典型的产品，该系列的其他单片机都是在 8051 的基础上通过改变功能得到的。

2. AT89 系列单片机

AT89 系列单片机是 ATMEL 公司以 8051 为内核，采用 FPEROM（Flash Programmable and Erasable Read Only Memory）技术将 8 位 CPU 和 FLASH 组合。

AT89 系列单片机可以按常规方法编程，也可以进行在线编程。其将通用的微处理器和 FLASH 结合，可反复擦写，能够有效降低开发成本。

AT89 系列单片机被广泛应用于工业测控系统，为很多嵌入式控制系统提供了灵活的低成本方案。该系列包括 AT89C51、AT89C52、AT89C2051、AT89S51、AT89S52 等单片机，AT89C51 和 AT89C52 是具有低电压、高性能的 CMOS 8 位单片机。AT89C51 单片机内有 4KB 可反复擦写的程序存储器和 256B 数据存储器，AT89C52 单片机内有 8KB 程序存储器和 256B 数据存储器，AT89C2051 是一种带有 2KB 可编程可擦除只读存储器的单片机。当前，AT89S51 和 AT89S52 基本取代了 AT89C51 和 AT89C52。

3. STM32 系列单片机

STM32 系列单片机是意法半导体（ST）推出的基于 ARM Cortex-M 内核的 32 位单片机。与 8051、AVR 和 PIC 等单片机相比，STM32 系列单片机的内部资源较多，基本接近计算机的 CPU。STM32 系列单片机专为有高性能、低成本、低功耗要求的嵌入式应用设计。

STM32 系列单片机按内核架构可分为不同产品。

（1）主流产品（STM32F0、STM32F1、STM32F3）。

（2）超低功耗产品（STM32L0、STM32L1、STM32L4、STM32L4+）。

（3）高性能产品（STM32F2、STM32F4、STM32F7、STM32H7）。

STM32F0 系列产品基于超低功耗的 ARM Cortex-M0 内核，整合增强的技术和功能，瞄准超低成本应用。该系列产品缩小了采用 8 位和 16 位微控制器的设备与采用 32 位微控制器的设备之间的性能差距，能够在经济型用户的终端产品上实现先进且复杂的功能。

目前，很多智能传感器采用 STM32 系列单片机，主要原因是其产品功能丰富、应用灵活，开发人员可以在多个设计中重复使用同一软件。且其具有强大的集成功能，并具有低电压和低功耗等特点，非常适合体积小的节能传感器使用。

4. 其他类型的单片机

其他类型的单片机有 AVR、PIC、MSP430、DSP 等。AVR 是 ATMEL 推出的 AT90 系列单片机，PIC 由 MICROCHIP 推出，AVR 和 PIC 与 8051 的结构不同，因此其汇编指令也不同。因为它们都使用 RISC 指令集，大部分还是单周期指令，所以在相同的晶振频率下，它们的运算速度比 8051 快。

MSP430 系列单片机是 TI 推出的一种具有精简指令集的低功耗 16 位单片机，其针对实际应用需求，将多个具有不同功能的模拟电路、数字电路和微处理器集成在一个芯片上，以提供“单片机”解决方案。MSP430 系列单片机多应用于由电池供电的便携式仪器中。

DSP 是一种特殊的单片机，其专门用于数字信号的运算，在进行某些运算时，DSP 甚至比一般家用计算机的 CPU 还快，一个 32 位 DSP 能在一个指令周期内完成一个 32 位数乘一个 32 位数再加一个 32 位数的计算。

5. 单片机内部电路概述

单片机是一种芯片，采用超大规模集成电路技术，将具有数据处理能力的 CPU、RAM、ROM、I/O 接口、中断系统、定时器和计数器等（可能还包括显示驱动电路、脉宽调制电路、模拟多路转换器、A/D 转换器）集成在一个芯片上，构成一个小而完善的微型计算机系统，在工业控制领域应用广泛。单片机是计算机发展的一个重要分支，其从 20 世纪 80 年代的 4 位、8 位单片机，发展到现在的 300M 高速单片机。

目前，单片机渗透到各领域，涉及导弹的导航装置、飞机的仪表控制、计算机的网络通信与数据传输、工业自动化过程的实时控制和数据处理等。此外，广泛应用的各种智能 IC 卡、汽车的安全保障系统、录像机、摄像机、家用电器、程控玩具、电子宠物等，都离不开单片机，更不用说自动控制领域的机器人、智能仪表及各种智能机械了。

1）单片机最小系统

单片机最小系统是使单片机正常工作并发挥功能的部分。对于 MCS51 系列单片机来说，单片机最小系统一般包括单片机、时钟电路、复位电路、输入输出设备等。STC89C52 单片机最小系统如图 3-60 所示。

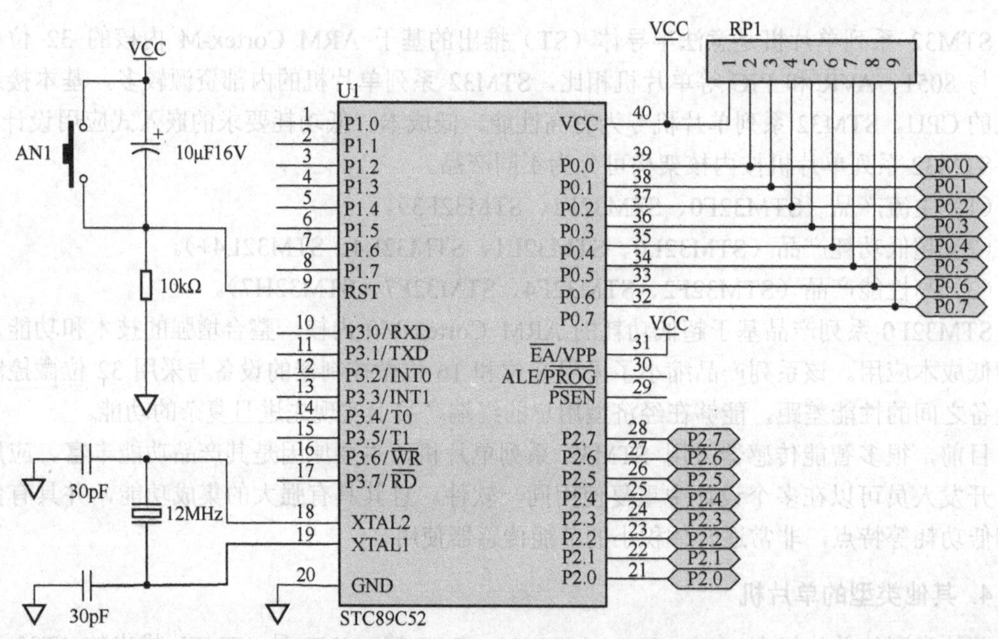

图 3-60　STC89C52 单片机最小系统

（1）时钟电路。

在图 3-60 中，XTAL1（19 脚）为芯片内部振荡电路输入端，XTAL2（18 脚）为芯片内部振荡电路输出端。采用内时钟模式，即采用芯片内部的振荡电路，在 XTAL1、XTAL2 的引脚上外接一个石英晶振和两个电容，内部振荡器便能产生自激振荡。

一般晶振选择 1.2～12MHz，甚至可以达到 24MHz 或更高，但频率越高功耗越大。与晶振并联的两个电容对振荡频率有微小影响，可以对频率进行微调。当采用石英晶振时，电容可以选择 20～30pF。

在设计单片机系统的印刷电路板时，晶振和电容应尽可能与单片机芯片靠近，以减小引线的寄生电容，保证振荡器可靠工作。可以通过示波器检测晶振是否起振，能观察到 XTAL2 输出十分规整的正弦波，当使用万用表测量（把挡位打到直流挡，这时测的是有效值）XTAL2 与地之间的电压时，可以得到电压为 2V。

（2）复位电路。

在单片机系统中，复位电路非常关键，当程序运行不正常或停止运行时，需要进行复位。

当 MCS51 系列单片机的复位引脚 RST（9 脚）出现 2 个周期以上的高电平时，单片机执行复位操作。如果 RST 持续为高电平，则单片机处于循环复位状态。

复位通常有两种形式：上电自动复位和开关手动复位。图 3-60 中的复位电路包含这两种形式，上电瞬间电容电压不能突变，电容两端的电位都是 VCC（此时充电电流最大），电压全部加在电阻上，RST 为高电平，单片机复位。电源给电容充电，当电容电压达到 VCC 时，相当于断路（此时充电电流为 0A，即隔直流），电阻上的电压逐渐减小，最后约为 0V，RST 为低电平，单片机正常工作。并联在电容两端的 AN1 为复位按钮，当没有按下 AN1 时，电路实现上电自动复位，如果在单片机正常工作时按下 AN1，则 RST 出现高电平，达到手动复位的效果。一般来说，只要 RST 保持 10ms 以上的高电平，就能使单片机有效复位。

（3）P0 外接上拉电阻。

MCS51 系列单片机的 P0 内部无上拉电阻。因此其作为普通 I/O 接口输出数据时，要使高电平正常输出，必须外接上拉电阻。为了避免读错数据，也需要外接上拉电阻。图 3-60 外接了 10kΩ 的排阻。在对 P0～P3 进行操作时，为避免读错数据，应向电路中的锁存器写入“1”，使场效应管截止。

（4）LED 驱动电路。

LED 驱动电路接法如图 3-61 所示。在单片机最小系统中，发光二极管（LED）采用图 3-61（a）中的接法，通过灌电流方式驱动。采用该接法是由 LED 的工作条件和 MCS51 系列单片机的 I/O 接口的拉电流和灌电流参数决定的。

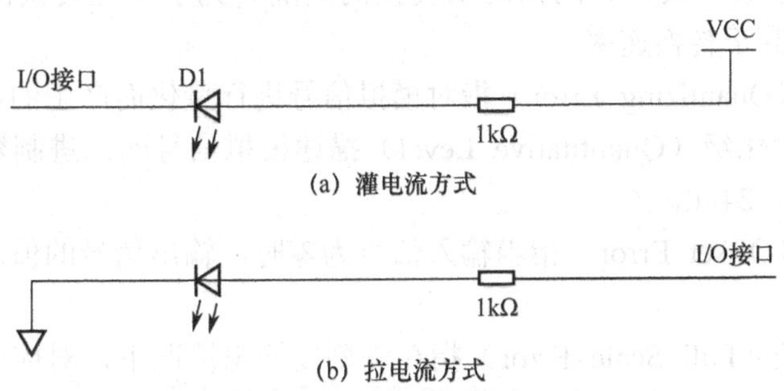

图 3-61　LED 驱动电路接法

不同 LED 的额定电压和额定电流不同，通常红色或绿色 LED 的工作电压为1.7～2.4V，蓝色或白色 LED 的工作电压为2.7～4.2V，直径为3mm 的 LED 的工作电流为2～10mA，这里采用直径为3mm 的红色 LED。当 MCS51 系列单片机的 I/O 接口作为输出接口时，拉电流（向外输出电流）的能力为μA 级，不足以点亮一个发光二极管，而灌电流（向内输入电流）的能力达到20mA，因此采用灌电流方式驱动发光二极管。一些增强型单片机也可以采用拉电流方式，单片机的输出电流足够大即可。另外，图 3-61 中的串联电阻阻值为1kΩ，是为了将 LED 的工作电流限制在 2~10mA。

2）多功能集成单片机系统

ADUC812 单片机是 Analog Devices 推出的带有 8 路 12 位 A/D 转换器、2 路 12 位 D/A 转换器、8KB 片内 FLASH 的高性能单片机，由可编程 8051 兼容内核控制，具有片内 100ppm/℃的电压参考源、ADC 高速捕获型 DAM 控制器、片内温度传感器、8KB 片内 FLASH/EEPROM 程序存储器、640B 片内 FLASH/EEPROM 非易失性数据存储器、片内电荷泵 DC-DC 变换器、256B 片内数据 RAM、16MB 外部数据地址空间、3 个 16 位计数器/定时器、32 个可编程 I/O 接口、看门狗定时器（Watch Dog Timer，WDT）、电源监视器（PSM）、I^2C/SPI 和标准 UART 串行 I/O 接口。

CY7C68013A 单片机是 CYPRESS 推出的集成高速 USB 2.0 收发功能和增强型 8051 的单片机，内部 CPU 操作频率为 48MHz、24MHz 或 12MHz，8051 软件代码可以通过 USB 下载到片内数据 RAM，具有 16B 的片内代码/数据 RAM、4 个可编程模块/中断/同步传输端点、4B 的 FIFO、3 个计数器/定时器、通用可编程 I/O 接口。

3.5.2 外围电路模块一：模数转换器

模数转换器将模拟信号转换为数字信号，简称 A/D 转换器或 ADC（Analog to Digital Converter）。A/D 转换的作用是将时间连续、幅值连续的模拟信号转换为时间离散、幅值离散的数字信号，因此 A/D 转换一般要经过取样、保持、量化、编码过程。A/D 转换器的主要技术指标如下。

（1）分辨率（Resolution）指当数字信号变化一个最小量时，模拟信号的变化量，定义为满刻度与 2^n 的比。例如，8 位 A/D 转换器的分辨率是 8 位，或者说是满刻度的 $1/2^8$。

（2）转换速率（Conversion Rate）指完成一次 A/D 转换所用时间的倒数。双积分型 A/D 转换所用时间为毫秒级，逐次比较型 A/D 转换所用时间为微秒级，全并行或串并行型 A/D 转换所用时间为纳秒级。采样时间指两次转换的间隔。为了保证转换的正确性，采样速率（Sample Rate）应不高于转换速率。

（3）量化误差（Quantizing Error）指对模拟信号进行量化而产生的误差，该误差最大可达量化级的一半。量化级（Quantitative Level）描述模拟信号的二进制数据的位数，通常以 bit 为单位，如 16bit、24bit。

（4）偏移误差（Offset Error）指当输入信号为零时，输出信号的值。可用外接电位器将该误差调小。

（5）满刻度误差（Full Scale Error）指在满刻度输出情况下，对应的输入信号与理想输入信号的差。

（6）线性度（Linearity）指实际转换器的转移函数与理想直线的最大偏移，不考虑上述 3 种误差。

除了上述指标，还有绝对精度（Absolute Accuracy）、相对精度（Relative Accuracy）、微分非线性、单调性和无错码、总谐波失真（Total Harmonic Distortion，THD）、积分非线性等指标。

下面介绍 3 种常用的 A/D 转换器。

1）双积分型 A/D 转换器

双积分型 A/D 转换器将输入电压转换为时间信号或频率信号，通过定时器和计数器获得数值。因为转换器先后对输入模拟信号和基准电压信号进行了两次积分，所以称为双积分型 A/D 转换器。其优点是用简单电路就能获得高分辨率，缺点是转换精度依赖积分时间，转换速率极低。TLC7135 为双积分型 A/D 转换器，如图 3-62 所示。

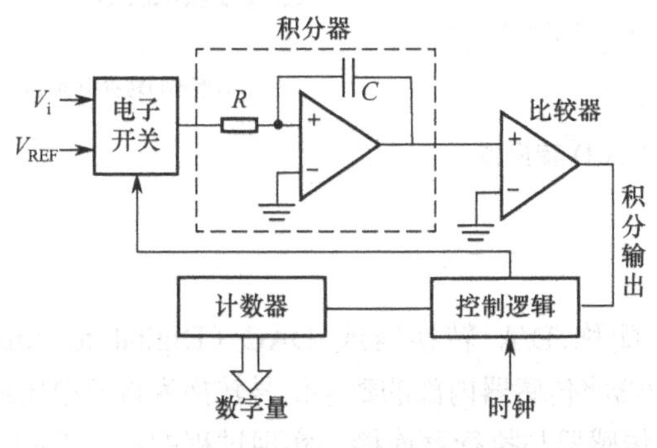

(a) 双积分型A/D转换器的工作原理

(b) 双积分型A/D转换器实物

图 3-62　双积分型 A/D 转换器

2）逐次比较型 A/D 转换器

逐次比较型 A/D 转换器由比较器和转换器构成，通过逐次比较逻辑将模拟信号转换为数字信号。从最高有效位（Most Significant Bit，MSB）开始，顺序地对输入电压与内置转换器输出进行比较，经 n 次比较后输出数值。其电路规模中等，优点是速度快、功耗低，缺点是在低分辨率（2 位）下价格很高。TLC0831 为逐次比较型 A/D 转换器，如图 3-63 所示。

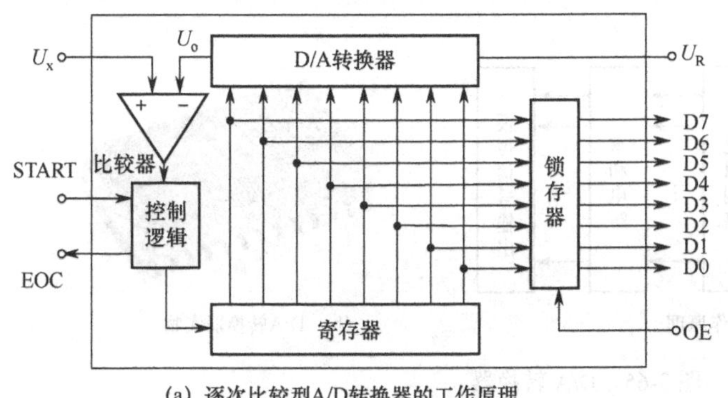

(a) 逐次比较型A/D转换器的工作原理

(b) 逐次比较型A/D转换器实物

图 3-63　逐次比较型 A/D 转换器

3）Σ-Δ 型 A/D 转换器

Σ-Δ 型 A/D 转换器由积分器、比较器和数字滤波器等组成。其原理与双积分型 A/D 转换器类似，将输入电压转换为时间信号，经数字滤波器处理后得到数值。电路的数字部分容易单片化，易实现高分辨率，主要用于音频测量。AD7705 为Σ-Δ 型 A/D 转换器，如图 3-64 所示。

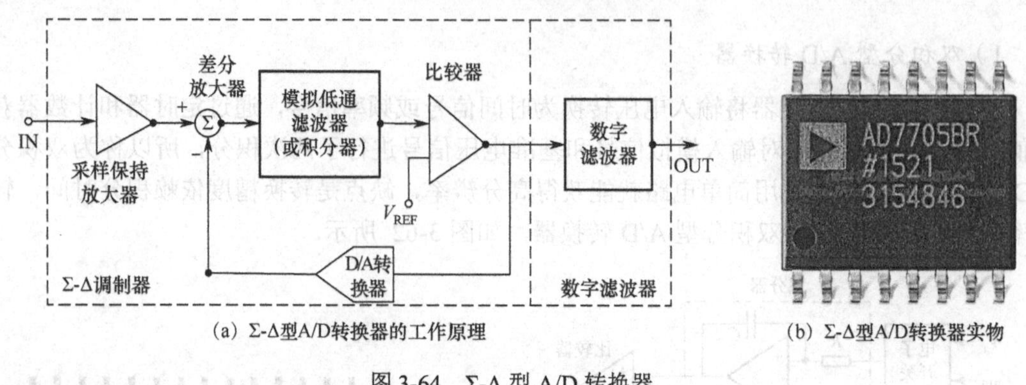

(a) Σ-Δ型A/D转换器的工作原理　　(b) Σ-Δ型A/D转换器实物

图 3-64　Σ-Δ 型 A/D 转换器

3.5.3　外围电路模块二：数模转换器

数模转换器将数字信号转换为模拟信号，简称 D/A 转换器或 DAC（Digital to Analog Converter）。对于智能传感器来说，常用 D/A 转换器将传感器内部的数字信号转换为直流电压或直流电流信号，实现传感器信号的模拟输出，便于传感器与执行器连接，实现过程的自动控制。

1. 转换原理

D/A 转换器主要由数字寄存器、模拟电子开关、位权网络、求和运算放大器和基准电压源（或恒流源）组成。数字信号以串行或并行方式输入，存储在数字寄存器中，数字寄存器输出的各位数码分别控制对应位的模拟电子开关，使数码为 1 的位在电阻网络上产生与其位权值成正比的电流，再通过求和电路得到与数字信号对应的模拟信号，D/A 转换器如图 3-65 所示。

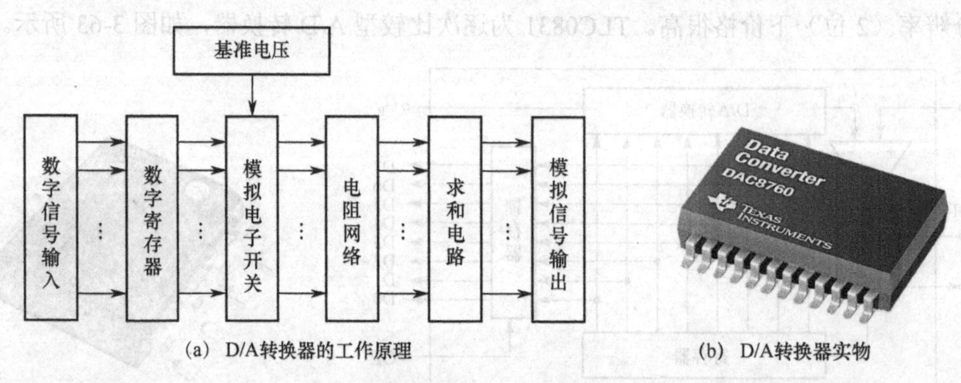

(a) D/A转换器的工作原理　　(b) D/A转换器实物

图 3-65　D/A 转换器

为确保系统处理结果准确，D/A 转换器必须有足够的转换精度，如果要对快速变化的信号进行实时控制与检测，D/A 转换器还应具有较高的转换速率。

电流型 D/A 转换器将恒流源切换到电阻网络中，恒流源内阻大，相当于开路，因此电子开关等对转换精度的影响较小，电子开关大多采用非饱和型 ECL 开关电路，使 D/A 转换器能够实现高速、高精度转换。

相邻转换器得到的电压值不连续，两者的电压差由低码位代表的位权值决定。它是信息所能分辨的最小量，用 LSB（Least Significant Bit）表示，与最大量对应的最大输出电压用 FSR（Full Scale Range）表示。

2. 转换方式

1）并行 D/A 转换

典型并行 D/A 转换器的基本部件包括数码操作开关和电阻网络，其通过模拟信号参考电压和电阻梯形网络产生以参考量为基准的分数值权电流或权电压；通常用输入数字只有最低有效位（LSB）为 1 时对应的输出电压，与最大输出电压（输入数字全为 1）的比值来表示 D/A 转换器的分辨率。分辨率反映当输入数字量发生微小变化时，输出模拟量变化的灵敏程度。位数越多则分辨率越高，转换精度越高。工业自动控制系统一般采用 10 位或 12 位 D/A 转换器，其转换精度为0.1%～0.5%。

2）串行 D/A 转换

串行 D/A 转换器将数字信号转换为脉冲序列，再转换为单位模拟信号，并将所有单位模拟信号相加，得到与数字信号成正比的模拟信号，实现数字信号与模拟信号的转换。

随着数字技术的飞速发展与普及，在现代控制、通信、检测等领域，为了提高系统性能，在信号处理中广泛应用数字技术。由于系统使用的往往是模拟信号（如温度、压力、位移等），要使计算机或数字仪表能识别、处理这些信号，必须将其转换为数字信号；而经计算机分析、处理后输出的数字信号也往往需要转换为相应的模拟信号。

3. 分类及特点

按解码网络结构，可以将 D/A 转换器分为以下 4 类。

（1）T 型电阻网络 D/A 转换器。

（2）倒 T 型电阻网络 D/A 转换器。

（3）权电流 D/A 转换器。

（4）权电阻网络 D/A 转换器。

按模拟电子开关电路，可以将 D/A 转换器分为以下 3 类。

（1）CMOS 开关型 D/A 转换器（对转换速率的要求不高）。

（2）双极型开关 D/A 转换器电流开关型（对转换速率的要求较高）。

（3）ECL 电流开关型 D/A 转换器（对转换速率的要求很高）。

4.　D/A 转换器的典型应用电路

在传感器电路设计中，通常采用 D/A 转换器将传感器内部的数字信号转换为电压、电流信号，便于后端采集系统进行模拟信号采集处理。典型的 D/A 转换器包括 TLV5638、AD420、DAC8760 等。

TLV5638 是低功耗双通道 12 位电压输出转换器，具有灵活的 3 线串行接口。输出电压由增益为 2 的轨对轨输出缓冲器缓冲后输出，其具有 AB 类输出级，稳定性较高。TLV5638 电路如图 3-66 所示。TLV5638 采用单电源工作方式，工作电压为 2.7～5.5 V，采用 8 引脚 SOIC 封装，在军用温度范围内的应用中，它采用 JG 和 FK 封装。

AD420 是 16 位完整数字电流环路输出转换器，采用 24 引脚 SOIC 或 PDIP 封装，具有高精度、低成本等优点，用于产生电流环路信号。AD420 的工作温度为–40～85℃，可以通过编程将电流设置为 4～20mA、0～20mA、0～24mA。AD420 电路如图 3-67 所示。AD420

也可以通过一个独立引脚提供电压输出，需要增加外部缓冲放大器，以对该引脚进行配置，实现 0～5V、0～10V、-5～5V、-10～10V 电压输出。

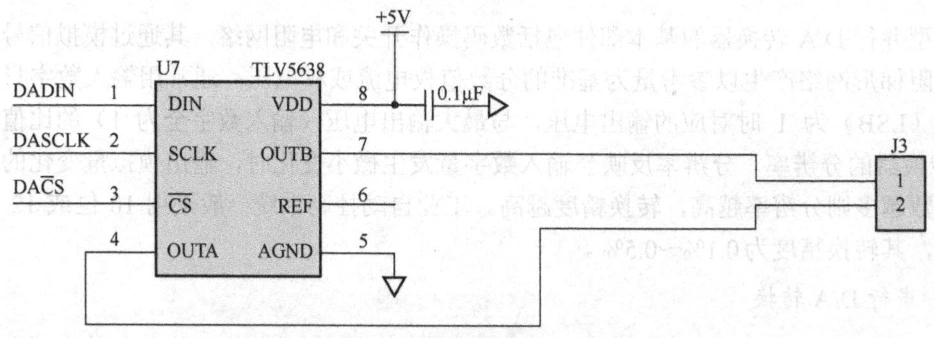

图 3-66 TLV5638 电路

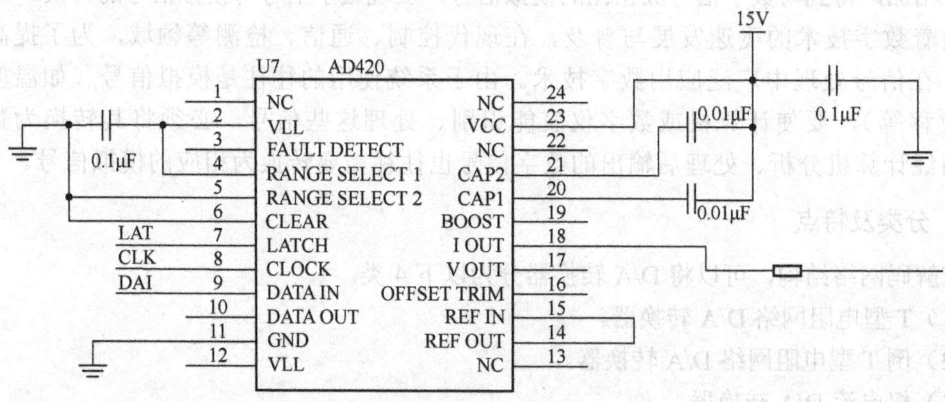

图 3-67 AD420 电路

DAC8760 是应用于 4～20mA 电流回路的单通道 16 位可编程电流或电压输出转换器。工作温度为-40～125℃；采用 40 引脚 VQFN 和 24 引脚 HTSSOP 封装。经编程可提供 4～20mA、0～20mA、0～24mA 的电流输出；也可以提供 0～5V、0～10V、-5～5V、-10～10V 的电压输出，可超出量程范围 10%（0～5.5V、0～11V、-5.5～5.5V、-11～11V）。电流和电压输出由一个寄存器控制，可同时输出电流和电压。

3.5.4 外围电路模块三：存储器

存储器用于存储程序和各种数据信息。计算机中的全部信息（包括输入的原始数据、计算机程序、中间运行结果和最终运行结果）都保存在存储器中。存储器在控制器指定的位置存入和取出信息。有了存储器，计算机才有记忆功能，才能正常工作。

在计算机系统中，存储器按用途可分为主存储器（内存）、辅助存储器（外存）和缓冲存储器（缓存）。内存指主板上的存储部件，用于存放当前正在执行的程序，其速度快、容量小，仅用于暂时存放程序和数据，如果断电，数据会丢失；外存主要用于存放不活跃的程序和数据，其速度慢、容量大，通常是磁性介质或光盘等，能长期保存信息；缓存主要在两个工作速度不同的部件间起缓冲作用。存储器的工作原理如图 3-68 所示。

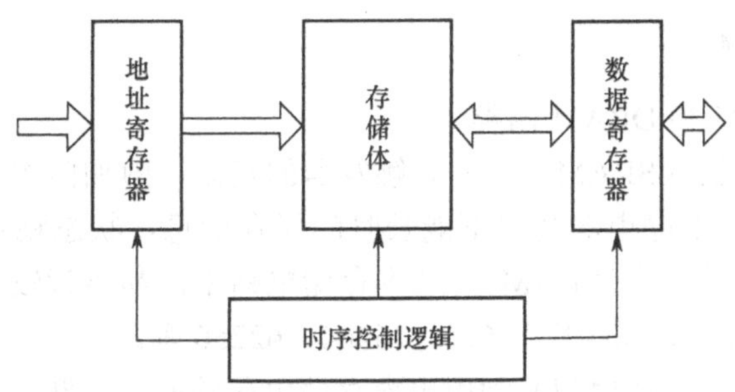

图 3-68　存储器的工作原理

1. 存储器结构

在 MCS51 系列单片机中，程序存储器和数据存储器相互独立，物理结构不同。程序存储器为只读存储器，数据存储器为随机存取存储器。从物理地址空间来看，共有 4 个存储器空间，即片内程序存储器、片外程序存储器、片内数据存储器和片外数据存储器。

2. 存储器的相关概念

（1）存储器：存储程序和数据信息的器件。

（2）存储位：存放一个二进制数，是存储器最小的存储单元，称为记忆单元。

（3）存储字：一个数（*n* 位二进制数）作为一个整体存入或取出，称为存储字。

（4）存储单元：存放一个存储字的若干个记忆单元组成一个存储单元。

（5）存储体：大量存储单元的集合。

（6）存储单元地址：存储单元的编号。

（7）字编址：对存储单元按字编址。

（8）字节编址：对存储单元按字节编址。

（9）寻址：根据地址寻找数据，从对应地址的存储单元中访问数据。

3. RAM 和 ROM

只读存储器（ROM）：存储的内容固定不变，是只能读出不能写入的半导体存储器。

随机存取存储器（RAM）：既能读出又能写入的半导体存储器。

RAM 和 ROM 都是半导体存储器。区别在于，RAM 可以随机读写，其特点是掉电后数据丢失，典型的 RAM 是计算机的内存；ROM 是一次写入、反复读取的固化存储器，利用掩膜工艺制造，其中的代码和数据永久保存，不能修改，其在系统停电时依然可以保存数据。ROM 和 RAM 实物如图 3-69 所示。

(a) ROM　　(b) RAM

图 3-69　ROM 和 RAM 实物

4. SRAM 和 DRAM

RAM 可分为 SRAM 和 DRAM 两类。

静态随机存取存储器（SRAM）在静态触发器的基础上附加门控管，靠触发器的自保功能存储数据。SRAM 在不停电的情况下能长时间保存信息，状态稳定，不需要外加刷新电路，简化了外部电路设计。在 SRAM 的基本存储电路中，晶体管较多，因此集成度较低且功耗较大。常用的 SRAM 集成芯片有 6116、6264、62256 等。

动态随机存取存储器（DRAM）利用电容存储电荷的原理存储信息，其电路简单，集成度高。当电容存储电荷一段时间后，电容放电会导致电荷流失，使信息丢失。解决办法是每隔一段时间对 DRAM 进行读出和再写入，该过程被称为 DARM 的刷新。DRAM 的缺点是需要刷新，且在刷新时不能进行正常的读写操作。常用的 DRAM 集成芯片有 2186、2187 等。SRAM 和 DRAM 实物如图 3-70 所示。

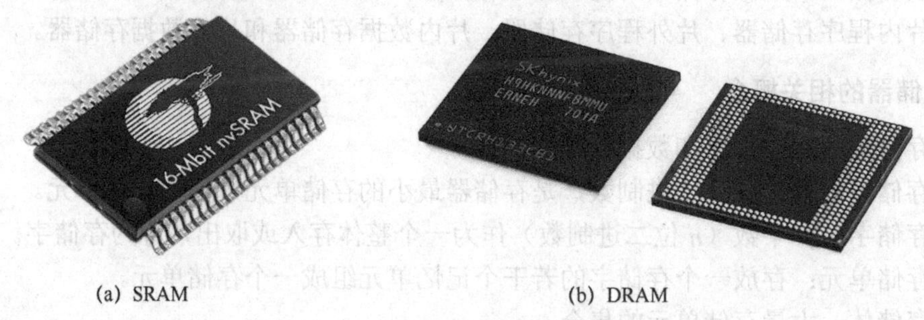

(a) SRAM　　(b) DRAM

图 3-70　SRAM 和 DRAM 实物

存储器的难点在于其 IP 核（指芯片中具有独立功能的电路模块）的设计和制造工艺不成熟。虽然我国在这方面的发展起步较晚，但是国内厂商在不断努力下，我国在 DRAM 的 IP 核制造方面赶上了国外厂商的步伐。长鑫存储实现了 DRAM 存储器零的突破。

5. PROM、EPROM 和 EEPROM

PROM 为可编程只读存储器，它只允许写入一次。出厂时 PROM 的数据全部为 0，用户可以对它的部分单元写入 1，以进行编程。

EPROM 为可擦写可编程只读存储器，是 PROM 的升级版，可多次编程更改，但只能使用紫外线擦除。

EEPROM 为电可擦写可编程只读存储器，是 EPROM 的升级版，可多次编程更改，使用电擦除。EEPROM 可以一次只擦除 1 字节。

PROM、EPROM、EEPROM 均为非易失性存储器。在掉电的情况下不会丢失数据。PROM、EPROM、EEPROM 实物如图 3-71 所示。

所有主流的非易失性存储器都源于 ROM，EPROM、EEPROM 存在写入信息困难、写入速度慢、只能进行有限次擦写、写入功耗大等问题。

6. FLASH

FLASH 是一种非易失性存储器，具备电可擦除和可编程特性，且在断电后不会丢失数据。它有较大的容量和较低的价格，特点是必须按块擦除，而 EEPROM 可以一次只擦除 1 字节。

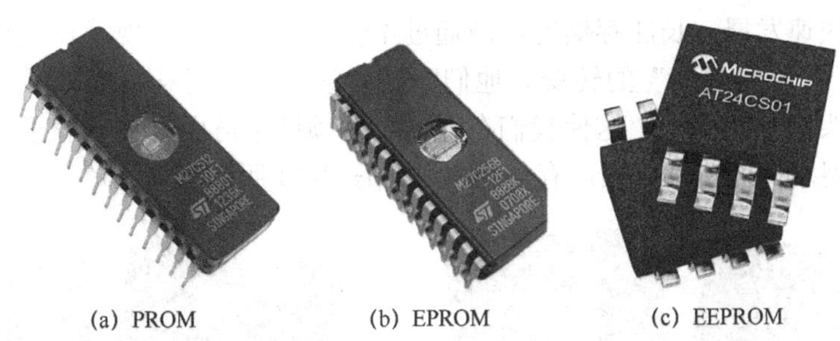

(a) PROM　　(b) EPROM　　(c) EEPROM

图 3-71　PROM、EPROM、EEPROM 实物

FLASH 可分为 NOR FLASH 和 NAND FLASH，NOR FLASH 和 NAND FLASH 实物如图 3-72 所示。

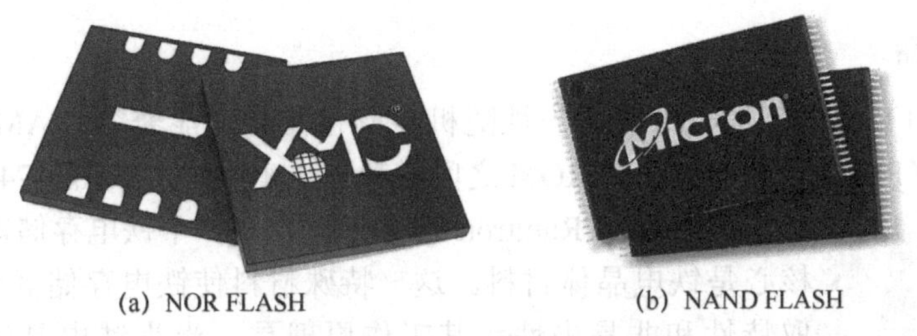

(a) NOR FLASH　　(b) NAND FLASH

图 3-72　NOR FLASH 和 NAND FLASH 实物

NOR FLASH：1988 年，Intel 开发了 NOR FLASH。NOR FLASH 在擦除数据时基于隧道效应（浮置栅极放电），在写入数据时采用热电子注入方式（浮置栅极充电）。对于智能传感器应用系统来说，在大多数情况下，NOR FLASH 仅用于存储少量代码。

NAND FLASH：1989 年，东芝开发了 NAND FLASH，NAND FLASH 的擦和写均基于隧道效应，电流穿过浮置栅极与基底之间的绝缘层，对浮置栅极进行充电（写数据）或放电（擦除数据）。NAND FLASH 的存储单元采用串行结构，存储单元的读写以页和存储块为单位（一页包含若干字节，若干页组成储存块，NAND FLASH 的存储块大小为 8KB 到 32KB），这种结构最大的优点在于容量可以做得很大，超过 512MB 的 NAND FLASH 相当普遍。NAND FLASH 的成本较低，有利于大规模普及。

两者的区别如下。

（1）NOR FLASH 的读取速度比 NAND FLASH 快，但容量小、价格昂贵。

（2）NOR FLASH 可以在芯片内执行代码，因此应用程序可以直接在 NOR FLASH 内运行，NAND FLASH 的密度较大，可以应用于大数据存储。

NAND FLASH 的缺点是读速度较慢，它的 I/O 接口只有 8 个，这 8 个 I/O 接口只能以轮转的方式完成数据传输，速度比 NOR FLASH 的并行传输模式慢得多。NAND FLASH 的逻辑为电子盘模块结构，内部不存在专门的存储控制器，一旦出现数据损坏将无法修正，可靠性低。NAND FLASH 广泛应用于移动存储、数码相机、MP3 播放器、掌上电脑等新兴数字设备。数字设备的快速发展带动 NAND FLASH 发展。在大多数情况下，FLASH 只能存储少量代码，这时适合使用 NOR FLASH，而 NAND FLASH 则是高密度存储数据的理想解决方案。

我国的 NAND FLASH 存储器厂商抓住了从 2D 平面技术到 3D NAND 堆叠技术的发展

时机，实现了快速发展。长江存储等厂商通过不懈奋斗，不仅实现了在该领域中的“从无到有”，还实现了“由弱到强”的转变。他们突破封锁、克服困难，打破了国内存储芯片市场长期被国际巨头垄断的局面。这使我们在存储芯片领域不再面临“卡脖子”问题，开创了国产存储器的发展新局面。部分国产存储器实物如图 3-73 所示。

(a) 长鑫存储的DDR4同步动态随机存储器　(b) 长江存储的FLASH NAND存储器

图 3-73　部分国产存储器实物

7. 铁电存储器

铁电存储器（FRAM）是一种非易失性随机存取存储器，能兼容 RAM 的随机存取功能。铁电存储器（FRAM）在 RAM 和 ROM 之间搭起了一座桥梁，如图 3-74 所示。

图 3-74　铁电存储器

1993 年，Ramtron 成功开发了第一个铁电存储器（FRAM），其核心是铁电晶体材料。这一特殊材料使铁电存储器同时拥有随机存取特性和非易失性。其工作原理是：当为铁电晶体材料施加电场时，材料中的中心原子会沿电场方向运动，达到稳定状态。每个自由的中心原子只有两个稳定状态，一个记为逻辑中的“0”，另一个记为“1”。

中心原子能在常温、没有电场的情况下，停留在此状态超过 100 年。铁电存储器不需要定时刷新，能在断电情况下保存数据。在整个物理过程中没有任何原子碰撞，铁电存储器有高速读写、超低功耗和能无限次写入等特性。

与 EEPROM 相比，铁电存储器主要有以下优点。

（1）FRAM 可以以总线速度写入数据，在写入后不需要等待，而 EEPROM 在写入后一般有 5～10ms 的等待时间。

（2）FRAM 几乎能无限次写入，一般 EEPROM 可以进行十万次到一百万次写入，新一代 FRAM 可以进行一亿次写入。

（3）FRAM 适用于对数据采集、写入时间要求较高的场合，其具有较高的存储能力，可以存储一些重要资料，适合作为重要系统中的暂存工具，用于在子系统之间传输各种数据，供各子系统频繁读写。

第 4 章　智能传感器的信号处理、通信和抗干扰技术

智能传感器将传感模块与信号处理模块结合，实现了集成化、微型化和多功能化，与传统传感器相比，它具有更丰富的信息处理能力，通过信号处理技术、通信技术和抗干扰技术，智能传感器能够实现高精度的信息采集、处理和交换。

传感模块将采集到的温度、声音、压力、位移、亮度等信号，按一定规律转换为电信号或其他形式的信号并输出，以满足信息的传输、处理、存储、显示、记录和控制等要求。

多数传感模块输出的电信号幅值较小，且混有噪声，需要进行放大、滤波、阻抗变换等。如果仅对部分频段感兴趣，则需要从输出信号中分离出所需要的频率成分，以获得可用于分析和决策的数据。

通信技术使智能传感器能够以数字形式实现双向通信，通过测试数据传输或接收指令来实现各项功能。例如，可以通过无线通信（如蓝牙、Wi-Fi、LoRa 等）或有线通信（如 RS485、Ethernet 等）与其他设备进行数据传输。这既提高了处理和分析数据的效率和准确率，又实现了智能传感器与其他设备和系统的实时互联，极大地提高了智能传感器的应用性能。

智能传感器在感知信号、处理信号、传输信号和转换信号的过程中，不可避免地会受电磁干扰、噪声、温度变化等因素的影响，轻则使信号失真，重则损害传感器系统，造成严重的后果。因此，在设计智能传感器系统时必须预先考虑各种干扰的影响，采取相关抗干扰措施，如屏蔽、滤波、隔离等，力求在最大限度上抑制干扰，提高智能传感器的稳定性和准确性。

信号处理、通信和抗干扰技术的应用使智能传感器能够从环境中获得高质量数据，并将这些数据传输到后端设备进行进一步分析和处理，实现实时监测、远程控制、数据分析、决策支持等多种功能。

4.1　智能传感器的信号处理技术

随着大规模集成电路的飞速发展，以及数字信号处理理论和技术的成熟与完善，数字信号处理逐渐取代模拟信号处理，成为重要的信号处理技术。

信号处理的主要任务是对信号进行采样接收、频谱分析、域变换、综合、估计与识别等。与模拟信号处理系统相比，数字信号处理系统具有更高的灵活性、稳定性，以及更高的精度，便于大规模集成。

数字信号处理指利用计算机或专用处理设备对数字信号进行分析、变换、综合、估计与识别的过程。作为数字信号处理的重要组成部分，滤波技术的主要任务是从带有噪声的信号中提取有用信号。

4.1.1　滤波技术

滤波一词源于通信理论，是从含有干扰的接收信号中提取有用信号的技术。“接收信号”相当于被观测的随机过程，“有用信号”相当于被估计的随机过程，可以认为滤波是用当前和过去的观测值估计当前信号的过程。滤波器是实现滤波功能的硬件模块，它是一种频

率选择器，可以对输入信号的某些频率成分进行压缩、放大，从而改变信号的频谱结构。

滤波是提高智能传感器抗干扰能力的有效技术之一。滤波器根据信号的频率实现对信号的选择性传输，尽可能多地滤除智能传感器在信息感知、信号采集过程中的干扰信号，大大提高了信号采集的准确性。

根据系统输入和输出信号的特性，可以将滤波器分为模拟滤波器和数字滤波器。模拟滤波器由电阻、电容、电感及有源器件等构成，会产生电压漂移、温度漂移和噪声等，精度不高。数字滤波器要求系统的输入和输出信号均为数字信号，通过对输入信号进行数值运算来实现滤波，精度高、灵活可靠。数字滤波器和模拟滤波器如图 4-1 所示。

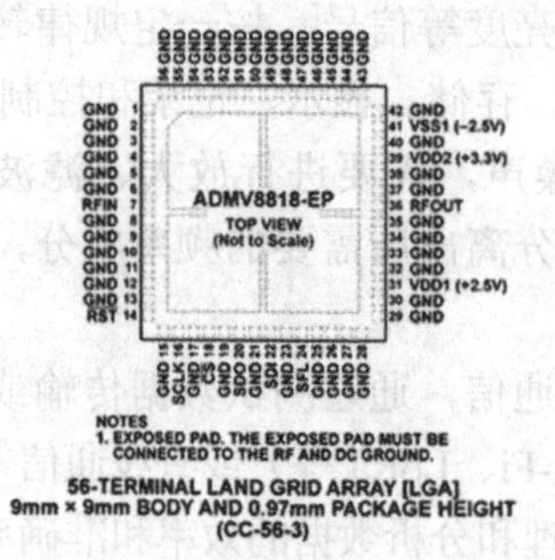

(a) EVAL-ADMV8818数字可调谐滤波器引脚图

(b) EVAL-ADMV8818 数字可调谐滤波器实物

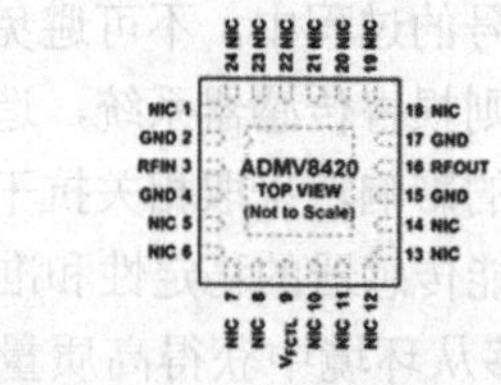

(c) EVAL-ADMV8420 10～21.7GHz
可调谐带通滤波器引脚图

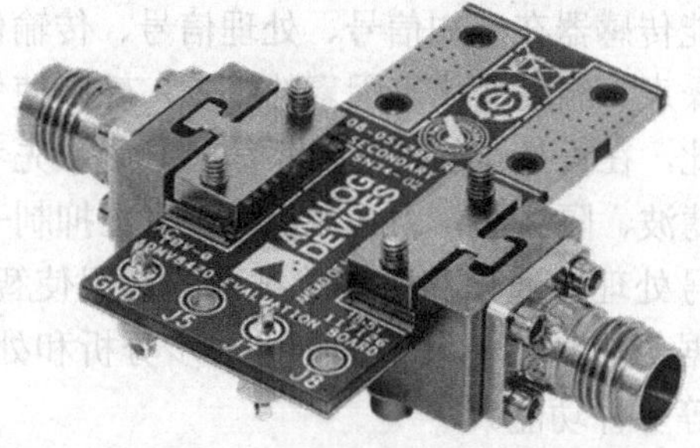

(d) EVAL-ADMV8420 10～21.7GHz
可调谐带通滤波器实物

图 4-1　数字滤波器和模拟滤波器

滤波器可以分为经典滤波器和现代滤波器。经典滤波器只允许频率在一定范围内的信号成分通过，而阻止其他信号成分通过。经典滤波器主要包括低通滤波器、高通滤波器、带通滤波器、带阻滤波器。现代滤波器的定义十分简明直接，从带有噪声的信号中估计或检测得到有用信号的方法均可称为现代滤波器。现代滤波器建立在随机信号处理的基础上，在有用信号和干扰信号重叠的情况下，根据随机信号内部的一些统计分布规律（如自相关函数、功率谱等）得到一套最佳估值算法，以提取有用信号。现代滤波器包括维纳滤波器、卡尔曼滤波器、匹配滤波器和自适应滤波器等。经典滤波方法在理论上相对成熟，应用较多，现代滤波技术的灵活性和稳定性高，但在理论上不够完善。

由于模拟滤波器易受干扰因素的影响，所以需要用精密的电子元件实现。目前，得到广泛应用的滤波器主要是数字滤波器，而经典滤波器是实现各类滤波器的基础。因此，下面主要介绍经典滤波、数字滤波，以及近年发展起来的具有较大优势的自适应滤波。

1. 经典滤波

经典滤波器要求输入信号中有用信号的频率成分和希望滤除的信号的频率成分在不同的频段上，这可以通过采用合适的选频滤波器来实现。当输入信号中含有干扰信号，且有用信号和干扰信号不重叠时，可通过选频滤除干扰，得到有用信号。

1）经典滤波器的分类

在电路中，滤波器的主要作用是使有用信号有效通过，并使无用信号衰减。按频率通带的范围，可以将经典滤波器分为低通滤波器、高通滤波器、带通滤波器和带阻滤波器。在理想情况下，4 种经典滤波器的原理如图 4-2 所示。

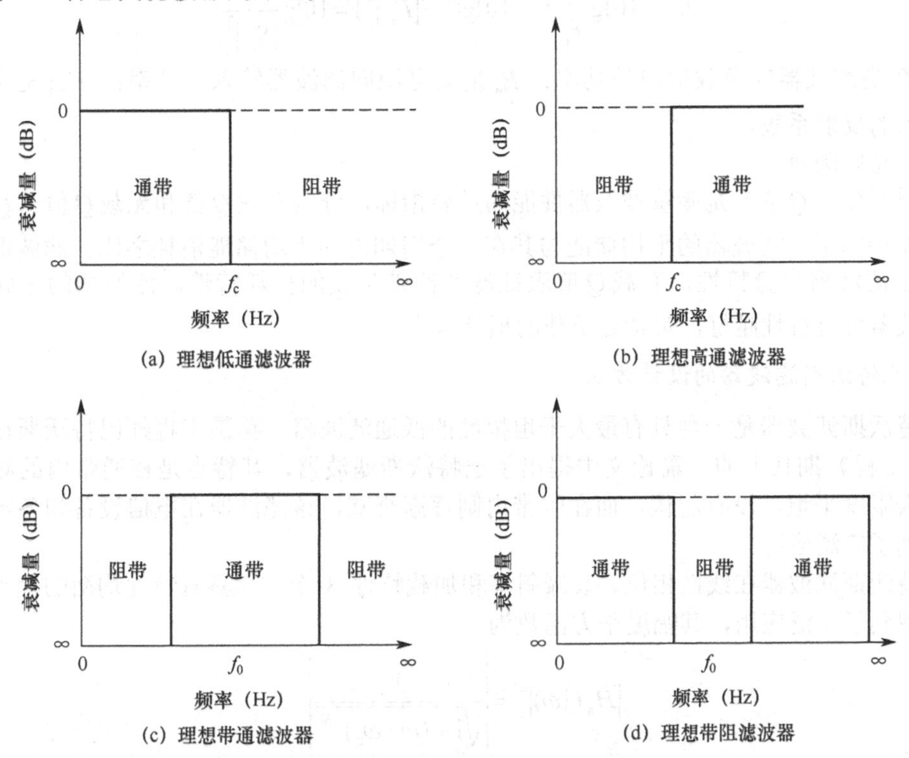

图 4-2　4 种经典滤波器的原理

从图 4-2（a）中可以看出，理想低通滤波器允许直流和频率低于截止频率的信号通过，且信号没有功率损失，频率高于截止频率的信号会被彻底阻断，通带与阻带之间没有过渡带。从图 4-2（b）中可以看出，理想高通滤波器的频率响应与理想低通滤波器相反。从图 4-2（c）中可以看出，理想带通滤波器的中心频率位于信号通带的中心，在中心频率附近的一定范围内为信号通带，在该范围外的信号不能通过。从图 4-2（d）中可以看出，理想带阻滤波器的频率响应与理想带通滤波器相反。

2）滤波器的主要指标

滤波器的主要指标包括中心频率（f_0）和截止频率（f_c）、带宽（Δf）、插入损耗（L_A）、品质因数（Q值）等。

（1）中心频率和截止频率。

中心频率用 f_0 表示，带通滤波器在中心频率附近的一定范围内允许信号通过，带阻滤波器则与之相反。对于低通滤波器和高通滤波器来说，相关指标为截止频率，用 f_c 表示。

（2）带宽。

通常将带宽定义为与 3dB 衰减对应的上限截止频率 f_H 和下限截止频率 f_L 的差，表示为 $BW = f_H - f_L$。

（3）插入损耗。

要使信号在滤波器通带范围内实现无失真传输，必须保证信号在通带内任意频率处的衰减幅度相同。零衰减和完全保持同一衰减幅度是不可能实现的，因此在实际工程中，为得到合适的衰减幅度及波动范围，通常采用插入损耗（L_A）来衡量通带内的损耗水平。

$$L_A = 10\lg\frac{P_{in}}{P_L} = -10\lg(1-|\Gamma_{in}|^2) = 10\lg\frac{1}{|S_{21}|^2} \tag{4-1}$$

式中，P_L 是滤波器向负载输出的功率；P_{in} 是信号源向滤波器输入的功率；$|\Gamma_{in}|$ 是从信号源到滤波器的反射系数。

（4）品质因数。

品质因数（Q 值）是衡量滤波器性能的重要指标，分为有载 Q 值和无载 Q 值。Q 值定义为在谐振频率下，滤波器的平均储能与其在一个周期内的平均储能消耗之比。滤波器的无载 Q 值表征滤波器自身特性，有载 Q 值表征滤波器带负载的损耗特性。滤波器的无载 Q 值越高，滤波器自身特性越好，带特定负载的损耗越小。

3）巴特沃斯滤波器的设计方法

巴特沃斯滤波器是一种具有最大平坦幅度的低通滤波器。英国工程师巴特沃斯在发表在《无线电工程》期刊上的一篇论文中提出了巴特沃斯滤波器，其特点是在通带内的频率响应曲线最大限度平坦，没有起伏，而在阻带内则逐渐衰减，该滤波器在电信设备和各类控制系统中得到了广泛应用。

巴特沃斯滤波器在线性相位、衰减斜率和加载特性 3 个方面具有特性均衡的优点，在通信领域得到了广泛应用，其幅度平方函数为

$$|H_a(j\omega)|^2 = \left|\frac{1}{\sqrt{1+(\omega/\omega_c)^{2N}}}\right|^2 \tag{4-2}$$

式中，N 为滤波器的阶数；ω_c 为低通滤波器的截止频率。当 $\omega = \omega_c$ 时，$|H_a(j\omega)|^2 = 1/2$，因此 ω_c 为滤波器的半功率点。巴特沃斯滤波器的幅频特性如图 4-3 所示。

巴特沃斯滤波器具有以下特点。

- 最大限度平坦：可以证明，当 $\omega = 0$ 时，其前 $2N-1$ 阶导数都为零，这表示巴特沃斯滤波器在 $\omega = 0$ 附近非常平坦。
- 通带、阻带下降的单调性：该滤波器具有良好的相频特性。
- –3dB 的不变性：N 越大，特性曲线越陡峭，越接近理想特性曲线。但无论 N 为多少，幅频特性都通过 –3dB 点。

（1）极点分布。

对 $|H_a(j\omega)|^2$ 进行变换，得到

$$H_a(S)H_a(-S) = \frac{1}{1+\left(\frac{S}{j\omega_c}\right)^{2N}} \tag{4-3}$$

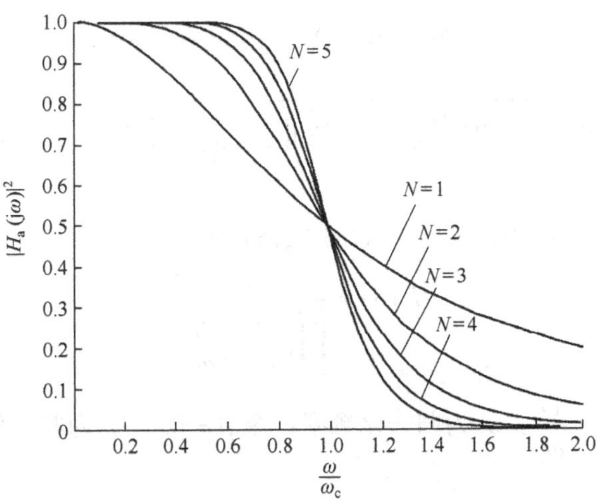

图 4-3　巴特沃斯滤波器的幅频特性

极点 S_k 为

$$S_k = (-1)^{\frac{1}{2N}}(\mathrm{j}\omega_c) = \omega_c \mathrm{e}^{\mathrm{j}\pi\left(\frac{1}{2}+\frac{2k+1}{2N}\right)} \tag{4-4}$$

共有 $2N$ 个极点，为形成稳定的滤波器，左半平面的 N 个极点构成 $H_a(S)$，右半平面的 N 个极点构成 $H_a(-S)$。$H_a(S)$ 为

$$H_a(S) = \frac{\omega_c^N}{\prod_{k=0}^{N-1}(S - S_k)} \tag{4-5}$$

设 $N=6$，则有 12 个极点，分别为 $S_0 = \omega_c \mathrm{e}^{\mathrm{j}\pi\frac{7}{12}}$，$S_1 = \omega_c \mathrm{e}^{\mathrm{j}\pi\frac{9}{12}}$，$S_2 = \omega_c \mathrm{e}^{\mathrm{j}\pi\frac{11}{12}}$，$S_3 = \omega_c \mathrm{e}^{-\mathrm{j}\pi\frac{11}{12}}$，$S_4 = \omega_c \mathrm{e}^{-\mathrm{j}\pi\frac{9}{12}}$，$S_5 = \omega_c \mathrm{e}^{-\mathrm{j}\pi\frac{7}{12}}$，$S_6 = \omega_c \mathrm{e}^{-\mathrm{j}\pi\frac{5}{12}}$，$S_7 = \omega_c \mathrm{e}^{-\mathrm{j}\pi\frac{3}{12}}$，$S_8 = \omega_c \mathrm{e}^{-\mathrm{j}\pi\frac{1}{12}}$，$S_9 = \omega_c \mathrm{e}^{\mathrm{j}\pi\frac{1}{12}}$，$S_{10} = \omega_c \mathrm{e}^{\mathrm{j}\pi\frac{3}{12}}$，$S_{11} = \omega_c \mathrm{e}^{\mathrm{j}\pi\frac{5}{12}}$。

六阶巴特沃斯滤波器的极点分布如图 4-4 所示。

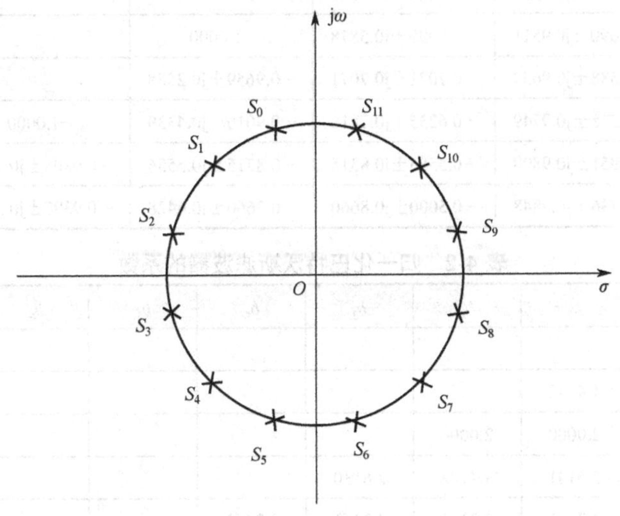

图 4-4　六阶巴特沃斯滤波器的极点分布

取左半平面的极点 S_0、S_1、S_2、S_3、S_4、S_5 组成 $H_a(S)$

$$H_a(S)=\frac{\omega_c^6}{\left(S+\omega_c e^{j\pi\frac{7}{12}}\right)\left(S+\omega_c e^{j\pi\frac{9}{12}}\right)\left(S+\omega_c e^{j\pi\frac{11}{12}}\right)\left(S+\omega_c e^{-j\pi\frac{11}{12}}\right)\left(S+\omega_c e^{-j\pi\frac{9}{12}}\right)\left(S+\omega_c e^{-j\pi\frac{7}{12}}\right)} \tag{4-6}$$

（2）频率归一化。

对截止频率 ω_c 进行归一化，归一化后的 $H_a(S)$ 为

$$H_a(S)=\frac{1}{\prod_{k=0}^{N-1}\left(\frac{S}{\omega_c}-\frac{S_k}{\omega_c}\right)} \tag{4-7}$$

式中，$\frac{S}{\omega_c}=\frac{j\omega}{\omega_c}$。令 $\lambda=\frac{\omega}{\omega_c}$，$\lambda$ 为归一化频率；令 $p=j\lambda$，p 为归一化复变量，则归一化传递函数为

$$H_a(p)=\frac{1}{\prod_{k=0}^{N-1}(p-p_k)} \tag{4-8}$$

式中，p_k 为归一化极点，$p_k=e^{j\pi\left(\frac{1}{2}+\frac{2k+1}{2N}\right)}$。

可得

$$H_a(p)=\frac{1}{b_0+b_1p+\cdots+b_{N-1}p^{N-1}+p^N} \tag{4-9}$$

归一化巴特沃斯滤波器的极点、系数、分母分别如表 4-1、表 4-2 和表 4-3 所示。

表 4-1　归一化巴特沃斯滤波器的极点

阶　数	P_0	P_1	P_2	P_3	P_4
1	-1.0000				
2	−0.7071±j0.7071				
3	−0.5000±j0.8660	-1.0000			
4	−0.3827±j0.9239	−0.9239±j0.3827			
5	−0.3090±j0.9511	−0.8090±j0.5878	-1.0000		
6	−0.2588±j0.9659	−0.7071±j0.7071	−0.9659±j0.2588		
7	−0.2225±j0.9749	−0.6235±j0.7818	−0.9010±j0.4339	-1.0000	
8	−0.1951±j0.9808	−0.5555±j0.8315	−0.8315±j0.5556	−0.9808±j0.1951	
9	−0.1736±j0.9848	−0.5000±j0.8660	−0.7660±j0.6428	−0.9397±j0.3420	-1.0000

表 4-2　归一化巴特沃斯滤波器的系数

阶　数	b_0	b_1	b_2	b_3	b_4	b_5	b_6	b_7	b_8
1	1.0000								
2	1.0000	1.4142							
3	1.0000	2.0000	2.0000						
4	1.0000	2.6131	3.4142	2.6130					
5	1.0000	3.2361	5.2361	5.2361	3.2361				

续表

阶　数	b_0	b_1	b_2	b_3	b_4	b_5	b_6	b_7	b_8
6	1.0000	3.8637	7.4641	9.1416	7.4641	3.8637			
7	1.0000	4.4940	10.0978	14.5918	14.5918	10.0978	4.4940		
8	1.0000	5.1258	13.1371	21.8462	25.6884	21.8462	13.1371	5.1258	
9	1.0000	5.7588	16.5817	31.1634	41.9864	41.9864	31.1634	16.5817	5.7588

表 4-3　归一化巴特沃斯滤波器的分母

阶　数	$B(p)=B_1(p)B_2(p)B_3(p)B_4(p)B_5(p)$
1	$p+1$
2	$p^2+1.4142p+1$
3	$(p^2+p+1)(p+1)$
4	$(p^2+0.7654p+1)(p^2+1.8478p+1)$
5	$(p^2+0.6180p+1)(p^2+1.6180p+1)(p+1)$
6	$(p^2+0.5176p+1)(p^2+1.4142p+1)(p^2+1.9319p+1)$

（3）阶数 N 的确定。

阶数 N 主要影响幅频特性的变化速度，由技术指标确定。将 $\omega=\omega_p$ 代入式（4-3），得到 $1+\left(\dfrac{\omega_p}{\omega_c}\right)^{2N}=10^{\frac{a_p}{10}}$，将 $\omega=\omega_s$ 代入式（4-3），得到 $1+\left(\dfrac{\omega_s}{\omega_c}\right)^{2N}=10^{\frac{a_s}{10}}$。

从而有 $\left(\dfrac{\omega_p}{\omega_s}\right)^N=\sqrt{\dfrac{10^{\frac{a_p}{10}}-1}{10^{\frac{a_s}{10}}-1}}$。令 $\lambda_{sp}=\dfrac{\omega_s}{\omega_p}$，$k_{sp}=\sqrt{\dfrac{10^{\frac{a_p}{10}}-1}{10^{\frac{a_s}{10}}-1}}$，则 N 为

$$N=-\frac{\lg k_{sp}}{\lg\lambda_{sp}} \tag{4-10}$$

求出的 N 可能有小数部分，应取不小于 N 的最小整数。

由 $1+\left(\dfrac{\omega_p}{\omega_c}\right)^{2N}=10^{\frac{a_p}{10}}$，可得 $\omega_c=\omega_p(10^{0.1a_p}-1)^{-\frac{1}{2N}}$。

由 $1+\left(\dfrac{\omega_s}{\omega_c}\right)^{2N}=10^{\frac{a_s}{10}}$，可得 $\omega_c=\omega_s(10^{0.1a_s}-1)^{-\frac{1}{2N}}$。

综上所述，巴特沃斯滤波器的设计步骤如下。

- 根据技术指标 ω_p、a_p、ω_s 和 a_s，利用式 $N=-\dfrac{\lg k_{sp}}{\lg\lambda_{sp}}$ 求出滤波器的阶数 N。
- 利用式 $p_k=e^{j\pi\left(\frac{1}{2}+\frac{2k+1}{2N}\right)}$ 求出归一化极点 p_k，将 p_k 代入 $H_a(p)=\dfrac{1}{\prod\limits_{k=0}^{N-1}(p-p_k)}$，得到归一化传递函数 $H_a(p)$。
- 对 $H_a(p)$ 去归一化。将 $p=S/\omega_c$ 代入 $H_a(p)$，得到实际的滤波器传递函数。

2. 数字滤波

随着滤波技术的发展，数字滤波技术逐渐取代了模拟滤波技术。20 世纪 40 年代，科学家提出了维纳滤波理论，1960 年，Kalman 提出了卡尔曼滤波技术。卡尔曼滤波技术只能应用于无法精准探测的场景，如对气象、能源的探测等；而自适应滤波技术则可以直接用于航空、光学、生物医药等领域，这得益于固定系数滤波技术概念的提出及最小均方（Least Mean Squares，LMS）算法的改进。粒子滤波技术是近十几年发展起来的一项技术，20 世纪 50 年代提出的粒子滤波技术在当时所受的限制很多，但随着时间的推移，一些限制它的问题得到了解决，它的应用变得十分广泛。

数字滤波和模拟滤波在概念上没有区别，区别在于两者的输入和输出信号形式及滤波方式。模拟滤波主要利用电阻、电容、电感、晶体管等改变信号的频谱成分，数字滤波则利用算法改变信号的频谱成分。虽然可以通过 A/D 转换器或 D/A 转换器实现用数字滤波器处理模拟信号或用模拟滤波器处理数字信号，但随着数字信号处理技术的发展，数字滤波器逐渐表现出许多模拟滤波器不具备的优点。因此，数字滤波技术越来越受关注。

数字滤波技术指在软件中对采集到的数据进行干扰消除等处理的技术。一般来说，除了要在硬件中采取抗干扰措施，还要在软件中进行数字滤波，以进一步消除附加在数据中的各种干扰，使采集到的数据能够真实反映现场的实际情况。这里介绍的是可以在工控软件中应用的一般数字滤波技术，其能够满足一般数据处理需要。

1）算术平均值法

算术平均值法在一个周期内的不同时间点采样，然后求平均值，这种方法可以有效消除周期性干扰。可以将这种方法推广为对连续的几个周期进行平均，将测点前后一定范围内的平均值作为该点的值。算术平均值法如图 4-5 所示。

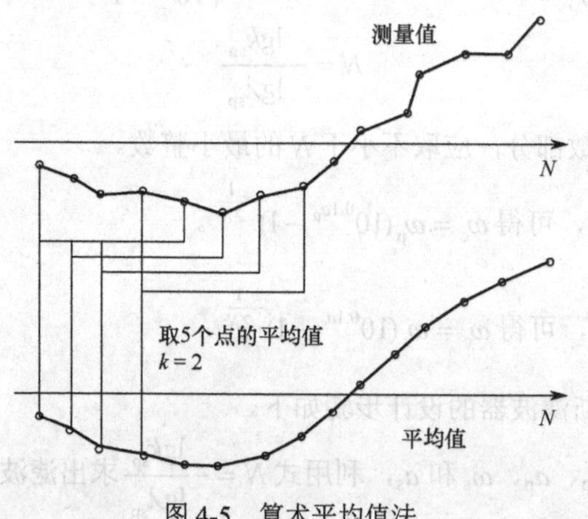

图 4-5　算术平均值法

设 $k=2$，i 点的值为 f_i，则 i 点的算术平均值为

$$g_i = \frac{1}{5}(f_{i-2} + f_{i-1} + f_i + f_{i+1} + f_{i+2}) \tag{4-11}$$

即 i 点的算术平均值为其与其前后各 k 个点的平均值，称为平滑值，则有

$$g_i = \frac{1}{2k+1}\sum_{j=-k}^{k} f_{i+j} \tag{4-12}$$

在横轴两端有不能计算平滑值的部分，要注意 i 的取值范围（$i = 1+k, 2+k, 3+k, \cdots, N+k$）。不同 k 值下的平滑曲线如图 4-6 所示。可知。k 值越大，波形越平滑。k 值过小则平滑效果较差，k 值过大则波形过于平坦，因此 k 值要根据频率变化。

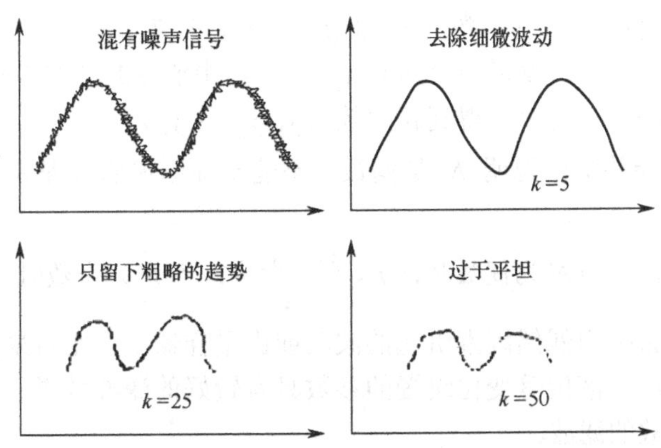

图 4-6　不同 k 值下的平滑曲线

对于频率较高、幅值不大的干扰，采用算术平均值法可在一定程度上将其滤除；对于成分较多、频率不高的干扰，则效果不佳。

2）加权平均值法

算术平均值法为采样值给出相同的加权系数，即 $1/N$。但在一些情况下，为了改善滤波效果及提高灵敏度，需要提高新采样值所占的比重，即对各采样值取不同的加权系数，将该方法称为加权平均值法，其表达式为

$$Y_n = \sum_{i=1}^{n} C_i x_i \tag{4-13}$$

式中，$0 < C_1 < C_2 < \cdots < C_n$ 且 $C_1 + C_2 + \cdots + C_n = 1$。

加权因子 C_i 可根据具体情况确定，一般采样值越靠后，其比重越高，这样可以提高新采样值在平均值中的比重，以迅速反映系统当前所受干扰的严重程度，提高系统对正常变化的灵敏度及对干扰的灵敏度。

采用加权平均值法需要不断计算各加权系数，计算量大、控制速度慢，因此它的应用范围不如算术平均值法广。

3）滑动平均值法

滑动平均值法将 N 个采样数据看作一列，列的长度固定为 N，每进行一次新的采样，就将新的采样结果放入队尾，并去掉队首的一个数据，这样在队列中始终有 N 个“最新”数据。滑动平均值法的优点是能快速处理信号，输入一个值就能输出一个值，不像算术平均值法那样输入 N 个值才能输出一个值，因此滑动平均值法适用于高速数据采集系统。

当采用滑动平均值法时，信号不会突变，这种方法具有一定的局限性，其将所有的信号突变都看作干扰。这种方法可以在一些比较特殊的场合中应用，在使用时需要改变相应的数据处理过程，其表达式为

$$Y_n = Q_1 X_n + Q_2 X_{n-1} + Q_3 X_{n-2} \tag{4-14}$$

式中，$Q_1 + Q_2 + Q_3 = 1$ 且 $Q_1 > Q_2 > Q_3$。

滑动平均值法的滤波效果较好，克服了算术平均值法和加权平均值法计算和输出慢、滤波周期长等缺点。

4）中值滤波法

中值滤波法连续采样 N 次（一般 N 为奇数），对 N 个采样值从小到大或从大到小排序，将其中间值作为本次采样值，设采样值为 $x_1, x_2, \cdots, x_n$，中值滤波法的步骤如下。

（1）利用排序算法对 x_i 排序，得到新的数列 $y_1, y_2, \cdots, y_n$。

（2）计算 $N/2$，能整除则说明 N 是偶数，不能整除则说明 N 是奇数，取 $N/2$ 的整数部分，设为 k。

（3）计算所求数值。当 N 为偶数时，$z = \frac{y_k + y_{k+1}}{2}$；当 N 为奇数时，$z = y_k$。

中值滤波法对于去掉由偶然因素引起的波动或由采样器不稳定带来的误差所导致的脉冲干扰比较有效，对温度、液位等变化缓慢的参数具有较好的滤波效果，但不适用于对流量、速度等快速变化的参数的滤波。

另外，中值滤波法在模式识别图像处理中应用较多，对需要处理的数据进行中值滤波能得到比较理想的结果。

5）程序判断滤波法

当随机干扰、误检或变送器不稳定等引起采样信号严重失真时，可以采用程序判断滤波法。该方法根据经验确定两次采样输入信号的最大允许偏差 ΔY，如果相邻两次采样信号的差大于 ΔY，则表明该采样信号是干扰信号，应该去掉；如果小于 ΔY，则表明没有受到干扰，可以将其作为本次采样值。

可以将程序判断滤波法分为限幅滤波和限速滤波两种。

（1）限幅滤波。

限幅滤波将相邻两次采样值相减，求出其增量的绝对值，并与最大允许偏差 ΔY 比较，如果不大于 ΔY，则保留本次采样值；如果大于 ΔY，则将上一次采样值作为本次采样值。可以表示为：如果 $|Y_n - Y_{n-1}| \leqslant \Delta Y$，则 $Y_n = Y_n$；如果 $|Y_n - Y_{n-1}| > \Delta Y$，则 $Y_n = Y_{n-1}$。Y_n 为第 n 次采样值，Y_{n-1} 为第 $n-1$ 次采样值。

限幅滤波的优点是能有效克服由偶然因素引起的干扰，缺点是无法抑制周期性干扰，平滑度低。

（2）限速滤波。

设相邻采样时刻 t_1、t_2、t_3 的采样值分别为 Y_1、Y_2、Y_3。

当 $|Y_2 - Y_1| \leqslant \Delta Y$ 时，将 Y_2 作为滤波输出值。

当 $|Y_2 - Y_1| > \Delta Y$ 时，不采用 Y_2，但保留其值，取第 3 次采样值 Y_3。

当 $|Y_3 - Y_2| \leqslant \Delta Y$ 时，将 Y_3 作为滤波输出值。

当 $|Y_3 - Y_2| > \Delta Y$ 时，将 $(Y_3 + Y_2)/2$ 作为滤波输出值。

限速滤波既考虑了滤波输出值的实时性，又考虑了其变化的连续性。程序判断滤波法适用于对变化较慢的参数（如温度、液位等）的滤波。其关键在于最大允许偏差 ΔY 的选取，

如果 ΔY 过大，干扰会“趁机而入”；如果 ΔY 过小，某些有用信号会被“拒之门外”，使采样效率降低。通常 ΔY 根据经验获得，必要时可通过实验得出。

程序判断滤波法的滤波结果基本平稳，这是由其特点决定的。其优点是简单、快速，缺点是信号失真的情况比较严重，不能完全反映信号的真实变化，且不好确定其临界值，当临界值需要变化时很不方便。

6）防脉冲干扰平均滤波法

前面提到的算术平均值法和中值滤波法各有优缺点，前者不易消除由脉冲干扰引起的采样值偏差，后者受采样点数限制，影响应用范围。如果将两者结合，则可以取长补短，即通过中值滤波法滤除脉冲干扰，再对剩下的采样值进行算术平均。如果 $X_1 \leqslant X_2 \leqslant X_3 \leqslant \cdots \leqslant X_n$（$3 \leqslant n \leqslant 14$），则 $Y = \dfrac{X_2 + X_3 + \cdots + X_n}{n-2}$。

防脉冲干扰平均滤波法具有算术平均值法和中值滤波法的优点，既可以滤除脉冲干扰，又可以对采样值进行平滑加工，在快速和慢速系统中都能减弱干扰，提高控制质量。当采样点数为 3 时，该方法即为中值滤波法。该方法的缺点是测量速度较慢。

该方法能显示信号原波形，总体比较平稳，但滤波后噪声大，且滤波效率低、速度慢，不适用于高速数据采集系统。

7）一阶滞后滤波法

算术平均值法属于静态滤波方法，主要适用于参数变化较快的情况，如压力、流量等，对于参数慢速随机变化的情况来说，在短时间内连续采样求平均值的方法的滤波效果不好。因此，通常采用动态滤波方法，如一阶滞后滤波法，其表达式为

$$Y_n = (1-a)X_n + aY_n \tag{4-15}$$

式中，X_n 为第 n 次采样值；Y_{n-1} 为上次滤波输出值；Y_n 为第 n 次采样后的滤波输出值；t 为滤波环节的时间常数；a 为滤波平滑系数，$a \approx t/(t+T)$；T 为采样周期。

通常采样周期 T 远小于滤波环节的时间常数 t，t 和 T 可以根据具体情况确定，只要被滤波的信号不产生明显的波纹即可。

一阶滞后滤波法又称惯性滤波法，其优点是对周期性干扰有良好的抑制作用，但也存在相位滞后、灵敏度低等问题，相位滞后程度取决于 a 值，其不能消除滤波频率高于采样频率 1/2 的干扰信号。

通过一阶滞后滤波法得到的波形比较平稳，且各点的间隔较小，滤波速度较快，适用于高速数据采集系统。其缺点是不能完全避免偶然性干扰的影响，且基数不好确定，通过大量实践才能得出大概的基数，如果在此过程中有其他方面需要改动，则需要重新计算基数，因此不适用于变化较快的数据采集系统。

8）加权递推平均滤波法

加权递推平均滤波法对不同时刻的数据取不同的权值。通常对于越接近当前时刻的数据，取的权值越大。其优点是适用于有较大纯滞后时间常数的对象和采样周期较短的系统，缺点是对于纯滞后时间常数较小、采样周期较长、变化缓慢的信号来说，不能迅速反映系统当前所受干扰的严重程度，滤波效果差。

加权递推平均滤波法不能完全滤除脉冲干扰，这些干扰会出现在滤波后的输出结果中，

其弱点是采样和计算周期很长、效率很低，不适用于高速数据采集系统，而且权值的计算和处理非常复杂。

3. 自适应滤波

自适应滤波的概念源于固定系数滤波，是一种智能滤波方法，通常用于去噪。自适应滤波可以根据算法自动调整滤波参数，主要特点是不需要输入之前的信号、计算量小，多用于实时处理系统。

1）自适应滤波的基本原理

自适应滤波的基本原理如图 4-7 所示。

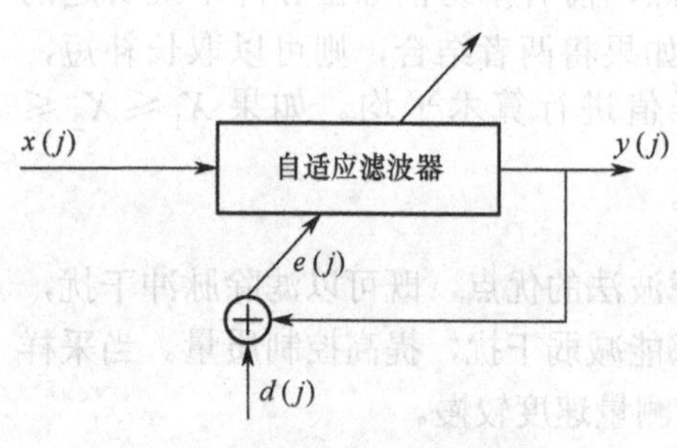

图 4-7　自适应滤波的基本原理

在图 4-7 中，$x(j)$ 表示 j 时刻的输入信号，$y(j)$ 表示 j 时刻的输出信号，$d(j)$ 表示 j 时刻的参考信号或期望响应信号，误差信号 $e(j)$ 为 $d(j)$ 与 $y(j)$ 的差。自适应滤波器的滤波参数受误差信号 $e(j)$ 的控制，根据 $e(j)$ 的值自动调整，以适应下一时刻的输入信号 $x(j+1)$，使输出信号 $y(j+1)$ 接近所期望的参考信号 $d(j+1)$。

可以将自适应滤波器分为线性自适应滤波器和非线性自适应滤波器。非线性自适应滤波器包括 Volterra 滤波器和基于神经网络的自适应滤波器，非线性自适应滤波器具有较强的信号处理能力。但是，非线性自适应滤波器的计算较复杂，实际应用较多的是线性自适应滤波器。

2）典型的自适应滤波算法

自适应滤波是近 30 年发展起来的信号处理方法。在卡尔曼滤波中，必须知道系统状态方程和测量方程，这实际上难以实现。而自适应滤波理论使自适应滤波技术中的参数能够自动调整到最佳状态。LMS 自适应算法的出现和发展对推动自适应滤波的发展具有关键作用。

自适应滤波算法广泛应用于系统辨识、回波消除、自适应谱线增强、自适应信道均衡、语音线性预测、自适应天线阵列构建等领域，寻求收敛速度快、计算复杂度低、数值稳定性好的自适应滤波算法是研究人员不断努力的目标。虽然线性自适应滤波器和相应的算法因具有结构简单、计算复杂度低等优点而得到了广泛应用，但其对信号的处理能力有限，在应用中会受一定的限制。非线性自适应滤波器（如 Volterra 滤波器和基于神经网络的自适应滤波器）具有较强的信号处理能力，已成为研究热点。

几种典型的自适应滤波算法如下。

（1）LMS 算法。

最小均方（Least Mean Square，LMS）算法应用广泛，具有在平稳环境中收敛性好、计算复杂度低、稳定性好等优点。LMS 算法基于最小均方误差，使输出值与估计值之间的均方误差最小。

阶长作为自适应滤波算法中的一个重要参数及不确定因素，对算法的性能有很大影响。阶长与收敛速度正相关，与稳定性负相关。因此，寻找阶长的最优值是 LMS 算法研究的难点之一。

自适应滤波模型如图 4-8 所示。

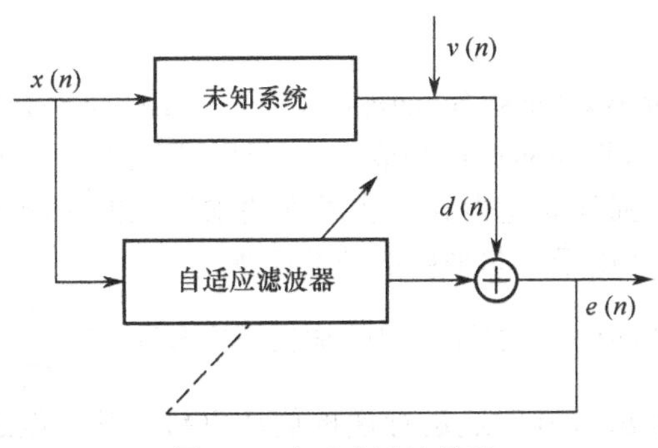

图 4-8　自适应滤波模型

基于最速下降法的 LMS 算法的迭代公式为

$$e(n) = d(n) - \boldsymbol{X}^{\mathrm{T}}(n)\boldsymbol{W}(n) \tag{4-16}$$

$$\boldsymbol{W}(n+1) = \boldsymbol{W}(n) + 2ue(n)\boldsymbol{X}(n) \tag{4-17}$$

式中，$\boldsymbol{W}(n)$ 为 n 时刻的权系数向量；$\boldsymbol{X}(n) = [x(n), x(n-1), \cdots, x(n-L+1)]^{\mathrm{T}}$ 为 n 时刻的输入信号系数向量；L 为自适应滤波器的长度；$d(n)$ 为期望输出信号；$v(n)$ 为干扰信号；$e(n)$ 为误差信号；u 为步长因子。LMS 算法收敛的条件为 $0 < u < 1/\lambda_{\max}$，$\lambda_{\max}$ 为输入信号自相关矩阵的最大特征值。

收敛速度、时变系统跟踪速度及稳态失调噪声是衡量自适应滤波算法优劣的 3 个重要指标。由于主输入端不可避免地存在噪声，所以自适应滤波算法会产生参数失调噪声。干扰信号 $v(n)$ 越大，产生的失调噪声越大。

减小步长因子 u 可以减小自适应滤波算法的稳态失调噪声，提高算法的收敛精度，但减小步长因子 u 会使算法的收敛速度和跟踪速度降低。因此，固定步长的自适应滤波算法在收敛速度、时变系统跟踪速度与收敛精度方面对算法调整步长因子 u 的要求存在矛盾。为了解决这一问题，人们提出了许多变步长自适应滤波算法。Gitlin 提出了一种变步长自适应滤波算法，使步长因子 $u(n)$ 随迭代次数的增加而逐渐减小；Yasukawa 提出了一种变步长自适应滤波算法，使步长因子 $u(n)$ 与误差信号 $e(n)$ 成正比。Gitlin 等提出了一种时间平均估值梯度自适应滤波算法。

变步长自适应滤波算法的步长调整原则是在初始收敛阶段或当未知系统参数发生变化时，使步长因子较大，以使收敛速度和时变系统跟踪速度较快；当算法收敛后，不管主输入端的干扰信号 $v(n)$ 有多大，都应使步长因子较小，以减小稳态失调噪声。根据这一调整原则，可以采用 Sigmoid 函数变步长 LMS 算法（SVSLMS 算法），$u(n)$ 是 $e(n)$ 的 Sigmoid 函数，则有

$$u(n) = \beta\left\{\frac{1}{1+\exp[-\alpha|e(n)|]} - 0.5\right\} \tag{4-18}$$

式中，α 表示控制稳定性和收敛速度的参数；β 表示确定步长最大值的参数。在实际应用中，需要通过大量仿真实验确定 α 和 β 最优值。

SVSLMS 算法能同时获得较快的收敛速度、跟踪速度和较小的稳态误差。然而，Sigmoid 函数过于复杂，且在 $e(n)$ 接近零时变化较大，不具有缓慢变化的特性，使得 SVSLMS 算法在自适应稳态阶段仍有较大的步长变化。

（2）RLS 算法。

递归最小二乘（Recursive Least Squares，RLS）算法在每次获取数据时都要对之前的所有数据进行计算，使其平方误差的加权和最小。显然，随着时间的推移，计算量逐渐增大，实时性较差。但对于有较强计算能力且对实时性要求较低的系统来说，该算法的收敛速度快、精度高、稳定性强，适用于对非平稳信号进行滤波。

RLS 算法通过控制 $\boldsymbol{W}(n)$，使估计误差的加权平方和 $J(n)=\sum_{i=1}^{n}\lambda^{n-1}\left|e(i)\right|^2$ 最小。RLS 算法对输入信号的自相关矩阵 $\boldsymbol{R}_{\text{XX}}(n)$ 的逆进行递推估计更新，其收敛速度快，收敛性能与输入信号的频谱特性无关。但 RLS 算法的计算复杂度很高，所需的存储量极大，不易实现；如果被估计的自相关矩阵 $\boldsymbol{R}_{\text{XX}}(n)$ 的逆失去了正定特性，还会引起算法发散。

为了降低 RLS 算法的计算复杂度，并保留 RLS 算法收敛速度快的特点，快速 RLS 算法和快速递推最小二乘格型算法等被提出。这些算法的计算复杂度低于 RLS 算法，但它们都存在数值稳定性问题。快速 RLS 算法在快速递推最小二乘格型算法的基础上得到。格型滤波器与直接形式的 FIR 滤波器可以通过滤波器系数转换相互实现。格型参数为反射系数，直接形式的 FIR 滤波器的长度是固定的，如果长度变化则会形成一组新的滤波器系数，新的滤波器系数与旧的滤波器系数完全不同。格型滤波器是次序递推的，因此其级数的变化不影响反射系数。快速递推最小二乘格型算法将最小二乘原则应用于求解最佳前向预测器系数和最佳后向预测器系数，进行时间更新、阶次更新及联合过程估计。

（3）变换域自适应滤波算法。

LMS 算法对强相关信号的收敛性较差，因为 LMS 算法的收敛性依赖输入信号自相关矩阵的特征值发散程度，输入信号自相关矩阵的特征值发散程度越小，LMS 算法的收敛性越好。在对输入信号做某些正交变换后，输入信号自相关矩阵的特征值发散程度会变小。于是，Dentino 等于 1979 年提出了变换域自适应滤波算法，其基本思想是将时域信号转换为变换域信号，并在变换域应用滤波算法。Narayan 等对变换域自适应滤波算法进行了全面总结。变换域自适应滤波算法的基本步骤为：①选择正交变换，将时域信号转换为变换域信号；②利用能量的平方根将信号归一化；③采用某自适应滤波算法进行滤波。

设输入信号为 $\boldsymbol{X}(n)=[x(n),x(n-1),\cdots,x(n-N-1)]^{\text{T}}$，滤波器的输出信号为 $y(n)=\boldsymbol{W}^{\text{T}}(n)\boldsymbol{X}(n)$，误差信号为 $e(n)=d(n)-y(n)$，权系数向量的迭代方程为

$$\boldsymbol{W}(n+1)=\boldsymbol{W}(n)+2ue(n)\boldsymbol{P}^{-1}(n)\boldsymbol{X}(n) \tag{4-19}$$

$$\boldsymbol{P}(n)=\text{diag}[P(n,0),P(n,1),\cdots,P(n,N-1)] \tag{4-20}$$

$$P(n,1)=\beta P(n-1,l)+(1-\beta)\boldsymbol{X}^{\text{T}}(n,1)\boldsymbol{X}(n,1),\quad l=0,1,\cdots,N-1 \tag{4-21}$$

令 $\boldsymbol{A}^2=\boldsymbol{P}(n)$，则权系数向量的迭代方程为

$$\boldsymbol{W}(n+1)=\boldsymbol{W}(n)+2ue(n)\boldsymbol{A}^{-2}\boldsymbol{X}(n) \tag{4-22}$$

小波变换也被应用于变换域自适应滤波，通常采用两种形式：一是小波子带自适应滤波，其相当于将输入信号和期望响应信号在多分辨率空间中进行自适应滤波后，变换为时域输出信号；二是小波变换域自适应滤波，其用小波的多分辨率空间信号表示输入信号，并将其作为自适应滤波器的输入，而不对期望响应信号进行小波变换。

综上所述，滤波技术能够减小或消除智能传感器采集信号中的干扰，保证智能传感器测量

的准确性和可靠性。此外，传感器输出的信号可能会因环境或系统因素而产生波动或抖动，影响后续的数据处理和应用，采用滤波技术可以使信号平滑，降低系统对传感器输出信号的敏感度，提高整个系统的稳定性和抗干扰能力，从而增强智能传感器的性能和提高其应用价值。

随着计算能力和算法的不断进步，未来会采用更高级和更复杂的滤波算法，如基于机器学习和人工智能的滤波算法可以较好地适应不同类型的智能传感器和应对复杂的环境干扰。可以利用多传感器融合技术对来自不同智能传感器的数据进行融合处理，从而提高系统的感知能力和数据准确性。为实现更加灵活和自适应的滤波效果，未来滤波技术可能会更注重自适应性，根据智能传感器工作状态、环境变化等动态调整滤波参数。滤波技术将不断发展和演进，满足智能传感器在不同应用场景中的需求，不断增强智能传感器系统的性能。

4.1.2　采样技术

21 世纪是信息化时代，以信息的采集、转换、显示和处理为主要内容的采样技术已经发展为一套完整的体系，在促进生产发展和科技进步的广阔领域内发挥着重要作用。我们通常把系统中信号是脉冲序列的离散系统称为采样控制系统或脉冲控制系统，把将连续信号转换为脉冲序列的过程称为采样过程。智能传感器利用采样技术，对待测物理量进行离散化采样，以获得通信所需的数字信号。

1. Nyquist 采样定理

设有频率带限信号 $x(t)$，其频率为 $(0, f_{\mathrm{H}})$，如果以不小于 $2f_{\mathrm{H}}$ 的采样频率 f_{s} 对 $x(t)$ 进行采样，得到时间离散的采样信号 $x(n) = x(nT_{\mathrm{s}})$ （$T_{\mathrm{s}} = 1/f_{\mathrm{s}}$ 为采样间隔），则原信号 $x(t)$ 将被所得到的采样信号 $x(n)$ 完全确定。

假设某信号频谱的最高频率为 f_{H}，如果采样频率 $f_{\mathrm{s}} \geqslant 2f_{\mathrm{H}}$，则可以用采样信号恢复原信号，且不产生失真，将 $2f_{\mathrm{H}}$ 称为 Nyquist 频率。

Nyquist 采样定理满足了最低采样频率，即在信号频谱最高频率所对应的一个周期内，至少进行两次采样。这样不必传输信号本身，只需要传输信号的离散采样信号，即可根据其在接收端恢复原来的连续信号。

课程思政——【科学故事】

如果说香农是数字通信时代的奠基人，那么哈里·奈奎斯特（Harry Nyquist）就是数字通信时代的引路人。1889 年 2 月 7 日，哈里·奈奎斯特在瑞典出生，他的家庭负担不起基础教育以外的教育费用，于是 14 岁的他开始从事建筑工作，为自己攒下了一些钱，于 1907 年去了美国。1912 年，他进入北达科他州大学，仅用两年时间就获得了学士学位，一年后获得了硕士学位。1917 年，他在耶鲁大学获得了物理学博士学位。1917—1934 年，哈里·奈奎斯特在 AT&T 公司工作，后进入贝尔实验室，在约翰逊—奈奎斯特噪声（Johnson-Nyquist Noise，又称热噪声）和反馈放大器稳定性方面做出了很大贡献。

1927 年，哈里·奈奎斯特确定了如果对某个具有一定带宽的有限时间连续信号（模拟信号）进行采样，当采样频率达到一定的值时，可以根据采样结果在接收端准确地恢复原信号。为不使原波形产生“半波损失”，采样频率至少应为原信号最高频率的两倍，这就是著名的 Nyquist 采样定理。1932 年，哈里·奈奎斯特发现了负反馈放大器的稳定性条件，即著名的奈奎斯特稳定判据，可用于设计各种线性反馈系统。

哈里·奈奎斯特为现代信息论的诞生做出了巨大贡献，他将工程技术推向了数字通信的新领域，为香农提出信息论奠定了坚实的基础。

2. 过采样技术

过采样技术出现在20世纪中期，1964年，噪声整形和过采样的概念被具体阐明。

随着集成电路工艺的发展，出现了用过采样技术降低A/D转换对模拟滤波器的精度要求的情况，随后出现了一股持续研究过采样Σ-Δ转换技术的热潮，在CMOS工艺上结合过采样和Σ-Δ转换技术实现具有高分辨率的A/D转换器。与此同时，在智能仪器、信号处理及工业自动控制等领域，工程师和设计者试图不增加成本，而利用过采样技术进一步提高A/D转换器的分辨率，下面介绍过采样技术的原理。

由连续时间信号获得离散时间信号的典型方法是等间隔采样，即周期采样。由连续时间信号 $x_a(t)$ 得到的样本序列按如下关系构成：$x[n]=x_a(nT), -\infty<n<+\infty$，$T$ 为等间隔采样的采样周期，$f=nT$ 为采样频率。连续时间信号的采样过程就是连续时间信号的离散化过程，相当于在连续的模拟信号中加入周期关断的开关，并控制其导通和关断。连续时间信号的采样过程如图4-9所示。

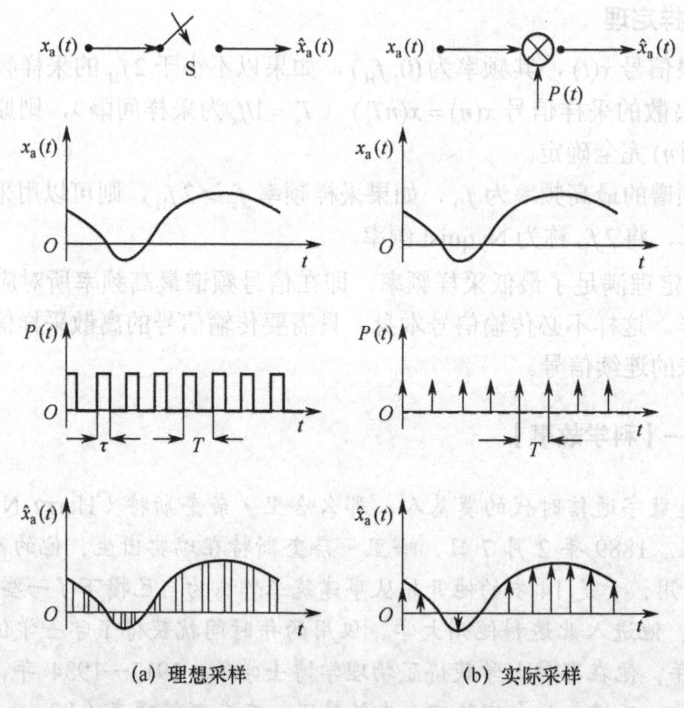

图4-9 连续时间信号的采样过程

3. 欠采样技术

由于采样频率 f_s 必须不小于信号最高频率 f_H 的两倍，当被测信号的频率上限高于A/D转换器的最高采样频率时，假设被测信号的频率上限为70MHz，此时的采样频率至少为140MHz，显然直接采样不可行，因此提出了欠采样技术。

通常将对第一奈奎斯特区外的信号所进行的采样称为欠采样或谐波采样，即不满足 $f_s \geqslant 2f_H$ 条件的采样。

4. 延迟欠采样技术

延迟欠采样技术将输入信号分为两路，一路经过延迟，另一路不经过延迟，使用 A/D 转换器分别对两路信号进行数字化。在实际设计中，可以采用延迟时钟脉冲的方法，也可以直接延迟射频信号，延迟欠采样技术的基本原理如图 4-10 所示。

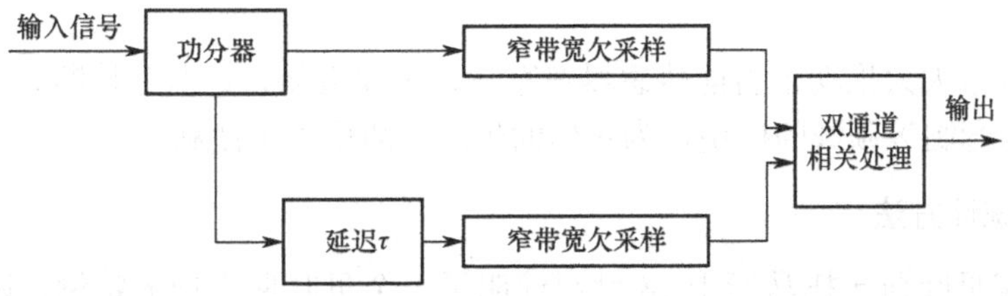

图 4-10　延迟欠采样技术的基本原理

信号经过数字化后通过 FFT 运算进行处理，用 $X_{ru}(k)$ 和 $X_{iu}(k)$ 分别表示未延迟情况下信号的实部和虚部，用 $X_{rd}(k)$ 和 $X_{id}(k)$ 分别表示延迟情况下信号的实部和虚部，可以得到未延迟通道输出信号的幅度为

$$X_u(k) = [X_{ru}(k)^2 + X_{iu}(k)^2]^{\frac{1}{2}} \tag{4-23}$$

两路输出信号应具有相同的幅度。用 $X_u(k_m)$ 表示未延迟通道频率分量的最大幅度，其中 k_m 表示未延迟通道频率分量的最大幅度所对应的频率。延迟通道和未延迟通道输出信号的相位差为

$$\theta(k_m) = \theta_d - \theta_u = 2\pi f(k_m)\tau \tag{4-24}$$

式中，$\theta_d = \arctan\left[\dfrac{X_{id}(k_m)}{X_{rd}(k_m)}\right]$，$\theta_u = \arctan\left[\dfrac{X_{iu}(k_m)}{X_{ru}(k_m)}\right]$。

可以得到输入信号的频率为

$$f(k_m) = \frac{\theta_d - \theta_u}{2\pi\tau} \tag{4-25}$$

需要注意的是，相位法测频只适用于信号载频不变的情况。

综上所述，采样技术利用合适的采样频率和采样精度，将智能传感器采集到的连续变化的物理量转换为离散的数字信号，从而实现信号的数字化和重构，不仅有助于传感器输出信号的数字化处理和储存，还便于后续的信号分析和处理。同时，采样技术可以根据不同应用场景的需求优化采样参数，可以在保证数据质量的前提下，减小能耗，延长智能传感器的使用寿命。

随着传感器技术的不断发展，利用智能传感器快速、高效、精准、高质量地进行采样成为未来的发展趋势。使用更高的采样速率，可以满足高速运动、高频率信号等应用场景的需求；使用更完善的数据质量保障技术，包括采样过程中的数据校准、噪声抑制、信号去噪等技术，可以提高传感器输出数据的准确性和可靠性。

此外，采用多模态采样技术可以将多种类型的传感器信号进行集成，实现丰富和多维的信息获取与分析；自适应采样技术可以根据传感器的工作环境、应用需求和能源限制等，动

态调整采样参数，实现更优的数据获取和处理效果。这些技术的发展将推动智能传感器在物联网、工业自动化、智慧城市、医疗健康等领域的广泛应用。

4.1.3 数据融合技术

智能传感器数据融合技术是对多种信息进行获取、表示、综合处理和优化的技术。数据融合技术从多信息的视角对获取的信息进行处理，得到各种信息的内在联系和规律，从而剔除无用的和错误的信息，保留正确的和有用的信息，最终实现对智能传感器所获取的信息的优化。

数据融合技术大大推动了智能传感器在军事、工业机器人、医疗诊断、天气预报、自然灾害预警、交通管制等领域的应用，为我们的生产生活提供了便利。

1. 概率论统计方法

英国数学家贝叶斯·托马斯于 18 世纪证明了一个贝叶斯定理的特例，随后拉普拉斯推导了这个定理的一般版本。早期的贝叶斯推断是用拉普拉斯不充分推理原则得到的均匀先验，称为逆向机率。1920 年后，逆向机率在一定程度上被频率论统计方式取代。20 世纪，拉普拉斯的概念出现分支，即形成主观贝叶斯方法及客观贝叶斯方法。20 世纪 80 年代，马尔可夫蒙特卡罗法的提出使贝叶斯方法的研究及应用有了较大的发展，开始广泛应用于各领域。

1）贝叶斯估计法

贝叶斯估计法是进行复杂系统可靠性研究的有效方法，其可以很好地刻画不确定性。在数据不足、不确定性较高的情况下，使用贝叶斯估计法可以获得比较准确的模型参数，并对部件和系统进行可靠性评估。

（1）基本理论。

贝叶斯理论认为，不管过去、现在或未来出现什么事件，只要没有掌握全部信息，该事件就存在不确定性，只是程度不同。即使是人们公认的常理、规律甚至定律，也不是完全确定的。当人们掌握更多信息时，认知会有更新。

人们用概率描述不确定性，其反映了人们对事物的置信度，因为带有一定主观认知，所以称其为主观概率。主观概率可以广义地描述人们对随机变量的认识程度。

（2）统计原理。

对于事件 A 和 B，已知 $P(\mathrm{B}) \neq 0$，则有

$$P(\mathrm{A|B}) = \frac{P(\mathrm{B|A})P(\mathrm{A})}{P(\mathrm{B})} \tag{4-26}$$

式中，$P(\mathrm{A})$ 为事件 A 的先验概率，$P(\mathrm{A|B})$ 为给出事件 B 后事件的 A 的后验分布，$P(\mathrm{B|A})/P(\mathrm{B})$ 为事件 B 发生对事件 A 的支持度，即似然函数。通常可以将 $P(\mathrm{B})$ 看作常数，则有 $P(\mathrm{A|B}) \propto P(\mathrm{B|A})P(\mathrm{A})$。

贝叶斯推断过程如图 4-11 所示。

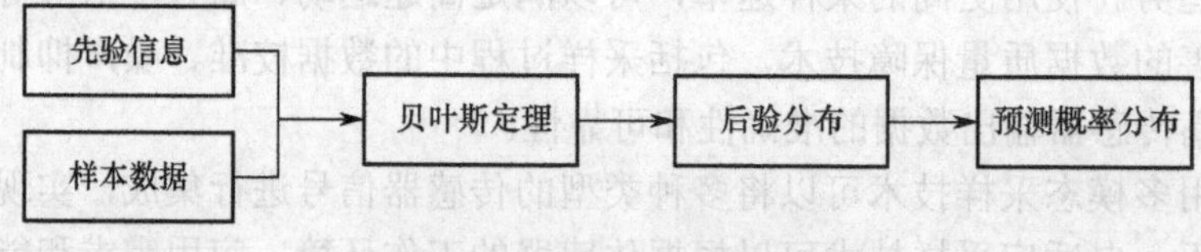

图 4-11 贝叶斯推断过程

应结合先验信息和样本数据，推断统计量的后验分布，将后验分布的均值作为估计值，对概率分布进行预测。

（3）先验分布和后验分布。

先验分布是贝叶斯理论研究的重点内容之一。如果先验分布的形式与后验分布相似，则将先验分布称为共轭先验分布，其优点是计算方便、表达式简单，随着计算机技术的应用和发展，这种共轭形式不再受限。

通常后验分布为联合概率分布，在一般情况下，后验分布比较复杂，很难直接对后验分布进行计算，采用蒙特卡罗法可以有效解决这一问题。

（4）威布尔分布。

威布尔分布被广泛应用于可靠性测试及生物医学应用等领域。威布尔分布函数是扩展的指数分布函数。

常见的两种威布尔分布为两参数威布尔分布和三参数威布尔分布，这两种威布尔分布在很多地方具有相似性。

两参数威布尔分布的可靠性特征如下。

- 累积分布函数为

$$F(x)=1-\exp\left[-\left(\frac{x}{\eta}\right)^m\right] \tag{4-27}$$

- 概率密度函数为

$$f(x)=\frac{mx^{m-1}}{\eta^m}\exp\left[-\left(\frac{x}{\eta}\right)^m\right] \tag{4-28}$$

- 可靠度函数为

$$R(x)=1-F(x)=\exp\left[-\left(\frac{x}{\eta}\right)^m\right] \tag{4-29}$$

- 故障率函数为

$$\lambda(x)=\frac{mx^{m-1}}{\eta^m} \tag{4-30}$$

三参数威布尔分布的可靠性特征如下。

- 累积分布函数为

$$F(x)=1-\exp\left[-\left(\frac{x-r}{\eta}\right)^m\right] \tag{4-31}$$

- 概率密度函数为

$$f(x)=\frac{m}{\eta}\left(\frac{x-r}{\eta}\right)^{m-1}\exp\left[-\left(\frac{x-r}{\eta}\right)^m\right] \tag{4-32}$$

- 可靠度函数为

$$R(x)=1-F(x)=\exp\left[-\left(\frac{x-r}{\eta}\right)^m\right] \tag{4-33}$$

● 故障率函数为

$$\lambda(x)=\frac{m}{\eta}=\left(\frac{x-r}{\eta}\right)^{m-1} \tag{4-34}$$

式中，x为时间；m为形状参数；η为尺度参数；r为位置参数。

可以看出，两参数威布尔分布和三参数威布尔分布的区别在于有无位置参数r。

当$m<1$时，故障率递减，主要应用于产品的早期失效分析；当$m=1$时，故障率为常数，此时威布尔模型退化为指数模型，产品失效由外界随机因素造成，主要指偶然故障，如工作短路、维修失误等；当$m>1$时，故障率递增，适用于设备损耗阶段（如磨损、老化失效等）建模。

威布尔分布具有很好的性质，可以描述故障率递增、递减和恒定的情况，与浴盆曲线的3个阶段对应。因此，对于寿命遵循浴盆曲线的元件，可以采用威布尔分布进行分析。

（5）贝叶斯估计法的步骤。

贝叶斯估计法从先验信息和样本数据出发，将参数θ作为随机变量，也可以采用向量。选择正确的先验分布十分重要，可以假设威布尔分布的参数服从正态分布。贝叶斯估计法的步骤如下。

① 给出形状参数的初始值$m^{(0)}$和尺度参数的初始值$\eta^{(0)}$。

② 根据m的信息，选择建议密度函数为$m^{(1)}\sim N(\mu_2,\sigma_2^2)$。

③ 根据后验分布计算 M-H 算法的接受概率，$p(\cdot|\cdot)$为后验分布，$J(\cdot|\cdot)$为建议密度函数，接受概率为

$$r=\frac{p(m^{(1)}\mid x)J(m^{(0)}\mid m^{(1)})}{J(m^{(1)}\mid m^{(0)})p(m^{(0)}\mid x)} \tag{4-35}$$

④ 随机抽取u~unif(0,1)，如果$r>u$则接受$m^{(1)}$，否则$m^{(1)}=m^{(0)}$。

⑤ 给定参数$m^{(1)}$和$\eta^{(0)}$，对参数η采样。

⑥ 根据η的信息，选择建议密度函数为$\eta\sim N(\mu_2,\sigma_2^2)$。

⑦ 参数的接受概率为

$$r=\frac{p(\eta^{(1)}\mid x)J(\eta^{(0)}\mid \eta^{(1)})}{J(\eta^{(1)}\mid \eta^{(0)})p(\eta^{(0)}\mid x)} \tag{4-36}$$

⑧ 抽取u~unif(0,1)，如果$r>u$则接受$\eta^{(1)}$，否则$\eta^{(1)}=\eta^{(0)}$。

⑨ 将抽取的值作为新的初始值，依次重复步骤②到步骤⑧，直至收敛到目标分布。

贝叶斯估计法对固定的分配因子进行替换，采用概率估计的思想。其要求苛刻，需要设置特定的环境，取得准确的先验分布，否则容易导致计算负荷变大和无法满足工程的实时性要求。

2）卡尔曼滤波法

卡尔曼滤波法能合理和充分地处理多种具有较大差异的传感器获取的信息，通过被测系统的模型及测量得到的信息完成对被测量的最优估计，能适应复杂多样的环境，其原理为最优估计理论。

根据测量得到的与状态$\boldsymbol{x}(t)$有关的数据$\boldsymbol{z}(t)=h[\boldsymbol{x}(t)]+\boldsymbol{v}(t)$，可以得到$\hat{\boldsymbol{x}}(t)$，将随机向量$\boldsymbol{v}(t)$称为量测误差，将$\hat{\boldsymbol{x}}(t)$称为$\boldsymbol{x}(t)$的估计，将$\boldsymbol{z}(t)$称为$\boldsymbol{x}(t)$的量测。因为$\hat{\boldsymbol{x}}(t)$是根据$\boldsymbol{z}(t)$确定的，所以$\hat{\boldsymbol{x}}(t)$是$\boldsymbol{z}(t)$的函数。如果$\hat{\boldsymbol{x}}(t)$是$\boldsymbol{z}(t)$的线性函数，则称$\hat{\boldsymbol{x}}(t)$为$\boldsymbol{x}(t)$的线性估计。

卡尔曼滤波法是一种线性最小方差估计法，其具有以下特点。

① 数据解算过程是递归的，可以采用迭代的方式解算当前时刻的信息。

② 需要的数据量少，只需要当前时刻的量测值与前一时刻的信息，不同时刻的量测值不需要被存储起来，所占存储空间较小。

卡尔曼滤波法是一种利用线性系统状态方程，通过系统输入输出观测数据，对系统状态进行最优估计的算法。由于观测数据中包含噪声和干扰，可以将最优估计看作滤波过程。最优估计指使经过解算的数据无限接近真实值的估计。

设 t_k 时刻的被估计状态 $\boldsymbol{X}_k$ 受系统噪声序列 $\boldsymbol{X}_{k-1}$ 驱动，则有 $\boldsymbol{X}_k = \boldsymbol{\phi}_{k,k-1}\boldsymbol{X}_{k-1} + \boldsymbol{W}_{k-1}$。

$\boldsymbol{X}_k$ 的测量满足线性关系，测量方程为

$$\boldsymbol{Z}_k = \boldsymbol{H}_k\boldsymbol{X}_k + \boldsymbol{V}_k \tag{4-37}$$

式中，$\boldsymbol{\phi}_{k,k-1}$ 为 t_{k-1} 时刻至 t_k 时刻的一步转移矩阵；$\boldsymbol{H}_k$ 为量测矩阵；$\boldsymbol{V}_k$ 为量测噪声序列；$\boldsymbol{W}_k$ 为系统激励噪声序列。

$\boldsymbol{V}_k$ 和 $\boldsymbol{W}_k$ 具有以下性质

$$\begin{cases} E(\boldsymbol{W}_k) = 0 \\ \operatorname{cov}[\boldsymbol{W}_k, \boldsymbol{W}_j] = E[\boldsymbol{W}_k, \boldsymbol{W}_j^{\mathrm{T}}] = \boldsymbol{Q}_k\delta_{kj} \end{cases} \tag{4-38}$$

$$\begin{cases} E(\boldsymbol{V}_k) = 0 \\ \operatorname{cov}[\boldsymbol{V}_k, \boldsymbol{V}_j] = E[\boldsymbol{V}_k, \boldsymbol{V}_j^{\mathrm{T}}] = \boldsymbol{R}_k\delta_{kj} \end{cases} \tag{4-39}$$

$$\operatorname{cov}[\boldsymbol{W}_k, \boldsymbol{V}_j] = E[\boldsymbol{W}_k, \boldsymbol{V}_j^{\mathrm{T}}] \tag{4-40}$$

式中，$\boldsymbol{Q}_k$ 为系统噪声序列方差矩阵，假设为非负定矩阵；$\boldsymbol{R}_k$ 为量测噪声序列方差矩阵，假设为正定矩阵；δ_{kj} 为系数。

如果满足以上性质，则 $\boldsymbol{X}_k$ 的状态估计 $\hat{\boldsymbol{X}}_K$ 可通过以下过程求解

$$\hat{\boldsymbol{X}}_{\frac{K}{k-1}} = \boldsymbol{\phi}_{k,k-1}\hat{\boldsymbol{X}}_{K-1} \tag{4-41}$$

$$\hat{\boldsymbol{X}}_K = \hat{\boldsymbol{X}}_{\frac{K}{k}} + \boldsymbol{K}_k(\boldsymbol{Z}_k - \boldsymbol{H}_k\hat{\boldsymbol{X}}_{\frac{K}{k}}) \tag{4-42}$$

滤波增益为

$$\boldsymbol{K}_k = \boldsymbol{P}_{\frac{K}{k-1}}\boldsymbol{H}_k^{\mathrm{T}}(\boldsymbol{H}_k\boldsymbol{P}_{\frac{K}{k-1}}\boldsymbol{H}_k^{\mathrm{T}} + \boldsymbol{R}_k)^{-1} \tag{4-43}$$

一步预测均方误差为

$$\boldsymbol{P}_{k,k-1} = \boldsymbol{\phi}_{k,k-1}\boldsymbol{P}_{k-1}\boldsymbol{\phi}_{k,k-1}^{\mathrm{T}} + \boldsymbol{\Gamma}_{k-1}\boldsymbol{Q}_{k-1}\boldsymbol{\Gamma}_{k-1}^{\mathrm{T}} \tag{4-44}$$

式中，$\boldsymbol{\Gamma}_{k-1}^{\mathrm{T}}$ 为系统噪声驱动矩阵。估计均方误差为

$$\boldsymbol{P}_k = (\boldsymbol{I} - \boldsymbol{K}_k\boldsymbol{H}_k)\boldsymbol{P}_{k,k-1}(\boldsymbol{I} - \boldsymbol{K}_k\boldsymbol{H}_k)^{\mathrm{T}} + \boldsymbol{K}_k\boldsymbol{R}_k\boldsymbol{K}_k^{\mathrm{T}} \tag{4-45}$$

只要给定初值 $\hat{\boldsymbol{X}}_0$ 和 $\boldsymbol{P}_0$，就可以根据 $\boldsymbol{Z}_k$ 递推计算得到 k 时刻的状态估计 $\hat{\boldsymbol{X}}_K$。

卡尔曼滤波法包括两个信息更新过程：时间更新过程和量测更新过程。

时间更新过程完成两项更新。一是利用 $k-1$ 时刻的信息，完成对 k 时刻的状态量的估计；二是计算一步预测均方误差，对预测的质量进行定量描述。

量测更新过程充分利用量测值和残差，得到被估计量的最优估计，以减小估计误差。

因为卡尔曼滤波法具有以上特点，所以在实际工程中得到了广泛应用，但其也存在一定

的缺陷：①要求有精确的数学模型。例如，必须构建合适的列车运动模型，使其符合真实的列车运动场景，以减小数学模型不准确带来的误差。②要求有精确的噪声统计方法。在离散方程中，将噪声设置为高斯白噪声，但在实际应用场景中，噪声一般是有色的，需要进行相应处理。

2. 逻辑推理方法

1）D-S 证据理论

在客观世界中存在各种信息，我们在分析这些信息时不难发现，信息本身是随机的、不确定的和不完备的。通常我们所说的确定的信息只是在某些限定条件下的描述，并非全局意义上的确定。因此，在研究信息融合技术时，必须引入一些客观因素。

D-S 证据理论被广泛应用于决策层融合，其针对系统环境和先验概率已知的缺陷进行了改进，增强了实用性。

证据理论由 Dempster 提出，利用上、下界概率解决多值映射问题。Dempster 的学生 Shafer 进一步发展了证据理论，引入了 mass 函数（信任函数），形成了一套通过"证据"和"组合"处理不确定性推理的数学方法，即 D-S 证据理论。

定义 1：在 D-S 证据理论中，假设存在一个需要解决的问题，用 Θ 表示关于这个问题所能认知的所有可能答案的完备集合。对于某个提问，在这个集合中有且仅有一个答案。即集合 Θ 中的所有元素都是两两互斥的。这个答案可以是数值变量，也可以是非数值变量。我们可以称集合 Θ 为识别框架，即 $\Theta=\{A_1,A_2,\cdots,A_n\}$，式中，$A_i$ 为识别框架 Θ 的元素，$1\leqslant i\leqslant n$。将由识别框架 Θ 的所有子集组成的集合称为 Θ 的幂集，表示为 2^Θ。当识别框架 Θ 中有 N 个元素时，幂集 2^Θ 中有 2^N 个元素。

定义 2：设 Θ 为识别框架，m 是从 2^Θ 到 $[0,1]$ 的映射，$A\subseteq\Theta$ 且满足

$$\begin{cases} m(\varnothing)=0 \\ \sum\limits_{A\subseteq\Theta} m(A)=1 \end{cases} \tag{4-46}$$

称 $m(A)$ 为基本信任分配函数或 mass 函数，其反映了证据对 A 的支持度，$m(\varnothing)=0$ 反映了证据对空集不支持。

对于在识别框架 Θ 下的任意子集 A，如果有 $m(A)>0$，则称 A 为证据的焦元，将焦元中包含的识别框架元素的个数称为该焦元的基。

定义 3：设 Θ 为识别框架，Bel 是从 2^Θ 到 $[0,1]$ 的映射，A 表示识别框架 Θ 的任意子集，记为 $A\subseteq\Theta$，且满足 $\mathrm{Bel}(A)=\sum\limits_{B\subseteq A} m(B)$，称 $\mathrm{Bel}(A)$ 为 A 的信任函数，信任函数反映了证据对 A 为真的信任度。

定义 4：设 Θ 为识别框架，Q 是从 2^Θ 到 $[0,1]$ 的映射，A 表示识别框架 Θ 的任意子集，记为 $A\subseteq\Theta$，且满足 $Q(A)=\sum\limits_{A\subset B} m(B)$，称 $Q(A)$ 为信任函数 Bel 的众信度函数，众信度函数反映了包含 A 的集合的所有基本信任分配函数的和。信任函数只能反映信任度，不能反映不确定度，因此引入似然函数。

定义 5：设 Θ 为识别框架，PI 是从 2^Θ 到 $[0,1]$ 的映射，A 表示识别框架 Θ 的任意子集，记为 $A\subseteq\Theta$，且满足 $\mathrm{PI}(A)=1-\mathrm{Bel}(\overline{A})$，$\mathrm{PI}(A)$ 为似然函数，可以看出，似然函数是一个比信任函数更宽松的度量，两者可以相互转化。

从几何意义上看，信任函数 $\mathrm{Bel}(A)$ 描述了所有证据对 A 的信任度，似然函数 $\mathrm{Pl}(A)$ 表示所有与 A 相容的命题的信任度的和，两者构成了证据对 A 的不确定区间，众信度函数 $Q(A)$ 表示对 A 的所有结论的信任度的和。

2）D-S 证据合成规则

D-S 证据合成规则是一种处理多个证据的联合规则。在给定的识别框架下，可以基于不同的证据获得对应的信任函数。此时我们需要一个能融合这些结果的方法。假设这些证据不完全相悖，则可以利用 D-S 证据合成规则计算得到一个新的信任函数，该信任函数为原来的多个信任函数的正交和。

定义 6：设 Θ 为识别框架，m_i 是在该识别框架下的某证据的基本信任分配函数，A_j 为证据的焦元，记为 $A_j \subseteq \Theta$，D-S 证据合成规则表示为

$$m(A)=\begin{cases}\dfrac{1}{1-K}\sum\limits_{A_1\cap A_2\cap\cdots\cap A_n=A}\ \prod\limits_{1\leqslant i\leqslant n} m_i(A_j),\ A\neq\varnothing \\ 0,\ A=\varnothing\end{cases} \tag{4-47}$$

$$K=\sum_{A_1\cap A_2\cap\cdots\cap A_n=\varnothing}\ \prod_{1\leqslant i\leqslant n} m_i(A_j),\ \ 0\leqslant K\leqslant 1 \tag{4-48}$$

式中，K 表示证据的冲突程度。

为了更好地理解 D-S 证据合成规则，下面介绍一个证据合成示例。设 Θ 为识别框架，m_1 和 m_2 分别是在该识别框架下的两个证据的基本信任分配函数，用 A_i 和 B_j 表示两个证据的焦元。m_1 和 m_2 的基本信任分配值分别如图 4-12 和图 4-13 所示。在图 4-12 和图 4-13 中，分别用一段长度表示基本信任分配函数 $m_1(A_i)$ 和 $m_2(B_j)$ 的值，总长度为 1 表示所有命题的基本信任分配函数的和为 1。

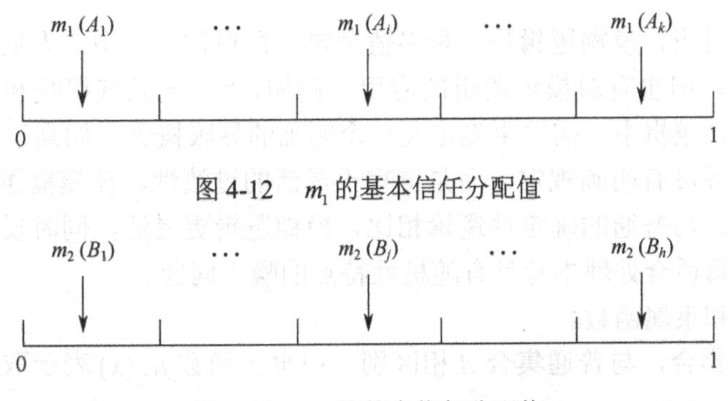

图 4-12　m_1 的基本信任分配值

图 4-13　m_2 的基本信任分配值

D-S 证据合成规则如图 4-14 所示，图 4-14 将图 4-12 和图 4-13 结合。横坐标表示 m_1 分配到其对应焦元 A_i 上的基本信任分配值，纵坐标表示 m_2 分配到对应焦元 B_j 上的基本信任分配值，阴影部分表示同时分配到 A_i 和 B_j 上的基本信任分配值，用 $m_1(A_i)m_2(B_j)$ 表示。当 $A_i \cap B_j = A$ 时，m_1 和 m_2 的作用是将 $m_1(A_i)m_2(B_j)$ 分配到 A 上。当 $A_i \cap B_j = \varnothing$ 时为了使分配到空集上的信任分配值为 0，需要把 $\sum\limits_{A_i\cap B_j=\varnothing} m_1(A_i)m_2(B_j)$ 丢弃，在丢弃这部分值后，总的信任值会小于 1，因此需要为每个信任分配值乘以系数 $1/(1-K)$，从而使总的信任值为 1。

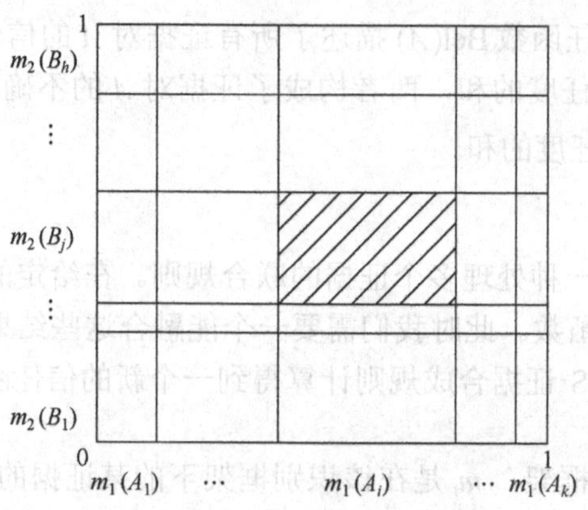

图 4-14 D-S 证据合成规则

3）D-S 证据合成规则的基本性质

D-S 证据合成规则符合交换律、结合律、极化律等，下面对其进行介绍。

（1）交换律表示为 $m_1 \oplus m_2 = m_2 \oplus m_1$，因为 D-S 证据合成规则采用的是乘性策略，所以在两组证据的合成过程中，证据的顺序不影响证据合成结果。

（2）结合律表示为 $m_1 \oplus m_2 \oplus m_3 = (m_1 \oplus m_2) \oplus m_3 = m_1 \oplus (m_2 \oplus m_3)$，当需要合成多个证据时，可以将其变换为多次两两合成，每个证据参与合成的顺序不影响合成结果。

（3）极化律表示为 $m_1 \oplus m_2 \geqslant m_1$，即证据合成会对结果进行放大，即对支持的命题更支持，对否定的命题更否定。参与的证据越多，该性质越明显。

4）模糊逻辑

（1）概念。

与二值逻辑相对应，模糊逻辑是一种多值逻辑。在日常生活中，人们常用严格的确定性标准衡量某些事物，但也有对模糊逻辑的应用。例如，“今天天气很暖和”中“暖和”这个概念在普通的确定性逻辑中，需要事先定义一个明确的界限概念，如高于25℃算暖和；但在模糊逻辑中，对边界没有明确规定，而是侧重于灵活的过渡性，在模糊逻辑中，24.5℃在一定程度上也算暖和。与普通的确定性逻辑相比，模糊逻辑更灵活，同时反映了事件的不确定性。因此，模糊逻辑适合处理本身具有随机性特点的噪声问题。

（2）模糊集合和隶属函数。

用 $\overline{A}$ 表示模糊集合，与普通集合 A 相区别，用隶属函数 $\mu_{\overline{A}}(x)$ 表示取值为[0,1]的特征函数，隶属函数表示在全论域中元素 x 对与整个模糊集合的隶属程度。

模糊集合和隶属函数可以表示为在给定论域 U 中，$\mu_{\overline{A}}(x)$ 为 U 在 [0,1] 的映射，$\mu_{\overline{A}}(x): U \to [0,1]$，$x \to \mu_{\overline{A}}(x)$，$x \in U$，则模糊集合 $\overline{A}$ 是 U 的子集。对于任意 $x \in U$，都有 $\mu_{\overline{A}}(x) \in [0,1]$，则称其为 $\overline{A}$ 的隶属函数。

根据定义可知，$\mu_{\overline{A}}(x)$ 的值越接近 1，说明 x 属于集合 $\overline{A}$ 的程度越高；$\mu_{\overline{A}}(x)$ 的值越接近 0，说明 x 属于集合 $\overline{A}$ 的程度越低。

3. 神经网络法

神经网络的发展历程如图 4-15 所示。1943 年，神经科学家麦卡洛克和数学家匹茨发表论文《神经活动中内在思想的逻辑演算》，提出了 MP 模型，这是人类历史上第一个神经网络模型。1958 年，计算机科学家罗森布拉特提出了由两层神经元构建的网络，称为感知机（Perceptron），在一定程度上推动了神经网络的发展，神经网络的研究第一次兴起。1974—1980 年，神经网络的研究进入漫长的“冬季”（AI Winter）。1986 年，神经网络之父辛顿提出了适用于多层感知机（MLP）的 BP 算法，并引入了 Sigmoid 函数，神经网络的研究第二次兴起。2006—2011 年，对深度学习的研究逐渐增多，方法和思路日新月异。2012 年，随着互联网的兴起，大数据的积累成为可能，GPU 的出现为大数据计算奠定了基础，神经网络的研究第三次兴起。2020 年至今，神经网络的发展速度明显变缓，其研究可能会进入第二个“冬季”。

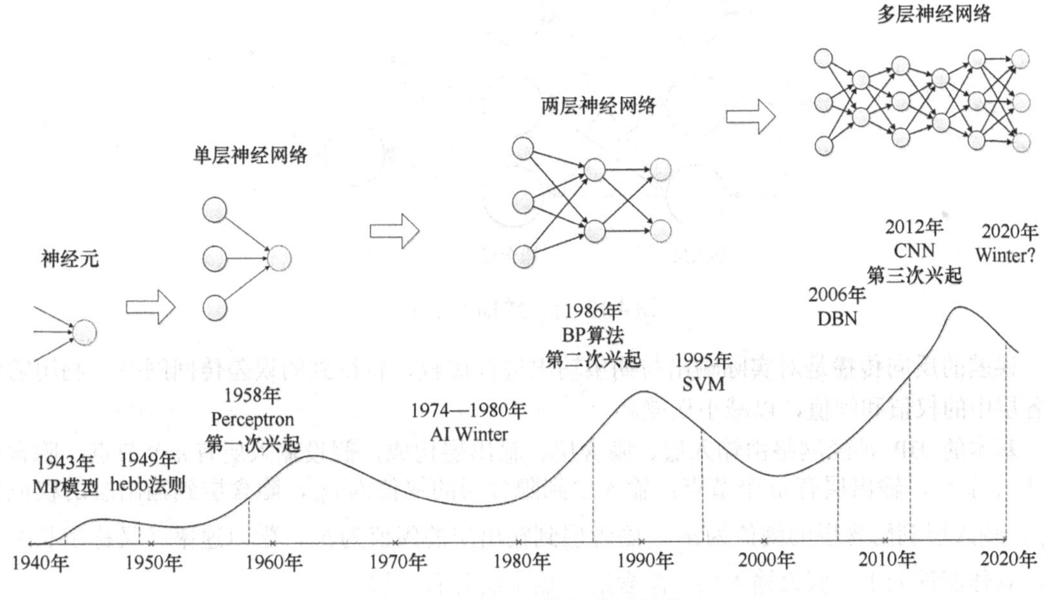

图 4-15 神经网络的发展历程

我国科学家也在时刻跟进神经网络的发展步伐，于 1990 年 12 月在北京市召开了首届神经网络学术大会。1997—1998 年，董聪等人创立和完善了广义遗传算法，解决了多层前向网络的最简拓扑构造问题和全局最优逼近问题，神经网络算法开始在我国普及和发展。

1）BP 神经网络概述

BP（Back Propagation）神经网络的基本结构是神经元，神经元具有非线性映射能力，神经元结构如图 4-16 所示。

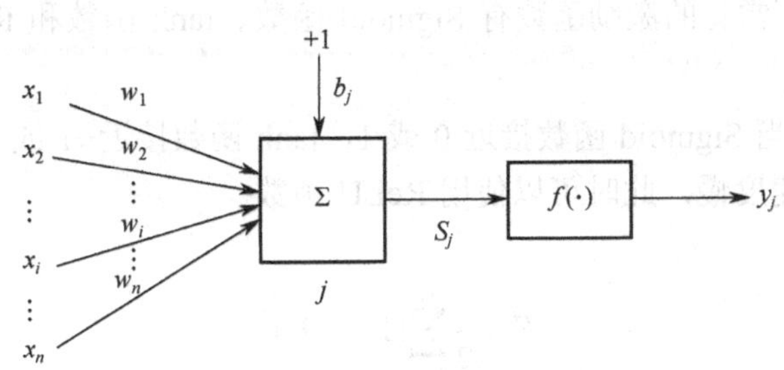

图 4-16 神经元结构

在图 4-16 中，$x_1,x_2,\cdots,x_i,\cdots,x_n$ 为输入，$w_1,w_2,\cdots,w_i,\cdots,w_n$ 为权值，y_j 为第 j 个神经元的输出，b_j 为第 j 个神经元的阈值，$f(\cdot)$ 为激活函数，表达式为

$$y_j = f\left(\sum_{i=1}^{n} x_i w_i\right) + b_j \tag{4-49}$$

BP 算法又称反向传播算法，基本思想是利用网络误差函数的极小值调整权值分布，使神经网络收敛，达到稳定状态，从而使网络在输入未知时给出适当的输出。

BP 神经网络的训练过程主要分为两步：第一步是信号的正向传播；第二步是误差的反向传播。信号的正向传播如图 4-17 所示。

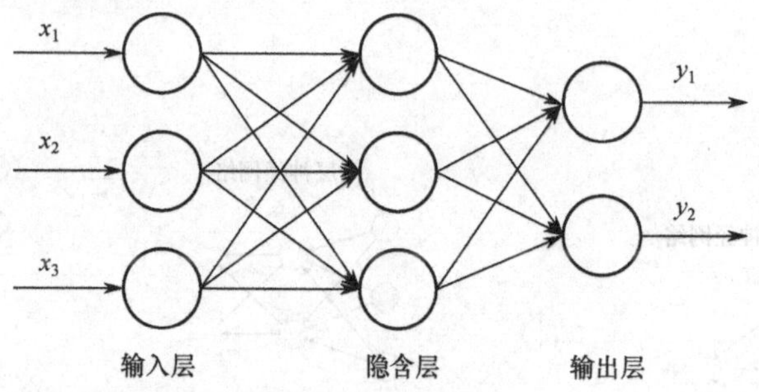

图 4-17　信号的正向传播

误差的反向传播是对实际输出与期望输出进行比较，将得到的误差传回网络，利用它调整各层中的权值和阈值，以减小误差。

基本的 BP 神经网络由输入层、隐含层、输出层构成，假设输入层有 n 个节点，隐含层有 1 个节点，输出层有 m 个节点，输入层到隐含层的权值为 w_{ij}，隐含层到输出层的权值为 w_{jk}，输入层到隐含层的阈值为 a_j，隐含层到输出层的阈值为 b_k，学习速率（又称步长）为 μ。具体流程如下（假设输入层、隐含层、输出层各有一层）。

（1）初始化权值和阈值，迭代步长为 μ。

（2）数据正向传播，将样本 $x_1,x_2,\cdots,x_i,\cdots,x_n$ 输入神经网络，计算隐含层输出 H_j 和输出层输出 Q_k。

$$\begin{cases} H_j = f\left(\sum_{i=1}^{n} w_{ij} x_i + a_j\right) \\ Q_k = f\left(\sum_{j=1}^{l} H_j w_{jk} + b_k\right) \end{cases} \tag{4-50}$$

式中，$f(\cdot)$ 激励函数，常见的激励函数有 Sigmoid 函数、tanh 函数和 ReLU 函数，如图 4-18 所示。

由图 4-18 可知，当 Sigmoid 函数接近 0 或 1，tanh 函数接近−1 或 1 时，梯度接近 0，会导致梯度消失或收敛速度慢，此时可以使用 ReLU 函数。

（3）均方误差为

$$E = \frac{1}{2}\sum_{k=1}^{m}(Y_k - Q_k)^2 \tag{4-51}$$

式中，Y_k 为期望输出，$Y_k - Q_k = e_k$，即 $E=\frac{1}{2}\sum_{k=1}^{m}e_k^2$，当 $E \leqslant \varepsilon$ 或达到最大迭代次数时，停止迭代，否则继续执行下一步。

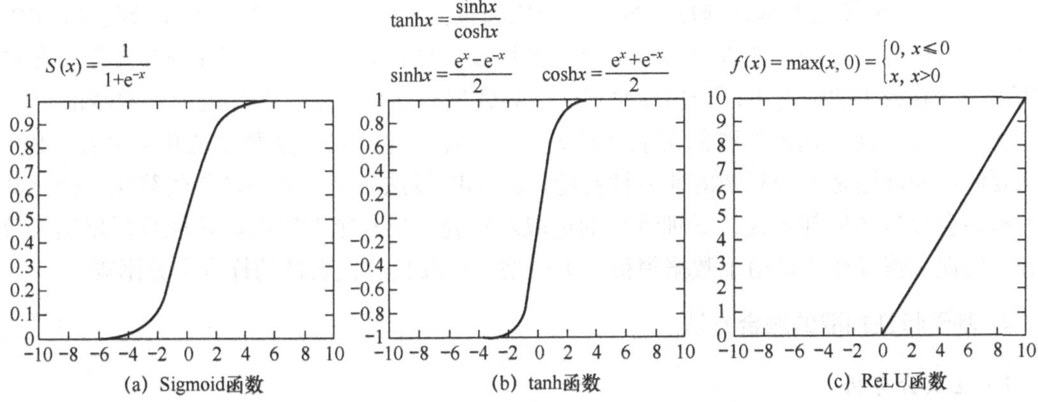

图 4-18　Sigmoid 函数、tanh 函数和 ReLU 函数

（4）计算权值和阈值的变化量，权值更新为

$$\begin{cases} w_{jk} = w_{jk} + \mu H_j e_k \\ w_{jk} = w_{jk} + \mu H_j(1-H_j)x_j \sum_{k=1}^{m} w_{jk}e_k \end{cases} \tag{4-52}$$

$$\begin{cases} b_k = b_k + \mu e_k \\ a_j = a_j + \mu H_j(1-H_j)\sum_{k=1}^{m} w_{jk}e_k \end{cases} \tag{4-53}$$

误差反向传播的目标是得到最小误差，这里通过梯度下降法实现。

隐含层到输出层的权值更新为

$$\frac{\partial E}{\partial w_{jk}} = \sum_{k=1}^{m}(Y_k - O_k)\left(-\frac{\partial O_k}{\partial w_{jk}}\right) = -e_k H_j \tag{4-54}$$

输入层到隐含层的权值更新为

$$\frac{\partial E}{\partial w_{ij}} = \frac{\partial E}{\partial H_j}\frac{\partial H_j}{\partial w_{ij}} \tag{4-55}$$

式中

$$\frac{\partial E}{\partial H_j} = \sum_{k=1}^{m}(Y_k - O_k)w_{jk} = -\sum_{k=1}^{m} w_{jk}e_k \tag{4-56}$$

$$\frac{\partial H_j}{\partial w_{ij}} = \frac{\partial f\left(\sum_{i=1}^{n} w_{ij}x_i + a_j\right)}{\partial w_{ij}} = f\left(\sum_{i=1}^{n} w_{ij}x_i + a_j\right)\left[1 - f\left(\sum_{i=1}^{n} w_{ij}x_i + a_j\right)\right]\frac{\partial\left(\sum_{i=1}^{n} w_{ij}x_i + a_j\right)}{\partial w_{ij}} = H_j(1-H_j)x_i \tag{4-57}$$

阈值更新过程与权值更新过程类似，这里不再赘述。

（5）重复步骤（2）、步骤（3）和步骤（4）。

2）BP 神经网络的缺陷

BP 神经网络能进行自学习，根据带有标签的数据集自动提取近似求解规则，并具有一定的泛化能力。BP 神经网络也具有一定的局限性，表现为两个方面。

一方面，BP 算法的学习速度很慢，主要原因包括：①求解的目标函数十分复杂，BP 算法的实质是梯度下降法，在训练过程中会产生振荡，导致效率低；②存在饱和现象，在神经元输出接近 0 或 1 的情况下，会出现平坦区，导致误差几乎不变，训练过程基本停止。

另一方面，网络训练失败的可能性较大，主要原因包括：①从数学的角度来看，BP 算法需要解决的问题是十分复杂的非线性问题，而 BP 算法只是一种局部寻优算法，因此其有很大概率会收敛到局部最优；②训练集的选取对实验结果有重要影响，往往数据集越大效果越好，但现实情况往往是用小数据集拟合大模型，选取具有代表性的样本十分困难。

4. 基于特征抽取的融合方法

1）主成分分析

主成分分析（Principal Component Analysis，PCA）是一种综合统计方法，其对复杂冗余的高维数据进行线性组合，转化为低维主成分，各主成分之间没有线性关系，可以在避免重叠的基础上反映原始数据中的大部分信息。作为一种高效的数据降维技术，主成分分析在信息提取方面有很多应用。

主成分分析通过正交化去除变量之间的相关性，既可以保留原数据的大部分信息，又可以对其进行重组，并剔除冗余和重复的部分，得到互不相关的几个主成分，以达到降维的目的。

主成分分析的主要步骤如下。

（1）观测样本矩阵的构建。

由所收集的数据构成 $n\times p$ 矩阵，n 为被分析数据的数量，p 为观测样本的变量数。

$$\boldsymbol{X}=\begin{bmatrix}\boldsymbol{X}_1\\ \boldsymbol{X}_2\\ \vdots\\ \boldsymbol{X}_n\end{bmatrix}=\begin{bmatrix}x_{11} & x_{12} & \dots & x_{1p}\\ x_{21} & x_{22} & \dots & x_{2p}\\ \vdots & \vdots & & \vdots\\ x_{n1} & x_{n2} & \dots & x_{np}\end{bmatrix}=(x_{ij})_{n\times p} \tag{4-58}$$

（2）样本协方差矩阵的构建。

$E\{[\boldsymbol{X}-E(\boldsymbol{X})][\boldsymbol{Y}-E(\boldsymbol{Y})]\}$ 为 $\boldsymbol{X}$ 与 $\boldsymbol{Y}$ 的协方差，记为 $\mathrm{cov}(\boldsymbol{X},\boldsymbol{Y})=E\{[\boldsymbol{X}-E(\boldsymbol{X})][\boldsymbol{Y}-E(\boldsymbol{Y})]\}$，计算 $\boldsymbol{X}=[\boldsymbol{X}_1,\boldsymbol{X}_2,\cdots,\boldsymbol{X}_n]^{\mathrm{T}}$ 的协方差矩阵，形成对角线上元素为 1 的对称矩阵 $\boldsymbol{C}$，即

$$\boldsymbol{C}=\begin{bmatrix}\mathrm{cov}(\boldsymbol{X}_1,\boldsymbol{X}_1) & \mathrm{cov}(\boldsymbol{X}_1,\boldsymbol{X}_2) & \dots & \mathrm{cov}(\boldsymbol{X}_1,\boldsymbol{X}_n)\\ \mathrm{cov}(\boldsymbol{X}_2,\boldsymbol{X}_1) & \mathrm{cov}(\boldsymbol{X}_2,\boldsymbol{X}_2) & \dots & \mathrm{cov}(\boldsymbol{X}_2,\boldsymbol{X}_n)\\ \vdots & \vdots & & \vdots\\ \mathrm{cov}(\boldsymbol{X}_n,\boldsymbol{X}_1) & \mathrm{cov}(\boldsymbol{X}_n,\boldsymbol{X}_2) & \dots & \mathrm{cov}(\boldsymbol{X}_n,\boldsymbol{X}_n)\end{bmatrix} \tag{4-59}$$

（3）特征分解。

对矩阵 $\boldsymbol{C}$ 进行特征分解得到

$$Q^{\mathrm{T}}CQ=\Lambda=\begin{bmatrix}\lambda_1 & & & \\ & \lambda_2 & & \\ & & \ddots & \\ & & & \lambda_n\end{bmatrix} \tag{4-60}$$

Λ 是以 λ_i（$i=1,2,\cdots,n$）为特征值的对角矩阵，Q 是正交矩阵。根据大小对特征向量重新排序，得到新的矩阵 U，即

$$U=\begin{bmatrix}u_{11} & u_{12} & \dots & u_{1n}\\ u_{21} & u_{22} & \dots & u_{2n}\\ \vdots & \vdots & & \vdots\\ u_{n1} & u_{n2} & \dots & u_{nn}\end{bmatrix} \tag{4-61}$$

（4）累计贡献率。

累计贡献率指前 k 个特征值的和占全部特征值的和的比重，即 $\rho=\dfrac{\sum_{i=1}^{k}\lambda_i}{\sum_{i=1}^{n}\lambda_i}$。

最终提取的主成分的数量不固定，而是按累计贡献率 ρ 达到一定比例来确定的，一般要求满足 $\rho\geqslant 85\%$。当最大的 k 个特征值的累计贡献率达到要求时，可以选取 k 个主成分。

（5）计算主成分。

主成分为 $Z=P^{\mathrm{T}}X$，P 是由矩阵 U 的前 k 列构成的矩阵，即由与满足要求的前 k 个特征值对应的特征向量组成的矩阵。计算得到 k 个主成分为

$$\begin{cases}z_1=u_{11}x_{11}+u_{12}x_{12}+\cdots+u_{1n}x_{1n}\\ z_2=u_{21}x_{21}+u_{22}x_{22}+\cdots+u_{2n}x_{2n}\\ \quad\vdots\\ z_k=u_{k1}x_{k1}+u_{k2}x_{k2}+\cdots+u_{kn}x_{kn}\end{cases} \tag{4-62}$$

2）核主成分分析

核主成分分析（Kernel Principle Component Analysis，KPCA）指通过使用核函数，将线性主成分分析推广到非线性情况，即通过核函数将数据从原始空间映射到特征空间，在特征空间中实现主成分分析变换。传统的 PCA 算法只适用于线性可分的数据，而对于非线性可分的数据来说，PCA 算法的效果受限。具体来说，PCA 算法的瓶颈在于：非线性可分的数据在原始空间中无法被线性分类器正确分类。为了解决这个问题，可以使用核函数将数据映射到一个高维特征空间，从而使数据在该空间中变得线性可分，然后使用 PCA 算法对映射后的数据进行降维处理，这就是 KPCA 算法的基本思想。

核函数的形式为 $K(x_i,x_j)=\phi(x_i)\phi(x_j)$，它是一种用于测量两个样本之间相似度的函数，将两个样本作为输入，输出它们之间的相似度。在 KPCA 算法中，核函数的作用是将数据从原始空间映射到一个新的高维空间，从而使数据在该空间中具有较好的线性可分性，常见的核函数如表 4-4 所示。

为了对 KPCA 进行简单推导，假设原始数据为矩阵 X（X 中的一列为一个样本，共有 n 个样本，每个样本有 m 个属性），即

$$X=\begin{bmatrix} a_1 & a_2 & \cdots & a_n \\ b_1 & b_2 & \cdots & b_n \\ \vdots & \vdots & & \vdots \\ m_1 & m_2 & \cdots & m_n \end{bmatrix} \tag{4-63}$$

表 4-4　常用的核函数

核　函　数	表　达　式
线性核函数	$k(x_i,x_j)=x_i x_j$
p 阶多项式核函数	$k(x_i,x_j)=[(x_i x_j)+1]^p$
高斯核函数	$k(x_i,x_j)=\exp\left(-\dfrac{\lVert x_i-x_j\rVert^2}{\sigma^2}\right)$
多层感知机核函数	$k(x_i,x_j)=\tanh[v(x_i x_j)+c]$

通过函数 $\phi(\cdot)$ 将样本 $\boldsymbol{x}^{(i)}$（列向量）映射到高维空间，得到高维空间的数据 $\boldsymbol{\phi}(\boldsymbol{X})=[\phi(\boldsymbol{x}^{(1)}),\phi(\boldsymbol{x}^{(2)}),\cdots,\phi(\boldsymbol{x}^{(n)})]$。

用同样的方法计算高维空间中数据的协方差矩阵，进一步计算特征值 λ_i 与其对应的特征向量 $\boldsymbol{w}_i$，有

$$\boldsymbol{\phi}(\boldsymbol{X})[\boldsymbol{\phi}(\boldsymbol{X})]^{\mathrm{T}}\boldsymbol{w}_i=\lambda_i\boldsymbol{w}_i \tag{4-64}$$

由定理“空间中的任意向量（哪怕是基向量），都可以由该空间中的所有样本线性表示”可得

$$\boldsymbol{w}_i=\sum_{k=1}^{N}a_i\phi(\boldsymbol{x}^{(i)})=\boldsymbol{\phi}(\boldsymbol{X})\boldsymbol{a} \tag{4-65}$$

将式（4-65）代入式（4-64），可以得到

$$\boldsymbol{\phi}(\boldsymbol{X})[\boldsymbol{\phi}(\boldsymbol{X})]^{\mathrm{T}}\boldsymbol{\phi}(\boldsymbol{X})\boldsymbol{a}=\lambda_i\boldsymbol{\phi}(\boldsymbol{X})\boldsymbol{a} \tag{4-66}$$

式（4-66）两边同时左乘 $[\boldsymbol{\phi}(\boldsymbol{X})]^{\mathrm{T}}$，可以得到

$$[\boldsymbol{\phi}(\boldsymbol{X})]^{\mathrm{T}}\boldsymbol{\phi}(\boldsymbol{X})[\boldsymbol{\phi}(\boldsymbol{X})]^{\mathrm{T}}\boldsymbol{\phi}(\boldsymbol{X})\boldsymbol{a}=\lambda_i[\boldsymbol{\phi}(\boldsymbol{X})]^{\mathrm{T}}\boldsymbol{\phi}(\boldsymbol{X})\boldsymbol{a} \tag{4-67}$$

令 $\boldsymbol{K}=[\boldsymbol{\phi}(\boldsymbol{X})]^{\mathrm{T}}\boldsymbol{\phi}(\boldsymbol{X})$，则式（4-67）变为

$$\boldsymbol{K}^2\boldsymbol{a}=\lambda_i\boldsymbol{K}\boldsymbol{a} \tag{4-68}$$

式（4-68）两边同时除以 $\boldsymbol{K}$，得到

$$\boldsymbol{K}\boldsymbol{a}=\lambda_i\boldsymbol{a} \tag{4-69}$$

于是得到了一个与 PCA 相似度极高的公式，接下来可以用核函数求解 $\boldsymbol{K}=\{K_{ij}\}_{n\times n}$，分为以下 3 步。

第一步，利用核函数计算矩阵 $\boldsymbol{K}=\{K_{ij}\}_{n\times n}$，元素 $K_{ij}=k(x_i,x_j)$，其中 x_i 和 x_j 为原始样本，$k(x_i,x_j)$ 为核函数。

第二步，计算 $\boldsymbol{K}$ 的特征值，并从大到小对其进行排列。找出与特征值对应的特征向量 $\boldsymbol{\alpha}^l$（表示第 l 个特征向量），并对 $\boldsymbol{\alpha}^l$ 进行归一化（$\lVert\boldsymbol{\alpha}^l\rVert=1$）。

第三步，原始样本在第 l 个非主成分下的坐标为 $Z^l(x)=\sum_{i=1}^{n}\alpha_i^l k(x_i,x_j)$，$x_i$ 指第 i 个样本，$\boldsymbol{\alpha}^l$ 的维数与样本数相同。如果选择前 m 个非线性主成分（计算 $\boldsymbol{K}$ 的前 m 个特征值及相

应的特征向量），则样本在前 m 个非线性主成分上的坐标就构成了样本在新空间中的表示，即 $[Z^1(x),Z^2(x),\cdots,Z^m(x)]^{\mathrm{T}}$ 。

KPCA 算法的计算过程如下。

（1）去除平均值，进行中心化。

（2）利用核函数计算矩阵 $\boldsymbol{K}$ 。

（3）计算矩阵 $\boldsymbol{K}$ 的特征值和特征向量。

（4）按特征值大小将对应的特征向量排列成矩阵，取其中的一部分构成降维后的矩阵。

5. 基于搜索的融合方法

1）遗传算法

遗传算法（Genetic Algorithm，GA）是借鉴生物的自然选择和遗传进化机制开发的全局优化自适应概率搜索方法，被广泛应用于工程设计优化、系统辨识和控制、机器学习、图像处理和智能信息处理等领域。

（1）遗传算法概述。

1975 年，密歇根大学的 J. Holland 教授提出了遗传算法，遗传算法是模拟达尔文生物进化论的自然选择和遗传学机理的生物进化过程的计算模型。遗传算法将“适者生存”的进化理论引入串结构，并在串之间进行有组织且随机的信息交换。通过遗传操作，使好的特质被不断保留、组合，从而得到更好的个体。子代个体中包含父代个体的大量信息，并在总体上胜过父代个体，从而使种群进化，不断接近最优解。遗传算法的原理如图 4-19 所示。

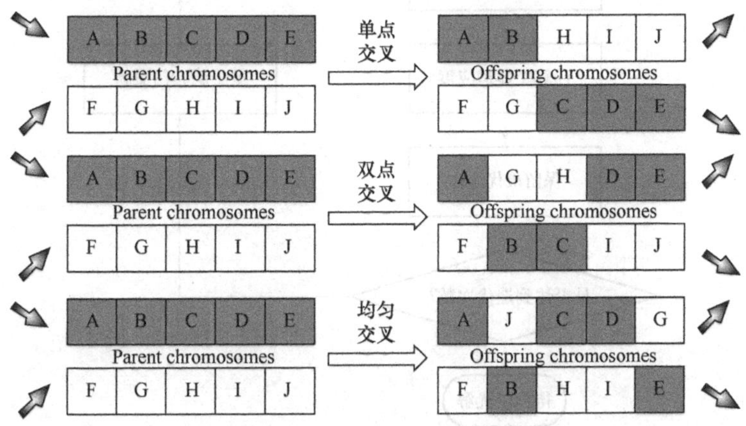

图 4-19　遗传算法的原理

与其他优化算法相比，遗传算法具有以下特点。

- 将搜索过程作用在编码后的个体上，不直接作用在参数（优化问题的参数）上，因此其应用领域较广。
- 现行的大多数优化算法都基于线性、凸性、可微性等要求，而遗传算法只需要适应度信息，不需要导数等辅助信息，对问题的依赖较小，因此具有非线性，适用范围广。
- 在搜索中用到的是随机的规则，而不是确定的规则；在搜索时进行启发式搜索，而不是盲目地进行穷举，因此具有较高的搜索效率。遗传算法从一组初始点开始搜索，而不是从单一初始点开始搜索，其给出一组优化解，而不是一个优化解，其能在解空间内充分搜索，具有全局优化能力。

- 遗传算法仅用适应度函数评估个体，无须搜索空间的知识和其他辅助信息。遗传算法的适应度函数不仅不受连续可微的约束，还可以任意设定其定义域。
- 遗传算法的基本作用对象是多个可行解的集合，而非单一可行解，具有很强的可并行性，可以通过并行计算来提高计算速度，因此适用于对大规模复杂问题的优化。

（2）遗传算法的基本流程。

遗传算法从随机产生的初始种群出发，通过选择（使优秀个体的特质有更多机会传给子代）、交叉（体现优秀个体间的信息交换）、变异（引入新个体，保持种群的多样性）使种群逐代进化到搜索空间中的最优点附近，直至收敛到最优解。遗传算法不直接作用于问题空间，而作用于编码空间，且遗传操作非常简单。遗传算法具有简单、通用、鲁棒性强等特点。

遗传算法的基本流程如图 4-20 所示。

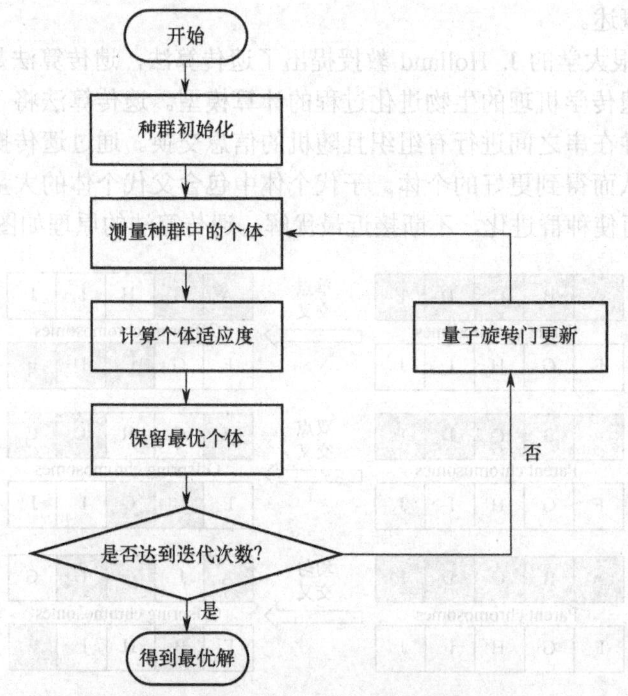

图 4-20　遗传算法的基本流程

遗传算法本质上是一种利用随机搜索技术（不是随机搜索方法）进行有指导的搜索的算法。其对参数空间编码，将随机选择作为工具，对种群个体施加遗传操作，并以适应度函数为依据，引导搜索过程向更高效的方向发展。

与传统搜索方法（解析法、枚举法、随机搜索法）相比，遗传算法不要求函数可导、连续，仅要求适应度函数为可比较的正值。另外，对于具有大搜索空间的问题，遗传算法能在相对较短的时间内得到最优解。遗传算法的特点可以从它与传统搜索方法的对比，以及它与若干搜索方法和自律分布系统的亲近关系中体现出来，遗传算法适用于解决高维、总体规模很大的复杂非线性问题。

（3）遗传算法的数学基础。

作为一种智能搜索方法，遗传算法采用五大要素来控制算法的搜索方向，包括参数编码、初始种群设定、适应度函数设计、遗传操作设计和控制参数设定。Holland 的模式定理是描述遗传算法动力学机理的基本定理，奠定了遗传算法的数学基础。

定义 7： 将基于三值字符集 {0,1,*} 产生的能描述具有某些结构相似性的 0、1 字符串集的字符串称为模式。

例如，当染色体长度为 4 时，模式 0*1* 描述了位置 1 为"0"、位置 3 为"1"的所有字符串：{0010}、{0011}、{0110}、{0111}。

定义 8： 将模式 H 中的确定位置数量称为该模式的阶数，记为 $O(H)$。

定义 9： 将模式 H 中第一个确定位置和最后一个确定位置的位置差称为该模式的定义距，记为 $\delta(x)$。

例如，模式 01**1 的阶数为 3，定义距为 4。模式 *1** 的阶数为 1，定义距为 0。显然阶数越高，样本数越少，确定性越强。可以证明，选择操作采用并行方式控制适应度高的模式数量呈指数级增长，而适应度低的模式呈指数级减少。选择和交叉操作使适应度高于种群平均适应度、定义距短的模式数量呈指数级增长。

模式定理： 在选择、交叉和变异的作用下，具有低阶、短定义距及适应度高于种群平均适应度的模式数量在子代中会呈指数级增长。

模式定理是遗传算法的理论基础。根据模式定理，具有低阶、短定义距、高适应度的模式越来越多。

作为一种新的全局优化搜索方法，遗传算法具有简单、鲁棒性强、易于并行化、应用范围广等特点，成为一种解决复杂问题的新思路、新方法，并广泛应用于函数优化、自动控制、图像识别、机器学习、优化调度等领域。

2）粒子群优化算法

粒子群优化（Particle Swarm Optimization，PSO）算法是 Kennedy 和 Eberhart 于 1995 年提出的一种随机并行优化算法，其原理简单、易于实现、收敛速度快，且求解的目标函数不必具有可微、连续等特性，因此受到了很多学者的关注。迄今为止，PSO 算法在单目标优化、约束优化、动态优化、多目标优化等方面得到了广泛应用与发展。

PSO 算法源于对鸟类在自然界中寻找食物的研究，将算法中的每个解看作搜索区域中的一只鸟，并将其抽象为体积和质量均为零的粒子，每个粒子都有速度、方向和距离，还有适应值，该值由目标函数决定，用于评估粒子的品质。

粒子知道自己所处的位置，还知道自己到目前为止发现的最佳位置（称为个体最优解 pbest）及整个群体的最佳位置（称为全局最优解 gbest），粒子通过这两个值来决定自己下一步去向。PSO 算法的原理如图 4-21 所示。

算法先初始化一组随机粒子，即随机解，这些粒子不断跟随最优粒子进行搜索，通过迭代逐渐找到最优解。在每次迭代中，粒子找到 pbest 和 gbest 后，按照式（4-70）进行更新。

$$\begin{cases} v(t+1) = wv(t) + c_1 r_1[\text{pbest}(t) - x(t)] + c_2 r_2[\text{gbest}(t) - x(t)] \\ x(t+1) = x(t) + v(t+1) \end{cases} \tag{4-70}$$

式中，$v(t)$、$x(t)$、$\text{pbest}(t)$、$\text{gbest}(t)$ 分别表示第 t 次迭代时粒子的速度、位置、个体最优位置、全局最优位置；w 为惯性权值；c_1、c_2 为学习因子；r_1、r_2 是取值为 0～1 的随机数。

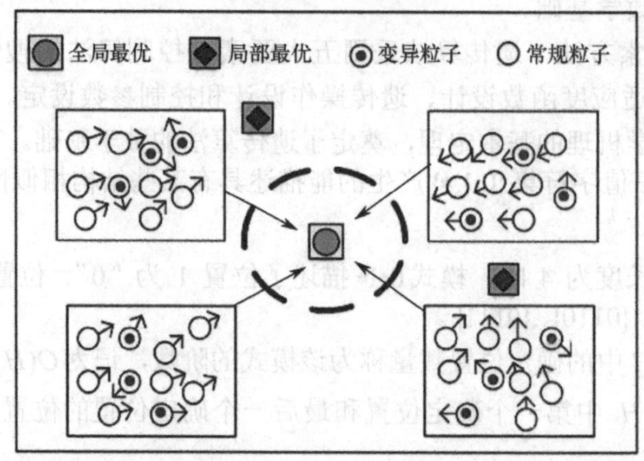

图 4-21 PSO 算法的原理

由式（4-70）可知，粒子的运动轨迹受以下因素影响：一是运动惯性，体现了粒子当前的速度对下次运动的影响；二是自我认知，表明粒子受历史经验的影响，不断调整和修正飞行轨迹，飞向个体最优解所在的位置，通过这种自我学习的方法，使粒子具有全局搜索能力，避免算法“早熟”；三是群体认知，表明粒子通过向其他个体学习群体知识，飞向全局最优解所在的位置。

粒子位置的更新方式如图 4-22 所示。

粒子群优化算法流程如图 4-23 所示。

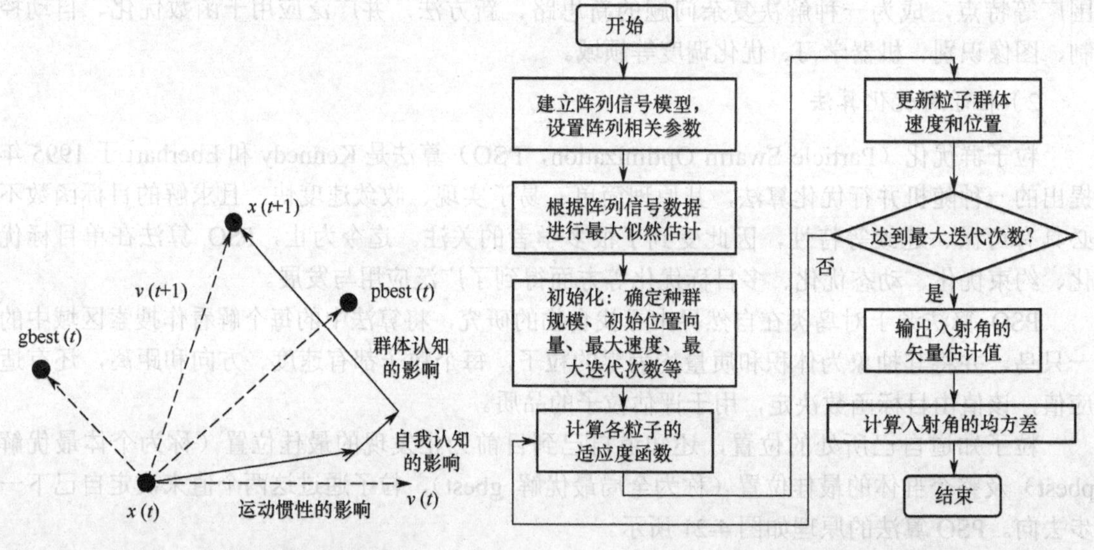

图 4-22 粒子位置的更新方式　　图 4-23 粒子群优化算法流程

由于 PSO 算法存在早熟收敛问题，为了增强种群的多样性，以获得更好的优化性能，许多学者提出了改进策略，主要包括调整参数、采用拓扑结构、利用各种混合 PSO 算法等，这些改进策略在不同程度上提高了算法的性能。如今，粒子群优化算法的相关研究工作已取得重大突破，在不同的研究领域得到了广泛应用。

课程思政——【国家大事】

群体智能研究起源于对蚁群、蜂群等简单社会性生物群体行为的观察与模拟，遗传算法是群体智能研究中的经典算法之一。20 世纪 80 年代，群体智能的概念一经提出，便引起了各相关领域研究人员的高度关注。近年来，人们在模拟、延伸和扩展简单社会性生物群体智能的同时，也有研究者从人类社会的群体智能等视角展开探索。

2017 年 7 月，国务院发布的《新一代人工智能发展规划》明确了群体智能是人工智能领域的一个新的研究方向；2018 年 10 月，科技部发布的《科技创新 2030—“新一代人工智能”重大项目 2018 年度项目申报指南》将群体智能列为人工智能领域的五大持续攻关方向之一；中国科学院发布的《2019 年人工智能发展白皮书》将群体智能技术列为人工智能领域的八大关键技术之一。

无人系统群体智能是群体智能的重要形态，随着无人系统的集群化、智能化，其得以快速发展。为持续开展相关研究，需要在总结已有无人系统群体智能相关研究的基础上，进一步梳理无人系统群体智能的理论方法、核心技术及系统构建问题，以推进我国的群体智能研究及相关系统研发工作，实现我国新一代人工智能发展目标。

综上所述，智能传感器中的数据融合技术综合利用了多种传感器信息的互补性和冗余性，提高了智能传感器信息的确定性和可靠性。传感器通常只能获取待测物理量在某些方面的信息，而无法完整描述整个物理过程。利用数据融合技术将多个传感器测得的数据融合，可以获得综合和完整的信息，并将其用于决策，不仅有利于提高决策的实时性和准确性，还有利于降低智能传感器系统成本。

4.2 智能传感器的通信技术

智能传感器是集传感器技术、计算机技术和通信技术于一体的新型传感器，将传感器与处理器、网络通信接口芯片集成，可实现快速接入，使传感器与其他设备和系统进行实时、有效的数据交换，突破地域和空间限制，有效提高智能传感器的配置与应用能力。智能传感器采用的网络通信接口主要有两种：一种是基于现场总线和以太网的有线网络通信接口，另一种是采用无线方式接入网络的无线网络通信接口。两种网络通信接口各有特点和适用领域，在不同的应用环境中采用适合的网络通信接口可以有效获取感知信息。

4.2.1 现场总线通信技术

现场总线指安装在现场装置之间，以及现场装置与控制室内的自动控制装置之间的进行多点通信的数字式、串行数据总线。目前，在智能传感器中应用较多的现场总线包括 HART、串行通信接口、CAN、ARINC429 总线等。将智能传感器与现场总线通信技术结合，可以使其在现场总线控制系统中得到广泛应用，成为现场级智能传感器。

在数字化要求下，每个现场设备都要有数字通信能力，使操作人员或设备（传感器、执行器等）能够向现场发送指令（如设定值、量程、报警值等），并能实时了解现场设备的各方面情况（如测量值、环境参数、设备运行情况及设备校准、自诊断情况、报警信息、故障数据等）。此外，原来由主控制器完成的控制运算也分散到各现场设备上，显著提高了系统的可靠性和灵活性。应用现场总线通信技术的关键在于系统具有开放性。现场总线通信强调对标准形成共识并遵循标准，打破了传统生产厂家的标准独立的局面，使来自不同厂家的产品可以集成在一个现场总线控制系统中，并可以通过网关与其他系统共享资源。

基于现场总线的智能传感器测控系统与基于以太网的智能传感器测控系统在目标上有相似之处，其应用存在一定的互补性。两种智能传感器测控系统的对比如图 4-24 所示。

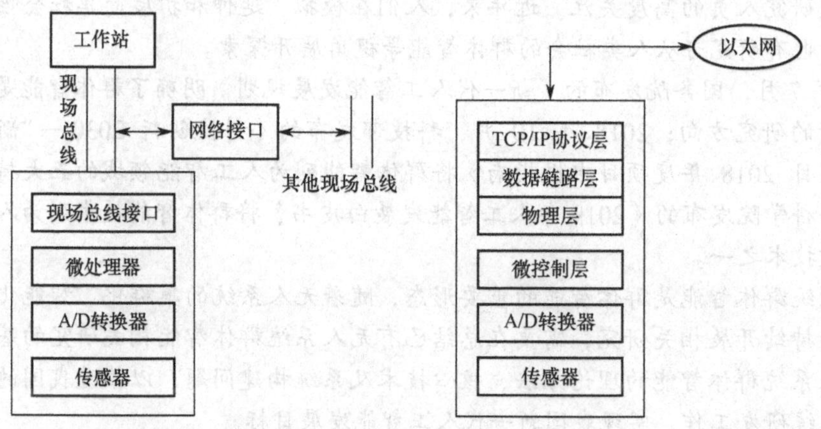

图 4-24　两种智能传感器测控系统的对比

两种系统的基本思路都是针对传统测控系统的不足，使检测信号在现场实现全数字化，从而避免模拟信号在传输过程中易衰减和易受干扰等问题。因此，两者的底层硬件结构大致相同。

目前比较流行的现场总线各有特点，每种总线标准都有自己的协议格式，并不兼容，为系统的扩展、维护等带来了不利影响，为标准的统一带来了困难。从技术上看，现场总线的互操作性差，各产品不能统一组态，即使通过专用接口与其他网络或总线连接，在成本和系统集成方面也为用户带来了不便。

从商业上看，各厂商都不愿放弃已有的产品和市场份额，不愿寻求统一。这种局面在短期内难以改变，对广大用户不利。此外，从应用范围上看，现场总线主要用于自动化领域，在一些分布较广的测控领域（如水文勘测、环境监测等）受到一定的限制（对于基于以太网的智能传感器测控系统来说，可以方便地将存在通信电缆的地方纳入测控系统）。

基于现场总线的智能传感器测控系统和基于以太网的智能传感器测控系统的最大区别在于信号的传输方式和网络通信策略不同，也体现在后者独特的 TCP/IP 协议功能上。基于以太网的智能传感器测控系统在现场就具备 TCP/IP 功能，在数据采集、信息发布及系统集成等方面都以企业内网（Intranet）为依托，将测控网络与信息网络统一，具体表现在以下 3 个方面。

- Intranet 功能：各种现场信号都可以在企业内网中实时发布和共享，任何授权用户都可以实时浏览这些现场信息。
- Internet 功能：如果企业内网与 Internet 相连，则可以在 Internet 上实时浏览各种现场信息。
- Intranet/Internet 控制功能：如果需要，可以在 Intranet 和 Internet 的任何位置对现场传感器（执行器）进行在线控制、编程和组态，为远程操作开辟了新的道路。

1. HART 协议

HART（Highway Addressable Remote Transducer）协议是可寻址远程传感器高速通道的开放通信协议，是 Rosement 于 1985 年推出的现场智能仪表和控制室设备之间的通信协议，于 1993 年成为一个开放的标准。

早期的控制系统主要是模拟仪表控制系统，设备之间传输的信号为1～5V 或 4～20mA 直流模拟信号，信号的精度较低，在传输过程中易受干扰。随着电子技术和计算机技术的发展，以单片机、计算机和可编程逻辑控制器（PLC）为控制设备的集中数字控制系统逐步取代了模拟仪表控制系统。集中数字控制系统传输数字信号，克服了模拟仪表控制系统传输模拟信号精度低的缺点，提高了系统的抗干扰能力。但是集中数字控制系统对传统仪表提出了新的要求，使新型智能仪表逐渐取代了传统仪表。

HART 协议的显著特点之一是它可以同时传输模拟信号和数字信号。多年来，过程自动化设备使用 4～20mA 模拟信号通信，HART 协议在不干扰 4～20mA 模拟信号的同时允许双向数字通信，模拟信号和数字信号能在一条线上同时传输。因此，HART 协议可以支持大多数智能设备和大量模拟设备。

HART 协议在数字仪表取代模拟仪表的过程中具有承前启后的作用，属于在模拟系统向数字系统转换过程中出现的过渡产品，因此在过渡时期具有较强的市场竞争力。经过多年的发展，HART 协议已十分成熟。

数字信号在模拟信号上叠加的方式如图 4-25 所示。从图 4-25 中可以看出，HART 协议采用基于 Bell202 标准的 FSK 频移键控信号，在低频的 4～20mA 模拟信号上叠加幅度为 ±0.5mA 的高频数字信号，进行双向数字通信，数据传输速率为 1.2Mbps。1200Hz 代表逻辑 1，2200Hz 代表逻辑 0，FSK 信号的均值为 0，不影响传输至控制系统的模拟信号的大小，与现有系统兼容。

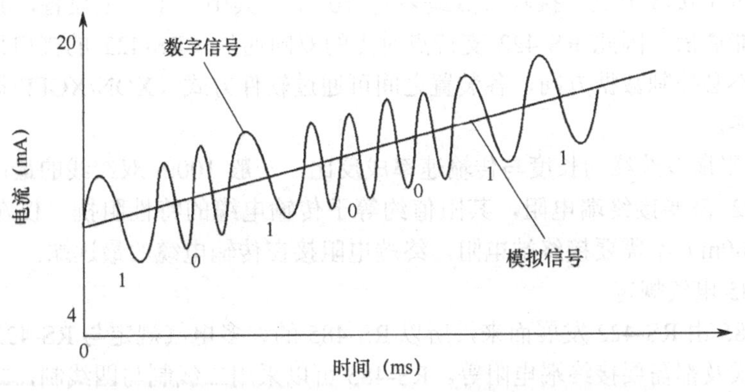

图 4-25　数字信号在模拟信号上叠加的方式

2. 串行通信接口技术

RS-232、RS-422、RS-485 都是串行通信接口标准，由美国电子工业协会（EIA）制定和发布。RS-232 于 1962 年发布，RS-422 由 RS-232 发展而来，能弥补 RS-232 通信距离短、速率低的缺点，RS-422 定义了一种平衡通信接口，将传输速率提高至 10Mbps，并允许在一条平衡总线上连接 10 个接收器。RS-422 是一种单机发送、多机接收的单向、平衡传输标准，又称 EIA-422。为了扩大应用范围，EIA 于 1983 年在 RS-422 标准的基础上制定了 RS-485 标准，增加了多点、双向通信能力，允许多个发送器连接到一条总线上，并提高了发送器的驱动能力和增强了冲突保护特性，扩大了总线共模范围。

RS-232、RS-422、RS-485 标准仅规定接口的电气特性，不涉及接插件、电缆或协议，用户可以在此基础上建立自己的高层通信协议。

1）RS-232

RS-232 是一种在低速率串行通信中延长通信距离的单端标准。RS-232 采用不平衡传输方式，即单端通信。典型的 RS-232 信号在正负电平之间摆动，当发送数据时，发送端驱动器输出 5～15V 正电平、−15～−5V 负电平。当无数据传输时，线上为 TTL 电平。从开始传输数据到传输结束，电平从 TTL 电平变为 RS-232 电平再回到 TTL 电平。

接收器的典型工作电平为 3～12V 和 −12～−3V。发送电平与接收电平的差仅为 2～3V，因此其共模抑制能力差，考虑到双绞线上的分布电容，其传输距离最大为 15m，最高速率为 20kbps。RS-232 是为点对点（只用一对收发设备）通信设计的，其驱动器负载为 3～7kΩ，因此适用于本地设备通信。

2）RS-422 和 RS-485

（1）平衡传输。

RS-422 和 RS-485 与 RS-232 不同，其采用差分传输方式（又称平衡传输），使用双绞线（A 和 B）。A、B 之间的正电平为 2～6V 是一个逻辑状态，负电平为 −6～−2V 是另一个逻辑状态。使能端用于控制发送端驱动器与传输线的连接，当使能端起作用时，发送端驱动器处于高阻状态，即“第三态”，其有别于逻辑 1 与逻辑 0。

（2）RS-422 电气规定。

由于 RS-422 采用高输入阻抗且具有比 RS-232 强的驱动能力，所以 RS-422 允许在一条传输线上连接多个接收节点。接收节点最多为 10 个，其中一个为主设备，其余为从设备，从设备之间不能通信，因此 RS-422 支持点对点的双向通信。RS-422 的接口采用单独的发送和接收通道，不必控制数据方向，各装置之间可通过软件方式（XON/XOFF 握手）或硬件方式完成信息交换。

RS-422 的平衡双绞线的长度与传输速率成反比，一般 100m 双绞线的最高传输速率仅为 1Mbps。RS-422 需要接终端电阻，其阻值约等于传输电缆的特性阻抗，仅在近距离传输时（一般不超过 300m）不需要接终端电阻。终端电阻接在传输电缆的最远端。

（3）RS-485 电气规定。

因为 RS-485 由 RS-422 发展而来，所以 RS-485 的许多电气规定与 RS-422 类似，如都采用平衡传输方式及都需要接终端电阻等。RS-485 可以采用二线制与四线制，二线制可实现真正的多点双向通信。当要求通信距离为几十米到几千米时，广泛采用 RS-485 标准。RS-485 采用平衡发送和差分接收，因此具有抑制共模干扰的能力。总线收发器具有高灵敏度，能检测低至 200mV 的电压，因此能在几千米外恢复传输信号。

RS-485 采用半双工方式，在任意时刻只能有一点处于发送状态，因此发送电路应由使能信号控制。当将 RS-485 用于多点互联时非常方便，可以节省许多信号线。应用 RS-485 可以联网构成分布式系统，其最多允许并联 32 台驱动器和 32 台接收器。

RS-485 与 RS-422 的区别还在于共模输出电压不同，RS-485 为 −7～12V，RS-422 为

−7～7V。RS-485 满足 RS-422 的所有规范，因此 RS-485 的驱动器可以在 RS-422 网络中应用。RS-485 的最大传输距离为 1219m，最高传输速率为 10Mbps。平衡双绞线的长度与传输速率成反比，一般 100m 双绞线的最高传输速率仅为 1Mbps。

（4）RS-422 和 RS-485 的网络安装。

- RS-422 接口电路。

RS-422 支持 10 个节点，RS-485 支持 32 个节点，因此由多节点构成网络。网络拓扑结构一般采用终端匹配的总线型，不支持环型或星型网络拓扑结构。在构建网络时，应注意将一条双绞线作为总线，串联各节点，总线到各节点的引出线长度应尽量短，以使引出线中的反射信号对总线信号的影响最小。同时，应注意总线特性阻抗的连续性，在阻抗不连续点会发生信号反射。在下列情况下易产生这种不连续性：在总线的不同区段采用不同电缆；某段总线上有很多收发器且它们紧靠在一起；引出线到总线的分支线过长。

应该将一条单一、连续的信号通道作为总线。

- RS-485 接口电路。

RS-485 接口电路的主要功能是通过发送器将来自微处理器的发送信号 TX 转换为通信网络中的差分信号，也可以通过接收器将通信网络中的差分信号转换为被微处理器接收的信号 RX。RS-485 收发器只能工作在“接收”或“发送”模式，因此必须为 RS-485 接口电路增加收发逻辑控制电路。另外，由于应用环境不同，RS-485 接口电路的附加保护措施也是需要考虑的重要内容。

3）典型接口电路

RS-485 接口具有传输距离远、传输可靠性高、支持节点多等优点，得到了广泛应用。MAX485 芯片的示范电路如图 4-26 所示，其可以直接嵌入实际的 RS-485 应用电路中。微处理器通过 RXD 和 TXD 直接连接 MAX485 芯片。

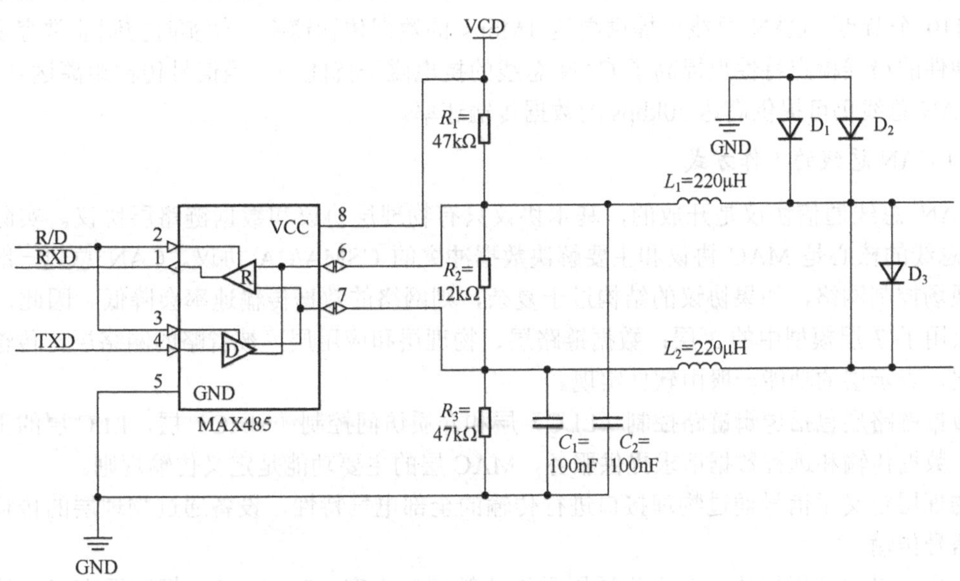

图 4-26　MAX485 芯片的示范电路

微处理器输出的 R/D 信号直接控制 MAX485 芯片的发送器和接收器：R/D 信号为“1”则 MAX485 芯片的发送器有效，接收器无效，此时微处理器可以向 RS-485 总线发送数据；

R/D 信号为“0”则 MAX485 芯片的发送器无效，接收器有效，此时微处理器可以接收来自 RS-485 总线的数据。在该电路中，在任意时刻 MAX485 芯片中的接收器和发送器只能有 1 个处于工作状态。

上拉电阻 R_1（阻值为 R_1）和下拉电阻 R_3（阻值为 R_3）用于保证无连接的 MAX485 芯片处于空闲状态，提供网络失效保护，以提高可靠性。R_1、R_2、R_3 的阻值根据实际应用确定，在接 120Ω 及以下的终端电阻时，就不需要 R_2（阻值为 R_2）了，且 R_1 和 R_3 的阻值应为 680Ω。

MAX485 芯片本身集成了有效的 ESD 保护措施，但为了可靠地保护 RS-485 及确保系统安全，在设计时通常会附加一些保护电路。

在图 4-26 中，瞬态抑制二极管（Transient Voltage Suppressor，TVS）D_1、D_2、D_3 都是用于保护 RS-485 总线的，避免 RS-485 总线在受外界干扰时（雷击、浪涌）产生的高压损坏 RS-485 收发器。

L_1、L_2、C_1、C_2 是可选安装元件，用于提高电路的 EMI 性能，附加的保护电路具有较好的保护效果。

3. CAN 总线通信技术

CAN 总线具有开放性好、可靠性高、通信速率高、抗干扰能力强、纠错能力强等特点，在汽车、船舶、机械、化工等领域得到了广泛应用。CAN 的全称为 Controller Area Network，即控制器局域网，CAN 总线是国际上应用范围最广的现场总线之一。早期，其应用于汽车环境下的微控制器通信，在车载电子控制装置之间交换信息，形成汽车电子控制网络。在发动机管理系统、变速箱控制器、仪表装备、电子主干系统中，均嵌入了 CAN 控制装置。

在由 CAN 总线构成的单一网络中，理论上可以挂接无数节点。在实际应用中，节点数受硬件电气特性的限制。例如，当将 Philips P82C250 作为 CAN 收发器时，一个网络中允许挂接 110 个节点。CAN 总线可提供高达 1Mbps 的数据传输速率，使实时控制非常容易。另外，硬件的错误检定特性也提高了 CAN 总线的抗电磁干扰能力。当信号传输距离达到 10km 时，CAN 总线仍可提供高达 50kbps 的数据传输速率。

1）CAN 总线的工作方式

CAN 总线通信协议是开放的，基本协议只有物理层协议和数据链路层协议。实际上，CAN 总线的核心是 MAC 协议和主要解决数据冲突的 CSMA/CA 协议。CAN 总线一般用于小型现场控制网络，如果协议的结构过于复杂，则网络的数据传输速率会降低。因此，CAN 总线只用了 7 层模型中的 3 层：数据链路层、物理层和应用层，被省略的网络层、传输层、会话层、表示层的功能一般由软件实现。

数据链路层包括逻辑链路控制（LLC）层和介质访问控制（MAC）层，LLC 层的主要功能是为数据传输和远程数据请求提供服务，MAC 层的主要功能是定义传输规则。

物理层定义了信号通过物理接口进行传输的全部电气特性，设备通过物理层的传输介质实现信号传输。

用户可以将应用层协议定义为适用于工业领域的方案。DeviceNet 标准已在工业控制领域和制造领域得到了广泛应用，其定义较严谨，支持多重通信层和消息排序。在汽车工业中，许多制造商都应用自己的标准，常见的有 SAE J1939、CANopen 等。

CAN 总线能使用多种传输介质，如双绞线、光纤等，最常用的是双绞线。其采用差分传输方式，两条信号线为 CANH 和 CANL，当处于静态时，电压均为 2.5V 左右，此时状态表示为逻辑 1，称为“隐性”；CANH 高于 CANL 表示逻辑 0，称为“显性”，此时通常为 CANH=3.5V 和 CANL=1.5V。

CAN 总线成本低、利用率高、数据传输距离远（达到 10km）、数据传输速率高（高达 1 Mbps），可根据报文的 ID 决定接收或屏蔽，错误处理和检错机制可靠，发送的信息遭到破坏后可自动重发，节点在有严重错误的情况下具有自动退出总线的功能。另外，其报文不包含源地址或目的地址，仅用标识符指示功能信息、优先级信息等。

CAN 总线的标识符标准格式报文为 11 位，而标识符扩展格式报文可达 29 位。CAN 协议的 2.0A 版本规定 CAN 控制器必须有一个 11 位标识符，2.0B 版本规定 CAN 控制器的标识符长度可以是 11 位或 29 位。遵循 CAN 协议 2.0B 版本的 CAN 控制器可以发送和接收 11 位标识符标准格式报文或 29 位标识符扩展格式报文。如果禁止 CAN 协议的 2.0B 版本，则 CAN 控制器只能发送和接收 11 位标识符标准格式报文，而忽略标识符扩展格式报文，但不会出现错误。

2）CAN 总线电路

CAN 总线电路如图 4-27 所示，它采用 PCA82C250 高速总线驱动器，芯片与 CAN 总线相连的信号线串入 5Ω 电阻，具有限流保护作用，同时并联 30pF 小电容，以提高抗电磁干扰能力，通过对地反接二极管实现过压保护。

此外，当 CAN 总线工作在 1Mbps 通信速率下时，图 4-27 中电阻 R24、R25 的阻值不大于 1kΩ。CANH 与 CANL 采用屏蔽双绞线接入总线网络，在总线的 CANL 与 CANH 之间需要加100～120Ω 匹配电阻，通过调整匹配电阻，可以提高总线的通信质量和可靠性。单一节点一定不要加匹配电阻，以免对总线网络造成影响。

4. ARINC429 总线

1）概述

ARINC429 总线是一种航空电子总线，它通过双绞线将飞机的各系统或系统与设备连接起来，是飞机的神经网络。过去，航空设备采用的航空总线各异（如 ARINC453、ARINC461、ARINC573、ARINC575、ARINC582 等总线），难以兼容。现代飞机电子系统要求各机载航空设备使用统一的航空总线，以方便系统集成。ARINC429 总线具有接口使用方便、数据传输可靠等特点，是在商务运输航空领域应用最广的航空电子总线，如应用于空中客车公司的 A310、A320、A330、A340 飞机，波音公司的波音 727、波音 737、波音 747、波音 757、波音 767 飞机等。另外，ARINC429 总线在导弹、雷达等领域也得到了应用。

ARINC429 总线通过一对单向、差分耦合的屏蔽双绞线进行传输，属于串行通信。数据包含 1 个校验位和 8 位标号。标号定义了飞行数据的功能，即保持被传输数据（如精度数据、纬度数据等）的类型。其余的数据位以数字（二进制或 BCD）或字母编码，根据标号分成不同的域。为了使通信完全标准化和防止冲突，所有飞行功能都被赋予了特定的标号和数据格式。

2）ARINC429 总线的电气特性

ARINC429 总线是一对单向、差分耦合的屏蔽双绞线，每条线上的电压为–5～5V，一

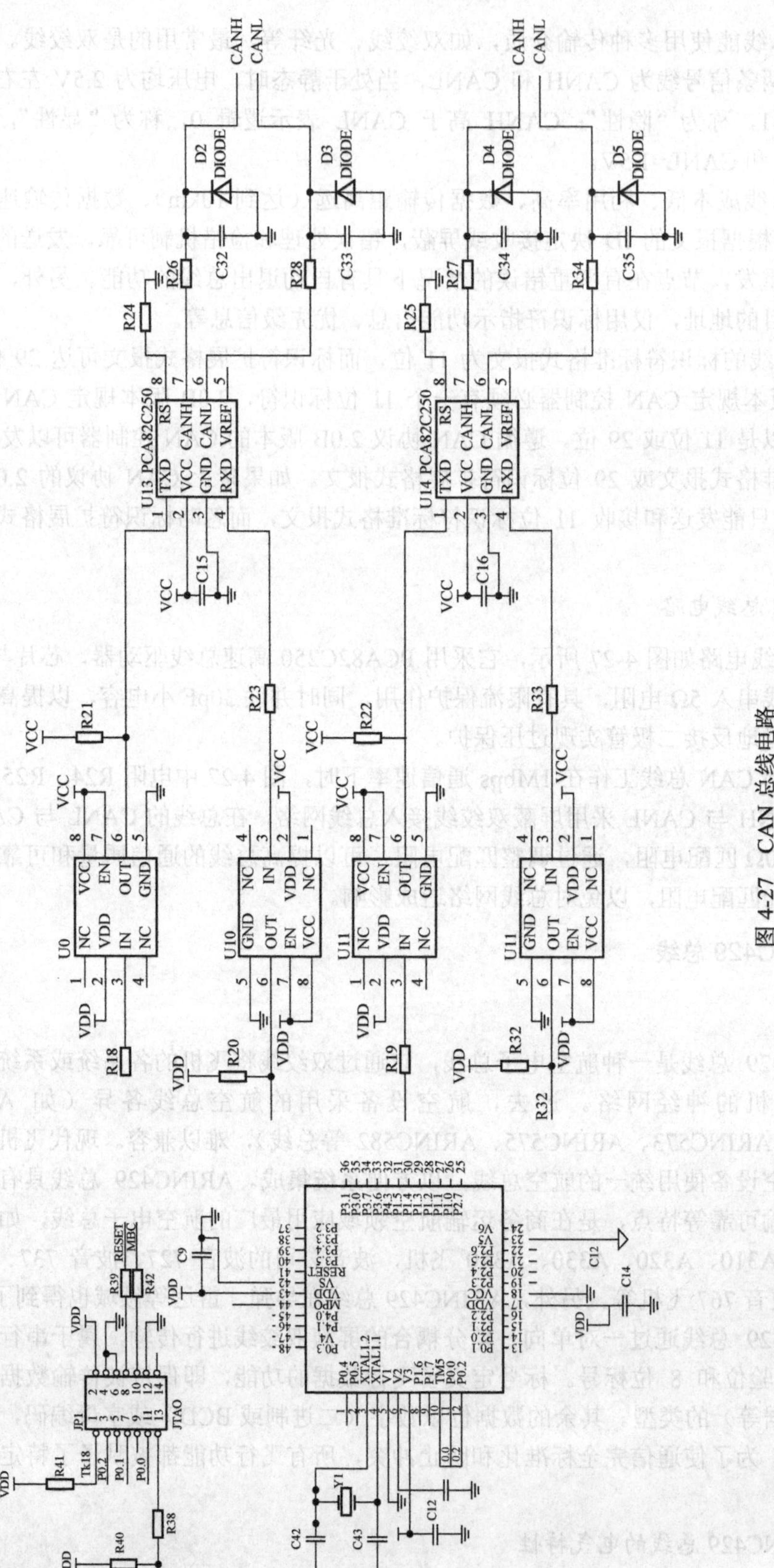

图 4-27 CAN总线电路

条线为 A，另一条线为 B。线上的码型为双极性归零码，数据字以双极性归零脉冲形式发送，双极性归零脉冲如图 4-28 所示。差分信号的逻辑有以下 3 种。

- 当 A 与 B 的差分电压为 7.25～11V 时，表示逻辑 1。
- 当 A 与 B 的差分电压为 –0.5～0.5V 时，表示 NULL。
- 当 A 与 B 的差分电压为 –11～–7.25V 时，表示逻辑 0。

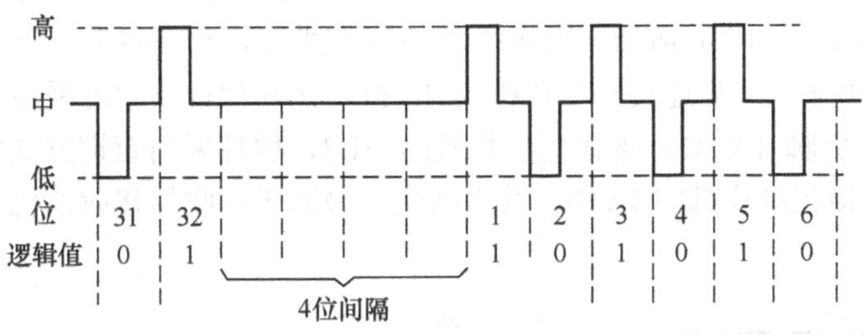

图 4-28　双极性归零脉冲

数据字格式定义如表 4-5 所示。

表 4-5　数据字格式定义

位	定　义	位	定　义
1～8	Label	28	MSB
9～10	SDI or Data	29	Sign
11	LSB	30～31	SSM
12～27	Data	32	Parity Status

3）ARINC429 总线传输模式

ARINC429 总线协议将航空总线描述为“开环”传输模式。这种类型的总线一般被描述为支持多接收器的单工总线，又称“传叫”或“广播”总线。对于错误检测来说，技术标准规定了奇校验指示和可选的错误核查方法。当数据大小超过一字时，ARINC429 也提供文件数据传输方式。绘画文本的传输和符号 CRT 映像及其他显示功能尚未定义。

单一总线只有 1 个发送器和不超过 20 个接收器，一个终端可能连接不同总线上的发送器或接收器。发送器发送 32 位字，最前面是 LSB，数据传输速率可低可高（12.5kbps 或 100kbps）。ARINC429 总线上的可替换单元（LRU）没有地址，但有设备编号，可以进行分组，编号用于系统管理，不编码到字中。

4）ARINC429 总线通信实现

ARINC429 总线通信通过专用接口芯片实现，目前可选的接口芯片较多，其采用 16 位或 8 位数据总线接口，可根据处理器类型灵活选择，当采用 8 位数据总线接口时，硬件电路设计更简单。

HI-6010 是 HOLT 生产的适用于 8 位数据总线接口的 CMOS ARINC429 总线接口芯片，其内部包含独立工作（自检和奇偶校验功能除外）的发送器和接收器。发送器和接收器可使用独立的时钟输入，以选择不同的发送和接收速率。

HI-6010 的使用非常灵活，对发送器和接收器的控制和对收发状态的监测既可以采用硬件的引脚控制方式，又可以采用通过软件对状态寄存器和控制寄存器进行读写的方式。软件还具有信息标识符识别功能，可以对所接收的数据信息标识符与预先存储的标识符进行比较，以进行识别。

HI-6010 在发送数据时需要配合总线驱动器（如 HI-8586）将发送电平转换为 429 电平，在接收数据时需要配合总线接收器（如 HI-8588）将 429 电平转换为 HI-6010 能接收的电平，通信电路原理如图 4-29 所示。采用引脚控制方式进行数据收发，将接收器的状态标志引脚 RXRDY 经“非”逻辑连接到单片机的 INT1，在软件设计中可采用中断或查询方式；将发送器状态标志引脚 TXTDY 连接到单片机的 P1.3，软件采用查询方式发送数据。将错误标志引脚 WEF 连接到单片机的 INT0，其中断优先级高于接收器接收的优先级，可以在出现错误时及时响应。

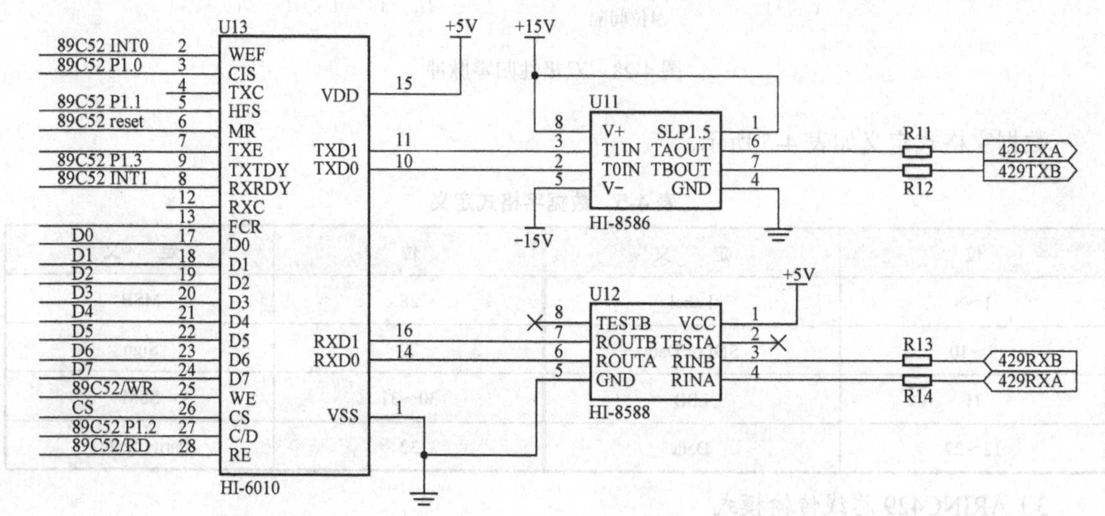

图 4-29　通信电路原理

4.2.2　以太网通信技术

1. 以太网概述

以太网是一种计算机局域网技术。IEEE 802.3 工作组制定了以太网的技术标准，规定了物理层的连线、电子信号和介质访问控制层协议的内容。以太网是目前应用最普遍的局域网技术，从技术上讲，它基于 CSMA/CD。CSMA/CD 主要为解决如何争用一个广播型共享传输信道的问题而设计，能够决定谁占用信道。

局域网一般是广播型网络，网络中的站点共享信道，如果某个站点发出数据，其他站点都能收到，就像一个人在公共场所大声讲话，在场的人都能听到一样。信道竞争是广播型网络需要解决的重要技术问题之一，网络中的每个站点都可以使用信道，但信道在某个时刻只能由一个站点使用。当很多站点同时申请使用信道时，以太网就采用 CSMA/CD 来解决这一问题。

它的原理很简单，当一个站点要传输数据时，需要先监听信道（载波侦听），此时信号未同时到达网络各处，而是大约以 70%的光速在电缆上传输。这样就可能有两个收发器同时探测到网络空闲，并同时传输数据。当这两个信号交汇时，会混杂在一起，将这种情况称为冲突。当检测到冲突时，主机接口放弃本次传输，待活动停止后再次尝试传输（为避免每次传输都出现冲突，以太网使用一种二进制指数退避策略：发送者在发生第一次冲突后随机延迟一段时间，如果发生第二次冲突则延迟时间为第一次的二倍，发生第三次冲突则延迟时间为第一次的四倍等）。当未监听到其他传输时，主机接口开始传输数据，每次传输都在限定的时间内完成（因为有最大分组长度）。

CSMA/CD 采用简单有效的方法来解决上述冲突，其在传输数据时进行冲突检测，一旦发生冲突，则立刻停止传输数据，待冲突平息再进行传输，直到数据传输完成。

课程思政——【科学故事】

1972 年，罗伯特·梅特卡夫（Robert Metcalfe）和施乐公司帕洛阿尔托研究中心（Xerox PARC）的同事们研制了世界上第一套实验型以太网系统，用于实现 Xerox Alto（一种具有图形用户界面的个人工作站）之间的连接。

当时，这套实验型以太网系统被称为 Alto Aloha 网。1973 年，梅特卡夫将其命名为以太网，并指出该系统除了支持 Alto 工作站，还支持计算机。他用"以太（ether）"来描述该网络的特征：物理介质（如电缆）将比特流传输至各站点，就像古老的"以太论"认为"以太"通过电磁波充满了整个空间。

人们不断开发新的布线模式，在这些模式中，每个站点都通过一条专用线连接到中央集线器，集线器只是在电气上简单地连接所有线，就像把它们焊接在一起。随着科技的发展，许多类型的以太网被发明出来，以适应现代的生产需要，包括高速车载以太网、工业以太网等。

2. 以太网传输过程及实现特点

当一个站点的信息帧被传输至共享的信道时，所有与信道相连的以太网接口都读入该帧，并查看该帧的第一个 48 位地址，各接口将帧的目的地址与自己的 48 位地址进行比较。如果两者相同，则该站点继续读入帧，并将其传输至计算机正在运行的上层网络软件。上层网络软件读入帧的类型字段，判断它是 ARP 包还是 IP 包，再交给不同的协议栈处理。当其他网络接口发现目的地址与它们的地址不同时，会停止读入信息帧。以太网的帧结构如图 4-30 所示。

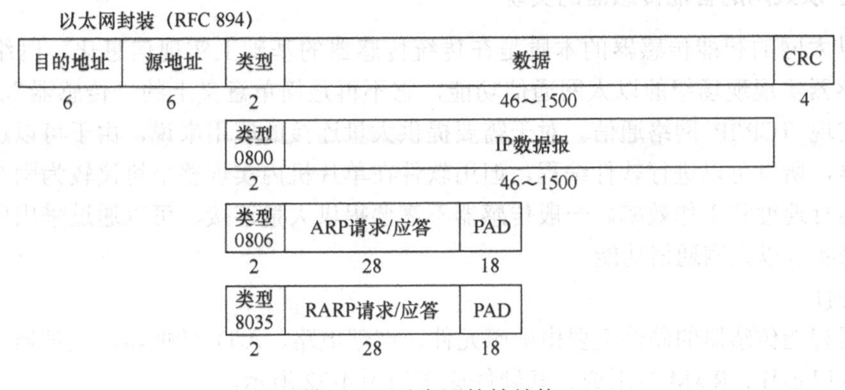

图 4-30　以太网的帧结构

以太网实际上是一种信道共享技术，它几乎支持所有流行的网络协议，性价比高，得到了广泛应用，以太网的数据传输流程如图 4-31 所示。

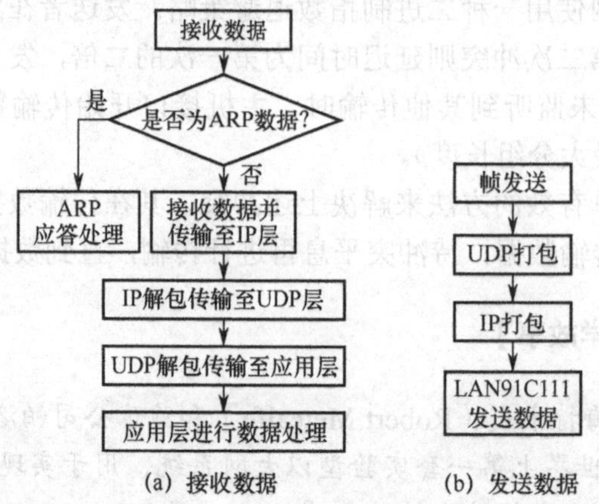

图 4-31 以太网的数据传输流程

传统的以太网采用总线式拓扑结构和 CSMA/CD 模式，在一些对实时性要求不高的嵌入式系统中，以太网完全能满足需要，但在一些对实时性要求很高的场合，数据可能会失去控制，将这种情况称为以太网的“不确定性”。

采用共享介质的通信网络在 MAC 协议中必须实现冲突仲裁过程和传输控制过程。冲突仲裁过程决定信道上的节点什么时候可以发送消息；传输控制过程主要决定节点在获得信道访问权后能够占用信道的时长。现有的网络技术在不同程度上实现了这两个过程，并有所侧重。例如，IEEE 802.5 令牌环协议强调冲突仲裁过程，IEEE 802.4 定时令牌协议 FDDI 强调传输控制过程，这些网络协议具有较好的实时性，在早期得到了应用，但目前国内外使用最多的还是 IEEE 802.3 CSMA/CD。

将以太网作为实时通信网也必须实现上述两个过程，研究表明，在共享实验环境下（使用共享式 HUB），当以太网的负载率低于 30%（3Mbps）时，网络中发生的冲突很少，基本可以满足通信的实时性要求。总线式以太网要解决实时性问题，就要尽量避免 CSMA/CD 协议发挥作用，形成一个“低负载、不会发生冲突”的通信环境，从而利用以太网高带宽、低延迟的特点达到实时通信目的。

3. 基于以太网的智能传感器的实现

基于以太网的智能传感器的本质是在传统传感器的基础上实现信息化、网络化和智能化，使传感器实现现场级的以太网通信功能，它不再是简单意义上的“传感器”，其核心是使传感器实现 TCP/IP 网络通信。对于需要提供大量连接的应用来说，由于可以选择速度较快的处理器，所以可以进行软件编程，但用软件在单片机内实现整个协议较为困难，还会降低系统的运行速度和工作效率。一般传感器不需要提供大量连接，可以通过采用硬件专用协议栈芯片来实现以太网通信功能。

（1）硬件。

以太网智能传感器的硬件主要由敏感元件、调理电路、A/D 转换器、处理器、协议栈芯片、网络接口芯片、RAM 等组成，其硬件原理如图 4-32 所示。

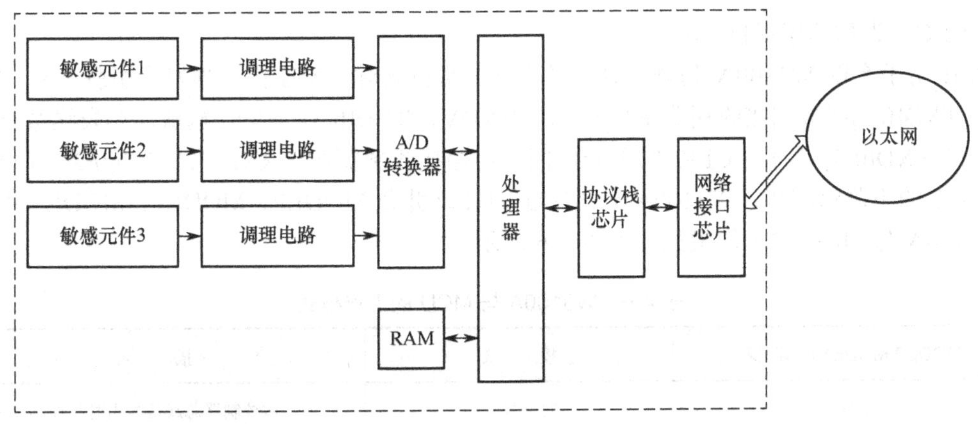

图 4-32　硬件原理

处理器通过 A/D 转换器采集多路敏感元件的调理信号，采集到的数据经软件处理解算后存储在 RAM 中。同时，处理器持续监听网络状态，当收到以太网的不同指令时，执行相应操作，并将 RAM 内的数据上传至以太网，实现双向数据交互。

（2）协议栈芯片的内部结构与工作模式。

以太网智能传感器的采集、处理硬件结构与其他智能传感器基本一致，其主要特点体现在基于以太网的传感数据通信方面。当前，一些集成化程度较高的处理器芯片集成了协议栈和接口驱动电路，可以方便地实现以太网通信。下面对协议栈芯片 W3100A 进行介绍，W3100A 的内部结构如图 4-33 所示。

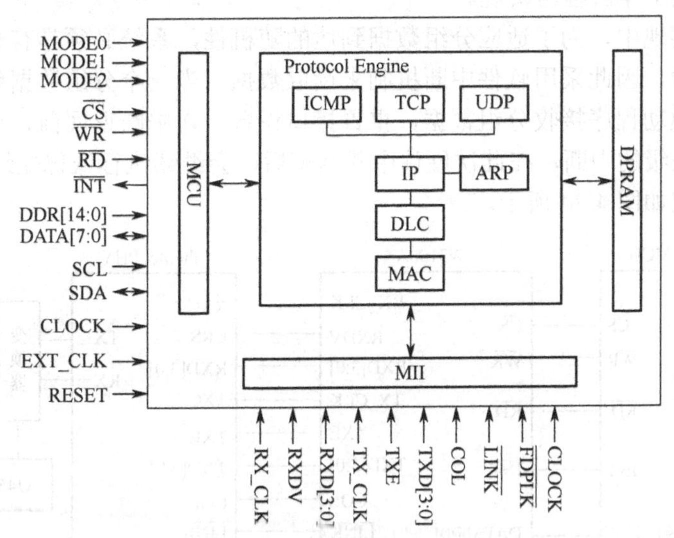

图 4-33　W3100A 的内部结构

W3100A 提供了一种低成本的接入高速以太网的解决方案。该芯片可以处理标准的以太网协议，减小了软件开发的工作量，其包含 TCP、IP、UDP、ICMP、DLC 及 MAC 协议。该芯片可以同时提供独立的四路连接，其工作方式与 Windows 的 SocketAPI 类似。该芯片支持全双工模式，在该模式下，其内部协议处理速度可达 4～5Mbps，内部带有双口的 SRAM 数据缓存区，用于发送和接收数据。该芯片可选择支持 Intel 或 Motorola MCU 接口，为应用

层提供 I^2C，为物理层提供 MII。

MII 用于实现 W3100A 和物理层设备之间的数据传输。MII 由数据发送引脚 TX_CLK、TXE、TXD[0:3]和数据接收引脚 RX_CLK、RXDV、RXD[0:3]、COL 构成。当发送数据时，TXE 和 TXD[0:3]与 TX_CLK 的下降沿同步；当接收数据时，RXDV、RXD[0:3]、COL 与 RX_CLK 的下降沿同步。W3100A 与 MCU 的接口引脚 MODE0、MODE1、MODE2 用于选择 W3100A 与 MCU 的工作模式，如表 4-6 所示。

表 4-6　W3100A 与 MCU 的工作模式

MODE0 MODE1 MODE2	模　式	描　述
0 0 0	时钟模式	微控制器总线信号由时钟控制
0 0 1	外部时钟模式	微控制器总线信号由外部时钟控制
0 1 0	无时钟模式	直接使用微控制器总线信号
0 1 1	I^2C 模式	使用 I^2C 模式
1 X X	测试模式	用于测试

该芯片提供了一些必要的寄存器供 MCU 访问，以完成具体操作，包括控制寄存器（命令、中断和状态）、系统寄存器（网关地址、子网掩码、IP 地址）、用于进行数据收发的指针寄存器、用于进行通道操作的通道寄存器等。

（3）网络协议工作流程与实现。

在网络协议实现中，为了适应分组数据到达的随机性，系统必须具有从网络接口随机读取分组数据的能力，因此采用软件中断机制来读取数据。当一个分组数据到达时，产生一个硬件中断，设备驱动程序接收分组数据，重置接口设备。在中断返回前，设备驱动程序会通知硬件安排低优先级的中断，在此次硬件中断结束后，会继续执行低优先级的中断。

系统连接原理如图 4-34 所示。

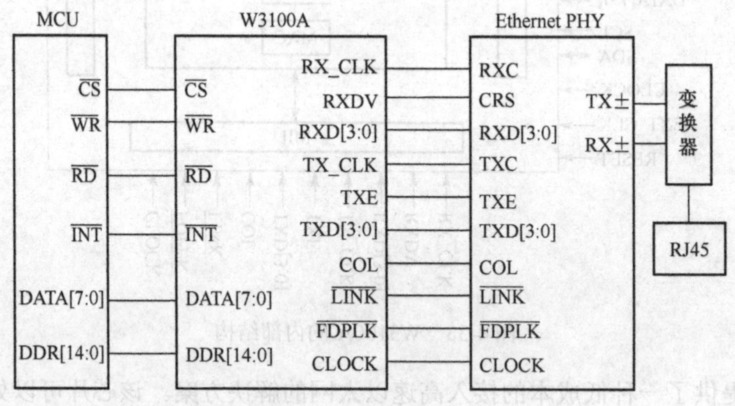

图 4-34　系统连接原理

在系统的实现中，单片机系统是作为服务器的。为保证数据传输的正确性、可靠性并具有差错纠正功能，在传输层采用 TCP 协议。因此，W3100A 处于被动打开（供远程访问）的状态，即持续监听端口，等待进行远程连接。W3100A 建立连接的流程如图 4-35 所示。

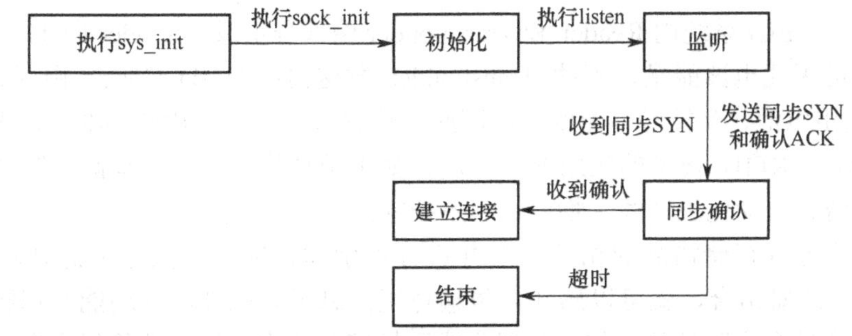

图 4-35　W3100A 建立连接的流程

sys_init 为系统初始化函数，sock_init 为接口初始化函数，listen 为监听函数。

系统的具体工作流程如下：数据由外部数据接口写入 W3100A 的数据缓存区，由单片机控制各协议层的相关寄存器，因为传输层采用的是 TCP 协议，所以数据在 TCP 层中添加控制标志，并封装成 TCP 报文，以实现面向连接的可靠传输。将 TCP 报文交给 IP 层进行打包，IP 层的一个重要功能是实现 TCP 报文的分片，使 IP 数据报能够高效利用以太网的数据区。将完整的 IP 数据报传输至网络接口层，LLC 层使用物理层提供的不可靠比特链路，实现可靠的数据分组传输服务，MAC 层为数据分组添加目的节点的物理地址，实现不可靠的数据分组传输。经网络接口层封装成帧格式，再经 MII 送入网络接口芯片 RTL8201BL，在 RTL8201BL 中进行曼彻斯特编码并添加前导信号。当 RTL8201BL 监听到物理链路空闲时，立即通过 RJ45 将数据帧传输至以太网。

在接收数据时，收发器接收以太网的物理信号，把前导信号分离出来并进行曼彻斯特解码，将结果传输至网络接口层，MAC 层检查帧的物理地址是否与自己的地址相同，以决定是否交给 LLC 层，LLC 层用差错检测位判断分组是否正确，将正确的分组送入 IP 层。在 IP 层中对数据包进行检测、拆装、重组并送入 TCP 层，TCP 层实现面向连接的可靠传输，因此 TCP 层将进行严格的差错控制并取出数据，通过外部数据接口送回单片机。各协议层进行解包，最终将数据传回 MCU，但在各协议层进行解包时，如果发现 IP 地址或数据有错误，数据包会被丢弃，并要求重传。当处理的报文为 ICMP、UDP 或 ARP 时，大致流程相同，在包头中会指示不同的报文，以供协议识别。

4.2.3　无线通信技术

无线传感器具有布设灵活、安装方便、可实现自组织网络通信等特点，能够有效减小线缆布设数量，并能快速、准确地布设节点。随着现代科学技术与物联网技术的发展，无线传感器得到了广泛应用，不同应用根据通信速率、传输距离、穿透能力、节点功耗、网络容量等选择最适合的无线网络通信接口。当前，无线传感器采用的无线通信技术主要包括 RFID、蓝牙、ZigBee、Wi-Fi、无线接口技术等，中远距离一般采用 LoRa、NB-IoT，远距离一般采用 GPRS 远程移动通信技术。

1. RFID

1）RFID 概述

射频识别（Radio Frequency Identification，RFID）常用于感应式电子晶片或近接卡、感应卡、非接触卡、电子标签、电子条码中。

一套完整的RFID系统由Reader和Transponder两部分组成。Reader向Transponder发出具有特定频率的无线电波能量，驱动Transponder发送内部的ID Code，由Reader接收。Transponder免用电池、免接触、免刷卡，因此不怕脏污，且其晶片密码唯一，无法复制，安全性高，寿命长。RFID技术的应用非常广泛，如用于动物晶片、汽车晶片防盗器、门禁、停车场管理系统、自动化生产线、物料管理系统等。

RFID标签可以存储物品的相关信息并进行识别和传输，但其不能感知环境信息。将RFID标签与传感器结合，就可以感知并传输环境信息了。此外，其还能标识物品，与一般的标签相比，有较多实际功能。将传感器集成到标签芯片中，标签的价格不会有很大提高，但功能却能得到显著扩展，因此其成为目前的研究热点。

2）RFID标签的应用现状

集成了传感器的RFID标签被广泛应用于医疗卫生、食品保存、产品制造、冷链物流等领域。例如，当制造特定产品时，如果在产品制造过程中对温度有特殊要求，可以将集成了温度传感器的标签装在需要检测温度的地方，通过读写器与标签信息交互，可以随时了解环境温度。如果该温度超过设定值则报警，以保证产品质量和生产安全。RFID标签有较高的实际应用价值，但将温度传感器集成到无源标签芯片上还面临许多挑战：第一，传感器必须易于校准，以降低成本；第二，必须严格控制传感器的功耗；第三，传感器在感知范围内应具有高精度。

RFID标签不仅能快速识别周围的大量RFID设备，还具有低功耗等优势。RFID标签可分为主动式RFID标签（有源）和被动式RFID标签（无源），两者的对比如表4-7所示。

表4-7　主动式RFID标签和被动式RFID标签的对比

对　比　项	主动式RFID标签	被动式RFID标签
能量来源	电池提供的能量	读写器发出的射频能量
是否能携带电池	是	否
传输距离	100m以上	3m以下
常用通信频率	433MHz、868MHz、915MHz、2.4GHz等	13.56MHz等
同时读取多个标签的数量	多	少
是否能实时获取数据	是	否
是否能携带外置存储芯片	是	否

随着RFID技术的发展和进步，将RFID技术与传感器结合逐渐成为研究热点。带有RFID标签的智能传感器产品如图4-36所示。

图4-36　带有RFID标签的智能传感器产品

2006年，Opasjumruskit等对一种无源RFID温度传感器进行了理论研究，其工作频率为

100～150kHz，感知温度为35～45℃，误差约为±0.6℃；2009 年，Danube University Krems 的 Martin Brandl 等设计了一种安装在牙齿固定器上的有源无线温度传感系统，该系统的工作频率为13.56MHz，闲置状态电流仅为1μA；2013 年，加拿大 GAO 集团推出了一款超高频有源 RFID 温度标签，用于监测与记录食品和化学药剂等物品在运输及存储过程中的温度，这款标签的型号为 116045，它基于 EPC Class1 Gen2/ISO 18000-6C 标准，可以用于大部分 Gen2 UHF RFID 阅读器，其工作频率为860～928MHz，识别范围广，探测距离约为 10m。

CAEN 研制的半有源温度标签 A927TEZ 和 A927Z 如图 4-37 所示。该产品是低成本的半有源超高频标签，可以监视对温度敏感的物品，如易腐烂的食品和药品等。因为其与 EPC Classl Gen2/ISO 18000-6C 标准兼容，所以可以用于市场上的标准 UHF RFID 阅读器，不需要附加设备。

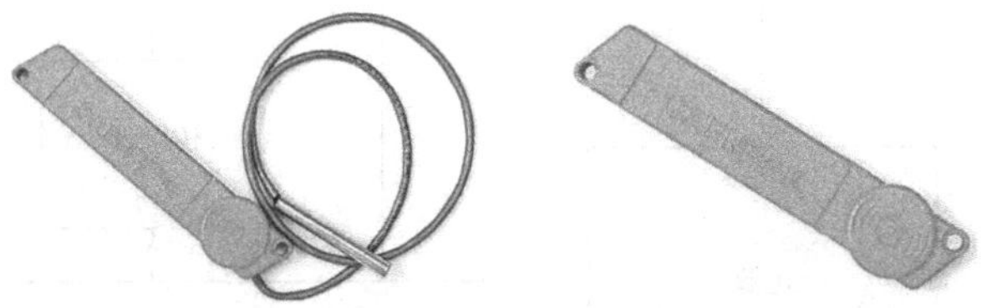

图 4-37　CAEN 研制的半有源温度标签 A927TEZ 和 A927Z

德国的 KSW 是一家半有源 RFID 智能标签传感器制造商，其发布了一种集成了温度传感器的 RFID 智能标签——VarioSens Basic。该标签以 KSW 于 2003 年开发的 TempSens 为基础，并提供了温度数据存储量扩展功能和数据安全功能。

VarioSens Basic 的通信遵循 ISO 15693-3 空中接口协议，工作频率为 13.56MHz，带有可读写 EEPROM 存储空间，使用 1.5V 电池，使用寿命约为 1.5 年。产品的主要应用领域是化学行业的化学品监控、医疗行业的药品运输和易腐烂食品监控等。

3）集成 RFID 智能传感器标签

集成 RFID 智能传感器标签主要由无线射频模块、天线、微控制器、传感器、存储器、电源组成。集成 RFID 智能传感器的组成如图 4-38 所示。电子标签上电后，先对无线射频模块及传感器进行初始化，设置收发地址、收发频率、发送功率、无线传输速率、无线收发模式及 CRC 校验的长度和有效数据长度等。微控制器通过通信接口将传感器定时采集到的数据发给无线射频模块，再通过天线将信息传输至读卡器，进行信息收集和解码。

2. 蓝牙

蓝牙（Bluetooth）是一种支持设备短距离（一般不超过 10m）通信的无线电技术，能实现移动电话、PDA、无线耳机、笔记本电脑、相关外设等设备之间的通信。蓝牙采用分散式网络结构及快跳频和短包技术，支持点对点及点对多点通信，工作在全球通用的 2.4GHz ISM 频段，其数据传输速率为 1Mbps。与普通的无线通信技术相比，蓝牙具有以下特点。

（1）使用方便灵活，低成本运行。蓝牙占用的频段属于工业和医疗的自由频段，无须申请无线电波使用许可证，在使用中对频率资源的占用不产生费用，便于大范围推广。随着集成电路技术的发展，可以将蓝牙芯片的生产成本控制在 3 美元左右。

（2）高传输速率。蓝牙的数据传输速率可达每条信道 721kbps，可以满足一般的应用需求。

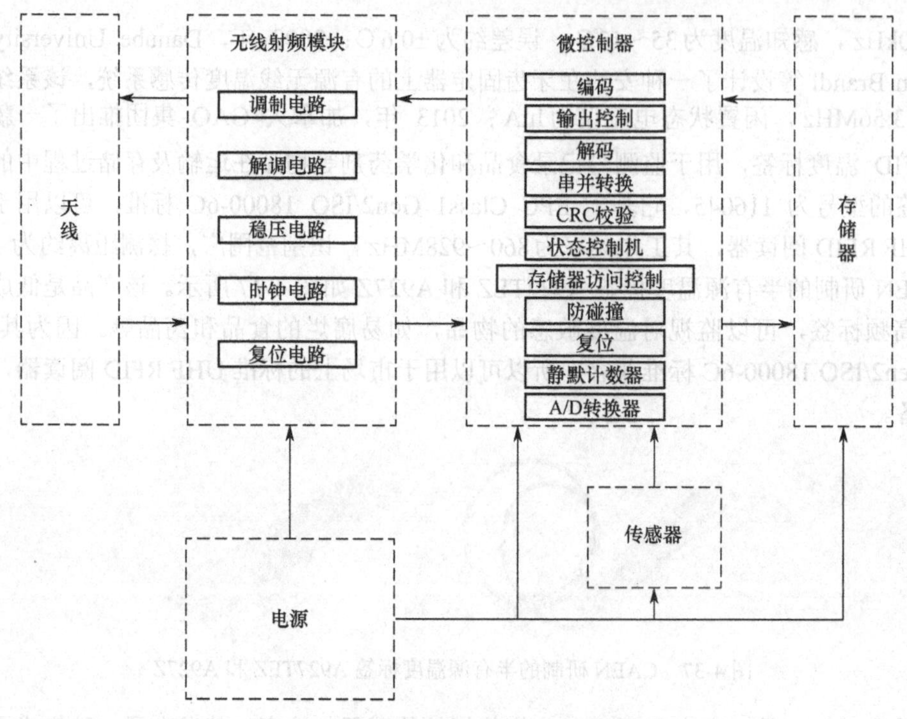

图 4-38 集成 RFID 智能传感器的组成

（3）超低功耗。通常蓝牙的硬件电路是 $1cm^3$ 的嵌入式微功率芯片，其功率为兆瓦级，不超过100MW，可以满足传感器应用需求。

（4）抗干扰能力强，保密性强。

1）基本组成结构

蓝牙的实现依托硬件电路和软件程序。蓝牙技术体系如图 4-39 所示。

底层为支撑蓝牙技术的主要硬件，包括射频（RF）、基带单元、链路管理。底层硬件如图 4-40 所示。

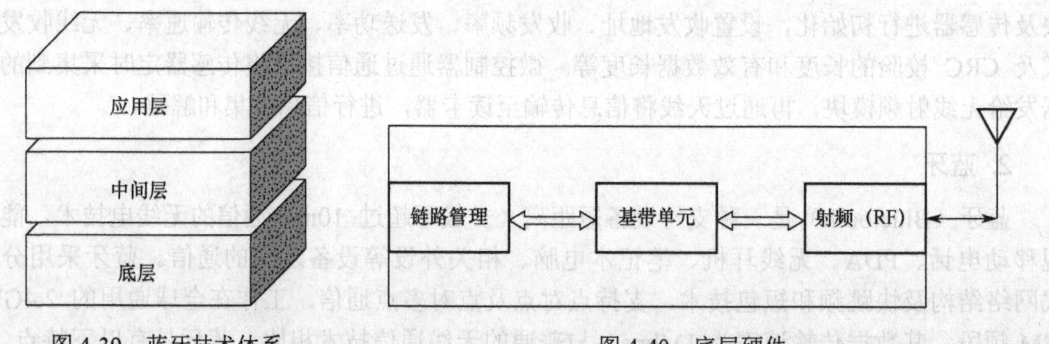

图 4-39 蓝牙技术体系　　　　图 4-40 底层硬件

中间层为支撑蓝牙技术的软件，包括逻辑链路控制和适配协议（L2CAP）、服务发现协议、串口仿真协议和通信协议等。

应用层对应各种应用“剖面”。每种应用“剖面”与 SIG 定义的蓝牙技术的基本应用模型对应，通过定义“剖面”来规范基本应用模型在使用时的功能和协议，使不同厂家生产的不同蓝牙产品在同种应用中可以互通。目前共定义了 13 个“剖面”，包括文件传输、数据同步、局域网接入等。

2）自供电蓝牙传感器

收集环境中的光照能量的蓝牙传感器包含光电转换模块、能量收集电路等。对于光电转换模块，其在更高速率及更小封装功耗方面持续升级，于 2020 年进入了 400G 时代，数据中心模块的迭代速度远快于通信领域，亚马逊、谷歌、微软都曾表示计划 3 年左右升级一次光连接产品。光电转换模块研究的推进使自供电蓝牙传感器有了更高的光电转换能力。2015 年，能量收集电路用环境中的振动能量为小型电子设备供电，可以替代外部电源及充电电池，使低功耗设备的自供电成为可能。2019 年，研究人员基于 LTC3108 电源管理芯片设计了一种超低压电能收集电路，实现了胎压传感器的无线无源自供电。随着能量收集电路的发展，自供电蓝牙传感器能够更高效地收集环境中的能量。

自供电蓝牙传感器的典型结构如图 4-41 所示。能量收集电路通过光电转换模块收集环境中的光照能量，将其储存在电容中。当光照较强时，光照能量除供信号检测、数据处理和数据收发外有剩余，此时可对充电电池进行充电，储存多余能量；当光照较弱时，收集的光照能量不能满足传感器工作需要，充电电池向传感器供电。

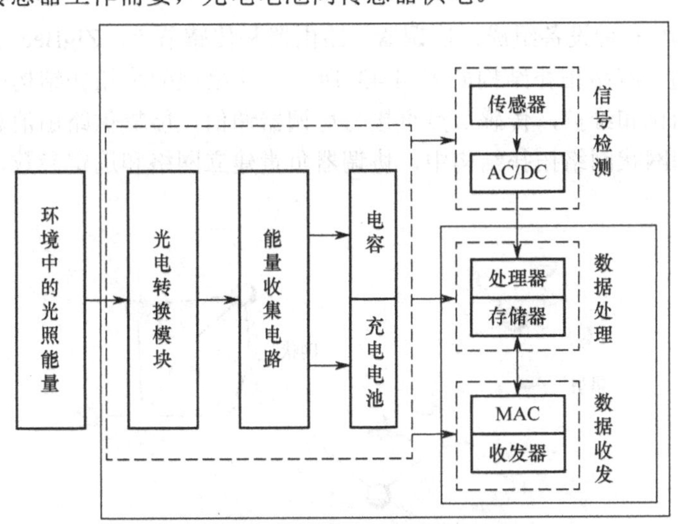

图 4-41　自供电蓝牙传感器的典型结构

低功耗蓝牙既具备蓝牙的特点又具备 ZigBee 的特点，同时还具有一些独有的优势。低功耗蓝牙规范在功耗、数据安全性、数据纠错、身份验证等方面针对蓝牙规范和其他无线传输规范的缺点进行了改进。在考虑体积、成本、性能等因素的情况下，选用集成芯片 NRF51822，该芯片不仅集成了低功耗蓝牙收发通道，还集成了低功耗微处理器，可以降低系统功耗、缩小系统体积、简化系统。

3. ZigBee

ZigBee 技术的特点是近距离传输、低复杂度、自组织、低功耗、低成本，其可以工作在 2.4GHz（全球流行）、868MHz（欧洲流行）和 915MHz（美国流行）频段，分别具有最高为 250kbps、20kbps 和 40kbps 的数据传输速率，其传输距离为 50～200m，还可以继续延长。ZigBee 的具体信息如图 4-42 所示。

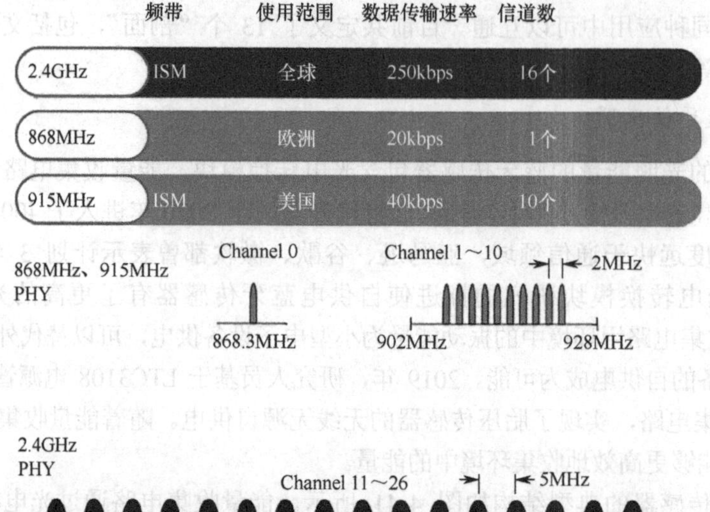

图 4-42 ZigBee 的具体信息

ZigBee 网络由 3 种设备组成：协调器、路由器和传感节点。ZigBee 支持星型、树型和网状网络拓扑结构。网络拓扑结构如图 4-43 所示。在星型网络拓扑结构中，协调器负责对网络设备进行初始化和维护，传感节点直接与协调器通信，能提供路由消息、安全管理和相关服务；在树型和网状网络拓扑结构中，协调器负责建立网络和选定参数，需要通过路由器扩展网络。

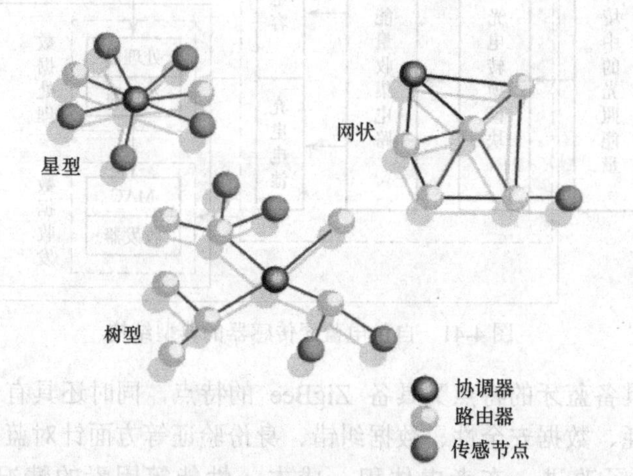

图 4-43 网络拓扑结构

协调器可以选择工作信道和网络标识符、建立 WPAN 网络。其主要作用是启动和配置网络。一个 WPAN 网络内部只能有一个协调器，协调器不能休眠，对计算能力的要求较高，能量消耗大。

路由器允许其他设备作为子节点加入网络，支持多跳路由数据包，协助其休眠子节点进行网络通信。因为路由器的存在直接决定了网络拓扑结构，所以路由器不能休眠。协调器和路由器需要支持较大的计算量和需要大量电力供应。电路结构比传感节点复杂，测试工作量大。

传感节点负责采集传感器数据，并通过网络上传数据。因为其不影响网络结构，所以可以工作在长时间休眠和周期性唤醒模式，既能节能，又能保持与网络的连接，仅依靠电池就能工作很长时间。

网络需要一个汇聚点，即中心节点。中心节点不能休眠，不可替代，通信量大，要求有较大带宽。其不仅具备 ZigBee 协议处理能力，还具备计算机接口功能，但自身不具备传感功能。中心节点往往远离网络，也可能远离信息处理计算机。

ZigBee 标准定义了网络层、安全层、应用层及各种应用产品的资料（Profile）；而 IEEE 802.15.4 标准定义了物理层及 MAC 层。

4. 无线接口技术

IEEE 802.11 标准是无线局域网标准，主要用于解决办公室局域网和校园网中用户与用户终端的无线接入问题，工作频率为 2.4～2.4835GHz 。在开放性区域的通信距离可达 300m，在封闭性区域的通信距离为 76～122m，便于与现有网络整合。

5. LoRa

LoRa 是基于低功耗广域网（Low-Power Wide-Area Network，LPWAN）的无线数据传输技术，拥有超长通信距离及超低功耗，不仅灵敏度高，还具有较强的抗干扰能力。

LoRa 技术主要在物联网、由电池供电的无线局域网和广域网中发挥着重要作用。LoRa 工作在 1GHz 以下频段，该频段的特点是传输距离长且功耗低，大大减小了设备对电源的依赖，可以通过其他能量收集方式供电。虽然 LoRa 可以进行长距离、低功耗的传输，但其无法保证具有较高的数据传输速率，数据传输速率仅为 0.018～37.5kbps ，适用于对数据传输速率要求不高的系统。

LoRa 基于 CSS 技术，传统的无线传输使用 FSK 技术实现低功耗；而 CSS 技术既可以保留频移键控的低功耗特点，还可以扩大通信范围。LoRa 调制可以采用可变循环纠错方案，通过设置冗余来提高通信的鲁棒性。当 6 个正交扩频因子变化时，有效数据率也会变化。因为扩频调制技术的每个扩频因子正交分布，所以即使多个传输信号占用一个信道也不会互相干扰。LoRa 在选择性方面也具有很大优势，低成本和高灵敏度使器件的链路预算达到了行业领先水平。

LoRa 可以进行远距离、低功耗的数据传输。当通信距离为 15km 时，接收电流仅为 10mA。根据不同的系统需要，可以配置集成网关或集中器，以支持多个信道并行处理数据。低功耗、远距离、高性能及支持大规模组网的能力使 LoRa 在物联网中得到了广泛应用。

6. NB-IoT

窄带物联网（Narrow Band Internet of Things，NB-IoT）支持包交换的频分半双工数据传输模式，基于蜂窝网络的基站部署。NB-IoT 上行传输采用单载波频分多址技术，分别在 3.75kHz 和 15kHz 带宽中进行单通道低速和双通道高速数据传输；NB-IoT 下行传输在实际应用的 180kHz 带宽中，使用正交频分多址技术，数据传输速率约为 250kbps。在窄带传输中，NB-IoT 的功率谱密度增益可达 164dB。NB-IoT 信道传输采用重复发送和低阶调制等可靠传输机制，采用空闲、节电、不连续接收的模式实现低功耗部署，采用双向鉴权和空中接口加密技术，以确保数据的安全传输，主要应用于智能环境监测、智能抄表、智能家居、物流跟踪等场景。NB-IoT 可直接部署在 GSM 网络、UMTS 网络或 LTE 网络中，可以降低部署成本、实现平滑升级。

万物互联的网络技术可以在任意时间、任意地点监测与网络连接的终端设备的状态，因此容量大、覆盖范围大、功耗低、传输距离远是其基本要求。针对这些要求的一系列新兴网络技术也在发展中寻找机遇，NB-IoT 就是在这种情况下迅速发展壮大起来的。3GPP（3rd Generation Partnership Project）在 Release 13 中制定了 NB-IoT 的物联技术协议标准，并设计了与其对应的终端设备 Cat-NB1，其采用独立的空口连接技术使整体网络技术更加成熟、稳定，能满足现阶段万物互联的网络技术需求。

1）数据传输机制

为了简化 NB-IoT 网络结构和节约成本，NB-IoT 基于 LTE 信令流程对控制面传输功能和用户面传输功能进行了优化。

在控制面传输功能优化方面，引入了一种针对 NB-IoT 的新型数据通信模式——non-IP 模式。该模式不需要 IP 协议栈，也没有 IP 分组头，不仅提高了数据传输效率，还提高了网络的安全性。针对 non-IP 模式增加了 SCEF（Service Capability Exposure Function）网络单元，控制面传输不经过基站，直接通过非接入层传输非 IP 数据包，提高了传输的安全性。

在用户面传输功能优化方面，采用挂起恢复传输模式，以减少与外部数据的空口指令交互。在从建立连接到达到空闲状态的过程中，NB-IoT 的终端设备会保存与基站连接时由无线控制资源分配的 IP 地址、端口号等标志性配置信息，省去空口加密重新建立连接等信令流程，能够最大限度地降低功耗。NB-IoT 支持多载波传输，支持上行和下行的最大重传次数分别为 128 次和 2048 次。多次重传可提高自适应异步增益，从而在整体上使 NB-IoT 得到优化。

2）频谱资源的分配

由于适用于物联网，NB-IoT 受到国内各运营商的青睐，并各自划分相应的频段来部署自己的网络。NB-IoT 采用包交换的频分半双工数据传输模式，将上行频段与下行频段分开。中国联通部署了上行频段 909～915MHz、下行频段 954～960MHz、频宽 6MHz，以及上行频段 1745～1765MHz、下行频段 1840～1860MHz、频宽 20MHz 的网络；中国电信部署了上行频段 825～840MHz、下行频段 870～885MHz、频宽 15MHz 的网络；中国移动部署了上行频段 890～900MHz、下行频段 934～944MHz、频宽 10MHz，以及上行频段 1725～1735MHz、下行频段 1820～1830MHz、频宽 10MHz 的网络。各运营商利用自身优势部署 NB-IoT，这样的良性竞争环境能够促进其应用与发展，推动物联网技术的突破，既解决实际应用问题，又为人们的生活提供方便。

3）物理层性能

NB-IoT 支持以下 3 种部署方式。

① 在已有的 GSM/GERAN 的无线入网频谱中替换原有载波的独立部署方式。

② 基于未被 LTE 载波利用的频段的保护带部署方式。

③ 采用 LTE 载波内部拥有的频段的带内部署方式。

NB-IoT 下行链路的帧结构、多址方式等基本沿用了原有的 LTE 结构，只是在充分利用带宽扩大信号的覆盖范围时简化了下行物理信道、窄带同步信号及窄带参考信号的相关设计，并在下行传输中采用周期性传输间隔，以避免在进行大规模传输时出现数据阻塞情况，支持重传模式也使下行传输的覆盖范围扩大。

NB-IoT 网络的上行链路支持单载波或多载波传输，物联网终端和连接基站会根据预先设定的信息进行相应的配置，以保证数据传输安全可靠，上行传输的多址技术均在单载波频分多址技术的基础上进行数据帧结构设计。为了扩大上行传输的覆盖范围，使用重复传输模式，增大上行传输间隔，便于切换上行和下行传输链路，以对由长时间连续传输导致的终端晶振频率偏移进行补偿。NB-IoT 的终端设备通过具有覆盖等级（信号强度）的随机接入流程与无线资源控制层建立连接，会产生与自身数据量和功率冗余相关的数据状态标志，以使连接基站分配相应的无线控制资源。

4）入网性能

NB-IoT 的入网流程与 LTE 网络的入网流程基本一致，先通过信号搜索可接入网络的频率和标志，接着获得系统信息，准备就绪后启动随机接入流程，与无线控制资源建立连接。如果物联网终端传输数据或返回无线控制资源的空闲状态，则使用覆盖等级不同的随机接入流程。

NB-IoT 简化了协议栈，并定义了一种新型无线承载逻辑信道，只保留了独立于 LTE 网络的 8 个系统信息块的信息类型。物联网终端设备具有一定的移动性，当进入其他基站并需要重新入网时，终端设备会发送无线控制资源的 RRC 广播消息并持续搜索 Suitable Cell 信号，并在搜索到该信号后，结合自身的信号强度和基站当前的连接数量决定是否发起连接请求。如果允许接入新基站，则通过具有覆盖等级标志的随机接入流程与新基站建立连接。

4.2.4 其他通信技术

1. 电力载波通信技术

电力载波通信是电力系统特有的基本通信方式，指利用现有电力线通过载波方式对模拟信号或数字信号进行高速传输的技术。该技术可以利用已有的电力网络进行通信，不需要重新布线，且电力网络分布广，接入方便。

低压电力线不是专门用于传输通信数据的，其拓扑结构和物理特性与传统的传输介质（如双绞线、同轴电缆、光纤等）不同。在传输信号时，其信道特性相当复杂，负载多、干扰强、存在衰减和延时、通信环境相当恶劣。其工作频率为 10～500kHz。实现电力载波通信的关键是要提高抗干扰能力，以稳定、可靠地传输数据。电力载波通信电路如图 4-44 所示。

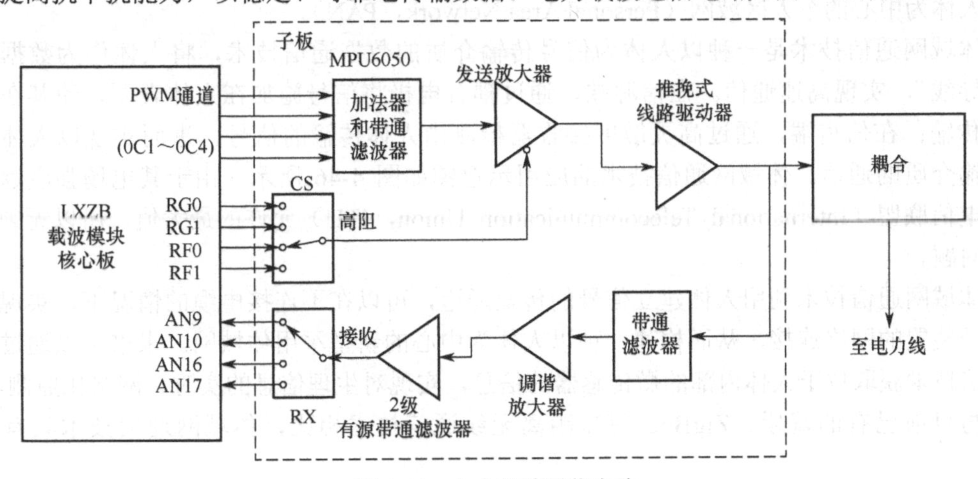

图 4-44　电力载波通信电路

1）发送路径

子板使用 4 路 PWM 通道生成近似正弦波。PWM 通道之间存在相位偏移，其瞬态幅值的叠加结果与阶梯正弦波类似。使用带通滤波器对该阶梯正弦波进行滤波，所需要的滤波量取决于 PWM 通道数。PWM 通道越多，所需要的滤波量越少。基于 PWM 通道的模拟信号生成如图 4-45 所示。

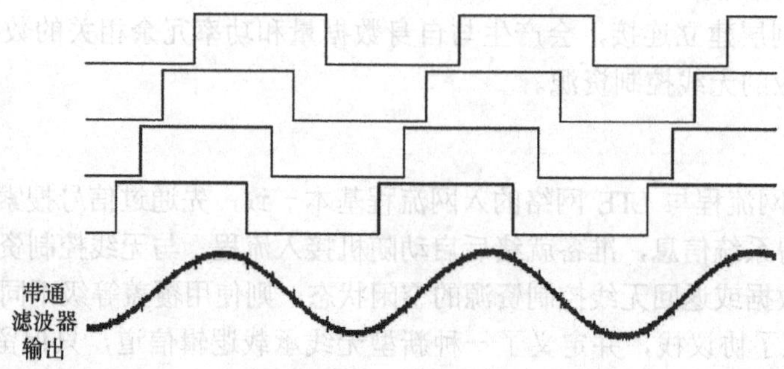

图 4-45　基于 PWM 通道的模拟信号生成

将信号传输至线路驱动器（通过采用推挽式配置的晶体管实现），线路驱动器的输出通过 HV 适配器电缆耦合至电力线。

2）接收路径

HV 适配器电缆接收电力线上的调制信号，并通过带通滤波器滤除噪声和干扰信号。将滤波后的信号传至调谐放大器（通过采用共射极配置的晶体管放大器实现），通过调谐放大器两侧的带通滤波器对放大后的信号进行滤波，将结果传至 A/D 转换器。

2. 体域网通信技术

2012 年，致力于实现短距离无线通信标准化的 IEEE 802.15 工作组正式批准了由人体周边传感器及器件构建的短距离无线通信标准（IEEE 802.15.6 标准），实现了体域网（Body Area Network，BAN）通信的标准化。

IEEE 802.15.6 标准广泛应用于穿戴式电子装置、植入式装置及人体周围电子设备，可形成以人体为中心的个人区域网（Personal Area Network，PAN）。

体域网通信技术是一种以人体为信号传输介质的数据通信技术，将人体作为数据传输的“导线”，实现高速通信。在信源端，通过耦合电极将信号施加在人体表面，使其在人体内部传输；在信宿端，通过高灵敏度接收器检测由人体传输的信号，进而实现以人体为信号传输介质的通信。体域网通信技术的应用示意图如图 4-46 所示。由于其电场强度远低于国际电信联盟（International Telecommunication Union，ITU）允许的最大值，所以无须担心安全问题。

体域网通信技术利用人体建立信号的传输通道，可以在不连接电缆的情况下，实现穿戴式电子装置的网络连接，从而构建一种以人体为中心的新型军用体域网。未来可以通过体域网通信技术获取位于人体内部的微传感器的信息，实现对生理信息的实时、网络化监测。

与目前已有的蓝牙、ZigBee 等短距离无线通信技术相比，体域网通信技术具有以下优势。

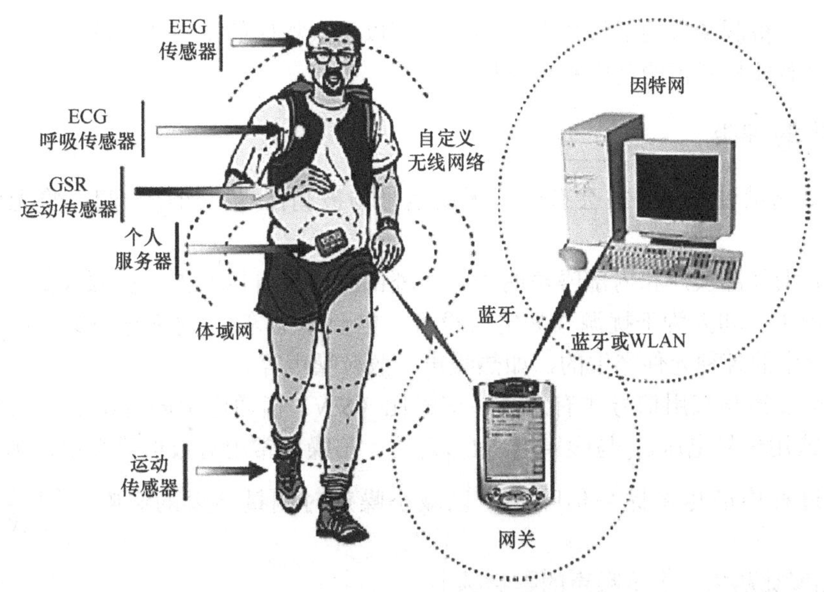

图 4-46　体域网通信技术的应用示意图

（1）高质量信号传输。体域网通信技术以人体为“导线”，相当于一种特殊的“有线通信”，可以避免敌方军事电子信息系统的无线电磁干扰问题，提高了信号传输质量。

（2）较高的安全性。信号在人体内部传输，几乎不对外辐射，可以避免出现信号拦截等安全问题。通信过程均在通信参与者的监视下进行，人体脱离接触则中止通信，保障了通信安全。

（3）较高的传输速率。目前，蓝牙、ZigBee 等短距离无线通信技术的数据传输速率相对较低，难以满足军用通信系统的数据传输需求。而基于电光调制的人体通信系统的数据传输速率已达 10Mbps，理论上可达 Gbps 级。

（4）通过人体接触即可建立与外部网络的连接。在人体与人体、人体与外部介质（人体通信技术也适用于动物、金属、水等其他介质）接触的瞬间，即建立信号传输通道。因此，可以通过人的接触、抓取、坐立、行走等自然的运动，完成通信网络接入。

（5）即使有多个用户同时通信，也不会出现带宽问题。在由多人构成的体域网中，由于以人体为信号传输介质，加入一个人体通信网络用户，就意味着同时在网络中增加了一个物理传输通道（人体）。因此，传输速率不受影响。

作为一种新型通信技术，体域网通信技术在短距离无线通信领域具有十分广阔的应用前景。

4.3　智能传感器的抗干扰技术

在检测系统中，信号在传输过程中不可避免地会受到来自系统内部和外部的各种干扰因素的影响，从而产生不同程度的畸变或失真。这些干扰因素可能使检测误差增大，严重时甚至使检测系统不能正常工作，因此，在设计检测系统时必须考虑各种干扰，采取相应的抗干扰措施，以保证检测系统能最大限度地消除干扰对检测结果的影响。

影响信号在传输过程中受到的干扰的因素主要有 3 个：干扰源、干扰途径及对干扰敏感的接收电路——检测装置的前级电路。因此，可以采取相应的抗干扰措施，以消除或减弱干扰，从而提高智能传感器的精度和可靠性。

4.3.1 干扰的种类

在非电量测量过程中往往会有一些无用信号与被测信号叠加在一起，将无用信号称为噪声。

噪声可分为外部噪声和内部噪声两大类。外部噪声来自自然界干扰源（如电离层的电磁现象产生的噪声）和人为干扰源（如电气设备、电台干扰等）；内部噪声又名固有噪声，它是由检测装置中的各种元件产生的，如热噪声、散粒噪声等。

同时分析噪声与有用信号才有意义。信噪比（S/N）指通道中的有用信号功率P_S与噪声功率P_N之比或用信号电压U_S与噪声电压U_N之比。信噪比常用对数形式表示，单位为dB。

在测量过程中应尽量提高信噪比，以减小噪声对测量结果的影响。即$\frac{S}{N}=10\lg\frac{P_S}{P_N}=20\lg\frac{U_S}{U_N}$，信噪比越大，表示噪声的影响越小。

工业现场的干扰源有很多，而且经常有多个干扰源同时作用于检测装置，只有仔细分析其形式及种类，才能提出有效的抗干扰措施。

1. 机械干扰

机械干扰指机械振动或冲击使电子检测装置中的元件发生振动，会改变系统的电气参数，造成可逆或不可逆的影响。主要采用减振弹簧和减振橡胶抗机械干扰。

2. 化学及湿度干扰

化学物质（如酸、碱、盐及腐蚀性气体）侵入检测装置内部，会腐蚀电子元件，产生电化学噪声。环境湿度增大会使绝缘体的绝缘电阻减小、电解质的介电常数增大、电感线圈的Q值（电感线圈的品质因数）下降、金属材料生锈等。

在上述环境中工作的检测装置必须采用密封、浸漆、环氧树脂或硅橡胶封灌等保护措施。

3. 热干扰

热量（特别是温度波动及不均匀温度场）对检测装置的干扰主要体现在以下两个方面。

（1）电子元件均有一定的温度系数，当温度升高时，相应的电路参数会发生变化，从而引起误差。

（2）接触热电动势。由于电子元件多由不同的金属构成，当它们相互连接组成电路时，如果各点温度不均匀，则不可避免地会产生热电动势，其叠加在有用信号上会引起测量误差。

对于热干扰，除了选用低温漂元件，采用适当的软硬件温度补偿措施，使仪器的前置输入级远离发热元件，还要注意降低环境温度，加强仪器内部散热，采用热屏蔽措施等。

4. 固有噪声

检测装置内部电子元件的无规则物理运动所形成的宽频带固有噪声有 3 种：热噪声、散粒噪声和接触噪声。

（1）热噪声：又称电阻噪声，电阻中电子的热运动会形成热噪声，因为电子的热运动是无规则的，所以电阻两端的噪声电压也是无规则的，它所包含的频率成分十分复杂。

（2）散粒噪声：在电子管和晶体管中存在，通过晶体管基区载流子的无规则扩散及电子—空穴对的无规则运动和复合形成。

（3）接触噪声：由于两种材料不完全接触，所以会有电导率的起伏，从而产生接触噪声。它发生在两个导体连接的地方，如继电器的触点、电位器的滑动触点等。接触噪声通常是低频电路中最重要的噪声。

5. 光的干扰

检测装置中的各种半导体器件对光有很强的敏感性。制造半导体的材料在光的作用下会形成电子—空穴对，使半导体器件产生电动势或使其阻值发生变化，而影响测量结果。因此，半导体器件应封装在不透光的壳体内。对于具有光敏作用的器件，应注意对光干扰的屏蔽。

6. 电磁干扰

电子设备产生的干扰多属于放电现象。在放电过程中会向周围空间辐射电磁波，且辐射范围较大。在工频输电线路附近存在很强的交变电场和磁场，会产生工频干扰。电子开关和脉冲发生器会产生感应干扰等。

（1）电晕放电噪声：主要源于高压输电线，它具有间歇性，会产生脉冲电流，形成噪声。

（2）放电管（如荧光灯、霓虹灯等）放电噪声：属于辉光放电或弧光放电，当与外电路连接时易引起高频振荡。

（3）火花放电噪声：雷电、电气设备中电刷的周期性放电、高频焊机火花、继电器触点的通断（当电流很大时会产生弧光放电）、汽车发动机的点火装置的动作等会产生火花放电噪声。

（4）工频干扰：大功率输电线是典型的工频干扰源，低电平的信号线只要有一段与输电线平行，就会受到明显的干扰。另外，在电子装置内部，工频感应也会产生交流噪声。如果工频的波形失真较大（如供电系统接有大容量的晶闸管设备），高次谐波分量会增大，会产生更大干扰。

（5）射频干扰：高频感应加热、高频焊接、广播、雷达等的干扰会通过辐射或通过电源线传播，从而影响附近的电子测量仪器。

（6）电子开关干扰：虽然电子开关在通断时不产生火花，但由于通断的速度极快，电路中的电压和电流会迅速变化，形成冲击脉冲，产生干扰。

4.3.2　干扰的耦合方式

1. 静电耦合

静电耦合又称电场耦合或电容耦合，由于导线之间、元件之间、线圈之间、元件与地之间存在分布电容（又称寄生电容），所以会出现一个电路的电荷影响另一个电路的情况，干扰电压会通过静电感应方式经分布电容耦合于有效信号。

静电耦合的等效电路如图 4-47 所示。

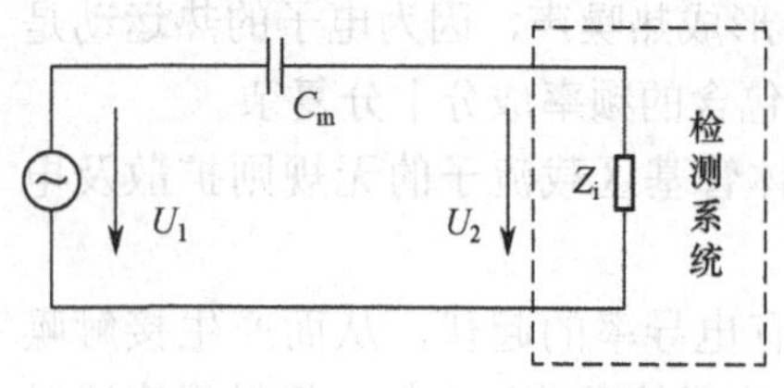

图 4-47　静电耦合的等效电路

在一般情况下，$|j\omega C_m Z_i| \ll 1$，因此有

$$U_2 = \frac{Z_i}{Z_i + \dfrac{1}{j\omega C_m}} U_1 = \frac{j\omega C_m Z_i}{j\omega C_m Z_i + 1} U_1 \approx \omega C_m Z_i U_1 \quad (4\text{-}71)$$

可以看出，接收电路上的干扰电压 U_2 与干扰源的角频率 ω、静电干扰源输出电压 U_1、耦合分布电容 C_m 和检测系统等效输入阻抗 Z_i 成正比。当有几个干扰源在静电耦合作用下干扰同一个检测系统时，只要是线性的，就可以用叠加原理对各干扰源进行分析。

2. 电磁耦合

电磁耦合又称互感耦合，由于两个电路之间存在互感，一个电路的电流变化会影响另一个电路。电磁耦合的等效电路如图 4-48 所示。

在图 4-48 中，I_1 表示干扰源电流，M 表示两个电路之间的互感系数，U_2 表示电磁耦合作用下的干扰电压。如果干扰源的角频率为 ω，则有

$$U_2 = j\omega M I_1 \quad (4\text{-}72)$$

3. 公共阻抗耦合

在一个系统的电路和电路之间、设备和设备之间往往存在公共阻抗。地线与地之间形成的阻抗为公共地阻抗。一个电路中的电流在公共阻抗耦合作用下会在另一个电路中产生干扰电压。

在检测系统内部，各电路往往共用直流电源，这时电源内阻、电源线阻抗会形成公共电源阻抗。当电流流经公共阻抗时，阻抗上的压降便成为干扰电压。公共阻抗耦合的等效电路如图 4-49 所示。

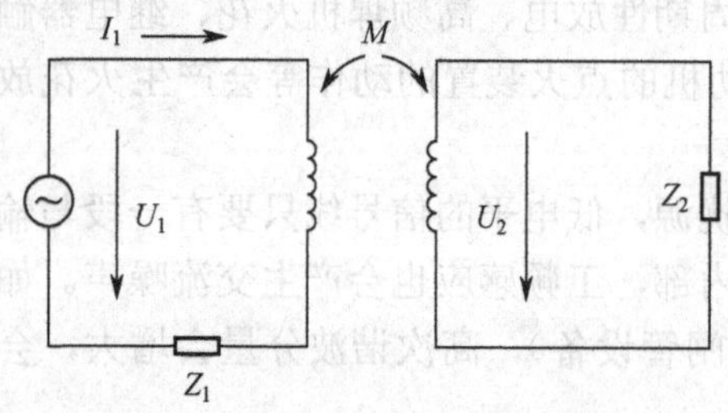

图 4-48　电磁耦合的等效电路

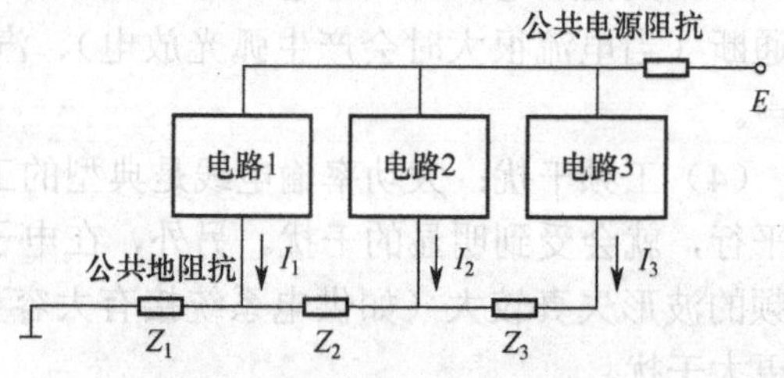

图 4-49　公共阻抗耦合的等效电路

4. 漏电流耦合

绝缘不良会产生漏电流，流经绝缘电阻的漏电流会产生漏电流耦合。漏电流耦合的等效电路如图 4-50 所示。

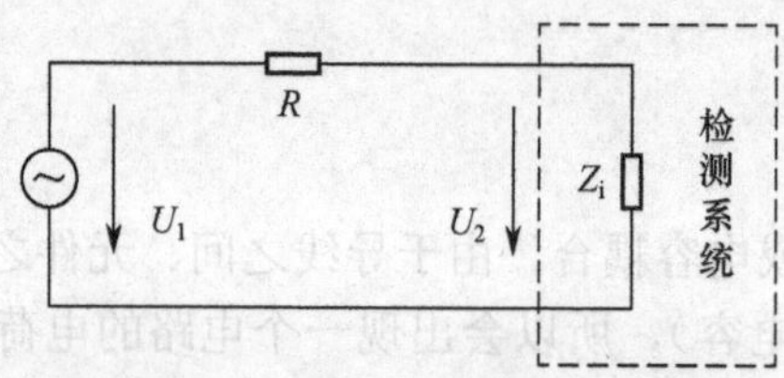

图 4-50　漏电流耦合的等效电路

U_1表示干扰源输出电压，R 表示漏阻抗，Z_i表示被干扰检测系统的等效输入阻抗，U_2表示被干扰检测系统的漏电流耦合干扰电压，可以得到

$$U_2 = \frac{Z_i}{Z_i + R} U_1 \tag{4-73}$$

例如，当用仪表测量较高的直流电压时，在检测装置附近有直流电压源，在高输入阻抗放大器中会出现漏电流耦合。高输入阻抗放大器的漏电流耦合如图 4-51 所示。

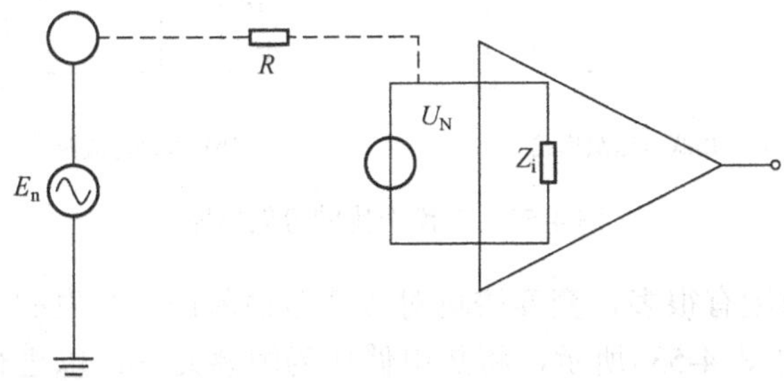

图 4-51　高输入阻抗放大器的漏电流耦合

设放大器的输入阻抗 $Z_i = 10^8 \Omega$，干扰源电动势 $E_n = 15V$，绝缘电阻 $R = 10^{10} \Omega$。可以得到

$$U_N = \frac{Z_i}{Z_i + R} E_n \approx 0.149V \tag{4-74}$$

因此，对于高输入阻抗放大器来说，即使是较小的漏电流，也会造成严重的后果。必须考虑与输入端有关的绝缘水平，特别是仪器的前置输入级。

5. 辐射电磁场耦合

辐射电磁场通常源于大功率高频电气设备、广播发射台、电视发射台等能量交换频繁的设备设施。如果在辐射电磁场中放置一个导体，则在导体上会产生与电场强度成正比的感应电动势。配电线（特别是架空配电线）也会在辐射电磁场中感应出干扰电动势，并通过供电线路侵入检测系统的电子装置，产生干扰。

6. 传导耦合

在信号传输过程中，当导线经过有噪声的环境时，有用信号会被噪声污染，并经导线传至检测系统，从而造成干扰。产生传导耦合的典型情形是噪声经电源线传至检测系统，事实上，此类干扰是很严重的。

4.3.3　共模干扰与差模干扰

由各种干扰源产生的干扰会通过各种耦合方式干扰检测系统。根据干扰进入信号测量电路的方式及其与有用信号的关系，可以将干扰分为差模干扰与共模干扰。

1. 差模干扰

差模干扰又称串模干扰，它使检测仪器的一个信号输入端子与另一个信号输入端子之间的电位差发生变化，即将干扰信号与有用信号按电压源形式串联起来，干扰信号会直接影响测量结果。差模干扰的等效电路如图 4-52 所示，e_s 和 R_s 分别为有用信号源的电压和内阻，

U_n 表示等效干扰电压，I_n 表示等效干扰电流，Z_n 为干扰源等效阻抗，R_o 为接收电路的输入电阻。

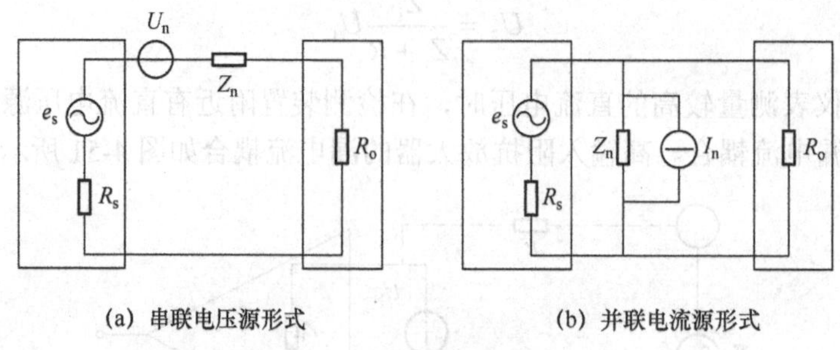

(a) 串联电压源形式　　(b) 并联电流源形式

图 4-52　差模干扰的等效电路

产生差模干扰的原因有很多，交变磁场对传感器输入信号产生的电磁耦合是常见的差模干扰。差模干扰实例如图 4-53 所示，将热电偶作为敏感元件，以进行测温，交变磁通穿过信号传输回路会产生干扰电动势，从而造成差模干扰。可以采用在双绞线传感器耦合端加滤波器、隔离、屏蔽等措施来消除差模干扰。

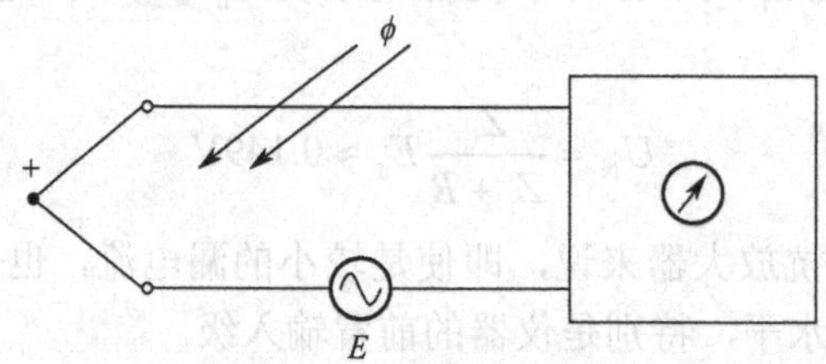

图 4-53　差模干扰实例

2. 共模干扰

共模干扰又称对地干扰、同相干扰、共态干扰等，是相对于公共的电位参考点（通常为接地点）在检测系统的两个输入端同时出现的干扰。当电路参数不对称时，共模干扰会转化为差模干扰，对测量产生影响。在实际测量中，由于共模干扰的电压一般较高，且它的耦合机理和耦合电路较复杂，消除干扰较困难，所以共模干扰对测量的影响较大。

3. 共模干扰抑制比

共模干扰只有转换为差模干扰才能对检测系统产生影响，共模干扰对检测系统的影响大小，直接取决于其转换为差模干扰的大小。通常用“共模干扰抑制比”衡量检测系统对共模干扰的抑制能力。

共模干扰抑制比定义为作用于检测系统的共模干扰电压与使该系统产生相同的输出所需要的差模电压之比。通常以对数形式表示，即

$$\mathrm{CMRR} = 20\lg\frac{U_{\mathrm{cm}}}{U_{\mathrm{cd}}} \tag{4-75}$$

式中，U_{cm} 为作用于检测系统的共模干扰电压；U_{cd} 为使检测系统产生相同的输出所需要的差模电压。

共模干扰抑制比也可以定义为检测系统的差模增益与共模增益之比，可以表示为

$$\mathrm{CMRR} = 20\lg\frac{K_\mathrm{d}}{K_\mathrm{c}} \tag{4-76}$$

式中，K_d 为差模增益；K_c 为共模增益。

CMRR 越高，检测系统对共模干扰的抑制能力越强。共模干扰抑制比简称共模抑制比。差动输入运算放大器在共模干扰下的等效电路如图 4-54 所示，U_n 为共模干扰电压，Z_1、Z_2 为共模干扰源阻抗，R_1、R_2 为信号传输线路电阻，U_s 为信号源电压。由图 4-54 可知，共模干扰电压 U_n 通过 Z_1、Z_2 在放大器的两个输入端之间产生差模干扰电压，即

$$U_\mathrm{cd} = U_\mathrm{n}\left(\frac{Z_1}{R_1+Z_1} - \frac{Z_2}{R_2+Z_2}\right) \tag{4-77}$$

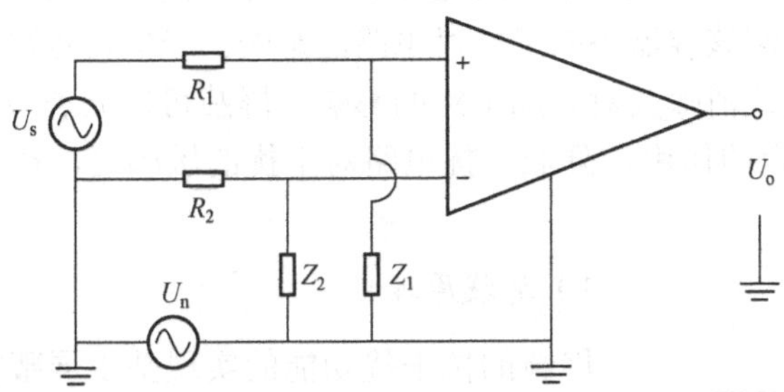

图 4-54　差动输入运算放大器在共模干扰下的等效电路

该差动输入运算放大器的共模抑制比为

$$\mathrm{CMRR} = 20\lg\frac{U_\mathrm{n}}{U_\mathrm{cd}} = 20\lg\frac{(R_1+Z_1)(R_2+Z_2)}{Z_1R_2 - Z_2R_1} \tag{4-78}$$

式中，当 $Z_1R_2 = Z_2R_1$ 时，共模抑制比趋于无穷大，但实际上很难做到这点。一般 $Z_1+Z_2 \geqslant R_1+R_2$，且 $Z_1 \approx Z_2 = Z$，则式（4-78）可以简化为

$$\mathrm{CMRR} = 20\lg\frac{Z}{R_2 - R_1} \tag{4-79}$$

增大 Z_1、Z_2，可以提高该差动输入运算放大器的抗共模干扰能力。

由上述分析可知，在一定条件下，共模干扰会转化为差模干扰，且电路的对称性越好，共模抑制能力越强。

4.3.4　典型的抗干扰技术

形成干扰需要同时具备 3 个要素，即干扰源、干扰途径及对干扰敏感的接收电路（检测装置的前级电路），3 个要素的联系如图 4-55 所示。

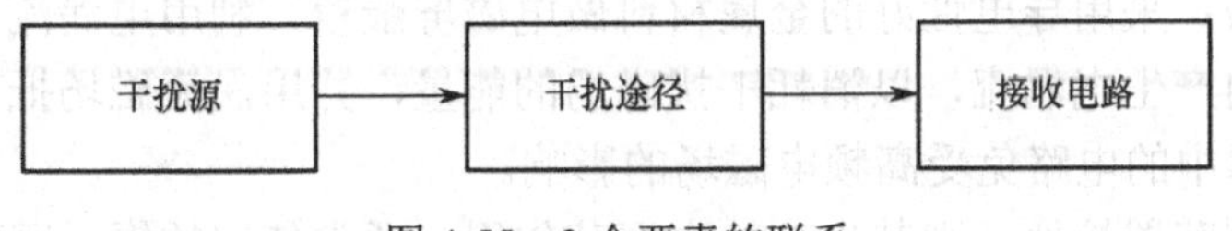

图 4-55　3 个要素的联系

针对这 3 个要素，可以通过采用以下 3 个方面的措施来减弱或消除干扰。

（1）消除或抑制干扰源：如使产生干扰的电气设备远离检测装置，将整流子电动机改为无刷电动机，针对继电器、接触器等设备采用消弧措施等。

（2）破坏干扰途径：对于以“路”的形式侵入的干扰，可以提高绝缘性能，采用隔离变压器等切断干扰途径，采用退耦、滤波等手段转移干扰信号，通过改变接地形式来消除公共阻抗耦合等。对于以“场”的形式侵入的干扰，可以采用各种屏蔽措施，如静电屏蔽、磁屏蔽、电磁屏蔽等。

（3）降低接收回路对干扰的敏感性：与低输入阻抗电路相比，高输入阻抗电路更易受干扰，模拟电路比数字电路的抗干扰能力差。一个设计良好的检测装置应具备对有用信号敏感、对干扰信号不敏感的特性。

1. 屏蔽技术

屏蔽一般指电磁屏蔽。电磁屏蔽即用电导率和磁导率高的材料制成封闭的容器，将电路置于该容器中，从而抑制该容器外的干扰对电路的影响。当然，也可以将产生干扰的电路置于该容器中，从而减弱或消除其对外部电路的影响。屏蔽可以显著减弱静电（电容性）耦合和互感 （电感性）耦合的作用，降低干扰电路对干扰的敏感度，在电路设计中得到了广泛应用。

1）屏蔽原理

屏蔽的抗干扰功能的实现基于屏蔽容器对干扰信号的反射与吸收作用。电磁屏蔽的作用如图 4-56 所示，P_1为干扰的入射能量，P_1'为干扰在第一边界面处的反射能量，P_2'为干扰在第二边界面处被反射与被屏蔽层吸收的能量，P_2为干扰通过第二边界面的剩余能量。如果屏蔽形式与材料选择得好，可使P_2远小于P_1。

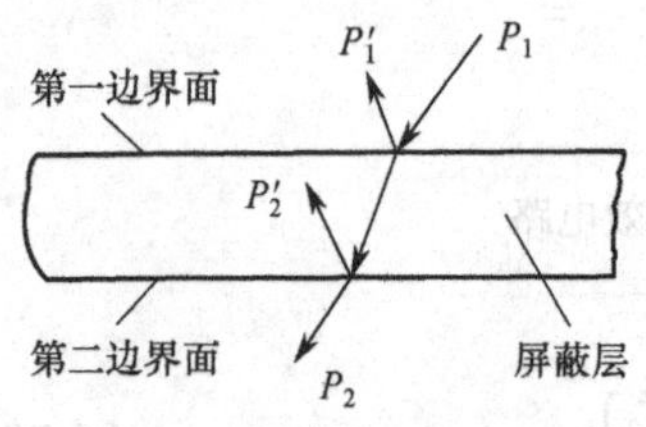

图 4-56　电磁屏蔽的作用

2）常用的屏蔽技术

（1）静电屏蔽：在静电场中，密闭的空心导体内部无电力线，即内部各点等电位。可以利用这个原理，以铜或铝等导电性良好的金属为材料，制作封闭的金属容器，把需要屏蔽的电路置于其中，两者通过地线连接，使外部干扰电场的电力线不影响内部电路，内部电路产生的电力线也无法影响外部。需要说明的是，允许在静电屏蔽容器的器壁上有较小的孔洞(作为引线孔)，它对屏蔽的影响不大。

静电屏蔽能防止静电场对电路产生影响，可以减弱或消除两个电路之间由于存在寄生分布电容而产生的干扰。

在电源变压器的一次侧和二次侧之间插入一个梳齿形薄铜片，并将其接地，可以防止在两侧绕组间出现静电耦合。

（2）电磁屏蔽：采用导电性好的金属材料做电磁屏蔽罩，利用电涡流原理，使高频干扰电场在屏蔽金属内产生电涡流，以消耗干扰磁场的能量，并用涡流磁场抵消高频干扰磁场，从而使电磁屏蔽罩中的电路免受高频电磁场的影响。

如果将电磁屏蔽罩接地，则其也有静电屏蔽作用。通常使用的铜质网状屏蔽电缆就同时具有电磁屏蔽和静电屏蔽作用。

（3）低频磁屏蔽：在低频磁场中，电涡流的作用不太明显，因此必须采用高导磁材料做屏蔽层，以将低频干扰磁力线限制在磁阻很小的磁屏蔽层内部，使低频磁屏蔽层内部的电路免受低频磁场的影响。例如，仪器的铁皮外壳就起低频磁屏蔽作用。如果将其接地，则同时具有静电屏蔽和低频磁屏蔽作用。在干扰严重的地方常使用复合屏蔽电缆，其外层是低磁导率、高饱和的铁磁材料，中间层是高磁导率、低饱和的铁磁材料，内层是铜质电磁屏蔽层，这样的结构可以一步步消耗干扰磁场的能量。在工业中常用的办法是将屏蔽线穿在铁质蛇皮管或普通铁管内，以达到双重屏蔽的目的。

2. 接地技术

接地通常有两种含义：一是连接系统基准地；二是连接大地。

连接系统基准地指各电路通过低电阻导体与电气设备的金属底板或金属外壳连接，而电气设备的金属底板或金属外壳不连接大地。

连接大地指电气设备的金属底板或金属外壳通过接地导体与大地连接。针对不同的情况和目的，可采用公共基准电位接地、抑制干扰接地、浮置和安全保护接地等方式。

1）公共基准电位接地

测量与控制电路中的基准电位是各电路工作的参考电位，通常将参考电位选为电路中直流电源（当电路系统中有两个以上直流电源时则选择其中的一个直流电源）的零电压端。该参考电位与大地的连接方式有直接接地、悬浮接地、一点接地、多点接地等，可根据不同情况组合使用这些方式，以达到不同的目的。

（1）直接接地：适用于大规模或高速高频电路系统。大规模电路系统的对地分布电容较大，只要合理选择接地位置，就可以消除公共阻抗耦合，有效抑制噪声，并实现安全接地。

（2）悬浮接地：各电路通过低电阻导体与电气设备的金属底板或外壳连接，电气设备的金属底板或金属外壳是各电路工作的参考电位，即零电平电位，其不连接大地。悬浮接地的优点是不受大地电流的影响，内部元件不会在高感应电压的作用下被击穿。

（3）一点接地：有串联式（干线式）接地和并联式（放射式）接地两种。串联式接地如图 4-57（a）所示，其构成简单、易于应用，但各电路的接地电阻不同，当 R_1、R_2、R_3 较大或接地电流较大时，各部分电路接地点的电平差异较大，影响弱信号电路的正常工作。并联式接地如图 4-57（b） 所示，各部分电路的接地电阻相互独立，不会产生公共阻抗干扰，但接地线长而多，经济性差，可考虑重新规划各电路的位置，相距较远的电路 3 可以使用其他电源。另外，当用于高频场合时，接地线间分布电容的耦合作用比较突出，而且当地线的长度为信号 1/4 波长的奇数倍时还会产生电磁辐射。

（4）多点接地：为缩短接地线和减小高频情况下的接地阻抗，可采用多点接地方式，如图 4-58 所示，各电路的接地阻抗分别为 Z_1、Z_2、Z_3。

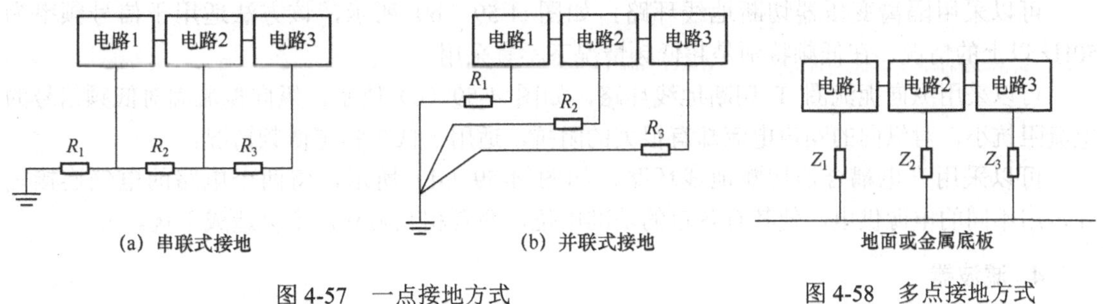

图 4-57　一点接地方式

图 4-58　多点接地方式

如果 Z_1 由金属导体构成，Z_2、Z_3 由电容器构成，则对于低频电路来说，其为一点接地方式，对于高频电路来说，其为多点接地方式，可以适应电路的宽频带工作要求。

如果 Z_1 由金属导体构成，Z_2、Z_3 由电感器构成，则对于低频电路来说，其为多点接地方式，对于高频电路来说，其为一点接地方式，既能在低频时实现基准电位的统一和保护接地，又能避免因接地回路闭合而引入高频干扰。

2）抑制干扰接地

电气设备中的某些部分与大地连接，可以起抑制干扰的作用。例如，将大功率电路接地可以减小大功率电路对其他电路的电磁冲击作用，将屏蔽壳、屏蔽罩或屏蔽隔板接地可以避免由电荷积聚引起的静电效应，增强抗干扰效果等。

抑制干扰接地的连接方式包括部分接地与全部接地、一点接地与多点接地、直接接地与悬浮接地等。由于分布与寄生参数难以确定，常常无法通过理论分析确定应采用哪种方式。因此，最好做一些模拟试验，以供参考。

在实际中，有时可采用一种接地方式，有时需要同时采用几种接地方式，应根据不同的情况采用不同的方式。

3）浮置

浮置又称浮空、浮接，指检测装置的输入信号放大器公共端不接机壳或大地，检测装置的测量电路与机壳或大地之间无直流联系，阻断了干扰路径，明显增大了放大器公共端与机壳或大地之间的阻抗，因此浮置能大大减小共模干扰电流。需要强调的是，如果必须一同使用具有很高电平的电路与具有很低电平的电路，则应采用浮置。

4）安全保护接地

当机械损伤、过电压等导致电气设备的绝缘被损坏，或者处于强电磁环境中的电气设备的金属外壳、操作手柄等部分出现很高的对地电压时，会危及操作维修人员的安全。将电气设备的金属底板或金属外壳与大地连接，可消除触电危险。在进行安全保护接地连接时，要保证接地电阻较小和连接方式可靠，防止日久失效。另外，要坚持独立接地，即将接地线通过专门的低阻导线与近处的接地体连接。

3. 隔离技术

在测控电路系统中，即使从各方面加以注意，也会由于无法完全控制分布参数而形成寄生环路，特别是地线环路，从而引入电磁耦合干扰。因此，在一些情况下，要切断环路，提高系统的抗干扰性能。地线环路如图 4-59（a）所示。

可以采用隔离变压器切断地线环路，如图 4-59（b）所示，该方法适用于信号频率为 50Hz 以上的情况，在低频特别是超低频情况下不宜采用。

可以采用纵向扼流圈 T 切断地线环路，如图 4-59（c）所示，纵向扼流圈对低频信号的电流阻抗小，对纵向的噪声电流却有很大的阻抗，适用于低频和超低频情况。

可以采用光电耦合器切断地线环路，如图 4-59（d）所示，将两个电路的电气连接隔开，用不同的电源供电，使其有各自的基准电位，两者相互独立，不会造成干扰。

4. 滤波器

滤波器是一种只允许或阻止某个频带的信号通过的电路，是抑制干扰的有效手段之一。

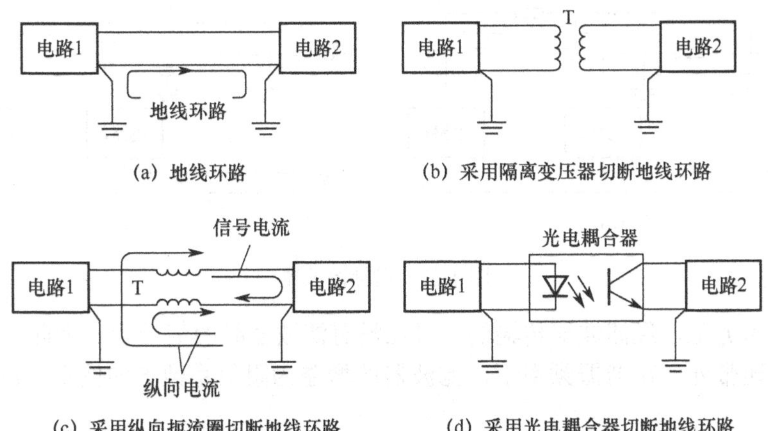

图 4-59　地线环路的形成及其隔离

1）交流电源进线的对称滤波器

对于使用交流电源的检测装置，干扰会经电源线传至测量电路。为了抑制这种干扰，可以在交流电源进线端装滤波器，高频干扰电压对称滤波器如图 4-60 所示。图 4-60（a）为线间电压滤波器，图 4-60（b）为线间电压和对地电压滤波器，图 4-60（c）为简化的线间电压和对地电压滤波器，高频干扰电压对称滤波器对于抑制中波段的高频干扰是很有效的。

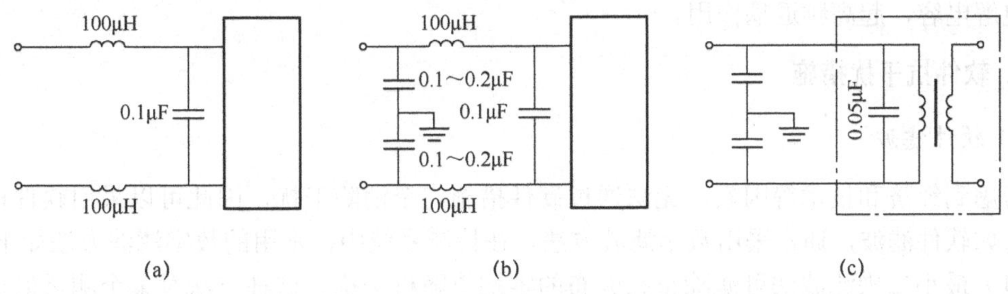

图 4-60　高频干扰电压对称滤波器

低频干扰电压滤波器如图 4-61 所示，该电路对于抑制因电源波形失真而含有较多高次谐波的干扰很有效。

2）直流电源输出的滤波器

几个电路往往共用直流电源。为了减弱共用电源内阻在电路中形成的噪声耦合，需要使用高、低频干扰电压滤波器。

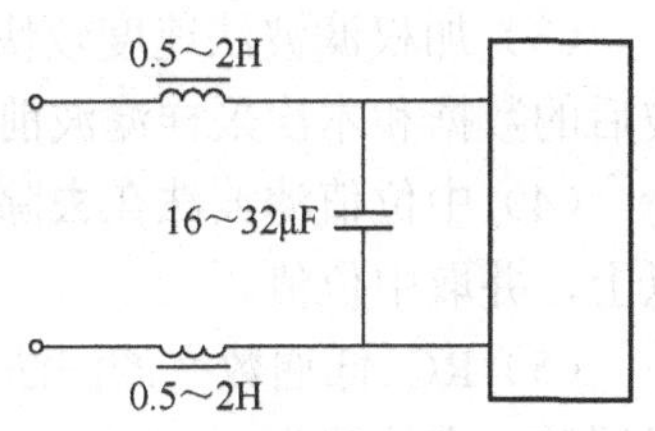

图 4-61　低频干扰电压滤波器

3）退耦滤波器

当一个直流电源为几个电路同时供电时，为了避免电源内阻使几个电路互相干扰，应在每个电路的直流电源与地线之间装设退耦滤波器，如图 4-62 所示。图 4-62（a）为 RC 退耦滤波器，图 4-62（b）为 LC 退耦滤波器。应注意，LC 退耦滤波器有谐振频率，即

$$f_r = \frac{1}{2\pi\sqrt{LC}} \tag{4-80}$$

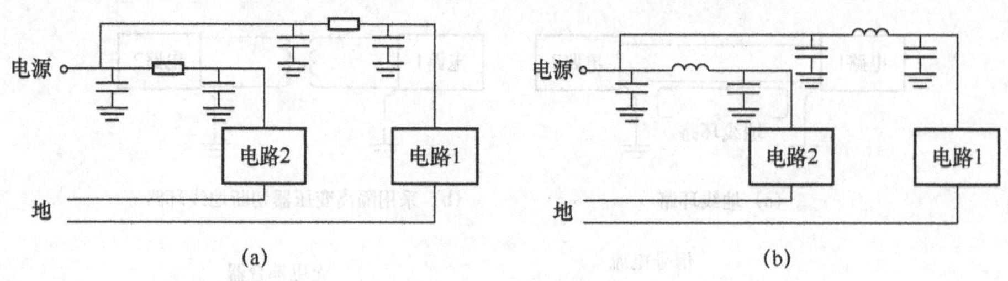

图 4-62　退耦滤波器

在谐振频率 f_r 上，经滤波器传输的信号比没有滤波器时的信号强。因此，必须将谐振频率取在电路的通带外。在谐振频率下，滤波器的增益为阻尼系数 ξ 的倒数。LC 退耦滤波器的阻尼系数为

$$\xi = \frac{R}{2}\sqrt{\frac{C}{L}} \tag{4-81}$$

式中，R 是电感线圈的阻值。

为了将谐振时的增益限制在 2dB 以下，应取 $\xi > 0.5$。

对于多级放大器，各放大器会通过电源的内阻产生耦合干扰。因此，多级放大器的级间必须进行退耦滤波，可采用 RC 退耦滤波器。由于电解电容在频率较高时会呈现电感特性，所以退耦电容常由两个电容并联组成。一个为电解电容，起低频退耦作用；另一个为小容量的非电解电容，起高频退耦作用。

5. 软件抗干扰措施

1）软件滤波

考虑到经济和技术等因素，无法通过硬件措施完全消除干扰，因此可以采用软件抗干扰措施，如软件滤波，通常采用数字滤波方法。在检测系统中，常用的数字滤波方法如下。

（1）最小二乘滤波法可滤除正态分布的零均值随机干扰。这种方法对某个测量值连续采样数次，并取平均值。

（2）滤波系数法可消除一些瞬态干扰。这种方法以上次的采样值为基础，加上或减去二次采样值，从而得到采样滤波后的值。

（3）加权滤波法速度较快、实时性强，适用于快速测试系统。这种方法将前几次采样滤波后的数据和本次采样滤波前的数据加权叠加。

（4）中位值滤波法在去除脉冲性噪声方面比较有效。这种方法对被测参数连续采样 3 次以上，并取中位值。

（5）RC 低通数字滤波法仿照模拟系统的 RC 低通滤波器。这种方法用数字形式实现低通滤波，表达式为

$$Y_k = (1-\alpha)Y_{k-1} + \alpha X_k \tag{4-82}$$

式中，X_k 为第 k 次采样时滤波器的输入值；Y_k 为第 k 次采样时滤波器的输出值；Y_{k-1} 为第 $k-1$ 次采样时滤波器的输出值；α 为滤波平滑系数，$\alpha = 1 - \mathrm{e}^{-T/c}$；$c$ 为数字滤波器的时间常数；T 为采样周期。

（6）滑动平均滤波法可消除瞬态干扰的影响，对于频繁振荡的干扰有较强的抑制能力。这种方法将本次采样值与最近的 $N-1$ 次采样值相加，然后除以 N。

2）软件系统的抗干扰措施

干扰不仅会影响检测系统的硬件，还会破坏软件，如导致系统的程序弹飞、进入死循环或死机状态，使系统无法正常工作。因此，软件的抗干扰设计对于检测系统来说至关重要。

软件陷阱利用指令强行将捕获的程序引到指定地址，并用专门的出错处理程序对其进行处理。干扰可能会使程序脱离正常运行轨道，而软件陷阱可以使弹飞的程序安定下来。在程序固化时，在每个相对独立的功能程序段之间，插入转跳指令，如 LJMP 0000H，用 LMP 0000H 填满程序存储器的后部未用区域，只要程序“飞”入该区域，就自动完成软件复位。将 LJMP 0000H 改为 LJMPERROR（故障处理程序），可实现“无扰动”复位。

“Watchdog”俗称看门狗，即监控定时器，是在计算机检测系统中得到普遍应用的抗干扰措施。“Watchdog”有多种用法，主要用于由干扰引起的系统程序弹飞的出错检测和自动恢复。它实际上是一个可由 CPU 复位的定时器，原则上由定时器及输入输出接口电路组成，如由振荡器与可复位计数器构成的定时器、各种可编程的定时器/计数器（如 Intel 8253/8254 等）、单片机内部的定时器/计数器等。

综上所述，由于传感器是通过直接接触或接近被测对象而获取信息的，所以传感器接口电路都存在小信号处理问题，当智能传感器与被测对象同时处于存在干扰的环境中时，不可避免地会受到外界干扰。因此，必须注意干扰问题，采取相应的措施，针对计算精度、响应速度、收敛性、抗干扰能力和对参数变化的敏感度等，对不同的信号进行抗干扰处理，以满足技术指标要求。

科学技术与信息技术的不断发展，为智能传感器的抗干扰技术提供了重要支撑。从智能传感器的发展现状和发展需求来看，其对抗干扰技术的要求不断提高。首先，智能传感器的抗干扰技术会不断提高与新理论、新技术和新工艺的融合度，以微电子技术为代表，其对智能传感器的信号控制会进一步增强。其次，智能传感器抗干扰技术持续推动算法研究，以提高现有技术的应用质量，改善各种抗干扰技术的适应能力。再次，智能传感器抗干扰技术的发展依赖高速发展的数字信号处理技术，借助这一技术研发满足不同抗干扰要求的调制器。最后，重点关注无线光通信技术，这种技术能够突破现有技术所面对的频率资源受限的困境，其具有较高的信号处理速率和较强的抗干扰能力。

第5章 智能检测系统

5.1 智能检测系统概述

智能检测系统指能自动完成测量、数据处理、显示（输出）测试结果的系统，智能检测系统的总体框图如图 5-1 所示。智能检测系统将标准的测控系统总线和仪器总线组合，将计算机、微处理器作为控制器，通过软件完成对数据的采集、变换、处理、显示等操作，具有高速、多功能、多参数等特点。

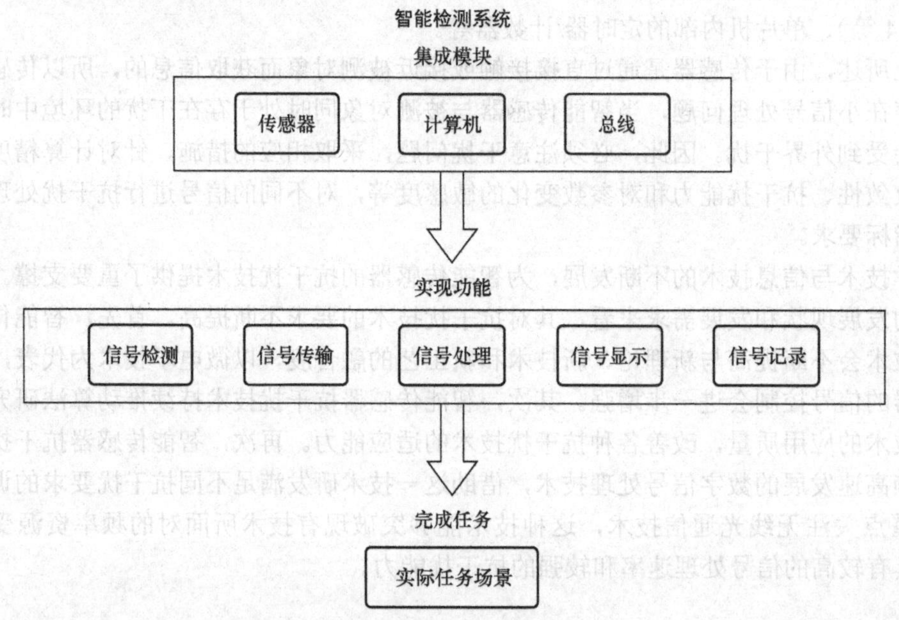

图 5-1 智能检测系统的总体框图

智能检测系统集成了传感器、计算机和总线等模块，能够自动完成信号检测、传输、处理、显示与记录，并能完成复杂、多变量的检测任务，便于实现信号检测，是目前检测技术的主要发展方向。

可以将智能检测分为初级智能化、中级智能化和高级智能化三种。

初级智能化指将微处理器或计算机技术与传统检测技术结合，可实现数据的自动采集、存储和记录，可利用计算机的数据处理功能对数据进行简单处理。例如，进行被测量的单位换算和传感器非线性补偿，利用多次测量和平均化处理消除随机干扰，提高检测精度。初级智能化采用按键式面板，通过按键输入各种数据和控制信息。

中级智能化指检测系统或仪器具有一定的自主功能，一般具有自校正、自诊断、自补偿、自学习、自动转换量程等功能，以及自动进行指标判断、逻辑操作、极限控制和程序控制功能。目前，绝大多数智能仪器或检测系统都是中级智能化的。

高级智能化指将检测技术与人工智能原理结合，利用人工智能的原理和方法改善传统检测方法。高级智能化具有特征提取、自动识别、冲突消解和决策能力，还具有多维检测和数据融合功能，可实现检测系统的高度集成，并通过进行环境因数补偿来提高检测精度。高级智能化还具有自适应检测能力，通过动态过程参数预测，可自动调节增益与偏置量，以实现自适应检测。高级智能化具有网络通信功能、远程控制功能，以及视觉、听觉检测功能。

2023 年 4 月 13 日至 4 月 15 日，第二十一届中国国际环保展览会（CIEPEC2023）及第五届生态环保产业创新发展大会在北京市的中国国际展览中心举办。在这场社会各界翘首以盼的国际性环保盛会上，深圳火眼智能有限公司脱颖而出，旗下新品（可溯源式噪声自动监测系统 HY-ZS100）首次公开亮相，在琳琅满目的科技产品中别具一格，强势出圈。HY-ZS100 如图 5-2 所示。

图 5-2 HY-ZS100

作为新一代自动监测系统，HY-ZS100 不仅能够对环境噪声进行全天候在线监测和实时上传，还能对噪声进行溯源定位，联动摄像机抓拍取证，覆盖车流量、LED 显示屏、气象参数等。基于火眼智能多年积累的多模态识别技术，HY-ZS100 可分辨有效噪声和假象噪声；当监测到超标噪声时，系统会将数据传至后台进行预警。HY-ZS100 为声环境的监测和治理提供了有力的数据支撑，在对工业噪声、交通噪声、建筑施工噪声、生活噪声的监测和治理方面具有较高应用价值。

5.1.1 智能检测系统的典型结构

智能检测系统的典型结构如图 5-3 所示，其主要由传感器、信号采集调理系统、计算机、基本 I/O 系统、交互通信系统和控制系统组成。

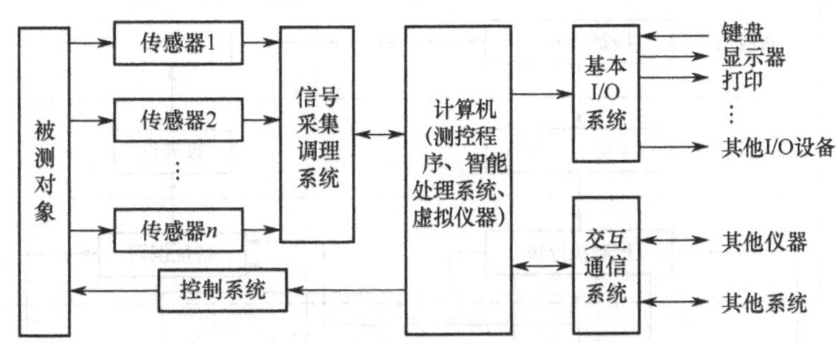

图 5-3 智能检测系统的典型结构

在智能检测系统中，传感器用于获取被测量信息，能够感受特定的被测量，并按照一定的规律将其转换为可用输出信号。

信号采集调理系统接收来自传感器的各种信号，经过计算、分析和判断处理，向计算机输出相应信号。信号采集调理系统的硬件主要包括前置放大器、抗混叠低通滤波器、采样/保持器和多路模拟开关、程控放大器、A/D 转换器等。

根据输入信号，可以将信号输入方式分为模拟量输入和数字量输入。模拟量输入是在检测系统中常用的复杂输入方式，被测信号经传感器转换为电信号，再经信号采集调理系统的放大、滤波、非线性补偿、阻抗匹配等功能性调节后送入计算机。数字量输入通过通道测量、采集各种状态信息，这些信息被转换为字节或字的形式并送入计算机。由于信号可能存在瞬时高压、过电压、噪声及触点抖动等，所以数字输入电路通常包括信号转换、滤波、过压保护、电隔离及消除抖动等电路，以消除这些因素对信号的影响。

计算机是智能检测系统的核心，对系统起监督、管理、控制作用，完成处理复杂信号、控制决策、产生特殊检测信号、控制整个检测过程等任务。利用计算机强大的信息处理能力和高速运算能力，智能检测系统可实现命令识别、逻辑判断、非线性误差修正、系统动态特性的自校正，以及系统自学习、自适应、自诊断、自组织等功能。通过利用机器学习、人工神经网络、数据挖掘等技术，智能检测系统可实现环境识别处理和信息融合功能，从而达到高级智能化水平。

基本 I/O 系统可以实现人机对话、输入或修改系统参数、改变系统工作状态、输出测试结果、动态显示测控过程，以及以多种形式实现输出、显示、记录、报警等功能。

交互通信系统用于实现与其他仪器和系统的通信。通过交互通信系统，可以根据实际需求灵活构造具有不同规模、不同用途的智能检测系统，如分布式测控系统、集散型测控系统等。通信接口的结构及设计方法与采用的总线技术、总线规范有关。

控制系统实现对被测对象、被测组件、信号发生器，甚至对系统本身和测试操作过程的自动控制。根据实际需要，大量接口以各种形式在系统中存在，接口的作用是完成与设备的信号转换（如进行信号功率匹配、阻抗匹配、电平转换和匹配）、信号（如控制命令、状态数据信号、寻址信号等）传输、信号提取，并对信号进行必要的缓冲或锁存，以增强智能检测系统的功能。

智能检测系统的工作原理如图 5-4 所示。智能检测系统有两个信息流，即被测信息流和内部控制信息流，被测信息流在系统中的传输是不失真的，或使失真保持在允许范围内。

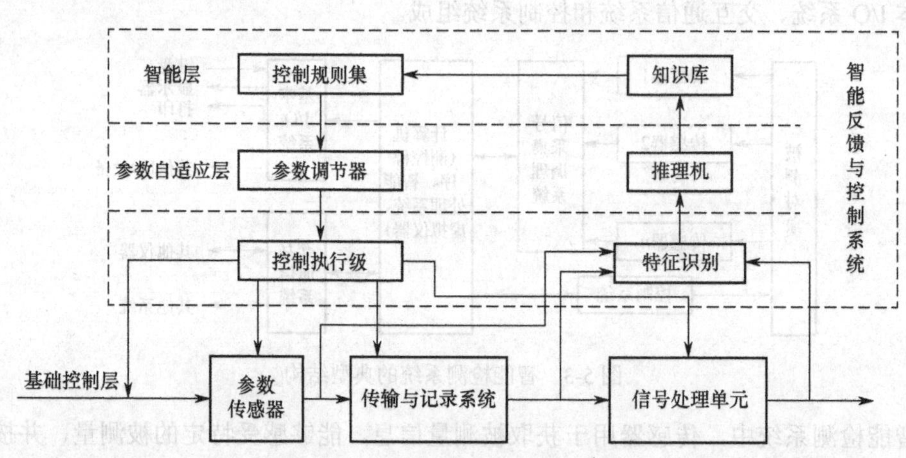

图 5-4　智能检测系统的工作原理

5.1.2　智能检测系统的特点

1）测量过程软件控制

硬件功能软件化，通过软件实现自稳零放大、极性判断、量程切换、自动报警、过载保护、非线性补偿、多功能测试和自动巡回检测等功能。

2）高度的灵活性

智能检测系统以软件为核心，其生产、修改、复制较容易，功能和性能指标的修改和扩展十分简单、方便。

3）测量速度快、精度高

智能检测系统通过高速数据采样和实时在线的高速数据处理实现高速及高精度测量。随着电子技术的迅速发展，高速显示、打印、绘图设备也逐渐完善。

4）实现多参数检测和数据融合

智能检测系统有多个高速数据通道，在进行多参数检测的基础上，依据各路信息的相关性，可实现系统的多传感器信息融合，提高检测系统的准确度、可靠性和容错性。

5）智能化功能强

智能检测技术一方面通过应用人工智能及相关技术，实现测量选择、故障诊断、人机对话及输出控制等智能化功能；另一方面，利用相关软件对测量数据进行线性化处理、平均值处理、频域分析、数据融合计算等，实现测量数据处理的智能化。

5.1.3 智能检测系统的硬件结构

典型的智能检测系统由传感器、前置放大器、抗混叠低通滤波器、采样/保持电路、多路开关、A/D 转换器、RAM、EPROM、调理电路控制器、信息总线等硬件组成，智能检测系统的硬件结构如图 5-5 所示。

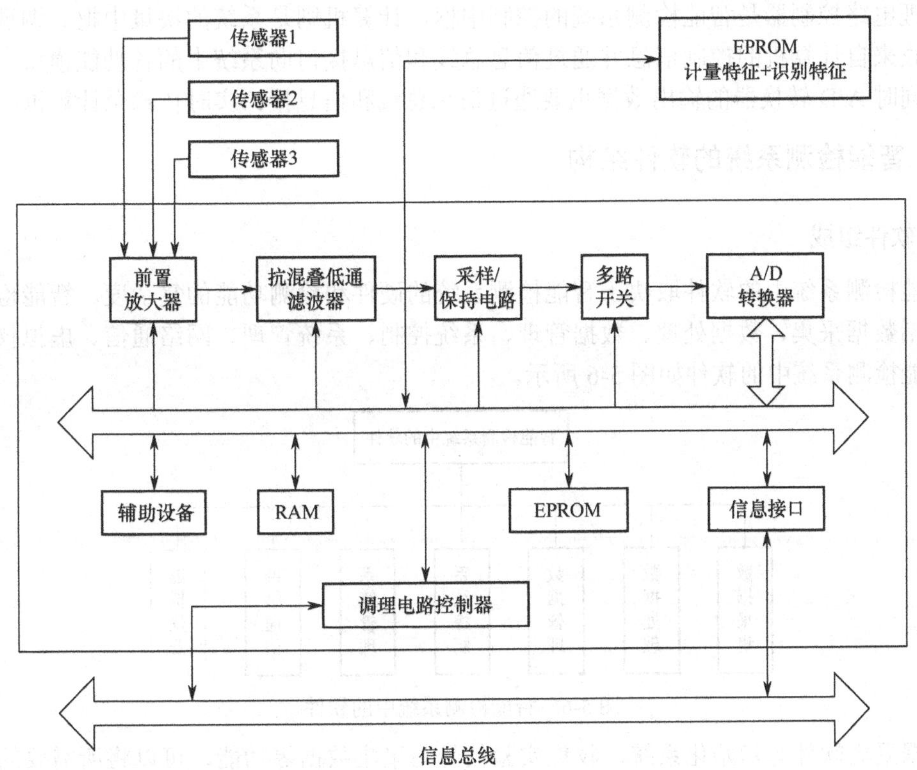

图 5-5 智能检测系统的硬件结构

前置放大器的主要作用是将来自传感器的低压信号放大，使其电压满足系统的要求，同时可以提高系统的信噪比，减小外界干扰的影响。

抗混叠低通滤波器用于滤除信号中的高频分量。由采样定理可知，当采样频率小于有用信号上限频率的二倍时，采样信号会产生频谱混叠现象，导致信号失真。一般采用抗混叠低通滤波器滤除采样频率为有用信号上限频率3～5倍的高频分量。

在智能检测系统中，常用的A/D转换器有逐次比较型A/D转换器、双积分型A/D转换器和Σ-Δ型A/D转换器。逐次比较型A/D转换器在精度、速度和价格方面适中，是最常用的A/D转换器。双积分型A/D转换器具有精度高、抗干扰性强、价格便宜等优点，与逐次比较型A/D转换器相比，其转换速率较低，近年来在单片机中得到了广泛应用。Σ-Δ型A/D转换器同时具备双积分型A/D转换器与逐次比较型A/D转换器的优点，对工业现场的串模干扰有较强的抑制能力，且具备高于双积分型A/D转换器的转换速率，与逐次比较型A/D转换器相比，其信噪比更高、分辨率更高、线性度更好，且不需要采样/保持电路。

由于具有上述优点，Σ-Δ型A/D转换器逐渐得到应用，已有多种Σ-Δ型A/D转换芯片。按照输出数字量的有效位数，可以将A/D转换器分为4位、8位、10位、12位、14位、16位并行输出，以及3位半、4位半、5位半BCD码输出等类型。

A/D转换器完成一个完整的转换过程需要一定的时间，因此对变化速度较快的模拟信号来说，需要采取相应措施，以避免出现转换误差。因此需要在A/D转换器前接采样/保持电路，在切换通道前，使其处于采样状态，在切换后的A/D转换周期内，使其处于保持状态，以保证在A/D转换期间输入A/D转换器的信号不变。目前有不少A/D转换芯片内部集成了采样/保持电路。

调理电路控制器是智能检测系统的控制中枢，计算机则是系统的决策中枢。调理电路控制器接收来自计算机的控制信息并通过信息总线和信息接口向系统中的各功能模块发出控制命令，同时A/D转换器的输出数据也要通过信息总线和信息接口实时传输至计算机。

5.1.4 智能检测系统的软件结构

1. 软件组成

智能检测系统中的软件取决于智能检测系统的硬件和检测功能的复杂度。智能检测系统通常包括数据采集、数据处理、数据管理、系统控制、系统管理、网络通信、虚拟仪器等软件，智能检测系统中的软件如图5-6所示。

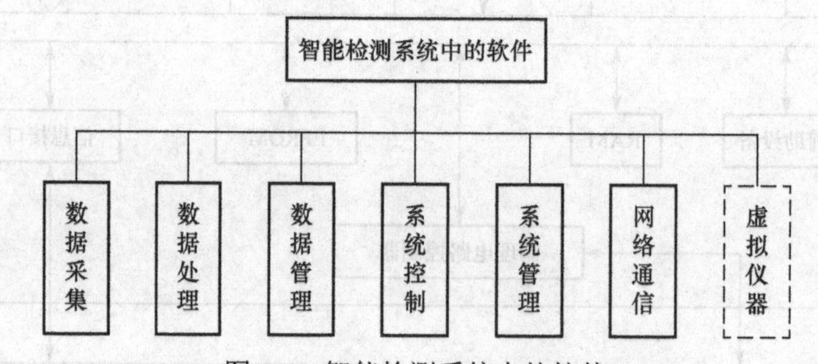

图5-6 智能检测系统中的软件

数据采集软件有初始化系统、收集实验信号与采集数据等功能，可以将所需要的数据参数提取至检测系统。

数据处理软件可以对数据进行实时分析、信号处理、识别分类，包括数字滤波、去噪、回归分析、统计分析、特征提取、智能识别、几何建模与仿真等功能模块。

数据管理软件有助于发现和解决数据质量差的问题，确保数据的准确性、一致性和完整性。数据管理软件能提供强大的安全控制和权限管理功能，确保未经授权无法访问敏感数据。

系统控制软件可根据预定的控制策略控制整个系统。控制软件的复杂度取决于系统的控制任务。计算机控制任务按设定值性质可分为恒值调节、伺服控制和程序控制三类。常见的控制策略有程序控制、PID 控制、前馈控制、最优控制与自适应控制等。

系统管理软件包括系统配置模块、系统功能测试诊断模块、传感器标定校准功能模块等。系统配置模块对配置的实际硬件环境进行一致性检查，建立逻辑通道与物理通道的映射关系，生成系统硬件配置表。

在智能检测系统中，网络通信软件主要用于实现检测设备与远程服务器或云端的数据传输、远程控制、报警通知、实时监视及数据分析等功能，完成检测系统的内外部通信。

2. 虚拟仪器

随着计算机技术的高速发展，传统仪器开始向计算机方向发展。虚拟仪器以计算机为核心，将计算机软件技术与测试软件系统有机结合。20 世纪 80 年代，美国国家仪器有限公司提出了虚拟仪器（Virtual Instrument，VI）的概念，指通过应用程序将通用计算机与功能硬件结合起来，用户可通过友好的图形界面操作这台计算机，就像在操作自己定义和设计的仪器一样，从而完成对被测量的采集、分析、判断、显示、存储等。与传统仪器一样，虚拟仪器也包括数据采集处理、数据分析、结果表达三大功能模块，虚拟仪器的功能划分如图 5-7 所示。虚拟仪器以透明方式将计算机资源与仪器硬件的测试功能结合。

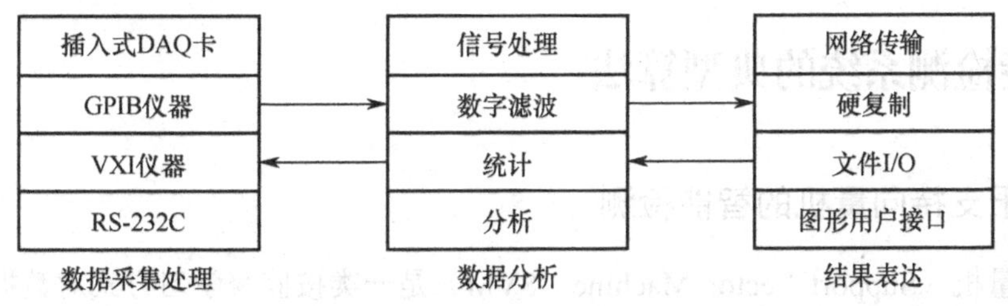

图 5-7　虚拟仪器的功能划分

虚拟仪器与传统仪器的比较如表 5-1 所示。

表 5-1　虚拟仪器与传统仪器的比较

虚 拟 仪 器	传 统 仪 器
开放、灵活，可与计算机技术同步发展	封闭，仪器间的配合较差
关键是软件，系统性能升级方便，可通过网络下载升级程序	关键是硬件，升级成本较高，且升级必须上门服务
价格便宜，仪器间资源可重复利用率高	价格昂贵，仪器间资源可重复利用率低
用户可定义仪器功能	只有厂家能定义仪器功能
与网络及周边设备连接方便	功能单一，只能连接有限个独立设备
开发与维护成本低	开发与维护成本高

续表

虚 拟 仪 器	传 统 仪 器
技术更新周期短（0.5~1 年）	技术更新周期长（5~10 年）
可自己编程硬件，可二次开发	不能自己编程硬件，不能二次开发
有完整的时间记录和测试说明	只有部分时间记录和测试说明
测试过程自动化	测试过程部分自动化

总的来说，虚拟仪器具有以下优点。

（1）性价比高。

基于通用个人计算机的虚拟仪器和仪器集成系统，可以实现多种仪器共享计算机资源，大大增强了仪器功能，并降低了成本。

（2）开放系统。

用户能根据测控任务，随心所欲地组成仪器或系统。仪器扩充和升级十分方便，配置新的测试功能模板甚至无须改变硬件，只要将模块化软件包重新搭配，就可以构成新的虚拟仪器。

（3）智能化程度高。

虚拟仪器是基于计算机的仪器，其软件具有强大的分析、计算、逻辑判断功能，可以在计算机上建立智能专家系统。

（4）界面友好，使用简便。

将仪器功能显示在虚拟仪器面板上，用鼠标即可完成一切操作，人机界面极其友好。仪器功能选择、参数设置、数据处理、结果显示等均能通过对话完成。

此外，在使用虚拟仪器的过程中，人们可以随时获得计算机给出的帮助提示信息。

5.2 智能检测系统的典型算法

5.2.1 基于支持向量机的智能检测

支持向量机（Support Vector Machine，SVM）是一类按监督学习方式对数据进行二元分类的广义线性分类器，其决策边界是对学习样本求解的最大边距超平面。

1. 间隔与支持向量

给定训练样本集 D，SVM 的基本思想是基于训练样本集 D 在样本空间中找到一个超平面，以将不同类别的样本分开，但能对训练样本集 D 进行划分的超平面有很多，如图 5-8 所示，应选择哪个呢？

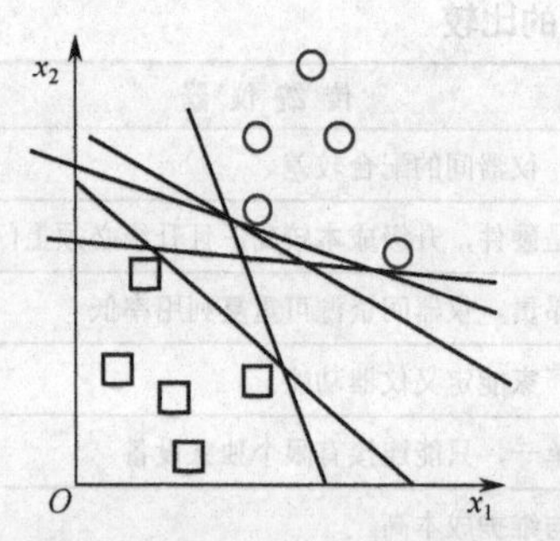

图 5-8 能对训练样本集 D 进行划分的超平面

我们要找到“最优”模型，即能尽量将样本分开的模型，不能靠近负样本也不能靠近正样本，要不偏不倚，且与所有支持向量的距离尽量大，这就引出了对间隔的讨论。

在样本空间中，超平面可以表示为

$$\boldsymbol{\omega}^{\mathrm{T}}\boldsymbol{x}+\boldsymbol{b}=0 \tag{5-1}$$

式中，$\boldsymbol{\omega}$ 为法向量，决定了超平面的方向；$\boldsymbol{b}$ 为位移，决定了超平面与原点之间的距离。超平面可被法向量 $\boldsymbol{\omega}$ 和位移 $\boldsymbol{b}$ 确定，将其记为$(\boldsymbol{\omega},\boldsymbol{b})$。样本空间 $\boldsymbol{x}$ 到超平面$(\boldsymbol{\omega},\boldsymbol{b})$的距离可以写为

$$r=\frac{\left|\boldsymbol{\omega}^{\mathrm{T}}+\boldsymbol{b}\right|}{\|\boldsymbol{\omega}\|} \tag{5-2}$$

假设超平面$(\boldsymbol{\omega},\boldsymbol{b})$能正确划分训练样本，即对于 $(x_i,y_i)\in D$，如果 $y_i=1$，则 $\boldsymbol{\omega}^{\mathrm{T}}x_i+\boldsymbol{b}>0$；如果 $y_i=-1$，则 $\boldsymbol{\omega}^{\mathrm{T}}x_i+\boldsymbol{b}<0$。

$$\begin{cases}\boldsymbol{\omega}^{\mathrm{T}}x_i+\boldsymbol{b}>0,\ y_i=1\\ \boldsymbol{\omega}^{\mathrm{T}}x_i+\boldsymbol{b}<0,\ y_i=-1\end{cases} \tag{5-3}$$

支持向量与间隔如图 5-9 所示，距超平面最近的几个样本点使式（5-3）中的等号成立，它们被称为“支持向量”，两个异类支持向量与超平面的距离之和为

$$\gamma=\frac{2}{\|\boldsymbol{\omega}\|} \tag{5-4}$$

γ 被称为“间隔”。

要找到具有最大间隔的超平面，就要找到能满足式（5-3）的 $\boldsymbol{\omega}$ 和 $\boldsymbol{b}$，使得 γ 最大，即

$$\begin{cases}\max\limits_{\omega,b}\dfrac{2}{\|\boldsymbol{\omega}\|}\\ \text{s.t. } y_i(\boldsymbol{\omega}^{\mathrm{T}}x_i+\boldsymbol{b})\geqslant 1,\ i=1,2,\cdots,m\end{cases} \tag{5-5}$$

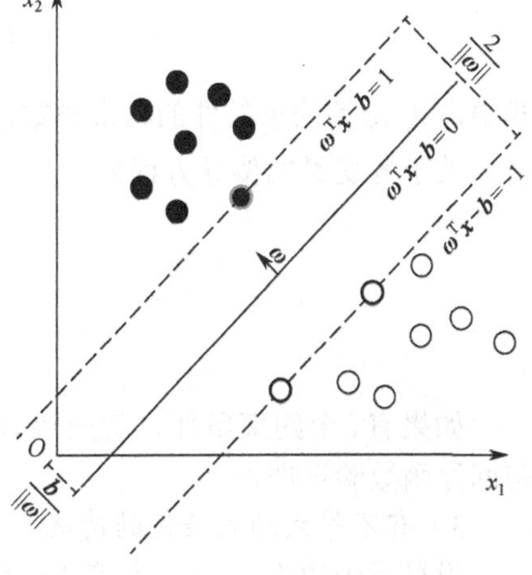

图 5-9　支持向量与间隔

显然，要使 γ 最大，只需要使 $\|\boldsymbol{\omega}\|^{-1}$ 最大，这等价于使 $\|\boldsymbol{\omega}\|^2$ 最小。于是，式（5-5）可以写为

$$\begin{cases}\min\limits_{\omega,b}\dfrac{1}{2}\|\boldsymbol{\omega}\|^2\\ \text{s.t. } y_i(\boldsymbol{\omega}^{\mathrm{T}}x_i+\boldsymbol{b})\geqslant 1,\ i=1,2,\cdots,m\end{cases} \tag{5-6}$$

式（5-2）即 SVM 基本模型。

2. KKT 条件

Karush、Kuhn 和 Tucker 先后独立提出了 KKT 条件，该条件在被 Kuhn 和 Tucker 提出后才逐渐受到重视，因此在许多情况下将其记为 Kuhn-Tucker 条件。它是非线性规划领域的重要成果，是判断某点是极值点的必要条件。如果所讨论的规划是凸规划，则 KKT 条件也是充分条件。

KKT 条件是解决最优化问题时用到的一种方法。这里提到的最优化问题通常指对于给定的函数，求其在指定作用域上的全局最小值。KKT 条件的引入推广了拉格朗日乘数法，拉格朗日乘数法原本只用于解决只有等式约束条件时的优化问题，而引入 KKT 条件的拉格朗日乘数法可用于更普遍的有不等式约束条件的情况。

在一般情况下，最优化问题包括以下 3 种情况。

1）无约束条件的情况

这是最简单的情况，解决方法通常是使函数对变量求导，使求导函数等于 0 的点可能是极值点。将结果带回原函数进行验证即可。

2）只有等式约束条件的情况

设目标函数为 $f(x)$，等式约束条件为 $h_k(x)$，可以表示为

$$\begin{cases}\min f(x)\\ \text{s.t. } h_k(x)=0,\ k=1,2,\cdots,l\end{cases} \tag{5-7}$$

式中，l 表示有 l 个约束条件。

解决方法是采用消元法或拉格朗日乘数法。在这里提一下拉格朗日乘数法，因为后面提到的 KKT 条件是对拉格朗日乘数法的一种泛化。

定义拉格朗日函数

$$F(x,\lambda)=f(x)+\sum_{k=1}^{l}\lambda_k h_k(x) \tag{5-8}$$

式中，λ_k 是各约束条件的约束系数。

关于各变量的偏导方程为

$$\begin{cases}\dfrac{\partial F}{\partial x}=0\\ \dfrac{\partial F}{\partial \lambda_k}=0\end{cases} \tag{5-9}$$

如果有 l 个约束条件，就应该有 $l+1$ 个方程。求出的方程组的解可能是最优值，将结果带回原函数验证即可。

3）有不等式约束条件的情况

设目标函数为 $f(x)$，不等式约束条件为 $g_k(x)$，等式约束条件为 $h_j(x)$，可以表示为

$$\begin{cases}\min f(x)\\ \text{s.t. } h_j(x)=0,\ j=1,2,\cdots,p;\ \ g_k(x)\leqslant 0,\ k=1,2,\cdots,q\end{cases} \tag{5-10}$$

定义有不等式约束条件时的拉格朗日函数

$$L(x,\lambda,\mu)=f(x)+\sum_{j=1}^{p}\lambda_j h_j(x)+\sum_{k=1}^{q}\mu_k g_k(x) \tag{5-11}$$

式中，$f(x)$ 是目标函数；$h_j(x)$ 是第 j 个等式约束条件，λ_j 是对应的约束系数；$g_k(x)$ 是第 k 个不等式约束条件，μ_k 是对应的约束系数。

此时，要解决最优化问题，必须满足求解条件，即

$$\frac{\partial L}{\partial x}\Big|_{x=x^*} \tag{5-12}$$

$$\lambda_j\neq 0 \tag{5-13}$$

$$\mu_k\geqslant 0 \tag{5-14}$$

$$\mu_k g_k(x^*)=0 \tag{5-15}$$

$$h_j(x^*)=0,\ j=1,2,\cdots,p \tag{5-16}$$

$$g_k(x^*)\leqslant 0,\ k=1,2,\cdots,q \tag{5-17}$$

上述求解条件即 KKT 条件。式（5-12）是对拉格朗日函数取极值时的必要条件，式（5-13）是等式约束情况，式（5-14）是不等式约束情况，式（5-15）是松弛互补条件，式（5-16）和式（5-17）是原约束条件。

对于一般的问题而言，KKT 条件是使一组解成为最优解的必要条件；当原问题为凸问题时，KKT 条件也是充分条件。

关于式（5-14），构造 $L(x,\lambda,\mu)$ 函数，希望 $L(x,\lambda,\mu)\leqslant f(x)$。在 $L(x,\lambda,\mu)$ 的表达式中，等号右边的第 2 项为零，要使等号右边的第 3 项不大于零，必须有 $\mu_k\geqslant 0$，即式（5-14）。

关于式（5-15），要求得 $L(x,\lambda,\mu)$ 的最小值，则等号右边的第 3 项为 0。

下面介绍一个简单的例子。设不等式约束条件下的优化问题为

$$\begin{cases}\min f(x)\\ \text{s.t. } g_1(x)=a-x\leqslant 0,\quad g_2(x)=x-b\leqslant 0\end{cases}\tag{5-18}$$

引入松弛变量可以将不等式约束条件转化为等式约束条件。设 a_1 和 b_1 为松弛变量，则上述不等式约束条件可以写为

$$h_1(x,a_1)=g_1(x)+a_1^2=a-x+a_1^2=0\tag{5-19}$$

$$h_2(x,b_1)=g_2(x)+b_1^2=x-b+b_1^2=0\tag{5-20}$$

则该问题的拉格朗日函数为

$$\begin{aligned}F(x,a_1,b_1,\mu_1,\mu_2)&=f(x)+\mu_1 h_1(x,a_1)+\mu_2 h_2(x,b_1)\\&=f(x)+\mu_1(a-x+a_1^2)+\mu_2(x-b+b_1^2)\end{aligned}\tag{5-21}$$

式中，约束系数 $\mu_1\geqslant 0$，$\mu_2\geqslant 0$。

根据拉格朗日乘数法，求解方程组

$$\frac{\partial F}{\partial x}=\frac{\partial f}{\partial x}+\mu_1\frac{\mathrm{d}g_1}{\mathrm{d}x}+\mu_2\frac{\mathrm{d}g_2}{\mathrm{d}x}=\frac{\mathrm{d}f}{\mathrm{d}x}-\mu_1+\mu_2=0\tag{5-22}$$

$$\frac{\partial f}{\partial a_1}=2\mu_1 a_1=0\tag{5-23}$$

$$\frac{\partial f}{\partial b_1}=2\mu_1 b_1=0\tag{5-24}$$

$$\frac{\partial F}{\partial \mu_1}=h_1(x,a_1)=g_1(x)+a_1^2=0\tag{5-25}$$

$$\frac{\partial F}{\partial \mu_2}=h_2(x,b_1)=g_2(x)+b_1^2=0\tag{5-26}$$

$$\mu_1 a_1=0,\ \begin{cases}\mu_1=0,\ a_1\neq 0\rightarrow g_1(x)=a-x<0\ \text{（不起约束作用）}\\ \mu_1>0,\ a_1=0\rightarrow g_1(x)=a-x=0\ \text{（起约束作用）}\end{cases}\tag{5-27}$$

同理可分析 $\mu_2 b_1=0$ 的情况。

于是推出条件：$\mu_1 g_1(x)=0$，$\mu_2 g_2(x)=0$。

综上所述，基于支持向量机的智能检测需要具有 3 个要素：充分的原始数据，能够概括数据信息的适当特征值，以及精心设计的算法架构。然而，对于目前的智能检测系统来说，具有这些要素十分复杂和困难。在大多数情况下，原始数据需要手动标记（监督学习），既耗时又昂贵。因此，迫切需要开发新算法，以自动标记数据并进行学习，或者只需要标记少量数据即可维持性能（无监督学习或半监督学习）。

课程思政——【科技前沿】

研发新一代智能无人系统是国家重大战略需求，西北工业大学无人系统技术研究院研发了智能传感系统——基于柔性应变传感器的数据手套，其关键模块如图 5-10 所示，高性能柔性应变传感器采集大量手部信息，由电路模块进行初步的数据处理，再通过手势识别算法（机器学习算法）进行分析，实现手势识别等功能。

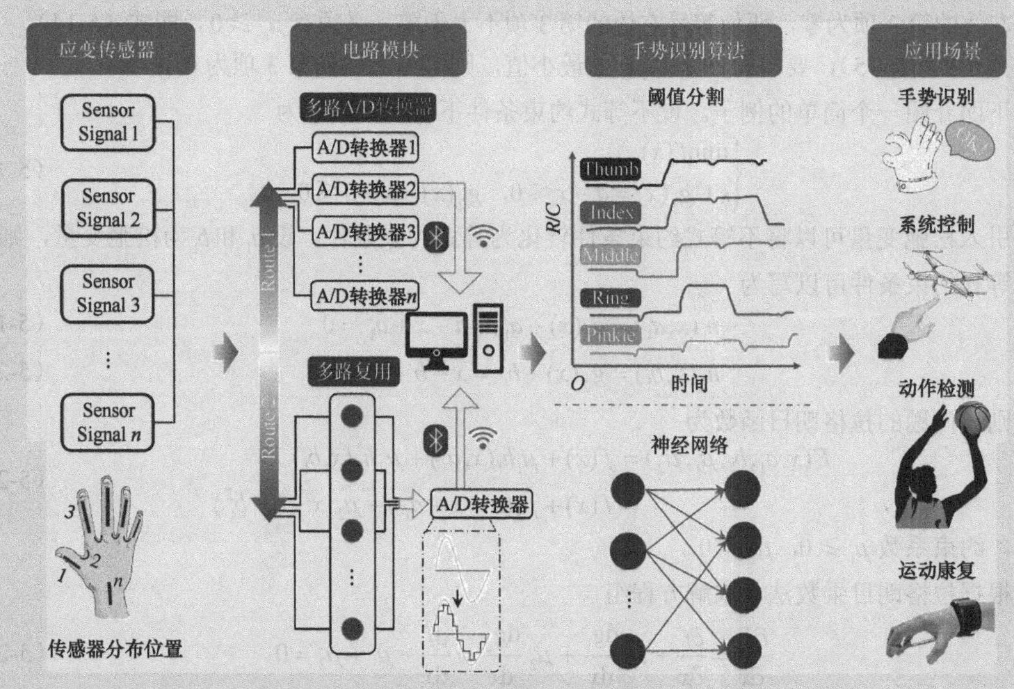

图 5-10　基于柔性应变传感器的数据手套关键模块

目前，柔性传感器、数据采集装置和 SVM 之间的联系还不够深。例如，尽管已经建立了一些能够较好地处理多模态信息和具有准确识别功能的新算法，但尚未见到专门为柔性传感器及其智能感知系统设计的机器学习算法。因此，未来应推动传感器、硬件电路、软件算法的有机融合，这需要材料科学、物理学、化学、生物学、柔性电子学、微电子学、计算机科学、数学等学科的共同努力。

5.2.2　基于神经网络的智能检测

人工神经网络（Artificial Neural Networks，ANNs）又称神经网络（NNs）或连接模型（Connection Model），它是一种模仿动物神经网络行为特征，进行分布式并行信息处理的数学模型。这种网络通过调整内部大量节点之间的连接关系，达到处理信息的目的。

1. 神经元模型

神经网络具有分布式并行信息处理结构，其以神经元模型为基础，由大量的神经元（又称节点）组成，每个神经元只有一个输出函数（激励函数），可以与很多神经元连接，每个神经元的输入有多个连接通道，每个连接通道对应一个连接权系数（权重）。网络的连接方式、权重和激励函数会影响网络的输出。

可将上述情形抽象为简单模型，M-P 神经元模型，如图 5-11 所示。在这个模型中，神经元接收来自 p 个神经元的输入信号，这些输入信号通过带有一定权重的连接传递，将神经元接收的总输入与阈值进行比较，并通过激活函数的处理，从而产生输出。

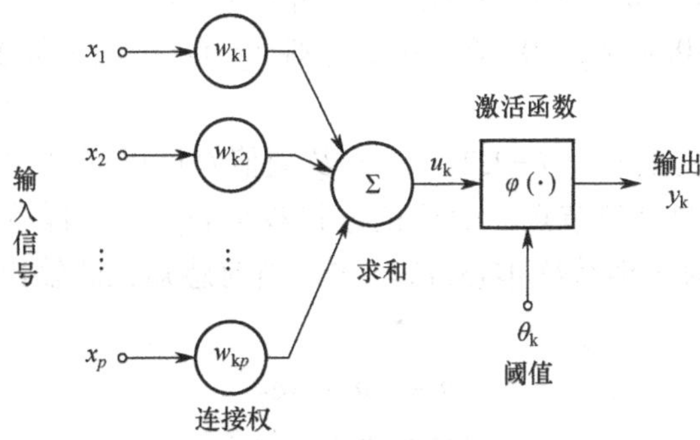

图 5-11　M-P 神经元模型

典型的激活函数有阶跃函数和 Sigmoid 函数，如图 5-12 所示。

阶跃函数为

$$\mathrm{sgn}(x)=\begin{cases}1, & x\geqslant 0\\ 0, & x<0\end{cases} \tag{5-28}$$

Sigmoid 函数为

$$\mathrm{Sigmoid}(x)=\frac{1}{1+\mathrm{e}^{-x}} \tag{5-29}$$

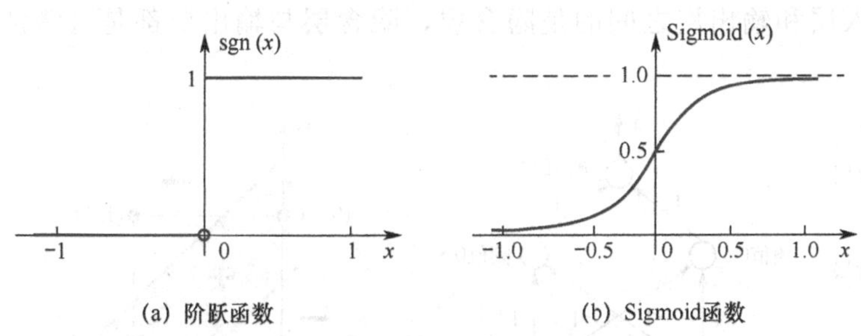

图 5-12　典型的激活函数

理想的激活函数是阶跃函数，它将输入值映射为输出值“0”或“1”。然而，阶跃函数具有不连续、不光滑等缺点，因此常将 Sigmoid 函数作为激活函数，它把可能在较大范围内变化的输入值压缩至(0,1)，因此又称“挤压函数”。

按一定的层次结构将多个这样的神经元连接起来，就得到了神经网络。

2. 感知机与多层网络

由两层神经元组成的感知机（Perceptron）如图 5-13 所示，输入层在接收外界输入信号后，将其传至输出层，输出层是 M-P 神经元。

y
输出层
w_1
w_2
输入层
x_1
x_2

图 5-13　由两层神经元组成的感知机

感知机易于实现逻辑与、或、非运算。注意到

$y = f\left(\sum_i \omega_i x_i - \theta\right)$，假设 f 是阶跃函数，有：

（1）“与”：令 $\omega_1 = \omega_2 = 1$，$\theta = 2$，则 $y = f(x_1 + x_2 - 2)$，当 $x_1 = x_2 = 1$ 时，$y = 1$。

（2）“或”：令 $\omega_1 = \omega_2 = 1$，$\theta = 0.5$，则 $y = f(x_1 + x_2 - 0.5)$，当 $x_1 = 1$ 或 $x_2 = 1$ 时，$y = 1$。

（3）“非”：令 $\omega_1 = -0.6$，$\omega_2 = 0$，$\theta = -0.5$，则 $y = f(-0.6x_1 + 0.5)$，当 $x_1 = 1$ 时，$y = 0$；当 $x_1 = 0$ 时，$y = 1$。

给定训练数据集，权重 ω_i（$i = 1,2,\cdots,n$）及阈值 θ 可以通过学习得到。可以将阈值 θ 看作与固定输入为 -1.0 的“哑节点”对应的连接权重 ω_{n+1}，这样就可以将权重和阈值的学习统一为权重的学习。对于训练样本 (x, y)，如果当前感知机的输出为 $\hat{y}$，则感知机权重调整为

$$\omega_i \leftarrow \omega_i + \Delta\omega_i \tag{5-30}$$

$$\Delta\omega_i = \eta(y - \hat{y})x_i \tag{5-31}$$

式中，$\eta \in (0,1)$ 为学习率。由式（5-30）可知，如果感知机对训练样本预测正确，则感知机不发生变化，否则会根据错误的程度进行权重调整。

在感知机中，只有输出层神经元经过激活函数处理，即只有一层功能神经元，其学习能力非常有限。实际上，与或非问题都是线性可分问题。可以证明，如果两类模型是线性可分的，即存在一个线性超平面能将它们分开，则感知机的学习过程一定会收敛，从而可以求得适当的 ω；否则感知机学习过程会发生震荡，ω 难以稳定、难以求解。例如，感知机甚至不能解决异或这样简单的非线性可分问题。

要解决非线性可分问题，需要使用多层功能神经元。能解决异或问题的感知机如图 5-14 所示。位于输入层和输出层之间的是隐含层，隐含层与输出层都是有激活函数的功能神经元。

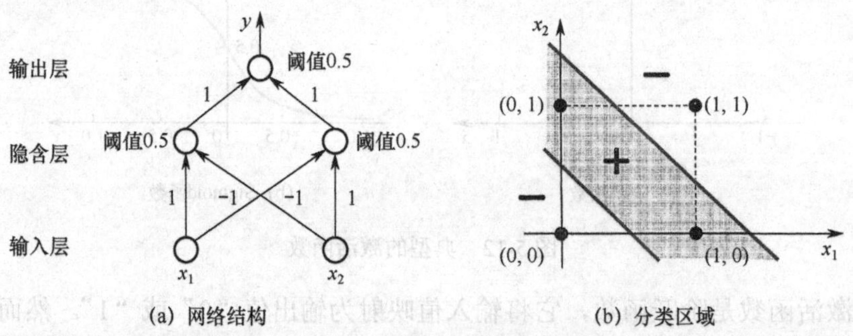

图 5-14　能解决异或问题的感知机

在层级结构中，每层神经元与下一层神经元完全互连，神经元之间不存在同层连接，也不存在跨层连接，这样的神经网络被称为“多层前馈神经网络”。其中输入层神经元接收外界输入，隐含层与输出层神经元对信号进行加工，最终结果由输出层神经元输出。前馈不是指网络中的信息不能向后传，而是网络中不存在环路或回路。神经网络根据训练数据学习神经元之间的连接权和每个功能神经元的阈值，即神经网络学到的东西含在连接权和阈值中。

3. 基于神经网络的智能检测

随着信息时代的到来，为了扩大通信网络的覆盖范围，通信基站数量迅速增加。为了节

约资源，大多数通信基站采用无人值守模式，但在这些通信基站中，各种电子设备需要处于一定的温湿度环境下，这样才能长期正常运行。一般通信基站的温湿度变化是非线性的，性能复杂，通常无法建立精确的数学模型。而神经网络具有非线性和学习能力，为解决此类问题提供了一种新的方法。

针对一般温湿度控制系统的大滞后、大惯性特点和通信基站能源浪费严重的现象，朱峰等构建了基于感知机神经网络的温湿度控制系统。通过训练由多个神经元组成的多层感知机神经网络，对温湿度信号进行分析，从而使空调、风机和换气扇在不同的环境条件下能够正常运行。经测试发现，该系统具有快速、稳定的控制效果，并达到了节能的目的。

智能温湿度控制系统的控制结构如图 5-15 所示，该系统通过温湿度传感器实时监控基站内的温度和湿度，并将检测到的信号与预先设定的正常值进行比较，对比较后的信号进行整定，再将其输入感知机神经网络。感知机神经网络按照预先设定的算法对输入信号进行处理，然后输出空调、风机、换气扇的状态量，对空调、风机和换气扇进行控制。

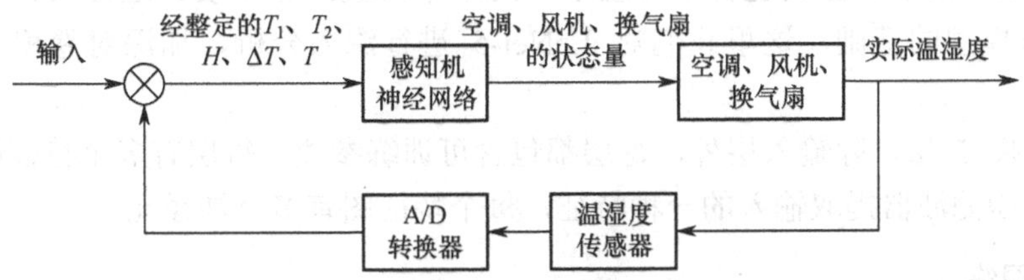

图 5-15　智能温湿度控制系统的控制结构

感知机神经网络是智能温湿度控制系统的核心，其具有较高的稳定性和精度，并具有较强的鲁棒性。利用温湿度传感器传回的实时数据，通过计算机实现实时监测和控制，在测试中取得了良好的控制效果，空调、风机和换气扇在不同的环境条件下配合使用，大大降低了通信基站的电能消耗，节省了大量资源。

5.2.3　基于深度学习的智能检测

深度学习（Deep Learning，DL）是机器学习（Machine Learning，ML）领域的一个新的研究方向，它被引入机器学习，使其更接近最初的目标——人工智能。

深度学习指学习样本数据的内在规律和表示层次，在学习过程中获得的信息对于解释文字、图像和声音等数据有很大帮助。它的最终目标是使机器能够像人一样具有分析和学习能力，能够识别文字、图像和声音等数据。深度学习在语音和图像识别方面取得的效果远超之前的相关技术。

深度学习在搜索技术、数据挖掘、机器学习、机器翻译、自然语言处理、多媒体学习、语音识别、推荐和个性化技术等领域取得了很多成果。深度学习使机器模仿视、听和思考等人类活动，解决了很多复杂的模式识别难题，使人工智能相关技术取得了很大进步。

1. LeNet

1998 年，Yann LeCun 用 BP 算法训练 LeNet-5，标志着卷积神经网络（CNN）的面世。LeNet-5 是一个较为简单的卷积神经网络。LeNet-5 结构如图 5-16 所示，输入的二维图像经过两个卷积层和两个池化层，再经过全连接层，最后到达输出层（使用 softmax 分类）。

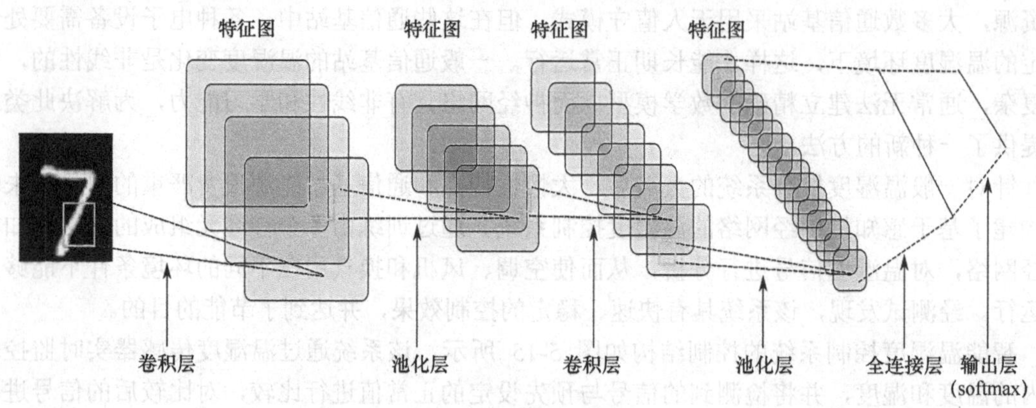

图 5-16　LeNet-5 结构

LeNet-5 虽然很小，但其包含了深度学习的基本模块：卷积层、池化层、全连接层，是其他深度学习模型的基础。这里我们对 LeNet-5 进行深入分析，加深对卷积层和池化层的理解。

LeNet-5 共 7 层，除输入层外，每层都包含可训练参数；每层有多个特征图，每个特征图通过一种卷积滤波器提取输入的一种特征，每个特征图有多个神经元。

2. VGG 网络

1）VGG 网络结构

VGG 网络适用于分类和定位任务，VGG 是牛津大学几何组（Visual Geometry Group）的缩写。根据卷积核的大小和卷积层数，VGG 网络有 6 种配置，分别为 A、A-LRN、B、C、D、E，其中 D 和 E 分别为 VGG16 和 VGG19，VGG 网络结构如图 5-17 所示。

- conv3-64：指经卷积后维度变为 64，类似地，conv3-128 指经卷积后维度变为 128。
- input（224 × 224RGB image）：指输入 224 × 244 的彩色图像，通道数为 3，即 224 × 224 × 3。
- maxpool：是指最大池化，在 VGG16 中，采用的是 2 × 2 的最大池化方法。
- FC-4096：指在全连接层中有 4096 个节点，类似地，FC-1000 指在全连接层中有 1000 个节点。
- padding：指在矩阵外部填充 *n* 圈，padding=1 即填充 1 圈，5 × 5 的矩阵填充 1 圈后变成 7 × 7 的矩阵。
- 需要补充的是，VGG16 每层卷积的滑动步长 stride=1，padding=1，卷积核大小为 3 × 3。stride 指卷积核在图像上移动的步长，步长直接影响卷积操作的结果和特征图的尺寸。

从图 5-17 中可以看出，VGG 由 5 个卷积层、3 个全连接层、softmax 输出层构成，它们之间由 maxpool 分开，所有隐含层的激活单元都采用 ReLU 函数。具体信息如下。

- VGG16 流程为：卷积—卷积—池化—卷积—卷积—池化—卷积—卷积—卷积—池化—卷积—卷积—卷积—池化—卷积—卷积—卷积—池化—全连接—全连接—全连接—输出。

ConvNet Configuration					
A	A-LRN	B	C	D	E
11 weight layers	11 weight layers	13 weight layers	16 weight layers	16 weight layers	19 weight layers
input					
conv3-64	conv3-64 LRN	conv3-64 conv3-64	conv3-64 conv3-64	conv3-64 conv3-64	conv3-64 conv3-64
maxpool					
conv3-128	conv3-128	conv3-128 conv3-128	conv3-128 conv3-128	conv3-128 conv3-128	conv3-128 conv3-128
maxpool					
conv3-256 conv3-256	conv3-256 conv3-256	conv3-256 conv3-256	conv3-256 conv3-256 conv1-256	conv3-256 conv3-256 conv3-256	conv3-256 conv3-256 conv3-256 conv3-256
maxpool					
conv3-512 conv3-512	conv3-512 conv3-512	conv3-512 conv3-512	conv3-512 conv3-512 conv1-512	conv3-512 conv3-512 conv3-512	conv3-512 conv3-512 conv3-512 conv3-512
maxpool					
conv3-512 conv3-512	conv3-512 conv3-512	conv3-512 conv3-512	conv3-512 conv3-512 conv1-512	conv3-512 conv3-512 conv3-512	conv3-512 conv3-512 conv3-512 conv3-512
maxpool					
FC-4096					
FC-4096					
FC-1000					
softmax					

图 5-17　VGG 网络结构

- VGG16 流程中的通道数分别为 64、128、256、512、512、4096、4096、1000。卷积层通道数翻倍，到 512 后不再增加。通道数的增加使更多的信息被提取出来。全连接层中的节点数 4096 是经验值，当然也可以是别的数，但是不能小于最后的类别数 1000。
- 将池化层作为分界，VGG16 共有 6 个块结构，每个块结构中的通道数相同。因为卷积层和全连接层都有权重系数，所以又称权重层，其中卷积层有 13 层，全连接层有 3 层，池化层不涉及权重。因此，共有 13 + 3 = 16 层。
- 对于 VGG16 而言，13 层卷积层和 5 层池化层负责进行特征提取，3 层全连接层负责完成分类任务。

2）VGG16 的卷积核

VGG 使用多个卷积核较小（3 × 3）的卷积层代替一个卷积核较大的卷积层，一方面可以减少参数，另一方面相当于增加了非线性映射，可以提高网络的拟合与表达能力。

在卷积层中，全部为 3 × 3 的卷积核，用图 5-17 中 conv3-x 表示，x 表示通道数。其步长为 1，用 padding = same 填充。

池化层的池化核大小为 2×2。

3）卷积计算

VGG 卷积计算过程如图 5-18 所示。

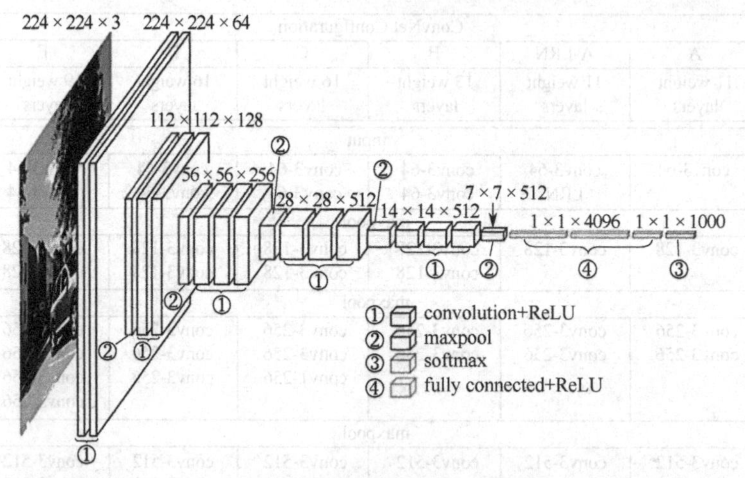

图 5-18 VGG 卷积计算过程

具体过程如下。

（1）输入图像尺寸为 224 × 224 × 3，经过 64 个通道数为 3 的 3 × 3 的卷积核，步长为 1，用 padding = same 填充，卷积两次，再由 ReLU 激活，输出的尺寸为 224 × 224 × 64。

（2）经 maxpool，滤波器尺寸为 2 × 2，步长为 2，图像尺寸减半，池化后的尺寸变为 112 × 112 × 64。

（3）经 128 个 3 × 3 的卷积核，卷积两次，再经 ReLU 激活，尺寸变为 112 × 112 × 128。

（4）经 maxpool，尺寸变为 56 × 56 × 128。

（5）经 256 个 3 × 3 的卷积核，卷积三次，再经 ReLU 激活，尺寸变为 56 × 56 × 256。

（6）经 maxpool，尺寸变为 28 × 28 × 256。

（7）经 512 个 3 × 3 的卷积核，卷积三次，再经 ReLU 激活，尺寸变为 28 × 28 × 512。

（8）经 maxpool，尺寸变为 14 × 14 × 512。

（9）经 512 个 3 × 3 的卷积核，卷积三次，再经 ReLU，尺寸变为 14 × 14 × 512。

（10）经 maxpool，尺寸变为 7 × 7 × 512。

（11）Flatten 函数将数据拉平，变为一维数据。

（12）经两层 1 × 1 × 4096、一层 1 × 1 × 1000 的全连接层（共三层），经 ReLU 激活。

（13）通过 softmax 输出 1000 个预测结果。

可以看出，VGG 网络结构还是比较简洁的，由小卷积核、小池化核、ReLU 组合而成。

4）权重参数（不考虑偏置）

（1）输入层有 0 个参数，所需存储容量为 $224 \times 224 \times 3 \approx 1.5 \times 10^5$。

（2）对于第一层卷积，由于输入图像的通道数为 3，所以网络中必须有通道数为 3 的卷积核，这样的卷积核有 64 个，因此共有 $3 \times 3 \times 3 \times 64 = 1728$ 个参数。所需存储容量为 $224 \times 224 \times 64=3.2 \times 10^6$，计算量为：输入图像 224 × 224 × 3，输出 224 × 224 × 64，卷积核大小为 3 × 3。因此，$\text{Times} = 224 \times 224 \times 3 \times 3 \times 3 \times 64 \approx 8.7 \times 10^7$。

（3）池化层有 0 个参数，所需存储容量为图像尺寸 × 图像尺寸 × 通道数。

（4）全连接层的权重参数数量为：前一层的节点数 × 本层的节点数。因此，全连接层的参数分别为：7 × 7 × 512 × 4096 = 102760448；4096 × 4096 = 16777216；4096 × 1000 = 4096000。按上述步骤计算的 VGG16 所占的存储容量为 96MB。

VGG16 有大量参数，可知它有很强的拟合能力，但缺点也很明显，如训练时间长，调参难度大，需要的存储容量大，不利于部署等。

综上所述，VGG16 的性能较好，只需要 3 × 3 的卷积核与 2 × 2 的池化核；通过增加深度能有效提升性能；卷积可代替全连接，可适应各种尺寸的图像。

3. ResNet

2015 年，何凯明等提出了残差网络 ResNet（Residual Networks），其具有以下特点。

- 具有超深的网络结构（超过 1000 层）。
- 具有残差（Residual）结构。
- 使用批标准化（Batch Normalization，BN）处理加速训练（丢弃了 Dropout 层）。

1）为什么采用残差模块？

在 ResNet 被提出之前，所有的神经网络都是由卷积层和池化层组成的。人们认为，卷积层和池化层越多，获取的图像特征信息就越全，学习效果也越好。但是在实验中发现，随着卷积层和池化层数量的增加，不仅没有出现学习效果更好的情况，还出现了以下两个问题。

（1）梯度消失和梯度爆炸问题。

梯度消失：如果每层的误差梯度小于 1，则在反向传播时，网络越深，梯度越接近 0。

梯度爆炸：如果每层的误差梯度大于 1，则在反向传播时，网络越深，梯度越大。

（2）退化问题。

随着卷积层和池化层数量的增加，预测效果越来越差。退化问题如图 5-19 所示。

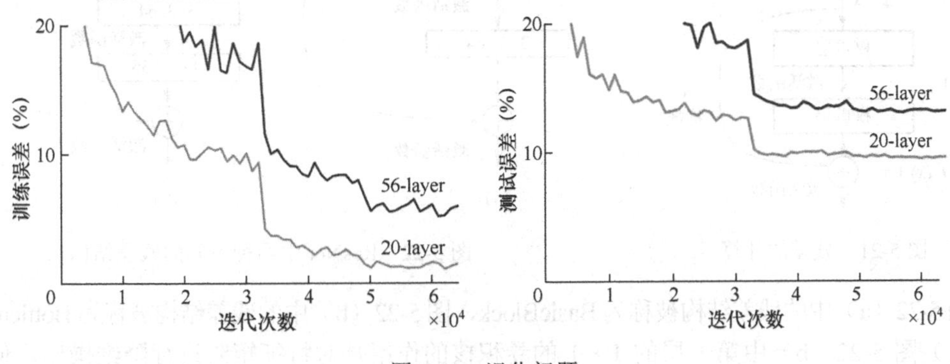

图 5-19　退化问题

可以通过进行数据预处理及在网络中使用 BN（Batch Normalization）层来解决梯度消失和梯度爆炸问题。

为了解决深层网络中的退化问题，可以人为地使神经网络中的某些层跳过下一层神经元，隔层相连，弱化层间的强联系。这种神经网络被称为残差网络（ResNet）。ResNet 中的 Residual 结构（残差结构）可以减轻退化问题，具有残差结构的 ResNet 的预测效果如图 5-20 所示，可以看到随着卷积层和池化层数量的增加，效果没有变差，而是变好了。图 5-20 中的虚线表示训练误差，实线表示测试误差。

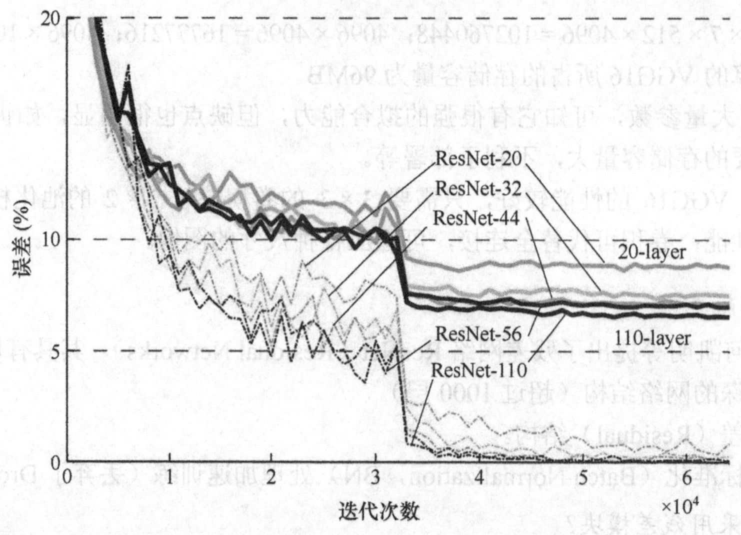

图 5-20　具有残差结构的 ResNet 的预测效果

2）残差结构

残差结构使用了一种 shortcut 的连接方式，也可以理解为捷径。使特征矩阵隔层相加，相加指将特征矩阵相同位置上的数字相加。残差的计算如图 5-21 所示。

ResNet 中两种不同的残差结构如图 5-22 所示。

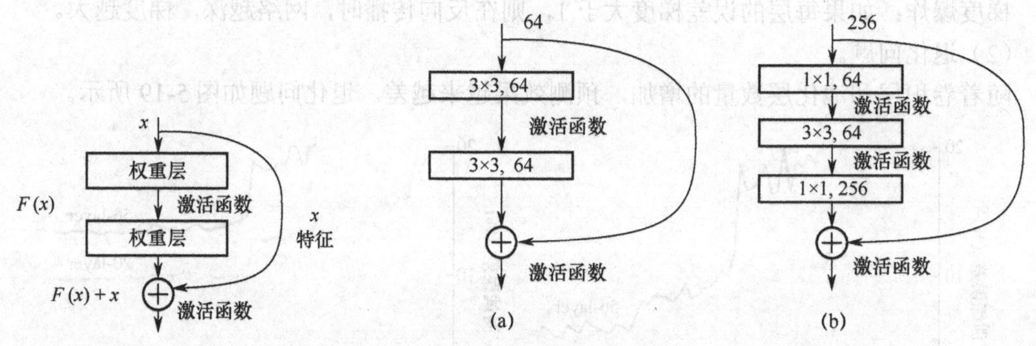

图 5-21　残差的计算　　　　图 5-22　ResNet 中两种不同的残差结构

图 5-22（a）中的残差结构被称为 BasicBlock，图 5-22（b）中的残差结构被称为 Bottleneck。

（1）图 5-22（b）中第一层的 1 × 1 的卷积核的作用是对特征矩阵进行降维操作，使特征矩阵的深度由 256 降为 64；第三层的 1 × 1 的卷积核的作用是对特征矩阵进行升维操作，使特征矩阵的深度由 64 升为 256。降低特征矩阵的深度主要是为了减少参数。如果采用 BasicBlock，参数应该有 256 × 256 × 3 × 3 × 2 = 1179648 个；如果采用 Bottleneck，参数应该有 1 × 1 × 256 × 64+3 × 3 × 64 × 64+1 × 1 × 256 × 64 = 69632 个。

（2）先降后升是为了使主分支上输出的特征矩阵和捷径分支上输出的特征矩阵形式相同，以便进行加法操作。需要注意的是，在搭建深层网络时需要采用图 5-22（b）中的残差结构。

课程思政——【风云人物】

ResNet 是计算机视觉领域的流行架构，由人工智能科学家何恺明与他的同事开发，被广泛应用于机器翻译、语音合成、语音识别等领域，谷歌著名的人工智能机器人 AlphaGo 就基于 ResNet。

提到何恺明，很多学术界的人都将其视为“天才型”人物。从“高考满分状元”，到 CVPR 最佳论文奖首位华人得主，再到提出震惊学术界的“深度残差网络”，这位“80 后”青年才俊有着诸多传奇故事。2011 年，何恺明博士毕业于香港中文大学多媒体实验室，研究生导师为汤晓鸥。博士毕业后，何恺明正式加入微软亚洲研究院工作。2015 年，何恺明和他的团队在 ImageNet 图像识别大赛中凭借 152 层深度残差网络 ResNet-152，击败谷歌、英特尔、高通等团队，荣获第一。2016 年 8 月，何恺明离开微软亚洲研究院，加入 Facebook AI Research（FAIR），担任研究科学家。2022 年，何恺明入选 AI 2000 人工智能全球最具影响力学者榜单，综合排名第一。

4. 基于深度学习的智能检测

为了从图像或视频中精确识别人的肢体位置并估计动作，人体姿态估计成为计算机视觉领域的研究重点，在虚拟现实、自动驾驶及目前热门的元宇宙领域有广泛应用。

AlphaPose 是一种具有高识别精度的多人姿态估计方法，它基于上海交通大学卢策吾团队的区域多人姿态估计（RMPE）算法，提供了在线姿态跟踪器——PoseFlow，目的是匹配一个人在不同图像帧中的对应姿态。

RMPE 算法对输入图像中的多人姿态进行检测的步骤如下：首先，对输入图像进行多人目标检测；其次，将检测到的人体目标区域裁剪下来，通过仿射变换，将人体目标区域转换为固定大小的图像；再次，使用基于 SPPE 叠加沙漏模型的单人姿态估计网络，用基于热图的关键点回归方法，检测人体目标区域中的人体关键点坐标；最后，通过仿射变换的逆变换，将检测到的人体关键点坐标还原为输入图像的坐标。

RMPE 算法由 3 个部分组成：对称空间转换网络（SSTN）、参数化姿态非极大值抑制（NMS）和姿态引导建议生成器（PGPG），PMPE 算法框架如图 5-23 所示。首先，利用空间转换网络（STN）从不准确的人体边界框中提取高质量的、有利于识别的人体区域，并对其进行单人人体姿态估计；其次，根据提取出来的单人人体区域进行单人人体姿态估计（SPPE）；最后，空间逆转换网络（SDTN）将所估计的人体姿态映射到原图上，获得原图上的人体姿态坐标，引入平行 SPPE 分支的目的是对网络进行优化。引入 NMS 的目的是解决冗余检测的问题，NMS 通过使用新的姿态距离指标来比较姿态的相似性，利用所估计的关键点坐标消除冗余的姿态估计。PGPG 是用于增加训练样本的，通过学习不同姿态下人体探测器的输出分布，我们可以模拟人体边界框的生成，从而产生大量的训练数据。

AlphaPose 基于 PyTorch 框架，由于 PyTorch 具有很强的灵活性，所以 AlphaPose 对用户非常友好，安装和使用十分简单，便于用户对其进行二次开发。此外，AlphaPose 系统支持输入图像、视频，并支持摄像头输入，能够实时在线估计多人姿态。

与 AlphaPose 对应，OpenPose 人体姿态识别项目是美国卡内基梅隆大学（CMU）基于卷积神经网络和监督学习并以 caffe 为框架开发的开源库。可以实现对人体动作、面部表情、手指运动等姿态的估计。适用于单人和多人，具有很强的鲁棒性，是世界上首个基于深度学习的实时多人二维姿态估计应用，是第一个在单一图像上联合检测人体、手、面部和脚部关键点（共 135 个关键点）的实时系统。

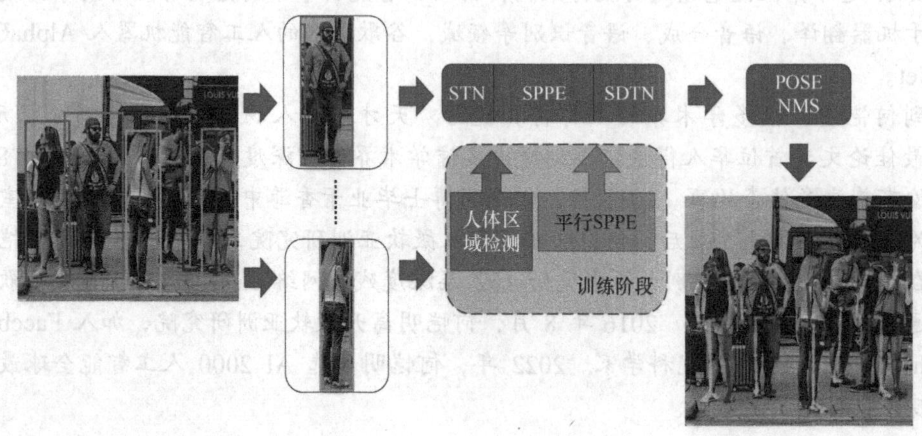

图 5-23　RMPE 算法框架

OpenPose 的第 1 个亮点是 PAF（Part Affinity Fields）。人体姿态估计惯用的是自顶向下的方法，如 AlphaPose，它先检测行人，再将检测到的行人从画面中分割出来，然后基于每个行人找出其身体上的关键点。自顶向下的方法严重依赖第一步中检测行人的结果，即人体检测器的精度，如果未能成功找出行人，就无法完成后续操作。PAF 正是为了解决该问题而提出的，它负责在图像域编码表示四肢位置和方向的 2D 矢量，同时用 CMP 标记每个关键点的置信度（热图）。第 2 个亮点是 OpenPose 的数据集规模很大，这使其具有很高的鲁棒性，对模糊、亮度不足的输入图像的包容性更高。

OpenPose 网络结构如图 5-24 所示。该网络先由主干网络 VGG19 提取图像特征，再进入 stage 模块，分成两个分支，一个生成 PCM，另一个生成 PAF。使用多个 stage 的原因是关键点之间有相互的语义信息，前面的 stage 检测一些简单的关键点，后面的 stage 根据前面

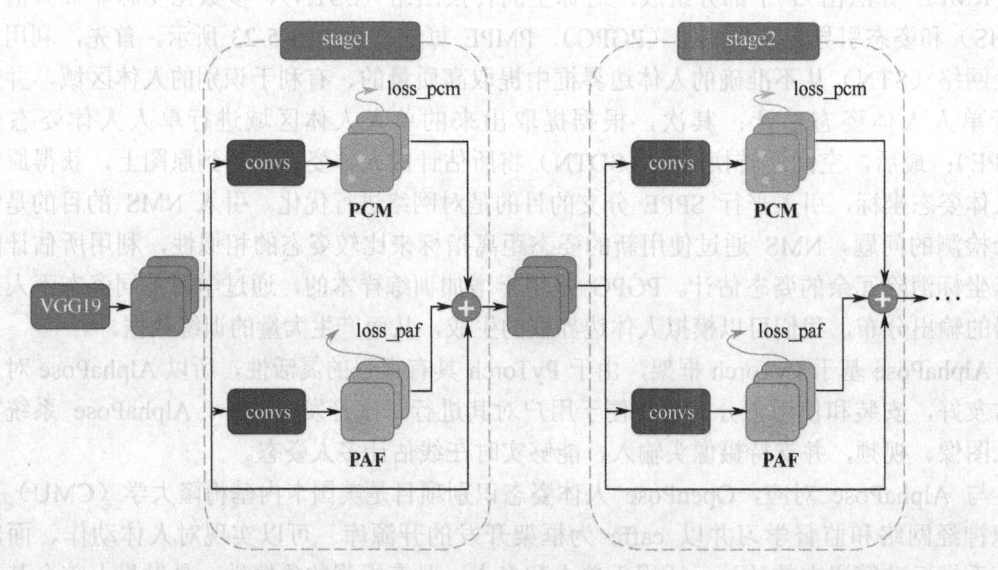

图 5-24　OpenPose 网络结构

检测的关键点检测一些复杂的关键点，这是一个渐进优化的过程。例如，在 stage1 中，可能只检测出了眼睛，但是没有检测出鼻子，在 stage2 中，由于输入中带有 satge1 的输出，所以 stage2 更有可能根据眼睛推测出鼻子的位置，因此后面的 stage 可以利用前面 stage 提取的信息，进一步优化检测结果，对于一些较难检测的关键点很有作用，能够在很大程度上提高检测精度。

OpenPose 明显存在两个问题，一是计算量较大，且为了实现实时目的采取高并行策略，导致运行时的显存消耗很大；二是在人体表现出非常规姿态（如倒地蜷曲等），以及图像分辨率低、运动模糊等特殊情况下，OpenPose 的检测效果较差。

5.3　智能检测系统领域的前沿技术

目前，智能检测系统领域较为前沿的技术有传感器网络、MEMS 传感器和微能源技术等。传感器网络是由许多在空间上分布的自动装置组成的计算机网络，这些装置使用传感器监控不同位置的物理或环境状况；MEMS 传感器是集成了微传感器、微执行器、微机械结构、微电源等模块的微型器件或系统；微能源技术是用于对低功耗硅基电子元件等进行供能的能量采集与存储技术。

5.3.1　传感器网络

随着微机电系统、集成电路等技术的发展和成熟，低成本、低功耗微传感器的大量生产成为可能，信息获取技术也从单一化逐渐向集成化、微型化和网络化方向发展。

传感器网络是由大量分布式传感器节点组成的面向任务的自组织网络，其目的是协作地感知、采集、处理和传输位于网络覆盖区域内的感知对象的监测信息。传感器网络技术涉及微机电系统、微电子、片上系统、纳米材料、传感器、无线通信、计算机网络、分布式信息处理等，其应用前景十分广阔，能够应用于军事、环境监测、医疗健康、交通及商业等领域。

在智能检测系统领域，传感器网络也具有重要地位。通过传感器网络，智能检测系统能够实现对监测区域内各项参数的快速、准确采集和分析，以判断目标是否存在或异常情况是否发生，并及时报警处理。随着传感器网络的不断发展，检测系统的智能化水平也逐渐提高。

1. 传感器的网络化

传感器网络是由一定数量的传感器节点通过某种有线或无线通信协议联结而成的测控系统。这些节点由传感、数据处理和通信等功能模块构成，位于被测对象内部或附近，通常尺寸很小，具有低成本、低功耗、多功能等特点。

第一代传感器网络是由传统传感器组成的点到点输出的测控系统。它采用二线制 4～20mA 电流、1～5V 电压，在当前的工业测控领域有广泛应用。其特点是布线复杂、抗干扰性差。

第二代传感器网络是基于智能传感器的测控网络，微处理器的发展及其与传感器的结合使传感器有了计算能力。随着节点智能化水平的不断提升及现场采集信息量的不断增加，传统的模拟通信方式成为传感器网络发展的瓶颈。随着数字通信标准 RS-232、RS-422、RS-485 的推出与广泛应用，许多新的传感器网络系统应运而生。

第三代传感器网络是基于现场总线（Field Bus）的智能传感器网络。现场总线是连接现场智能设备与控制室的开放的、双向的全数字式通信网络。基于现场总线的智能传感器的广泛应用，使智能传感器网络进入局部测控网络阶段，由此产生了分布式智能的概念。它可通过网关和路由器实现与 Internet 或 Intranet 的连接。

第四代传感器网络即目前引起广泛关注的无线传感器网络（Wind Sensor Network，WSN）。无线传感器网络由一组传感器以自组织方式构成，其应用从军事领域扩展到工业与社会生活的各领域。美国《商业周刊》将无线传感器网络列为 21 世纪最有影响的 21 项技术之一，《MIT 技术评论》将其列为未来改变世界的十大新兴技术之首。

与前三代传感器网络相比，第四代传感器网络强调的是无线通信、分布式数据检测与处理，其优势如下。

（1）成本低。省去了导线的安装和校准工作，减少了经费投入。虽然传感器的使用量很大，但每个传感器的价格很便宜，所以无线传感器网络的设备成本远低于传统的传感器网络。

（2）易于部署和维护。可将无线传感器置于远离监测中心站甚至有一定危险性的位置，可在长期无人干预的情况下自主工作，大大降低了使用和维护成本。

（3）容错性和鲁棒性强。无线传感器网络包含大量传感器节点，增强了系统的容错性；无线传感器网络集成了多种传感器，进行分布式检测，其检测效果优于使用单个传感器的情况。

（4）实现协同计算。传感器节点局部进行协同计算，只传输与用户需求有关的数据和部分处理过的数据，减少了数据传输量，并且多个传感器的数据融合提高了测量的准确性。

2. 无线传感器网络体系

无线传感器网络涉及许多学科，是目前信息技术领域的研究热点之一。综合多种表述，可以给出以下定义：无线传感器网络是由大量密集布设在监控区域的、具有通信与计算能力的微小传感器节点以无线方式连接构成的自治测控网络系统。

无线传感器网络的发展可以追溯到 1978 年在美国卡内基梅隆大学成立的分布式传感器网络工作组（Distributed Sensor Nets Workshop）。为满足军事防御系统的需求，该工作组开始对传感器网络的通信与计算的权衡问题进行研究，包括传感器网络在普适计算（Ubiquitous Computing）环境下的应用。

无线传感器网络的出现引起了全球范围内的广泛关注，各国的科研机构和科技人员对无线传感器网络的研究投入了极大的热情。无线传感器网络被认为是继 Internet 后对 21 世纪人类生活产生重大影响的 IT 热点技术。目前，关于无线传感器网络的研究工作正在节点、操作系统、通信协议、支撑技术和应用技术等层面展开。

无线传感器网络体系包括传感器节点、网络结构、网络协议栈 3 个部分。

1）传感器节点

随着微机电系统技术的发展和成熟，传感器节点已经可以做得非常小了，微型传感器节点又称智能尘埃。每个微型传感器节点都集成了数据处理、通信和电源模块，可以对原始数据进行一些简单的计算处理并发送出去。单一节点的能力是微不足道的，但成百上千个节点却能带来强大的规模效应：大量节点通过先进的网状联网方式灵活紧密地部署在被测对象的内部或周围，把感知的触角延伸到物理世界的每个角落。

一个典型的无线传感器节点由 4 个基本模块组成：传感器模块、处理器模块、无线通信模块和电源模块，如图 5-25 所示。在一些应用场合，无线传感器节点可能还包含一些附加模块，如定位系统、连续供电系统、移动基座等。传感器模块包含传感器和 AC/DC，处理器模块包含微控制器单元（Micro Controller Unit，MCU）和存储器。由于有的 MCU 内部集成了 AC/DC，所以在这种情况下也可以将 AC/DC 划入处理器模块。现场采集的原始信息经过 AC/DC 转换后被送入处理器模块，再通过无线通信模块发送到指定地点。电源模块一般采用碱性电池、锂电池或镍氢电池等，为了在执行比较耗能的任务时能够保证持续的电力供应，也可以采用太阳能电池。

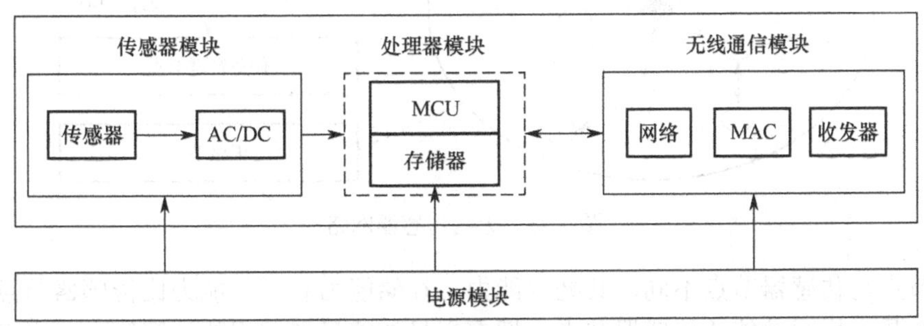

图 5-25　典型的无线传感器节点

在利用传感器节点实现各种具体的网络协议和应用系统时，存在以下限制。

（1）电源能力受限。传感器节点体积受限，因此携带的电池体积也受限，传感器节点多，要求成本低；传感器节点分布区域复杂，往往是人不可到达的区域，因此不能通过更换电池的方法来补充能量。

（2）通信能力受限。无线通信的能量消耗随着通信距离的延长而急剧增加，由于传感器节点能量受限，所以在满足通信连通度的前提下应尽量缩短单跳通信距离。

（3）处理能力受限。传感器节点是一种微型嵌入式设备，要求价格便宜、功耗小，因此，一般来说其携带处理器的能力较弱，存储器容量较小。为了完成各种任务，传感器节点需要完成监测数据采集、处理和传输等工作，如何利用有限的计算和存储资源完成任务成为传感器网络设计的挑战。

2）网络结构

无线传感器网络通常由传感器节点、汇聚节点（基站）和任务管理节点等组成，如图 5-26 所示。大量传感器节点随机部署在目标区域内部或附近，通过自组织方式构成网络。传感器节点之间、基站与传感器节点之间进行无线通信。传感器节点检测到的数据根据一定的路由协议沿其他传感器节点传输，在传输过程中可以对检测到的数据进行处理，数据经多跳传输后到达汇聚节点。汇聚节点负责传感器网络与 Internet 等外部网络的连接，经汇聚节点处理后，传感器节点检测到的数据可通过 Internet 或移动卫星通信网到达任务管理节点。另外，用户可以通过任务管理节点对整个无线传感器网络进行配置和管理并发布监测任务。

传感器节点通常是一个微型嵌入式系统，其处理能力、存储能力和通信能力相对较弱，由于仅靠电池供电，所以其能量受限。网络中的传感器节点除进行信息收集和数据处理外，还要对其他节点转发来的数据进行存储、管理和融合等处理。此外，为完成一些特定任务，通常还需要实现多节点协作。因此，从网络功能来看，每个传感器节点都具有传统网络节点终端和路由双重功能。目前，传感器节点的软硬件技术是传感器网络研究的重点。

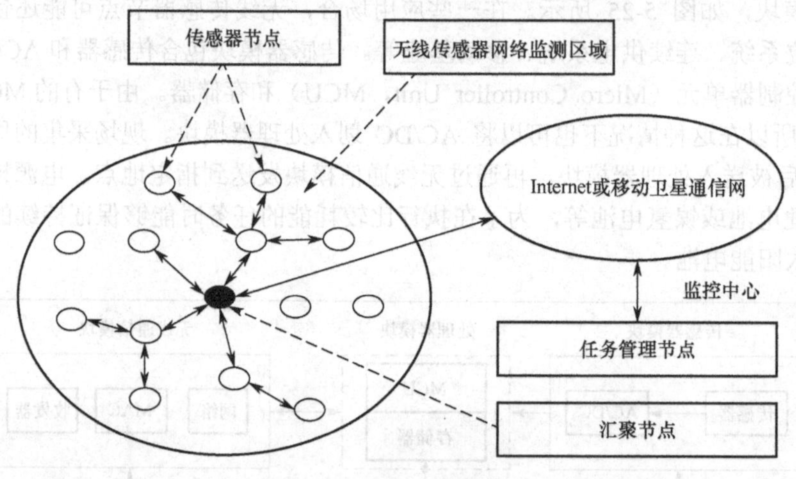

图 5-26　无线传感器网络

汇聚节点与传感器节点不同，其处理能力、存储能力和通信能力比传感器节点强，它既可以是一个具有增强功能的传感器节点，拥有充足的能量和较强的计算能力，也可以是没有监测功能、仅有无线接口的特殊网关设备。

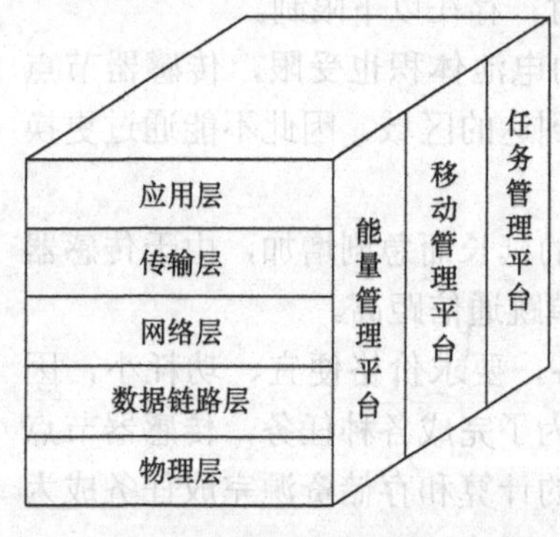

图 5-27　无线传感器网络协议栈

3）网络协议栈

无线传感器网络协议栈如图 5-27 所示，其包含物理层、数据链路层、网络层、传输层和应用层。

（1）物理层负责数据的调制、发送与接收，为无线传感器网络提供简单可靠的信号调制和无线收发技术。

（2）数据链路层负责数据成帧、帧监测介质访问和差错控制，其主要功能是在相互竞争的用户之间分配信道资源。

（3）网络层负责路由生成和路由选择，通过合适的路由协议寻找源节点到目的节点的优化路径，并沿该优化路径以多跳方式对监测数据进行转发。

（4）传输层的主要功能是进行数据流的传输控制。

（5）应用层包括一系列基于监测任务的应用层软件。

另外，网络协议栈还包括能量管理平台、移动管理平台和任务管理平台。

（1）能量管理平台负责管理节点对能量的使用。例如，控制开机和关机，调节节点的发送功率，决定是否转发数据和参与路由计算等。

（2）移动管理平台负责跟踪节点的移动，并通过相邻节点来平衡功率和任务。

（3）任务管理平台负责为给定区域内的所有传感器节点合理地分配任务。对任务的分配基于节点的能力和位置，使节点能够高效工作。

3. 无线传感器网络的特点

一些偏僻地区或战场环境未覆盖蜂窝网络，某些特殊的地理环境无法接收蜂窝网络信号，以及在停电、发生自然灾害等紧急情况下，蜂窝网络可能会停止工作，此时，人们需要一种无须预先建网、不需要假设预定设施的及时且灵活的通信网络。

为了适应这种需求，无线自组网应运而生。无线自组网是由几十个到上百个节点组成的采用无线通信方式的动态组网的多跳移动性对等网络，其目的是通过动态路由和移动管理技术传输具有服务质量要求的多媒体信息流。

无线传感器网络与无线自组网有相似之处，但也存在很大区别，无线传感器网络与无线自组网的区别如表 5-2 所示。无线自组网是为多种应用设计的通用平台，它通过动态路由和移动管理技术传输具有服务质量要求的多媒体信息流，通常不限制节点能量。而无线传感器网络是以数据为中心的具有监测、控制及无线通信功能的网络系统，其节点非常多，分布密度很高；环境干扰和节点能量耗尽会导致网络拓扑结构发生变化；传感器节点具有的能量、处理能力、存储能力和通信能力十分有限。因此，无线传感器网络首先考虑的问题是如何保证能源利用的有效性，而传统无线网络首先考虑的问题是如何提高服务质量和高效利用带宽，其次才是节约能量。

表 5-2　无线传感器网络与无线自组网的区别

对　比　项	无线传感器网络	无线自组网
网络目标	以数据为中心	以地址为中心
网络规模	很大（有上万个节点）	较大（有上百个节点）
节点能量	电量严格受限（由电池供电）	电量不严格受限
存储和计算能力	严格受限（128K flash+8K RAM MCU）	不受限（ARM DSP）
带宽	每秒几十千字节到每秒几百千字节	每秒几十兆字节以上
设计目标	节能	QoS 保证
成本	低于 1 美元/节点	较高

4. 多传感器信息融合

多传感器信息融合是获取、表示多种信息及对其内在联系进行综合处理和优化的技术，20 世纪 70 年代初期，出现了信息融合的概念，其源于军事领域的 C3I（Command、Control、Communication and Intelligence）系统的需要，当时称为多源相关、多传感器混合信息融合。

多传感器信息融合指利用计算机技术对来自多传感器的信息和数据进行智能化处理，从而获得全面、准确和可信的结论。多传感器信息融合过程如图 5-28 所示，其中，多传感器的功能是实现信号检测，它将获得的非电信号转换为电信号，再通过 A/D 转换得到能被计算机处理的数字量，数据预处理可以滤除数据采集过程中的干扰和噪声，融合中心以适合的方法对各类数据进行特征（被测对象的相关物理量）提取和融合计算，最后输出结果。

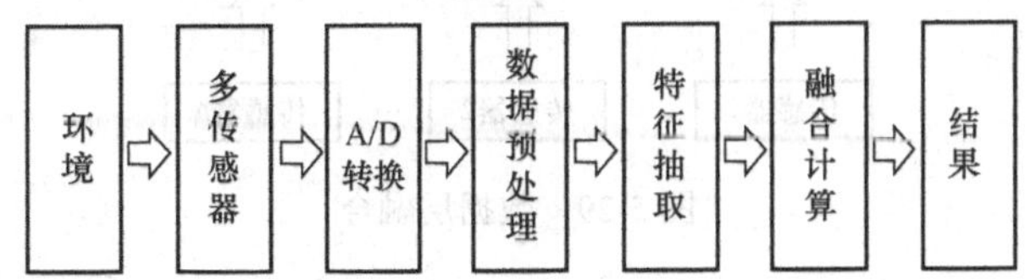

图 5-28　多传感器信息融合过程

1）多传感器信息融合的必要性

多传感器信息融合已成为日益受到重视的新研究方向。随着自动化技术在各领域的深入渗透，有效利用传感器提供的信息进行信号的综合处理，提高系统性能，满足系统完成各种复杂任务的需要，显得越来越重要。

（1）提高系统的容错性。

对于单一传感器系统来说，如果其中一个传感器出现问题，则整个系统都可能出错，无法正常工作。而在多传感器信息融合系统中，通过融合处理，可以排除出错传感器的影响，使系统依旧能正常工作，从而提高系统的可靠性和容错能力。

（2）提高系统的检测精度。

在单一传感器系统中，传感器从某个方面反映被测对象的信息，而在多传感器信息融合系统中，各传感器互补，能够有效、全面地获得被测对象的信息，可以减少不确定性认识，提高信息的利用率，并提高系统的检测精度。

（3）提高系统的实时性。

单一传感器系统很难保证输入信息的准确性和可靠性，这必然给系统对周围环境的理解及系统决策带来影响，而多传感器信息融合系统能在相同的时间内获得大量信息，可以提高系统的实时性。

（4）提高系统的经济性。

与单一传感器系统相比，多传感器信息融合系统能够在相同的时间内获得大量信息，降低了获得信息的成本，该特点在对实时性要求较高的系统中十分明显。

2）多传感器信息融合的层次模型

多传感器信息融合与经典信号处理方法之间存在本质区别，关键在于多传感器信息具有复杂形式，可以出现在不同的信息表征层次上。可以按照对原始数据的抽象化程度将信息表征层次分为数据层（像素层）、特征层和决策层（证据层）。

（1）数据层融合。

数据层融合如图 5-29 所示，先将所有传感器获取的数据进行融合，再从融合的数据中进行特征提取，并进行融合判定。这便要求传感器是同质的，即传感器观测的是同一个物理现象。如果传感器是异质的，则只能在特征层或决策层进行数据融合。

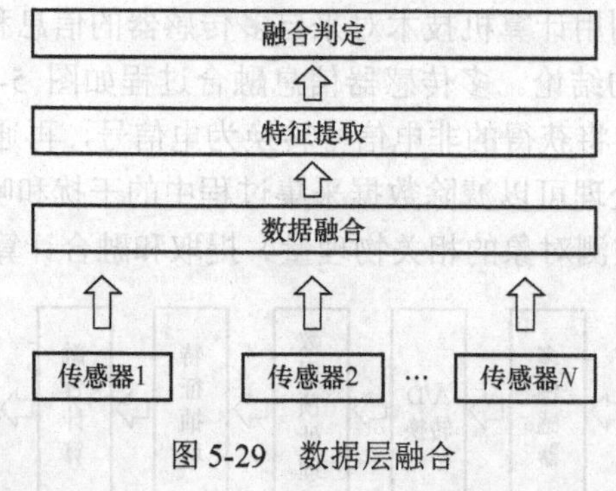

图 5-29　数据层融合

数据层融合的主要优点如下。

- 不存在数据丢失问题，能保留尽可能多的现场数据。
- 可以提供其他层次不能提供的细致信息，得到的结果是最准确的。

数据层融合的局限性如下。

- 处理的数据量大，处理代价高，实时性差，传感器原始信息存在不确定性、不完全性和不稳定性，这就要求数据层融合具有较高的纠错能力。

- 各传感器信息需要来自同质传感器。
- 数据通信量较大，抗干扰能力较差，对通信系统的要求较高。

数据层融合通常采用集中式融合体系，其常用的融合方法有经典的检测和估计方法等。数据层融合广泛应用于多源图像复合、图像分析与理解、同类雷达波形的直接合成等领域。

（2）特征层融合。

特征层融合如图 5-30 所示，先对来自传感器的原始信息进行特征提取，再进行特征融合和融合判定。

特征层融合的优点在于可实现可观的信息压缩，有利于实时处理，所提取的特征直接与决策分析有关，其融合结果能最大限度地给出决策分析所需要的特征信息。在许多期望对多源等同数据进行像素级组合的情况下，特征层融合常常是有效方法，但不同类型的传感器可测量的特征常常是不同的。特征层融合采用分布式或集中式融合体系。

（3）决策层融合。

决策层融合如图 5-31 所示，不同类型的传感器观测同一个目标，每个传感器在本地完成基本处理（包括预处理、特征提取、识别、判定等）并得出关于观察目标的初步结论，然后通过关联处理进行融合判定，得出联合推断结果。

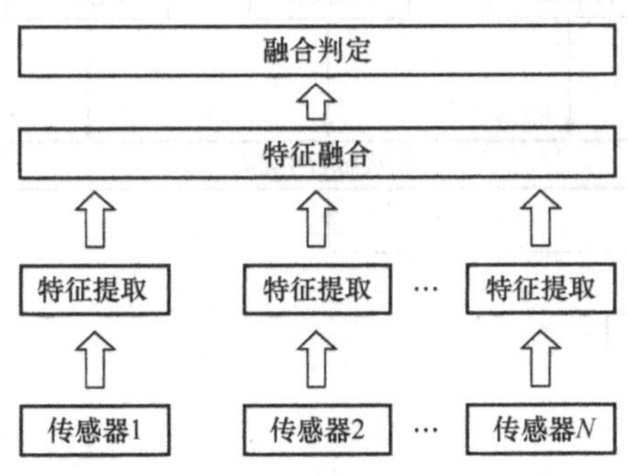

图 5-30　特征层融合

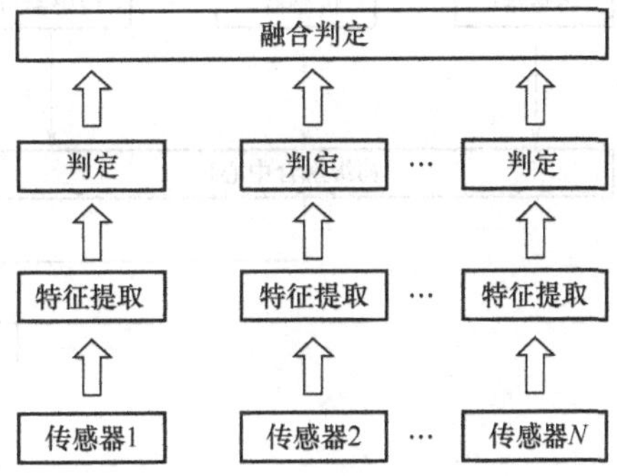

图 5-31　决策层融合

从理论上讲，决策层融合得出的联合推断结果比任何单一传感器系统的决策都精确。决策层采用的主要方法有贝叶斯推断、D-S 证据理论、模糊集合理论、基于知识的专家系统等。另外，决策层融合还采用一些启发式信息融合方法，以进行仿人融合判定。

决策层融合的主要优点如下。

- 灵活性较强，融合中心处理代价低，对信息传输带宽的要求较低。
- 容错性较强，当一个或多个传感器出现错误时，系统仍然能获得正确的结果。
- 适用性较强，传感器可以是同质的，也可以是异质的，因此能有效利用环境或目标的不同信息。

目前与信息融合有关的大量研究成果都是在决策层取得的，并构成了信息融合研究的热点。但由于环境和目标具有时变动态特性、先验知识获取困难、知识库具有巨量特性、面向对象的系统设计要求复杂等，因此决策层融合理论与技术的发展面临一定的阻碍。

3）多传感器信息融合的结构模型

多传感器信息融合的结构包括串行融合结构、并行融合结构与分散式融合结构等，分别

如图 5-32、图 5-33 和图 5-34 所示。

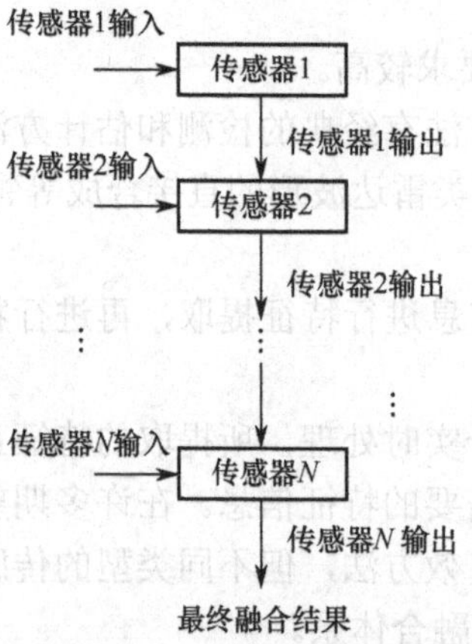

图 5-32　串行融合结构

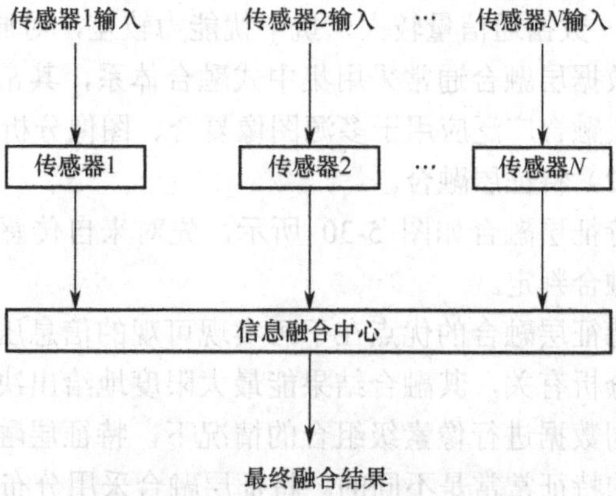

图 5-33　并行融合结构

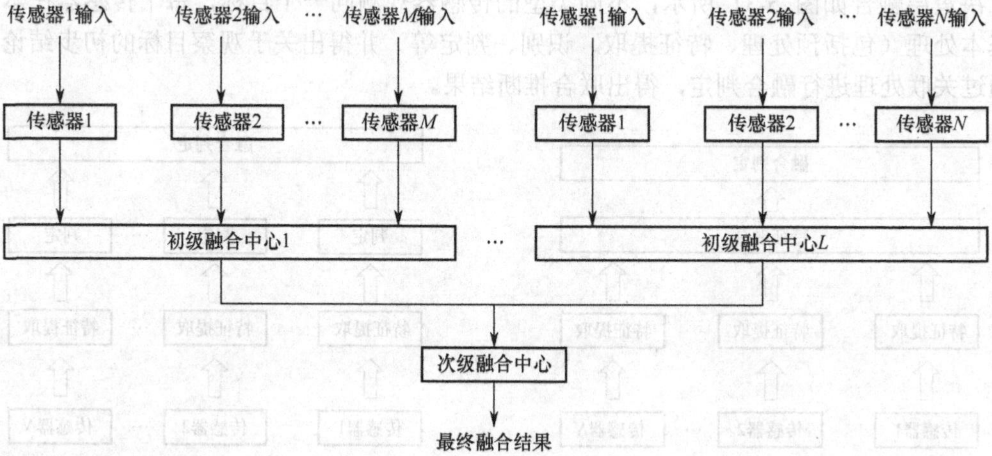

图 5-34　分散式融合结构

4）多传感器信息融合方法

可以将信息融合视为信息空间在一定条件下的非线性推理过程，即将多个传感器检测到的信息作为数据空间的信息 M，推理得到决策空间的信息 N。信息融合技术实现从 M 到 N 的推理，其实质是非线性映射 $f: M \rightarrow \mathrm{N}$。这个推理过程采用的信息表示和处理方法涉及通信、模式识别决策论、不确定性推理、信号处理、估计理论、最优化技术、计算机科学、人工智能和神经网络等。常见的多传感器信息融合方法如图 5-35 所示。

（1）基于认知的模型。

基于认知的模型尝试模拟和自动执行人脑分析的决策过程，包括逻辑模板法、基于知识的专家系统和模糊集合理论。

逻辑模板法利用预存储模式对观测数据进行匹配，以推断目标或评估态势。例如，可以用布尔关系比较实时模式和存储模式的对应参数，以完成推断和决策过程。20 世纪 70 年代中期，逻辑模板法开始应用于信息融合系统，主要用于时间探测或态势估计方面的信息融合，也用于单一目标的特征估计。

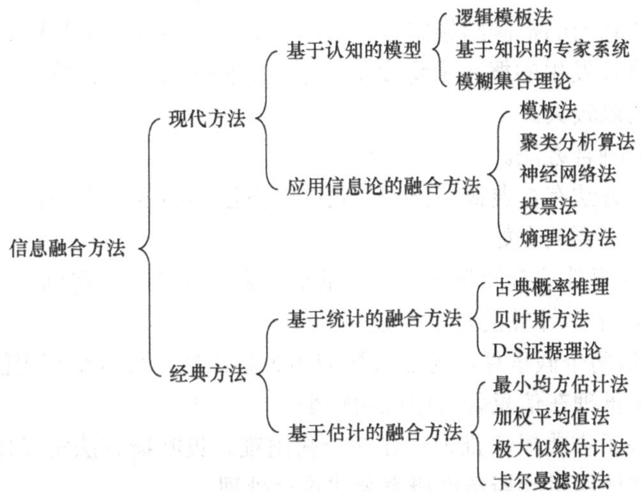

图 5-35　常见的多传感器信息融合方法

基于知识的专家系统通过寻找知识库，将论据、算法和规则应用于输入数据，以进行推理。基于知识的专家系统将已知的专家规则等相关知识合并，以自动执行目标确认过程。当推理信源不再有用时，仍可利用专家知识。基于计算机的专家系统通常包括知识库、全局数据库、推理机制与人机交互界面。系统的输出是为用户推荐的行为集合。专家系统能实现较高水平的推理，但由于专家系统依赖知识的表示，需要通过数字特点、符号特点和基于推理的特点来表示对象特征，灵活性很高，所以成功设计和开发一个用于信息融合的基于知识的专家系统是很困难的。

在多传感器信息融合中，模糊集合理论为每个推理算子赋予 0～1 的实数，以表示其在融合过程中的可信程度，该值被称为确定性因子；然后使用多值逻辑推理法，利用各算子对各命题（各传感器提供的信息）进行合并，从而实现信息融合。

（2）应用信息论的融合方法。

应用信息论的融合方法将自然分组与目标类型联系起来，用实体的相似性反映观测参数的相似性，不需要建立随机变量模型。

模板法通过对观测数据与先验模板进行匹配处理，来确定观测数据是否支持模板所表征的假设。在参数化模板中，在一定的时间内得到多传感器数据，并将多源信息和预挑选的条件进行匹配。模板法可用于时间检测、态势评估和单个目标确认。

聚类分析算法又称群分析算法，它是研究（样品或指标）分类问题的一种统计分析方法，也是数据挖掘的重要算法。聚类分析以相似性为基础，与不在一个聚类中的模式相比，在一个聚类中的模式往往具有更大的相似性。在古老的分类学中，人们主要依靠经验和专业知识进行分类，很少利用数学工具进行定量的分类。随着科技的发展，人们对分类的要求越来越高，仅凭经验和专业知识难以确切地进行分类，于是人们逐渐将数学工具引入分类学，形成了数值分类学，此后又将多元分析技术引入数值分类学，形成了聚类分析。

神经网络法通过非线性转换将输入矢量投影到网络输出端，产生输出矢量，该过程由人工神经元（能够模仿生物神经系统的功能）完成，使人工神经网络具有数据分类功能。虽然这种分类方法在某种程度上与聚类分析算法类似，但是当在输入数据中混有噪声时，神经网络法更佳。

投票法将多个传感器的检测结果结合，按照多数、大多数或决策树规则进行投票。

熵理论方法用事件发生的概率来量度事件中信息的重要性。经常出现的信息的熵较小，而很少出现的信息的熵较大。

（3）基于统计的融合方法。

基于统计的融合方法有古典概率推理、贝叶斯方法和 D-S 证据理论。

古典概率推理的主要缺点如下。

- 用于对物体或事件的观测量进行分类的概率密度函数难以得到。
- 在多变量情况下，计算的复杂度较高。
- 一次只能评估两个假事件，无法直接应用先验似然函数这个有用的先验知识。

因此，古典概率推理在信息融合中应用较少。

贝叶斯方法解决了古典概率推理存在的一些困难。贝叶斯方法将多传感器提供的不确定信息表示为概率，并使用贝叶斯条件概率公式进行处理。

D-S 证据理论是一般化的贝叶斯理论，它考虑对每个命题（如某个目标属于一个特定的类型）的支持度的分布的不确定性，不仅考虑命题本身，还考虑包括这个命题的整体。

（4）基于估计的融合方法。

基于物理模型的目标分类和识别是通过将传感器实测数据与各物理模型或预先存储的目标信号进行匹配来实现的。

5.3.2 MEMS 传感器

随着微电子技术、集成电路技术和加工工艺的发展，MEMS 传感器凭借体积小、重量轻、功耗低、可靠性高、灵敏度高、易于集成及耐恶劣工作环境等优势，极大地促进了传感器的微型化、智能化、多功能化和网络化发展。MEMS 传感器逐渐取代传统机械传感器并占有大量传感器市场份额，已在消费电子产品、汽车工业、航空航天、机械、化工及医药等领域得到广泛应用。

MEMS 激光雷达是 MEMS 传感器的实际应用之一，其将 MEMS 微振镜作为激光光束偏转元件，代替了机械式激光雷达中的激光扫描仪。利用 MEMS 微振镜可将机械部件集成到芯片上，并使用半导体生产工艺降低成本和缩小产品体积。因此，MEMS 微振镜具有体积小、宏观结构简单、可靠性高、功耗低等优势，是目前激光雷达实现落地应用的最合适路径。

目前流行的 MEMS 激光雷达（如速腾聚创车规级固态激光雷达 M1，如图 5-36 所示）在垂直方向上使用单轴 MEMS 芯片实现 40° 的视场角，在水平方向上使用旋转电机。另外，其采用发送端和接收端光路同轴设计，利用单轴 MEMS 微振镜实现空间扫描。

图 5-36　速腾聚创车规级固态激光雷达 M1

课程思政——【风云人物】

“西北工业大学 MEMS 芯片与智能微系统教师团队”由我国微机电系统（MEMS）领域的开拓者苑伟政教授领衔，团队成员如图 5-37 所示。目前，该团队在“四个面向”的指引下，紧密结合西北工业大学“三航”特色，在航空航天特种 MEMS 芯片制造、微纳惯性敏感机理与器件、先进流动测控等方面处于国际先进水平，获得国家技术发明二等奖 3 项，省部级一等奖 8 项。

图 5-37　团队成员

1993 年，团队带头人苑伟政教授（如图 5-38 所示）结束在法国 ENSMM 的学习研究并回国，是国内较早开展 MEMS 领域研究的青年学者。然而，航空航天特种 MEMS 具有高性能、多品种、小批量等特点，属于国外严格禁运的高端芯片产品，难以采用大规模代工的“类微电子”制造模式，必须研究适应其特殊性的自主可控的制造技术。

图 5-38　苑伟政教授

经过无数次攻坚克难，团队在国家自然科学基金及多项国家研究计划重点项目的支持下，提出 SOI 基 MEMS 制造新方法，使敏感芯片的尺寸缩小一半、传感器谐振频率提高一倍以上。此外，还建立了成套 MEMS 制造平台，开发了 3 种典型制造工艺，主持起草了《硅基 MEMS 制造技术 基于 SOI 硅片的 MEMS 工艺规范》（GB/T 32814—2016），该标准是国际上第一个 SOI 基 MEMS 制造技术相关标准，使我国跻身掌握 SOI 基 MEMS 制造技术的先进国家行列。

团队的部分研发成果如图 5-39 所示。

(a) 团队研发的微剪应力传感器，助力我国C919的研制和ARJ21的商业化运营

(b) 团队研发的全球第一台流体壁面剪应力测试仪

图 5-39　团队的部分研发成果

1. MEMS 传感器概述

微机电系统（MEMS）指微型化的器件或器件的组合，是将电子功能与机械功能、光学功能结合的综合集成系统。它采用微型结构，可以在极小的空间内实现智能化。MEMS 是一门将多学科交叉的新兴学科，涉及精密机械、微电子材料科学、微加工、系统与控制等技术学科，以及物理学、化学、生物学等基础学科。它将在 21 世纪的信息、通信、航空航天、生物医疗等方面取得重大突破，为世界科技、经济发展和国防建设带来深远影响。

MEMS 具有以下非约束性特征。

（1）尺寸为毫米级或微米级。

（2）以硅微加工技术为主要制造技术。

（3）在无尘室大批量、低成本生产，与传统机械制造技术相比，其性价比大幅提高。

（4）MEMS 中的机械不限于力学中的机械，它代表一切具有能量转化、传输功能的机械，涵盖力、热、光、磁及化学和生物学效应。

（5）MEMS 的目标是成为将“微机械”与集成电路（Integrated Circuit，IC）结合的微系统，并向智能化方向发展。

MEMS 主要包括微传感器、微执行器和相应的处理电路 3 个部分。微传感器将输入信号转换为电信号，经过信号处理单元后，再通过微执行器与外界发生作用。MEMS 与外界发生作用的过程如图 5-40 所示。

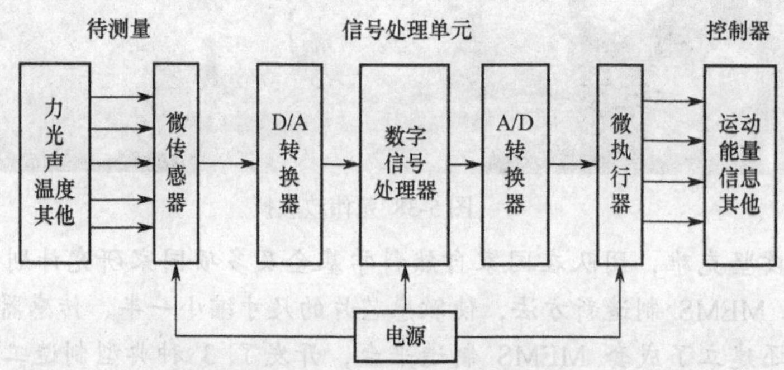

图 5-40　MEMS 与外界发生作用的过程

MEMS 传感器是采用微机械加工技术制造的新型传感器，是 MEMS 器件的一个重要分支。它具有体积小、重量轻、成本低、功耗低、可靠性高、技术附加值高，以及适合进行批量化生产、易于集成和实现智能化等特点。MEMS 传感器种类繁多，分类方法也很多。按工作原理，可分为物理传感器、化学传感器和生物传感器 3 类；按被测量，可分为加速度、角速度、压力、位移、流量、电量、磁场、红外、温度、气体成分、湿度、pH 值、离子浓度、生物浓度及触觉等传感器。综合两种分类方法，得到 MEMS 传感器分类，如图 5-41 所示。其中，每种 MEMS 传感器又有多种细分方法，如 MEMS 加速度计按检测质量的运动方式分为角振动式和线振动式；按检测重量支承方式分为有扭摆式、悬臂梁式和弹簧支承式；按信号检测方式分为电容式、电阻式和隧道电流式；按控制方式分为开环式和闭环式。

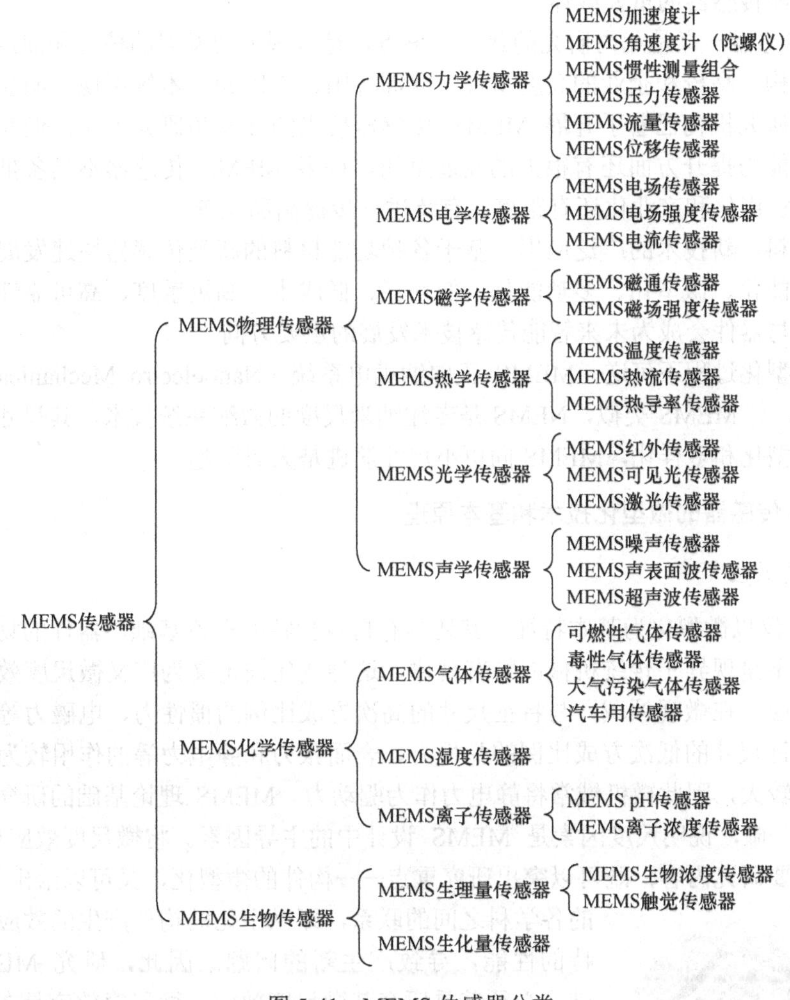

图 5-41　MEMS 传感器分类

MEMS 传感器用途广泛。作为获取信息的关键器件，MEMS 传感器对各种传感装备的微型化有巨大的推动作用，已在卫星、运载火箭、航空航天设备、飞机、各种车辆、生物医学及消费电子产品等领域得到了广泛应用。

目前我国处于工业产业结构升级的重要发展阶段，未来工业制造业将逐渐向高端化发展，传感器等自动化产品迎来了良好的发展机会。传感技术早已进入人类社会的方方面面，工业生产和日常生活都离不开传感技术。在工业电子领域，生产、搬运、检测、维护等方面均涉及智能传感器，如机械臂、AGV 导航车、AOI 设备等；在消费电子和医疗电子领域，智能传感器的应用更加多样，如在智能手机中使用距离传感器、光线传感器、重力传感器、图像传感器、三轴陀螺仪和电子罗盘等；可穿戴设备最基本的功能是实现运动传感，通常内置 MEMS 加速度计、心率传感器、脉搏传感器、陀螺仪、MEMS 麦克风等；智能家居产品（如扫地机器人、洗衣机等）涉及位置传感器、接近传感器、液位传感器、流量传感器、速度控制传感器、环境监测传感器、安防感应传感器等。

传感材料、MEMS 芯片、驱动程序和应用软件是智能传感器实现上述功能的核心。特别是 MEMS 芯片，其具有体积小、重量轻、功耗低、可靠性高等特点，并能与微处理器集成，已成为智能传感器的重要载体。

MEMS 传感器一直是业内研究的热点和重点，是各国大力发展的核心和前沿技术，引起了各国研究机构、高校和企业的高度重视，欧洲各国、美国和日本等展现了明显优势。国内的一些高校和研究机构已着手开展 MEMS 传感器技术的开发和研究工作，但在灵敏度、可靠性及新技术能力提升方面还有很大的发展空间。许多 MEMS 传感器不具备批量生产的条件，与产品的实用化和产业化还有距离，有待进一步提高和完善。

随着新材料、新技术的广泛应用，基于各种功能材料的新型传感器快速发展，未来新型传感器会向智能化、微型化、多功能化、低功耗、低成本、高灵敏度、高可靠性方向发展，新型传感材料与器件会成为未来智能传感技术发展的重要方向。

此外，微型化过程不可逆，MEMS 正向纳机电系统（Nanoelectro Mechanical Systems，NEMS）演进。与 MEMS 类似，NEMS 是专注纳米尺度的微纳系统技术，其尺寸更小。随着终端设备的小型化和多样化，MEMS 向更小尺寸演进是大势所趋。

2. MEMS 传感器的微型化技术和基本原理

1）微尺度效应

MEMS 不仅以微型化为基本特征，其还具有自身独特的理论基础，器件的物理量和机械量在微观状态下呈现异于传统机械的特有规律，这种变化被定义为广义微尺度效应，即通常所说的尺寸效应。在微观领域，与特征尺寸的高次方成比例的惯性力、电磁力等的作用相对较小，而与特征尺寸的低次方成比例的弹性力、表面张力和静电力等的作用较为明显，表面积与体积之比较大，因此微机械常将静电力作为驱动力。MEMS 理论基础的研究领域包含一个共同特征——微，说明尺度因素是 MEMS 设计中的主导因素。将微尺度效应作为 MEMS 理论基础的主要研究内容，既可以突出研究重点——构件的微型化，又可以给出 MEMS 涉及的各学科之间的联系，即微型化的构件产生的效应使其具有独特的性能，导致产生新的问题。因此，研究 MEMS 理论基础，必须着重研究其微尺度效应。微尺度效应是在 MEMS 设计过程中必须考虑的问题，这也决定了 MEMS 设计的特点。MEMS 的小尺寸对材料性能、构件的机械特性、流体性能及摩擦和黏附等有很大影响。

图 5-42　微型化的 MEMS 传感器

微型化的 MEMS 传感器如图 5-42 所示。

在微尺度效应中，除表面效应和界面效应外，微尺度效应和量子尺度效应均与电子、声子、光子等微观粒子的输运特性有关。当将器件或系统缩小时，理解微尺度效应对系统的全局设计、材料及制造工艺的影响是非常重要的。因为系统中任何一个组件的尺度特性都可能给可制造性和经济可行性带来难以逾越的障碍。微尺度效应导致无法直接将现有的对宏观现象的研究结果与设计经验应用于微观场合。

当设计和制造一个微器件时，必须意识到薄膜材料与块状材料的性能差异。这些差异是由薄膜材料和块状材料的制备工艺不同导致的。另外，均质性与连续性假设对块状材料来说通常是准确的；但在器件大小与材料本征尺寸处于同一尺度的情况下，该假设是错误的。因此，晶粒形状及相关特性的变化对 MEMS 产品有很大影响。在密度方面，材料的缺陷较小，微器件（特别是一些简单的机构，如悬臂梁）具有较高的可靠性。然而，由于微器件的表面积与体积之比较大，所以必须注意控制其表面性能。

在微尺度下，材料的一些重要的特性（如弹性模量、剪切模量、密度、泊松比、断裂强度、屈服强度、表面残余应力、硬度、疲劳特性、传导率等）与宏观条件下的不同，对它们的测量困难重重。因此，尽快建立 MEMS 材料数据库，建立健全的材料性能评估体系，包括确定标准的测试方法、形成具有高精度的测试仪器和确定合理的描述微结构力学性能的微尺度效应的方法，成为 MEMS 技术发展的焦点。

2）物理效应

单晶硅是 MEMS 中最基本、最常用的材料，因此必须对单晶硅的力学性能进行研究。部分材料的基本力学参数对比如表 5-3 所示。硅的屈服强度为 7×10^9N/m^2，比不锈钢高 2 倍多，约为高强度钢的 1.7 倍。硅的努普硬度为 8.3×10^9N/m^2，约为高硬度钢的 56%，约比不锈钢高 28%，与石英（SiO_2）接近。硅的弹性模量为 1.9×10^{11}N/m^2，与铁、高强度钢、不锈钢接近。常见的单晶硅通常是直径为 50～130mm、厚度为 250～500mm 的圆薄片，这种圆薄片在受到外力作用时容易产生较大的内应力，易损坏。

表 5-3　部分材料的基本力学参数对比

材　料	屈服强度（$\times10^9$N/m^2）	努普强度（$\times10^9$N/m^2）	弹性模量（$\times10^{11}$N/m^2）	密度（$\times10^3$kg/m^3）	传热系数（W·m^{-2}·°C^{-1}）	热膨胀系数（$\times10^6$/°C）
硅	7.0	8.3	1.9	2.3	157	2.33
铁	12.6	3.9	1.96	7.8	80.3	12
高强度钢（最大强度）	4.2	14.7	2.1	7.9	80.3	12
不锈钢	2.1	6.5	2.0	7.9	97	12
钨	4.0	4.8	4.1	19.3	178	4.5
钼	2.1	2.7	3.43	10.3	138	5.0
铝	0.17	1.3	0.70	2.7	236	25
SiC	21	24.3	7.0	3.2	350	3.3
TiC	20	24.2	4.97	4.9	330	6.4
Al_2O_3	15.4	20.6	5.3	4.0	50	5.4
Si_3N_4	14	34.2	3.85	3.1	19	0.8
SiO_4（光纤的主要成分）	8.4	8.0	0.73	2.5	1.4	0.55
钻石	53	68.6	10.35	3.5	2000	1.0

当硅片被分割成较小的尺寸时，其损坏的概率大大减小。由于单晶硅材料具有沿晶面解理的趋势，当硅片边缘、表面和内部存在的缺陷导致应力集中，且其方向与解理面相同时，硅片会开裂、损坏。人们利用这一现象将硅片分割成一个个小芯片，在这一工艺中,不可避免地会有一些缺陷导致出现我们不希望产生的芯片情况。半导体的高温处理和多层膜淀积工艺会引入内应力，当其与硅片边缘、表面和内部存在的缺陷结合时，会导致应力集中，甚至使硅片沿解理面开裂。人们认为硅强度低的一个原因是硅被破坏时会发生脆性断裂，而金属材料通常发生塑性变形。

利用硅材料制作的器件的实际强度取决于其几何形状、缺陷的数量和大小、晶向，以及在生长、抛光、流片过程中产生和积累的内应力。在充分考虑这些影响因素的情况下，可能获得强度比高强度合金高的硅结构。合理使用硅材料和正确设计硅结构与加工工艺，应遵循以下 3 个原则。

（1）最小缺陷原则：必须尽量降低硅材料边缘、表面和内部的缺陷密度，尽量缩小尺寸，以减小缺陷数量。应尽量减少或取消易引起边缘和表面缺陷的切割、磨削、划片和抛光等机械加工工艺，用腐蚀分离取代划片。如果传统的机械加工工艺必不可少，则应将受到严重影响的表面和边缘腐蚀去除。

（2）最小应力原则：微结构应尽量避免采用带有尖锐边角等易导致应力集中的设计。由于各向异性腐蚀会产生尖锐边角，从而导致应力集中，所以在一些结构中可能需要进行后续的各向同性腐蚀或其他平滑工艺。由于材料的热膨胀系数不同，高温生长和处理工艺不可避免地会引起热应力，使微结构在严酷的力学条件下发生断裂，所以必须采用退火工艺，以降低高温处理带来的热应力。

（3）最大隔离原则：应采用 SiC 或 Si_3N_4 等坚硬、耐腐蚀的薄膜覆盖硅表面，以防止其与外界直接接触，尤其在高应力、高磨损应用场合中。在工艺条件和结构特点不允许的情况下，可以采用硅橡胶等电绝缘柔性材料对非接触外表面进行保护。

3. MEMS 制造工艺

MEMS 的飞速发展与相关制造加工技术的发展是分不开的，微电子集成工艺是其基础。微加工技术在硅微加工技术的基础上发展而来，由于微电子工艺是平面工艺，所以加工 MEMS 三维结构有一定的难度。为了实现高深宽比的三维微加工，通过多学科交叉，研究人员开发了 LIGA（一种基于 X 射线光刻技术的 MEMS 加工技术）、激光加工等方法。此外，要构成 MEMS 的各种特殊结构，必须采用一系列特殊工艺，包括体微加工技术、表面微加工技术、高深宽比微加工技术、键合技术等。

1）体微加工技术

体微加工技术是为制造微三维结构而发展起来的，即按照设计图在硅片上有选择地去除部分硅材料，形成微机械结构。体微加工的关键是刻蚀，包括各向同性刻蚀和各向异性刻蚀。各向同性刻蚀指在各方向上的刻蚀速率相同；各向异性刻蚀的刻蚀速率与许多因素有关。干法刻蚀主要采用物理法（溅射、离子铣）和化学等离子刻蚀，适用于各向同性及各向异性刻蚀。选择合适的掩膜板可得到深宽比高、图形准确的三维结构，目前体微加工技术是最成熟的。

2）表面微加工技术

表面微加工技术以硅片为基片，通过淀积和光刻形成多层薄膜图形，刻蚀去除下面的牺牲层，保留上面的结构图形。与体微加工技术不同，表面微加工技术不对基片本身进行加工。在基片上有淀积的薄膜，它们被有选择地保留或去除，以形成所需要的图形。表面微加工的主要工艺是湿法刻蚀、干法刻蚀和薄膜淀积。薄膜为微器件提供敏感元件、电接触、结构层、掩膜层和牺牲层。牺牲层的刻蚀是表面加工的基础。

3）高深宽比微加工技术

高深宽比微加工技术通常为反应离子刻蚀，可获得数十微米甚至数百微米深的台阶。对于特种材料而言，还可以采用特种方法。LIGA 技术被认为是最佳的高深宽比微加工技术，加工宽度为几微米，深度可达 1000μm，且可实现微器件的批量生产。其将 X 射线深度光刻、微电铸和微塑铸 3 种工艺有机结合，是利用短波段高强度的同步辐射 X 射线制造三维器件的先进制造技术。

4）键合技术

键合技术将微构件制成微机械部件，键合技术主要分为硅熔融键合技术和静电键合技术两种。

硅熔融键合技术指在硅片与硅片之间直接进行原子键合或通过一层薄膜进行原子键合，静电键合技术可将玻璃与金属、合金或半导体键合在一起，不能用黏合剂。键合界面的气密性和稳定性好。

4. MEMS 传感器的设计

由于 MEMS 具有跨学科特点，完成整个系统的设计必须由不同领域的有专门经验的设计者分工合作，再由一个系统级设计者综合协调。

一种比较流行的设计方法是自顶向下的、并行的设计方法，已经在一些商业化产品中成功应用。而模拟和混合信号硬件描述语言（HDL）的发展和系统级模拟工具的支持也推动了这种设计方法的实现。

系统级设计者先将整个系统划分为一些子系统，如模拟部分、数字部分和 MEMS 器件部分等，并指定这些子系统应实现的功能。这一步是通过采用 HDL（如 VHDL-AMS）或一些公司专有的 HDL（须支持模拟与混合信号）编写子系统的行为模型来实现的。系统级设计者用这些行为模型进行系统级模拟，以验证整个系统划分的合理性。如果达到要求，就把这些模型（实际上是子系统的设计目标）交给不同领域的专门设计者去实现。每个领域的专门设计者各自进行设计和模拟，以实现设计目标，并用 HDL 给出子系统的宏模型，以进行系统级模拟。这个过程是交互式的。HDL 在系统设计中的应用如图 5-43 所示。

对于 MEMS 器件部分的设计者来说，为选择合适的物理参数和几何参数以设计出符合要求的 MEMS 器件，需要全面了解 MEMS 器件的物理特性。因此，必须进行 MEMS 的器件级模拟。通常这一步是通过对 MEMS 器件进行三维网格划分，并采用离散方法进行数值模拟来实现的。在 MEMS 器件相对简单时，也可以采用解析方法。离散方法有很多种，其中最常用的是有限元法（Finite Element Method，FEM）。针对不同领域的 MEMS 器件，目前已开发了多种器件级分析与模拟工具（如 ANSYS）。但 MEMS 器件（如传感器或执行器等）必须与其他辅助电路、控制电路连接，以具有完整的系统功能。由于处于一个极小的空间中，所以物理量之间的耦合很强。为准确预测整个系统的最终性能，必须进行系统级模拟。常用的系统级模拟工具包括电路模拟软件 SPICE 和数值计算工具 MATLAB。从理论上讲，可以直接将器件模型的数值模拟结果应用于电路模拟，因为对于一个三维有限元模型来说，其在与外部电路连接点上的有限元分析结果可以作为系统模拟时的器件参数。但这样得出的大多数 MEMS 模型极其复杂，往往会有上百个自由度，系统级模拟将花费惊人的机时。此外，由于采用不同的模拟器，所以很可能会出现不收敛的情况。因此，实际上必须根据 MEMS 器件的三维有限元分析结果得出具有低自由度的基于能量的宏模型，以供系统级模拟使用，模拟的分级如图 5-44 所示。

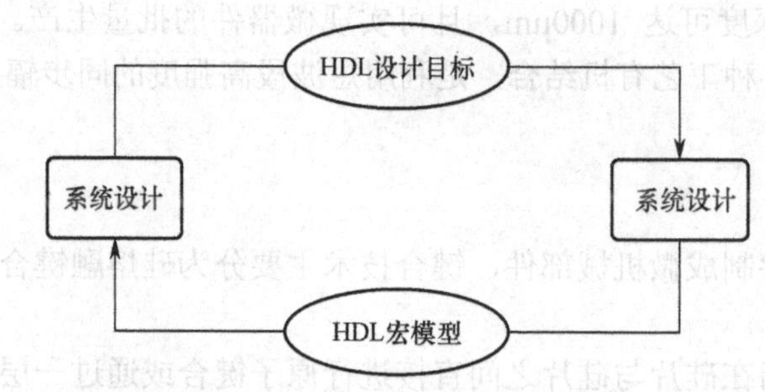

图 5-43　HDL 在系统设计中的应用

图 5-44　模拟的分级

这些宏模型必须满足以下要求。

（1）自由度低。

（2）最好采用解析表达，以使设计者了解参数变化带来的效应。

（3）可根据器件的几何边界和材料特性的变化而变化。

（4）能体现器件的准静态特性及动态特性。

（5）表达方式简单，可表示为等效电路或一组常微分方程和代数方程。

（6）符合器件的三维模拟结果。

目前还没有一种由器件模拟结果直接得出设计的行为模型的通用方法。系统级设计者通过调整子系统的目标来使整个系统的性能满足要求。此过程重复进行，直到获得整个系统的最佳设计。

5．MEMS 技术的应用

近年来，随着汽车传感器的微型化和集成化，由半导体集成电路技术发展而来的 MEMS 技术逐渐在汽车工程领域得到应用，如图 5-45 所示，其代表性产品——汽车微惯性传感器已呈现取代传统机电技术传感器的趋势。

汽车微惯性传感器以 MEMS 技术为基础，又称 MEMS 惯性传感器，是在汽车上使用的，利用惯性原理测量汽车动态行驶过程中的加速度、速度、运动轨迹、旋转角速率及运动姿态等整车或各总成部件运动状态的微传感器。MEMS 惯性传感器具有体积小、重量轻、响应快、灵敏度高和易生产等特点，并具有低能耗、高功率、低成本、环保等优势，特别适合应用于汽车。

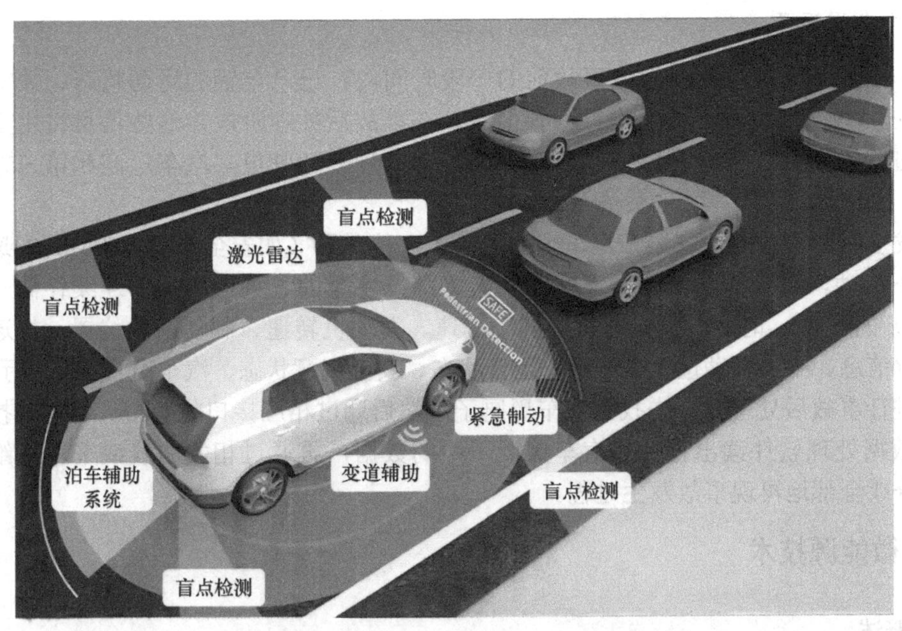

图 5-45　MEMS 技术在汽车工程领域的应用

为了提高汽车的动力性、经济性等，使驾乘人员乘坐汽车时更加舒适、安全，目前许多新型汽车（特别是高档汽车）都安装了汽车行驶安全系统、车辆动态控制系统、汽车黑匣子、汽车导航系统等新型系统。在这些系统中，几乎都有 MEMS 惯性传感器的应用，如 BMW740i 装有 70 多个 MEMS 惯性传感器，Mercedes-Benz（S 级）、Cadillac 等汽车安装了大量由 BOSCH、Systron Donner 和 Panasonic 等公司生产的微机械陀螺等 MEMS 惯性传感器。下面对 MEMS 惯性传感器的一些应用进行简单介绍。

1）车辆行驶安全系统

MEMS 加速度计是最早商品化的 MEMS 产品，20 世纪 80 年代中期，MEMS 加速度计开始在汽车安全气囊中应用，目前，MEMS 加速度计是大量生产并在汽车中应用最广泛的微传感器，极大地促进了汽车行驶安全系统的发展。例如，近几年成功研制了新型车外气囊系统，通过 MEMS 加速度计检测汽车是否发生碰撞。当汽车与行人发生碰撞时，车前围或发动机罩内的气囊迅速充气膨胀，以减少对行人的伤害；当汽车发生碰撞或翻车时，车外气囊膨胀后可吸收部分碰撞能量，从而减少对车内人员的伤害。

新型智能气囊与安全带系统可以根据 MEMS 加速度计检测出的碰撞强度做出不同的反应，以避免安全带和气囊在汽车发生不严重碰撞的情况下过度反应，而对驾乘人员造成不必要的伤害。这种系统采用了 2 级安全带收紧器和可变容积式气囊。当汽车发生碰撞时，系统会立即触发安全带第 1 级收紧器，拉紧松弛的安全带；与此同时，控制器迅速评估汽车碰撞的严重程度，确定是否膨胀气囊并确定气囊膨胀的容积大小，发出指令使气囊迅速做出相应的反应。在发生严重碰撞时，系统还可以使 2 级安全带收紧器工作，并根据驾乘人员的体重、体态、身高、座位是否有人及安全带的使用情况等自动做出适当的反应。

在汽车碰撞试验中，在仿真人模型头部、胸部、腿部等关键部位安装三维 MEMS 加速度测量系统，以获得这些部位的三维运动曲线。

2）汽车黑匣子

汽车黑匣子系统可以在发生事故前的一段时间内，记录车辆的运动状态、关键安全部件的动作状态，以及驾驶员操作行为等信息。在事故后处理阶段，这些信息将用于再现事故发生过程，有助于分析判断事故发生原因，明确划分驾驶员、汽车厂商和第三方之间的责任。

当发生交通事故时，安装在汽车上的黑匣子在传感器（如安全气囊 MEMS 加速度计）的触发下启动，以较高的采样频率实时采集事故发生时的各种数据，并连续存储一段时间（如 15s）的数据。记录的数据应包含汽车车速、发动机转速、制动踏板位置、加速踏板位置、挡位信息、中央制动位置、座椅安全带状态、安全气囊状态、汽车组合仪表指示等。

在进行事故后处理时，先找到汽车黑匣子，然后通过相应接口将其与计算机连接，利用专用的数据处理软件读出存储在汽车黑匣子中的数据，再通过相关曲线或采用三维动画技术，部分或全部地再现事故发生过程。

5.3.3 微能源技术

1. 概述

随着硅基电子器件功耗的持续降低，出现了手持式、穿戴式，甚至植入式装置。各种电子器件的典型功耗和电池可持续供电时间如表 5-4 所示。可以看出，不同电子器件的功耗横跨 6 个数量级。

表 5-4 各种电子器件的典型功耗和电池可持续供电时间

设备类型	功耗	时间
智能手机	1W	8h
MP3 播放器	50mW	15h
助听器	1mW	5 天
无线传感器节点①	100μW	全生命周期
心脏起搏器	50μW	7 年
石英钟	5μW	5 年

一个紧凑、低成本、重量轻、便携且能实现长时间供电的电源是任何器件都需要的。即使电池的能量密度在过去的 15 年内提高了 3 个数量级，但在当前的很多情况下电池也对器件的几何尺寸和运行成本有很大影响甚至根本性影响。

因此，寻求可替代能源成为全球研究和发展的热点。一是可以用具有高能量密度的储能系统代替电池；二是可以以无线方式向相关器件提供其所需要的能量，该方式已在射频识别（RFID）标签中得到了应用，同时可以被延伸至有更大能源需求的器件中，但是该方式需要使用专用的传输结构；三是从周围环境中获得能量并将其转换为电能，如余热、振动/运动能

① 通过能量采集器和能量存储装置供电。

量或射频辐射能量。

提高能量采集技术被广泛认为是推进无线传感器网络发展的有力手段。无线传感器网络主要由大量小的、低功耗的传感器网络组成。这些节点共同采集数据并通过无线连接将数据传输至基站。无线传感器网络在医疗健康、机械装置、交通运输和能源等领域有广阔的发展前景。

典型的无线传感器网络包括微功率系统、微控制器、传感器/执行器、前端处理单元、数字信号处理器和无线接收设备，如图 5-46 所示。WSN 的平均功耗为 1～20μW，功耗取决于被测量的物理效应、应用算法和传输频率的复杂性，90μW 的功耗足以驱动脉搏血氧仪传感器正常工作，同时处理数据且每隔 15s 回传一次数据，10μW 的功耗可以满足每 5s 进行一次温度测量和数据传输，100μW 的功耗足以支撑表 5-4 中的相对复杂且具有较高的数据传输速率的传感器节点工作。同时，从长远来看，随着低功耗和超低功耗电路设计的不断改进，功耗会进一步降低。

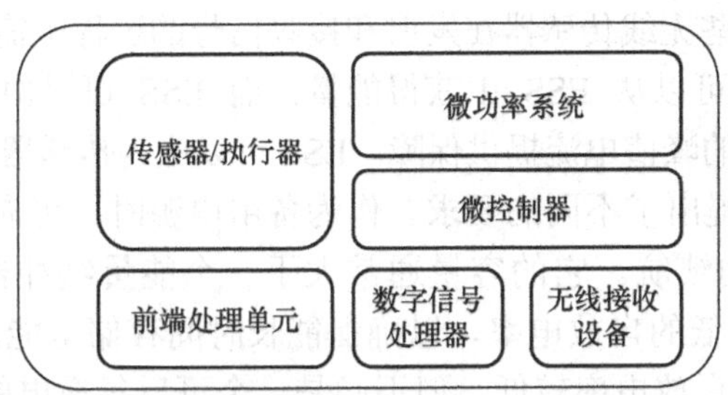

图 5-46　典型的无线传感器网络

在许多情况下，无线传感器网络应能正常运行几年。传感器节点数量较多且尺寸很小，更换耗尽电量的电池是不现实或不易实现的。虽然安装大容量电池能延长无线传感器网络的运行时间，但会使系统的体积增加、成本提高。将能量采集器和小尺寸可充电电池（又称能量存储系统，如超级电容器）结合是实现网络能量续航的最优方法。例如，WSN 的功耗约为 100μW，一般电池的寿命只有几个月，而将可充电电池和输出功率为 100μW 的能量采集器结合，可以在整个无线传感器网络的使用期内实现能量续航。

表 5-5 总结了电源功率和使用不同能量采集技术所采集的功率，可以看出许多种能量采集器能够产生 10μW～1mW 的输出功率。这种量级的输出功率足以驱动低功耗和超低功耗电路，尤其是在开启周期性循环工作时。

表 5-5　各种能量采集技术的特征参数

能量采集技术	采集信号源功率	采 集 功 率
室内能量采集技术	0.1mW/cm^2	10μW/cm^2
室外能量采集技术	100mW/cm^2	10mW/cm^2
人体能量采集技术	20mW/cm^2	30μW/cm^2
工业能量采集技术	100mW/cm^2	1~10mW/cm^2
RF 手机能量采集技术	0.3μW/cm^2	0.1μW/cm^2

决定能量采集器成功应用的因素有以下 3 个。

（1）与一个完整的 WSN 相比，能量采集器必须占用较低的成本。

（2）输出功率必须足够维持 WSN 所需要的功能。

（3）应能通过使用超低功耗技术等，使 WSN 的功耗进一步降低。

对成本的考虑显然与应用领域密切相关。例如，在预测性维护的基础设施监控案例中，单个 WSN 的价格可以相对较高，因为节约的成本总量远低于初始投资。基础设施监控正好是第一批能量采集器在市场中的应用领域，对于其他应用来说，目前的能量采集技术成本较高，降低成本的可行路线是使用微加工技术进行制造。器件能够在晶圆级实现批量生产，可以有效降低成本。然而，减小器件的尺寸不仅影响成本，还影响输出功率。

2. 能量存储系统

1）概述

能量存储系统（Energy Storage Systems，ESS）常常被应用于能量采集器，当能量采集器提供的能量小于我们希望的输出功率时，ESS 可以作为备用电源，以确保供电稳定。ESS 可以作为能量缓冲器，一些无线传感器在发射和接收信号的过程中需要相对较大的峰值电流，而静态功耗较小。传感器可以从 ESS 中获得能量，而 ESS 可以由能量采集器进行再充电。ESS 可以为传输相对较大的峰值电流提供保障。ESS 可以成为传感器中的主要能量来源。

不同的功能对 ESS 提出了不同的要求。作为备用电源时，可充电 ESS 需要具有较大的蓄电容量，以实现长时间续航。它的容量通常大于一个能量缓冲器的容量，但小于电源容量。另外，它必须有相对低的自放电率，以确保能长时间存储电能。作为主要能量来源时，ESS 需要具有较大容量且自放电率较低，但不必是一个可反复充电的系统。

主要的 ESS 包括超级电容器、微电池（如锂离子电池）、薄膜电池等。3 种 ESS 的典型参数如表 5-6 所示，在一些特别的应用中，对 ESS 的选择应考虑传感器系统的总需求和 ESS 能力的匹配。

表 5-6　3 种 ESS 的典型参数

参　数	超级电容器	锂离子电池	薄 膜 电 池
工作电压（V）	1.25	3～3.7	3.7
能量密度（W · h/L）	6	435	<50
能量密度（W · h/kg）	1.5	211	<1
20℃下的自放电率（%/月）	100	0.1～1	0.1～1
循环寿命（次）	>10000	2000	>1000
温度范围（℃）	−40～65	−20～50	−20～70

2）超级电容器

超级电容器又称双电层电容器（Electrical Double-Layer Capacitor，EDLC），如图 5-47（a）所示，它由两个电极、电解质和分离器组成。当向其施加电压时，电极充电，电解质中的载流子累积在电极和电解质的交互面上，实现电荷补偿。这就是超级电容器的基本电荷存储机制。

累积在电极表面的离子数量与电极的表面积有关。为了增大超级电容器的容量，通常将高比表面积材料（如活性炭）作为电极。但是需要清楚的是：采用孔隙小于电解质中离子尺寸的可渗透电极不能增大电容量。超级电容器的电压与电荷状态线性相关。在最高电压下，超级电容器的稳定性是由电解液的电化学稳定性决定的。使用含水电解质时，超级电容器的电压上限约为 1.2V；使用有机电解质时，超级电容器的电压可以达到 3V。

将超级电容器作为能量缓冲器具有一定的优势，因为它的电极到电解质都不涉及电化学反应和电荷转移，所以超级电容器运行非常快且可以提供较大的电流脉冲。但是，其能量密度相对较低，且自放电率高。因此，超级电容器不太适合作为备用电源或主要能量来源，原因在于其不能长时间存储大量电能。

课程思政——【科技前沿】

太阳能—热能转换被认为是提高储能材料性能的一种绿色、简单的手段，但往往会受材料固有的光热特性和粗略的结构设计的限制。2022 年，西北工业大学的梅辉等研究人员受宽叶螺旋草在光合作用过程中独特的光捕获效应的启发，开发了一种仿生结构光热超级电容储能系统，以促进太阳能热驱动的赝电容改进。

在该系统中，具有有趣的光捕获特性的 3D 打印扭转开尔文单元阵列结构充当“螺旋叶片”，可以提高光吸收效率，而石墨烯量子点/MXene 纳米杂化物具有宽光热响应范围和强电化学活性，可以作为光热转换和储能的“叶绿体”。正如预期，仿生结构光热超级电容储能系统实现了理想的太阳能热驱动伪电容增强（电容量增大了 304%），具有显著的光热响应（表面温度变化 50.1℃）、优异的能量密度（1.18mW · h/cm^2）和循环稳定性（可循环 10000 次）。这项工作不仅为光热应用提供了一种新的增强策略，还为多功能储能和转换装置提供了新的结构设计方法。

3）锂离子电池

与超级电容器相似，锂离子电池由两个电极、电解质和分离器组成，如图 5-47（b）所示。电解质是包含元素的不含水液体。通常正电极和负电极材料分别为（$LiCoO_2$）和碳材料。锂离子电池的电荷存储机制比超级电容器复杂，原因不仅在于其电解质中存在电荷分离，还在于其电极中存在电化学反应。

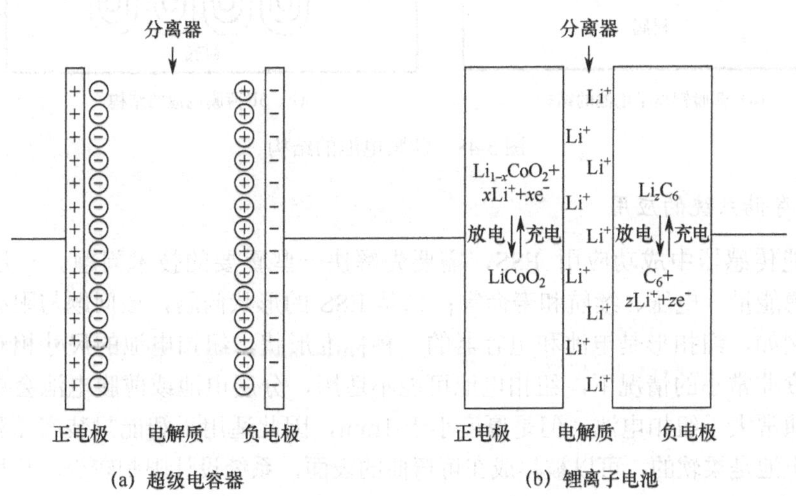

图 5-47　超级电容器和锂离子电池

电池的设计关键是封装（如钾元素极易与大气中的水、氧气、二氧化碳和氮气发生反应。对于大电池（通常包括金属圆柱形电池或棱柱形电池）来说，与活性电极材料的体积相比，封装体积非常小，因此可以获得较高的能量密度；对于微电池来说，电极和电解质被小型化并被放置在纽扣电池或塑料和金属的层压薄板中，因此封装体积较大，其能量密度显著低于大电池。然而，微电池的能量密度仍然高于超级电容器的能量密度，且其自放电率远低于超级电容器，所以微电池更适合作为备用电源或主要能量来源。

4）薄膜电池

薄膜锂离子电池是一种非常特殊的锂离子电池，其运行原理与流体电解质电池类似。薄膜锂离子电池的电极和电解质由厚度为微米级的固体薄膜组成。这些薄膜通常沉积在由硅、玻璃或一些聚合物材料构成的衬底上，堆叠后被密封在一起，薄膜锂离子电池的结构如图 5-48（a）所示。

在薄膜锂离子电池中，固体电解质的厚度远小于传统电池，其典型厚度为 1μm，而传统电池的分离器厚度约为 20μm。这意味着具有相同尺寸的薄膜电池的体积能量密度在理论上应高于传统电池，但由于薄膜电池的衬底较厚，所以优势消失了。

固体电解质可以避免出现漏电流，因此得到了广泛应用。固体电解质在高温下较为稳定，应用范围广，器件制造工艺灵活。固体电解质的劣势是离子电导率低，离子在固体电解质中传输会引起电压降低。

为了解决这个问题，一些研究人员提出了 3D 薄膜电池，其目标是增大正电极和负电极的面积，但不增大电池的封装面积。3D 薄膜电池的结构如图 5-48（b）所示，可以看出，电池尺寸不变，但电池堆叠（正电极、固体电解质、负电极）的有效面积增大，在施加相同电流的情况下，其电流密度较低，电压的降低程度较小，相应的等价电池能量密度较大。因此，更大的表面积会带来更大的电极容量。容量的增大会使能量密度提高。

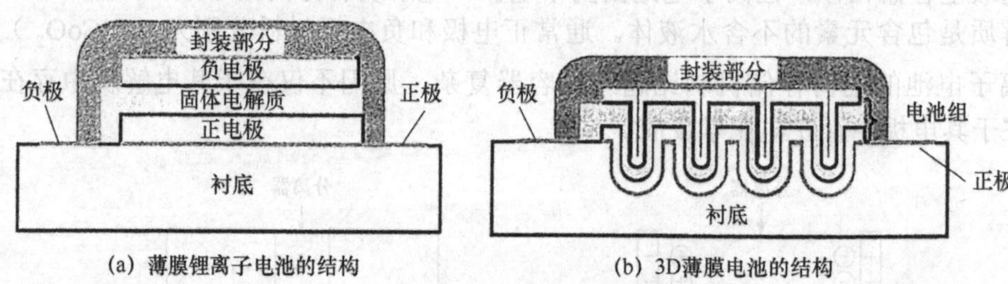

(a) 薄膜锂离子电池的结构　　(b) 3D薄膜电池的结构

图 5-48　薄膜电池的结构

5）能量存储系统的应用

要在智能传感器中成功应用 ESS，需要先解决一些重要的技术问题。一是功率相关问题，需要考虑能量、电压、续航和寿命等；二是 ESS 的形状问题，该问题与限制尺寸相关，非常重要。例如，纽扣形是电池和电容器的一种标准形状，纽扣电池的尺寸相对较小，但在要求电池厚度非常小的情况下，纽扣电池可能不适用，分层电池或薄膜电池会更合适，这些电池的面积通常大于纽扣电池，但是厚度小于 1mm，因此适用于智能封装产品和智能卡；基于金属箔的电池是柔软的，可以被集成在可弯曲的表面，系统设计限制较少。几种常见的 ESS 如图 5-49 所示。

ESS 的应用不能仅关注技术需求，还要关注不同国家的规则和政策要求。

ESS 的处理和再循环也是需要着重考虑的问题。在欧盟，还没有普遍适用于超级电容器的规则。总的来说，需要满足废弃电子与电气设备（Waste Electrical and Electronic Equipment,

WEEE）规则，包括各种污染物（如铅、水银、镉）的含量。同时，器件的制造商和进口商也要确保有正确的产品回收方案。

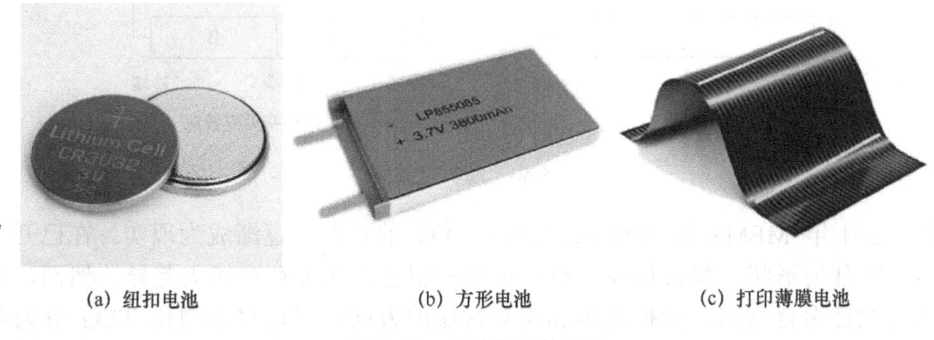

(a) 纽扣电池　　(b) 方形电池　　(c) 打印薄膜电池

图 5-49　几种常见的 ESS

电池也需要满足相关法规的要求，欧盟正推动制定相关的循环回收政策。制造商和进口商需要提供关于电池的回收时间表。此外，电池必须安装在一个容易拆下来的电子系统中。但在一些特殊情况下不适合采用此规则，如受安全、性能、医疗或信号完整性因素的影响，电源必须持续供电，电器与电池需要一直连接在一起等。

3. 热电能量采集

1）概述

热电效应通常包括塞贝克效应、帕尔帖效应和汤姆逊效应等物理现象。最初，研究人员对热电效应的研究兴趣来自对采用塞贝克效应发电的探索。然而，20 世纪 50 年代后，高品质半导体材料被发现，各种现代热电器件才得以成功应用，如放射性同位素热电机（Radioisotopes Thermoelectric Generator，RTG）将放射性同位素释放的热能转换为电能。由耐高温硅锗（SiGe）合金制成的 RTG 可以在无人值守情况下在旅行者 1 号探测器中正常运行 20 多年。近年来，相关人员逐渐认识到借助热电效应进行废热回收具有一定的潜力。宝马汽车公司通过在废气管道和冷却液管道间安装商用热电发电机模块，在 130km/h 的基准测试速度下，实现了约 200W 的输出功率回收。

在塞贝克效应下，导电材料的电势差受制于温差。从本质上来看，热电效应是由温差引起的。对于孤立的导电材料，上述现象被称为绝对塞贝克效应（ASE）。相应的电压为绝对塞贝克电压，绝对塞贝克效应如图 5-50（a）所示。

利用塞贝克效应的常见方法是将两个不同的导体连接在一起，制成热电偶。当热电偶的闭合端与开路端存在温差时，会在末端产生电压，称为相对塞贝克电压，相对塞贝克效应如图 5-50（b）所示。

2）最新技术

热电能量采集基于许多串联的热电偶结构。所产生的塞贝克电压通过连接到热电偶链的开口端的外部负载来产生驱动电流。与从环境中获取能量的方法相比，热电能量采集具有一系列优点，如广泛适用于不同目标，由于没有运动部件带来的高机械可靠性要求且不受天气影响，所以可以不间断运行。

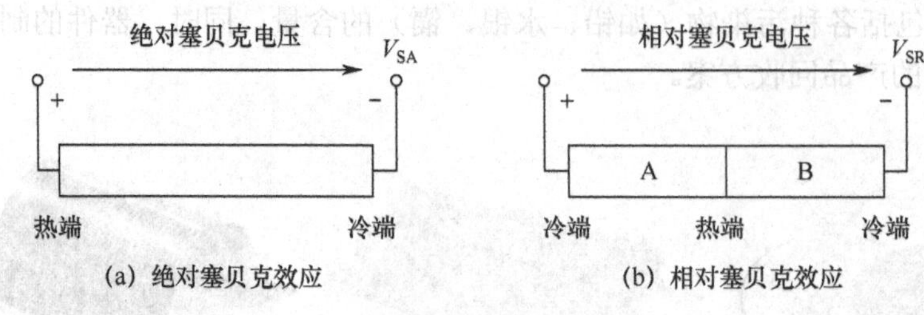

(a) 绝对塞贝克效应　　(b) 相对塞贝克效应

图 5-50　塞贝克效应

随着过去十年 MEMS 技术的不断发展，TEG 的小型化逐渐成为现实。在已开发的器件中，器件的几何形状、整合规模、材料选择和制造方法等存在较大差异。然而，无论是硅衬底还是柔性聚合物箔，根据热电偶相对衬底的方向，可以将小型化 TEG 分为热电偶腿平行于衬底的平面内器件及热电偶腿垂直于衬底的面交叉器件，热电偶的结构如图 5-51 所示。

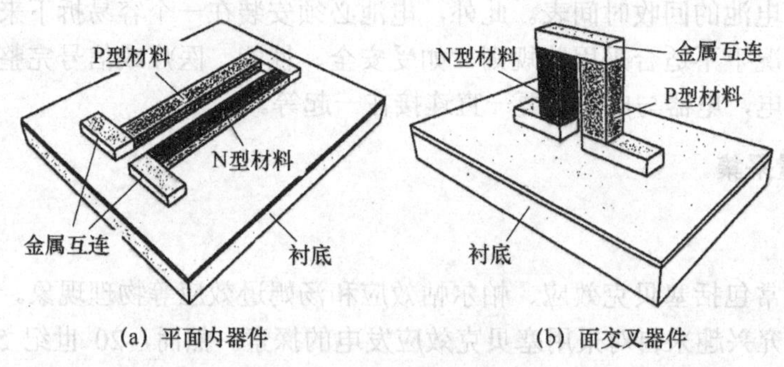

(a) 平面内器件　　(b) 面交叉器件

图 5-51　热电偶的结构

平面内器件：由电铸或溅射到聚合物薄片上的锑（Sb）、铋（Bi）、碲化铋（BiTe）构成。采用聚合物薄片作为基板具有以下优点：①具有低热导率，可以避免热量通过聚合物薄片耗散；②热膨胀系数与热电材料相近；③低成本平面内器件的热电偶大多具有较大尺寸，宽度可达几十微米，长度可达几百微米甚至几毫米，从而可以使用丝网印刷等低成本的制造方法，不必使用传统的 MEMS 微加工技术。

由于聚合物箔的结构灵活，平面内器件可以卷成螺旋状，使得所得到的装置可以竖立，如图 5-52（a）所示，该方案可以使单位面积的材料能装配更多热电偶。由于热电偶的几何形状没有限制，所以平面内器件可以实现热电偶的高纵横比。从而使每个热电偶的热阻显著增大。

通常热电材料与金属互连的接触面积较大，可以使接触电阻减小。平面内器件的第一个缺点是热电偶接头与热源或散热器之间存在热接触的问题。通过应用热界面材料（Thermal Interface Material，TIM），如各种类型的导热油脂，可以在一定程度上解决该问题。第二个缺点是与热电偶并联的聚合物箔具有热分流效应，可以通过采用更薄的聚合物箔或在一定的条件下部分甚至完全剥离聚合物箔来解决该问题。

平面内器件也可以不采用聚合物薄片，而由硅衬底制成。霍尔斯特中心成功制造了一系列面内平板 TEG，由硅衬底制成的面内平板 TEG 如图 5-52（b）所示。虽然完全去除薄膜下的支撑层非常有挑战性，但还是可以通过精细调整薄膜堆叠层的压力来实现。依靠一系列装置将排列在同一个衬底上的几个面内平板 TEG 串联也是一种提升输出性能的方案。

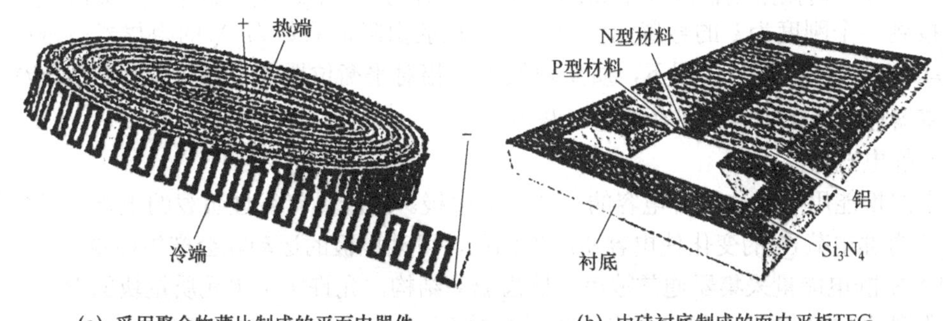

(a) 采用聚合物薄片制成的平面内器件　(b) 由硅衬底制成的面内平板TEG

图 5-52　两种 TEG

4. 振动与运动能量采集

1）概述

振动与运动无处不在，是用于产生电能的有吸引力的能量源，基于偏心质量的自供电电子手表就是一个典型应用。近年来，随着低功率便携式设备的发展，小型化振动能量采集器逐渐受到关注。该器件通过电机械换能器将机械能转化为电能。常用的换能器包括电磁式、静电式和压电式，磁致伸缩等非主流的转换方法也具有较大的应用空间。

通常将运动发电机分为两种：带有能与振动源实现刚性连接的电机械传感器的运动驱动发电机和为了驱动传感器使用惯性力的可移动检测质量的运动驱动发电机。前者的能量采集器通常为基于应力的能量采集器，可以采集大量能量。另外，此类能量采集器已有面向人体的商业化应用，著名的应用案例是能量采集鞋，其输出功率可以达到几瓦特，足够为大量的应用提供电能。

然而，基于应力的能量采集器通常体积较大且需要有弹性的传感器设计。因此，它们不满足无线传感器网络的需要。最小化的惯性能量采集器可以使用 MEMS 技术实现，且能够大规模低成本制造，所制造的器件受专用封装保护，可以抵抗严酷的机械条件。

无线传感器网络在机械和人体方面的应用有巨大潜力，如轮胎压力监测系统和患者健康监测系统振动特性有明显差异。基于实验结果，Roundy 得出结论，在包括汽车在内的各种机械附近，发生的振动具有 60～200Hz 的主要分量，加速度幅度为 0.01～10m/s^2；对于人体来说，冯・布伦（Von Buren）确定观察到的运动的主要频率低于 5Hz。鉴于频率范围存在较大差异，在机械和人体方面的无线应用需要采用独特的惯性能量采集器。

对于机械方面的应用，可以基于谐振方案设计惯性能量采集器，也就是说，换能器的机械元件由谐振器组成，通过激发谐振器处于某种谐振模式来提供最大输出功率。对于与人体相关的低频信号而言，需要采用基于非线性和非谐振原理的方法。

2）机械环境：谐振系统

近年来，谐振采集器受到各国研究人员的广泛关注。其精细的机械加工版本是早期出现的商业器件，虽然不成熟，但其成本较低，需要提高其功率等级和可靠性。大部分小型化能量采集器（体积约为 1cm^3）可提供数十到数百微瓦的功率，谐振频率通常为几十或几百赫兹。

普遍原理：谐振采集器的模型如图 5-53 所示，其中机械谐振器由质量块m代替，质量块被连接到一个刚度为k的悬置元件上；寄生耗散由阻尼系数为D_V的阻尼器引进；封装受制于振动$z(t)$，在惯性的作用下，质量块发生了相对平衡位置的位移，位移量为$z(t)$；质量块与传感器连接，可以将信号传输至负载电路。

（1）静电式换能。

静电式换能用质量块代替电容的一个可动电极。对于具有线性负载的电路，只要外部的电压V_0或内部电荷Q_0的变化使电容器产生偏置，可动电极的运动就会产生能量。

MEMS 静电能量采集器通常被用于梳齿驱动结构，允许每个单元质量块的偏移引起大的变化。典型的 MEMS 静电能量采集器如图 5-54 所示。

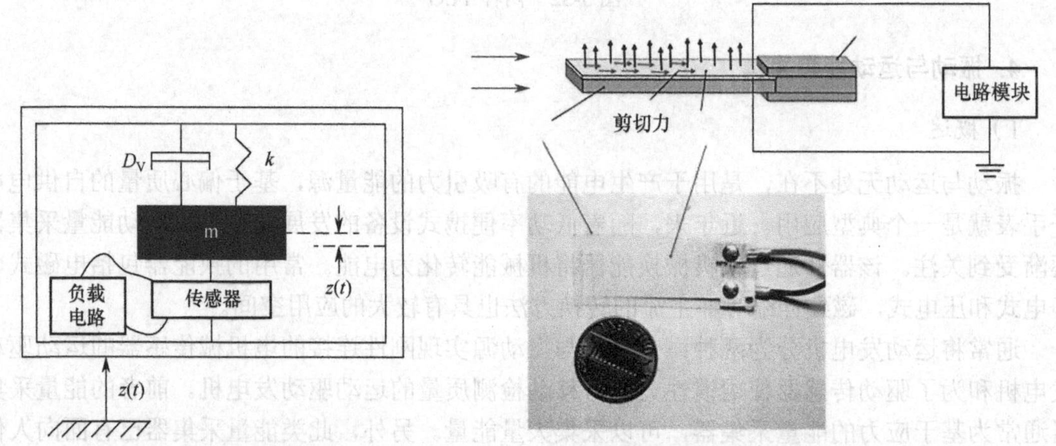

图 5-53　谐振采集器的模型　　图 5-54　典型的 MEMS 静电能量采集器

（2）压电式换能。

当压电材料发生变形时，压电晶体单元中的正电荷和负电荷的质心不完全重合。这样的失配导致电池电极化，可以利用该特性从连接到压电材料表面的导体中抽取电荷。

大多数压电能量采集器基于弯曲的机械元件，即悬臂梁或薄膜，其允许的谐振频率为几十到几百赫兹，该范围能够匹配周围环境振动的主频率。锆钛酸铅（PZT）是能量采集器常用的压电材料。

由于适合采用标准的溅射沉积技术，氮化铝（AlN）近年来获得了更多关注。基于 AlN 的风致振动能量采集器的基本结构如图 5-55 所示，主要包括钝体、防撞块、弹性梁、固定端及 MEMS 能量采集单元。

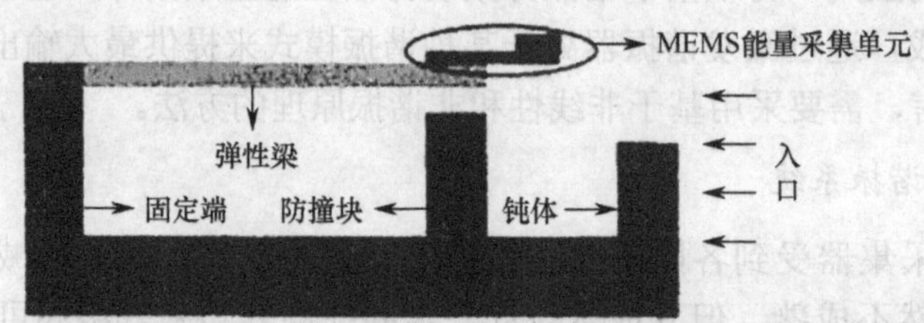

图 5-55　基于 AlN 的风致振动能量采集器的基本结构

风从入口进入，经过钝体后产生扰动，当风速高于弹性梁的临界风速时，弹性梁产生大幅振动，弹性梁与防撞块碰撞，带动弹性梁自由端的 MEMS 能量采集单元振动，导致 MEMS 能量采集单元的压电薄膜变形，引起位于压电膜上下表面的两个金属电极产生交变电势差，利用该电势差为负载供电。

（3）电磁式换能。

根据法拉第电磁感应定律，通过导体线圈的磁通量变化会引起电动势。对于能量采集器来说，磁通量通常来自永磁体。连接到线圈或磁铁的质量块的运动会引起磁通量变化，从而在线圈中产生电流。

电磁能量采集器由振动板组成，在振动板上装有一组微磁，微磁与一个平行的静态线圈耦合。电能由振动的磁铁产生，进入电路的电量取决于线圈和磁铁的设计。基于 NdFeB 磁体的电磁能量采集器如图 5-56 所示，线圈是固定的，NdFeB 磁体附着在具有悬臂形状的振动结构上，质量块重 0.06g，振动频率为 52Hz，能产生 46μW 的功率。

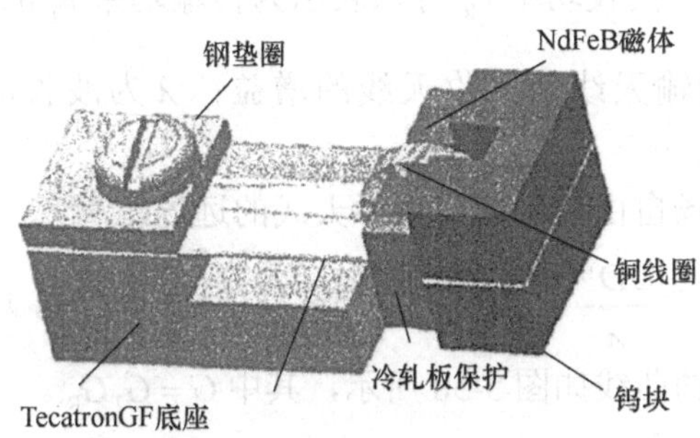

图 5-56　基于 NdFeB 磁体的电磁能量采集器

3）小结

在许多环境中存在机械振动。它们构成了一种有趣的能源，这种能源可以转换为电能，为无线传感器网络节点供电。这种转换可以通过电磁式、静电式和压电式换能器实现。在机械环境中，典型的振动频率为几十到几百赫兹。体积为几立方厘米的惯性能量采集器可以在机械环境下产生几十到几百微瓦的功率，这足以为简单的传感器供电。然而，惯性设计不适用于振动频率低于 10Hz 的人体环境。在这种情况下，需要基于非线性原理进行设计。

5. 远场 RF 能量采集

1）概述

在不能基于温度、振动或光线进行能量采集的环境中，可以考虑使用微波功率传输（Microwave Power Transmission，MPT）方式进行能量采集。MPT 可以被直接用于驱动传感器节点或在远处为电池或电容充电。无线传输信号的中断功率与采集孔径的大小成比例。大量的微型自动传感器的特征是具有极低功耗或大占空比，如温度传感器和在场探测器。因此，具有相对小的采集孔径的微型射频（Radio Frequency，RF）能量采集装置的应用具有可行性。

使用无线电波进行远场无线功率传输的历史可以追溯到 Heinrich Hertz 在 1880 年所做的实验，该实验验证了麦克斯韦的电磁场理论。1960 年，Brown 实现了微波动力模型直升机。为 Glaser 提出太阳能发电卫星（Solar Power Satellite，SPS）概念奠定了基础。SPS 概念提供了一种可选择的能量来源，根据 SPS 概念，太阳能被采集并转换为 RF 能量，最终转换为电能。

短距离器件聚焦可获得的工业、科学和医疗（ISM）射频波段包括 0.9GHz、2.4GHz、5.8GHz 等，其波长足够短。

2）基本原理

通用 RF 能量采集系统如图 5-57 所示。在一些情况下，整流电路和负载之间会有低通滤波器。

在图 5-57 中显示微波源、发射天线和远场自由空间说明了远场自由空间的传输效果，远场指与天线有足够有效距离的区域，使得电磁场波局部表现为横电磁波（Transverse Electromagnetic Wave，TEM）。远场的功率分布只是方向的函数，而不是距离的函数。

对于一个双天线系统，接收功率 P_R 可以表示为传输功率 P_T 的函数：$P_R = P_T \dfrac{G_T G_R \lambda^2}{(4\pi)^2 R^2}$。其中，$G_T$ 和 G_R 分别为传输天线和接收天线的增益；λ 为波长的平方；R 为两根天线间的距离。

上述函数关系仅在远场自由空间内有效。天线的远场距离 r_{ff} 与天线的长度 D 和所传输电磁波的波长有关，即 $r_{ff} \geqslant \dfrac{2D^2}{\lambda}$。当 $\lambda = 0.125\text{m}$（$f = 2.40\text{GHz}$）时，归一化功率 P_R/P_T 随两根天线间的距离 R 变化的曲线如图 5-58 所示，其中 $G = G_T G_R$。

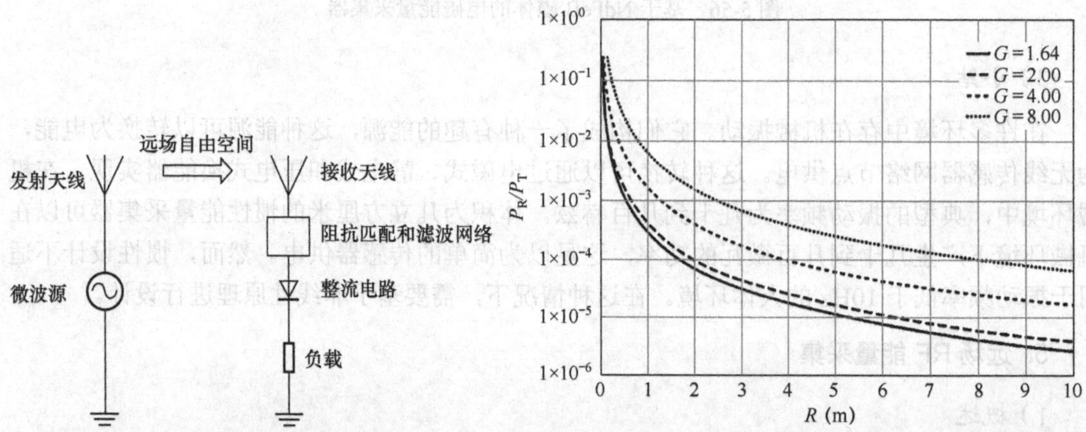

图 5-57 通用 RF 能量采集系统

图 5-58 当 $\lambda = 0.125\text{m}$ 时，归一化功率随距离变化的曲线

可以通过使用具有较大增益的天线来进行功率补偿。由图 5-58 可知，在实际情况下，可以利用的功率很小，因此必须将 RF 能量转换为可使用的直流功率。

阻抗匹配和滤波网络：为了使能量转换效率最大化，需要将接收天线的阻抗匹配到整流电路中。整流电路由一个或多个非线性元件组成，如肖特基二极管会产生频率为工作频率几倍的信号。阻抗匹配和滤波网络可以防止这些信号利用 RF 采集器的接收天线再次向外辐射。如果不使用标准天线（如输入阻抗为 50Ω 的天线），可以设计一个专用天线，使其共轭匹配到整流电路中，从而可以忽略阻抗匹配和滤波网络。

共轭匹配：由于存在共轭匹配，高次谐波分量不会匹配到天线，所以其不会向外辐射。在 0dBm RF 等级下，如果忽略阻抗匹配和滤波网络的影响，共轭匹配可以将能量转换效率从 40%提升至 52%。

6. 发展趋势

能量存储系统与智能传感器密切相关，能量存储系统可以为智能传感器提供稳定的能量，在一定程度上解决其在工作中可能出现的能量不足或无法接入外部电源的问题。

由于在太阳能热驱动电池中需要使用储量较少、价格昂贵的锑，所以其成本较高，导致热电能量采集技术的进一步发展面临严峻挑战。开发具有低成本、高热电品质因子（ZT）的热电材料的需求十分迫切，Heusle 混合物、方钴矿和笼形结构化合物受到了研究人员的关注。此外，能够显著降低热导率、具有多种纳米结构的小尺寸材料（如纳米线和超晶格）越来越流行。

为了进一步推动振动能量采集器的商用，研究人员正开发专用电源控制电路，基于器件的 MEMS 的可靠性研究也受到了关注。对于压电 MEMS 器件，高性能薄膜材料的发展有待探索。

微型天线传感器的商用可行性已被证实，当前的研究目标是将天线连接到无线自动传感器中，用于给电池或电容充电。为了保证传感器的小尺寸，天线必须同时具有能量采集和数据传输功能。此外，集成能量采集天线、通信天线和电池的一体化方案也在研究中。

能量存储系统具有很大的研究和探索空间。新电极材料的发展和应用有利于提高能量密度，封装结构的优化也能提高超级电容器和电池的能量密度。能量存储系统的大部分空间由无作用的部分占据，如衬底、阻挡层、封装和其他不能在能量存储中起直接作用的材料。

一些新兴的低功耗无线通信技术（如 LoRaWAN、NB-IoT 等）由直接集成的超级电容器提供能量。能量存储技术的发展及其与智能传感器的关系逐渐紧密，未来将有更多高效节能的智能传感器被应用于各个领域。

5.4 智能检测系统实例

5.4.1 物理传感器的智能化——智能压力传感器

1. 压力传感器的工作原理

压力传感器是能感受到压力信号并能按照一定的规律将压力信号转换为可输出的电信号的器件或装置，通常由敏感元件和信号处理单元组成，可以分为表压传感器、压差传感器和绝压传感器。

压力传感器在工业上应用较多，广泛应用于各种工业自控环境，涉及水利水电、铁路交通、航空航天、石化、电力、管道等领域。在航空航天领域，液氢供应系统是火箭发动机试车台的重要组成部分，为了保证试车台的顺利工作，需要实时监测液氢供应系统的工作状态，其中氢储箱顶部压力（P_{ohr}）和氢泵前阀入口处压力（P_{xr}）十分重要。

试车台采用的是应变式压力传感器，这种传感器利用金属的电阻应变效应，将被测物体的变形转换为电阻变化，再通过转换电路将其转换为电信号并输出。

2. 压力传感器的故障

1）常见故障

压力传感器的常见故障及其产生原因如表 5-7 所示。

表 5-7 压力传感器的常见故障及其产生原因

故障类型	产生原因
偏差故障	存在偏置电流或偏置电压
冲击故障	电源和地线中存在随机干扰，出现涌浪、电火花放电，D/A 转换器中存在毛刺
断路故障	信号断线、芯片引脚没连接好
短路故障	污染引起桥路腐蚀、电路短路
周期性干扰故障	电源（50Hz）干扰
漂移故障	温漂、零漂

不同故障下压力传感器的输出信号如图 5-59 所示。

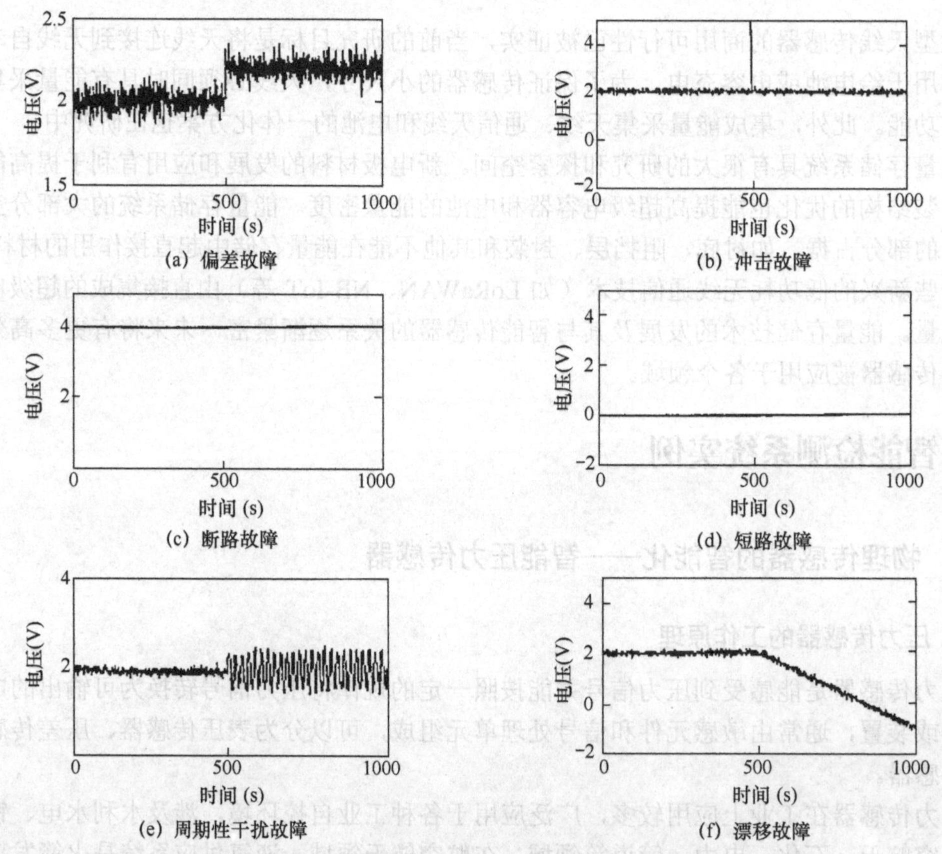

图 5-59 不同故障下压力传感器的输出信号

2）压力传感器的故障分类

（1）按故障信号的幅度分类。

- 软故障。软故障的故障信号幅度小，如偏差故障和漂移故障。

- 硬故障。硬故障的故障信号幅度大，如短路故障和断路故障。

（2）按故障存在时间分类。

- 间歇性故障。间歇性故障指故障断断续续出现，如冲击故障。
- 永久性故障。永久性故障指发生故障后不能恢复正常，如断路故障。

（3）按故障变化速率分类。

- 突变型故障。突变型故障的故障信号变化速率大，如周期性干扰故障。
- 缓变型故障。缓变型故障的故障信号变化速率小，如漂移故障。

3. 智能压力传感器故障诊断方法

主成分分析（PCA）作为一种建立多传感器解析模型的有效工具，可以用于传感器故障诊断。但是，主成分分析只考虑了多传感器的相关性，而没有考虑单传感器输出序列的相关性。在采样频率较高的情况下，这种相关性是不应该被忽略的。多尺度主成分分析（Multiscale Principal Component Analysis，MSPCA）将多传感器的相关性与单传感器输出序列的相关性结合起来，在各尺度上建立基于小波系数的主成分分析模型。

与传统的 PCA 相比，MSPCA 在传感器故障检测方面具有一定优势，它可以利用传感器信号进行小波变换，在各尺度上分别建立 PCA 模型，利用多个模型实现对传感器故障的全面检测。同时，在检测到传感器故障后，可以根据传感器有效度指标（Sensor Validity Index，SVI）对发生故障的传感器进行辨识。贡献率方法只能给出定性标准，而根据 SVI 对发生故障的传感器进行辨识的方法可以给出定量标准，而且能够区分异常操作造成的故障和传感器自身故障。

在小波变换过程中，时频窗的自适应性导致其具有“高频低分辨率”，进而限制了基于小波变换的 MSPCA 对高频故障的检测性能。由于小波分析可以将细尺度进一步分解，从而解决“高频低分辨率”的问题，所以利用基于小波分析的 MSPCA 在确定最佳分解树的所有节点上建立 PCA 模型，同样可以实现对传感器故障的全面检测。这种方法不仅可以对渐变类故障进行检测，还可以获得比基于小波变换的 MSPCA 更好的高频故障检测性能。

下面介绍基于多尺度主成分分析的故障诊断方法。

（1）多尺度主成分分析原理。

利用小波变换的多分辨分析特性可以在不同的尺度上得到信号的细节，该特性具有时频和局部化特征。多分辨分析如图 5-60 所示。

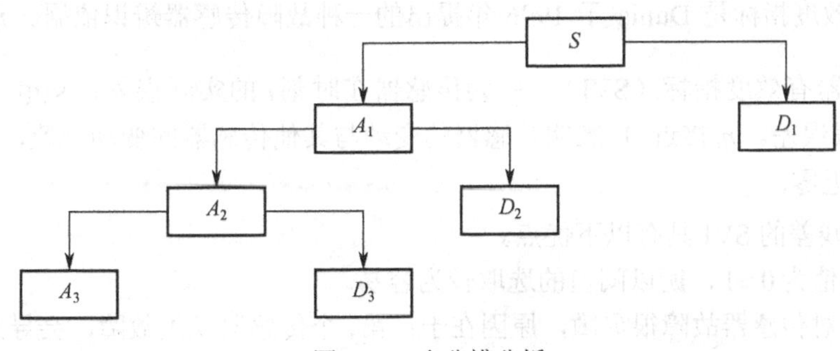

图 5-60　多分辨分析

通过多分辨分析，可以将低频部分分解，高频部分则不予考虑。在图 5-60 中 $S = A_3 + D_3 + D_2 + D_1$；如果要进一步分解，则可以将低频部分 A_3 分解为低频部分 A_4 和高频部分

D_4，以此类推。

多尺度主成分分析的思路是对各传感器进行多分辨分析，然后将所得到的在相同尺度上的分解系数组成系数矩阵，在此基础上建立多个主成分分析模型。多尺度主成分分析模型的建立如图 5-61 所示，这里对 n 个传感器进行了 3 层多分辨分析。

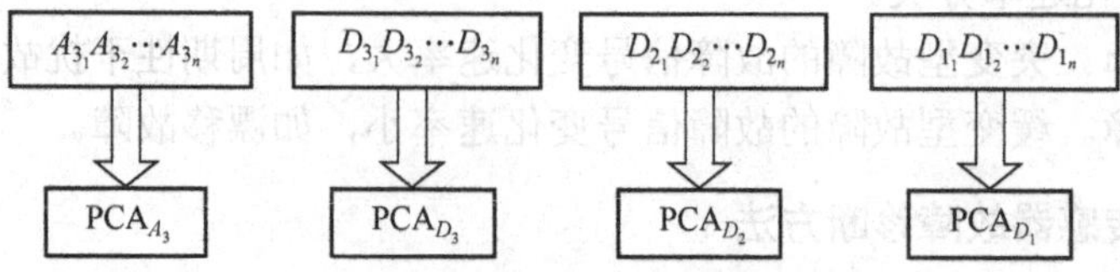

图 5-61　多尺度主成分分析模型的建立

PCA 模型将过程数据向量投影到两个正交的子空间（主成分空间和残差空间），分别建立相应的统计量并进行假设检验，以判断运行状况。

贡献率方法是一种基于 PCA 模型的简单故障诊断方法，该方法能反映各变量的变化对系统模型稳定性的影响，从而实现故障特征分离。第 j 个传感器对时刻 i 的 T^2 和 Q 统计量的贡献率分别定义为

$$T_{ij}^2 = \hat{X}_{ij}^2 \tag{5-32}$$

$$\mathrm{SPE}_{ij} = e_{ij}^2 = (X_{ij} - \hat{X}_{ij})^2 \tag{5-33}$$

式中，X_{ij} 为第 j 个传感器在时刻 i 测得的值；$\hat{X}_{ij}$ 为 X_{ij} 的估计；T_{ij}^2 为第 j 个传感器对时刻 i 的 T^2 统计量的贡献率；SPE_{ij} 为第 j 个传感器在时刻 i 的平方预报误差。

对于 Q 统计量，当新测量数据的 SPE 超过控制限时，可以绘出各变量的贡献率曲线。显然，对 SPE 有较高贡献率的变量最有可能发生故障。如果基于主成分空间的 T^2 统计量超出了控制限，可以根据 $\hat{X}_{ij}$ 对 T_{ij}^2 的贡献率，判定各变量的变化率，从而确定故障源。

需要指出的是，这种基于 PCA 模型的贡献率方法比较简单，其以系统过程变量之间的关联为依据进行故障诊断，无法在故障与变量之间建立一种一一对应的因果关系，即无法进行直接的故障诊断，而只能显示一组与该故障相关的变量。对于传感器来说，由于在故障时只破坏一个变量与其他变量的关系，所以运用该方法可以有效地进行故障传感器辨识。

传感器有效度指标是 Dunia 于 1996 年提出的一种故障传感器辨识依据。$\eta_i^2 = \dfrac{E_i}{\mathrm{SPE}_i}$，其中，$\eta_i$ 为传感器有效度指标（SVI）；E_i 为传感器在时刻 i 的实际误差；SPE_i 为传感器在时刻 i 的平方预报误差。η_i 接近 1 表明传感器的变动与其他传感器的变动一致，当传感器发生故障时，η_i 接近零。

基于 E 型残差的 SVI 具有以下优点。

- 由于其值为0~1，所以阈值的选取较为容易。
- 该指标对传感器故障很灵敏，原因在于：第 i 个传感器发生故障，会导致 A 型残差增大，而 E_i 不受影响，因为在计算过程没有使用第 i 个测量值，所以 η_i 趋于零。

贡献率方法只能给出定性标准，而利用 SVI 可以给出定量标准，因此后者的实用性更强。当利用 η_i 进行故障传感器辨识时，需要注意以下两个问题。

- 当对测量值进行分步假设时，缺少关于置信区间的理论计算。这是由于 D 型残差与 A 型残差具有依赖性，使得两种残差之比的期望与两种残差的期望之比不一致，所以只能依据历史数据进行置信区间估计。
- 当无故障发生时，SVI 可能发生振荡。这种振荡是由暂态过程和测试噪声引起的，可以通过增加一个滤波器来消除其影响。

（2）多尺度主成分分析故障诊断模型。

多尺度主成分分析故障诊断模型如图 5-62 所示。

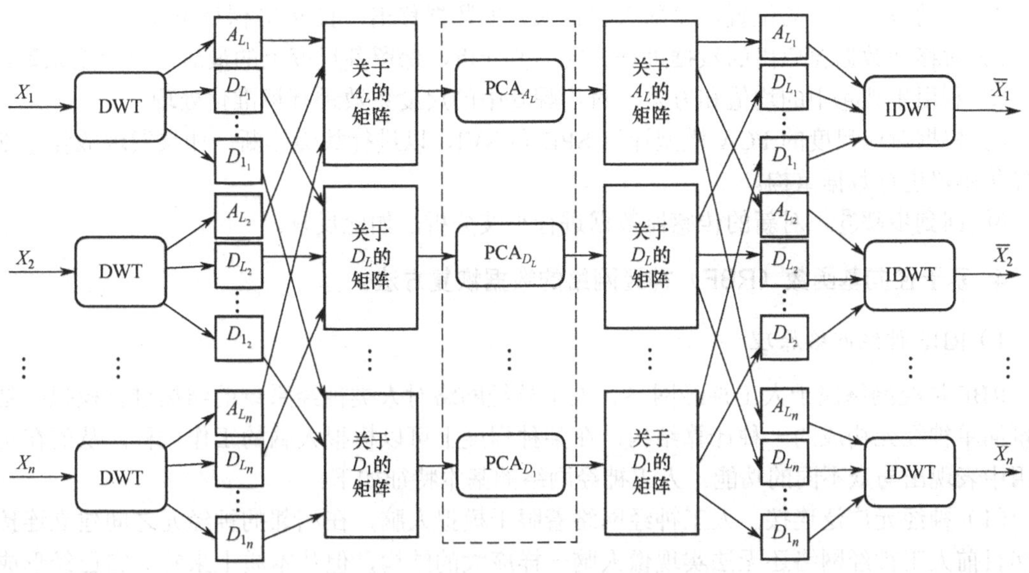

图 5-62　多尺度主成分分析故障诊断模型

在图 5-62 中，对传感器信号进行离散小波变换（DWT），得到各尺度下的分解系数 $A_{L_i},D_{L_i},\cdots,D_{1_i}$，将相同尺度的系数组合，形成关于 $A_L,D_L,\cdots,D_1$ 的系数矩阵；根据系数矩阵建立主成分分析模型 $\mathrm{PCA}_{A_L},\mathrm{PCA}_{D_L},\cdots,\mathrm{PCA}_{D_1}$，在这些模型上实现传感器故障检测与辨识；形成新的关于 $A_L,D_L,\cdots,D_1$ 的系数矩阵；进行离散小波逆变换（IDWT），最终实现故障传感器的数据重构。

多尺度主成分分析故障诊断模型主要根据 SPE 检测传感器故障、利用 SVI 进行故障传感器辨识、采用迭代解析公式的重构方式对故障传感器数据进行重构。利用图 5-62 中的模型进行数据重构得到的是小波变换多分辨分析的尺度系数，因此为了得到原始量纲的数据，需要对各传感器的重构小波分解系数进行逆标准化，得到原始量纲的数据，再进行离散小波逆变换。

进行小波变换多分辨分析需要具有一定长度的历史数据，但为了保障诊断的实时性，应设计一个移动数据窗口，如图 5-63 所示。

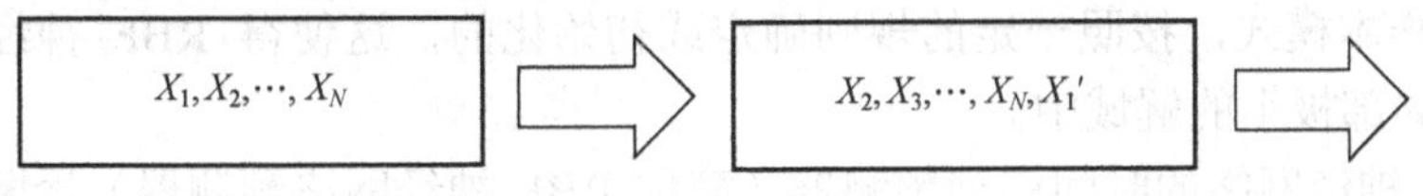

图 5-63　移动数据窗口

该移动数据窗口存放着历史数据$X_1,X_2,\cdots,X_N$，在实时诊断中移入需要检测的新数据，去掉旧数据，得到$X_2,X_3,\cdots,X_N,X_1'$，保障移动数据窗口的长度不变。

多尺度主成分分析故障诊断过程如下。

① 设移动数据窗口长度$W=2^N$，N为任意正整数。

② 预先采样传感器输出数据（长度为W）。

③ 对移动数据窗口内的数据进行L层小波分析，在各尺度上获得对应的尺度系数。

④ 根据相关传感器的系数矩阵建立PCA模型，并保留各尺度系数的均值和方差。

⑤ 移动数据窗口的位置，将新数据移入、旧数据移出，长度W保持不变。

⑥ 对移动数据窗口内的数据进行L层小波分析，保留各尺度上的最后一个尺度系数。

⑦ 利用步骤④中的均值和方差，对步骤⑥中的尺度系数进行标准化处理。

⑧ 根据对应尺度的PCA模型计算SPE和SVI，以进行故障诊断。如果发现故障，则对故障传感器进行数据重构。

⑨ 回到步骤⑤，对新的传感器数据进行小波分析，如此反复。

4. 基于径向基函数（RBF）神经网络的数据恢复方法

1）RBF神经网络原理

RBF神经网络属于人工神经网络。人工神经网络对人类神经系统的结构进行模拟，是由大量简单神经元构成的一种计算结构，在某种程度上可以模拟人脑的工作过程，从而在实际应用中表现出与众不同的功能。人工神经网络的基本特征如下。

（1）神经元广泛连接。人工神经网络着眼于模拟人脑，在相邻的神经元之间建立连接。虽然目前人工神经网络还无法实现像人脑一样庞大的结构，但从本质上来看，它已经形成了广泛连接的巨型系统。

（2）可以分布式存储信息。信息存储在神经元节点和神经元之间的连接权值内，实现了信息的分布式存储，使得人工神经网络具有很强的鲁棒性。

（3）具有并行处理功能。人工神经网络实现了信息的分布式存储，为实现信息的并行处理创造了条件，大大提高了运算效率。

（4）具有自学习、自组织和自适应功能。学习功能是人工神经网络的一个重要功能，人工神经网络可以根据学习样本对网络结构进行调整，从而更好地满足应用的需要。同时，强大的学习能力使人工神经网络在应用中表现出强大的自组织和自适应能力。

在传感器的故障诊断应用中，人工神经网络可以通过对样本的学习掌握系统的物理规律，无须对传感器的测量信号进行模型假设，具有较强的鲁棒性。因此，它具有传感器故障诊断的硬件冗余法和解析冗余法的优点，应用范围广。

RBF神经网络是一种性能良好的前向网络，与BP神经网络或线性网络相比，它能够较好地解决局部极小问题。另外，BP神经网络或线性网络的初始权重值是随机产生的，而RBF神经网络的相关参数（如具有重要性能的隐含层神经元的中心向量和宽度向量）则是根据训练集中的样本模式，按照一定的规则确定或初始化的，这使得RBF神经网络在训练过程中不易陷入局部极小的解域中。

基于RBF神经网络的时间序列预测器（简称RBF神经网络预测器）诊断传感器故障的原理如下：利用RBF神经网络建立关于传感器输出时间序列的神经网络预测模型，然后利用该模型对传感器的输出值进行预测，与传感器实际输出值进行比较，从而判断传感器是否发生故障。利用这种方法可以诊断系统中多个传感器的故障及多种类型的故障。

利用 RBF 神经网络进行传感器故障诊断的步骤如下：将传感器输出的前 m 个数据 $x(1), x(2), \cdots, x(m)$ 作为网络输入，将传感器输出的第 $m+1$ 个数据 $x(m+1)$ 作为网络输出，进行在线训练，设置迭代次数或收敛精度，将其作为训练终止条件。然后，将数据向前递推一步，将 m 个数据 $x(2), x(3), \cdots, x(m+1)$ 作为网络输入，预测第 $m+2$ 个数据 $x(m+2)$，将其与传感器实测值 $\hat{x}(m+2)$ 进行比较，得到残差，如果残差小于设定的阈值，则将 $x(2), x(3), \cdots, x(m+1)$ 作为网络输入，将 $x(m+2)$ 作为网络输出，进行在线训练，如果残差大于设定的阈值，则可以判断传感器发生了故障。以此类推，完成样本的在线训练和传感器故障诊断。

2）RBF 神经网络结构

RBF 神经网络由输入层、隐含层和输出层组成，如图 5-64 所示。输入层节点只将输入信号传至隐含层，隐含层节点由与高斯核函数类似的辐射状函数构成，输出层节点通常是简单的线性函数。设输入层、隐含层、输出层的神经元数分别为 R、M、N，输入向量 $\boldsymbol{X}=[x_1, x_2, \cdots, x_R]^{\mathrm{T}}$，输出向量 $\boldsymbol{Y}=[y_1, y_2, \cdots, y_N]^{\mathrm{T}}$。

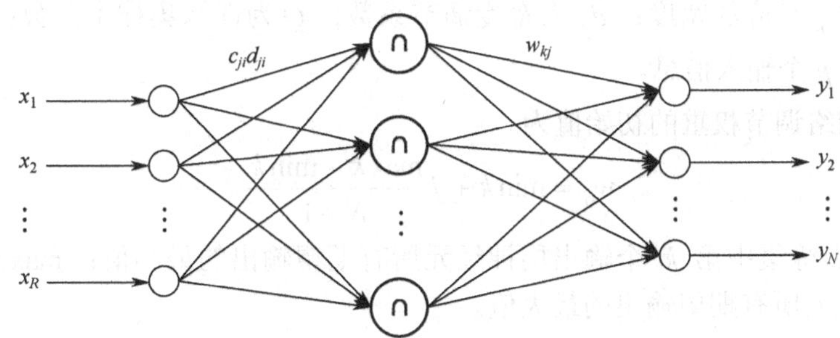

图 5-64　RBF 神经网络结构

第 j 个隐含层神经元的输入与输出的关系为

$$z_j = \exp\left(-\left\|\frac{\boldsymbol{X}-\boldsymbol{C}_j}{\boldsymbol{d}_j}\right\|^2\right),\ j=1,2,\cdots,M \tag{5-34}$$

式中，z_j 为第 j 个隐含层神经元的输出；$\boldsymbol{C}_j$ 为第 j 个隐含层神经元的中心向量，$\boldsymbol{C}_j=[C_{j1}, C_{j2}, \cdots, C_{jR}]^{\mathrm{T}}$；$\boldsymbol{d}_j$ 为第 j 个隐含层神经元的宽度向量，与 $\boldsymbol{C}_j$ 对应，$\boldsymbol{d}_j=[d_{j1}, d_{j2}, \cdots, d_{jR}]^{\mathrm{T}}$。在确定了 RBF 神经网络的中心向量后，映射关系就确定了，可以将输入向量直接映射到隐含层空间，不需要连接权值。

输出层神经元的输入与输出的关系为

$$y_k = \sum_{j=1}^{M} w_{kj} z_j,\ k=1,2,\cdots,N \tag{5-35}$$

式中，y_k 为第 k 个输出层神经元的输出；w_{kj} 为第 k 个输出层神经元与第 j 个隐含层神经元的调节权重。也就是说，从隐含层空间到输出层空间为线性映射，网络的输出是隐含层输出的线性加权和。

3）RBF 神经网络的学习算法

在 RBF 神经网络的学习算法中，关键问题是要合理确定隐含层神经元中心参数。RBF 神经网络隐含层神经元的中心不是训练集中的某些样本点或样本的聚类中心。我们需要通过学习来获取中心参数，使其能够较好地反映训练集所包含的信息。可以采用有监督学习法来确定 RBF 神经网络的中心参数，中心参数的初始值为

$$C_{ji}=\min i+\frac{\max i-\min i}{2M}+(j-1)\frac{\max i-\min i}{M} \tag{5-36}$$

式中，C_{ji} 为第 i 个隐含层神经元与第 i 个输入层神经元对应的中心参数；$\min i$ 为训练集中第 i 个输入层神经元的所有输入信息的最小值；$\max i$ 为训练集中第 i 个输入层神经元的所有输入信息的最大值。

宽度向量影响隐含层神经元对输入信息的作用范围。宽度越小，相应隐含层神经元作用函数的形状越窄，处于其他神经元中心附近的信息在该神经元处的响应越小。宽度的初始值为

$$d_{ji}=d_f\sqrt{\frac{1}{Q-1}\sum_{p=1}^{Q}(x_{pi}-C_{ji})^2} \tag{5-37}$$

式中，d_{ji} 为与 C_{ji} 对应的宽度；d_f 为宽度调节系数；Q 为训练集样本总数；x_{pi} 为第 i 个输入层神经元的第 p 个输入信息。

RBF 神经网络调节权重的初始值为

$$w_{kj}=\min k+j\frac{\max k-\min k}{N+1} \tag{5-38}$$

式中，$\min k$ 为训练集中第 k 个输出层神经元所有期望输出的最小值；$\max k$ 为训练集中第 k 个输出层神经元所有期望输出的最大值。

这里采用梯度下降法对 RBF 神经网络进行训练方法选择梯度下降法。中心参数、宽度和调节权重均通过学习进行自适应调节。迭代公式为

$$\begin{cases}C_{ji}(t)=C_{ji}(t-1)-\eta\dfrac{\partial E}{\partial C_{ji}(t-1)}+\alpha[C_{ji}(t-1)-C_{ji}(t-2)]\\ d_{ji}(t)=d_{ji}(t-1)-\eta\dfrac{\partial E}{\partial d_{ji}(t-1)}+\alpha[d_{ji}(t-1)-d_{ji}(t-2)]\\ w_{kj}(t)=w_{kj}(t-1)-\eta\dfrac{\partial E}{\partial w_{kj}(t-1)}+\alpha[w_{kj}(t-1)-w_{kj}(t-2)]\end{cases} \tag{5-39}$$

式中，$C_{ji}(t)$ 为在第 t 次迭代计算时第 j 个隐含层神经元与第 i 个输入层神经元对应的中心参数；$d_{ji}(t)$ 为与中心参数 $C_{ji}(t)$ 对应的宽度；$w_{kj}(t)$ 为第 k 个输出层神经元与第 j 个隐含层神经元在第 t 次迭代计算时的调节权重；η 为学习因子；α 为动态因子；E 为 RBF 神经网络评价函数，E 为

$$E=\frac{1}{2}\sum_{p=1}^{Q}\sum_{k=1}^{N}(o_{pk}-y_{pk})^2 \tag{5-40}$$

式中，o_{pk} 为第 k 个输出层神经元与第 p 个输入信息对应的期望输出；y_{pk} 为第 k 个输出层神经元与第 p 个输入信息对应的网络输出。

5. 智能压力传感器实例及发展方向

充油介质隔离式压力传感器是苏州敏芯微电子技术股份有限公司研制的一种 MEMS 压力传感器，其核心敏感元件由自主研发的高性能 MEMS 压力传感器芯片搭载电桥放大标定专用集成电路调理芯片构成。充油介质隔离式压力传感器如图 5-65 所示，其可以应用于水压测量、油压测量、各类气体压力测量，也可以在工控设备、汽车及各类变送器中应用。压力感应模组通过不锈钢金属膜片进行介质隔离，能够在各种介质下提供良好的线性模拟输出，是一款低成本的民用压力传感器。

图 5-65　充油介质隔离式压力传感器

苏州敏芯微电子技术股份有限公司创立于 2007 年，主导推动了中国 MEMS 产业链的构建，被誉为产业拓荒者，是掌握多品类 MEMS 芯片设计和制造工艺的企业。目前拥有 4 家子公司，是 MEMS 产业链研发与本土化的践行者，曾获得“中国半导体 MEMS 十强企业”“中国传感器公司 TOP10”“中国 IC 设计成就奖”等荣誉，引领 MEMS 技术创新与生产应用，打造 MEMS 技术平台型企业，致力于成为全球领先的 MEMS 解决方案提供者。

目前，智能压力传感器在工业生产、医疗保健、军事国防等领域有广泛应用。在工业生产领域，智能压力传感器可以检测汽车焊接强度与质量，以及炼油过程中精馏塔内不同层次的压力变化；在医疗保健领域，智能压力传感器可以监测长期卧床的病人的体位变化，有助于预防褥疮，也可以在血液透析过程中监测血管内部压力以避免血管破裂；在军事国防领域，智能压力传感器可以在潜艇深海运行过程中监测水下压强等物理参数，也可以通过监测枪管内的压力变化来控制武器瞄准精度。

近年来，智能压力传感器在多参数监测、远程监控、可视化操作、数据处理与分析等方面都取得了实质性进展，但仍存在两个主要问题：①稳定性问题，工作环境不同、气体与液体介质不同等因素会导致传感器稳定性差；②技术门槛高，智能压力传感器研发需要掌握多种技术，了解机械结构设计、电子器件应用、数据传输等方面的知识。

未来，智能压力传感器的主要发展方向如下。

（1）非接触式传感技术：非接触式传感技术可以提高传感器的稳定性和可靠性，减小对被测物体的影响。

（2）高精度和高分辨率：通过使用先进的检测设备与技术，可以使智能压力传感器的精度和分辨率不断提高。

（3）智能化控制：借助人工智能技术，可以实现对智能压力传感器的智能化控制和管理，如预测故障、优化操作等。

（4）低功耗设计：采用低功耗设计可以延长电池使用寿命，降低成本。

5.4.2　化学传感器的智能化——智能化学传感器阵列

1. 引言

化学分析的主要挑战之一是解决典型的化学传感器缺乏选择性的问题。近年来，人们对信号处理领域的信息融合技术较为关注，以解决与化学传感器有关的干扰问题。但在可供选择的方法中，传感机制是基于传感器集合的，而集合中的单传感器对于给定分析物不必具有高度选择性。这种方法背后的原理通常被称为智能传感器阵列（Smart Sensor Array，SSA），其基于以下设想：虽然阵列中的传感器可能会对多种化学物质做出响应，但如果响应之间存在足够的差异，就可以应用先进的信号处理方法来检测化学物质或估计其浓度。

大多数智能化学传感器阵列是基于有监督方法的，需要校准（或训练）样本，以调整所采用的信号处理参数。有监督方法的定量和定性分析在气味自动识别系统（电子鼻和舌头）中的应用非常成功。然而，这种方法存在两个重要的实际问题：一是训练样本的获取通常是一项对成本和时间有很高要求的任务；二是由于化学传感器存在响应漂移，所以在每次使用传感器阵列时都必须运行校准程序。

由于基于有监督方法的 SSA 存在上述问题，所以一些研究人员尝试开发基于无监督方法的系统，考虑通过仅利用阵列响应和与干扰现象发生有关的信息来调整 SSA 的数据处理区间，从而简化或去除校准程序。对于定量分析的无监督系统，需要解决盲源分离（Blind Source Separation，BSS）问题，BSS 的目标是仅基于对混合信号的观察来得到源信号。因此，在利用 SSA 进行定量分析时，源信号与所分析的每种化学物质的浓度变化对应，混合信号则由阵列响应给出。

2. 智能化学传感器阵列

1）电位传感器

给定化学物质的浓度变化能够引起电位传感器的电势变化。离子选择电极（Ion-Selective Electrode，ISE）是典型的电位传感器，如图 5-66 所示。敏感膜中的电势由电化学平衡引起，与目标离子的活性（可视为有效浓度）直接相关。

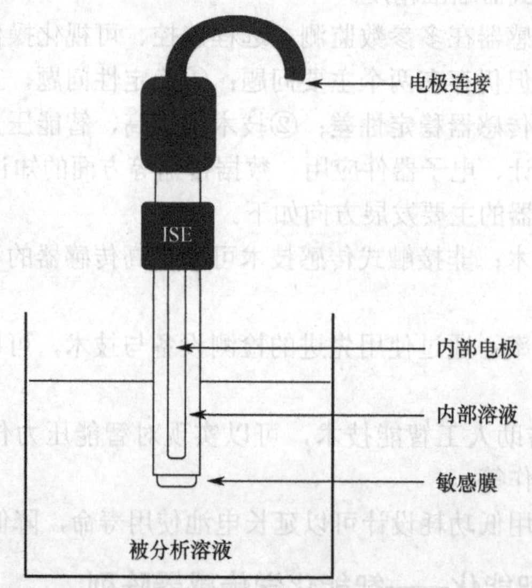

图 5-66　离子选择电极

玻璃电极是一种 ISE，可用于测量给定溶液的 pH 值；适合于检测铵离子、钾离子和钠离子的 ISE 已被广泛应用于食品和土壤检测、临床分析和水质监测等领域。这些 ISE 应用取得成功的原因之一是复杂度低。事实上，利用 ISE 进行分析并不需要复杂的实验设备和程序，在必要时可以在现场进行分析。而且 ISE 提供了具有较好经济性的解决方案。ISFET（Ion-Sensitive Field-Effect Transistor，ISFET）也是典型的电位传感器。在某种程度上，可以将 ISFET 看作 ISE 的小型化版本，因为两者的传导机制基本相同。

2）电位传感器的选择性问题

ISE 和 ISFET 等有一个重要的缺点，即不具有选择性，所产生的电位由目标离子和干扰离子决定，当目标离子和干扰离子具有相似的物理或化学特性时，测量结果具有一定的不确定性。

电位传感器中的干扰现象可以通过 Nicolsky-Eisenman（NE）公式来模拟。假设 s_i 和 s_j 分别对应目标离子的活动熵和干扰活动熵，电位传感器的响应为

$$x = e + d\lg\left(s_i + \sum_{j \neq i} a_{ij} s_j^{\ z_i/z_j}\right) \tag{5-41}$$

式中，x 表示电位传感器中的干扰程度；e 和 d 是取决于某些物理参数的常数；z_i 表示第 i 个离子的化合价；z_j 表示第 j 个离子的化合价；a_{ij} 为选择性系数，表示离子选择性电极对待测离子和干扰离子响应程度的判别，以模拟离子间的干扰。

3）化学传感器阵列

在 SSA 中，数据处理模块利用阵列的多样性来消除干扰造成的影响，数据处理模块是 SSA 的核心，它使 SSA 具有一定的灵活性，即通过进行较小的自动修正就可以开展不同类型的分析工作。在某种程度上，智能体现在 SSA 的适应性方面，SSA 还具有鲁棒性强和成本低等优势，通常采用简单且价格便宜的电极。此外，在嵌入式 SSA 中还应用了微控制器。化学 SSA 如图 5-67 所示。

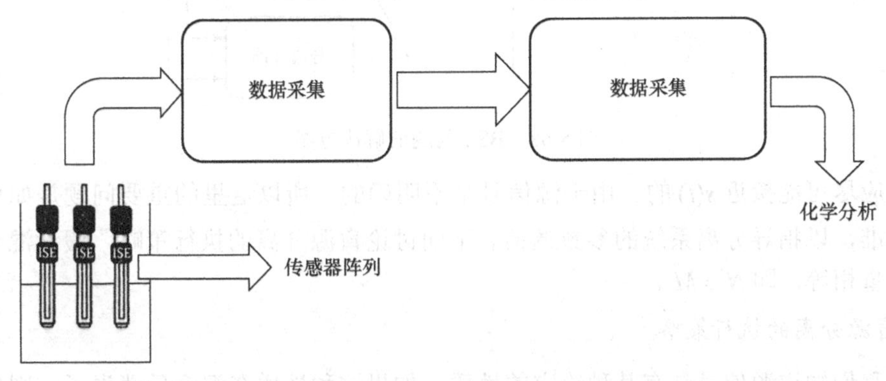

图 5-67　化学 SSA

SSA 所使用的信号处理方法可以根据所采用的范例来调整参数，如果使用的是一组训练（或校准）数据，则称该方法为有监督方法。在有监督方法中，需要进行一个数据校准。如果不需要考虑数据校准，则信号处理方法为无监督方法。

对于有监督的定性分析，需要考虑（有监督的）模式分类问题，可以利用机器学习技术来解决该问题，如利用多层感知机（MLP）和支持向量机。利用传感器阵列，可以将有监督的定量分析问题转化为多元回归问题。

当前，许多化学分析场景开始考虑采用无监督的定性分析，在这种情况下，由于训练点不可用，所以事先不知道应该分类的类别，可以利用 k-means 和自组织映射（Self-

Organizing Maps，SOM）等算法来处理。

我们讨论的 3 种信号处理任务（有监督的定性分析、无监督的定性分析和有监督的定量分析）已经被化学 SSA 协会所熟悉，但无监督的定量分析还处于起步阶段。

3. 盲源分离

当前，盲源分离（BSS）被广泛应用于生物信号处理、音频分析和图像处理。虽然 BSS 的构想很简单，但只有在信号处理中引入新的学习范式才能为其提供解决方案。采用基于二阶统计量的方法无法解决 BSS 问题。

1）问题描述

我们用 $\boldsymbol{s}(t)=[s_1(t),s_2(t),\cdots,s_N(t)]^{\mathrm{T}}$ 和 $\boldsymbol{x}(t)=[x_1(t),x_2(t),\cdots,x_M(t)]^{\mathrm{T}}$ 分别表示源信号和混合信号，用 $F(\cdot)$ 表示混合过程，则混合信号可以表示为 $\boldsymbol{x}(t)=F[\boldsymbol{s}(t)]$ 。BSS 的目标是仅基于对混合信号的观察来得到源信号，即不使用任何关于 $F(\cdot)$ 或 $\boldsymbol{s}(t)$ 的精确信息。需要强调的是，对于 SSA 来说，$\boldsymbol{s}(t)$ 对应所分析的化学物质浓度，$\boldsymbol{x}(t)$ 对应所记录的信号浓度。

BSS 问题的解决方案如图 5-68 所示，其基本思想是定义一个分离系统，信号 $\boldsymbol{y}(t)=G[\boldsymbol{x}(t)]$ 。

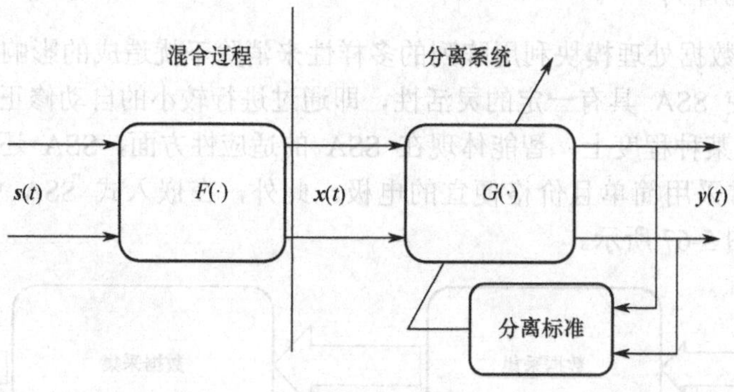

图 5-68 BSS 问题的解决方案

$\boldsymbol{y}(t)$ 应尽可能接近 $\boldsymbol{s}(t)$ 的。由于源信号是不明确的，所以这里的重要问题是如何制定一个分离标准，以指导分离系统的参数调谐。下面讨论盲源分离的执行策略，假设混合信号和源信号数量相等，即 $N=M$ 。

2）盲源分离的执行策略

假设我们知道源信号具有某种给定的性质，如果这种性质在混合后消失了，则建立分离标准的一个可能的想法是找到一个分离系统，使该系统所提供的估计值具有与源信号相同的给定性质。

3）独立成分分析方法

最初，设计独立成分分析（Independent Component Analysis，ICA）方法是为了处理线性和瞬时的混合过程，即该过程是没有记忆的。在这种情况下，可以将混合过程表示为

$$\boldsymbol{x}(t)=\boldsymbol{A}\boldsymbol{s}(t) \tag{5-42}$$

式中，$\boldsymbol{A}$ 为混合矩阵。通常假设传感器数量等于源信号数量，在这种情况下 $\boldsymbol{A}$ 为方阵，可以将分离系统定义为方阵。于是有 $\boldsymbol{y}(t)=\boldsymbol{W}\boldsymbol{s}(t)$ ，在理想情况下，分离矩阵 $\boldsymbol{W}=\boldsymbol{A}^{-1}$ 。

在 ICA 中，源信号被视为具体化的独立随机变量，由于其独立特性在进行线性混合处理后丢失，所以 ICA 的基本思想是通过调整 $\boldsymbol{W}$ 来使 $\boldsymbol{y}(t)$变得独立。对于至多有一个源信号服从高斯分布的情况，当且仅当 $\boldsymbol{WA}=\boldsymbol{PD}$ 时，$\boldsymbol{y}(t)$的独立是可以实现的，$\boldsymbol{P}$ 为置换矩阵，$\boldsymbol{D}$ 为对角矩阵。独立性的恢复有助于恢复源信号，但不可能确定其顺序和原始尺度，该限制被称为尺度歧义，之所以出现这种歧义，是因为统计独立性对于尺度来说具有不变性。

可以通过优化问题来实现 ICA，其成本函数与统计独立性的度量相关。在信息论背景下，可以将通常使用的度量定义为对比度函数。事实上，一组随机变量的互信息通常大于零，当且仅当这些变量相互独立时为零，这为统计独立性提供了自然度量。

4）贝叶斯方法

基于贝叶斯方法的 BSS 可以将能够用概率方式描述的先验信息合并，其通常认为源信号是独立的，因为贝叶斯方法不依赖于独立性的恢复过程。

基于贝叶斯方法的 BSS 旨在寻找一个可以正确解释数据的生成模型。令 $\boldsymbol{X}$ 为 $N\times T$ 的矩阵，以代表所有观察结果（包含 N 个混合信号的 T 个样本）；用矩阵 $\boldsymbol{\theta}$ 表示与问题相关的所有未知项，即混合过程中的源信号和系数。贝叶斯方法的关键概念是后验概率分布，即未知参数 $\boldsymbol{\theta}$ 与观测数据 $\boldsymbol{X}$ 相关的概率分布，该后验概率分布可以通过贝叶斯规则获得，可以表示为观察数据的生成模型。为了阐明这个想法，可以令 $N\times T$ 矩阵为 $\boldsymbol{X}$，以代表问题的所有观察结果（N 个混合物的 T 个样本）。此外，让矩阵 $\boldsymbol{\theta}$ 表示我们问题的所有未知项，即混合过程的源和系数。贝叶斯方法中的关键概念是后验概率分布，即未知参数 $\boldsymbol{\theta}$ 与观测数据 $\boldsymbol{X}$ 相关的概率分布，该后验分布可以通过贝叶斯规则获得，其表示如式（5-43）所示：

$$p(\boldsymbol{\theta}|\boldsymbol{X}) = p(\boldsymbol{X}|\boldsymbol{\theta})\frac{p(\boldsymbol{\theta})}{p(\boldsymbol{X})} \tag{5-43}$$

式中，$p(\boldsymbol{\theta}|\boldsymbol{X})$ 是似然函数，与所给出的混合模型直接相关。$p(\boldsymbol{\theta})$ 表示先验分布，应考虑用可用信息定义。例如，如果源信号是非负的（在化学阵列中就是这种情况），考虑先前的分布是自然的，因此其支持只取非负数。

在贝叶斯框架中，可以通过找到最大化后验分布的 $\boldsymbol{\theta}$ 来对其进行估计，这种策略被称为最大后验（Maximum a Posteriori，MAP）估计。也可以基于贝叶斯最小均方误差（Minimum Mean Square Error，MMSE）估计器进行估计，在这种情况下，通过取 $p(\boldsymbol{\theta}|\boldsymbol{X})$ 的期望值来得到估计量。

5）非线性混合

在一些实际情况中，线性近似不能很好地描述干涉模型，如在处理电位传感器时发生在传感器阵列处的混合过程是非线性的，因此必须通过非线性 BSS 来处理。

在非线性 BSS 中，一些混合模型对独立组分的还原不够。于是研究人员在考虑对 ICA 仍然有效的非线性模型的约束类的情况下，提出了基于 ICA 的解决方案，可以确保后非线性（Post-Nonlinear，PNL）模型的盲源分离。

PNL 模型的基本结构如图 5-69 所示。混合过程用混合矩阵 $\boldsymbol{A}$ 表示，分量函数用 $f_i(\cdot)$ 表示。假设源信号是独立的，且分量函数 $f_i(\cdot)$ 是单调的，则分离矩阵 $\boldsymbol{W}$ 和补偿函数 $g_i(\cdot)$ 可以通过独立恢复过程进行调整。

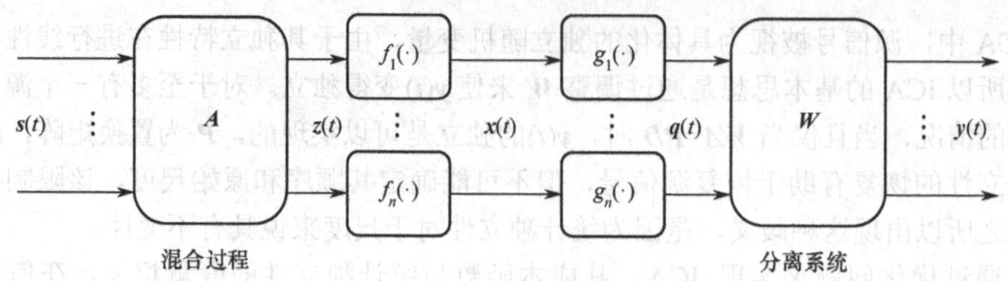

图 5-69 PNL 模型的基本结构

4. BSS 实用问题

1）尺度歧义的处理

在 BSS 中，受分离标准的影响，通常不能准确恢复源信号的幅度，因此总是存在尺度歧义。虽然对于许多应用来说，这种尺度歧义是可接受的，但在化学传感应用中，这种尺度歧义会出现问题，因为化学传感应用的主要目标是准确还原浓度，所以在完成分离后必须进行后处理，该阶段至少需要使用两个校准点。采用贝叶斯方法可以得到较好的估计结果，后处理阶段需要使用 3 个校准点。无监督方法虽然不可能在不使用任何校准点的情况下完全运行，但其需要使用的校准点很少，这使得无监督方法在实践中非常有利。

2）ISEA 数据集

ISEA 数据集中的数据是通过一系列离子选择电极阵列实验获得的，包括以下 3 种情况。

（1）分析含有 K^+ 和 NH_4^+ 的溶液。

（2）分析含有 K^+ 和 Na^+ 的溶液。

（3）分析含有 Na^+ 和 Ca^{2+} 的溶液。

这些数据可用于开发无监督的信号处理方法及有监督的解决方案。

5. 智能化学传感器的实例和发展方向

这里介绍 BSS 在电位传感器阵列中的应用，可以表明该应用是可行的，因为即使只有少量的校准点可用，也可以保障其正常工作。然而，在将源分离块并入商业化学分析仪之前，还需要研究许多问题，包括开发能对两种源信号进行分析的方法和寻找更精确的混合模型，这有助于提高估计质量，从而保障能够在对精度有较高要求的应用中使用源分离方法。

图 5-70 AOX4000 化学传感器

广州奥松电子有限公司研制的 AOX4000 化学传感器是一款基于荧光猝灭原理对环境中氧气分压进行测量的氧气传感器，如图 5-70 所示。该传感器内置气压传感器，可直接输出环境气压、氧气分压及氧气浓度，便于用户读取数据。与电化学传感器相比，AOX4000 化学传感器使用的是非损耗性氧敏材料，因此具有更长的寿命；它具有温度补偿功能，不需要额外的补偿系统。AOX4000 化学传感器非常稳定和环保，不含铅等有害物质，且几乎不受其他气体的干扰。

智能化学传感器将化学分析仪与计算机技术结合，实现对不同化学分子的快速、准确检测和定量分析，具有广阔的应用前景。目前，智能化学传感器主要用于环境监测、食品安全监测、医疗诊断等领域。在环境监测领域，智能化学传感器可以实现对空气中 VOCs（挥发性有机物）、N_xO_y（氮氧化物）和 O_3（臭氧）等污染物的实时监测和定量分析；在食品安全监测领域，智能化学传感器可以无损检测食品中的重金属、农药残留、细菌等污染物；在医疗诊断领域，智能化学传感器可以检测血液中的葡萄糖、胆固醇及病原体等。

目前，智能化学传感器的发展面临以下 3 个主要问题。

（1）传感器灵敏度和选择性需要进一步提高。智能化学传感器需要同时具备高灵敏度和良好的选择性，以实现准确检测和定量分析。

（2）技术成本较高。智能化学传感器需要使用复杂的硬件装置和软件开发技术，成本较高。

（3）应用场景受限。目前，大部分智能化学传感器仅适用于对特定领域中的特定物质进行检测和分析。

未来，智能压力传感器主要有以下 3 个发展方向。

（1）提升性能：研发更精确、高效、便捷、稳定的智能化学传感器。

（2）降低成本：通过技术的发展和生产规模的扩大，降低智能化学传感器的制造成本。

（3）拓展应用场景：将智能化学传感器应用于更多领域，如农业、生物医药等。

5.4.3　生物传感器的智能化——微流控芯片

1. 概述

微流控芯片技术是将生物学、化学、医学分析过程的样品制备、反应、分离、检测等基本操作单元集成到一块微米尺度的芯片上，自动完成全过程分析的技术。它涉及生物学、化学、医学等学科及流体、电子、材料、机械等领域的交叉，是一个新的研究领域。

微流控芯片，又称芯片实验室（Lab-on-chip），其主要特征是在微米尺度对流体进行操作，如图 5-71 所示。微流控芯片分析以芯片为操作平台，以化学分析为基础，以微机械加工技术为依托，以微管道网络为结构，以生命科学为主要对象，是微全分析系统的发展重点。它的目标是把整个化验室的功能（包括采样、稀释、加试剂、反应、分离、检测等）集成在微芯片上，且可以多次使用。

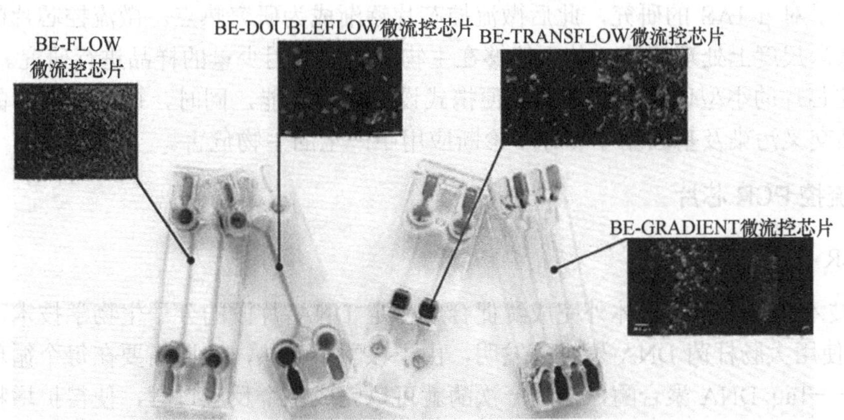

图 5-71　微流控芯片

微流控芯片是微流控技术实现的主要平台，其特征是容纳流体的有效结构（通道、反应室和一些功能部件）至少在一个维度上为微米尺度，这使其具有异于宏观尺度的特殊性能。

微流控芯片具有液体流动可控、消耗试样和试剂极少、分析速度快等优点，它可以在几分钟甚至更短的时间内同时分析上百个样品，并且可以在线完成对样品的预处理和分析过程。

基因芯片、蛋白质芯片等生物芯片只是微流量为零的点阵型杂交芯片，功能非常有限。而微流控芯片具有更多类型、功能与用途，可以开发生物计算机、基因与蛋白质测序系统、质谱和色谱分析系统等，有助于系统生物学特别是系统遗传学的研究。

2. 微流控芯片使用的材料和生产步骤

微流控芯片主要由硅片等无机刚性材料，玻璃、石英、环氧树脂等高分子材料，以及聚脲、聚氨酯等弹性材料（如聚二甲基硅氧烷）制成。经过加工的纸张微流控芯片可以在纸张表面形成亲水性和疏水性区域。微流控芯片可以实现免疫测定、化学反应检测和细胞分析等功能。

微流控芯片使用的材料通常具有以下特点。

（1）具有良好的生物相容性，不会与所使用的化学介质发生反应。

（2）具有良好的电绝缘性和散热性。

（3）具有良好的光学性能和可修饰处理性能。

（4）生产工艺简单，成本低。

微流控芯片的生产步骤如下。

（1）在基材上做出流体通道。

（2）在流体通道上打孔，以便加入液体。

（3）利用密封基板和盖板，形成密闭的腔体。

早期的微流控芯片是通过光刻和软光刻 MEMS 微加工技术制造的，该技术适用于各种材料。随着制造技术的发展，热压印、注塑成型和激光刻蚀得到了广泛应用，可根据不同的功能，采用不同的技术制成微流控芯片。

最初，微流控芯片是利用毛细管以简单的方式制造的，主要用于研究电泳；20 世纪 90 年代，A. Manz 和 D. Harrison 提出了全分析系统（TAS）和微全分析系统（μ-TAS）的概念，并实现了对 μ-TAS 的研究，此后微流控芯片逐渐成为研究热点。微流控芯片的主要优点是能够在微米尺度上处理流体，从而能够在生物分析中使用少量的样品进行研究。

微流控芯片的小型化特征使得开发便携式设备成为可能，同时，微流控芯片的封闭性可以避免样品交叉污染及基因测序和分子诊断应用中产生的生物危害。

3. 微流控 PCR 芯片

1）PCR 技术

PCR 技术是一种在生物体外完成酶促合成特定 DNA 片段的分子生物学技术，由 Mullis 于 1985 年使用大肠杆菌 DNA 聚合酶发明，由于该酶不耐热，所以需要在每个循环中加入一种新的酶——Taq DNA 聚合酶，添加一次酶就可以完成整个反应过程，使得扩增特异性和扩增效率显著提高。

DonRh 和 Higuchi 分别于 1991 年和 1992 年提出了降落 PCR 和荧光 RT-qPCR，后来又出现了 RT-PCR、mPCR、dPCR。PCR 过程通常包括 3 个步骤：靶 DNA 的热变性（变性），合成寡聚核苷酸引物的退火，以及通过 DNA 聚合酶（延伸）扩展退火引物。

变性温度通常保持在 93～94℃。如果温度低于 93℃，则必须延长变性时间；当温度超过 94℃时，会影响酶的活性。如果靶基因没有完全变性，则 PCR 会失败。

退火温度必须迅速降到 40～60℃，退火温度和时间受引物长度、碱基的组成和浓度、靶碱序列长度的影响。对于具有 20 个核苷酸且 G 与 C 的含量之和约为 50%的引物来说，55℃是确定最佳退火温度的理想起点。

延伸温度为 70～75℃，72℃最常用，过高的温度对引物—模板组合不利。可以根据扩增片段的长度计算延伸时间。延伸时间过长会导致出现非特异性扩增片段。低浓度模板的延伸时间较长。经过几个周期后，DNA 片段会在短时间内进行大规模扩增。PCR 循环次数主要由模板 DNA 浓度决定。在大多数情况下，循环次数为 30～40 次。周期数越大，非特异性越强。在 PCR 扩增后，采用凝胶电泳进行定性分析，初始 DNA 含量可根据条带的亮度判断。

随着荧光检测技术在生物分子测定领域的发展，qPCR 技术应运而生，qPCR 技术通过测量荧光物质发出的荧光强度来间接测量 PCR 产物的总量。随后出现的 mPCR 技术满足了人们对检测多种指标的需求。这些技术具有较高的准确性和灵敏度，也可以检测到基因表达的微小差异。

然而，有多因素会影响扩增效率并导致检测结果出现偏差。因此，所得出的结果是“相对定量的”。dPCR 技术则不受这些限制，扩增效率不会影响其结果。dPCR 技术通过泊松计算方法和根据计数样品的荧光来计算样品浓度，可以使误差降至 5%。各类 PCR 技术的比较如图 5-72 所示。

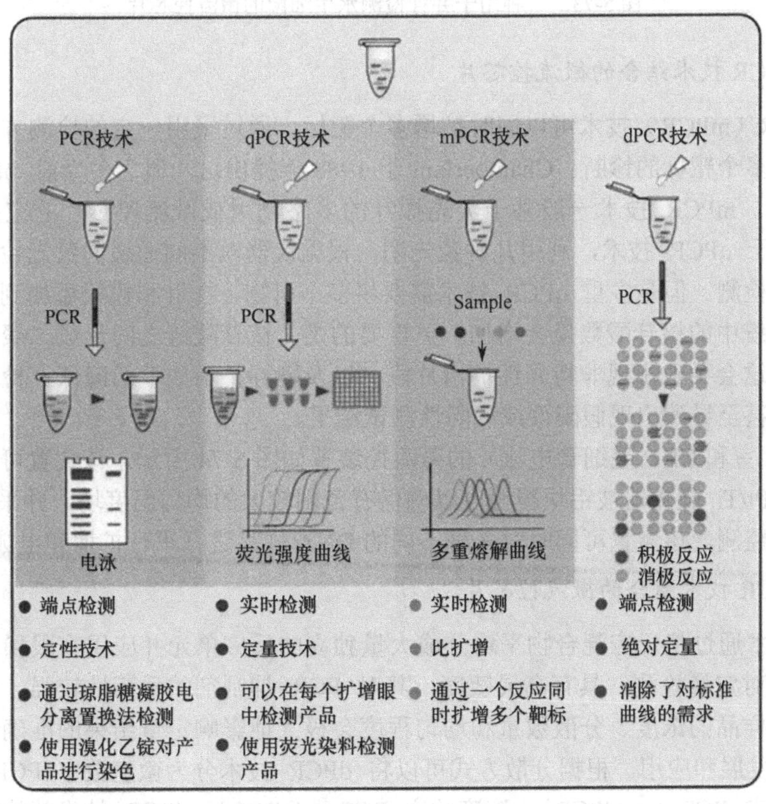

图 5-72　各类 PCR 技术的比较

2）与 qPCR 技术结合的微流控芯片

荧光定量 PCR（qPCR）技术将合成 RNA 作为内标，以检测 PCR 扩增靶标的量。

核酸（特别是 RNA）很容易被核酸酶降解，由于 PCR 具有高灵敏度，所以容易被污染。此外，较长的探测时间会导致其被污染的风险增加。因此，实验需要在非酶、无菌和低温条件下进行，应采用集核酸提取、扩增、检测于一体的设备已成为市场需求。微流控技术是该器件的核心，其具有小型化、集成化和表面积体积比高等特性，可显著增强 PCR 技术的热传导性能，并最大限度地缩短热循环时间和消除被污染的风险。

一种用于并行检测水生细菌的微流控芯片如图 5-73 所示，它采用玻璃—PDMS—玻璃的“三明治结构”，可以减少 PCR 循环过程中的水分损失。在没有泵、阀门和液体处理装置的情况下，可以通过毛细管轻松地将 PCR 加载到反应器中。

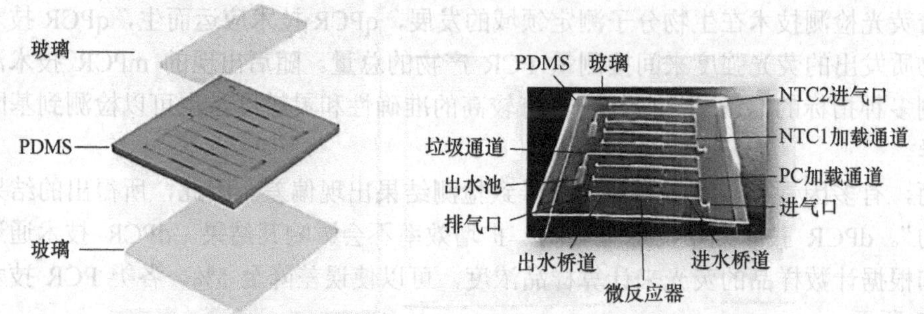

图 5-73　一种用于并行检测水生细菌的微流控芯片

3）与 mPCR 技术结合的微流控芯片

多重 PCR（mPCR）技术可以同时扩增多个靶标，通过采用一定的检测方法来检测扩增产物，实现对多个靶标的诊断。Chamberlain 于 1988 年提出这一概念，当前 mPCR 技术被应用于多个领域。mPCR 技术一般基于荧光探针的多路复用或微流控芯片的空间复用。多重 qPCR 技术基于 qPCR 技术，利用几种荧光团，根据仪器对不同通道的荧光检测能力，实现对多个靶标的检测。但是多重 qPCR 技术需要将多个引物、探针和模板添加到同一系统中进行反应，且系统中的核苷酸数量会增加。更重要的是，核苷酸链之间形成二聚体或多聚体的可能性增加，这会导致出现非特异性扩增片段，以及靶标扩增效率的降低、检测灵敏度和特异性的降低，甚至导致出现假阳性或假阴性测试结果。

集成 PCR 室和 CE（毛细管电泳）的微流控装置如图 5-74 所示，该装置可用于并行遗传分析。其中，Pt/Ti 微热器被铝块覆盖，以确保有范围较大的均匀温度场，并采用 Pt 芯片传感器进行温度监测。该装置可同时对 4 种不同的 DNA 样品进行平行扩增和电泳分离。

4）与 dPCR 技术结合的微流控芯片

dPCR 技术通过将反应混合物平均分成大量独立的反应单元并应用有限稀释和泊松统计分布，实现绝对定量检测，具有高灵敏度，其对 PCR 抑制剂的耐药性较强，消除了对标准曲线的需求。样品的浓度、分散数量和均匀程度会极大地影响定量结果的准确性，从而限制 dPCR 技术的发展和应用。根据分散方式可以将 dPCR 技术分为微室数字 PCR（mdPCR）、微流控芯片数字 PCR（mcdPCR）、液滴数字 PCR（ddPCR）。dPCR 技术的检测灵敏度取决于反应单元数。反应单元越多，分析的灵敏度就越高。传统的 96/384 孔不能满足 dPCR 对反应单元数的要求。随着微加工技术的发展，通过在平面衬底上处理高密度微孔阵列，可以实现高通量纳升级或皮升级 dPCR。

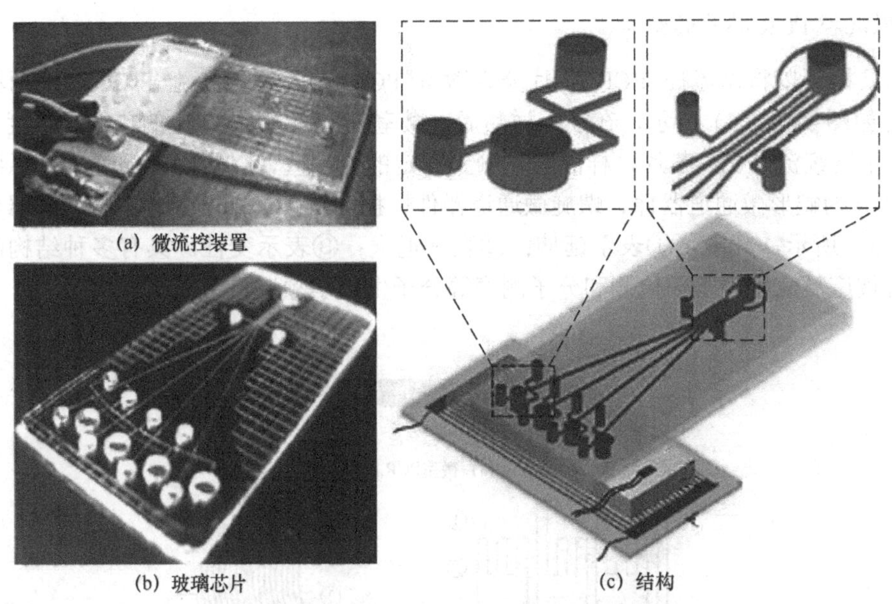

图 5-74　集成 PCR 室和 CE 的微流控装置

Weifei Zhang 等开发了一种新颖灵活的集成式实时 dPCR 系统，如图 5-75 所示。该系统主要由用于产生液滴的喷墨设备、用于热循环的盘绕熔融石英毛细管和用于计数的激光诱导荧光检测器（LIFD）组成。在进行喷墨打印时，单分散液滴在油相中连续产生，以稳定分散

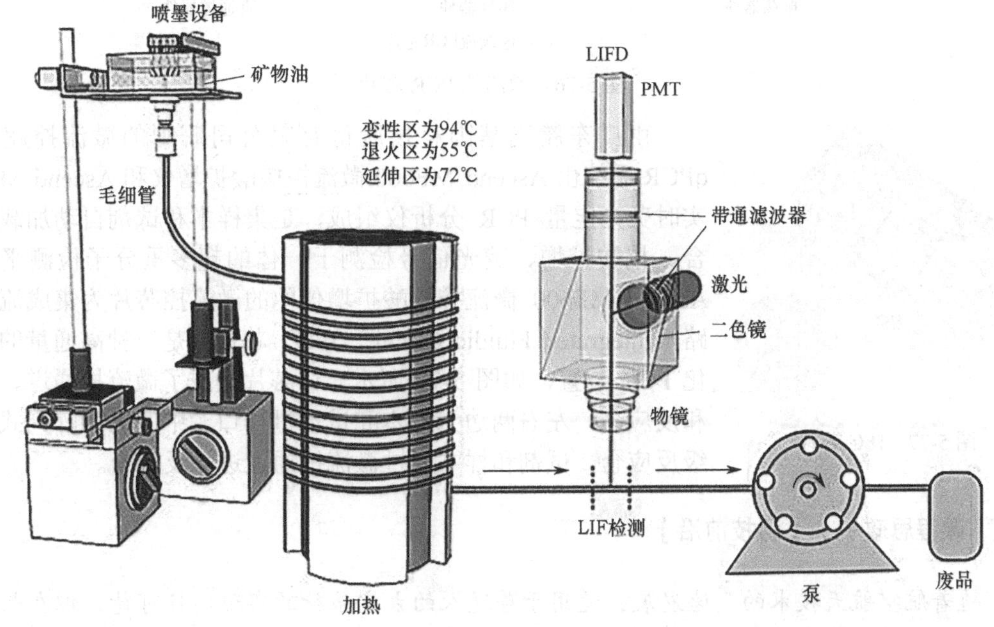

图 5-75　集成式实时 dPCR 系统

的形式进入毛细管。含有一个或零个目标 DNA 分子的液滴通过连接到圆柱形热循环仪的毛细管进行 PCR 扩增，其中 DNA 阳性液滴会产生荧光。经过 36 个 PCR 循环后，通过位于毛细管下游的 PMT 检测荧光信号强度，并进行计数。

5）微流控 PCR 芯片的结构

根据结构可以将微流控 PCR 芯片分为微室 PCR 芯片和连续流 PCR 芯片两种。微室 PCR 芯片如图 5-76（a）所示，在注入样品后，微室 PCR 芯片在特定的热循环温度下加热和冷却；对于连续流 PCR 芯片，样品被传输到固定的温度区，以实现热循环。可以将连续流 PCR 芯片分为蛇形微通道器件、螺旋微通道器件、振荡器件、闭环器件、直通道器件等，如图 5-76（b）所示，其中，①表示延伸；②表示退火；③表示变性。具有多种结构的微流控 PCR 芯片被广泛应用于基因检测和分子测序等分子生物学领域。

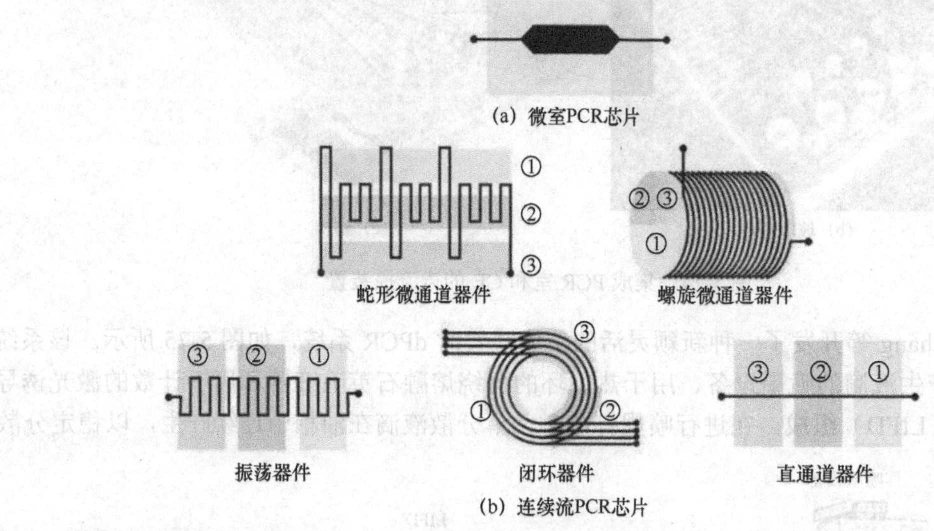

图 5-76　微流控 PCR 芯片

由广东腾飞基因科技股份有限公司研制的微流控超多重 qPCR 系统由 Ascend MF600 微流控核酸扩增仪和 Ascend MF800 实时荧光定量 PCR 分析仪组成，是集样本和试剂自动加载与混合、核酸扩增、荧光信号检测于一体的超多重分子检测平台。Ascend MF600 微流控核酸扩增仪中的微流控芯片为集成流体回路（Integrated Fluidic Circuit，IFC）芯片，是一种高通量的微型化 PCR 装置，如图 5-77 所示。该芯片集成了微流控通道、阀门和反应仓，左右两边为样本和试剂进样口，中间为微阵列式纳升级反应仓，试剂和样本通过微流控通道进入反应仓。

图 5-77　IFC 芯片

课程思政——【科技前沿】

随着航空航天技术的飞速发展，适用于普通人的太空旅行的实现指日可待，但在长时间的太空旅行过程中，如何快速有效地检测乘客的健康情况是一个关键问题。2018 年，西北工业大学空天微纳系统教育部重点实验室的常洪龙教授课题组与迈瑞医疗合作研制了适用于太空环境的健康检测仪，在微重力环境下成功实现了快速在轨血检，实物图如图 5-78 所示。通过与美国、加拿大、以色列同类型产品对比，被认为是目前体积最小、重量最轻的太空航行用全自动流式细胞仪。

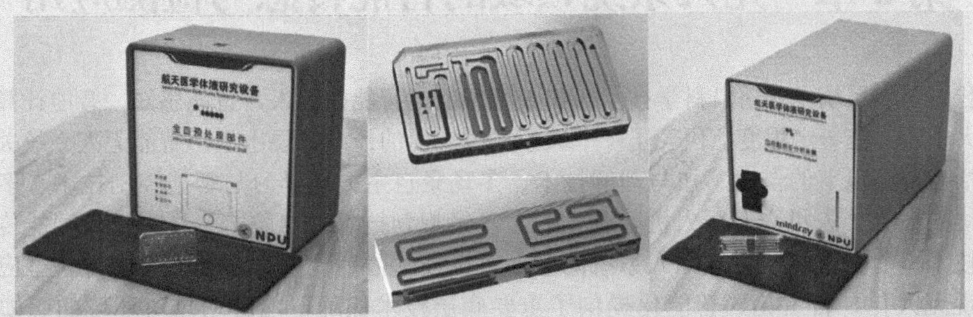

(a) 全血预处理部件　(b) 全血预处理芯片和无鞘流聚焦微流控芯片　(c) 血细胞表征分析装置

图 5-78　适用于太空环境的健康检测仪

在太空环境中，受微重力和长时间密闭隔离等条件的影响，人体免疫功能会明显下降，白细胞及其亚群的数量甚至会比正常值低 20%以上，因此需要通过对白细胞进行分类计数来实现健康监测的有效手段。典型的血细胞分类计数仪是在医院中广泛应用的流式细胞仪，但由于太空环境具有特殊性，各种仪器不能在该场景下直接使用。

适用于太空环境的健康检测仪包含两个模块：全血预处理部件和血细胞表征分析装置。检测过程非常简单：在指尖取 30μL（约一滴）血液，将其置于全血预处理芯片上，再将芯片插入全血预处理部件，该部件会进行自动处理（不超过 30min），然后将处理过的样本置于无鞘流聚焦微流控芯片上，通过血细胞表征分析装置自动检测白细胞及其亚群所占的百分比。该数据可由计算机读出并回传至地面，由专业医生判断相关人员的免疫功能，从而对细菌感染、辐射损伤等进行辅助诊断。

目前，该健康检测仪已完成了多项测试。2016 年，适用于太空环境的健康检测仪在“绿航星际”4 人 180 天受控生态生保系统集成试验中得到应用，为研究密闭环境下人体免疫功能的变化提供了宝贵的试验数据，如图 5-79 所示。2017 年，该健康检测仪在法国进行了失重实验，在抛物线飞行产生的失重环境下证明了该仪器具备良好的微重力适用性。

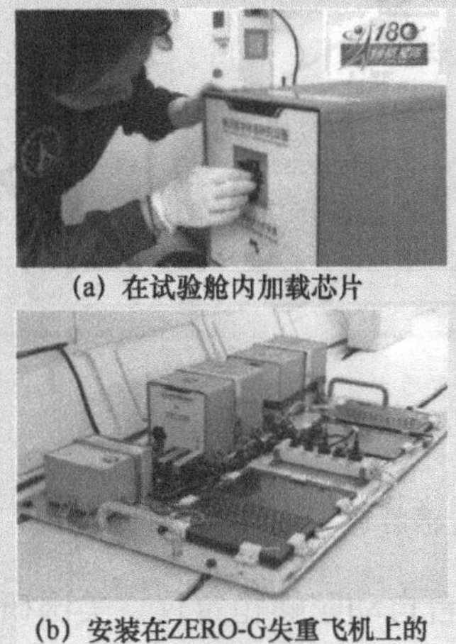

(a) 在试验舱内加载芯片

(b) 安装在ZERO-G失重飞机上的芯片及仪器

(c) 在法国进行的失重实验

图 5-79　适用于太空环境的健康检测仪在试验中的应用

第 6 章　无人系统领域的智能传感与检测应用

智能无人系统作为前沿科学技术（如人工智能、智能机器人、智能感知、智能计算等）的集大成者，在一定程度上代表了一个国家科技实力的最高发展水平。智能无人系统关键技术包括复杂环境下的自主感知与理解技术、多场景自主技能学习与智能控制技术、多任务集群协同技术、人机交互与人机融合技术、决策规划技术与导航定位技术等。智能传感与检测技术覆盖并支撑了智能无人系统的全部关键技术，为无人机、无人驾驶等典型应用场景实现无人化、自主化、智能化提供了重要底层技术保障，能够通过对环境的感知和识别，帮助无人系统进行自主控制和决策，提高无人系统的智能化和自动化水平。本章从无人机、无人驾驶汽车、无人水下航行器、智能制造和元宇宙 5 个方面，介绍智能传感与检测应用场景，以便读者了解该技术在军用和民用领域的落地，以及是如何生成自主控制、智能感知与智能决策能力的。

6.1　面向无人机的智能传感与检测

无人驾驶飞机简称无人机（UAV），是利用无线电遥控设备和自备的程序控制装置操纵的不载人飞机。与载人飞机相比，无人机具有体积小、造价低、使用方便、对作战环境要求低和战场生存能力强等优点。无人机使用的主要传感器如图 6-1 所示。

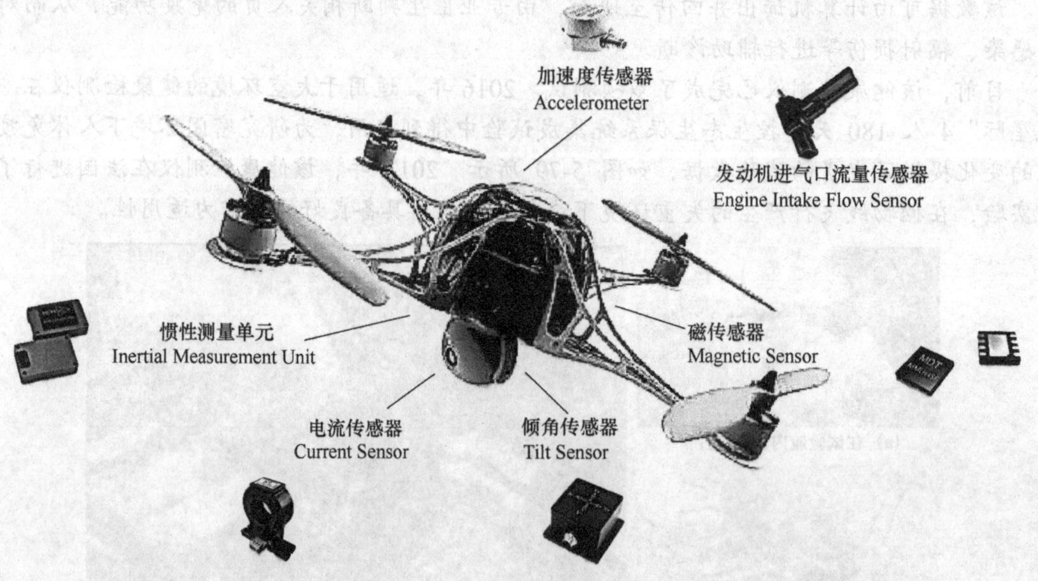

图 6-1　无人机使用的主要传感器

1917 年，彼得 · 库伯和艾尔姆 · 斯皮里发明了第一台自动陀螺稳定仪，美国研制出第一台无人飞行器——“斯佩里空中鱼雷”，如图 6-2（a）所示；1935 年，“蜂王号”无人机的问世正式开启了无人机时代，“蜂王号”无人机如图 6-2（b）所示。

(a) “斯佩里空中鱼雷”

(b) “蜂王号”无人机

图 6-2 “斯佩里空中鱼雷”和“蜂王号”无人机

1966 年，中国的第一架军用无人机“长空一号”首飞成功；1982 年，西北工业大学研制的民用 D-4 型无人机首飞成功，标志国内无人机从军用领域转向民用领域；20 世纪末期，中国无人机飞速发展；2012 年，大疆无人机发布消费级无人机，引爆民用无人机市场。

军用无人机具有结构精巧、隐蔽性强、使用方便、造价低和机动灵活等特点，主要用于进行战场侦察和电子干扰，以及携带集束炸弹、制导导弹等武器执行攻击任务，还可以作为空中通信中继平台、核试验取样机、核爆炸及核辐射侦察机等。

高、中、低空和远、中、近程军用无人机能执行侦察预警、跟踪定位、特种作战、中继通信、精确制导、信息对抗和战场搜救等任务，其军事应用范围和领域不断扩大和延伸。

侦察无人机通过安装光电、雷达等传感器，可以实现全天候综合侦察，侦察方式多样，可以在战场上空进行高速信息扫描，也可以低速飞行或悬停，提供实时情报。例如，侦察无人机可深入敌方腹地，尽量靠近敌方信号源，截获战场上重要的小功率近距离通信信号，优势明显；当进行高空长航时，侦察无人机从侦察目标上空掠过，可替代卫星的部分功能，执行高空侦察任务，用高分辨率设备拍摄清晰的地面图像，具有重要的战略意义。

无人机可以携带多种精确攻击武器，对地面、海上目标实施攻击，可以使用空空导弹进行空战，还可以进行反导拦截。作战无人机携带作战单元，可以发现重要目标并进行实时攻击，实现“察打结合”，减少人员伤亡并提高攻击力。作战无人机能够预先靠前部署，拦截处于助推段的战术导弹；在执行要地防空任务时，可以在较远距离摧毁来袭导弹。攻击型反辐射无人机携带具有较大威力的小型精确制导武器、激光武器或反辐射导弹，以及攻击雷达、通信指挥设备等；战术攻击无人机在部分作战领域可以代替导弹，采取自杀式攻击方式对敌实施一次性攻击；主战攻击无人机体积大、速度快，可用于对地攻击和空战，以攻击、拦截地面和空中目标，是实现全球快速打击的重要手段。中国的翼龙Ⅱ无人机和美国的捕食者无人机如图 6-3 所示。

新型无人机采用先进的隐身技术：一是采用复合材料、雷达吸波材料和低噪声发动机，如美国的“捕食者”无人机的机身除主梁外全部采用石墨合成材料，并对发动机的进气口、出气口和卫星通信天线做了特殊设计，在面对雷达、红外和声传感器时有很强的隐身能力；二是采用限制红外反射技术，在无人机表面涂有能吸收红外线的特制漆，并在发动机燃料中注入防红外辐射的化学制剂，采用雷达和目视侦察手段均难以发现采用这种技术的无人机；三是减少表面缝隙，采用新工艺将无人机的副翼、襟翼等传动面制成综合面，缩小雷达反射面；四是采用充电表面涂层，充电表面涂层主要有防雷达和目视侦察功能，无人机蒙皮由24V 电源充电后，可在表面产生一层能吸收雷达波的保护层，使雷达探测距离缩短 40%～50%。充电表面涂层还具有可变色特性，其颜色随背景颜色的变化而变化。从地面往上看，无人机呈现与天空一样的颜色；从空中往下看，无人机呈现与大地一样的颜色。

(a) 中国的翼龙Ⅱ无人机

(b) 美国的捕食者无人机

图 6-3　中国的翼龙Ⅱ无人机和美国的捕食者无人机

为提高无人机的全天候侦察能力，可以在无人机上安装由光电红外传感器和合成孔径雷达组成的综合智能传感器。美国的捕食者无人机安装有观察仪和变焦彩色摄像机、激光测距机、第三代红外传感器、能在可见光波段和中红外波段成像的柯达 CCD 摄像机、合成孔径雷达等。在使用综合智能传感器后，既可以单独选择图像信号，又可以综合使用各种传感器的情报。

由于具有独特优势，所以无人机可以在恶劣环境下随时起飞，针对激光制导、微波通信、指挥网络、复杂电磁环境等光电信息实施对抗，有效阻断敌方装备的攻击、指挥和侦察过程，提高作战效率。电子对抗无人机对指挥通信系统、地面雷达和各种电子设备实施侦察与干扰，支援各种攻击机和轰炸机。诱饵无人机携带雷达回波增强器或红外仿真器，模拟空中目标，欺骗敌方雷达和导弹，诱使敌方雷达等电子侦察设备开机，引诱敌方防空兵器射击，掩护己方机群突防。无人机还可以通过采用抛撒宣传品、对敌方战场喊话等方式进行心理战。

在未来战争中，通信系统是战场指挥控制的生命线，也是敌对双方攻击的重点。无人机通信网络可以建立强大的冗余备份通信链路，提高生存能力，且能在受到攻击后快速恢复，在网络中心战中发挥不可替代的作用。高空长航时无人机延长了通信距离，利用卫星提供备选链路，直接与陆基终端连接，可以减小实体攻击的威胁和干扰的影响。作战通信无人机采用多种数据传输系统，各作战单元之间采用视距内模拟数据传输系统，作战单元与卫星之间采用超视距通信中继系统，可高速实时传输图像、数据等。

随着无人机的发展，其应用领域不断拓展，可以完成物资运输、燃油补给、伤病员运送等后勤保障任务，其不受复杂地形环境影响、速度快、可规避地面敌人伏击，具有成本低、操作方便等特点。

智能传感与检测技术的快速发展极大地助力了无人机的发展。利用智能传感与检测技术可以将无人机的精度提高到亚厘米级，并使无人机的感知能力、安全性和可靠性得到全方位增强，对其在军事、商业和科学研究等领域的应用发展至关重要。未来，传感器会更加集成化、多功能化、智能化，为无人机的发展不断赋能。

6.1.1　无人机使用的传感器

无人机使用的传感器包括加速度传感器、惯性测量单元、倾角传感器、气压高度传感器、电流传感器、磁传感器、空气流量传感器等，如图 6-4 所示。

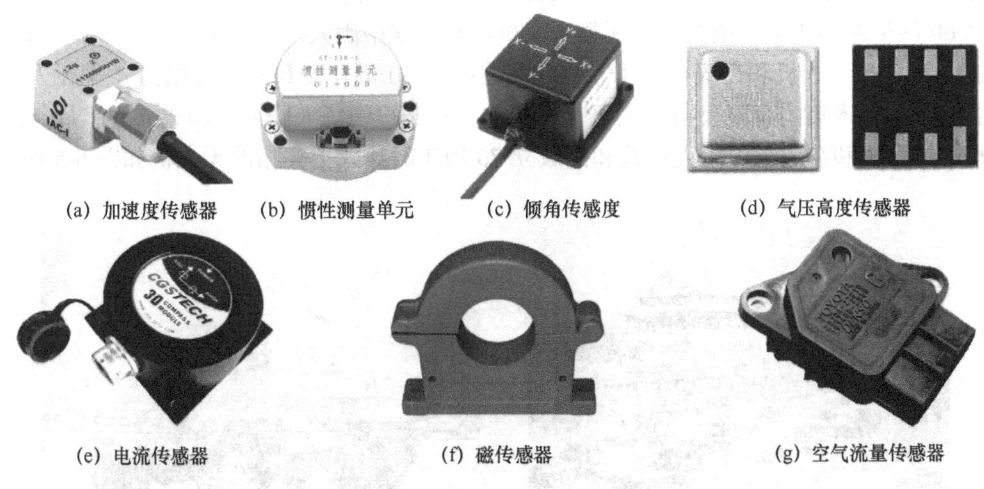

(a) 加速度传感器　(b) 惯性测量单元　(c) 倾角传感度　(d) 气压高度传感器

(e) 电流传感器　(f) 磁传感器　(g) 空气流量传感器

图 6-4　无人机使用的传感器

加速度传感器是维持无人机飞行的关键，能有效感知无人机的飞行位置和飞行姿态；惯性测量单元（陀螺仪）与 GPS 结合，一般用于控制无人机的飞行方向和飞行路径，其采用多轴磁传感器，实质是小型指南针，通过感知方向将飞行数据传输至无人机中央处理器，从而控制飞行方向和速度；倾角传感器主要集成了加速度传感器和惯性测量单元，为飞行系统提供水平飞行数据，能够测量飞行中运动的细微变化；电流传感器用于监测电能消耗情况和优化对电能的使用，确保无人机内部的电池和电机安全，保障正常飞行；气压高度传感器主要用于监测无人机的飞行高度，能通过感知大气压力的细微变化，计算无人机所处的高度，保障飞行安全。

无人机容易被振动、噪声等影响，因此无人机使用的传感器应具备防振动、耐噪声、低功耗等特点，且对温度、湿度等环境参数不敏感。传统的传感器很难满足这些要求，智能传感器提供了很好的解决方案。

另外，要将原始的传感器数据转换为有意义的参数，可以通过智能算法扩展传感器功能，并将来自不同传感器的信号结合，产生新的输出。而且，加速度传感器、惯性测量单元的校正不够完美，前者容易失真，后者容易漂移，可以通过将传感器与数据库融合来校正传感器，以确保在不同场景中得到正确的结果。

总体而言，智能传感与检测技术可以在精度提高、时延优化、数据融合、自主决断等方面优化无人机的性能，提高无人机的智能化水平。

6.1.2　爱生无人机——“灵鹊”系列垂直起降无人机

由西安爱生技术集团有限公司（西北工业大学第 365 研究所）于 2014 年注资成立的西安爱生无人机技术有限公司，是国内唯一的无人机系统国家工程研究中心的依托单位，是陕西省无人机系统创新中心的依托单位，聚焦工业无人机平台、航空发动机、数据链、地面站、飞行控制产品的研发、服务，并提供行业应用解决方案。

自 1958 年西北工业大学成功研制试飞我国第一架无人机以来，学校在研制、生产无人机的道路上已走了 63 年。一代代无人机人始终秉持着“拼搏、创新、协同、奉献”的精神，在科技创新上不懈追求。我国无人机领域的众多“第一”诞生在这里：第一架靶标无人机、第一架侦察无人机、第一架舰载无人机、第一架反辐射无人机……在庆祝中华人民共和国成立 60 周年阅兵式上亮相的全部 3 型无人机、在庆祝中国人民解放军建军 90 周年阅兵式上亮相的全部 3 型无人机和在庆祝中华人民共和国成立 70 周年阅兵式上亮相的 4 型无人机，都是由西安爱生技术集团有限公司自主研制生产的。在庆祝中华人民共和国成立 60 周年阅兵式上亮相的无人机和在庆祝中华人民共和国成立 70 周年阅兵式上亮相的无人机如图 6-5 所示。

(a) 在庆祝中华人民共和国成立60周年阅兵式上亮相的无人机

(b) 在庆祝中华人民共和国成立70周年阅兵式上亮相的无人机

图 6-5 在庆祝中华人民共和国成立 60 周年阅兵式上亮相的无人机和在庆祝中华人民共和国成立 70 周年阅兵式上亮相的无人机

西安爱生无人机技术有限公司依托“无人机特种技术国家级重点实验室”和“无人机系统国家工程研究中心”，在无人机系统总体设计与集成、飞机气动布局、复合材料结构、动力装置、飞行控制与管理、导航与制导、发射与回收、指挥控制、飞行试验等领域有很强的研发与生产能力，其综合性能测试平台、射频测试验证平台、动态仿真平台的多项功能和指标达到国际先进水平，荣获数十项科技成果奖，其中包括国家科学技术进步一等奖 3 项、二等奖 3 项。

西安爱生无人机技术有限公司的无人机产品有一个美丽的名字——灵鹊，“灵鹊”系列垂直起降无人机涵盖 7～200kg 领域，拥有 10 余种无人机系统平台，全部采用一体化模块式设计，支持全自主飞行巡航及全自主垂直起降等功能，特别适用于在山区、丘陵等特殊地形中作业。该多用途无人机系统由飞机、机载侦察任务设备、地面控制站和发射回收装置组成，能够对地面目标进行跟踪、定位和火炮校射。对于拥有先进功能的无人机来说，智能传感器的应用必不可少。“灵鹊”系列垂直起降无人机在执行特别任务时，能够搭载气象传感器、可见光/红外双光光电设备、可见光/红外/激光测距仪三光光电平台、小型合成孔径雷达（SAR）等设备，以执行半径为 150km 的范围内的实时侦察任务。

“灵鹊”系列垂直起降无人机搭载了环境感知传感器（如气压传感器、气流速度传感器、定位传感器、磁航向传感器等）、用于监测和控制无人机运行状态的传感器（如油量传感器、温度传感器、压力传感器等）、信息采集传感器（如通信传感器、机载高光谱传感器等）、任务设备（如双摄红外成像仪、倾斜相机、后处理软件等），并融合了智能传感技术、现代电子信息技术和深度学习技术。目前，该无人机已在航测、人工影响天气、电力巡查、油气管道巡查、机场校验、地质调查、海事监控等领域得到了应用。“灵鹊”系列垂直起降无人机如图 6-6 所示。

图 6-6 “灵鹊”系列垂直起降无人机

灵鹊 LQ-221 人工影响天气无人机的最大载荷为 20kg，每次飞行的有效时间为 125～250min，在加装特殊设备后，空管部门可对其进行实时监控和指挥。人工影响天气无人机包含 5 个对称集束焰条，并对播撒控制器、点火软件和飞行参数等做了相应调整，可使人工影响天气播撒系统直接进入云中开展作业，播撒控制器可搭载冷云和暖云两种焰条，具备大范围长时间播撒能力。2017 年 9 月，在新疆巴里坤草原，一架无人机带着一项特殊任务升空，中国首次利用无人机在复杂天气条件下进入云中开展增雨作业。灵鹊 LQ-221 成为国内首款达到成熟应用条件的中小型垂直起降无人机，并于 2020 年 10 月两次成功在新疆维吾尔自治区实施大范围人工降雪。

在航测方面，无人机涵盖了佳能 5Ds、飞思 IXU-RS 系列、哈苏 A6D 系列工业级航空摄像机、五镜头全画幅倾斜摄影相机、多种光谱传感器设备及机载激光扫描仪等设备，全系列配有自带双天线测向的三轴稳定云台，可以在复杂天气条件下获取像片倾角、旋偏角满足规范要求的原始影像。无人机平台集成了 GPS 原始观测数据及曝光同步记录模块，采用动态后处理差分技术，基于高精度相机曝光目标的精确位置，实现免像控/稀少控制的航空摄影测量，配备可变基线航线设计软件，单架次可完成 30～300km^2 范围的 1∶1000 地形图原始影像采集。搭配专业动态后处理软件平台，能够及时生成数字高程模型（DEM）、数字表面模型（DSM）和数字正射影像（DOM），可直接用于三维建模后处理。

6.1.3 “魅影”太阳能 Wi-Fi 无人机——移动的空中基站

西北工业大学的“魅影”太阳能 Wi-Fi 无人机基于真实的应用环境和行业需求研发，如图 6-7 所示。“魅影”太阳能 Wi-Fi 无人机是一种利用光电传感器、MEMS 惯性传感器、航空高光谱传感器等智能传感器，融合现代通信和光电转化技术，将太阳能供电系统、无人机、无线路由器结合的新型高技术无人机。其目的是成为在高密度通信用户场景下的空域辅助通信平台，可以增大用户容量。此外，“魅影”太阳能 Wi-Fi 无人机可以通过配置多天线阵列、智能反射面、计数传感器，温度传感器、重量传感器等，实现在复杂条件下的信息采集、传输、处理功能。

图 6-7 “魅影”太阳能 Wi-Fi 无人机

“魅影”太阳能 Wi-Fi 无人机的“亮点”是将太阳能供电系统、无人机和无线路由器结合，以太阳能为能源，将无人机作为持久留空平台，结合 Wi-Fi 技术，构建空中基站，通过单机或多机基站进行区域覆盖，形成灵活的移动互联网空中宽带通信基础设施。

“魅影”太阳能 Wi-Fi 无人机长 1.2m，翼展为 7m，起飞重量为 15kg，任务载荷为 3～5kg，续航时间为 12～24h，飞行高度为 100～6000m，Wi-Fi 覆盖范围为 300km^2。这意味着“魅影”太阳能 Wi-Fi 无人机能在空中充当基站，持续为地面提供 Wi-Fi 信号，只要有 3 架这样的 Wi-Fi 无人机，Wi-Fi 信号就可以覆盖整个西安市。“魅影”太阳能 Wi-Fi 无人机的原理如图 6-8 所示。

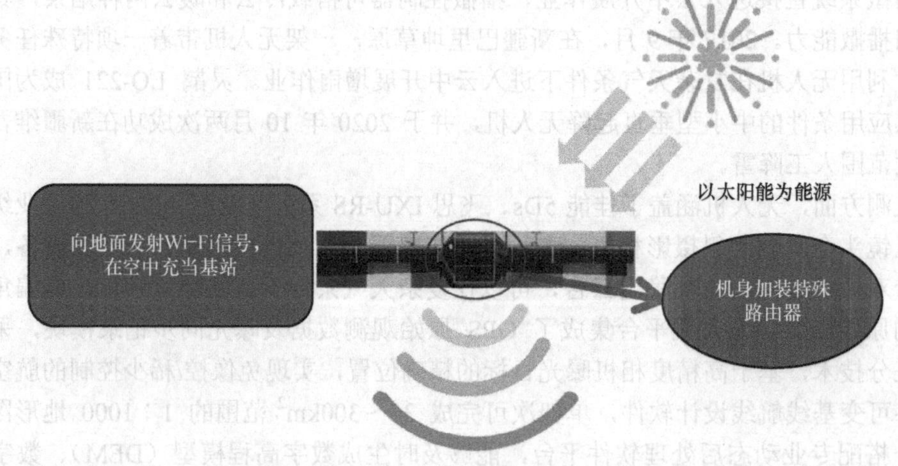

图 6-8 “魅影”太阳能 Wi-Fi 无人机的原理

“魅影”太阳能 Wi-Fi 无人机是国内第一架全翼式布局太阳能无人机。机型采用全翼式布局，省去了机身和机尾，可以减小阻力。与旋翼无人机相比，其具有能耗低等优点，且采用了使空气动力和能源铺设效率同时达到最优的设计技术。同时，它也是国内第一架薄膜无人机，CIGS 薄膜覆盖机翼表面，与太阳能电池板常用的晶硅材质相比，薄膜具有柔性佳、铺设效率高等优点，且光伏能源复合结构的面密度小于 1.7kg/m^2。此外，它还是国内第一架完成单机、双机 Wi-Fi 覆盖中继实验验证的无人机。

该无人机使用太阳能收集系统 eZ430-RF2500，该系统是一个完整的基于 USB 的 MSP430 无线开发工具，提供使用 MSP430F2274 微控制器和 CC2500 2.4GHz 无线收发器所需的所有硬件和软件。它包括一个 USB 调试接口，允许对 MSP430 进行实时的系统内调试和编程，这也是无线系统向计算机传输数据的接口。

“魅影”太阳能 Wi-Fi 无人机搭载的遥感有效载荷系统包括具有高分辨率的数字静止相机、全球定位系统接收器、低成本惯性导航系统、下行激光测距仪、飞行数据记录器等。

“魅影”太阳能 Wi-Fi 无人机使用纵横 AP-201 自驾仪（由成都纵横研发的 AP System 系列专业级、全功能飞控与导航系统），集成了具有战术级精度的 MEMS 惯性传感器，包括三轴陀螺仪、三轴加速度计、三轴地磁传感器和气压计，能够实现高精度的姿态控制。同时，集成了 Novatel 的高精度实时差分 GPS 接收机，具有厘米级定位精度。

此外，“魅影”太阳能 Wi-Fi 无人机还配备了空速传感器，位于机翼或机头处，一路测量静止气压，一路测量迎风气压，通过计算可以得出当前的空气流速。2019 年 7 月 26 日，由西北工业大学“魅影”团队研发的 MY-12 太阳能无人机，在靖边县海则滩机场（无人机试验测试中心）成功飞行 27 小时 37 分钟并顺利回收，刷新了该团队研发的 MY-5 太阳能无人机 19 小时 34 分钟的续航纪录，保持了国内续航时间最长的太阳能无人机地位。近年来，“魅影”团队将高科技手段融入高原生态环境保护工作，先后多次前往甘南藏族自治州、六盘山、青海可可西里国家级自然保护区和三江源等地开展实地应用试验，“魅影”团队在青海可可西里国家级自然保护区进行高原生态环境保护实验的照片如图 6-9 所示。

图 6-9 “魅影”团队在青海可可西里国家级自然保护区进行高原生态环境保护实验的照片

“魅影”团队领衔人物周洲教授表示，“在‘一带一路’布局下，太阳能 Wi-Fi 无人机发展四部曲有深远意义”。虽然我国中西部地区的开放型经济发展相对落后，但具备对外开放的巨大潜力。太阳能 Wi-Fi 无人机从通信层面为“一带一路”打开了通道，不仅能解决地面设施及相关运营支撑系统建设难度大的问题，还能解决偏远地区、广域海上和灾区等应急场所快速搭建信息桥梁的难题。

6.1.4 “光动无人机”——永不着陆的飞行器

深夜时分，几架无人机仍在山地争分夺秒地执行任务，它们负责搜索在突然爆发的山洪中受困的游客。突然，电量告急！但无人机对区域的搜索只进行了一半，返回充电或派出新机都会耽误救援，该怎么办？受限于目前化学电池的功率密度，大多数无人机的续航时间不超过 1h，工作效率低，难以在复杂耗时的任务中发挥作用。

无人机在执行搜救等任务时，保障续航时间和及时补充能源是无人机研发领域亟须破解的重要课题，一直困扰着研发人员。无论是使用航空发动机还是使用电池，受限于体积，无人机都需要降落，以进行能源补充，不能达到完美的续航效果。

为解决现有旋翼无人机、固定翼无人机等低空飞行器续航时间短的问题，西北工业大学的李学龙教授等开展了光动无人机（Optics-driven Drone，ODD）研究，ODD 的设计图如图 6-10 所示。ODD 利用高功率激光技术和机载光电转换模块，将高能激光的能量转化为电能，为无人机提供能量。为保证在复杂任务中实现稳定精准的目标跟瞄和预测，研究人员提出了面向复杂变化目标的智能视觉跟瞄方法。利用高精度传感器和实时监测系统，对无人机进行精确定位，以确保激光束的稳定性和精准跟瞄。该方法在不同的光照、尺度、旋转条件下具有良好的鲁棒性，能够全天候、高精度地实现微小目标跟瞄。

图 6-10　ODD 的设计图

在光动无人机中，为实现高能激光对无人机的远程供能，保证无人机的安全可靠飞行，需要克服一系列环境干扰与技术难题。研究人员应用了一系列光电传感器技术，使光动无人机具有了智能化、自适应性强与安全性强等优势。

（1）智能化。在各种复杂任务中，无人机的飞行距离、飞行姿态、所处光照环境变化较大，在这样的条件下实现稳定精准的目标跟瞄和预测是建立整个链路的必要前提。为解决该问题，研究人员提出了面向复杂变化目标的智能视觉跟瞄方法，该方法对光照、尺度、旋转具有良好的鲁棒性，能够全天候、高精度地实现微小目标跟瞄。

（2）自适应性强。在从地面到无人机的长距离激光供能链路中，大气湍流效应会导致能量接收端的光束强度分布不断变化，这种现象降低了能量传输效率，甚至会使光电转换模块永久损坏。研究人员针对该问题设计了光斑反馈的强化学习方法，提出了一种感算协同的自适应光束赋形技术，能够在远场实现动态、可控的光束强度分布调整，提高长距离激光能量传输链路的有效性和可靠性。

（3）安全性强。高能激光器可能会损坏供能链路中的遮挡物。为了确保供能链路的安全性，研究人员提出了激光功率自主调整方法，根据目标反射特征的精准比对结果和激光传输距离的时序变化曲线识别遮挡物，进而及时将激光功率调整至安全范围。

光动无人机利用光电传感器、气压传感器、速度传感器，以及智能视觉跟瞄方法、自适应光束赋形技术和激光功率自主调节方法，实现了将高能激光的能量高效地转化为电能这一创造性想法，使得无人机具备了无限续航能力，且实现了无人机远程供能的自主化，大大助力了我国无人机产业集群的构建与发展。ODD 系统如图 6-11 所示。

图 6-11　ODD 系统

ODD 使用高能激光对无人机进行远程供能，并在无人机上搭载特制机载光电转换模块，将高能激光的能量转化为电能，ODD 的飞行场景如图 6-12 所示。该研究结合了智能信号传输与处理技术，实现了远程供能的自主化，使无人机具备了无限续航能力，实现了光学工程和人工智能的交叉，是“临地安防”的典型应用之一。

(a) ODD室内跟瞄飞行

(b) ODD室外日间飞行

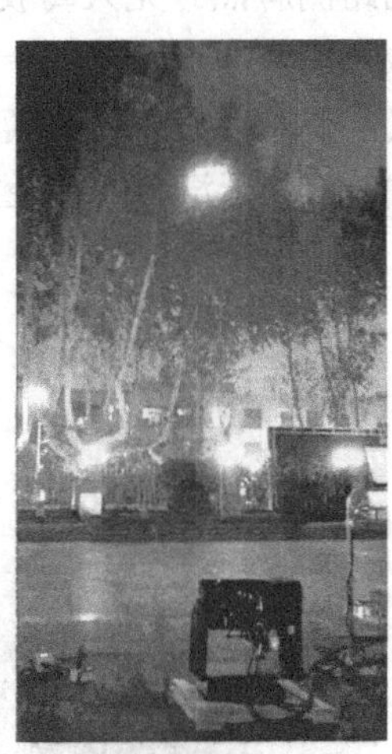

(c) ODD室外夜间飞行

图 6-12　ODD 的飞行场景

光动无人机结合了光电传感器等智能传感与执行功能单元，摆脱了续航限制，为无人机行业提供了新的发展及应用思路。高能激光可以实现数十千米的能量传输，使得无人机执行超大范围巡航任务成为可能，甚至可以实现“低空卫星”“人造月亮”等功能。同时，地对空、一对多的无线自主供能技术可为无人机集群提供支持。由于无须对每架无人机单独换电，光动无人机系统的优势能够得到进一步放大。未来，光动无人机主要有以下三大应用领域。

（1）物联网：随着现代社会信息化水平的提高，各种终端设备都需要通过网络进行远程通信，光动无人机具有超远程高速传输特点，能够为搭建更广泛、稳定的基础设施提供支持。

（2）6G 通信：光动无人机不仅可以实现超远程高速传输，还可以扩展通信通道，减小信号受阻的概率，因此有望成为 6G 通信的重要辅助工具。

（3）快递运输：光动无人机由高能激光供能，解决了续航问题，可以长时间飞行和携带货物，能够降低成本，因此有望在快递运输等领域发挥重要作用。

6.2 面向无人驾驶汽车的智能传感与检测

6.2.1 无人驾驶汽车的发展

随着全球汽车保有量的快速增长，能源短缺、环境污染、交通拥堵和事故频发等问题日益突出，制约了汽车产业的可持续健康发展。2009 年以来，我国连续多年成为全球最大的汽车产销国，2022 年中国汽车总销量高达 2750 万辆。截至 2022 年 3 月，全国汽车保有量达到 3.07 亿辆，汽车驾驶员达到 4.50 亿人，其中新能源汽车保有量达到 891.5 万辆，呈高速增长态势。2015 年，国务院印发《中国制造 2025》，提出发展节能与新能源汽车。掌握汽车低碳化、信息化、智能化核心技术。2020 年，国家发展改革委等十一部门印发《智能汽车创新发展战略》，明确了无人驾驶汽车发展的路线，北京市、上海市、杭州市等已经发放了无人驾驶汽车的路测牌照。无人驾驶已成为解决城市交通问题的共识形态。

无人驾驶汽车（AV）是一种跨技术、跨产业的智能汽车，虽然各国对无人驾驶汽车有不同的定义，但发展无人驾驶汽车的终极目标都是在不需要驾驶员的情况下实现安全行驶。而这一切的关键，在于汽车的神经系统——传感器。无人驾驶汽车使用的传感器如图 6-13 所示。

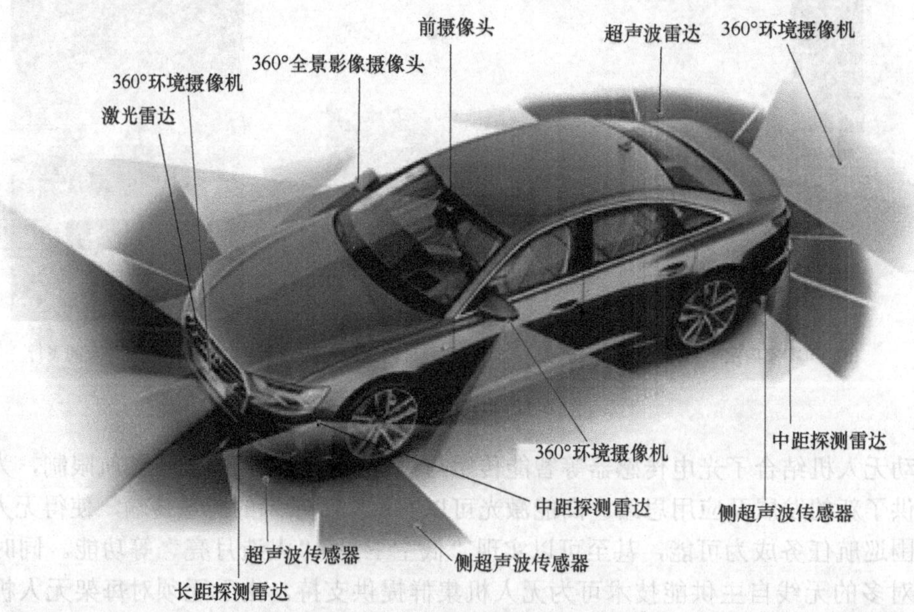

图 6-13 无人驾驶汽车使用的传感器

无人驾驶汽车搭载先进的车载传感器、控制器、执行器等装置，并融合现代通信与网络技术，实现“V2X”智能信息交换共享，具备复杂的环境感知、智能决策、协同控制和执行等功能，可实现安全、舒适、节能、高效行驶，并最终代替人进行操作。自动驾驶离不开感知层、控制层和执行层的相互配合。摄像头、毫米波雷达、激光雷达等负责获取图像、距离、速度等信息，扮演眼睛、耳朵的角色；决策规划模块负责分析和处理信息，并做出判断、下达指令，扮演大脑的角色；控制模块及车身机构负责执行指令，扮演手脚的角色。而环境感知是实现上述功能的基础，因此传感器不可或缺。

无人驾驶汽车融合了智能交通系统中与智能汽车和车联网相关的技术，其具备自主的环境感知能力，是智能交通系统的核心，也是车联网的一个节点。无人驾驶汽车通过车载信息终端实现与车、路、行人、业务平台等的无线通信和信息交换，以车为核心，发展重点是保障行车安全。车联网聚焦于建立交通信息体系，发展重点是为汽车提供信息服务，目标是构建智慧交通系统，这个过程离不开智能传感器，智能传感器决定了汽车的智能化等级。

6.2.2　自动驾驶分级

2020 年，国家发展改革委等十一部门印发《智能汽车创新发展战略》，指出到 2025 年，中国标准智能汽车的技术创新、产业生态、基础 设施、法规标准、产品监管和网络安全体系基本形成。实现有条件自动驾驶的智能汽车达到规模化生产，实现高度自动驾驶的智能汽车在特定环境下市场化应用。展望 2035 到 2050 年，中国标准智能汽车体系全面建成、更加完善。安全、高效、绿色、文明的智能汽车强国愿景逐步实现，智能汽车充分满足人民日益增长的美好生活需要。

汽车的智能化是逐步实现的，各国的分级不完全相同。美国国家公路交通安全管理局（NHTSA）将自动驾驶分为 5 级（L0～L4），美国汽车工程师学会（SAE）将自动驾驶分为 6 级（L0～L5），德国联邦公路研究院将自动驾驶分为部分自动驾驶、高度自动驾驶、完全自动驾驶 3 级。

2021 年 8 月，《汽车驾驶自动化分级》（GB/T 40429—2021）发布，于 2022 年 3 月 1 日实施。我国将驾驶自动化分为 0 级至 5 级，与 SAE 的分级要求类似，仅在部分方面存在区别。例如，我国规定 0 级至 2 级的目标和事件探测与响应由驾驶员及系统共同完成，而 SAE 规定全部由驾驶员完成。我国的汽车驾驶自动化分级如下。

1. 0 级驾驶自动化（应急辅助）

0 级驾驶自动化系统不能持续执行动态驾驶任务中的车辆横向或纵向运动控制，但具备持续执行动态驾驶任务中的部分目标的能力和事件探测与响应能力。例如，能在出现危险的时候提醒驾驶员。当出现故障时，汽车由驾驶员接管，在驾驶员请求退出自动驾驶状态时，汽车应立即解除系统控制权。此外，0 级驾驶自动化的实现需要具备某些条件。FCW 前部碰撞预警和 LDW 车道偏离预警均属于 0 级驾驶自动化。

2. 1 级驾驶自动化（部分驾驶辅助）

1 级驾驶自动化与 0 级驾驶自动化都属于有条件的自动驾驶，当出现故障时，都需要由驾驶员控制车辆。两者的区别在于，1 级驾驶自动化系统在其设计运行条件下持续执行动态驾驶任务中的车辆横向或纵向运动控制，即 1 级驾驶自动化系统具有 ACC 自适应巡航或者 LKA 车道保持辅助功能。

3. 2 级驾驶自动化（组合驾驶辅助）

在 2 级驾驶自动化系统的设计运行条件下，能够控制汽车的转向和加减速运动。当出现故障时，驾驶员负责执行汽车的驾驶任务。与 1 级驾驶自动化系统相比，2 级驾驶自动化系统具有 ICC 集成式巡航辅助功能。

4. 3 级驾驶自动化（有条件自动驾驶）

3 级驾驶自动化系统在其设计运行条件下持续执行全部动态驾驶任务，能完成转向和加减速，以及路况探测和反应任务。对于 3 级驾驶自动化系统，驾驶员需要在系统失效或超出工作条件的情况下对故障汽车进行接管。3 级驾驶自动化系统有条件实现 TJP 交通拥堵辅助功能。

5. 4 级驾驶自动化（高度自动驾驶）

4 级驾驶自动化仍属于有条件的自动驾驶，但是汽车的方向和加减速控制、路况观测和反应，以及故障情况下的接管任务都能由自动驾驶系统完成，不需要驾驶员参与。无人出租车属于 4 级驾驶自动化系统。

6. 5 级驾驶自动化（完全自动驾驶）

5 级驾驶自动化系统与 4 级驾驶自动化系统能够实现的基本功能相同，但 5 级驾驶自动化系统不再受条件的限制（商业和法规等限制除外），且能够独立完成所有的操作和决策。

6.2.3 无人驾驶汽车的关键技术

无人驾驶汽车的技术路线包括基于传感器的自主式技术路线和基于车辆互联的网联式技术路线两种，如图 6-14 所示。

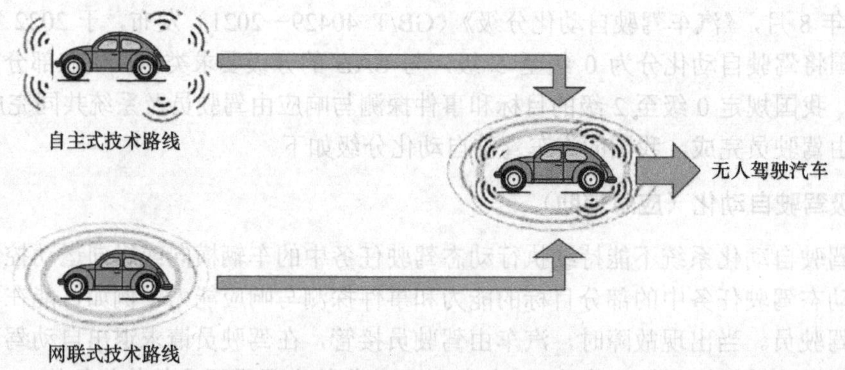

图 6-14 无人驾驶汽车的技术路线

基于传感器的自主式技术路线将先进传感器技术与传统汽车制造业深度融合，使用先进的传感器（如多目摄像机和雷达），结合驱动器、控制单元及软件，形成先进驾驶辅助系统（Advanced Driving Assistant System，ADAS），使汽车能够监测周围环境并做出反应。该技术路线由传统汽车整车企业推动，如奔驰、宝马、通用、福特等汽车公司，ADAS 已经可以向驾驶员提供不同程度的辅助功能，但目前还无法提供完整的无人驾驶体验。

基于车辆互联的网联式技术路线表现为互联网思维对传统汽车驾驶模式的改变，由以谷歌、苹果等为代表的互联网企业推动，百度、阿里巴巴等互联网企业已经掌握了相当多的核心技术。这类企业重点开发车载信息系统，使用无线通信技术实现车辆与车辆（V2V）、车辆与道路基础设施（V2I）的实时通信，对道路基础设施的要求较高。

自主式技术路线难以实现 V2V 通信和 V2I 通信，网联式技术路线无法实现车辆与行人（V2P）的通信，两者都有一定的局限性。未来自主式技术路线和网联式技术路线将走向融合，通过优势互补，提供安全性更好、自动化程度更高、成本更低的解决方案。

无人驾驶汽车的关键技术主要有以下 6 种，其中，环境感知技术与智能决策技术属于智能传感与检测技术。

1. 环境感知技术

环境感知系统的任务是利用摄像头、雷达等车载传感器及 V2X 通信系统感知周围环境，通过提取路况信息、检测障碍物，为无人驾驶汽车提供决策依据。由于车辆行驶环境复杂，现有的环境感知技术在检测与识别精度方面还无法满足自动驾驶的发展需要，而深度学习被证明在复杂环境感知方面有巨大优势。在传感器领域，目前出现了将不同的车载传感器融合的方案，可以获取丰富的环境信息，高精度地图与定位成为重要的环境信息来源。

2. 智能决策技术

决策机制应在保证安全的前提下尽可能适应多工况，做出舒适、节能、高效的正确决策，常用的决策方法有状态机、决策树、深度学习、增强学习等。状态机用有向图表示决策机制，具有高可读性，能清晰地表现状态间的逻辑关系，但需要人工设计，难以保障复杂状态下的性能；决策树是一种得到广泛使用的分类器，具有可读的结构，可以通过训练样本数据来建立决策树，为了避免过拟合，需要训练大量数据，其效果与状态机类似；深度学习与增强学习可用于在复杂工况下做出决策，能在线进行学习和优化，但不能确定未知工况下的汽车性能。

3. 控制执行技术

控制系统的任务是控制车辆的速度与行驶方向，使其按照规划的速度与路径行驶。现有的自动驾驶功能多针对常规工况，采用传统的控制方法，性能可靠、计算效率高，已在主动安全系统中得到应用。提高控制器的适应性是当前的技术难点，可根据工况参数进行控制器参数的适应性设计。在控制领域，多智能体系统是由多个独立的智能体在一定的信息拓扑结构下实现相互作用而形成的一种动态系统。利用多智能体系统可以显著降低油耗、提高通行效率及保障行车安全。

4. V2X 通信技术

可以根据通信范围将车载通信分为车内通信、车际通信和广域通信。车内通信技术已经从蓝牙技术发展到 Wi-Fi 技术和以太网通信技术；车际通信包括专用的短程通信技术和正在建立标准的车间通信长期演进技术；广域通信采用 4G 或 5G 技术进行车载长距离无线通信。通过利用网联无线通信技术，车载通信系统能有效获取驾驶员信息、汽车自身姿态信息和汽车周边的环境数据，并对其进行整合与分析。V2X 通信技术的应用，扩大了车辆对环境的感知范围，为基于云平台的汽车节能技术的研发提供了支撑。车辆通过与云平台的通信将其位置信息及运动信息传至云端，云端控制器结合道路信息及交通信息对车辆速度和挡位等进行优化，可以提高燃油经济性。

5. 云平台与大数据技术

云平台与大数据技术包括云平台架构与数据交互标准、云操作系统、数据高效存储和检索技术、大数据关联分析和深度挖掘技术等。一架空中客车 A380 以自动飞行模式从伦敦飞往纽约，全程只需要处理 2.5MB 的数据；而一个 4 级驾驶自动化系统需要处理的日常任务数据就有 45TB。通过利用云平台与大数据技术，汽车可以使用摄像头、毫米波雷达、激光雷达、超声波雷达、声音传感器、GPS 等接收数据，进行感知处理，通过全方位的传感器融合来探测周围环境，同时通过 V2X 通信技术、高精度地图了解更大范围内的环境，再进行路径规划、交通标志与信号灯识别、紧急车辆识别等，最后做出行动，如等待、加速、转弯、避障、避撞、穿越众多移动物体等。

在整个过程中，各感知设备接收的图像、视频、点云数据是海量的，即使经过算法处理也是如此。5G 技术的数据传输速率可以达到 1000MB/s，延时可以达到 0.1ms。这些特性使得车辆的感知数据可以无缝传至云端，并由云端的强大处理器进行保存和运算（学习），并以超低延时将“思考”得到的决策传给汽车，实现云端对自动驾驶汽车的控制。

6. 信息安全技术

信息安全技术通过结合无人驾驶汽车发展的实际情况，确定网联数据管理对象并进行分级管理，建立满足数据存储安全、传输安全、应用安全的数据安全体系，建立覆盖云安全、管安全、端安全的数据安全技术框架，制定智能网联数据安全技术标准。在信息安全技术领域，已经出现了很多创新研究方向，如在信息安全测试评估方面，可以通过干扰汽车的通信设备、雷达和摄像头等车载传感设备，进行信息安全的攻防研究。

无人驾驶汽车是一种跨技术、跨产业的智能汽车，涉及众多关键技术。智能传感与检测技术是无人驾驶汽车的基础，无人驾驶汽车只有精确地感知汽车运行状态和行驶环境，才能进行智能控制，因此掌握智能传感与检测技术意义重大。

6.2.4 无人驾驶汽车的测试方法

随着无人驾驶汽车的不断发展，汽车逐步从独立的机械单元向智能化、网联化网络节点发展。传动、线控、导航、人机工程和信息娱乐类技术的进步要求嵌入式系统有严格的质量保障措施。要想用自动驾驶系统代替驾驶员，必须使其具有不低于驾驶员的驾驶水平并能保证驾驶安全，这是无人驾驶汽车迈入实际应用的前提和基础。

无人驾驶汽车主要有以下特点。

（1）车载信息终端集成多种 I/O 设备，并提供对多种通信协议、数据处理及应用服务的支持，系统非常复杂。

（2）系统由多个设备组成，涉及众多厂商，数据流转链路复杂、网络异构且涉及海量信息整合、数据挖掘、大数据计算。

（3）实时性、可靠性要求高：网络节点具有较强的动态性，拓扑变化频繁，且干扰因素较多。

因此，无人驾驶汽车必须经过严格的系统评测和质量认证后才可以正式投入使用。测评的主要内容包括功能和性能、信息安全、功能安全、能否为责任认定提供依据等。无人驾驶汽车的测试方法如下。

1. 以传感器为核心的测试方法

在现代轿车中，安装了 100～200 个传感器，用于采集汽车的工况信息，包括空气流量传感器、曲轴位置传感器、氧传感器、爆燃传感器等。对于无人驾驶汽车来说，还要增加环境感知传感器，如激光雷达、毫米波雷达、摄像头等。这些传感器有不同的工作原理、输出信号类型、检测工具和检测方法，可以利用万用表、示波器判断传感器是否有故障。但是以传感器为核心的测量方法只能孤立地确定传感器自身的工作状态，不能综合确定传感器在系统中的运行状态。

传感器输出的电子信号包括模拟信号和数字信号。其中，模拟信号包括直流信号和交流信号；数字信号包括频率调制信号、脉宽调制信号和串行数据（多路）。

传感器输出电子信号的分析依据包括幅值、频率、形状、脉冲宽度和阵列等，如表 6-1 所示。

表 6-1　传感器输出电子信号的分析依据

信号类型	幅值	频率	形状	脉冲宽度	阵列
直流信号	√				
交流信号	√	√	√		
频率调制信号	√	√	√		
脉宽调制信号	√	√	√	√	
串行数据（多路）	√	√	√	√	√

（1）幅值：又称最大值、振幅、峰值。

（2）频率：指电子信号在单位时间内的循环次数，一般指每秒的循环次数（Hz）。

（3）形状：指电子信号的外形特征，包括曲线、轮廓、上升沿、下降沿等。

（4）脉冲宽度：指电子信号所占的时间。占空比指信号的脉冲宽度与信号周期的比值，用百分数表示。

（5）阵列：指组成专门信息的信号的重复方式。

传感器输出电子信号的检测工具有万用表、示波器、解码器和计算机专用程序等，检测方法有在路检测和开路检测等。通过以上 5 种分析依据对传感器输出电子信号进行分析，可以判断传感器的状态及是否有故障等。

随着传感器的智能化，其输出的电子信号越来越复杂，即使传感器没有故障，也不能保证其在接入系统后能正常工作，因此在安装、更换、检修，甚至电子控制单元（Electronic Control Unit，ECU）掉电后，需要对传感器进行匹配和标定。

2. 模型在环和软件在环测试方法

在汽车涉及的各种控制算法开发流程中，为了降低开发成本、较早地发现算法中存在的问题，往往需要在设计阶段进行相应的测试，包括模型在环测试和软件在环测试。

基于模型的系统工程（Model-Based System Engineering，MBSE）是解决复杂控制、信号处理及通信系统相关问题的数学和可视化模型在环测试方法，它通过改变一组模型参数或输入信号，以及查看输出结果或模型的响应来验证控制逻辑。

软件在环测试方法指在主机中对仿真生成的代码或手写代码进行评估，以实现对代码的早期确认。为了提高测试效率，可以进行软件在环与模型在环对比测试，实现模型和代码的同步测试。模型在环和软件在环测试流程如图 6-15 所示，硬件在环测试流程如图 6-16 所示。

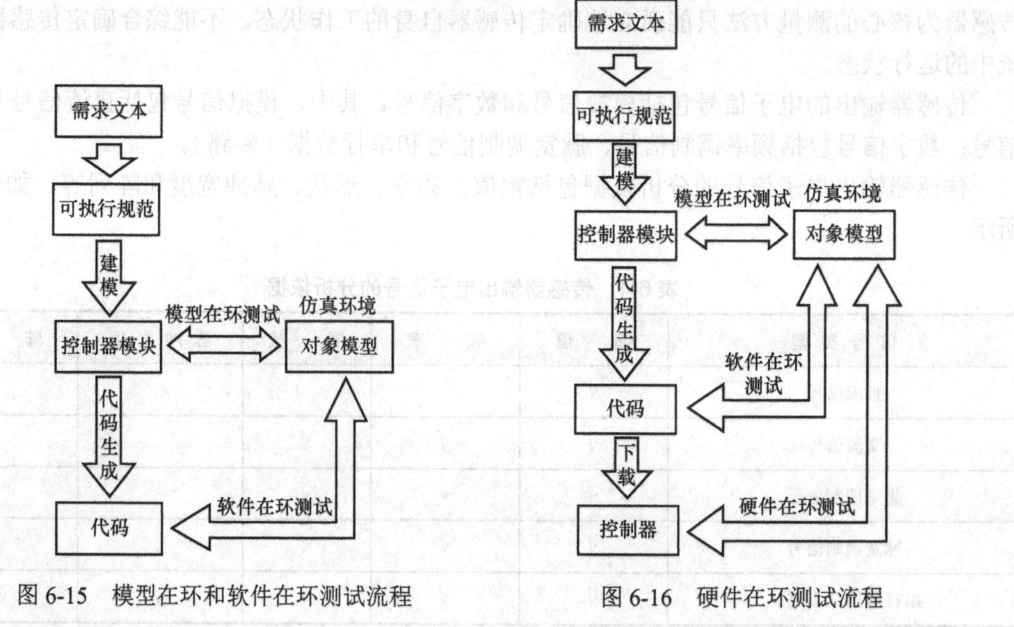

图 6-15　模型在环和软件在环测试流程　　　　图 6-16　硬件在环测试流程

3. 台架在环测试方法

台架在环测试方法利用动力加载装置模拟系统部件的动力学特性，对实物部件进行加载，将实物部件输出的信号反馈至系统模型，构成系统回路。台架在环测试流程如图 6-17 所示。

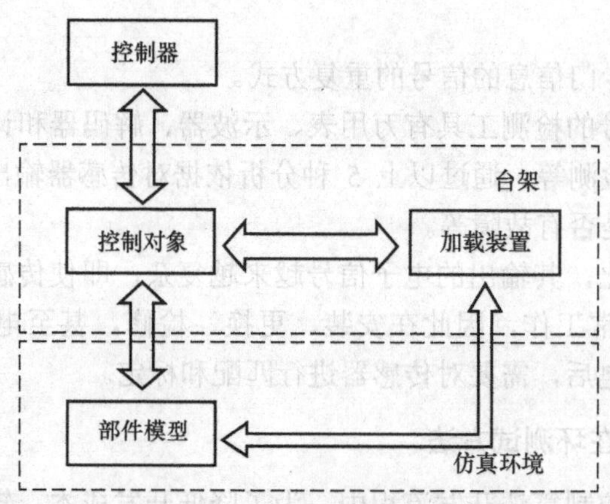

图 6-17　台架在环测试流程

4. 整车测试方法

上述测试方法适用于传感器、控制器、部件、系统或总成，但在其完成组装后，可能会出现意想不到的问题，因此必须进行整车测试。整车测试需要使用汽车试验场或某些通用大型测试设备，例如环境实验设备、碰撞实验设备、电波暗室、半消声室、大型暗箱等。

6.2.5　无人驾驶与智能传感

无人驾驶汽车的关键是网联和智能，智能主要是指自动驾驶。无人驾驶汽车必须具有环境感知能力，能不断采集环境信息，识别环境中的静止物体和运动物体，并对其进行检测和跟踪，再利用相应的算法判断其是否为目标物体及目标物体对汽车的威胁程度，即具有探测视场、探测距离的能力，所采集的数据应覆盖 360° 范围。在自动驾驶时，前方探测距离应不短于 150m，后方探测距离应不短于 80m，左右两侧探测距离应不短于 20m。

环境感知传感器主要包括视觉传感器、距离传感器、定位传感器。除了环境感知传感器，无人驾驶汽车还需要使用能够检测其运行状态的传感器，如转速传感器、温度传感器、压力传感器等，且无人驾驶汽车应具有 ABS 等系统的基本功能。两类传感器各司其职并协同工作。

没有一种传感器能够单独完成复杂的环境感知任务，智能网联汽车通常根据场景需求，将激光雷达、毫米波雷达、超声波雷达、摄像头、卫星定位与惯性导航传感器组合，并通过信息融合来感知汽车行驶场景。

不同阶段的智能网联汽车使用的环境感知传感器如图 6-18 所示，第 1 至第 4 阶段的智能网联汽车主要实现 ADAS 功能，通过超声波雷达、毫米波雷达和摄像头来满足环境感知需求，第 5 阶段的智能网联汽车需要较多智能传感器，以满足复杂环境感知需求。

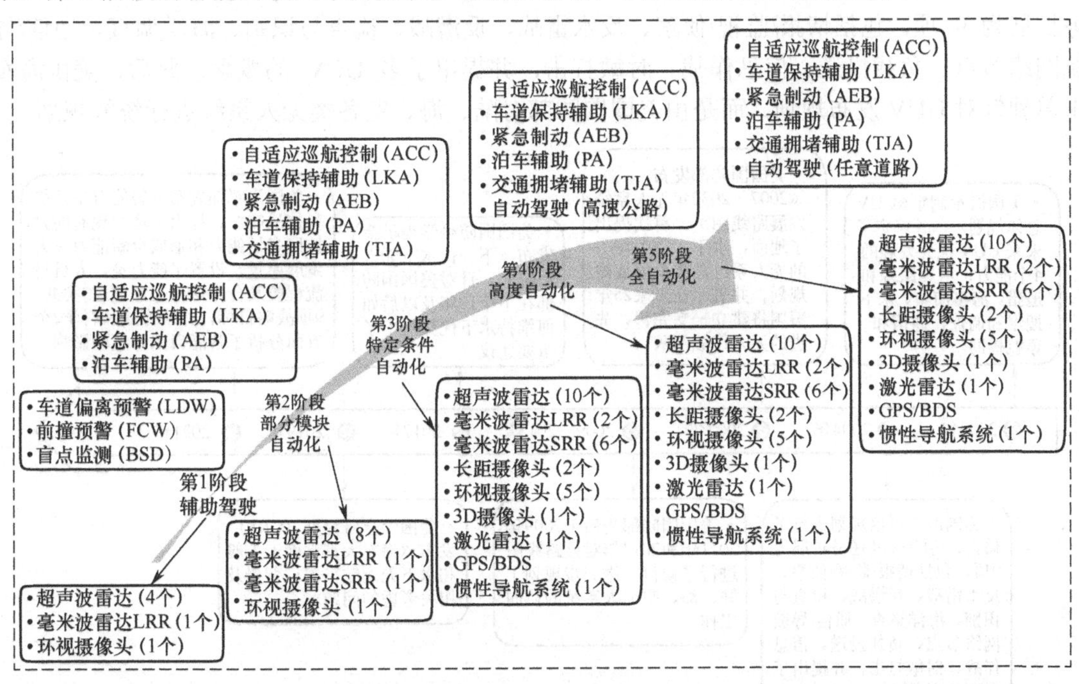

图 6-18　不同阶段的智能网联汽车使用的环境感知传感器

智能传感与检测技术可以收集各种数据，并将这些数据传至汽车的中央控制系统，能实现精确定位和跟踪，监测驾驶员的疲劳状态并自动发出警报和采取相应措施，检测乘客的位置、体重等信息，实现对燃油的高效利用和节能减排。智能传感器在汽车领域的应用，不仅可以提高汽车性能和实现安全驾驶，还可以为汽车制造商提供新的机会。

6.3　面向无人水下航行器的智能传感与检测

近 20 年，与无人机的井喷式发展类似，无人水下航行器（Unmanned Underwater Vehicle，UUV）也进入了发展的快车道。目前，世界上的 UUV 已有数百种，活跃在海洋科学、海洋工程、水下安防和水下作战等领域。UUV 作为一种主要以潜艇或水面舰船为支援平台，可长期在水下自主航行并可回收的智能装备，需要使用大量的智能传感器，以执行特定任务。UUV 具有自主性、灵活性和多用途性，可代替人在恶劣环境下执行枯燥和危险的任务，具有机动性强、适应能力和生存能力强、无人员伤亡风险、制造和维护成本低等优点。

根据自主性，可将 UUV 分为自主水下航行器（Autonomous Underwater Vehicle，AUV）和遥控水下航行器（Remote Operated Vehicle，ROV）2 类。AUV 自带能源，采用自主控制模式，作业范围大；ROV 通过光缆与母船相连，用于接收母船的控制指令并获取能量，作业范围小。

目前，国外有十多个国家的超过 20 家科研机构在开展 UUV 研发工作，其中美国在研的水下航行器的数量最多、发展最成熟，其针对 UUV 制定了一系列发展规划。美国的水下航行器发展规划如图 6-19 所示。2000 年，美国海军在综合考虑未来 50 年需求的情况下制定了《UUV 总体规划》，并确定了未来 UUV 优先发展的 4 个能力：潜艇跟踪和追猎、海事侦察、水下搜索和调查、通信和导航援助。2004 年，美国海军对该规划进行了修订，将 UUV 的任务扩展为 9 项，包括情报/监视/侦察、反水雷战、反潜战、检查与识别、海洋调查、通信/导航网络节点、负载投送、信息作战、时敏打击，并提出了多 UUV 的概念。此后，美国海军未单独针对 UUV 发布规划，而是由美国国防部对陆、海、空各类无人系统进行统筹规划。

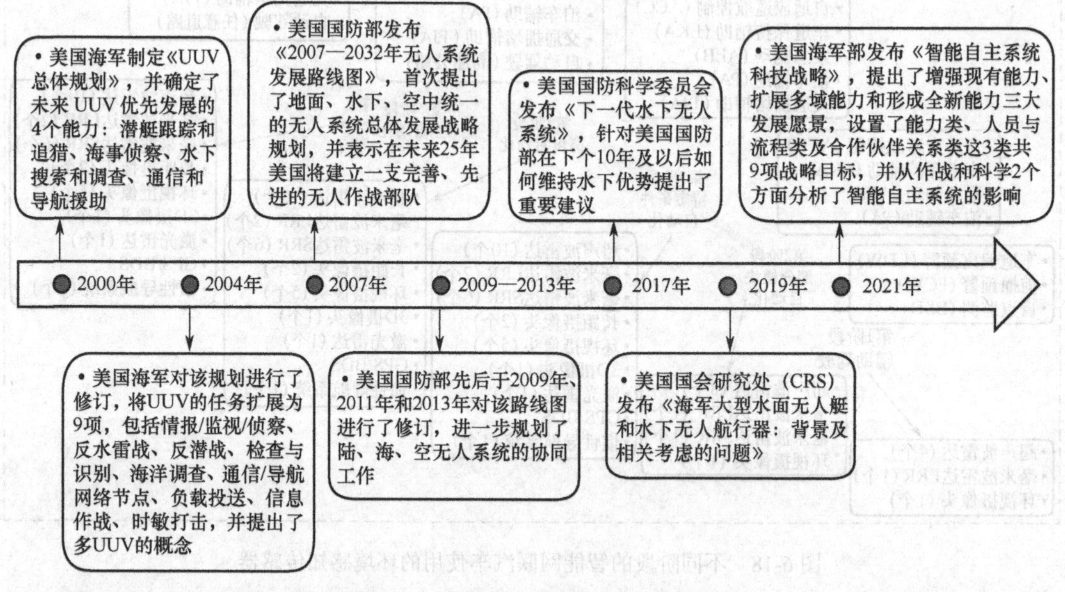

图 6-19　美国的水下航行器发展规划

我国在该领域的研究起步较晚，但近年来随着我国对海洋资源的重视及海洋强国战略的提出，发布了“海洋环境安全保障与岛礁可持续发展”“深海和极地关键技术与装备”等重点专项，以促进 UUV 的发展和应用。

目前，AUV 具有系列化、集群化及体系化发展趋势。同时，为满足联合紧急作战需求，超大型 AUV 将是未来水下无人系统发展的重点。

6.3.1　单体系列化水下航行器

AUV 面世早、发展时间长，因此其系列化特征明显。在商业上比较成功的 AUV 主要为 Bluefin、Remus、Hugin、ISEExplorer 和 Gavia。

1989 年，麻省理工学院自主式水下航行器实验室成功研制了 Bluefin 水下航行器，而后成立了 Bluefin Robotics 公司，该公司从 Bluefin-9 起步，相继研发了 Bluefin-12、Bluefin-21 等型号，Bluefin 水下航行器如图 6-20 所示。

(a) Bluefin-9　　(b) Bluefin-12　　(c) Bluefin-21

图 6-20　Bluefin 水下航行器

在中型水下航行器中，Bluefin-21 发展较成熟、应用范围较广，可根据不同的用途配备不同的传感器和载荷，如图 6-21 所示。与同类产品相比，其具有导航精度高、可靠性高等优势。Bluefin-21 搭载有多普勒计程仪（DVL）、流量计、浊度仪、声速传感器、集成天线、多孔径声呐、前视声呐等，是高度模块化的 AUV，能够检测多种环境下的有效信息，实现在大水流中的多角度勘测，以及在非常浅、浑浊的水中进行侧面扫描调查。2014 年，Bluefin-21 在南印度洋参与了 MH370 失联客机的搜救行动，备受瞩目。

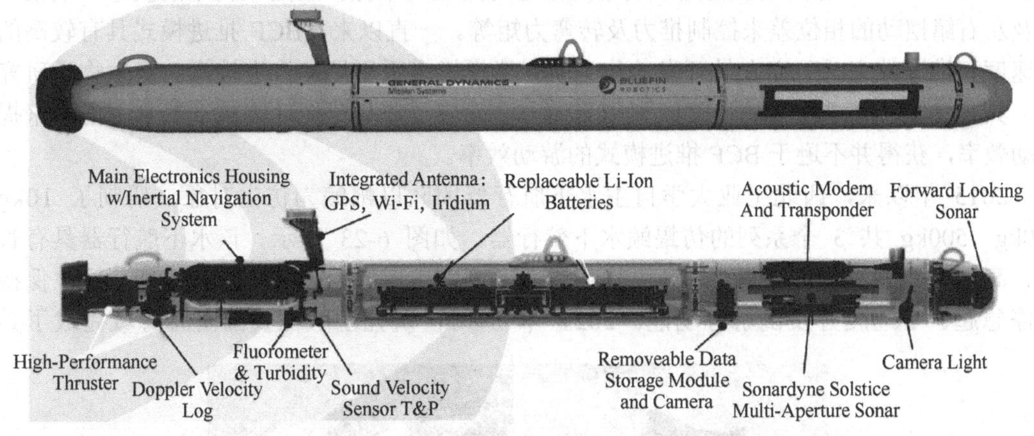

图 6-21　Bluefin-21

伍兹霍尔海洋研究所设计的 Remus100 是美国最成功的便携式水下航行器，为 Remus 水下航行器（如图 6-22 所示）中最小的一款。Remus100 搭载了水深测量、孔径、水速、盐度、声速、光学背散射、潜可见度、侧扫声呐、荧光等标准传感器，还具有 T-16 惯性导航系统、WAAS 全球定位系统、Imagenex 837 多波束剖面声呐、Delta T 扫描高度计等特殊传感器。通过结合传感器数据与导航数据，可即时提供航行器所测量的环境参数的二维和三维可视化信息。

Remus100 采用锂电池供电，以 5.6km/h 的巡航速度可连续航行 22h，最大航程达 123km。针对反水雷、深海探测、海上搜救等任务需求，该研究所又研发了 Remus600、Remus6000 等型号。

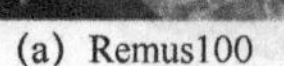
(a) Remus100

(b) Remus600

(c) Remus6000

图 6-22　Remus 水下航行器

Bluefin 和 Remus 水下航行器是美国水下无人装备系列化发展最明显的装备，均有不同口径的系列化产品，可通过搭载不同的传感器和探测器来适应不同深度、不同海况下的工作任务。这两种水下航行器在前期的发展中积累了充分的民用成熟技术，转而可满足军事需求，但相比之下，Remus 水下航行器在军用方面的战场经验更多，而 Bluefin 水下航行器在民用方面更受欢迎，已出口多个北约国家。

20 世纪 90 年代，仿生型水下航行器开始进行样机研制，最开始主要进行理论研究与模型分析。根据仿生推进模式，可以将仿生型水下航行器分为身体/尾鳍（Body/Caudalfin，BCF）推进模式（如金枪鱼、海豚等）和中间鳍/对鳍（Medianand/Pariedfin，MPF）推进模式（如蝠鲼、鹰嘴鳐等）。

BCF 推进模式主要由身体或尾鳍的波动产生推进力，胸鳍多起辅助推进或掌控平衡与方向的作用。MPF 推进模式以胸鳍或腹鳍为推进力的主要来源，通过改变鳍的波形、波幅、频率及左右鳍摆动的相位差来控制推力及转弯力矩等。一直以来，BCF 推进模式具有较高的推进速度和推进效率，研究人员开发的仿生航行器样机多采用尾鳍推进技术。但生物学研究表明，具有 MPF 推进模式的鱼类能利用流体力学效应及非高速运动需求下的水下滑翔来提高游动效率，获得并不逊于 BCF 推进模式的游动效率。

2015 年以来，西北工业大学自主水下航行器团队以蝠鲼为仿生对象，研制了 10kg、100kg、500kg 共 3 个系列的仿蝠鲼水下航行器，如图 6-23 所示。该水下航行器具有长航程、高机动能力、高隐身能力、高生物亲和性，可以实现原地转弯、快速俯仰、原位保持、急停急起、零速爬升及倒游等功能。2021 年 3 月，研究团队在我国南海海域完成了具有

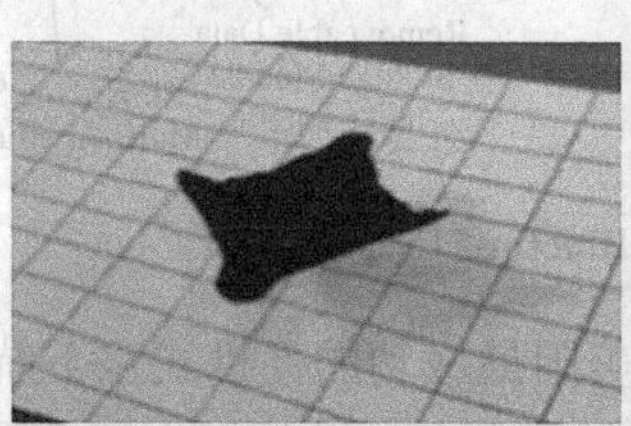
(a) 10kg仿蝠鲼水下航行器

(b) 100kg仿蝠鲼水下航行器

(c) 500kg仿蝠鲼水下航行器

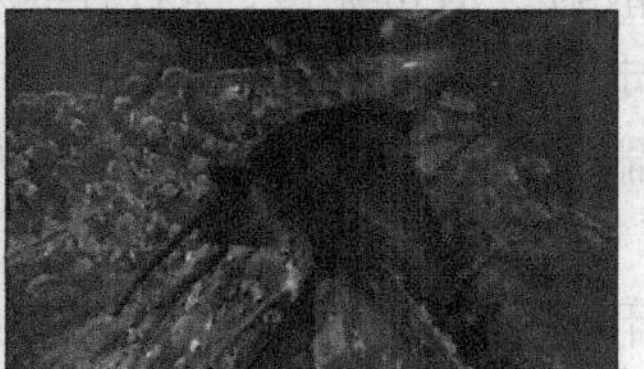
(d) 与鱼类的混游试验

图 6-23　仿蝠鲼水下航行器

应用能力的仿蝠鲼水下航行器在 1025m 深度的航行试验，验证了仿蝠鲼水下航行器滑扑一体推进、无线通信、安保功能的可靠性及海上布放与回收方法的有效性。2022 年 3 月，研究团队在海洋馆完成了与鱼类的混游试验，结果显示仿蝠鲼水下航行器不会惊扰鱼类，证明了其具有高机动能力和高生物亲和性。

仿蝠鲼水下航行器的结构图如图 6-24 所示，它搭载了多种智能传感器，如视觉传感器和深度传感器，有助于进行一系列水下作业，实现水下环境监测、水下勘察等应用。

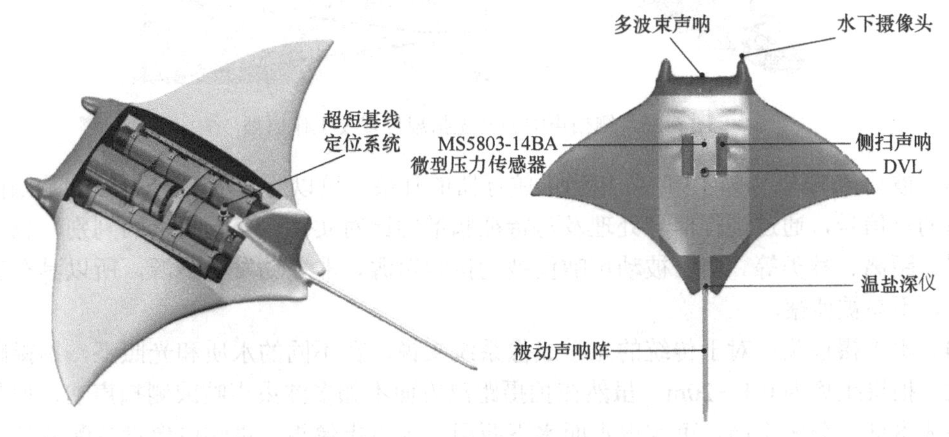

图 6-24　仿蝠鲼水下航行器的结构

仿蝠鲼水下航行器搭载的设备主要包括以下 8 种。

（1）多波束声呐：安装在航行器头部，可探测前方 120m 范围内的物体，且分辨率可以达到毫米级，利用识别算法可以对典型目标物体进行识别，指导航行器进行运动轨迹的调整，避免航行器与前方物体碰撞。英国 BP M750d 多波束图像声呐的工作原理如图 6-25 所示。

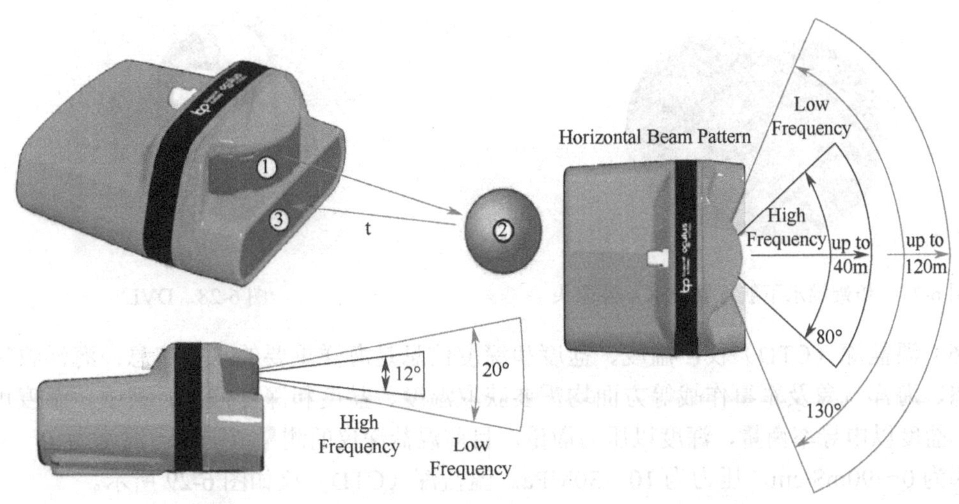

图 6-25　英国 BP M750d 多波束图像声呐的工作原理

（2）侧扫声呐：安装在航行器腹部，2 个换能器具有一定的夹角，可以探测水下 75m 范围内的目标物体。借助侧扫声呐，仿蝠鲼水下航行器可以采集水下地形地貌信息和扫描水下目标物体，可以应用于水下排雷、水下管道扫描等。侧扫声呐的常见搭载位置及工作原理如图 6-26 所示。

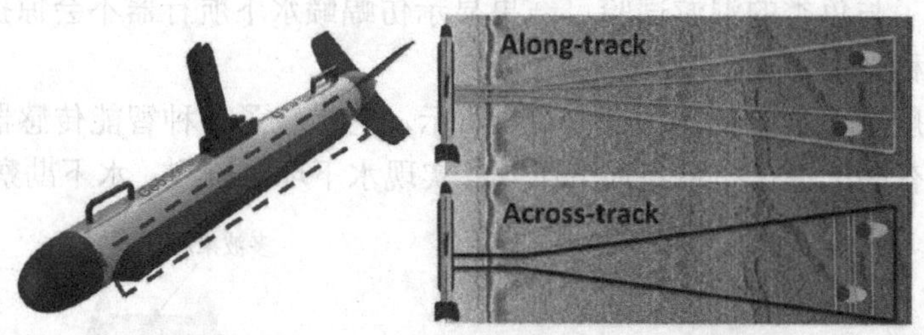

图 6-26　侧扫声呐的常见搭载位置及工作原理

（3）被动声呐阵：被动声呐阵相当于航行器的耳朵，可以监听水下 5～10km 范围内的不同频率的声信号，通过进行信号处理及与特征频谱的比对实现对声源目标的判别，包括声源的位置、距离、种类等。由于被动声呐仅被动接收声源，非主动发出声源，所以具有良好的隐蔽性，不易被侦察。

（4）水下摄像头：对于传统的光学成像系统来说，在不同的水质和光照下，拍摄距离差异较大，拍摄距离为 0.1～20m。虽然在拍摄距离方面不如多波束声呐或侧扫声呐，但是水下摄像头成本低、分辨率高、可实现水面水下两用。水下摄像头与声呐成像设备配合使用，在功能上可以取长补短，仿蝠鲼水下航行器的水下摄像头如图 6-27 所示。

（5）多普勒计程仪（DVL）：DVL 根据发射波与反射波之间的多普勒频率推算航行器的航速，配合惯性导航系统的姿态信息和算法，可计算航行器实时位置和方位数据，用于水下导航定位，DVL 如图 6-28 所示。目前，配合光纤惯性导航系统使用的 DVL 的导航精度可以达到航程精度的 5%。

图 6-27　仿蝠鲼水下航行器的水下摄像头

图 6-28　DVL

（6）温盐深（CTD）仪：温度、盐度和深度信息是海洋重要的水文信息，海洋牧场、海洋生态、海洋气象及军事作战等方面均需要获取温度、盐度和深度信息。其中，温度可直接测量，盐度以电导率衡量，深度以压力衡量。目前温盐深仪的测量范围为：温度为 0～35℃，电导率为 0～90mS/cm，压力为 10～30MPa。温盐深（CTD）仪如图 6-29 所示。

图 6-29　温盐深（CTD）仪

（7）超短基线（USBL）定位系统：通过将超短基线与水声通信结合，实现航行器的水下通信和定位，其通信及定位距离可以超过 3500m，可以与母船或其他航行器进行实时通信及定位，在样机集群编队或协同作业情况下具有重要作用。

（8）MS5803-14BA 微型压力传感器：该传感器用于控制下潜深度，如图 6-30 所示。

图 6-30　MS5803-14BA 微型压力传感器

另外，仿蝠鲼水下航行器借助具有高灵敏度的温度传感器和湿度传感器实时检测海水中的污染物、温度、盐度等，并将数据及时传至地面数据中心，有望在保护海洋生态环境及监测气候变化方面起到重要作用。

除了西北工业大学，中国科学院沈阳自动化研究所也在 AUV 领域处于国内优势地位。经过 30 多年的技术攻关，已在深海航行和长航时方面形成了两大系列产品，先后研制了“探索者”、CR01、CR02、“潜龙一号”“潜龙二号”“潜龙三号”和“潜龙四号”等水下航行器。中国科学院沈阳自动化研究所研制的水下航行器如图 6-31 所示。其中，“潜龙四号”是潜龙系列中的新一代水下航行器，是集微地貌测深侧扫声呐成图、温盐深剖面探测、甲烷探测、浊度探测、氧化还原电位探测、深海照相及磁力探测等功能于一体的六千米级自主水下航行器。

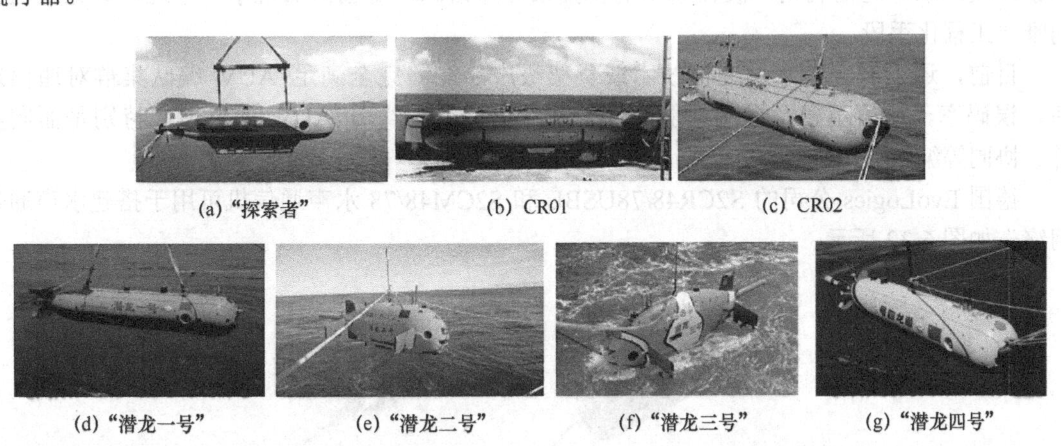

(a)“探索者”　(b) CR01　(c) CR02

(d)“潜龙一号”　(e)“潜龙二号”　(f)“潜龙三号”　(g)“潜龙四号”

图 6-31　中国科学院沈阳自动化研究所研制的水下航行器

“潜龙三号”首次外挂搭载自然电位传感器，在洋中脊海底开展自然电位数据采集及异常探测工作，为进一步优化自然电位电极布置和实现资源调查应用奠定了基础。同时，通过搭载自容式水听器，“潜龙三号”首次对深海 AUV 全工况声环境进行监测，提取螺旋桨、电机、声通信设备、超短基线信标、甲烷探测传感器的声信号频段、幅值，为后续潜水器搭载声学探测设备开展研究工作提供数据支撑，也为羽流和热液活动声场探测奠定基础。

“潜龙四号”是中国大洋矿产资源研究开发协会采购的产品化自主水下航行器，是一款面向用户需求的定制化产品，其主要技术指标较“潜龙一号”有较大幅度的提升，可靠性更高。

6.3.2　集群化水下航行器

无人系统是改变未来战争模式的颠覆性技术，而集群化是无人系统的重要发展方向。无人集群的概念最早在无人机中得到应用，2005 年，美国国防部发布《无人机系统路线

图2005—2030》，将实现无人机的全自主集群作为最终发展目标。随着水下无人平台自主性和对外互操作能力的提升，聚焦多个航行器的水下无人集群系统逐渐受到重视。2011年11月，美军颁布了《海军科学技术战略规划》，首次构想了建立包含无人系统在内的混合海上部队。2014年，美国智库发布了《战场机器人：即将到来的蜂群》，系统提出了无人系统蜂群战术，并先后开展了多个水下无人集群应用项目的研究及试验验证。

水下无人集群指由多个具有一定自主决策能力，彼此之间存在指挥控制和通信关系，且共同承担给定任务的由水下无人平台构成的群组。

与单体相比，集群系统具有以下突出优势。

（1）集群系统利用单体自主性能够实现集体决策及群体级稳态。

（2）集群系统的可扩展性强，个别成员的增减不会对整个系统有决定性影响。

（3）由于集群系统的可扩展性和稳定性强，所以集群系统在异常和危险情况下的生存能力很强。

由于海洋环境具有特殊性，原本在陆地上传输良好的短波、中波和微波等无线电磁波在水下衰减严重，几乎无法传播。甚低频和极低频通信速率低，且天线过大，无法由中小型AUV搭载。蓝绿激光通信目前虽已获得极高的通信速率，在实验室环境中可达1Gbps，但通信距离仍较近，受水质影响大；磁感应通信、量子通信、中微子通信和引力波通信等仍处于探索阶段；水声通信利用声波在水下的传播来传递信息，是当前实现水下中远距离无线通信的唯一工程化手段。

目前，还没有一种水声通信技术或货架级产品能够完全满足AUV编队集群对通信速率、误码率、通信距离及组网性能的要求。通信问题制约着AUV的发展，特别是面向集群、协同等编队应用的场景。

德国EvoLogics公司的S2CR48/78USBL和S2CM48/78水声通信机可用于搭建水声通信网络，如图6-32所示。

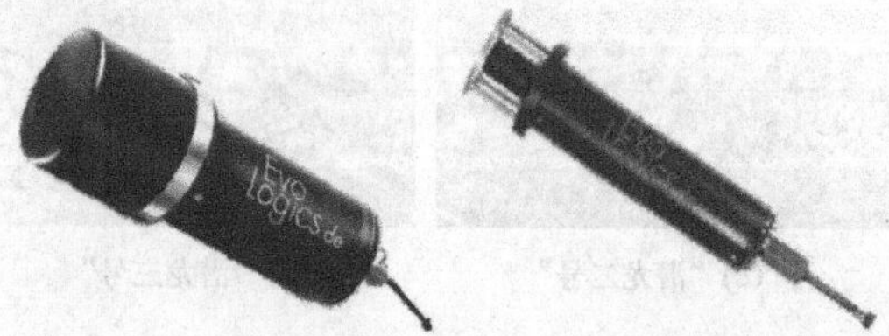

图6-32　S2CR48/78USBL和S2CM48/78水声通信机

该通信机依托扫频扩展载波（S2C）技术实现了定位—通信深度组合。定位天线和调制解调器除了共用1套电子电路，还共用信号，以实现信息传输和位置估计，从而实现在连续定位的同时进行数据传输，保证了定位和控制的实时性。S2CM48/78水声通信机的性能指标如表6-2所示。

表6-2　S2CM48/78水声通信机的性能指标

项　目	指　标	项　目	指　标
频率带宽（kHz）	48～78	距离精度（m）	0.01
最大作用距离（m）	1000	角度分辨率（°）	0.1
最大通信速率（kbps）	31.2	功率（W）	18
误码率（%）	1×10^{-9}	最大功率（W）	60

采用 3 台 AUV 进行集群化设计，基于集群化 AUV 平台的组网通信与协同导航系统如图 6-33 所示，巡航速度不超过 4km/h，主节点携带 2 个水声通信机，分别用于实现与无人水面艇（USV）的通信和与水下 3 台 AUV 的组网通信及导航增强，并利用 USV 中继实现岸基操作人员对水下编队的监控。

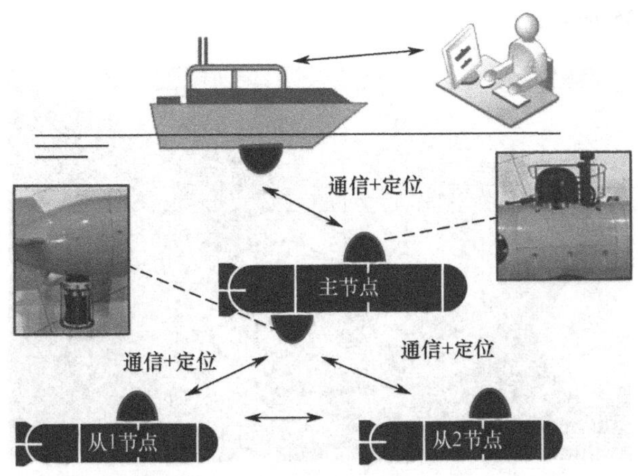

图 6-33　基于集群化 AUV 平台的组网通信与协同导航系统

1. 集群化水下航行器的军用

2011 年，美国国防部高级研究计划局（DARPA）提出了分布式敏捷反潜（DASH）系统，如图 6-34 所示，其由深海和浅海 2 个子系统组成。

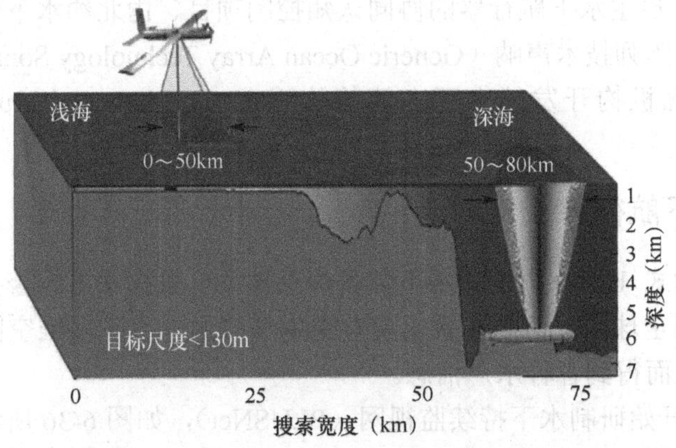

图 6-34　分布式敏捷反潜系统

这 2 个子系统在探测方式和探测区域上互补，可提高侦察探测效率。在深海利用多个配备主动声呐的 AUV 对上方海域进行监测，可及时发现位于监测范围内的潜艇。DARPA 公布的数据显示，当单个 AUV 潜伏在海底 6km 处时，其监测范围直径为 55～75km，50 个 UUV 即可完成监测 $180000km^2$ 海域的任务。美国于 2013 年 4 月进行了试验，结果表明，UUV 的通信和机动探潜能力能够满足 DASH 系统的需要，证明了该方案的可行性，目前美国正加快推动有关装备的实现。

2. 集群化水下航行器的民用

由欧盟资助的研发项目 GREX 促进了多航行器协作的理论方法和实用工具的发展。一方面，该项目的通用性很强，可以连接预先存在的异构系统；另一方面，该项目的鲁棒性很强，能够解决由通信错误引起的问题。航行器使用预设的时分媒体访问（Time Division Medium Access，TDMA）同步架构交换导航数据，允许每分钟交换 5 次约 20Bytes 的压缩数据包，并能避免数据包冲突，完成编队航行任务和向指定目标聚集的任务等。水下航行器的编队航行轨迹如图 6-35 所示。

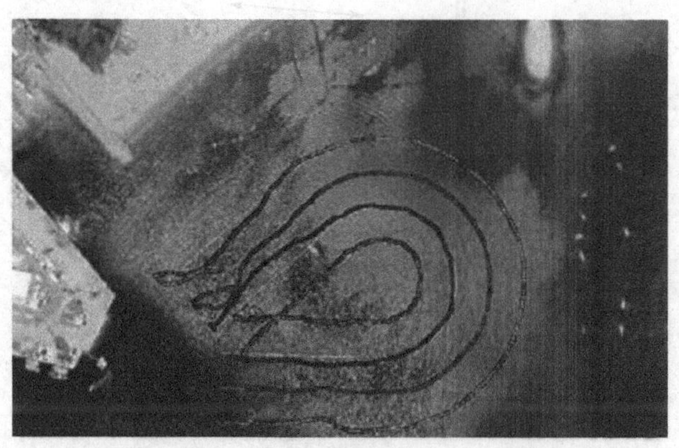

图 6-35 水下航行器的编队航行轨迹

除了上述项目，还有很多已经取得成功或仍在进行中的 AUV 集群项目。例如，由美国海军研究院资助的自主海洋采样网络（Autonomous Ocean Sampling Network，AOSN）、由美国新泽西海湾布设的大陆架观测系统（The New Jersey Shelf Observing System）；由欧洲委员会资助的 Co3-AUV 自主水下航行器的协同认知控制项目、由北约水下研究中心和麻省理工学院完成的通用海洋阵列技术声呐（Generic Ocean Array Technology Sonar，GOATS）项目、由英国 Nekton 研究机构开发的水下多智能体平台（Underwater Multi-Agent Platform，UMAP）项目等。

6.3.3 体系化水下航行器

建设集群化移动式 UUV+固定式水下装备信息体系，发挥水下预警探测能力一直是美军关注的重点，以利用全球水下信息体系实现对空中—海面—水下多维空间的全天候监听、采集、记录和分析，从而得到各种水声信息。

美军于 2006 年开始研制水下持续监视网（PLUSNet），如图 6-36 所示，它以巡航导弹核潜艇为母节点，以核潜艇携带的 UUV 为移动子节点，以水下潜标、浮标、水声探测阵为固定子节点，构成了一种半自主的潜布式海底固定+机动的水下网络，可获取海洋环境信息和水下目标信息，可以为水下作战提供支撑。

海底固定传感器阵列包括水平矢量水听器阵、垂直矢量水听器阵，以及两个完全相同的电场传感器。电场传感器用于对敌方潜艇进行初步探测和定位，并与移动的无人潜航器集群进行协同探测。UUV 携带的传感器包括声学传感器、环境传感器等，环境传感器为在最佳探测深度工作的 UUV 提供环境数据。

PLUSNet 中的传感器通过水声通信网络通信，具有不同功能的多个传感器开展分布式协同工作，通过由固定底部和移动传感器组成的半自主控制网络通信，并在没有人发出指令的情况下做出基本决策，从而履行多种功能，包括对温度、水流、盐度、化学成分等进行检测，以及密切监视并预测海洋环境。由 PLUSNet 组成的系统已于 2015 年形成作战能力，该系统包括 1 个 Seahorse AUV、6 个 Bluefin-21、1 个 X-Ray 滑翔机、18 个 Slocum 滑翔机等移动子节点，以及 9 个固定子节点。其中，移动子节点的主要任务是进行水文测量、海底成像、海洋噪声和水下目标噪声检测。

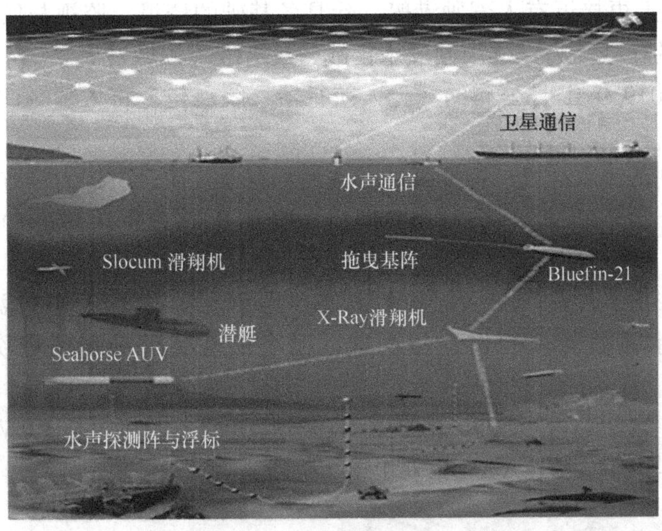

图 6-36　水下持续监视网

此外，美军还通过各种无人系统实现了水下平台的跨域通信。无人机、无人航行器等无人装备的发展和应用使跨域通信中继的形式更丰富，可灵活构建跨域通信链路。例如，DASH 系统的深海子系统携带有声学调制解调器，可向同样携带有声学调制解调器的波浪滑翔机发送数据，其充当通信中继，可将收到的数据发给卫星或岸基通信系统，从而实现跨域通信。在 2016 年的美国先进海军技术演习中，一艘潜艇发射了 Bluefin-21，随后 Bluefin-21 释放出了 2 个微型“沙鲨”无人航行器和 1 架“黑翼”无人机，“黑翼”无人机充当潜艇与“沙鲨”无人航行器的通信中继，实现了跨域通信。美国多域集群演示项目如图 6-37 所示。

图 6-37　美国多域集群演示项目

6.3.4 大型水下航行器

美国海军根据直径将 AUV 分为 4 类：小型、中型、大型和超大型（直径大于 2.13m）AUV。相比之下，超大型 AUV 的载荷更大，能承担的任务更加多样，持续执行任务的能力更强，在作战构想上更接近有人驾驶潜艇。除具备基础的情报、监视与侦察能力外，超大型 AUV 还具有很强的作战能力，逐渐向反水雷战、反潜战等领域发展。

美国海军于 2019 年 1 月公布的《无人航行器系统展望》将大型 AUV 的发展分为以下 3 个阶段。

第 1 阶段：创新海军样机，主要开展自主性、有效载荷、自持力等方面的性能设计及试验验证工作，波音公司在该阶段研制出“回声—航海家”(Echo-Voyager) AUV，如图 6-38（a）所示。

第 2 阶段：形成“虎鲸”AUV，如图 6-38（b）所示，主要开展作战概念的开发、有效载荷的集成及反水雷战能力的设计与测试，已小批量交付未配备进攻性武器的超大型 AUV。

第 3 阶段：主要拓展作战能力，形成具有多种作战能力的超大型 AUV。

目前，美国海军的超大型 AUV 正处于第 2 阶段。

(a)“回声—航海家”AUV

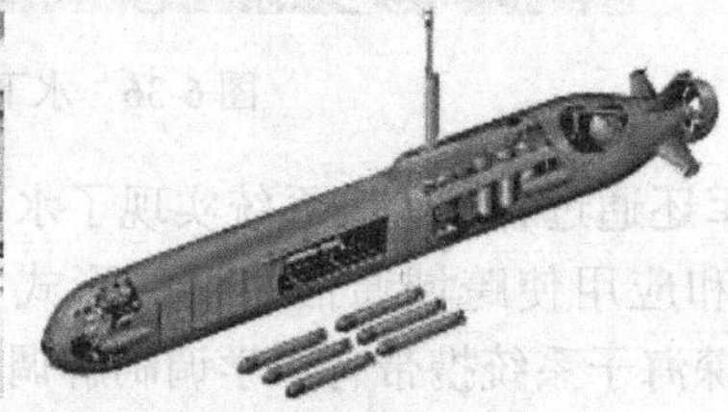
(b)“虎鲸”AUV

图 6-38 “回声—航海家”AUV 及“虎鲸”AUV

2017 年，波音公司发布公告，称其研发的“回声—航海家”AUV 已进行初次海上试验。该 AUV 长 15.5m，为“回声”家族中的最大型 AUV，最高速度可达 14.8km/h，作业深度可达 3000m。在“回声—航海家”AUV 上装有一个可折叠桅杆，该桅杆集成了可自动识别海上船只的自适应信息系统及 1 根通气管，具有卫星通信、供气及电池充电能力。“回声—航海家”AUV 在采用锂电池供电方案的情况下，可持续航行 2～3 天，在巡航航速下的航程可达 280km。在单燃料模式下的航程可达 12038km。

“回声—航海家”AUV 配备有卡尔曼滤波的惯性导航单元（INU）、GPS，利用一组 DVL 和深度传感器，以及海底长基线（LBL）应答器实现了高导航精度。其深度稳定性为 0.3m，LBL 辅助位置精度为 2.3m，行驶距离的独立定位精度为 0.15%。采用加密的 Inmarsat IV、Iridium、Wi-Fi 和 FreeWave 通信进行指挥、控制和任务规划，在水下作业时使用声学通信进行指挥和控制。同时，“回声—航海家”搭载的前视声呐（FLS）与自主避障算法实现了 AUV 的主动避障功能。

“虎鲸”AUV 是在“回声—航海家”AUV 的基础上研制的，长 24m，直径为 2.5m，重约 63t，最大航速为 10km/h。“虎鲸”AUV 与“回声—航海家”AUV 具有相似的传感器配置，其中前视声呐和 DVL 有助于提高其在海底的地形跟踪能力。“虎鲸”AUV 的主要改进如下：一是增加了中间有效载荷模块，舰体更长，有效载荷空间更大，为搭载重型鱼雷、反舰导弹和对陆打击导弹等武器提供了条件；二是用带导管的泵喷推进器代替开放式螺旋桨，与美军“海浪”级核潜艇的推进系统类似，可降低水下辐射噪声。

随着续航能力和自主水平的提升，超大型 AUV 将能够在远海域长时间、大范围地执行任务，可以在以下方面发挥作用：增大反水雷战的力量、成为反潜战的助手、成为情报/监视/侦察的中枢与中继、成为通道防卫的重要帮手。根据美军的最新规划，可以确定其已将 AUV 作战作为一种主要的作战样式，并将 AUV 列入了兵力结构。特别是引入了超大型 AUV，探索了其在协同作战、海上战略通道防卫、水下情报/监视/侦察支援、自主反水雷作战等方面的功能，并在作战样式上进行了大胆创新，其设想极具前瞻性。

6.3.5　水下航行器的导航与定位技术

导航与定位系统是 AUV 的“眼睛”，可为 AUV 提供准确的位置、速度和姿态信息，决定了 AUV 能否到达预定地点、能否成功完成任务并返航。同时，也是 AUV 开展水下探测、海域搜索、海底绘图、协同反潜等任务的基础。为适应深远海应用的需求，AUV 导航与定位系统正向无人自主导航、长航时可靠工作、高精度定位、实时准确提供导航信息、小体积和低功耗等方面发展。

1. 地球物理场导航技术

目前，通用的地球物理场导航技术主要包括地形匹配导航技术、地磁辅助导航技术和重力辅助导航技术 3 类。地形匹配导航技术指通过比较地形参考数据库和地形高度测量值来确定载体位置的特征匹配导航技术，是一种自主性强、连续性强、隐蔽性好的水下导航技术。海底地形辅助导航（STAN）技术主要用于水下导航定位，其将水下地形传感器测得的水下地形数据与水下地形数字海图数据库中的数据进行匹配，然后通过计算机处理得到航行器所在位置。该技术通常用于辅助惯性导航系统。

从理论上讲，地形匹配导航技术对 AUV 的航行时间和航行路径没有要求，可以保证 AUV 在水下长时间工作后仍能准确到达目标任务点进行作业，保证了定位的准确性。但是，这种导航技术会随时间的推移而产生较大的累计误差。

地磁辅助导航技术与地形匹配导航技术类似，也采用预先获取高精度地磁数据库的方法。首先，将选定海域地磁场的某种特征值制成参考图并存储在水下航行器的计算机中，当航行器经过这些海域时，传感器实时测定地磁场的有关特征值，并实时输出位置信息；其次，将预先存储在水下航行器中的参考图与实时图进行对比，得到当前位置的地磁参考值；最后，将实时图与预存的参考图在计算机中进行匹配，确定实时图在参考图中的最相似点，即匹配点，从而计算得到航行器的精确实时位置，达到精确导航的目的。目前，我国对地磁辅助导航技术的研究处于半实物仿真阶段，大多完成水下探测任务。例如，我国研制的“蛟龙三号”水下航行器的潜深为 4500m，搭载有水下地磁探测器，可用于海底磁测分析。

重力辅助导航技术是一种利用重力敏感仪器实现的图形跟踪导航技术。其将事先做好的重力分布图存储在导航系统中，再利用重力敏感仪器测定重力场的特性以搜索期望的路线，然后通过人工神经网络和统计特性曲线识别法使运载体确认、跟踪或横过路线，从而到达某个目的地。重力辅助导航技术具有定位精度高、不受地域和时间限制、隐蔽性好等优势，但重力敏感仪器等传感器的质量和体积较大，无法安装在水下航行器中。未来，可以考虑向轻量化、小型化方向发展。

地球物理场导航技术是根据地球本身的物理特征进行导航的技术，需要提前采集导航信息，并建立相应的导航信息库。传统的地球物理场导航技术存在误差大、计算难度大等问题。当前，水下无人航行器普遍采用捷联惯性导航系统（SINS）、捷联惯性导航系统/多普勒计程仪（SINS/DVL）自主组合导航系统，以及长基线（LBL）、短基线（SBL）、超短基线（USBL）等声学导航与定位技术。

2. 组合导航技术

SINS 通过计算机模拟“数字平台”来完成工作，即将惯性测量单元（IMU）直接“捆绑”在载体上，通过陀螺仪与加速度计直接捕获载体的运动信息，以实现水下导航与定位，SINS 的原理如图 6-39 所示。SINS 具有自主导航能力，可以独立计算得到载体的姿态、速度和位置信息（不依赖外界的电磁信号），抗干扰能力强，可以极大地提高水下航行器的性能和可靠性，且系统的初始对准快捷方便。但是，SINS 的定位误差会随时间的推移而不断增大。

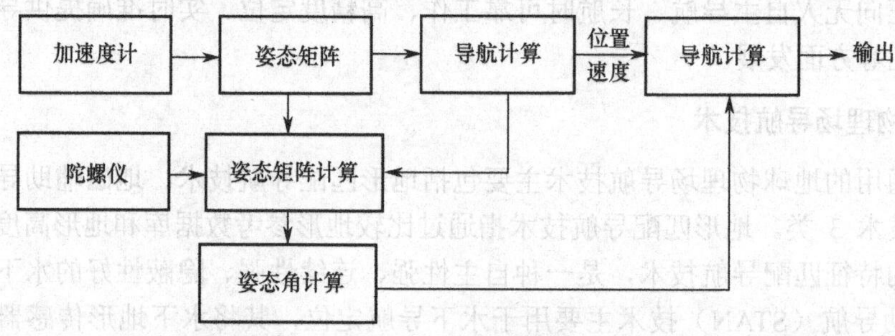

图 6-39　SINS 的原理

SINS/DVL 自主组合导航系统利用捷联惯性测量单元（SIMU）构成捷联惯性导航系统，利用 SIMU 中的姿态矩阵与水下航行器中的 DVL 构成航位推算系统，再将这 2 个子系统组合，形成 SINS/DVL 自主组合导航系统，其原理如图 6-40 所示。DVL 用于测量水下航行器的航行速度，不能单独用于确定位置，但是可以根据惯性导航系统获得的信息进行航位推算，组成航位推算（DR）系统。SINS/DVL 自主组合导航系统的高度定位误差是发散的，因此有必要借助深度传感器的阻尼作用，提高系统高度通道的定位精度。

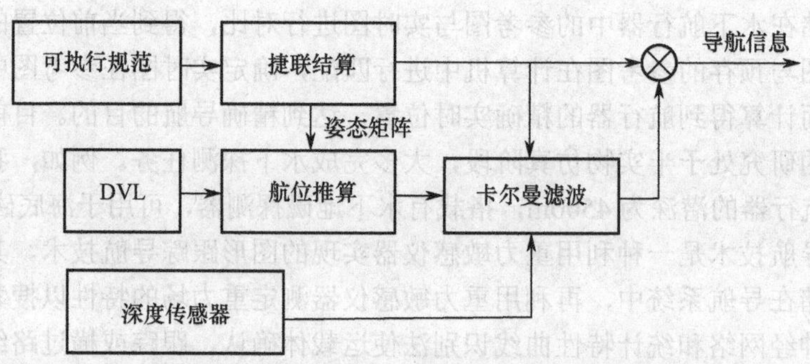

图 6-40　SINS/DVL 自主组合导航系统的原理

声学导航与定位技术解决了由电磁波在水下衰减快导致的传播距离短、无法长期潜伏在水下作业的问题，其原理是通过计算 AUV 与声标之间的声波信号传输时间及其相位差，确定 AUV 与声标的相对位置，再通过坐标转换得到 AUV 在大地坐标系中的位置信息。

3. 协同导航

单一的 AUV 往往不具备单独完成水下多任务的能力，多个水下航行器的协同工作可带来“1 + 1>2”的效果。水中用户终端安装在水下目标上，搭载声通信机，它接收和发送水声信号，实现与海底基站间的声学通信。同时，水下目标平台装载惯性导航系统（INS）、DVL、测距仪，对各设备进行信息融合处理，以实现高精度的定位和信息交互。在大型高精度水面或水下平台附近应用，可采用传递对准、协同导航等技术提高微小型水下平台的导航精度。建立长期的水下 GPS 系统是未来水下机动平台实现全航程隐蔽航行的必要前提，具有重要的战略意义。

一般来说，根据是否有单一主导设备，可以将协同导航分为主从式和并行式 2 种。在主从式协同导航中，主 AUV 配备定位精度高的导航设备，从 AUV 配备定位精度相对较低的导航设备；在并行式协同导航中，各 AUV 配备导航精度相同的设备。

目前业内主要研究的是主从式协同导航，其优势是 AUV 的制造成本低，且在执行任务时只需要对主 AUV 进行精准定位，通过水声测距和水声通信系统推算从 AUV 的位置信息与姿态信息。这与单一的 AUV 相比，极大地提高了定位精度。

根据协调方式的不同，可以将协同导航分为集中式、分布式和混合式 3 种，如图 6-41 所示。在集中式协同导航中，先将从 AUV 的位置信息及主 AUV 与从 AUV 的距离信息传给主 AUV，由主 AUV 进行滤波处理，再将解算后的位置信息进行广播，由各从 AUV 接收；在分布式协同导航中，滤波功能分散在各 AUV 的导航算法中；在混合式协同导航中，滤波中心分布在各 AUV 中，能有效利用临近 AUV 的信息，是最优结构。

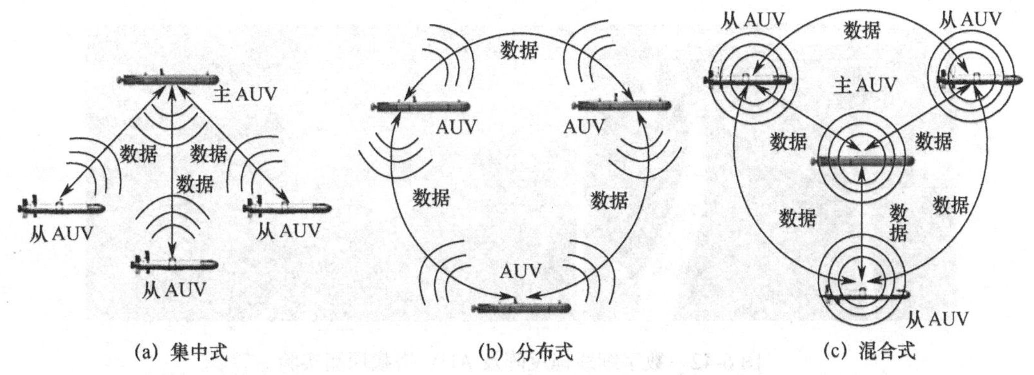

图 6-41　集中式、分布式和混合式协同导航

在深远海作业条件下，水下航行器采用任何单一导航方式都无法满足中高精度导航要求，因此需要进行多传感器信息融合、根据环境因素采用适当的导航方式，以实现水下航行器的长航时、高精度、高可靠性工作。针对深远海作业条件下的水下导航需求，主要采用以下 3 种方式实现水下导航。

（1）惯性/声学组合导航。

在水下依赖 DVL 和超短基线定位系统等，实时修正误差。

（2）惯性/重力、磁无源导航。

该方式适用于水下环境的物理场变化较为显著的区域，当船只驶入该区域时，可以利用外部相关信息来及时修正误差。

（3）跨介质平台协同导航。

在深远海作业条件下，在部分区域可由我方船只利用声学装置，向水下平台提供 GNSS 信息，辅助系统修正误差。

在以上 3 种方式中，第 1 种是核心手段，可全程辅助修正误差；第 2 种可通过规划水下载体的航行路线实现，使载体在行驶途中通过重磁信息变化较大的区域；第 3 种受外部环境限制，仅在具备条件时使用。

6.3.6 水下航行器的探测与通信技术

AUV 具有造价低、隐蔽性强、值守区域大、机动灵活、无须人工干预等优势，可自主、长时在水下工作。为了自主完成各类水下任务，我们对 AUV 的智能化要求越来越高，其携带的探测、通信载荷设备是关键。受 AUV 载荷空间和质量的限制，探测通信系统的轻量化、一体化成为发展趋势。此外，还需要重点解决 AUV 平台运动带来的强多普勒效应、高背景噪声和由复杂海洋环境带来的信道时变问题等，特别是在无人集群应用场景下，需要克服平台和环境带来的影响，有效实现探测与通信。

探测通信系统的轻量化一直是研究的热点和难点，近年来，主要突破点集中在实现声电转换的设备上。为了减小体积和质量，北约水下研究中心（NURC）、新加坡国立大学均致力于研究细线拖曳阵技术，后者于 2005 年开展该技术的开发工作，已成功研制了直径为 15～25mm、阵元为 12～24 个的多型细线拖曳阵，并利用 STARFish AUV 搭载直径为 15mm 的数字细线拖曳阵，实现了自主探测。数字细线拖曳阵及 AUV 搭载探测实验如图 6-42 所示。

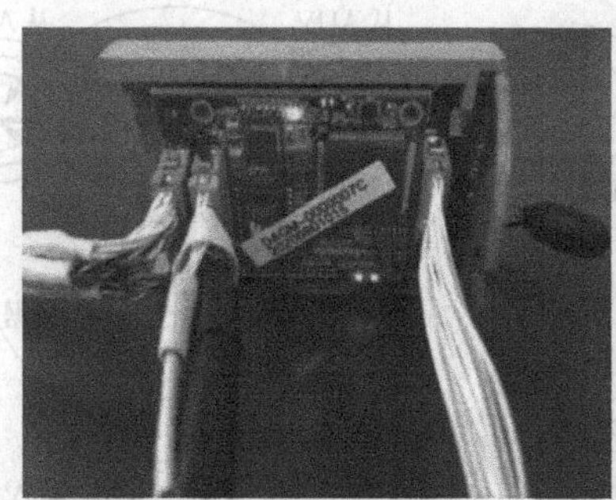

图 6-42　数字细线拖曳阵及 AUV 搭载探测实验

西北工业大学利用直径为 30mm 的 32 元光纤细线阵实现了对中型水面舰 20km 范围的被动探测。一种 PM+SM/MM 混合型光纤阵列如图 6-43 所示。光纤细线阵使用光纤传感器将入射光束送入调制器，在被测参数的作用下，光的强度、波长、频率、相位、偏振态等会发生变化，成为被调制的光信号，其通过光纤进入光电器件，经过解调器并获得被测参数。

在整个过程中，光由光纤导入，光纤的作用是作为光的传输通道，也有光调制器的作用。

与标量声压水听器相比，矢量水听器具有与频率无关的偶极子指向性，可在各向同性噪声场中获得一定的空间增益，能够有效提高 AUV 在低信噪比环境下的目标探测能力，目前有多家研究机构正开展相关研究工作。

为进一步克服载荷空间、质量等的限制，AUV 探测系统开始向主被动联合、换能器轻量化、与声通信机等共用换能器及信号处理硬件的方向发展，即研制集通信、探测、节点定位功能于一体的综合声载荷设备，可有效缩小设备体积，降低 AUV 的能耗水平。

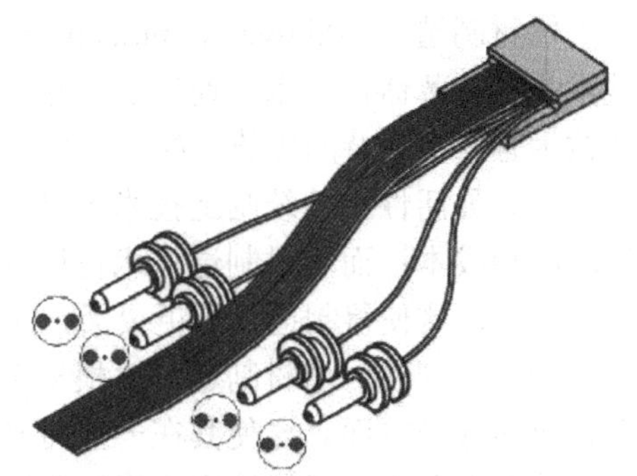

图 6-43　一种 PM+SM/MM 混合型光纤阵列

智能化、轻便化、自主化是 AUV 探测与通信的发展方向，随着高灵敏度轻型传感材料、高增益信息处理技术和人工智能技术的发展，现有水下航行器的自主能力大大提高。

总之，智能传感与检测技术对水下航行器功能的实现有以下作用：首先，精确的定位和导航能够确保水下航行器稳定移动并成功完成任务，为此需要用水下 SLAM（Simultaneous Localization and Mapping）技术进行定位与导航；其次，一般水下能见度较低，水下航行器需要利用水下测距传感器躲避障碍，有些水下航行器需要测量压力、流量、流速等，需要使用压力传感器进行监测和控制；最后，水下航行器利用传感技术对海洋环境（如海底地形、水文气象、生物多样性等）进行深入研究，为海洋科学研究提供有力的数据支撑。

6.4　面向智能制造的智能传感与检测

6.4.1　智能制造概述

智能制造的目的是利用先进的信息和制造技术来优化生产和产品交易过程，被视为基于智能科学和技术的新制造模型，可以使典型产品在设计、生产、管理和集成等方面升级。

在智能制造产品体系中，可以使用各种智能传感器、自适应决策模型、高级材料、智能设备和数据分析工具来延长产品的生命周期。对于制造业来说，智能传感器是实现智能制造的基础。智能传感器是智能工厂的“心脏”。从这个层面来看，它是使工业机器人变得“神通广大”的利器，能使产品生产持续运行，并让工作人员远离生产线和设备，保障其健康和人身安全。

智能制造的关键步骤如下。

（1）状态感知，即通过智能传感器准确感知设备或系统的实时运行状态。

（2）实时分析，即对设备或系统的实时运行状态数据进行快速准确的加工和处理。

（3）自动决策，即根据数据处理结果，按照设定的规则自动做出判断和决策。

（4）精准执行，即由执行机构自动执行决策。

在智能制造中会用到各种传感器（嵌入的、绝对的、相对的、静止的和运动的），传感器是工业的基石，决定了制造仪器的性能并制约了其发展。

传感器的智能化、无线化、微型化和集成化是推动智能制造技术发展的关键。目前，我国在智能机器人、智慧医疗、智慧社区、人工智能和虚拟现实等领域发展较快，智能传感器在这些领域的发展中发挥了重要作用。

增材制造（Additive Manufacturing，AM）在智能制造领域扮演着重要角色。增材制造技术是一种革命性技术，通过逐层添加材料来构建三维对象。与传统制造技术相比，增材制造技术有许多独特的优势，如灵活性、定制性等。

（1）灵活性。传统制造技术通常需要使用大量工具，以生产特定的零部件，需要花费大量时间和成本；而增材制造技术可以直接根据设计文件逐层打印物体，不需要使用额外的工具和设备，这使得制造过程更灵活，能够快速响应市场需求和个性化定制需求。

（2）定制性。增材制造可以根据个体客户的需求定制产品，无论是在形状、尺寸，还是在材料的选择方面。这使其在一些特殊行业中有巨大的发展潜力。例如，在医疗领域，可以制造符合患者特定解剖结构的假体和植入物，提高手术的成功率，获得更好的康复效果。

智能传感器在增材制造中发挥着重要作用，可以将智能传感器集成到增材制造设备中，实时监测制造过程中的关键参数，如温度、压力和湿度等。智能传感器能够提供准确的数据，可以监控制造过程的稳定性和质量。通过进行实时反馈和调整，智能传感器可以减少在制造过程中出现的缺陷和错误，提高生产效率和产品质量。

此外，智能传感器还可以用于对增材制造产品进行质量监测，能够实时监测产品的性能和结构，并及时发现潜在的缺陷或变形问题。这种实时监测可以帮助制造商对制造过程进行调整和改进，确保最终产品符合要求。

增材制造在智能制造领域具有重要地位，它为制造业带来了灵活性和定制性，智能传感器则为增材制造提供了关键的监测和控制手段。随着技术的不断进步和创新，相信增材制造和智能传感器会为智能制造领域带来更多的突破和机遇。

在过去的几十年中，增材制造的日益成熟吸引了众多高价值行业。增材制造技术是一种新兴技术，其通过分层添加材料来制造复杂的三维（3D）零件。与减法制造和成型制造相比，增材制造不需要使用特定的工具，因此工作流程简单、灵活性高。由于增材制造在制造复杂零件、采用多种材料的零件和具有综合功能的零件方面能力出色，所以被逐渐应用于汽车、航空航天和生物医学等领域。

由于制造限制较少，增材制造使先进结构的实现成为可能。在利用增材制造带来的设计自由度提高性能方面，基于计算方法的结构优化已取得了较大进展。同时，多材料增材制造的出现，使得开发定制结构成为可能，如功能梯度材料和非均质材料。此外，增材制造还为开发具有嵌入式智能（如传感、控制和驱动）和集成功能（如机械、电气和热功能）的一体化设备铺平了道路。更重要的是，增材制造可以作为一些颠覆性技术的基础，如结构色超材料。增材制造有望显著提高制造过程的可生产性、可重复性和可再现性，并解锁产品创新设计。

6.4.2　智能制造中的智能传感器

1. 智能制造中的智能传感器的典型应用场景

数控机床使用的智能传感器如图 6-44 所示。数控机床利用高性能传感器检测位移、位置、速度、压力等，能够对加工状态、刀具状态、磨损情况及能耗等进行实时监控，以实现灵活的误差补偿与自校正，使数控机床智能化。此外，基于视觉传感器的可视化监控技术，可以使数控机床的智能监控更便捷。

图 6-44　数控机床使用的智能传感器

在汽车制造中使用的智能传感器如图 6-45 所示，以基于光学传感的机器视觉为例，其在工业领域的三大应用为视觉测量、视觉引导和视觉检测。视觉测量技术通过测量产品关键尺寸、表面质量、装配效果等，来确保出厂产品合格；视觉引导技术通过引导机器完成自动化搬运、最佳匹配装配、精确制孔等，可以显著提高制造效率和优化车身装配质量；视觉检测技术可以监控车身制造工艺的稳定性，也可以保证产品的完整性和可追溯性，有利于降低制造成本。

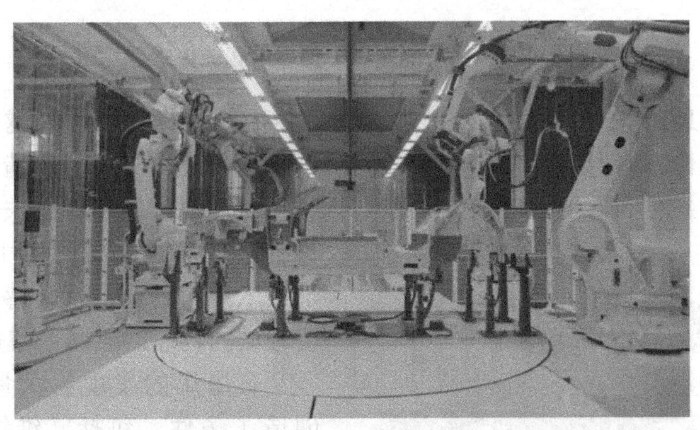

图 6-45　在汽车制造中使用的智能传感器

在工业电子领域，生产、搬运、检测、维护等方面均涉及智能传感器，如机械臂、AGV 导航车、AOI 设备等。在消费电子和医疗电子领域，智能传感器的应用更加多样，如在智能手机中使用距离传感器、光线传感器、重力传感器、图像传感器、三轴陀螺仪和电子罗盘等。可穿戴设备可以实现运动传感功能，通常内置 MEMS 加速度计、心率传感器、脉搏传感器、陀螺仪、MEMS 麦克风等。在智能家居（如扫地机器人、洗衣机等）中使用的智能传感器如图 6-46 所示。

2. 智能传感器的增材制造

近年来，商品化的智能传感器逐步开始使用增材制造技术，纳米材料的体积小，具有高表面积体积比和优异的催化活性。基于纳米材料的智能传感器具有灵敏度高、鲁棒性强和响应速度快等优势。

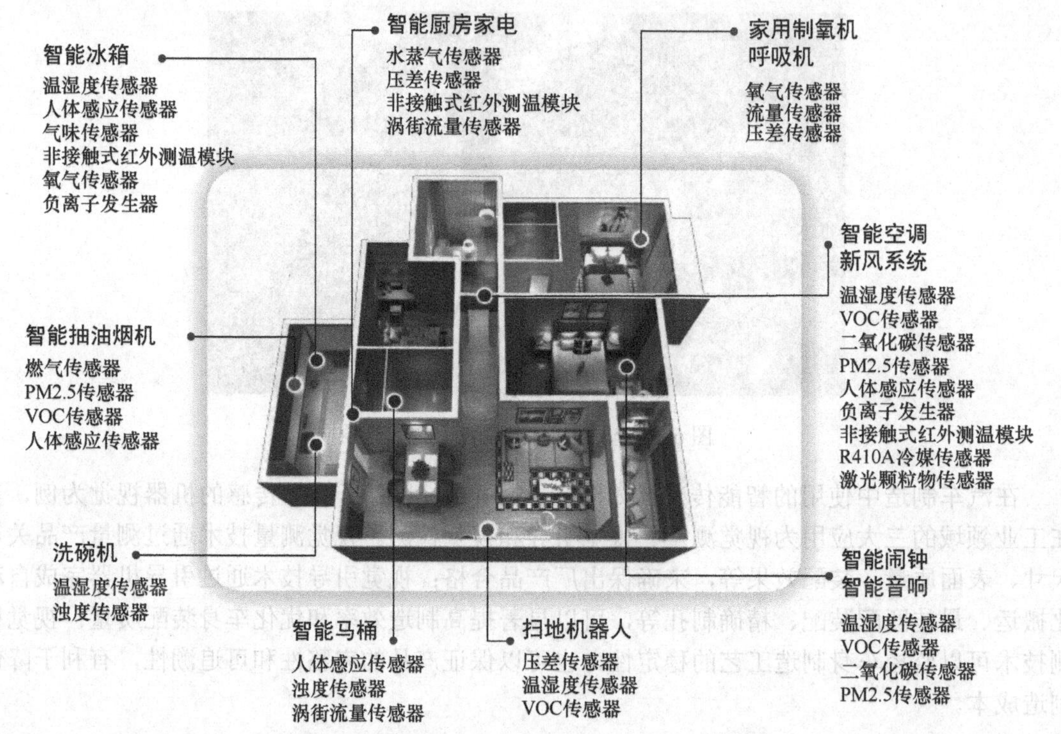

图 6-46　在智能家居中使用的智能传感器

随着物联网（IoT）的出现，人类社会对传感器的制造提出了越来越高的要求，也为基于纳米材料的智能传感器研究提供了动力。同时，纳米传感器的增材制造对于弥合一次性、实验室规模制造和具有高再现性的成本效益与规模化生产之间的差距至关重要。通过应用增材制造技术（提高灵活性和节约成本），基于纳米材料的新一代传感平台有望实现与消费领域的物联网设备的集成。

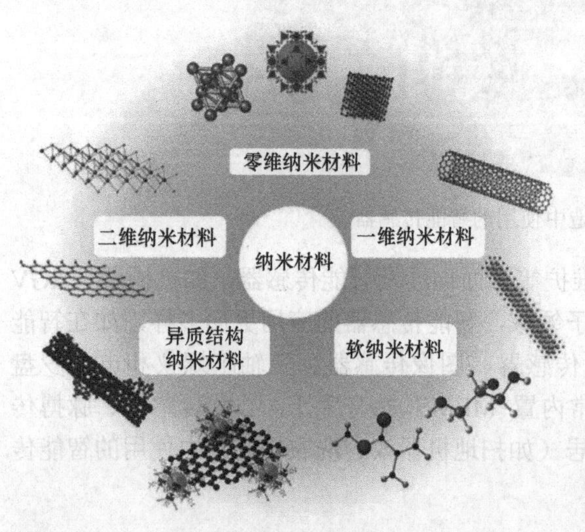

图 6-47　纳米材料

石墨烯的发现为大量纳米材料的研制创造了条件，包括零维纳米材料（如富勒烯、金属纳米颗粒和量子点）、一维纳米材料（如纳米管和纳米线），二维纳米材料（如石墨烯和氧化石墨烯、二硫化钼、黑磷纳米片和 MXenes）、软纳米材料（如纳米结构聚合物）及异质结构纳米材料等，如图 6-47 所示。这些纳米材料具有独特的电子、光学和机械特性，为开发智能传感器提供了新机遇。

用于纳米传感器的增材制造技术可分为接触式印刷技术和非接触式印刷技术，如图 6-48 所示。接触式印刷技术使预图案、着墨模板与基板直接接触，以促进图案转移，如屏幕印刷、转移印刷、凹版印刷和柔版印刷等技术；非接触式印刷技术采用将功能性纳米材料油墨从远处喷射到基板上的沉积技术，如喷墨打印（IJP）、电子喷印、气溶胶喷射打印

（AJP）、3D 打印、旋转/喷涂印刷等技术。多功能卷对卷（R2R）印刷是一种新的增材制造方法，它结合了多种接触式印刷技术和非接触式印刷技术，可以实现快速成型。

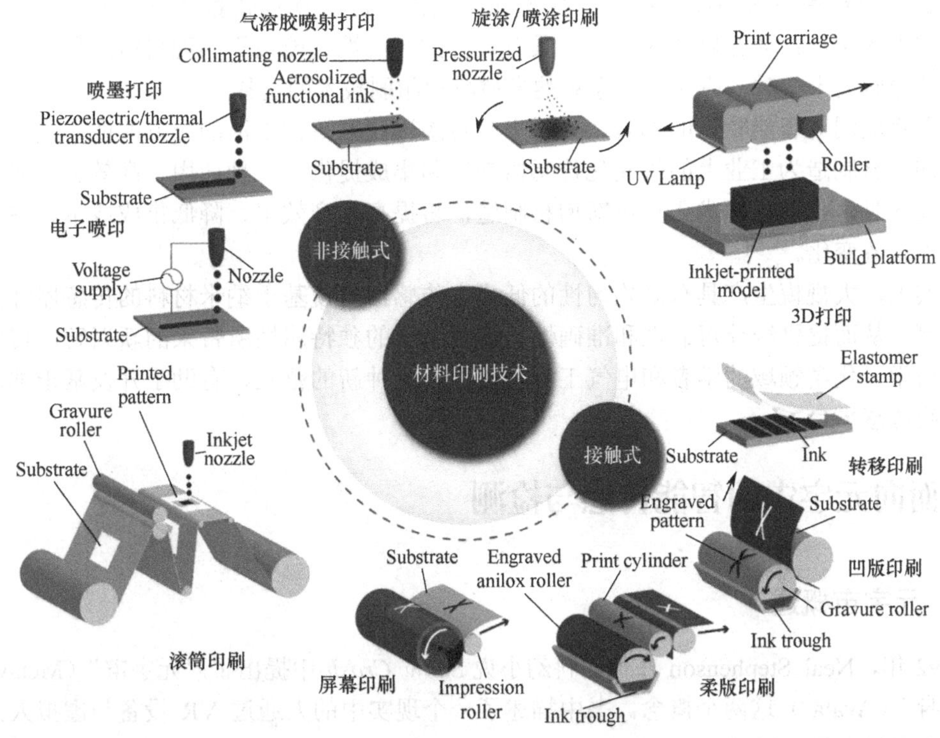

图 6-48　用于纳米传感器的增材制造技术

纳米材料本质上是开放的，有利于增材制造，纳米材料的发展促进了大量油墨配方的形成，具有多种物理、化学特性和复合材料的协同效应。具有高导电性的零维银纳米颗粒在传感设备的印刷电路中得到了广泛应用；可穿戴传感器采用了坚固的印刷一维碳纳米管网络；光敏二维二硫化钼和黑磷纳米片被加工为光电探测器；软纳米材料构成了在柔性电子中应用的复合传感器。应用纳米材料的传感器如图 6-49 所示。

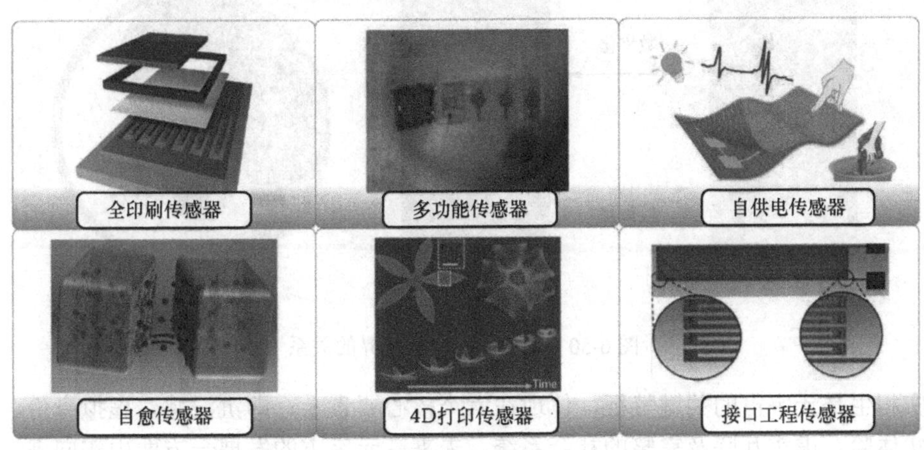

图 6-49　应用纳米材料的传感器

增材制造实现了按需模式化，以较低的成本将纳米材料应用于多功能传感器。接触式、非接触式和混合接触式印刷技术具有独特的能力和优势，需要定制油墨（考虑流变特性），以保证在高分辨率下实现稳定印刷。接触式印刷技术需要具有高黏度的油墨，能提供高通量、低成本的生产；非接触式印刷技术具有较好的经济性，能按需实现材料沉积。在规划下一个传感器研究十年时，应充分考虑对纳米材料和印刷技术的选择。

随着物联网对智能物体的部署，传感平台将渗透我们日常生活的方方面面。纳米材料功能油墨的增材制造为工业上的规模化传感器制造和集成提供了一种通用、高效和低成本的方法。与此同时，自动化技术正在革新增材制造，将提高生产效率、降低集成成本，并最大限度地减少设备变化。

事实上，大规模生产具有高均匀性的低成本传感器将使基于纳米材料的传感器阵列实现并行检测，从而提供统计可靠性和准确性。增材制造的独特属性所带来的新兴智能传感技术为材料科学、化学领域的学者和电气工程师提供了一种新的范式，有助于开发基于纳米材料的工业级传感平台。

6.5 面向元宇宙的智能传感与检测

6.5.1 元宇宙概述

1992 年，Neal Stephenson 在他的科幻小说 *Snow Crash* 中提出了“元宇宙”（Metaverse）和“化身”（Avatar）这两个概念。书中描述了一个现实中的人通过 VR 设备与虚拟人共同生活在一个虚拟空间的情节。

元宇宙是基于增强现实（AR）、虚拟现实（VR）和混合现实（MR）等技术，整合了用户替身创设、内容生产、社交互动、在线游戏、虚拟货币支付等功能的网络空间。在元宇宙中，用户可以全身心沉浸在相互补充和相互转化的物理世界和数字世界中。元宇宙与现实世界的关系如图 6-50 所示。

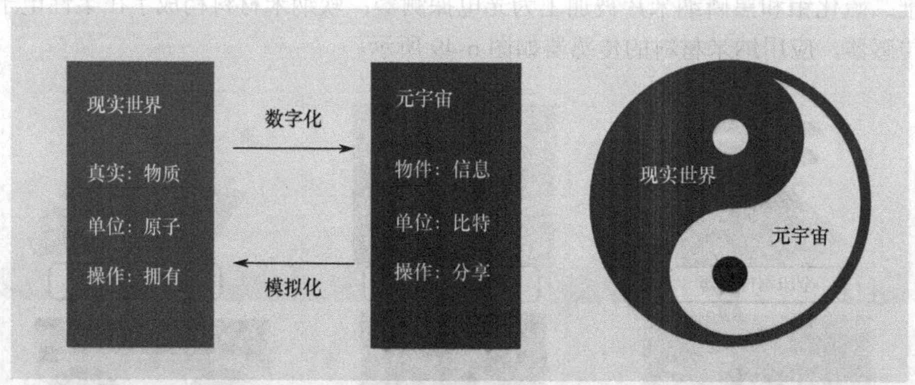

图 6-50　元宇宙与现实世界的关系

虚实相生是元宇宙的关键特征，体现在六个核心要素上，即沉浸感、虚拟身份、数字资产、真实体验、虚实互联及完整的社会系统。未来，元宇宙的发展一方面由实向虚，实现真实体验的数字化；另一方面由虚向实，实现数字体验的真实化。

元宇宙的两个发展路径如图 6-51 所示。

（1）由实向虚。基于虚拟世界对现实世界的模仿，强调实现真实体验的数字化。在移动互联网时代，主要通过文字、图像、视频等 2D 形式建立虚拟世界；而在元宇宙时代，会在虚拟世界实现对现实世界的数字化重构，建立完全虚拟的平行世界。

（2）由虚向实。超脱对现实世界的模仿，基于虚拟世界的自我创造，不仅能够形成独立于现实世界的价值体系，还能够对现实世界产生影响，强调实现数字体验的真实化。

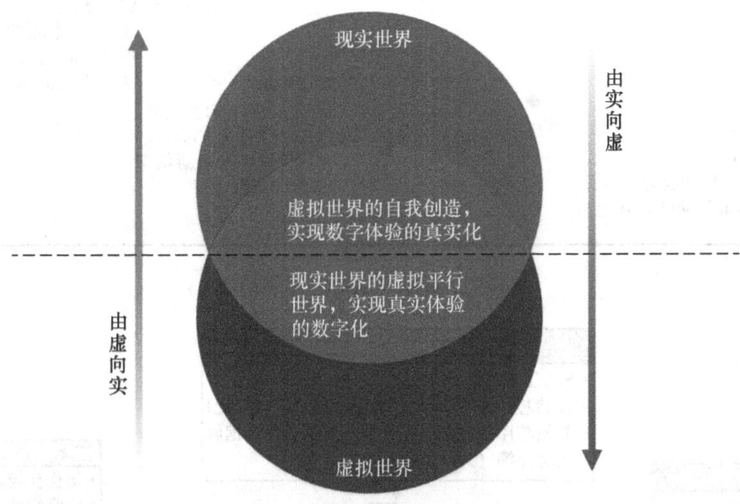

图 6-51　元宇宙的两个发展路径

元宇宙的核心是人，要想使人在虚拟世界中获得与现实世界相同的体验，面部表情、身体互动和触觉感知是必要的。智能传感器是实现元宇宙的核心底层硬件之一。

6.5.2　元宇宙中的 VR 和 AR 设备

2021 年是“元宇宙元年”，大事件频出，市场关注度大幅提高。“Facebook 更名为 Meta”“微软收购动视暴雪”等体现了国际科技巨头深耕元宇宙硬件及内容领域的决心；“字节跳动收购 Pico”有望开启国产 VR 一体机终端的大规模推广。VR（Virtual Reality）和 AR（Augmented Reality）作为元宇宙时代的信息入口和载体，集成了大量智能传感器，有机会成为下一代互联网的智能终端，抢先布局硬件具有一定的战略意义。

VR 强调虚拟沉浸，与现实世界隔绝，适用于大段休闲时间的泛娱乐和泛社交场景，如游戏、视频、直播、展览、教育培训等；AR 强调虚实融合和可移动性，有助于解放双手，适用于与现实相关的大多数场景，如工业生产、医疗、信息提示等，VR 与 AR 的发展历程如图 6-52 所示。在硬件方面，两者的技术互通，但 AR 光学系统更复杂，且轻量化要求与性能要求之间的矛盾更大，目前苹果、Meta 等皆未完成产品定义，仍处于硬件发展的早期；而目前 VR 基本成熟，正聚焦于硬件性能升级和软件生态建立。

2020 年发布的 VR 一体机 Meta Quest 2 具有高性价比和良好的均衡性能，2021 年出货量超过一千万台，产业链中的零部件选择方案趋于统一，VR 完成产品定义，基本成熟，VR 一体机的零部件组成和价值占比如图 6-53 所示。VR 市场的活跃吸引更多上游零部件厂商和下游内容生产者加入，一方面在硬件端实现性能提升、搭载功能增多和零部件技术升级；另一方面在内容端实现应用场景拓展、内容丰富度提升、软硬协同发展，进入良性循环。

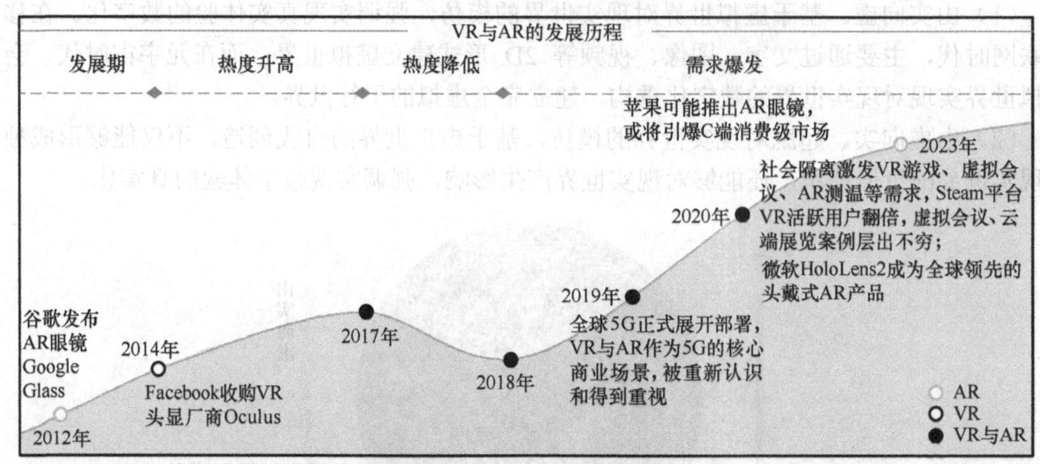

图 6-52　VR 与 AR 的发展历程

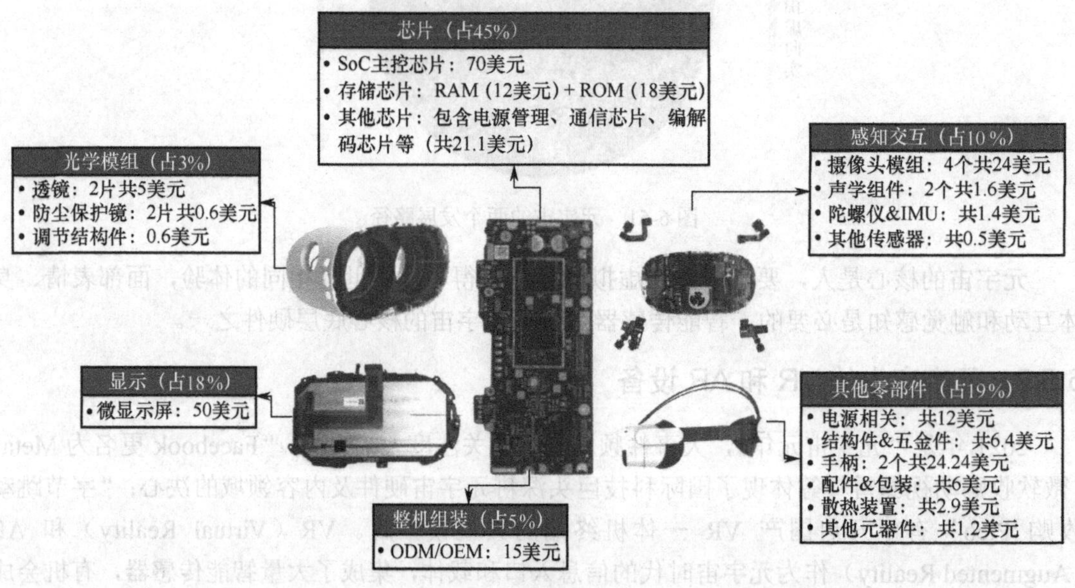

图 6-53　VR 一体机的零部件组成和价值占比

目前，VR 头显的沉浸感、交互性和舒适性有待提升，眩晕和视觉疲劳问题突出。VR 输入输出系统模拟真实五感，使人在虚拟世界中有身临其境的感受，这需要用到大量传感器。一方面，分辨率、视场角等视觉感受应达到与人眼相似的程度；另一方面，刷新率和网络时延应尽可能低，以保证交互实时精确，使用户的视觉感受行动、操作匹配。设备笨重、真实度低、流畅性差及视觉与行动的割裂均会导致眩晕和视觉疲劳。VR 头显如图 6-54 所示。

VR 中的传感设备主要由两部分组成：一部分用于人机交互，通过三维头盔显示器、数据手套、数据服等与操作者连接；另一部分用于正确感知并设置在真实环境中的各种感觉，如视觉、听觉、触觉、力等。

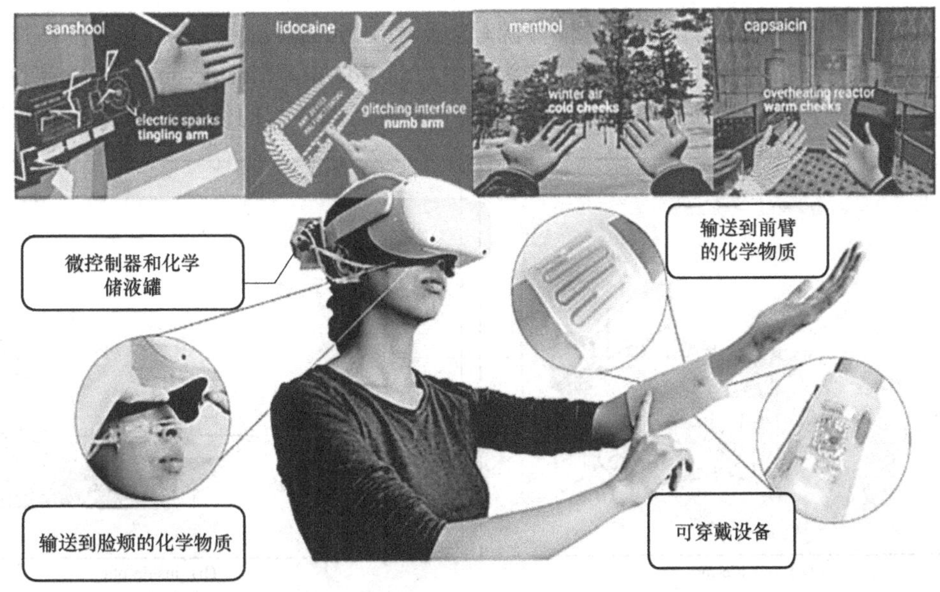

图 6-54　VR 头显

VR 和 AR 的硬件使用九轴陀螺仪、红外定位传感器、眼球追踪传感器及手势识别传感器等，可以获取使用者的动作、姿态和加速度等信息。运动传感器尤为重要，其通过加速度传感器和陀螺仪检测用户头部和手部的运动和旋转情况。六轴惯性测量单元（IMU）在单个芯片中集成了一个三轴加速度传感器和一个三轴陀螺仪，可通过头戴式显示器测量头部方向和姿态，还可以通过手持控制器测量手部运动。VR 设备的性能和用户体验与其内部运动传感器的准确性和响应能力密切相关。未来将用到生物传感器，如当子女去旅游时，家里的老人使用带有生物传感器的体感设备，能获得相同的旅游体验。VR 和 AR 已应用于游戏、体育、教育、旅游、影院、医疗等领域。随着 VR 和 AR 应用领域的不断延伸，传感器的应用需求会越来越大。

6.5.3　元宇宙中的感知交互技术

感知交互技术可以提供多维感官体验，突破屏幕的限制，使交互性和沉浸感升级，推动内容创作范围的扩大，如 VR 可同时接收肢体动作、听觉、触觉、嗅觉等多维信息，感知交互方式的增多可增强交互性和沉浸感。

感知交互的实现需要传感器、芯片和算法三方参与，多种技术协同发展。其需要利用带有摄像头的传感器精准实时捕捉用户行为，在多传感器完成融合和校准后，利用芯片的强大算力支撑算法，打造多维感知效果，再通过屏幕等设备呈现给用户。感知交互与近眼显示、渲染计算、内容制作、网络传输等关键技术协同发展，其技术效果主要依赖以下 3 个方面。

（1）传感器（如精度、响应速度、覆盖范围、价格、体积等）。

（2）芯片运算能力（能否支撑众多复杂算法）。

（3）算法精度（改进算法模型、高精度数据集完备）。

1. 追踪定位技术

追踪定位是 VR 设备最基础的交互技术，目前驱动定位技术由 outside-in 向 inside-out 演进。搭配摄像头+IMU（惯性测量单元）的 inside-out 方案可实现头手 6 DoF，成为消费级

VR 一体机的标配。追踪定位采用“信号源+传感器”，outside-in 需要将外置基站作为信号源，inside-out 则将信号源和传感器集成在头显中。outside-in 和 inside-out 的追踪定位原理如图 6-55 所示。无额外基站的 inside-out 方案具有价格优势和较高的便捷性，成为主流方案。

(a) outside-in　　(b) inside-out

图 6-55　outside-in 和 inside-out 的追踪定位原理

多传感器融合和算法升级有助于增强 inside-out 的性能。outside-in 在激光、红外和可见光等技术路径中选择一种，而 inside-out 集成了黑白摄像头、RGB 摄像头、3D 深度摄像头等，使用基于超声、激光、电磁、惯性的多种传感器实现融合定位，并利用 SLAM 算法来提高精度和降低功耗，效果接近 outside-in，可实现头手 6 DoF。

outside-in 与 inside-out 的对比如表 6-3 所示。

表 6-3　outside-in 与 inside-out 的对比

对 比 项	outside-in			inside-out
原理	多个外置定位基站发出信号，生成三维空间信息，由头显、手柄接收和处理，利用三角定位算法计算用户位置			在 VR 头显上安装摄像头，采集环境中的特征点并进行匹配，通过 SLAM 算法定位各摄像头，以计算用户的空间位置
优势	● 精度高； ● 可在黑暗中运行			● 使用空间不受限； ● 无部署成本，价格便宜
劣势	需事先放置定位器，导致： ● 设备成本提高； ● 空间受限； ● 遮挡物会丢失或影响精度； ● 安装调试复杂，移动后需要重新校准			● 精度低，但随着摄像头数量的增加及算法复杂度的提高，定位精度可接近 outside-in； ● 追踪范围不可脱离摄像头范围，受遮挡物影响； ● 无法在黑暗中运行
技术路径	激光	红外线	可见光	搭载摄像头及 IMU，使用 SLAM 算法
路径优势	● 精度高； ● 可移动范围大； ● 低延迟； ● 可用于遮挡情况	● 耐用性好； ● 成本较低； ● 抗遮挡性强	价格便宜	

续表

对 比 项	outside-in			inside-out
路径劣势	● 成本较高； ● 稳定性差； ● 耐用性差	可移动范围小	性能最差： ● 精度低； ● 抗遮挡性差； ● 环境限制大； ● 可移动范围小	
代表产品	HTC Vive	Oculus Rift	Sony PS VR	Meta Quest 2

目前，头手 6 DoF 追踪已经实现，全身追踪技术有待进一步研究，如全身动捕技术需要具有高精度、低时延、高可靠性的 9 DoF IMU 和柔性传感器的支持。

2. 手部交互

手是重要的信息输出器官，许多交互模式围绕人手设计。目前，VR 主要采用手柄实现手部交互，但裸手手势交互、独立触觉手柄、触觉手套、肌电手环等也在研究中。

现有手柄存在动作受限和额外配件成本较高等问题，各大厂商入局裸手手势识别技术，有望在虚拟世界自然流畅地使用双手，构建复杂丰富的手部姿态。

裸手手势识别的原理是使用视觉方案识别手部骨架的 21 个或 26 个关键点，输出三维矢量，利用算法分析手部位置和姿态，如图 6-56 所示。裸手手势识别与面部识别相近，都需要使用硬件（视觉传感器）和软件（算法）。

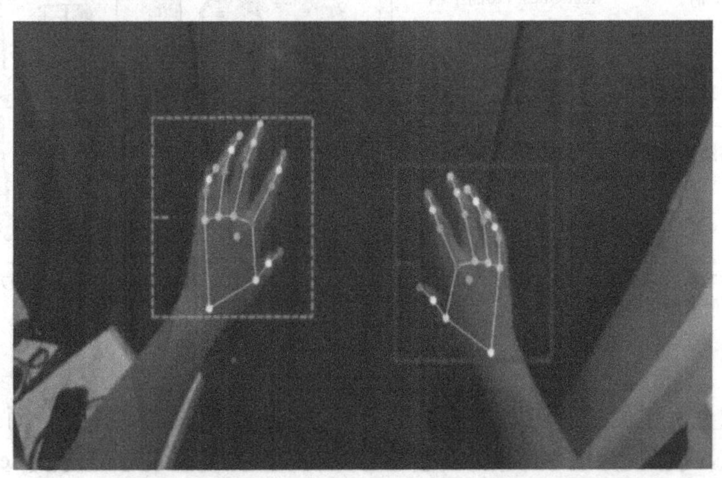

图 6-56　裸手手势识别的原理

（1）硬件：手部关键点的识别需要采用视觉传感器，包括黑白摄像头、RGB 摄像头、3D 深度摄像头等。目前，手机多采用 3D TOF 实现人脸识别和手势识别功能，但 TOF 具有高延时（40～50ms）及视场角小（约为 90°）、功耗和体积大等缺点，黑白摄像头、RGB 摄像头成为 VR 设备实现手势识别功能所采用的主流硬件。

（2）软件：实现高精度追踪需要进行算法迭代，具体方法包括：①识别更多关节点，如 Nimble VR 可识别 22 个关节点的 26 自由度手部运动信息；②改进算法模型可实现更优预测；③采用充足的高精度数据训练模型，利用海量的手部运动数据可以提高模型的通用性。

Meta Quest 2 搭载的手势识别软件更新为 2.0 版本，在提高追踪连续性、补全遮挡情况下的轨迹和姿态、捏抓和戳识别方面实现阶跃式优化；并提出新算法思路，仅捕捉手部与目标对象的距离等低维数据，使用 ManipNet 自回归模型拟合对应的手指姿态细节。微软则针对选择难题，提出将速度作为触发条件，在速度低于阈值时触发交互的新算法。

目前，裸手手势交互技术初步成熟，现有硬件和算法基本能满足要求，各厂商针对精度、时延、遮挡问题进行优化。但手势识别存在重大缺陷，由于缺少成熟的智能传感模块，其无法实现对压力、握力、纹理等的反馈。

厂商并未放弃对手部控制器的研究，除进一步改良手柄外，厂商开始改变控制器形态，出现了触觉手套、肌电手环等 VR 手部配件，持续探索新的交互模式。

手柄向自带摄像头的独立手柄发展，有望解决视觉盲区问题。Meta Quest 2 的手柄交互利用 VR 头显处的摄像头捕捉手柄追踪环上的定位点，以确认手柄位置。大体积追踪环使得手柄较为笨重，且头显上的摄像头的覆盖角度受限，存在遮挡现象。Meta Quest Pro 的手柄取消了追踪环，在手柄顶部和底部各安装 1/2 个摄像头，使手柄具备独立 6 DoF 能力，能实现 360° 全方位追踪，解决视觉追踪盲区问题，同时手柄可作为外置基站构成 outside-in，卡梅隆大学基于独立手柄开发了全身追踪系统，力求实现全身动捕（含腿部）。手柄的发展如图 6-57 所示。

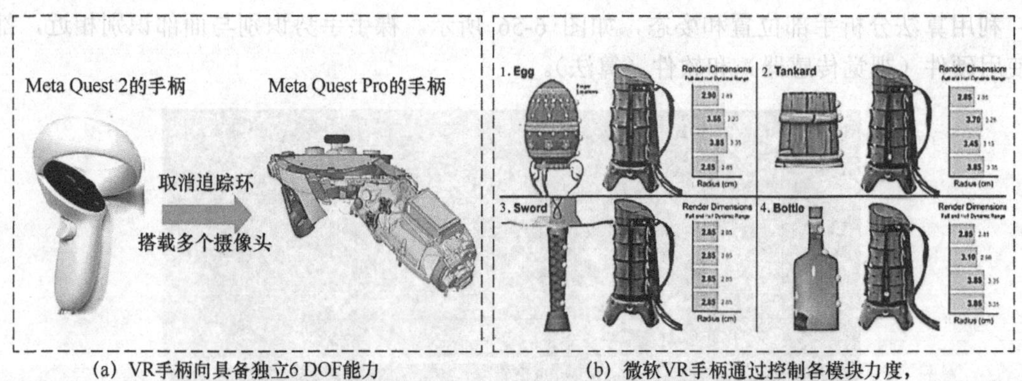

(a) VR手柄向具备独立6 DOF能力方向发展，自带摄像头　　(b) 微软VR手柄通过控制各模块力度，模拟抓握物体的感受

图 6-57　手柄的发展

手柄除追求更优定位外，还增加了触觉反馈功能，推出振动、抓握等简单交互技术。各厂商正加紧研究，试图利用触觉传感器提供更丰富的触觉反馈，如 Meta Quest Pro 的独立手柄，在提供食指追踪、拇指压力感应等新功能的同时，提高了触觉反馈的真实性；索尼 PS5 专用 VR 手柄搭载自适应扳机，模拟拉弓和射击时的按压张力，并可提供不同纹理触感，模拟环境变化；微软的 VR 手柄 X-Rings 则被分为 5 个子模块，分别控制各子模块收紧或松开的力度，可以模拟抓握物体的感受。

数据手套具有较好的触觉反馈和手部追踪效果，但目前与实现商用相去甚远。数据手套搭载了数百个小而密的执行器，保障了手势识别的准确、灵活和流畅。同时，数据手套是目前最能模拟细微触觉的设备之一，Meta、苹果、微软等均发布了相关专利，实现对压力、纹理、振动、脉冲、皮肤拉伸等感觉的模拟。但现有的数据手套厚重且昂贵，3 款典型的商用数据手套如图 6-58 所示。Meta 等厂商正在研究微流体处理器、柔性纤维材料等，目的是使触觉手套在实现精准定位和触觉反馈的同时，具备普通手套的便携、耐磨、轻薄、柔软等特性，从而实现消费级落地。

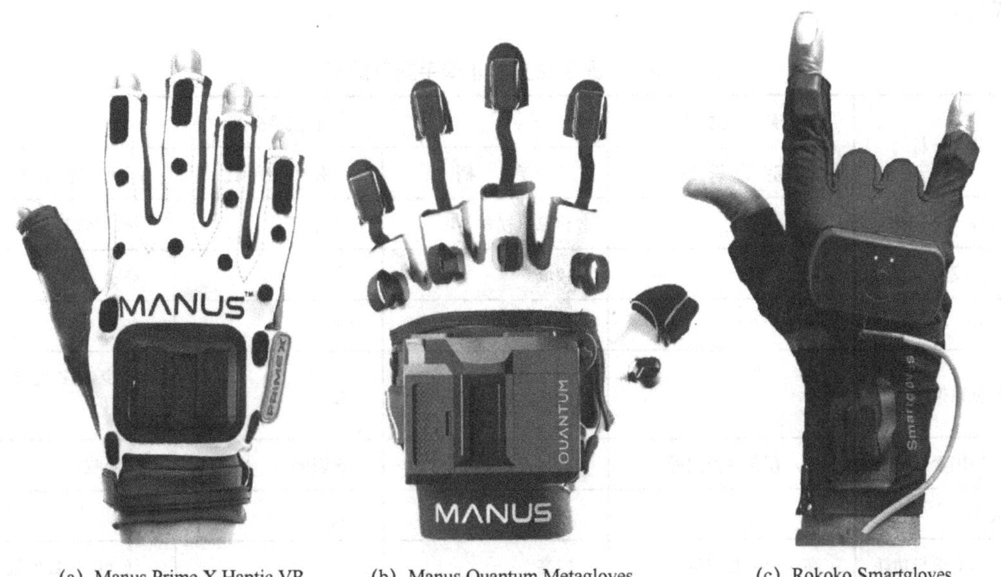

(a) Manus Prime X Haptic VR　(b) Manus Quantum Metagloves　(c) Rokoko Smartgloves

图 6-58　3 款典型的商用数据手套

肌电手环具有高性能和低功耗特点，采用神经传感方案，该方案不具有视觉方案的缺陷，无视觉盲区问题，且需要处理的数据大幅减少（进而减小算力需求和降低功耗），该方案和脑机交互被认为是终局技术。

目前还没有较为成熟的肌电手环产品，肌电手环的准确性和稳定性较差，经过大量训练才能形成可量产的通用产品。3 款典型的商用肌电手环如图 6-59 所示。苹果已将部分肌电手环功能集成到智能手表上，如可通过握拳实现选择操作。与肌电手环相关的触觉研究尚浅，Meta 发布了利用气动风箱和触觉制动器产生压力、挤压和振动的思路，但仍处于实验室研究阶段。

(a) MYO肌电臂环　(b) Mudra Band　(c) CoolSo手环

图 6-59　3 款典型的商用肌电手环

裸手手势交互较为真实和自然，适用于社交娱乐等真实场景。裸手交互与非裸手交互的关系不是替代关系，因为裸手难以实现触觉反馈，在很多场景下借助介质是必要的，如在射击游戏中需要扣动扳机。裸手交互与非裸手交互的对比如表 6-4 所示。

未来手部交互技术与控制器等外设将协同发展、共存互补，但控制器将向手套、手环等形式进化。

表 6-4　裸手交互与非裸手交互的对比

指　标	裸 手 交 互	非裸手交互		
	手 势 识 别	手　柄	数 据 手 套	肌 电 手 环
原理	计算机视觉	计算机视觉	执行器	神经接口
精准度	低	较低	高	高
时延	高	较高，毫秒级	低	低
触觉模拟	无	少，目前仅有振动	好	较少，多为挤压和振动
环境因素影响	大，存在遮挡问题	大，存在遮挡问题	无影响	无影响
成本	低	较低	高	
算力需求与功耗	高（因为数据量很大）	较高		低（因为数据量小）
研究进展	初步成熟	基本成熟	处于实验室研究阶段	处于实验室研究阶段，部分简单功能集成到智能手表上
是否商用	大规模商用	大规模商用	无	无

6.5.4　元宇宙与智能传感器行业的发展关系

2021 年元宇宙热度高涨，2022 年元宇宙迅速在具体场景中应用落地，从消费级应用到商业零售，再到工业制造。2022 年以来，中国有多个城市发布元宇宙行动计划及相关扶持政策，元宇宙产业投融资市场活跃度显著提高。智能传感器是实现元宇宙可视化、数字化、智能化的重要工具之一，对推动元宇宙的发展至关重要。

面部识别技术、动作捕捉技术、触觉识别技术与触觉反馈技术是助力实现沉浸式体验的关键技术。元宇宙需要采集各种环境信息，智能传感技术及信息的传输与复原是关键。在元宇宙中，智能传感器扮演着关键角色，通过收集和传输现实世界的数据，为元宇宙的构建和运行提供支持。

元宇宙对智能传感器行业的发展有以下影响。

（1）数据需求的增加：元宇宙的构建需要输入大量数据，智能传感器通过感知和采集现实世界的数据，为元宇宙提供丰富的信息。随着元宇宙的发展，对智能传感器的需求将不断增大，推动智能传感器行业的快速发展。

（2）技术创新的推动：元宇宙的发展对智能传感器技术提出了更高要求，需要传感器具备更高的感知精度、更快的数据传输速度和更低的功耗等特性。为了满足元宇宙的需求，智能传感器行业需要不断进行技术创新。

（3）应用领域的拓展：元宇宙的广泛应用涉及许多领域，如智慧城市、智能交通、工业自动化等。这些领域对智能传感器有大量需求，为智能传感器行业提供了广阔的市场和巨大的发展机遇。

（4）产业融合的加速：元宇宙的发展推动了智能传感器行业与其他相关行业的融合，如人工智能、大数据、云计算等，这样的融合将进一步推动我国智能传感器行业的发展。

元宇宙的出现与 VR、AR 的普及，为基于视觉、听觉、触觉等的智能传感器注入了研发力量，促进了智能传感与检测技术的创新和升级；智能传感与检测技术的快速发展，反过来为元宇宙提供了支持和保障。随着智能传感与检测技术的不断更新，现实世界与虚拟世界的差距逐渐缩小。

元宇宙距离我们还有多远是未知的。对于新技术的出现，我们要怀着开放包容且审慎严谨的态度。在它真正来临那天，对智能传感器的需求也会迎来爆发式增长。

参考文献

[1] 王劲松，刘志远. 智能传感器技术与应用[M]. 北京：电子工业出版社, 2022.

[2] 宋凯. 智能传感器理论基础及应用[M]. 北京：电子工业出版社, 2021.

[3] 陈雯柏，李邓化，何斌，等. 智能传感器技术[M]. 北京：清华大学出版社, 2022.

[4] 周润景. 传感器与检测技术（第 3 版）[M]. 北京：电子工业出版社, 2022.

[5] 徐进，王倢婷. 传感器智能应用与检测技术[M]. 北京：电子工业出版社, 2022.

[6] 凯文・亚鲁，克日什托夫・印纽斯基. 智能传感器及其融合技术[M]. 王卫兵，徐倩，译. 北京：机械工业出版社, 2019.

[7] 杰拉德・梅杰. 智能传感器系统：新兴技术及其应用[M]. 靖向萌，译. 北京：机械工业出版社, 2018.

[8] 迟明路，田坤. 机器人传感器[M]. 北京：电子工业出版社, 2022.

[9] 廖建尚，张振亚，孟洪兵. 面向物联网的传感器应用开发技术[M]. 北京：电子工业出版社, 2019.

[10] 谢志萍. 传感器与检测技术（第 4 版）[M]. 北京：电子工业出版社, 2022.

[11] 秦洪浪，郭俊杰. 传感器与智能检测技术[M]. 北京：机械工业出版社, 2020.

[12] 李晓莹. 传感器与测试技术（第 2 版）[M]. 北京：高等教育出版社, 2019.

[13] 吴亚东. 人机交互技术及应用[M]. 北京：机械工业出版社, 2020.

[14] 杨利，谢永超. 传感器与机器视觉[M]. 北京：电子工业出版社, 2021.

[15] 常慧玲. 传感器与自动检测[M]. 北京：电子工业出版社, 2021.

[16] 林聪榕，张玉强. 智能化无人作战系统[M]. 长沙：国防科技大学出版社, 2008.

[17] 庞宏亮. 智能化战争[M]. 北京：国防大学出版社, 2004.

[18] 胡向东. 传感器与检测技术（第 2 版）[M]. 北京：机械工业出版社, 2013.

[19] 费业泰. 误差理论与数据处理（第 6 版）[M]. 北京：机械工业出版社, 2014.

[20] 蒋亚东，太惠玲，谢光忠，等. 敏感材料与传感器[M]. 北京：科学出版社, 2016.

[21] 王平，刘清君，陈星. 生物医学传感与检测（第 4 版）[M]. 杭州：浙江大学出版社, 2016.

[22] 施云波. 无线传感器网络技术概论[M]. 西安：西安电子科技大学出版社, 2017.

[23] 王泗禹，康剑. 半导体微细加工中的刻蚀设备及工艺[J]. 微纳电子技术, 2002, 39(11):41-44.

[24] 孟立凡. 传感器原理与应用[M]. 北京：电子工业出版社, 2020.

[25] 张泽明，黄利平，赵继丛，等. 等离子体刻蚀机静电吸盘温度控制方法仿真研究[J]. 真空科学与技术学报, 2015(10):37-43.

[26] 王爱博. MEMS 晶圆级封装工艺研究[D]. 天津：天津大学, 2013.

[27] 张延响. 基于 IEEE1451.2 智能网络传感器的研发[D]. 青岛：山东科技大学, 2017.

[28] 杨百军. 轻松玩转 STM32Cube[M]. 北京：电子工业出版社, 2017.

[29] 潘攀. ZigBee 技术介绍[J]. 科技创新导报, 2013(15):1.

[30] 吴振峰. 无线传感器网络军事应用[M]. 北京：电子工业出版社, 2015.

[31] 唐胜武. 基于冗余 CAN 总线设计的智能化复合传感器与微系统[J]. 传感器与微系统, 2012, 31(7):4.